Bentley MOSES 软件入门与应用

主　编　高　巍

副主编　董　楠　齐晓亮　董　璐

中国水利水电出版社
www.waterpub.com.cn
·北京·

内 容 提 要

本书着眼于 Bentley MOSES 软件实际操作，在集中介绍 MOSES 基本命令的基础上辅以工程实例，力求以一种贴近实际工程的方式将 MOSES 软件的入门与分析应用结合起来呈现给读者。

本书共分为 8 章，主要内容包括：MOSES 软件介绍，基本理论，MOSES 的语言规则，浮态与稳性，结构物拖航分析，结构物吊装分析，系泊分析，新版 MOSES 简介。

本书适合从事海洋工程专业的技术人员以及使用 MOSES 软件的学生和工程技术人员阅读、使用。

本书配有资源文件，读者可以到中国水利水电出版社网站和万水书苑上免费下载，网址为：http://www.waterpub.com.cn 和 http://www.wsbookshow.com。

图书在版编目（CIP）数据

Bentley MOSES软件入门与应用 / 高巍主编. -- 北京 : 中国水利水电出版社, 2020.11
ISBN 978-7-5170-9040-3

Ⅰ. ①B… Ⅱ. ①高… Ⅲ. ①海洋工程－应用软件 Ⅳ. ①P75-39

中国版本图书馆CIP数据核字(2020)第218053号

责任编辑：杨元泓　　加工编辑：王开云　　封面设计：李　佳

书　名	Bentley MOSES 软件入门与应用 Bentley MOSES RUANJIAN RUMEN YU YINGYONG
作　者	主　编　高　巍 副主编　董　楠　齐晓亮　董　璐
出版发行	中国水利水电出版社 （北京市海淀区玉渊潭南路 1 号 D 座　100038） 网址：www.waterpub.com.cn E-mail：mchannel@263.net（万水） sales@waterpub.com.cn 电话：（010）68367658（营销中心）、82562819（万水）
经　售	全国各地新华书店和相关出版物销售网点
排　版	北京万水电子信息有限公司
印　刷	三河市铭浩彩色印装有限公司
规　格	184mm×260mm　16 开本　23.75 印张　583 千字
版　次	2020 年 11 月第 1 版　2020 年 11 月第 1 次印刷
印　数	0001—3000 册
定　价	108.00 元

前　　言

MOSES 软件是美国 Bentley 软件公司旗下专业从事海上结构物安装与浮体分析的海洋工程分析软件。MOSES 自推出以来受到了广泛的欢迎，几十年的海洋工程工业界的实践证明：MOSES 软件是海洋工程安装与浮体分析领域一款独具特色的优秀软件。

自 20 世纪 90 年代中国引进 MOSES 以来，MOSES 已经成为中国海洋工程设计与分析领域必备的分析工具之一。MOSES 本身是一种脚本语言，使用 MOSES 进行分析需要使用者具备一定的理论基础和编程能力，加之软件为全英文、软件命令内容庞杂等原因，使得该软件在国内的普及率并不高。

如何使国内用户和研究人员能够更好地理解 MOSES、使用 MOSES 是编写本书的出发点。

本书适合初次使用 MOSES 的学生、科研人员和工程技术人员，考虑到 MOSES 内部命令数量较为庞大，本书在编写过程中忽略了一些不常用的和对专业能力要求较高的命令，重点解释了 MOSES 软件的常用命令及用法并辅以工程实例，力求从更贴近工程应用的层面解读 MOSES 软件。

全书分为 8 章，主要内容包括：

第 1 章：MOSES 软件介绍。本章介绍了 MOSES 软件的发展历史、主要功能、软件运行方式、文件系统与运行模式。

第 2 章：基本理论。本章主要介绍基本理论以及 MOSES 对一些问题的处理方式。

第 3 章：MOSES 的语言规则。本章主要介绍 MOSES 的基本语言规则、基本定义以及基本模块常用命令的解释；介绍了 MOSES 软件的常用建模手段及相应方法和数据后处理常用命令。

第 4 章：浮态与稳性。本章介绍使用 MOSES 进行浮体浮态计算与稳性校核。

第 5 章：结构物拖航分析。本章介绍使用 MOSES 进行结构物拖航计算分析。

第 6 章：结构物吊装分析。本章介绍使用 MOSES 进行结构物吊装计算分析。

第 7 章：系泊分析。本章介绍使用 MOSES 进行系泊计算分析，以及 MOSES 在动力定位分析方面的应用。

第 8 章：新版 MOSES 简介。本章简要介绍新版 MOSES 的一些新特点和新功能。

希望初次接触 MOSES 软件的读者，通过学习本书，能够从整体上对 MOSES 的使用有初步的了解，掌握软件的基本使用方法并具备对一些基本问题的分析能力。

本书在编写过程中参阅了许多同行专家的著作与科研成果，在此向他们一并表示感谢。

限于编者水平，本书难免存在疏漏与不当之处，恳请读者提出宝贵意见。

感谢 Bentley 软件（北京）有限公司的大力支持。

编　者

2020 年 6 月

目　录

1

MOSES 软件介绍

1.1 MOSES 软件发展历程及主要功能

1.1.1 发展历程

MOSES(Multi-operational Structural Engineering Simulator)由 Ultramarine 公司开发，其第一个正式版本于 1982 年推出。在漫长的发展历程中，MOSES 逐渐成熟，其主要功能涵盖了海上安装、水动力分析、稳性校核、结构分析校核等多个方面。经典 MOSES 的模型显示效果如图 1.1 所示。目前 Ultramarine 已被 Bentley 集团收购，MOSES 软件与 SACS、Maxsurf 组成了 Bentley 旗下阵容强大的船舶海洋工程分析软件产品线，未来 MOSES 将为 Bentley 发展海洋工程专业软件并拓展相关市场提供强有力的支撑。

图 1.1　使用经典 MOSES 软件进行组块浮托安装分析

MOSES 的形成与发展脉络如图 1.2 所示。MOSES 起源于 20 世纪 70 年代早期的 3 种计算机分析程序，分别是：

- PLAP：导管架下水和扶正分析程序。
- MARVAN：浮体静水力求解和运动分析程序。
- STAMOR：静态系泊分析程序。

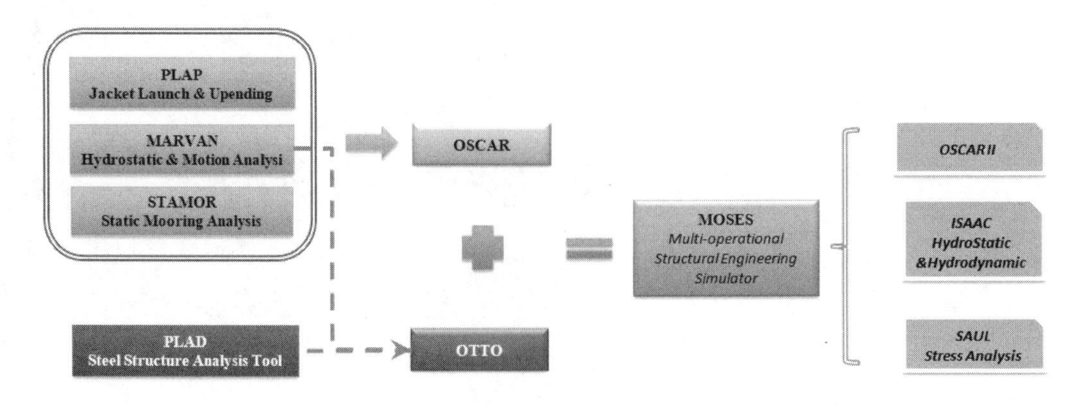

图 1.2　MOSES 的形成与发展脉络

20 世纪 70 年代末，McDermott 获得这 3 种软件的开发权后，决定将其整合成相对完整的软件进行后续开发并将这套软件取名为 OSCAR，这也是 MOSES 的前身。不久之后，专门用于导管架扶正分析结果的图形处理软件以及 OSCAR 分析结果处理软件 OTIS 被开发出来，这使得 OSCAR 具有了初步的专门图形与数据后处理功能。

20 世纪 80 年代中期，Ultramarine 公司接受了一个为钢结构设计分析进行专用计算机程序开发的项目，不久之后，专门用于钢结构设计与分析的软件 PLAD 由 Ultramarine 完成开发。

随着海洋工程行业的发展，逐渐增多的海上结构物拖航运输作业有了新的需求，尤其是拖航分析中被拖物的疲劳分析在当时还没有很好的解决方案。为了解决这一难题，Ultramarine 同 Noble Denton 成立了联合研发项目组，该项目的最终成果之一就是 OTTO 软件的开发成功。OTTO 软件主要用来分析拖航结构物的疲劳问题以及运输船舶的柔性响应，是 PLAD 与 OSCAR 运动分析功能的结合。

1986 年，Ultramarine 对 OSCAR 和 OTTO 软件进行整合，随后推出了 OSCAR II。1989 年，Ultramarine 在 OSCAR II 的基础上进行开发并正式推出 MOSES 软件，至此，真正意义上的 MOSES 软件诞生了，早期的 MOSES 版本如图 1.3 所示。

早期的 MOSES 包含 3 个模块：OSCAR II、ISAAC 和 SAUL，OSCAR II 是 OSCAR 的升级版，ISAAC 用于单船静水力分析和水动力分析，SAUL 是结构应力分析程序。这 3 个模块逐渐整合到一起，最终以整体形式为用户提供服务。

在随后的日子里，MOSES 不断完善已有功能并持续添加新功能。从 1993 年开始，MOSES 基本上每年都在更新，其中比较重要的版本是 REV5.0 和 REV7.0。Bentley 收购 Ultramarine 后重新规划了 MOSES 软件版本，目前（截止到 2020 年 5 月）最新版本的 MOSES 为 REV11.03。

REV 09.1	August	1989 First Release of " MOSES"
REV 08.2	August	1988 MOSES was OSCAR II
REV 07.3	September	1987 MOSES was OSCAR II
REV 07.2	May	1987 MOSES was OSCAR II
REV 07.1	March	1987 MOSES was OSCAR II
REV 07.0	December	1986 MOSES was OTTO, ISAAC, OSCAR and OTIS
REV 06.5	March	1985 MOSES was OSCAR and OTIS
REV 05.5	August	1984 MOSES was OSCAR and OTIS
REV 05.0	December	1982 MOSES was OSCAR and OTIS
REV 04.5	May	1982 MOSES was OSCAR and OTIS

图 1.3 早期的 MOSES 版本

回顾 MOSES 以及其他海洋工程软件产品的发展历程，我们可以发现一条共同的规律，那就是 20 世纪 70 年代石油危机的爆发有力地推动了墨西哥湾和欧洲北海海洋油气的开发进程，海洋工程行业的飞速发展和专业化需求催生了工程专业软件的开发，目前主流的分析软件基本都是在这一时期诞生并持续发展到今天的。

在近半个世纪的发展历程中，MOSES 从无到有，逐渐成熟壮大并得到工业界的广泛认可，消化吸收工业界的先进成果并最终走向了独立成熟发展的道路。不断满足海洋工程工业界的需求是 MOSES 也是众多海工专业软件不断向前进步的最大动力。相信在不久的将来，更先进、更人性化、更具人机交互性及友好性的 MOSES 将呈现在大家的面前，在延续 MOSES 的固有优势基础上充分整合 SACS 和 Maxsurf 的平台优势，以全新的姿态继续服务于海洋工程工业界。

1.1.2 软件主要功能

MOSES 在长期的发展过程中形成了以海洋工程安装分析为特色、涵盖常规海洋工程浮体与结构分析内容的完整软件包。MOSES 主要能够完成以下分析内容：

- 单船/多船装载的导管架下水分析；
- 时域/频域拖航结构分析；
- 时域/频域系泊分析；
- 时域/频域张力腿平台分析；
- 导管架与桩结构的安装分析；
- 导管架扶正分析；
- 船舶稳性与压载分析；
- 铺管船铺管分析；
- 结构物吊装分析；
- 水下结构物入水及下放分析；
- 结构物装船分析；
- 导管架在位分析；
- 组块浮托安装分析。

MOSES 还将深度开发浮式风机分析功能并提供一体化的浮式风机解决方案，相关内容介绍可参考本书 8.4 节。

1. MOSES 是一种面向海洋工程工业界的高级分析语言

MOSES 是将海洋工程数字建模仿真以及结构应力分析整合到一起的现代化脚本软件编程与分析工具，为从事海洋工程行业的技术人员提供了完整的解决方案，这也是 MOSES 软件的最大特点。

MOSES 的语言环境支持循环语句的使用，支持条件判断与执行，支持多种数据格式，支持全局变量与局部变量的定义与引用，可以自定义宏命令并引用程序自带宏命令。

用户通过 MOSES 可以很容易地建立各种模型并进行模型管理、计算分析以及结果自定义输出，以上操作都可以通过编制 MOSES 运行文件来实现。通过编写运行文件，用户可以依据自己的需要实现自定义计算，通过内置的接口可以将分析结果以文本、表格、动画、图片等多种格式输出并支持在三维环境下的模型查看以及模拟过程动画的查看与输出，并支持用户自定义分析报告。

MOSES 与 SACS 具有数据接口，可以方便地进行导管架结构模型传递并开展相关分析。经典 MOSES 的运行界面如图 1.4 所示。新版 MOSES 相关内容请参考本书第 8 章相关内容。

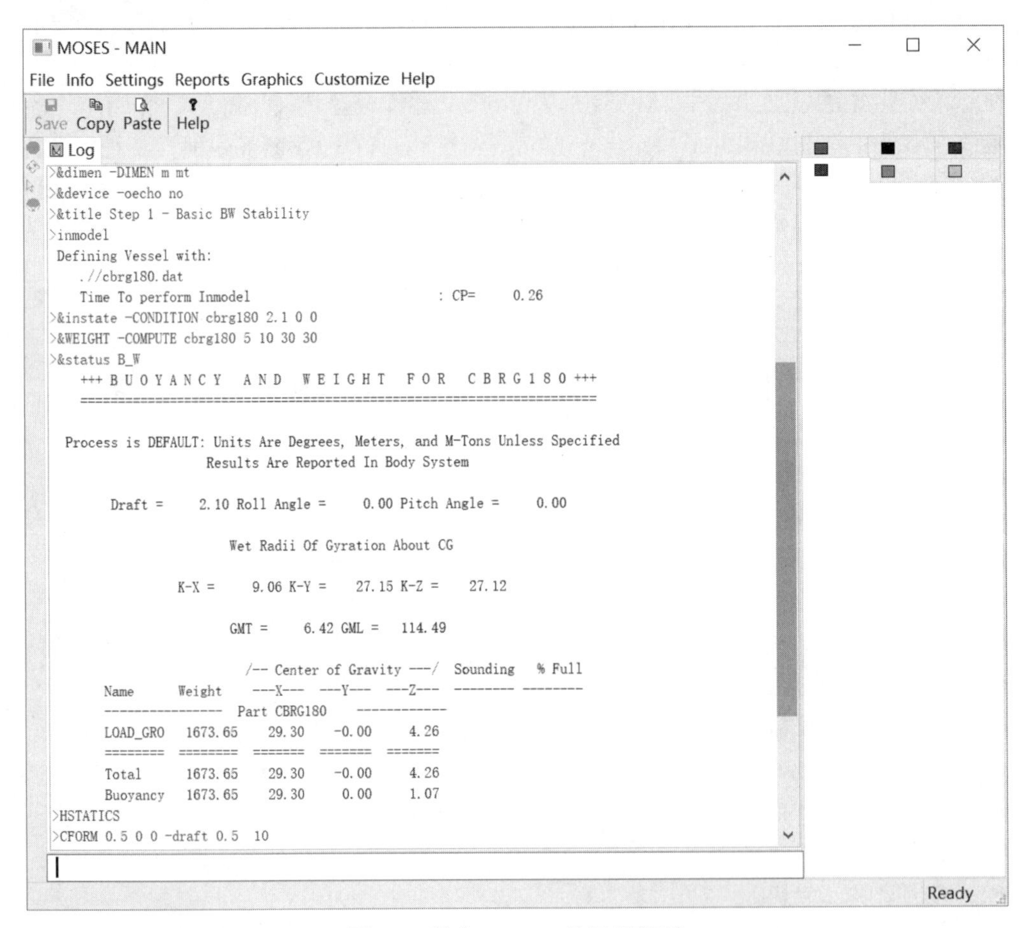

图 1.4　经典 MOSES 的运行界面

MOSES 为软件运行提供了专用数据库，该数据库将所有输入数据、运行数据以及计算结果等以数据库方式进行保存，MOSES 可以方便地实现重启计算，也可以利用数据库针对相同的模型进行不同类型的分析计算。

2. 支持多样化的模型

MOSES 软件能够针对不同类型结构的建模和分析提供强有力的支持并具备特有的灵活性。MOSES 可以通过描述船体及浮式平台几何外形来建立静水力计算模型，在此基础上，MOSES 可以根据不同水动力计算理论对船舶及浮式平台进行水动力分析和运动性能分析。

MOSES 可以建立舱室模型来实现船舶或浮式平台的压载调载计算，也可以建立结构模型以及将诸如 SACS 等软件的模型导入 MOSES 软件中进行后续分析。

MOSES 针对组块浮托安装定义了 LMU（Leg Mating Unit）、DSU（Deck Supporting Unit）单元，可以方便地实现海上组块浮托安装分析。

MOSES 内置多种缆索单元类型，如：悬链线缆绳模型、单向受拉/受压非线性弹簧模型、刚性连接部件、非线性杆单元、绞车、张紧器、弹性滑道以及摇臂等多种多样的连接部件。可以胜任系泊、海上吊装、铺管、导管架下水分析、下水摇臂响应、船舶旁靠系泊等多种涉及复杂动力学的计算分析任务。

新版 MOSES 中提供了专门的建模工具 MOSES Hull Modeler，其界面如图 1.5 所示。

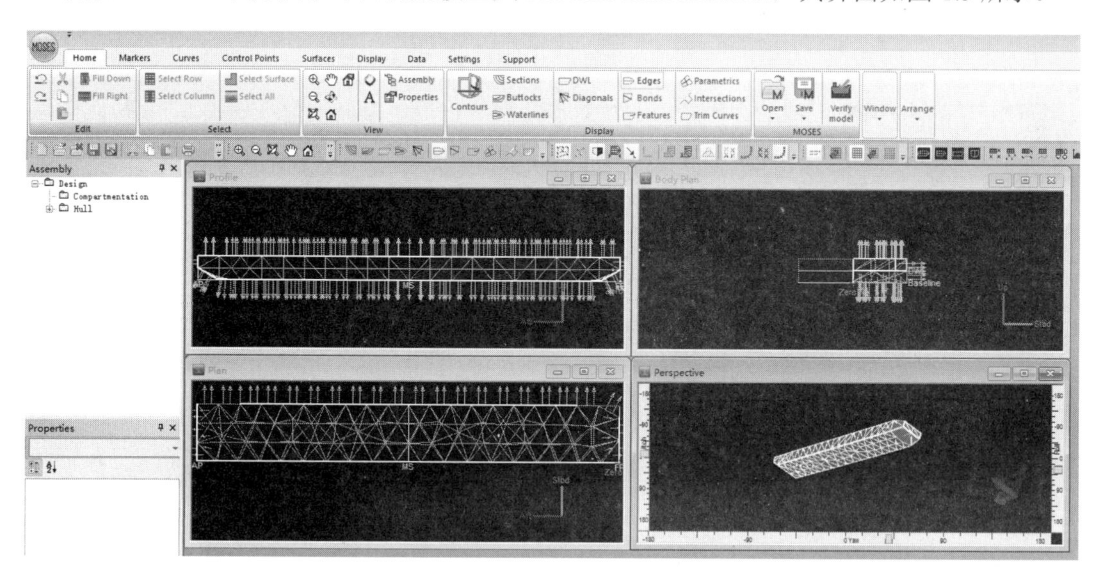

图 1.5　MOSES Hull Modeler 界面

3. 计算模块

目前 MOSES 内置了静水力计算、水动力计算、频域时域分析、结构分析 4 个计算模块。

静水力计算为船舶及浮式结构提供静水力计算、完整稳性分析、破舱稳性分析以及船体总纵强度计算等功能。用户可以通过建立舱室模型进行压载调载分析并在此基础上进行指定压载工况下的静水力分析。

水动力分析是 MOSES 的重要核心功能。MOSES 可以根据静水力计算结果，在指定浮态和压载状态下对浮体开展水动力计算分析，其计算理论包括莫里森方程、二维切片理论及三维辐射绕射理论。

对于船舶类浮体，MOSES 可以采用 TANAKA 经验公式方法进行横摇黏性阻尼的估计。

老版本的 MOSES 可以使用 Salvensen 法、近场法来计算浮体二阶定常波浪力。在 MOSES

V10 版本中远场法替代了 Salvensen 法，新版 MOSES Executive 界面如图 1.6 所示。

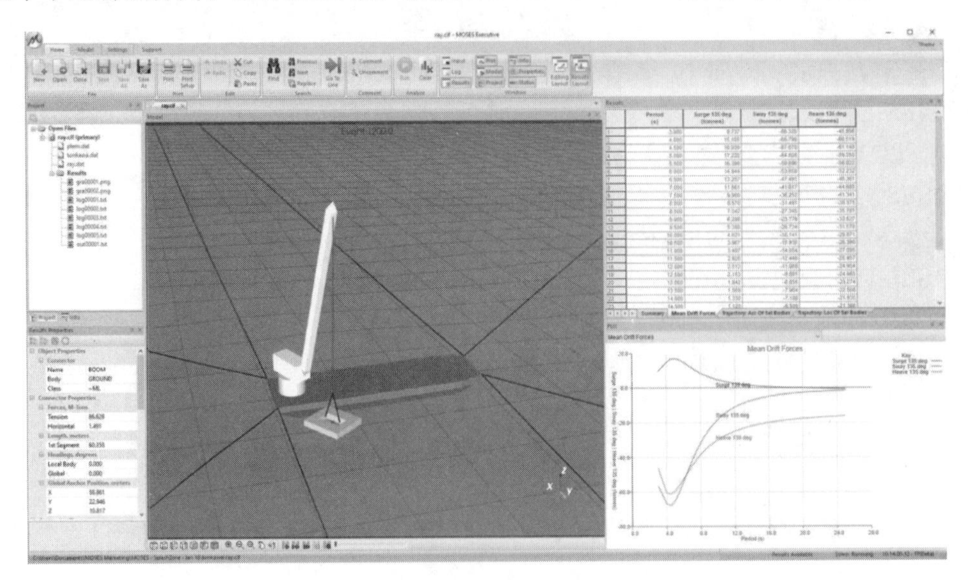

图 1.6　MOSES Executive 界面

MOSES 的水动力计算结果可以另存为文本数据文件，进行其他分析计算时可以直接调用该文件而不用重新进行计算，节省了计算时间。

MOSES 的频域分析基于传统的耐波性理论，计算浮体运动幅值响应算子（RAO）并在此基础上进行多个给定海况下的频域谱分析，包括浮体运动分析、拖航货物载荷分析、系泊分析以及结构强度分析与疲劳分析等。船舶旁靠系泊如图 1.7 所示。

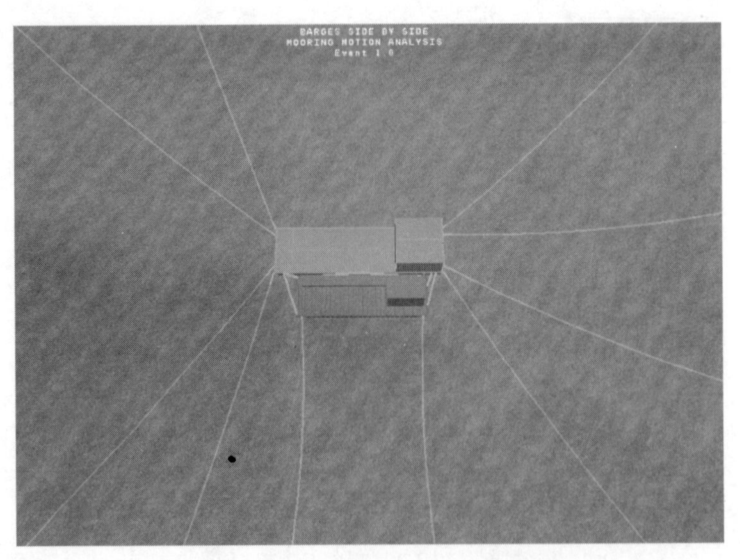

图 1.7　经典 MOSES 海上靠泊分析

MOSES 的时域分析基于 Newmark 法，可以综合考虑风、浪、流在时域下的线性与非线性载荷作用并对时域非线性运动方程进行求解。MOSES 可以方便地解决复杂的浮体运动分析、系泊分析、货物吊装与下放等问题。MOSES 可以通过定义舱室模型实现时域下的动态压载调载分析。

MOSES 可以在静态分析、时域分析以及频域分析过程内对结构对应载荷工况展开动力响应分析。软件能够对基本载荷工况进行线性组合并展开谱分析，也可以进一步地对梁、板以及管节点进行谱疲劳分析，如图 1.8 所示。

图 1.8　经典 MOSES 导管架拖航疲劳应力分析与显示

除了以上 4 个主要模块功能之外，MOSES 中还包括以下功能：

（1）导管架下水模拟：针对导管架下水过程进行时域动态仿真。MOSES 的导管架下水分析可以通过参数设定来简化下水设计与分析过程并集成了压载计算功能，可以分析结构物的横向下水以及多船下水过程。工业界多年的实践证明，MOSES 的下水仿真模拟结果都具有相当高的精度，如图 1.9 所示。

图 1.9　经典 MOSES 模拟的导管架平台下水运动轨迹与实际工程对比

（2）广义自由度法：MOSES 软件可以定义广义自由度来考虑结构变形柔性的影响以实现更复杂的动力学分析。

1.1.3 授权方式和对应功能

目前 MOSES 分为 3 种授权方式：基础版、高级版和企业版。3 种授权方式所涵盖的功能略有区别。

MOSES 基础版：包括 MOSES 的基本命令功能、切片理论水动力计算与三维势流理论以及基本连接单元。

MOSES 高级版：在基础版的基础上增加时域分析功能、Pipe 和 Rod 单元以及结构分析功能。

MOSES 企业版：包括所有 MOSES 功能，在高级版的基础上增加导管架下水分析和广义自由度功能。

MOSES 具体授权方式与对应功能如图 1.10 所示。

	Suite		
Module	MOSES	MOSES Advanced	MOSES Enterprise
MOSES Basic	X	x	x
Strip Theory	X	x	x
Basic Connectors	X	x	x
3D Diffraction	X	x	x
Time Domain		x	x
Pipe & Rod Elements		x	x
Structural Solver		x	x
Jacket Launch			x
Generalized Degrees of Freedom			x

图 1.10 MOSES 授权方式与对应功能

1.1.4 小结

MOSES 长期以来作为海洋工程安装分析领域的首选软件而被业界所熟知，MOSES 在组块浮托安装分析领域长期处于领先的地位。

传统的经典 MOSES 软件以执行命令、执行文件的形式运行，命令设定和选项数量庞大复杂，加之界面简单，可操作性低，使得一般初学者难以入门。但用户一旦充分理解和掌握了 MOSES 的分析流程和思路，就会发现 MOSES 从某种程度上来讲是随心所欲、无所不能的。

MOSES 软件被 Bentley 收购后，其软件界面方面得到了很大的改善，与 SACS、Maxsurf 软件的整合也取得了一定的进步。MOSES 软件将专注于海洋工程浮式结构物水动力计算、静水力分析和海上安装分析，拓展结构分析能力，其与 SACS 的接口将自动化，可操作性大大加强。未来，MOSES 软件作为 Bentley 公司海洋工程分析软件包中重要的核心成员将在海洋工程分析领域发挥更大的影响力。

1.2　经典 MOSES 的简要介绍

1.2.1　经典 MOSES 的运行

当安装完 MOSES 软件后，安装软件的计算机会将 dat 模型文件和 cif 命令执行文件同 MOSES 软件相关联。运行 MOSES 程序有以下几种方式。

1. 运行 cif 命令执行文件

当文件正常关联的时候，双击打开 cif 文件可以看到该文件通过 MOSES Editor 程序（V7.10～V10）打开，如图 1.11 所示。cif 文件包含运行命令，当需要运行计算时，单击右上方的“Run”按钮即开始 MOSES 命令执行文件的运行。

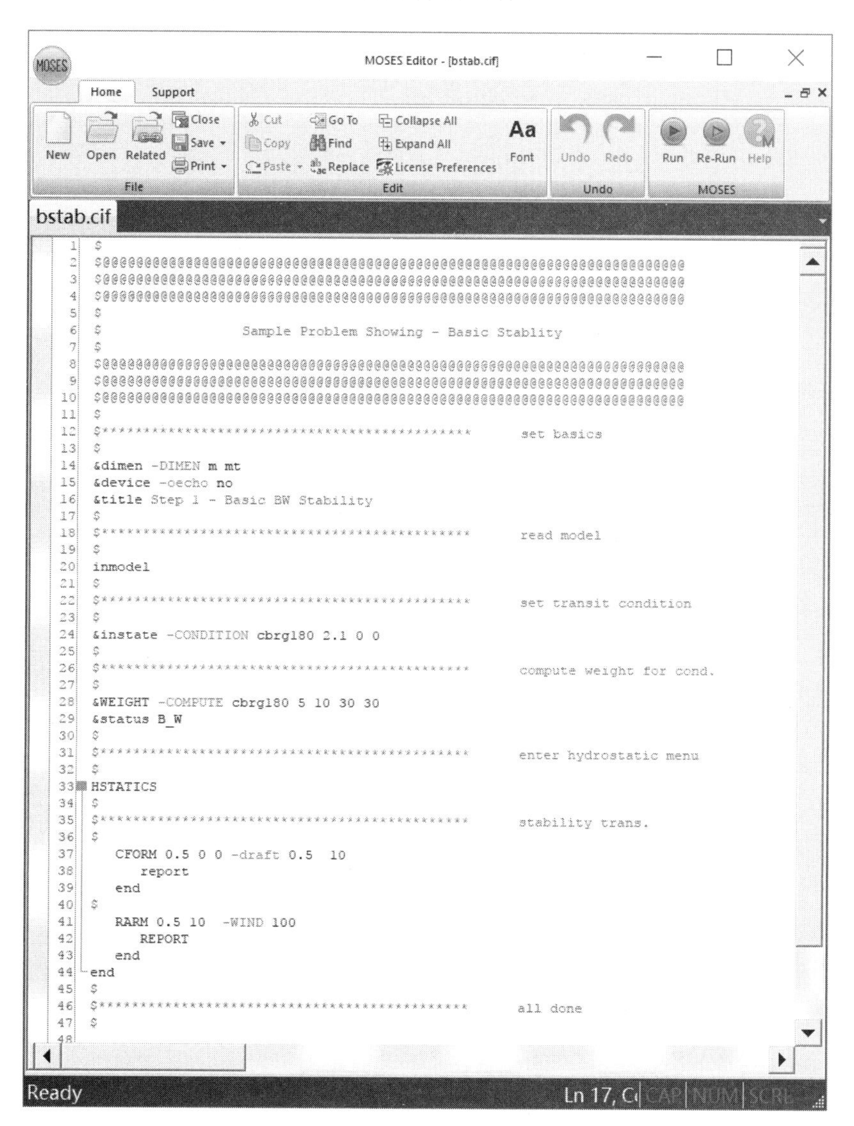

图 1.11　通过 MOSES Editor 打开 cif 文件

2. 通过经典 MOSES 界面打开命令执行文件

经典 MOSES 运行界面如图 1.12 所示。

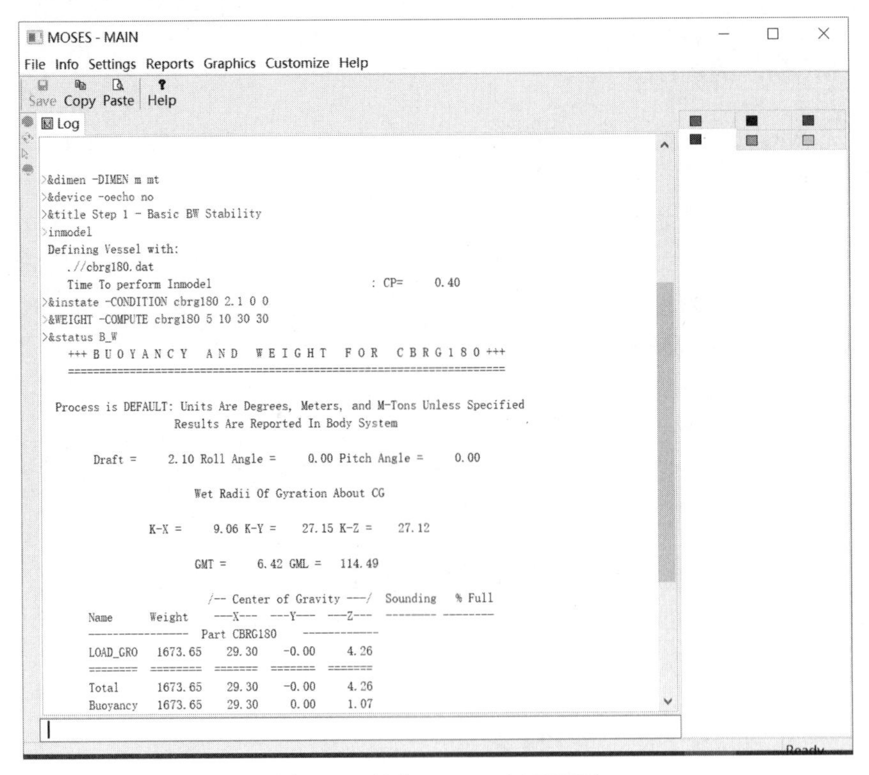

图 1.12　经典 MOSES 运行界面

双击 MOSES 程序的快捷方式，弹出对话框，通过查找需要运行的 cif 文件来实现命令执行文件的运行，如图 1.13 所示。另外，也可以将 cif 文件拖曳至 MOSES 程序或其快捷方式上方释放来实现 cif 文件的运行。

3. 通过批处理方式顺序运行多个 cif 文件

目前 MOSES 仅支持 Windows 系统，这里的批处理命令特指 Windows 系统。

通过编制 bat 批处理文件可以实现多个 cif 文件的顺序自动运行。一个简单的例子：新建一个批处理文件 run.bat 并用文本编辑程序打开该文件，输入以下命令：

```
Start  ""  "C:\Program Files\Bentley\Engineering\MOSES 7.10 V8i\bin\win64\moses.exe"  bstab.cif
rd     /s /q              bstab.dba
```

Start 后输入 MOSES.exe 的路径和文件夹下的 cif 文件名。如果不需要保留运行数据库，可编批处理命令将 dba 文件夹删去。

当需要运行多个同一文件夹下的 cif 文件时，输入多个 Start 命令即可。

当需要运行不同目录的 cif 文件时，可以将 cif 文件的路径输入，如下所示：

```
Start  ""  "C:\Program Files\Bentley\Engineering\MOSES 7.10 V8i\bin\win64\moses.exe"
"C:\moses tests\01test basic stab\bstab.cif"
rd     /s /q      "C:\moses tests\01test basic stab\bstab.dba"
```

更具体的批处理文件编写方法可参考 Windows 系统批处理命令相关资料。

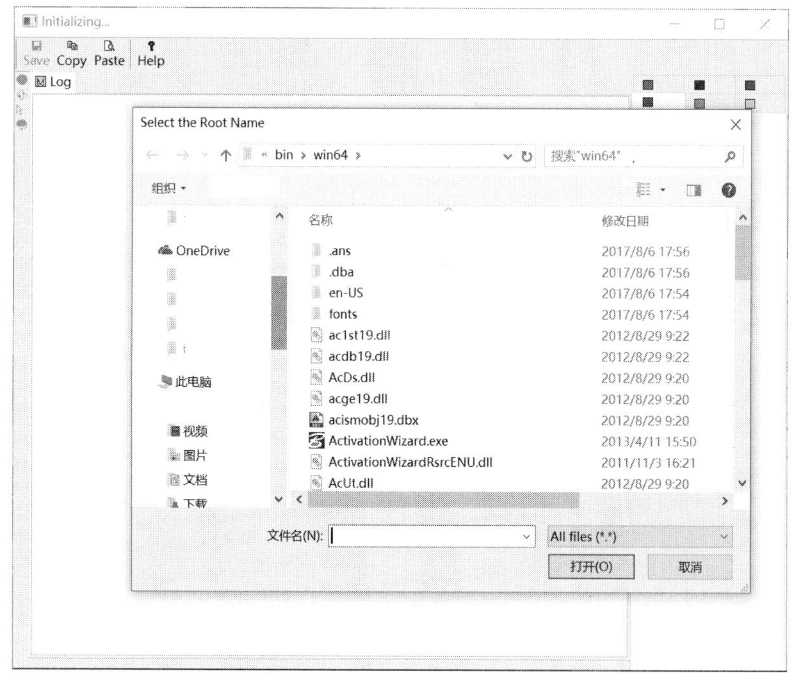

图 1.13　双击 MOSES 快捷方式打开运行文件（cif 文件）

4. 读入模型文件

某些情况下用户需要检查模型是否正确。双击 MOSES.exe，找到模型文件 dat 将其打开，如图 1.14 所示。

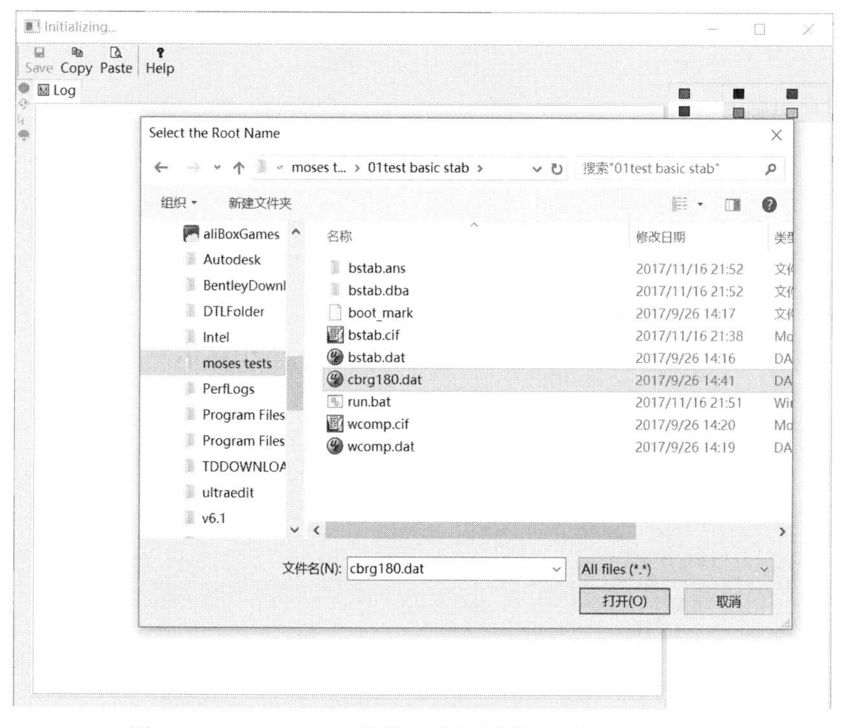

图 1.14　双击 MOSES 快捷方式打开模型文件（dat 文件）

读入模型文件后在命令输入栏输入 **inmodel**，按 Enter 键，程序不出现报错则表示模型被成功读入。

模型成功读入后可以通过 MOSES 查看三维模型。单击 Graphics→Picture Options，如图 1.15 所示。

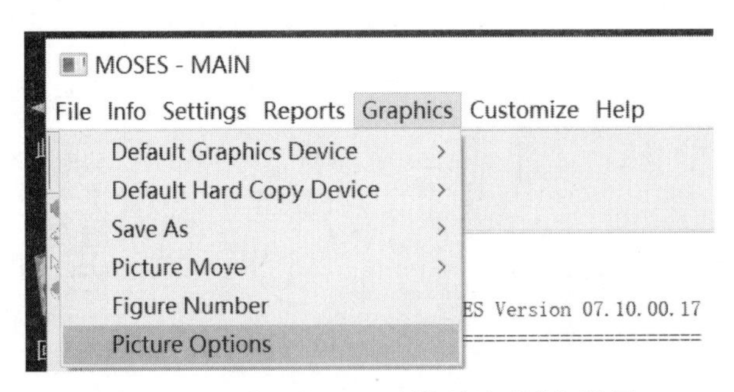

图 1.15　经典 MOSES 对模型显示进行设置

在 Picture Options 选项中可以选择模型显示模式，其界面如图 1.16 所示。单击 Rendering Type→Solid，程序以三维渲染方式显示三维模型，勾选该选项，单击 OK，即可在程序界面看到程序读入的模型，如图 1.17 所示。

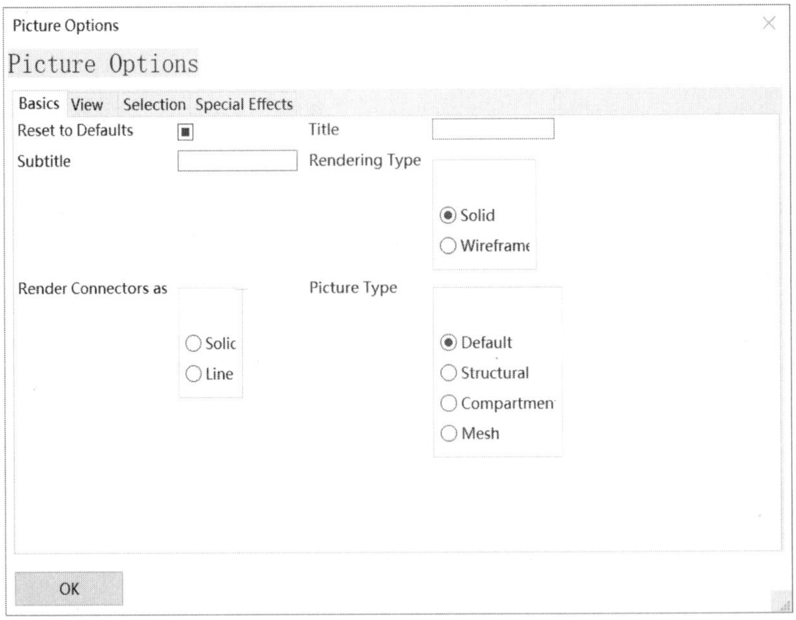

图 1.16　经典 MOSES 中的 Picture Options 设置页面

关于经典 MOSES 的程序界面将在 1.2.2 节做进一步的介绍。

5. MOSES Executive

MOSES 在保留经典界面的基础上在 2018 年推出 MOSES Executive，主要目的是从根本上将经典 MOSES 进行重新包装整合，形成从命令编辑、计算分析到后处理的完整三维界面工具。相关内容请参考 8.3 节和 MOSES V11 Executive 帮助文件。

图 1.17 经典 MOSES 界面下的三维模型显示

1.2.2 经典 MOSES 软件界面

1. 菜单栏

MOSES 的运行界面菜单栏位于上方，包括 File、Info、Settings、Reports、Graphics、Customize 和 Help 等 7 个菜单，如图 1.18 所示。

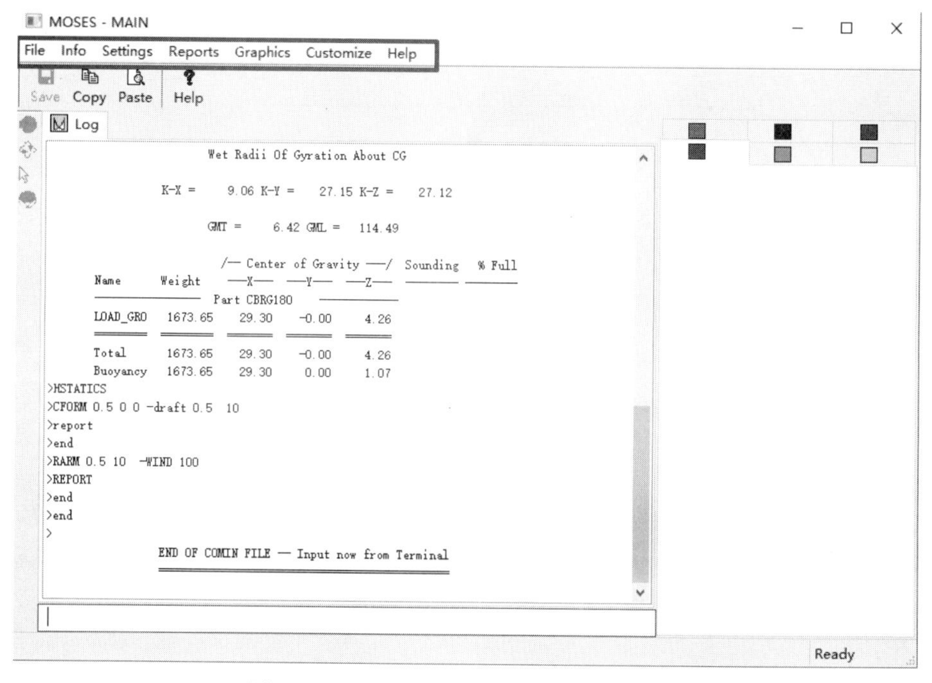

图 1.18 经典 MOSES 运行界面菜单栏位置

（1）File 菜单主要功能是读入 cif 命令文件和模型文件，一般使用概率较小，如图 1.19 所示。

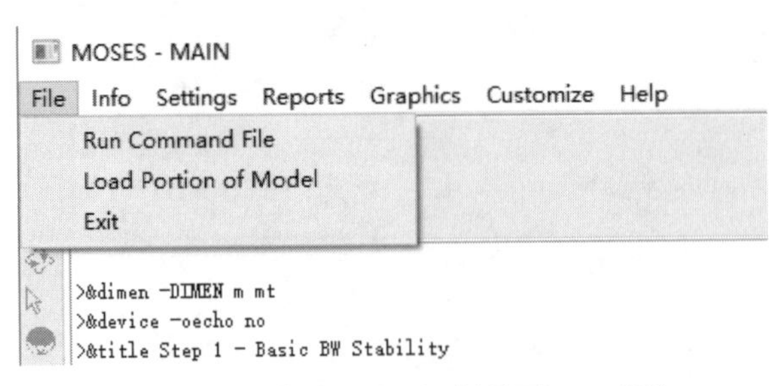

图 1.19　经典 MOSES 运行界面 File 菜单

（2）Info 菜单包括若干子菜单，主要功能是显示诸如环境条件、结构部件信息、当前系统状态、当前设置状态以及变量情况等，如图 1.20 所示。

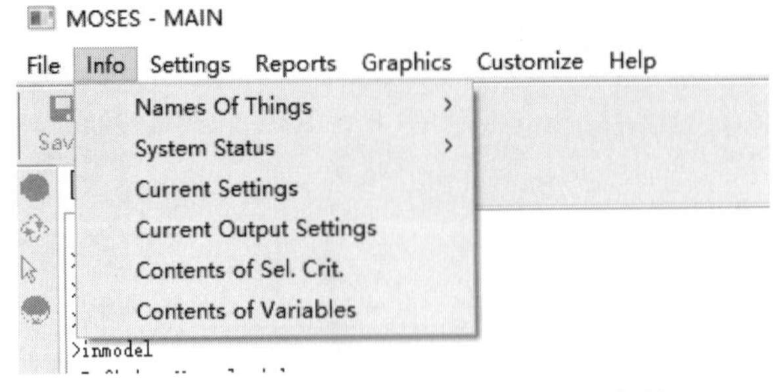

图 1.20　经典 MOSES 运行界面 Info 菜单

（3）Settings 菜单主要功能是查看目前定义的过程、程序运行时的单位制以及其他参数，如图 1.21 所示。

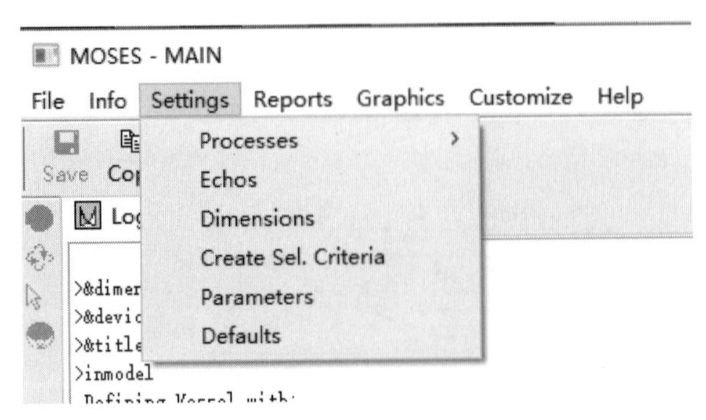

图 1.21　经典 MOSES 运行界面 Settings 菜单

参数定义（Parameters）菜单主要包括划分水动力网格的大小、积分计算的设置、杆件的风力系数和拖曳力系数的设置等内容，如图 1.22 所示。

Settings 菜单的内容可以通过 cif 文件进行定义，一般不需要通过 Settings 菜单进行修改。

（4）Reports 菜单主要功能是对当前定义的舱室、载荷、板梁等进行报告输出，如图 1.23 所示。

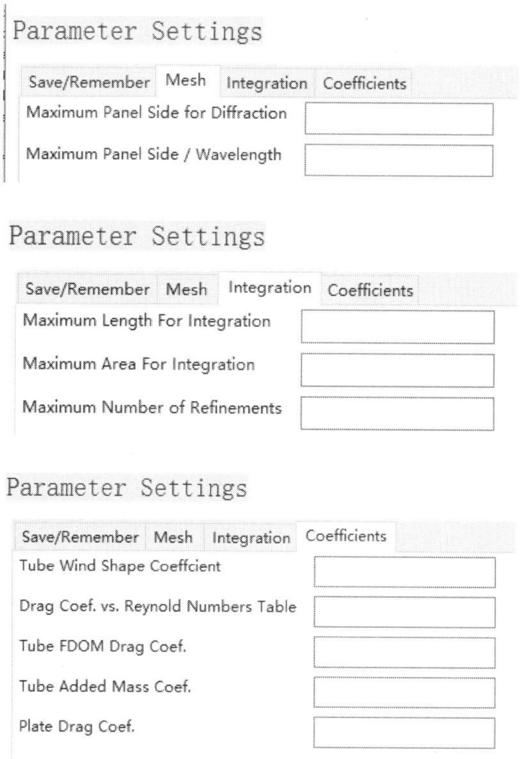

Parameter Settings
Save/Remember
Mesh
Integration
Coefficients
Maximum Panel Side for Diffraction
Maximum Panel Side / Wavelength
Parameter Settings
Save/Remember
Mesh
Integration
Coefficients
Maximum Length For Integration
Maximum Area For Integration
Maximum Number of Refinements
Parameter Settings
Save/Remember
Mesh
Integration
Coefficients
Tube Wind Shape Coeffcient
Drag Coef. vs. Reynold Numbers Table
Tube FDOM Drag Coef.
Tube Added Mass Coef.
Plate Drag Coef.

图 1.22　经典 MOSES Parameter Settings

MOSES - MAIN
File
Info
Settings
Reports
Graphics
Customize
Help
Save
Copy
Paste
Log
Report Selection
Report Compartments
Report Load Groups
Report Beams
Report Plates
Report Category
Report Classes
Report Joints
Report Points
Report Data
>&dimen -DIMEN m
>&device -oecho r
>&title Step 1 -
>inmodel
Defining Vessel
.//cbrg180.d
Time To perf
>&instate -CONDIT
>&WEIGHT -COMPUTE
CP=

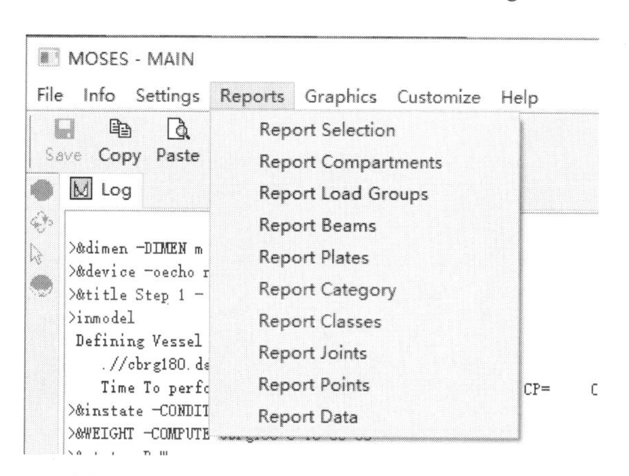

图 1.23　经典 MOSES 运行界面 Reports 菜单

（5）Graphics 菜单主要功能是对图片和动画进行设置，如图 1.24 所示，子菜单主要功能有：

1）Default Graphics Device 设置图片输出位置，To Screen 是在程序界面显示图片；To Device 是将图片以文件保存。

2）Default Hard Copy Device 设置默认图片以何种格式进行保存。

3）Save As 设置**当前图片**以何种格式进行保存。

4）Picture Move 设置查看图片时候的视角变化。

5）Figure Number 设置图片编号。

6）Picture Options 是对当前图片效果、模型类型、视角和其他效果进行设置。

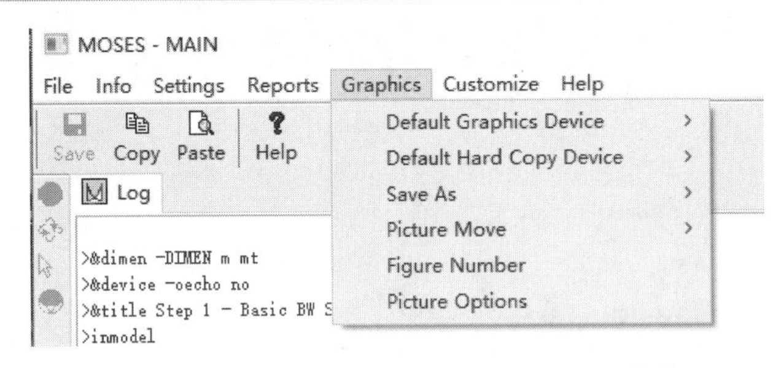

图 1.24　经典 MOSES 运行界面 Graphics 菜单

Picture Options 的子菜单 Basic 是对当前图片的 Title、渲染方式、连接部件的显示方式以及模型类型显示作出设置。

Rendering Type→Solid 是对模型进行 3D 渲染，Wireframe 是以线的形式输出模型，如图 1.25 所示。

Picture Options

Basics　View　Selection　Special Effects

Reset to Defaults　Title

Subtitle　Rendering Type　Solid　Wireframe

Render Connectors as　Solid　Line

Picture Type　Default　Structural　Compartment　Mesh

（a）模式选择对话框

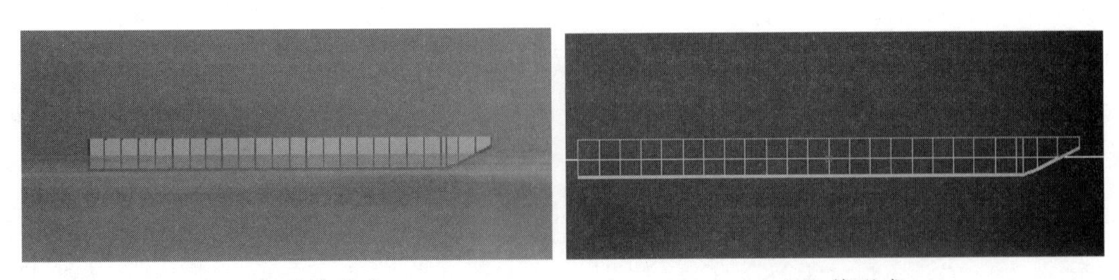

（b）3D 渲染形式　　（c）线形式

图 1.25　以 3D 渲染形式显示模型和以线形式显示模型

Picture Type 是设置何种模型进行图形显示。Default 是以默认方式输出（默认显示船体模型，其形式为线模型）；Structural 显示结构模型；Compartment 显示舱室模型，如图 1.26 所示；Mesh 是显示网格模型。

View 设置模型观察视角，可以在 Initial View 中进行选择，也可以在 Three Points for a Plane 中定义观察平面，具体设置内容如图 1.27 所示。

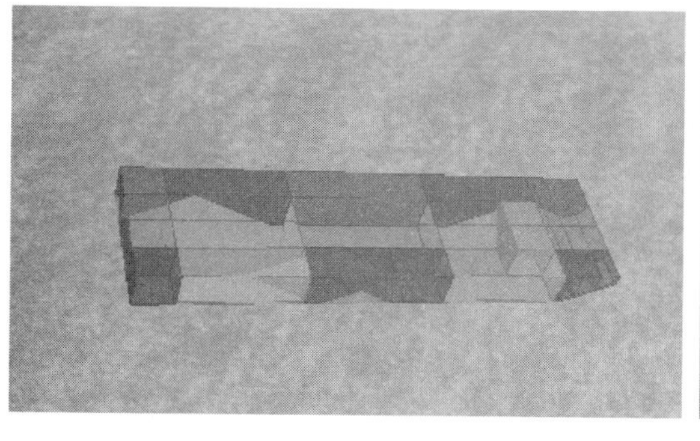

（a）3D 渲染

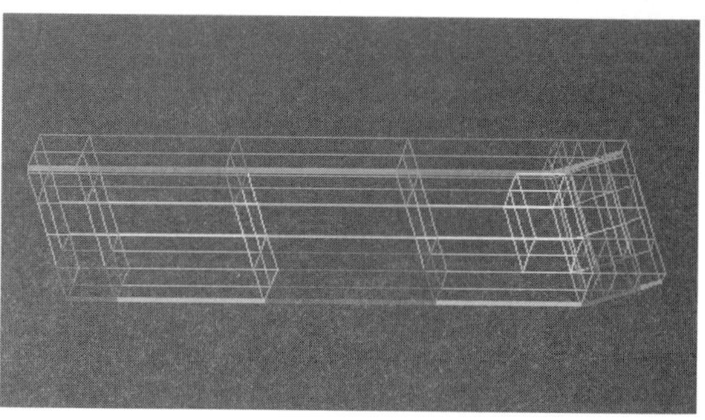

（b）线形式

图 1.26　以 3D 渲染形式显示舱室模型和以线形式显示舱室模型

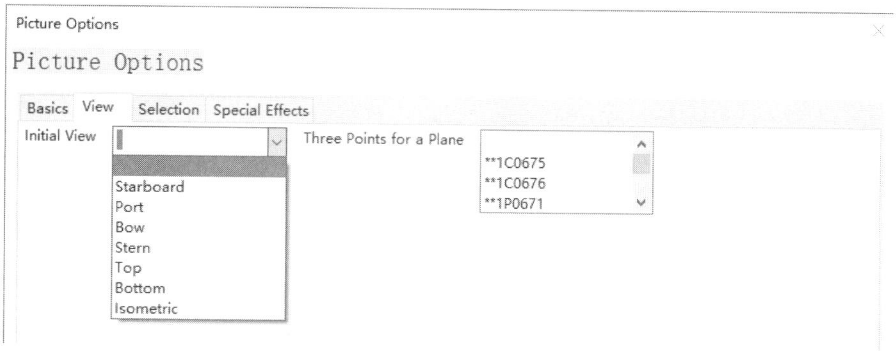

Picture Options

Picture Options

Basics　View　Selection　Special Effects

Initial View　　Three Points for a Plane

Starboard
Port
Bow
Stern
Top
Bottom
Isometric

**1C0675
**1C0676
**1P0671

图 1.27　View 选项设置内容

Selection 设置图片大小、选择部分模型进行显示等，如图 1.28 所示，一般较少使用。

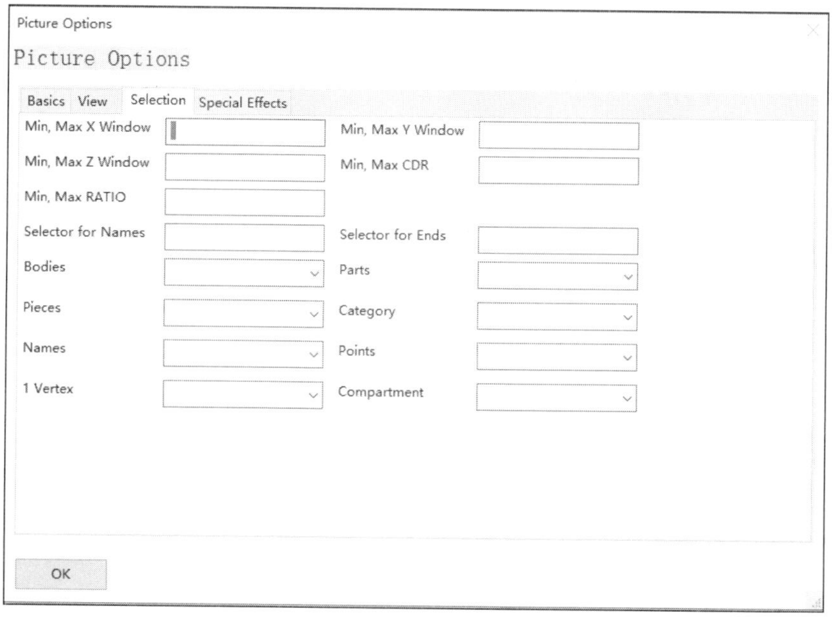

Picture Options

Picture Options

Basics　View　Selection　Special Effects

Min, Max X Window　　Min, Max Y Window
Min, Max Z Window　　Min, Max CDR
Min, Max RATIO
Selector for Names　　Selector for Ends
Bodies　　Parts
Pieces　　Category
Names　　Points
1 Vertex　　Compartment

OK

图 1.28　Selection 选项设置内容

Special Effects 是设置一些特殊效果，包括：显示水体（Show Water and World）；显示模

型细节（Show Detailed Model），动画是否以真实时间播放（Play Simulations in Real Time）等，具体设置内容如图 1.29 所示。

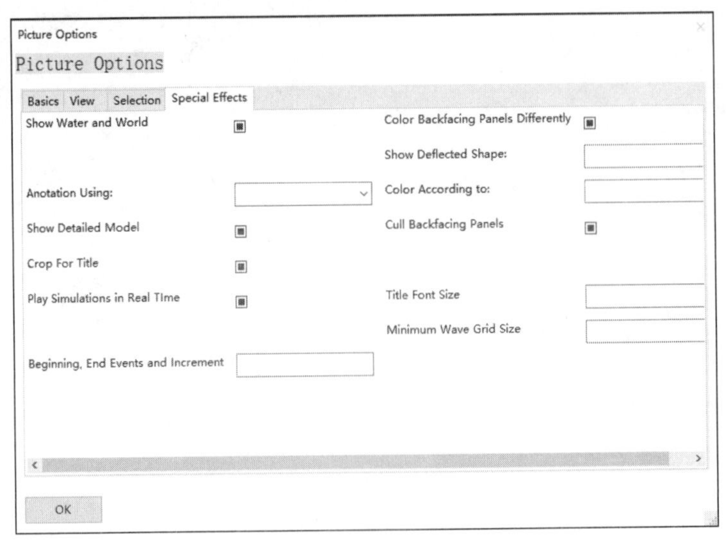

图 1.29　Special Effects 设置内容

（6）Customize 菜单主要功能是对程序的最大内存、时间格式、单位制、打印设置以及命令窗口文本格式等进行定义，如图 1.30 所示，一般较少使用。

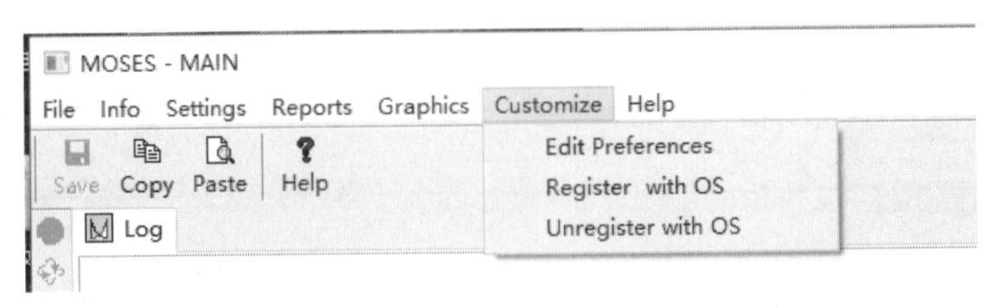

图 1.30　经典 MOSES 运行界面 Customize 菜单

（7）Help 菜单主要功能是进行命令以及选项等内容的查询，如图 1.31 所示。

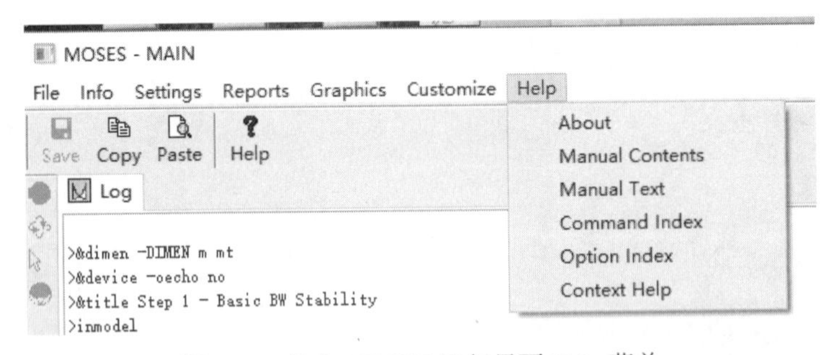

图 1.31　经典 MOSES 运行界面 Help 菜单

2. 命令运行显示区域

当 MOSES 运行 cif 文件时，软件命令运行显示区域会将运行命令以及一些运行结果显示出来，以“>”开头，字体为蓝色的是执行命令，黑色字体为运行结果以及提示信息，如图 1.32 所示。

3. 命令输入窗口

一般情况下 cif 文件应包括所有需要运行的命令，MOSES 执行 cif 文件来完成计算工作，但在 cif 文件编写调试以及后期修改过程中，往往需要中断 cif 文件的运行以便用户输入一些命令进行文件的调试和修改。此时，命令的输入需要在命令输入窗口完成。

经典 MOSES 的命令运行显示区域与命令输入窗口如图 1.32 和图 1.33 所示。

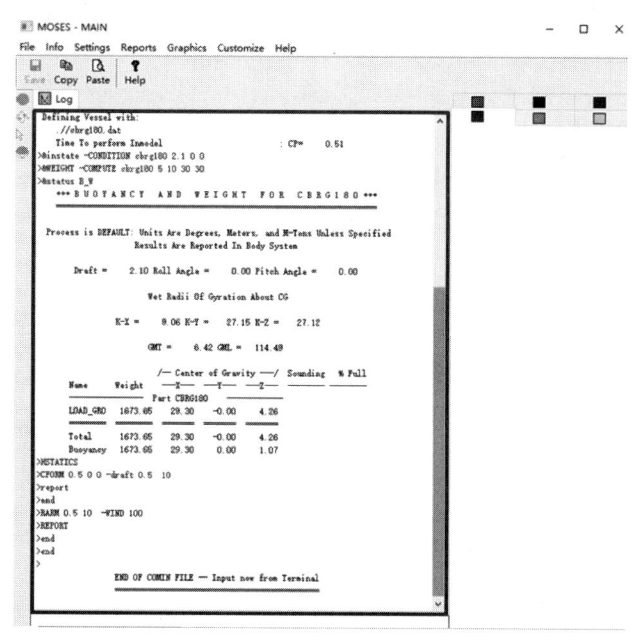

图 1.32　经典 MOSES 的命令运行显示区域

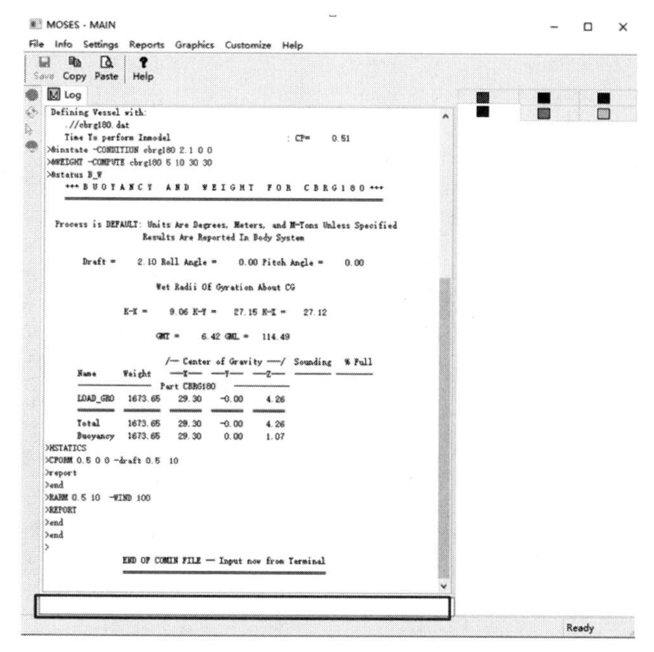

图 1.33　经典 MOSES 的命令输入窗口

1.2.3 模型查看与动画设置

当需要查看模型以及动画时，可以通过 Graphics 进行设置。单击 Graphics 选择 Picture Options，在 Basics 中选择 Rendering Type→Solid，Picture Type→Default，单击 OK，如图 1.34 所示，三维模型将在新窗口显示出来，显示效果如图 1.35 所示。

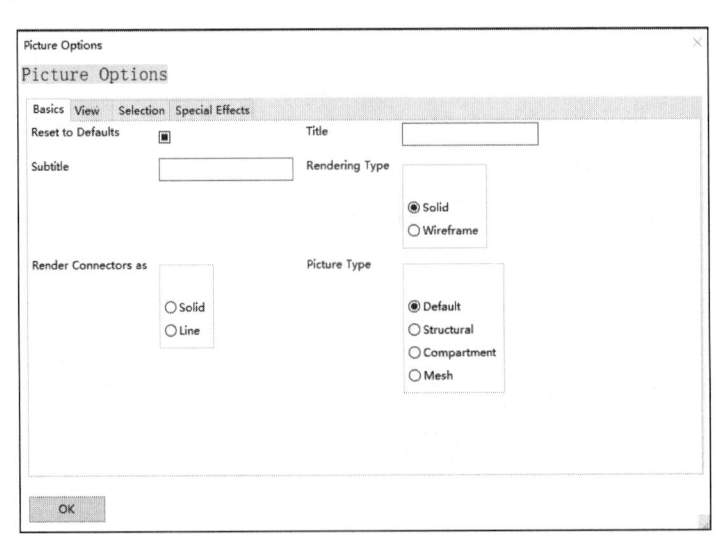

图 1.34　在 MOSES 经典界面中设置显示三维模型

模型的显示在有些情况下需要进行调整，在模型显示窗口可以通过键盘的上下左右键进行距离方向的调整。Ctrl+上、下箭头可以加快移动速度。PgUp 将视角向上平移，PgDn 将视角向下平移。Home 键和 End 键将视角进行纵向旋转，Insert 键和 Delete 键将视角横向旋转。

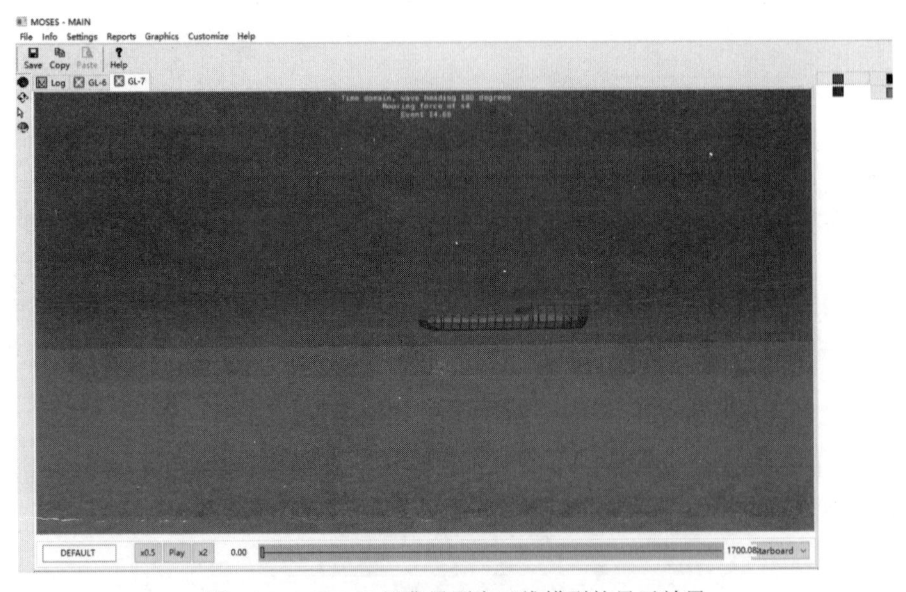

图 1.35　MOSES 经典界面中三维模型的显示效果

图形显示窗口左侧有 4 个按键，从上到下依次是：回到原始状态、旋转视角、选择结构物和切换显示内容。单击鼠标箭头，在模型显示位置单击选择模型，模型被选中的部分将高亮显示，如图 1.36 所示。在界面右侧的 6 个颜色菜单下将显示选中模型的一些信息，包括：模型名称、单元特性、单元节点信息、当前选中模型的水动力计算方法、风流力系数、浮态、重量、回转半径等。

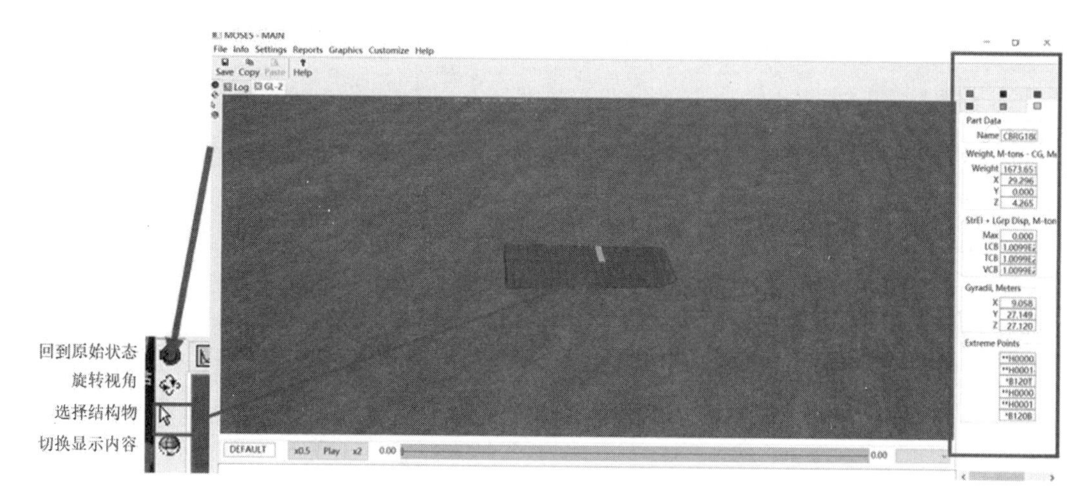

图 1.36　MOSES 经典界面中模型选择与旋转以及模型信息显示

模型显示界面右下方有下拉菜单，可以选择特定的视角（6 个特定方向）进行模型查看，如图 1.37 所示。

图 1.37　MOSES 经典界面中选择 6 个典型视角用于模型查看

用户需要查看时域计算或者某些静态过程计算的显示动画时，可以在下方窗口找到控制按钮。程序默认以真实时间来播放动画，×0.5 表示以实际时间的一半速度来播放动画，×2 是以 2 倍速度播放。绿色进度条可以拖曳，能够让用户查看特定时间的时域模拟情况。当选择完播放速度和播放开始时间后，单击 Play，程序将播放动画，如图 1.38 所示。

如果需要将模型或者动画以图片或者视频形式保存，可以在 Graphics 的 Save As 中选择图片格式和动画格式，如图 1.39 所示。

动画播放只有程序完成时域计算或者静态过程模拟后才能进行查看。动画设置和保存也可以通过在 cif 文件中编制命令来实现。

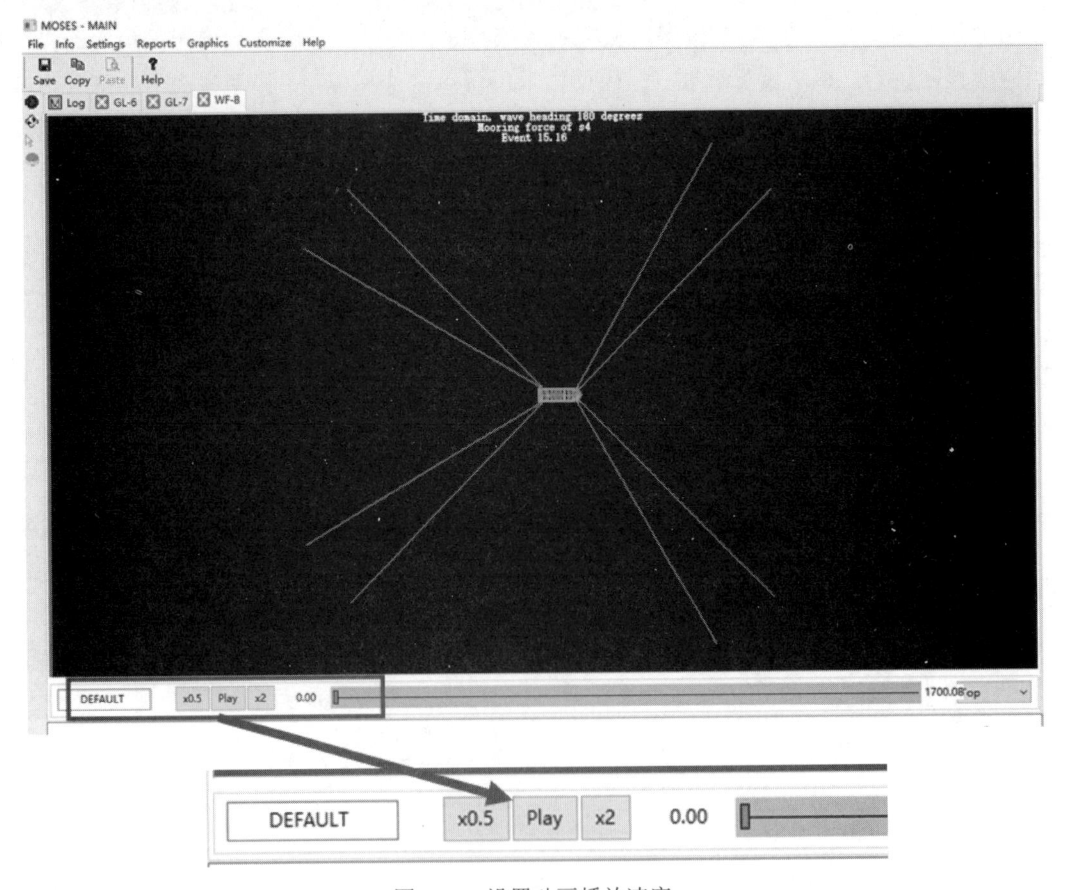

图 1.38　设置动画播放速度

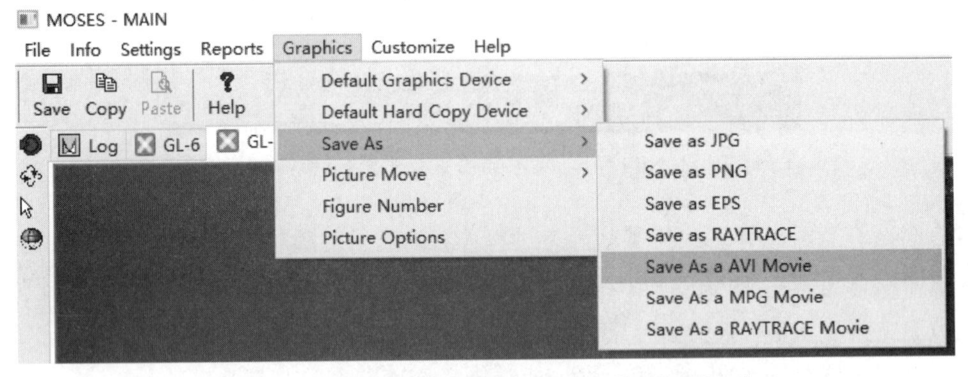

图 1.39　设置时域模拟动画保存为 AVI 格式视频文件

1.2.4　前后处理

MOSES 的命令执行文件 cif 和模型文件 dat 需要通过文本编辑工具进行编写，随后通过 MOSES 进行调试调整。

V7.10 版本的 MOSES 推出了新的 MOSES Editor（简称 Editor）程序，专门用于 MOSES 模型文件和命令文件的编写，MOSES Editor 整体效果如图 1.40 所示。

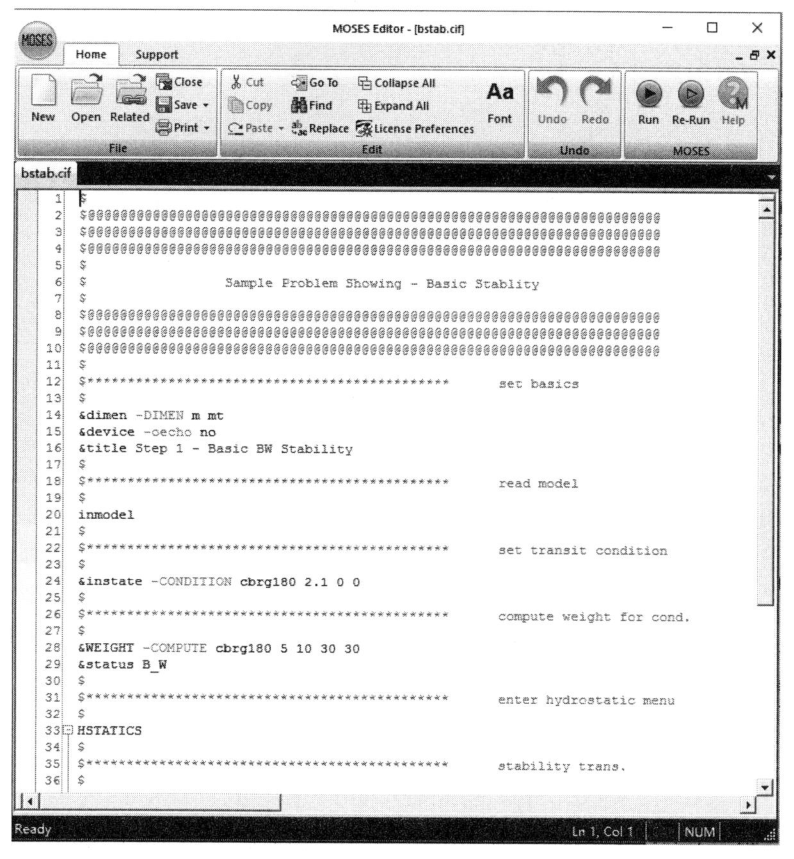

图 1.40　MOSES Editor 主界面

在 MOSES Editor 中，运行命令以蓝色显示，注释以绿色显示，选项为浅蓝色，文本显示信息为粉色，数据输入为黑色字体。

当命令属于同一模块或者同一类时，程序会自动将其以展开形式显示以方便用户识别。用户可以单击折叠按钮将其隐藏，折叠以后的命令会以浅灰色显示，如图 1.41 所示。

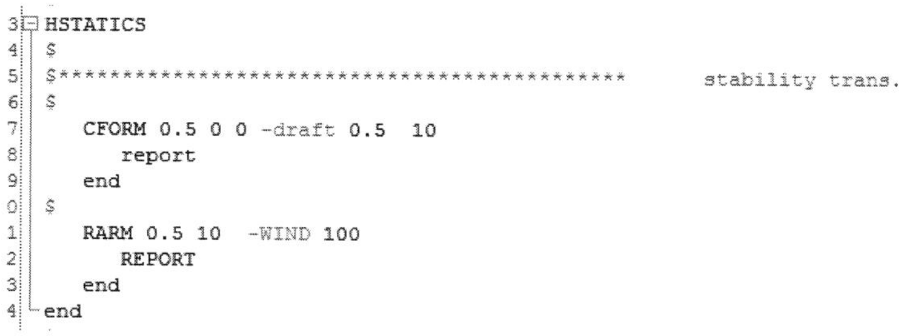

```
3⊟ HSTATICS
4   $
5   $***********************************************     stability trans.
6   $
7      CFORM 0.5 0 0 -draft 0.5  10
8         report
9      end
0   $
1      RARM 0.5 10  -WIND 100
2         REPORT
3      end
4  └end
```

（a）展开

```
$*********************************************     enter hydrostatic menu
$
⊞ HYDROSTATICS....
$
$*********************************************     all done
```

（b）折叠

图 1.41　MOSES Editor 中命令的展开与折叠

Editor 还提供一般文本编辑器的功能，这里不再赘述。

Editor 的主要功能按钮如图 1.42 所示。

图 1.42　Editor 的主要功能按钮

Editor 的 Related 功能可以打开与 cif 文件相关联的文件。Editor 具备编辑回退和前进的功能，方便编辑文本出现错误时进行调整。

Editor 同 MOSES 程序相关联，单击 Run 按钮可以实现 cif 文件的运行。Re-Run 可以将之前运行的过程数据保留并在 MOSES 程序中显示，相当于在之前运行结果的基础上接受用户进行命令输入。

当文件编写完毕时，可以通过运行 MOSES 进行模型查看和命令文件调试。

MOSES 的后处理功能非常强大，主要的后处理手段有：

（1）通过 MOSES 程序界面进行数据查看、模型查看、动画查看和保存等功能。

（2）通过 cif 命令文件进行后处理命令的编写。

（3）通过 cif 命令文件将数据导出，用户自行处理。

关于程序界面查看模型和动画可参考本书 1.2.3 节，后处理命令介绍详见本书 3.3、3.5 节相关内容。

1.2.5　帮助文件与学习资源

MOSES 软件自带的帮助文件、技术文件以及例子都在软件安装目录下的 hdesk 文件夹下。

MOSES 的帮助文件 a4.pdf 在软件安装目录 hdesk/document/include 文件夹内。在该文件夹下还有以下几个文件（如图 1.43 所示）：

（1）deals.pdf 说明 MOSES 对于一些技术问题的处理方式。

（2）integ.pdf 说明 MOSES 水动力计算以及频域分析的基本理论。

（3）let.pdf 同 a4 文件内容一样。

（4）otto.pdf 为 MOSES 早期的 otto 软件理论手册，包含现在 MOSES 对于一些问题的处理方法的解释。

（5）verify.pdf 为 MOSES 的验证报告。

（6）wamit_moses.pdf 为 MOSES 水动力计算结果与 WAMIT 水动力计算结果的对比报告。

a4.pdf
deals.pdf
frames_main.htm
integ.pdf
let.pdf
otto.pdf
toc_bot
toc_head
verify.pdf
wamit_moses.pdf

图 1.43　MOSES 自带的说明与帮助文件

在 hdesk/document/papers 文件夹下有 4 篇论文，这 4 篇论文是 MOSES 处理大型结构物在波浪作用下的运动以及波浪描述方法的理论来源，如图 1.44 所示。

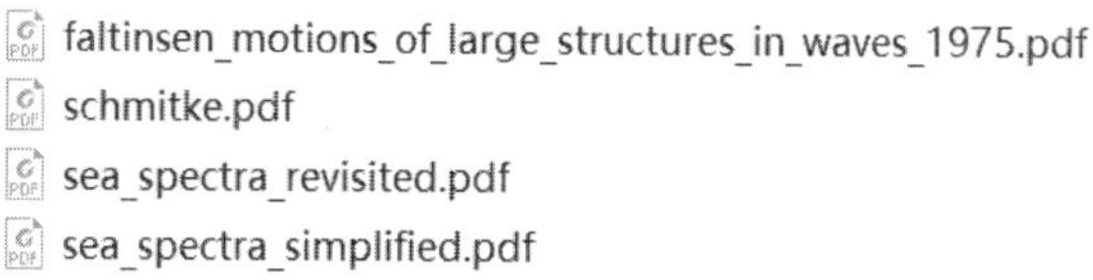

faltinsen_motions_of_large_structures_in_waves_1975.pdf
schmitke.pdf
sea_spectra_revisited.pdf
sea_spectra_simplified.pdf

图 1.44　MOSES 自带的理论参考文件

hdesk 文件夹下的 workbook.pdf 提供了一些练习例子，内容涵盖稳性、压载、SACS 模型传递、频域运动分析、吊装、系泊、安装等多个方面。Workbook 中每个例子都给出对应文件的位置，这些文件通常都位于 hdesk\runs\samples 文件夹下。

除了 Workbook 包括的例子外，MOSES 还提供了比较丰富的算例。打开开始菜单 MOSES 安装文件夹下的 Getting Started 页面。在 Your First Run of MOSES 页面可以看到软件对于首次接触 MOSES 软件的用户给予的一些简单指导，如图 1.45 所示。

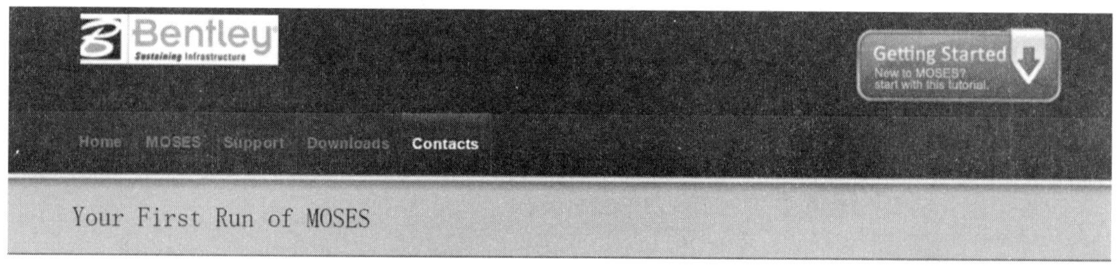

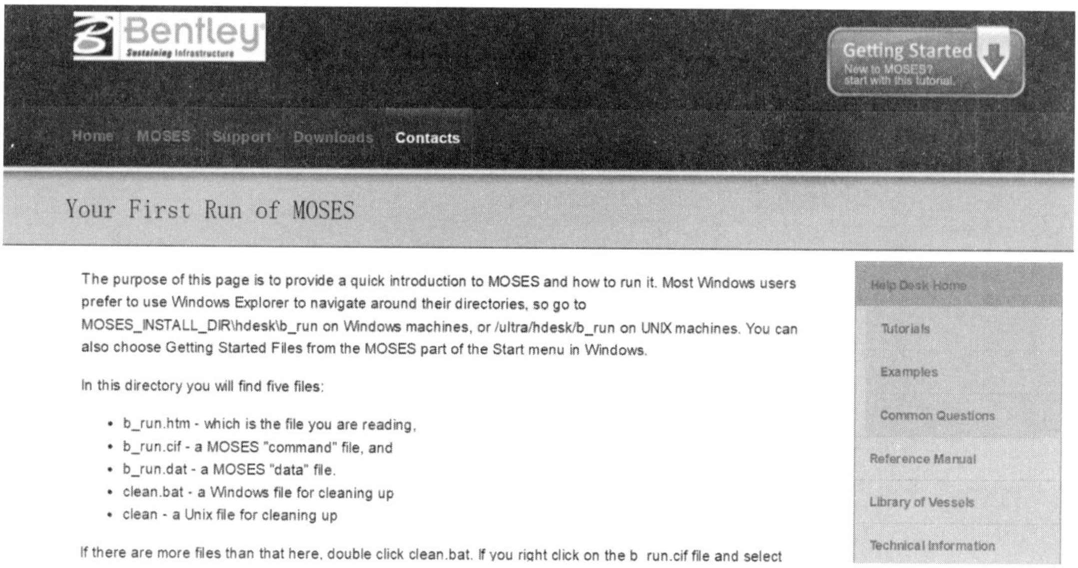

Bentley
Sustaining Infrastructure
Getting Started
New to MOSES?
start with this tutorial.
Home
MOSES
Support
Downloads
Contacts
Your First Run of MOSES
The purpose of this page is to provide a quick introduction to MOSES and how to run it. Most Windows users prefer to use Windows Explorer to navigate around their directories, so go to MOSES_INSTALL_DIR\hdesk\b_run on Windows machines, or /ultra/hdesk/b_run on UNIX machines. You can also choose Getting Started Files from the MOSES part of the Start menu in Windows.
In this directory you will find five files:
b_run.htm - which is the file you are reading,
b_run.cif - a MOSES "command" file, and
b_run.dat - a MOSES "data" file.
clean.bat - a Windows file for cleaning up
clean - a Unix file for cleaning up
If there are more files than that here, double click clean.bat. If you right click on the b_run.cif file and select
Help Desk Home
Tutorials
Examples
Common Questions
Reference Manual
Library of Vessels
Technical Information

图 1.45　MOSES Getting Started 界面

在 Support 页面可以找到很多例子、使用过程中常见问题的解释、软件内置的船舶模型库以及 MOSES 的技术文件，如图 1.46 所示。

以上这些文件和例子均保存在 MOSES 的本地安装文件夹下，用户通过学习这些例子可以从一定程度上了解和掌握 MOSES 软件的使用。

在新的 V11 版本中，用户可以通过 Bentley 的官网社区以及 Bentley CONNECT 获取更多的支持。

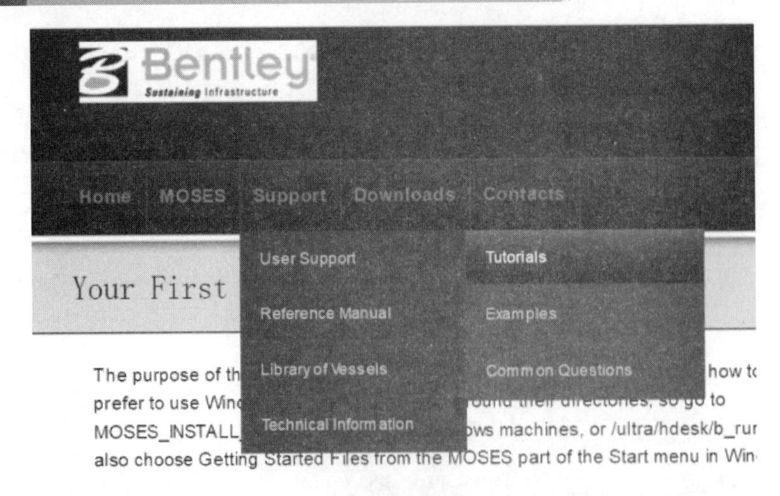

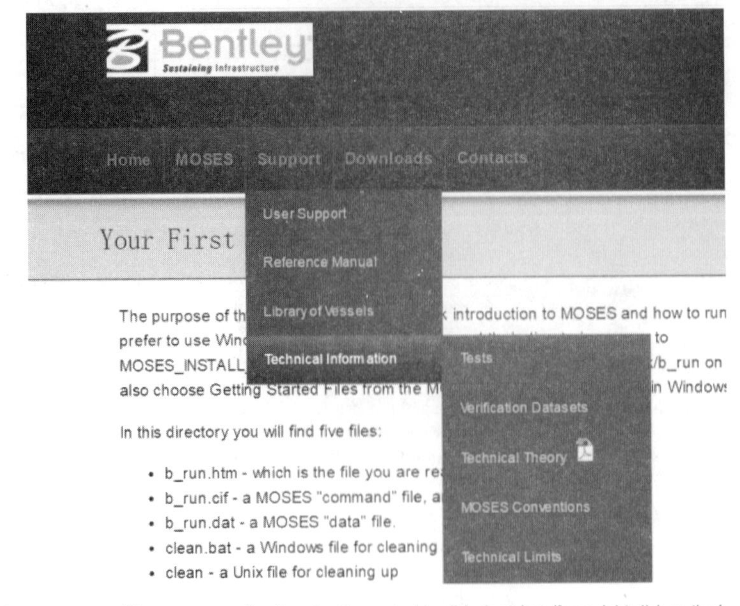

图 1.46　MOSES Getting Started 页面中的 Support 页面

1.3　MOSES 文件系统与分析流程

1.3.1　文件系统

MOSES 的文件系统包括命令执行文件、二进制计算库文件、结果文件以及程序参数设置文件 4 大类，文件后缀名及对应功能为：

（1）cif：命令执行文件，主要内容为需要程序执行的命令。

（2）dat：模型定义文件，命令执行文件通过读取该文件来进行模型读入和处理。

二进制计算库文件都在 dba 文件夹下，包括程序计算过程中的二进制计算文件。

程序的计算结果文件在 ans 文件夹下，一般包括如下内容：

（1）eps：postscript 文件，存储程序输出的图以及曲线结果，需要通过其他程序进行读取，如 gsview 等。

（2）log 文件：格式为文本格式，记录程序执行过程。

（3）out 文件：格式为文本格式，分析结果文件。

（4）mod 文件：格式为文本格式，通常存储水动力计算结果或其他计算结果，水动力数据文件可通过编写相关命令实现调用。

（5）csv：MOSES 可以将计算结果数据以 csv 文件格式输出以用于其他目的的后处理。

MOSES 还可以通过其他格式如 html、PNG、JPG、UGX、DXF 来输出结果，但需要通过命令来进行设置，这一部分将在本书 3.1.4 和 3.5.7 节进行介绍。

一个典型的 MOSES 输出文件类型和组成如图 1.47 所示。

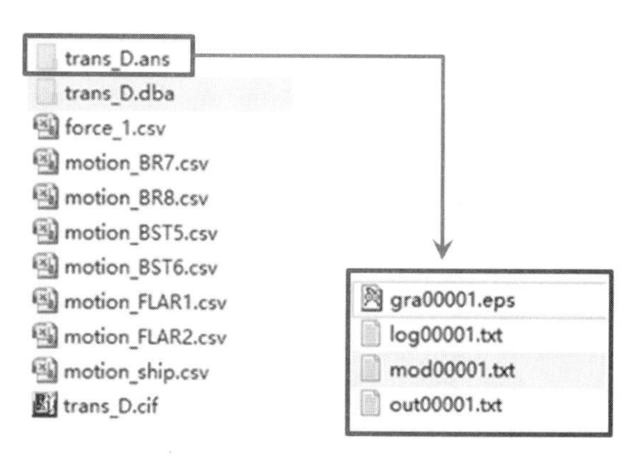

图 1.47 MOSES 的典型输出结果文件类型示意

MOSES 的一些默认参数设置可以在 moses.cus 文件中查看，该文件在程序的 data/progm 文件夹下，如图 1.48 所示。该文件包括程序内部定义的 S-N 曲线、程序默认参数等，程序默认参数可以通过在 cif 文件中的**¶meter** 和**&default** 命令进行修改，也可以直接在 cus 文件中进行修改，但通常不建议用户直接修改 cus 文件中的内容。

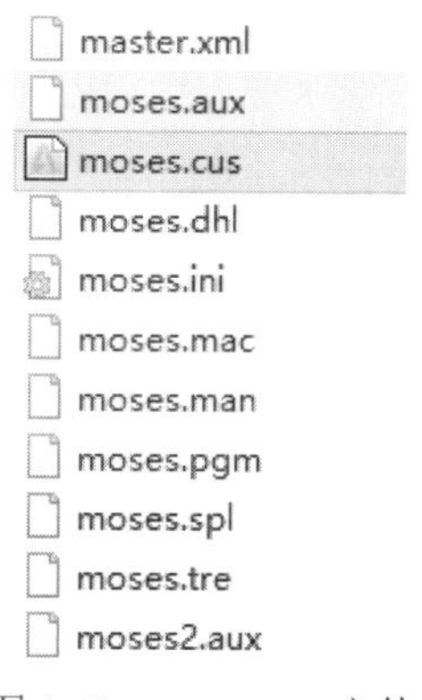

图 1.48 moses.cus 文件

该文件夹下的其他文件也包含了很多程序默认内容，如 moses.aux 定义了程序默认的材料特性；moses.ini 定义了默认的一些文件格式、运行窗口大小以及默认调用内存大小等；

moses.mac 定义了软件内置的宏命令。

这里有一个名为 moses.man 的文件，这个文件描述了 MOSES 的诞生目的，内部封装语言的诞生背景、主要功能以及命令解释，从某种意义上来看，这个文件描述了“原始状态下”的 MOSES。

1.3.2 分析流程

MOSES 的分析流程呈现线性特征，可以划分为 3 个阶段：建立模型（Models）；设置求解器并求解（Simulator）；分析结果后处理（Post Process），如图 1.49 所示。

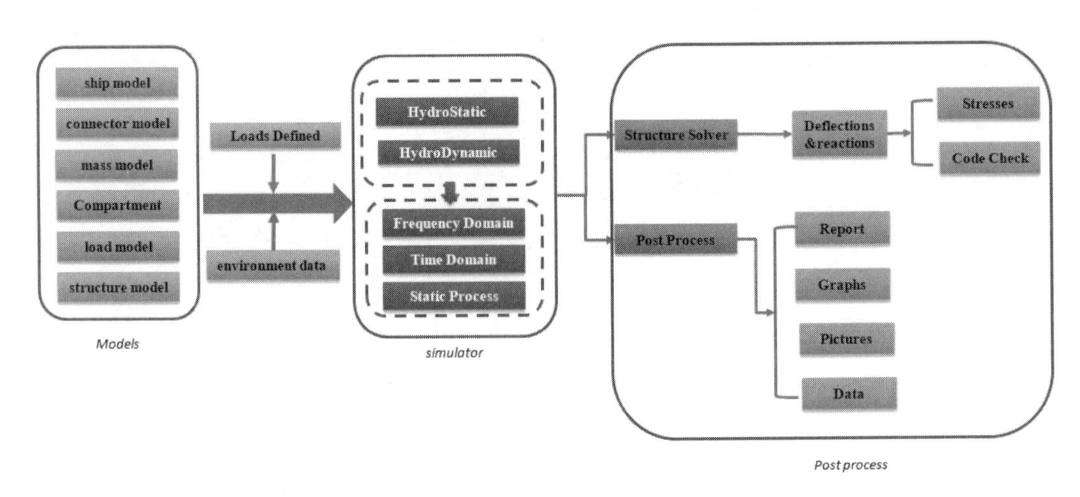

图 1.49 MOSES 的分析流程

1. 模型（Models）

MOSES 的模型主要包括：船体静水力模型、水动力模型、连接部件模型、质量模型、舱室模型、载荷模型与结构模型。

典型的 MOSES 模型文件包含以下内容：

（1）通过描述浮式结构物外形得到的静水力模型（或者通过其他软件导入）。

（2）在静水力模型基础上生成的水动力模型（或者通过其他软件导入）。

（3）定义连接部件，譬如滑道、系泊缆、护舷、LMU 等。

（4）定义质量模型，包括船体重量、货物重量等，主要参数包括重量、惯性矩、分布方式等。

（5）定义舱室模型，主要通过描述浮式结构物舱室几何形状得到的各个舱室模型。

（6）定义载荷模型，包括风力载荷、流力载荷、自定义的线性阻尼、自定义的附加质量、经验公式计算的横摇黏性阻尼、船体风流力系数等。

（7）定义结构模型，包括船体结构模型和其他结构（如导管架等）模型。

2. 求解（Simulator）

MOSES 的主要求解器为静水力求解模块（HydroStatic）和水动力求解模块（HydroDynamic），求解过程包括频域分析、时域分析以及静态过程。

MOSES 命令文件执行过程中用户需要进入各个模块的菜单后才能使用对应的命令。

静水力模块包括的主要计算内容有：

（1）结构物静水力特性计算。

（2）浮态计算。

（3）总纵弯矩和剪力计算。

（4）求解风倾力臂、回复力臂等稳性计算内容。

（5）稳性规范校核（通过调用宏命令实现）。

水动力模块包括的主要计算内容有：

（1）基于切片理论或三维绕射理论计算浮体的水动力特性。

（2）二阶定常波浪力的计算。

（3）输出水动力计算数据文件。

（4）水动力载荷与结构模型的传递。

（5）读入用户定义的水动力数据。

MOSES 求解器设置完成之后进入求解过程，此时需要进入各个求解过程的菜单后才能使用对应的命令。

频域分析内容有：

（1）浮体幅值响应算子 RAO 的计算以及线性化处理。

（2）基于给定海况以及 RAO 的频域分析和统计分析。

（3）基于频域分析结果的时域过程转化。

（4）给出指定点对应的 RAO 以及频域谱分析统计结果。

（5）基于频域分析输出货物受力以及频域谱分析统计结果。

（6）基于频域分析输出连接部件受力以及统计结果。

时域分析主要针对时域下的系统动力响应进行求解，可以完成时域系泊分析、货物吊装下放、动态压载以及结构动力响应等计算内容。

静态过程是模型系统在一定时间内的变化特征缓慢，可以近似用静态计算模拟的过程。静态过程的计算内容包括：

（1）求解浮式结构物的浮态以及平衡计算。

（2）以静态过程模拟导管架压载、吊装、扶正以及下水过程等。

用户可以根据需要来对多个静态计算进行组合以形成一个静态过程，并进行后处理。

3. 后处理（Post Process）

MOSES 的后处理模块包括结构分析与结果处理、过程后处理两个部分。

结构分析与结果处理主要针对结构分析求解并进行结果显示与规范校核。结构分析的内容包括：频域求解、频域转化时域过程分析、静态过程分析以及用户自定义过程的结构分析。

MOSES 的结构分析功能能够进行结构模态求解、频域运输结构分析、载荷工况定义与结构响应求解、导管架下水摇臂分析、载荷传递与结构响应求解等。结构计算后处理能够根据结构分析计算结果进行单元、节点、连接部件的强度规范校核、疲劳计算、内力计算、弯矩剪力计算以及应力分析并将相关分析结果输出。

过程后处理针对时域分析进行分析处理，可以实现对时域分析中指定时间范围的数据进行处理、显示、统计、保存与输出。

关于建模、求解器以及后处理的主要命令及选项将在第 3 章进行介绍。

2 基本理论

2.1 动力学

2.1.1 单自由度运动方程

刚体单自由度自由运动动力学方程为：

$$(M+\Delta M)\ddot{X}+B\dot{X}+KX=0 \tag{2.1}$$

式中，M 为刚体对应自由度的质量或惯性质量；ΔM 为刚体对应自由度的附加质量或转动惯量；B 为阻尼；K 为刚体对应自由度的恢复刚度。

式（2.1）每一项都除以$(M+\Delta M)$，则式子变为：

$$\ddot{X}+2\xi\lambda\dot{X}+\lambda^2X=0 \tag{2.2}$$

式中，$\xi=B/[2(M+\Delta M)\lambda]$，为无纲量阻尼比；$\lambda=\sqrt{\dfrac{K}{M+\Delta M}}$，为刚体对应自由度运动固有频率。

当受到简谐载荷作用时，其运动方程为：

$$\ddot{X}+2\xi\lambda\dot{X}+\lambda^2X=\frac{F_0}{M+\Delta M}\sin\omega t \tag{2.3}$$

运动稳态解为：

$$X(t)=A\sin(\omega t-\beta) \tag{2.4}$$

式中，$A=\dfrac{F_0}{K}\dfrac{1}{\sqrt{(1-\gamma^2)^2+(2\xi r)^2}}$，为运动幅值；$\gamma=\dfrac{\omega}{\lambda}$，为简谐载荷频率与结构固有频率的比值；$\beta=\arctan\dfrac{2\xi\gamma}{1-\gamma^2}$，为运动滞后于简谐载荷的相位。

运动幅值与静位移$\dfrac{F_0}{K}$的比称为动力放大系数 DAF，即：

$$DAF = \frac{A}{F_0 / K} = \frac{1}{\sqrt{(1-\gamma^2)^2 + (2\xi\gamma)^2}} \tag{2.5}$$

（1）当无纲量阻尼比$\xi = 0$时，$DAF = \dfrac{1}{\sqrt{(1-\gamma^2)^2}}$，当激励频率与固有频率接近时，$DAF$ 趋近于无穷。

（2）当无纲量阻尼比$\xi \neq 0$时，DAF 的极值 $DAF_{max} = \dfrac{1}{2\xi\sqrt{1-\xi^2}}$。

（3）当无纲量阻尼比ξ较小时，DAF 的极值 $DAF_{max} \approx \dfrac{1}{2\xi}$。

由此可以看出，系统阻尼越大，动力放大系数 DAF 越小，阻尼的存在对于抑制共振幅值起着关键作用，如图 2.1 所示。

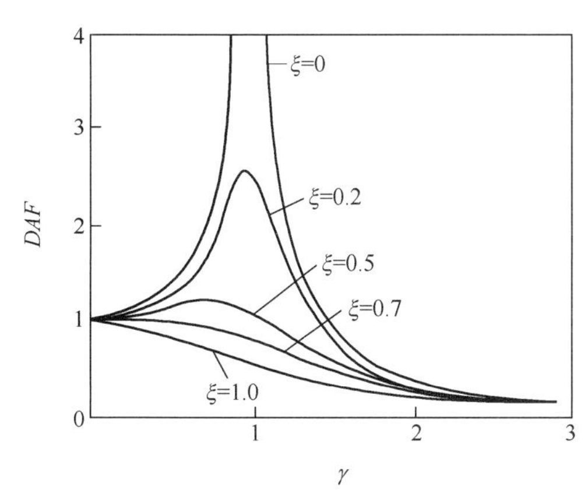

图 2.1 动力放大系数与无纲量阻尼及频率比的关系

相位角与无纲量阻尼及频率比的关系如图 2.2 所示。

（1）当阻尼比γ较小，且频率比γ远小于 1 时，相位角β趋近于 0。

（2）当频率比γ远大于 1 时，β趋近于 π。

（3）当频率比$\gamma = 1$时，无论阻尼比为何值，响应相位β=π/2。

在环境载荷作用下，浮体动力方程可以表达为：

$$[M + \Delta M]\ddot{X} + [B_{rad} + B_{vis}]\dot{X} + [K_{stillwater} + K_{mooring}]X = F_1 + F_{2Low} + F_{2High} + F_{wind} + F_{current} + F_{others} \tag{2.6}$$

式中，M 为浮体质量矩阵；ΔM 为浮体附加质量矩阵；B_{rad} 为辐射阻尼矩阵；B_{vis} 为黏性阻尼矩阵；$K_{stillwater}$ 为静水刚度矩阵；$K_{mooring}$ 为系泊系统刚度；F_1 为一阶波频载荷；F_{2Low} 为二阶波浪低频载荷；F_{2High} 为二阶波浪高频载荷；F_{wind} 为风载荷；$F_{current}$ 为流载荷；F_{others} 为其他载荷。

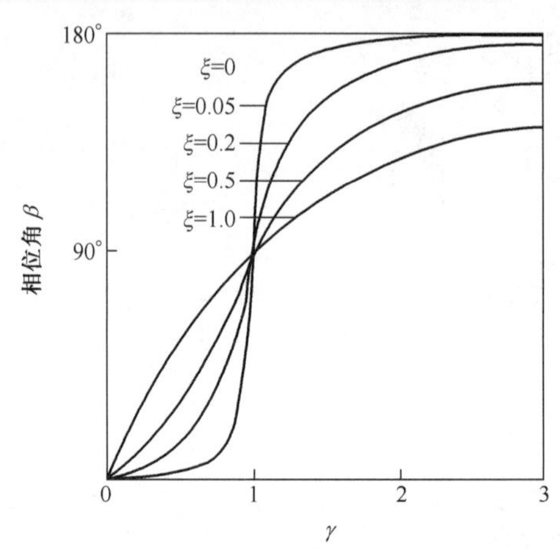

图 2.2　相位角与无纲量阻尼比及频率比的关系

浮体运动自由度对应固有周期表达式为：

$$T_i = 2\pi\sqrt{\frac{M_{ii} + \Delta M_{ii}}{K_{ii,\text{stillwater}} + K_{ii,\text{mooring}}}} \tag{2.7}$$

质量矩阵表达式为：

$$M_{ij} = \begin{pmatrix} M & 0 & 0 & 0 & Mz_\text{G} & -My_\text{G} \\ 0 & M & 0 & -Mz_\text{G} & 0 & Mx_\text{G} \\ 0 & 0 & M & My_\text{G} & -Mx_\text{G} & 0 \\ 0 & -Mz_\text{G} & My_\text{G} & I_\text{xx} & I_\text{xy} & I_\text{xz} \\ Mz_\text{G} & 0 & -Mx_\text{G} & I_\text{yx} & I_\text{yy} & I_\text{yz} \\ -My_\text{G} & Mx_\text{G} & 0 & I_\text{zx} & I_\text{zy} & I_\text{zz} \end{pmatrix} \tag{2.8}$$

式中，x_G、y_G、z_G 为重心位置；I_{ij} 为转动惯量。

静水刚度矩阵表达式为：

$$K_{ij,\text{stillwater}} = \rho g \begin{pmatrix} 0 & 0 & 0 & 0 & 0 & 0 \\ 0 & 0 & 0 & 0 & 0 & 0 \\ 0 & 0 & S & S_2 & -S_1 & 0 \\ 0 & 0 & S_2 & S_{22} + V(z_\text{B} - z_\text{G}) & -S_{12} & -V(x_\text{B} - x_\text{G}) \\ 0 & 0 & S_1 & -S_{12} & S_{11} + V(z_\text{B} - z_\text{G}) & -V(y_\text{B} - y_\text{G}) \\ 0 & 0 & 0 & 0 & 0 & 0 \end{pmatrix} \tag{2.9}$$

式中，x_B、y_B、z_B 为浮心位置；S 为水线面面积；S_i、S_{ij} 为水线面面积一阶距、二阶矩；V 为排水体积。

（1）ΔM、B_rad、F_1、F_2Low、F_2High 可以由水动力计算软件求出。

（2）B_vis 可以通过莫里森单元进行计算，也可以自行指定并添加到计算模型中。

（3）K_mooring 可以由系泊分析软件给出，也可以自行计算输入到运动方程中。

（4）F_wind 风载荷一般通过指定风力系数来计算。

（5）F_current 流载荷一般通过指定流力系数来计算。

浮体运动通常需要考虑 6 个自由度：纵荡（Surge）、横荡（Sway）、升沉（Heave）、横摇（Roll）、纵摇（Pitch）以及艏摇（Yaw），如图 2.3 所示。

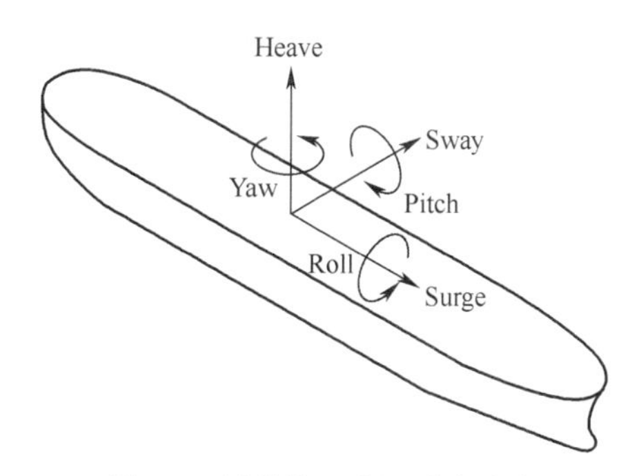

图 2.3 浮体的 6 个运动自由度

2.1.2 准静态过程

以式（2.6）为例，对多自由度运动方程进行变换，得到：

$$KX = F - M\ddot{X} - B\dot{X} \tag{2.10}$$

式中，M 为质量矩阵；B 为阻尼矩阵；K 为刚度矩阵；F 为外载荷或边界载荷条件。

当物体速度和加速度变化缓慢程度达到可以忽略的状态时（外载荷频率远小于固有频率），运动方程呈现近似线性特征，此时响应由系统刚度主导，则式（2.10）可以简化为：

$$KX = F \tag{2.11}$$

真实情况下，式（2.11）的非线性特征较强，方程可能存在多解的情况。另外，在一些情况下，诸如自由漂浮的船体，其纵荡、横荡、艏摇自由度不具有恢复刚度，其刚度矩阵是奇异的，此时方程需要特殊数值解法近似求解。MOSES 采用改进的牛顿迭代法来处理这类问题，具体推导可参考 MOSES 的技术文件，本书不再进行介绍。

2.2 水动力计算基本理论

2.2.1 势流理论基本假设与水动力载荷组成

1. 势流理论基本假设与边界条件

势流（Potential Flow）是指流体中速度场是标量函数（即速度势）梯度的流。势流的特点是无旋、无黏、不可压缩。

对于简谐传播的波浪中具有浮动刚体的流场，其速度势可以分为 3 个部分：

$$\Phi(x,y,z,t) = \Phi_{\mathrm{r}} + \Phi_{\omega} + \Phi_{\mathrm{d}} \tag{2.12}$$

式中，Φ_{r} 为辐射势，由浮体运动产生；Φ_{ω} 为波浪未经浮体扰动的入射势；Φ_{d} 为波浪穿过浮体后产生的波浪绕射势。

需要满足的边界条件（图 2.4）有：

（1）满足拉普拉斯方程（Laplace Equation）：

$$\frac{\partial^2\Phi}{\partial x^2} + \frac{\partial^2\Phi}{\partial y^2} + \frac{\partial^2\Phi}{\partial z^2} = 0 \tag{2.13}$$

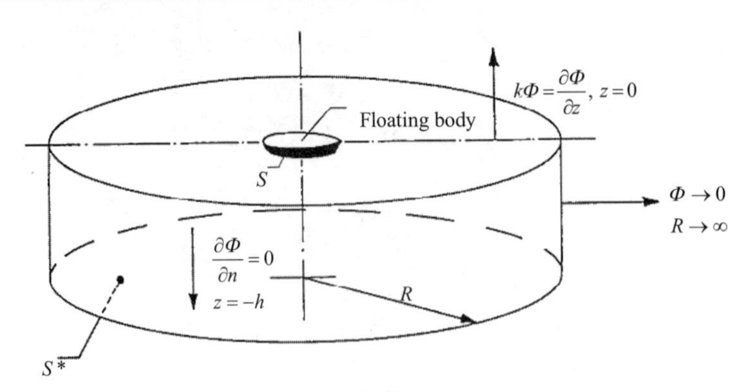

图 2.4　边界条件

（2）海底边界条件：

$$\frac{\partial\Phi}{\partial z}=0, z=-h \tag{2.14}$$

（3）自由表面条件：

$$\frac{\partial^2\Phi}{\partial t^2}+g\frac{\partial\Phi}{\partial z}=0, z=0 \tag{2.15}$$

（4）浸没物体表面条件：

$$\frac{\partial\Phi}{\partial n}=\sum_{j=1}^{6}v_j f_j(x,y,z) \tag{2.16}$$

（5）辐射条件，辐射波无穷远处速度势趋近于 0：

$$\lim_{R\to\infty}\Phi=0 \tag{2.17}$$

2. 水动力载荷的组成

水动力载荷的组成如图 2.5 所示。

浮体浸入水中受到的力和力矩分别可以表示为：

$$\begin{aligned}\vec{F}&=-\iint_s(p\cdot\vec{n})\cdot\mathrm{d}S\\ \vec{M}&=-\iint_s p\cdot(\vec{r}\times\vec{n})\cdot\mathrm{d}S\end{aligned} \tag{2.18}$$

式中，S 为浮体湿表面，$\vec{n}$ 由浮体内指向流场。压力 p 通过线性化的伯努利方程以速度势表达：

$$p=-\rho\frac{\delta\Phi}{\delta t}-\rho gz=-\rho\left(\frac{\delta\Phi_{\mathrm{r}}}{\delta t}+\frac{\delta\Phi_{\omega}}{\delta t}+\frac{\delta\Phi_{\mathrm{d}}}{\delta t}\right)-\rho gz \tag{2.19}$$

则

$$\begin{aligned}\vec{F}&=\vec{F}_{\mathrm{r}}+\vec{F}_{\omega}+\vec{F}_{\mathrm{d}}+\vec{F}_{\mathrm{s}}\\ \vec{M}&=\vec{M}_{\mathrm{r}}+\vec{M}_{\omega}+\vec{M}_{\mathrm{d}}+\vec{M}_{\mathrm{s}}\end{aligned} \tag{2.20}$$

式中，$\vec{F}_{\mathrm{r}}$、$\vec{M}_{\mathrm{r}}$ 为浮体强迫振动产生的辐射载荷；$\vec{F}_{\omega}$、$\vec{M}_{\omega}$ 为浮体固定时入射波浪产生的载荷；$\vec{F}_{\mathrm{d}}$、$\vec{M}_{\mathrm{d}}$ 为浮体固定时产生的绕射波载荷；$\vec{F}_{\mathrm{s}}$、$\vec{M}_{\mathrm{s}}$ 为静水力载荷。

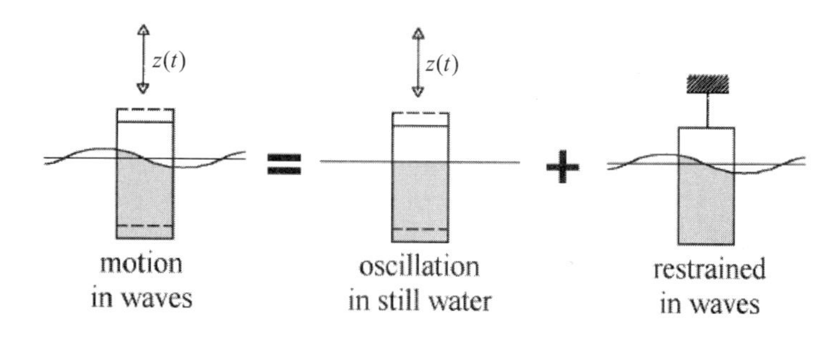

图 2.5 水动力载荷的组成

3. 附加质量与辐射阻尼

当浮体发生强迫振动时，其在 j 方向和 k 方向产生的耦合水动力包含附加质量和辐射阻尼两个部分。

$$M_{\mathrm{kj}}=-\mathrm{Re}\left\{\rho\iint_S\phi_{\mathrm{j}}\frac{\partial\phi_{\mathrm{k}}}{\partial n}\mathrm{d}S\right\},\ N_{\mathrm{kj}}=-\mathrm{Im}\left\{\rho\omega\iint_S\phi_{\mathrm{j}}\frac{\partial\phi_{\mathrm{k}}}{\partial n}\mathrm{d}S\right\}$$
$$M_{\mathrm{jk}}=-\mathrm{Re}\left\{\rho\iint_S\phi_{\mathrm{k}}\frac{\partial\phi_{\mathrm{j}}}{\partial n}\mathrm{d}S\right\},\ N_{\mathrm{kj}}=-\mathrm{Im}\left\{\rho\omega\iint_S\phi_{\mathrm{k}}\frac{\partial\phi_{\mathrm{j}}}{\partial n}\mathrm{d}S\right\} \tag{2.21}$$

4. 格林第二公式（Green's Second Theorem）

应用格林第二公式，两个单独的速度势关系可以表达为：

$$\iiint_{V'}(\phi_{\mathrm{j}}\nabla^2\phi_{\mathrm{k}}-\phi_{\mathrm{k}}\nabla^2\phi_{\mathrm{j}})\mathrm{d}V'=\iint_{S'}\left(\phi_{\mathrm{j}}\frac{\partial\phi_{\mathrm{k}}}{\partial n}-\phi_{\mathrm{k}}\frac{\partial\phi_{\mathrm{j}}}{\partial n}\right)\mathrm{d}S' \tag{2.22}$$

式中，S'为封闭体积 V'的封闭表面。体积 V'由一个假定的、直径为 R 的圆形范围、深度为 $z=-h$ 的海底平面以及浮体湿表面包围而成。应用边界条件，最终可以得到这样的结论：

$$M_{\mathrm{kj}}=M_{\mathrm{jk}},\ N_{\mathrm{kj}}=N_{\mathrm{jk}} \tag{2.23}$$

这一结论说明对于 6 自由度运动的浮体，附加质量和辐射阻尼的 6×6 矩阵为对称矩阵。

5. 哈斯金德关系（Haskind Relations）

浮体受到的波浪力/力矩可以表达为：

$$F_{\omega_k}=-i\rho e^{-i\omega t}\iint_S(\phi_\omega+\phi_{\mathrm{d}})\frac{\partial\phi_{\mathrm{k}}}{\partial n}\mathrm{d}S \tag{2.24}$$

式中，ϕ_{k} 为 k 方向的辐射势；ϕ_{d} 绕射势是待求解的内容。在零航速条件下应用边界条件，根据格林第二定理可以给出辐射势与绕射势之间的关系：

$$\iint_S\phi_{\mathrm{d}}\frac{\partial\phi_{\mathrm{k}}}{\partial n}\mathrm{d}S=\iint_S\phi_{\mathrm{k}}\frac{\partial\phi_{\mathrm{d}}}{\partial n}\mathrm{d}S$$
$$\iint_S\phi_{\mathrm{d}}\frac{\partial\phi_{\mathrm{k}}}{\partial n}\mathrm{d}S=-\iint_S\phi_{\mathrm{k}}\frac{\partial\phi_\omega}{\partial n}\mathrm{d}S \tag{2.25}$$

式（2.25）可变为由辐射势和入射势求解的方程：

$$F_{\omega_{\mathrm{k}}}=-i\rho e^{-i\omega t}\iint_S\left(\phi_\omega\frac{\partial\phi_{\mathrm{k}}}{\partial n}+\phi_{\mathrm{k}}\frac{\partial\phi_\omega}{\partial n}\right)\mathrm{d}S \tag{2.26}$$

这一结论表明，对于零航速的水动力求解问题，波浪激励可以由入射波和辐射波表达。某些水动力的软件中，求解辐射－绕射势得出的结果可以与应用哈斯金德关系求出的结果进行对比，这二者的结果应是一致的。

MOSES 并不给出基于哈斯金德关系计算的波浪力。

2.2.2 切片理论与面元法

1. 切片理论

切片理论是一种水动力问题求解的近似方法。对于长宽比较大（$L/B \geqslant 3$）、具有航速或零航速的船舶，在计算船体水动力时，可以假定船体由许多横剖面薄片组成，每片都认为是无限长柱体的一个横剖面，最终将三维水动力问题转换为二维水动力问题进行求解。如图 2.6 所示，通过计算船体每个典型剖面的水动力系数，沿着船长积分最终求出整体的附加质量、辐射阻尼和波浪力。

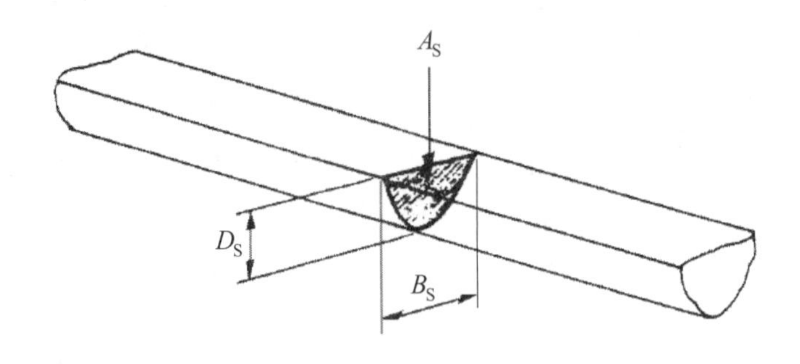

图 2.6　船体的一个“切片”示意

切片理论在船舶水动力分析理论发展中有着非常重要的地位，主要包括 4 种基本方法：

（1）厄塞尔法（Ursell Method）：求解圆柱截面水动力问题。

（2）保角变换法（Conformal Mapping）：包括李维斯保角变换和渐进保角变换等，求解近似船体截面形状的水动力问题。

（3）塔赛法（Tasai Theory）：结合厄塞尔法与保角变换的二维切片法。

（4）弗兰克汇源法（Frank Theory）：用于船型截面水动力求解。

关于各种切片理论方法这里不再进行详细介绍。切片法计算速度快、精度好，在船舶与海洋工程水动力分析领域依旧有着广泛的应用。

MOSES 软件使用的切片理论为弗兰克汇源法。

2. 三维辐射绕射势流理论与面元法

面元法是分析大型结构物在规则波作用下波浪载荷与运动响应的常用的数值分析方法。面元法基于势流理论，假设流体震荡和结构运动幅度与结构特征尺度相比是小量，且忽略黏性作用，面元法在结构的平均湿表面上混合分布源、汇和偶极子，是水动力求解的一种数值算法。这里对于面元法不进行详细介绍，仅对面元法对于网格的要求以及不规则频率进行简介。

面元法的计算精度与网格描述船体湿表面的精细程度（网格单元质量）有关，一般遵循以下几个准则：

（1）面元大小应小于计算波长的 1/7。

（2）结构湿表面的面元分布应充分表征结构湿表面的几何变化，对于圆柱结构，在其圆周方向应布置 15～20 个单元以捕捉其几何尺度变化。

（3）对于尖角位置以及其他船体几何尺度变化剧烈的地方应采用较小的单元以减少计算误差。

（4）单元之间不应距离过近，均匀的、正方形的单元较好。

（5）可以不断加大网格密度进行试算，查看计算结果收敛性来校验网格质量与计算结果精度。

（6）面元法的单元分布不必要求单元节点之间连续分布，如图 2.7 所示。

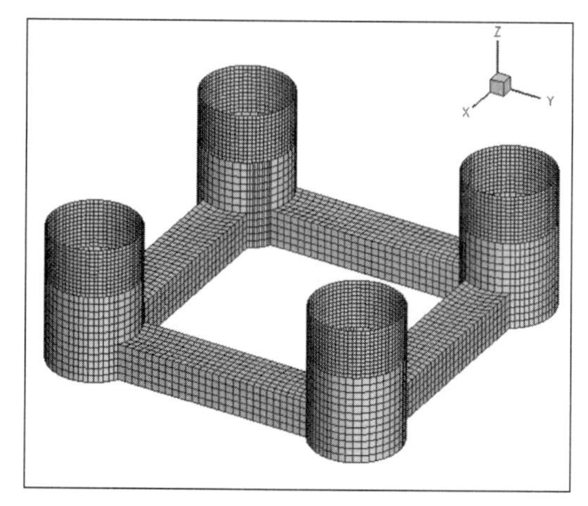

图 2.7　对水线附近进行网格加密处理的 TLP 平台面元模型

面元法计算结果中的“不规则频率”对应的水动力计算结果与前后数据趋势不一致，出现很明显的跳跃（图 2.8），是面元法所具有的特殊现象，其表示的是船体内部虚拟流体运动的特征频率，而这一“虚拟”的流体运动实际上并不存在。

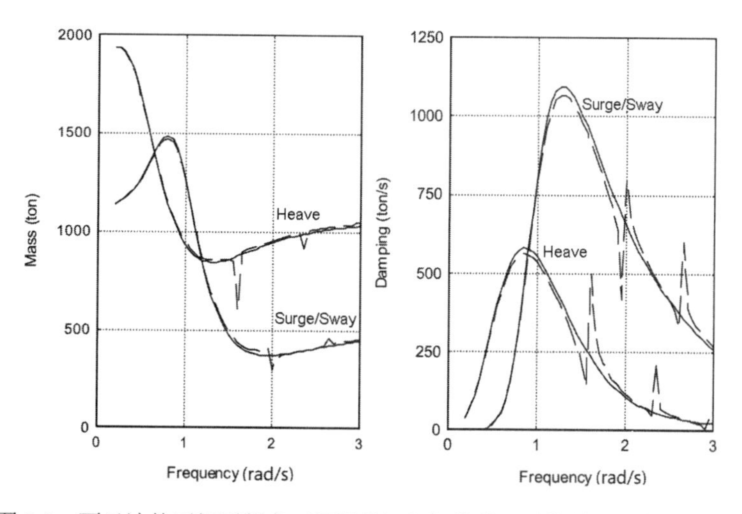

图 2.8　面元法的不规则频率（间断线）与加盖处理后的结果（实线）对比

一般，随着水动力计算频率的增加，不规则频率会陆续出现。增加面元模型的单元数目能够降低不规则频率计算结果的震荡范围，但不能从根本上去除不规则频率。一种常见的去除不规则频率的方法是“加盖法”（Lid Method），对浮体内部自由表面建立控制单元，形成一个“盖子”来起到去除不规则频率的作用。需要指出的是，完全浸没的物体不会出现不规则频率。

在 MOSES 软件中，用户可以选择切片理论或三维辐射绕射面元法来计算浮体的水动力。MOSES 的水动力计算方法目前还不提供不规则频率去除的功能。

2.2.3 平均波浪力

对于无限水深的直立墙壁，波幅为 A 的规则波作用在墙上的平均力为：

$$F_{\text{mean}} = \frac{1}{2}\rho g A^2 \cos^2 \beta \tag{2.27}$$

式中，β 为规则波的入射角。

对于水面上无限长的圆柱体，波浪作用在浮体上的一部分被反射，其作用在圆柱上的平均波浪力可以表达为：

$$F'_{\text{mean}} = \frac{1}{2}\rho g[R(\omega)A]^2 \tag{2.28}$$

式中，$R(\omega)$ 为入射波的反射系数。

不进行任何约束，浮体在规则波的平均载荷作用下逐渐偏离原位置，因而这个平均载荷习惯性地被称为“平均波浪漂移力”。

平均漂移力的计算方法主要有远场法、近场法、中场法以及控制面法，主要特点对比见表 2.1。

表 2.1　平均波浪漂移力计算方法特点对比

名称	Salvesen 法 （/）	远场法 Far-field （Maruo-Newman 法）	近场法 Near-field （Pinkster 法）	中场法 Mid-field （陈晓波法）	控制面法 Control Surface （/）
原理	二维切片+运动修正	动量	直接积分	动量通量控制面	动量通量控制面
结果自由度	6 自由度	3 自由度	6 自由度	6 自由度	6 自由度
计算精度	针对细长体	高	低	高	高
计算效率	高	高	高	高	低
能否进行多体计算	否	否	可以	可以	可以

（1）Salvesen 法是一种出现比较早的针对船舶波浪增阻以及平均漂移力计算的方法，该方法适用于满足细长体假定的船舶，能够计算零航速和有航速的船舶所受到的 6 自由度平均漂移力。

（2）远场法（Maruo-Newman Method，Far-field Method），一种成熟的平均漂移力求解方法。采用船体与无穷远处控制条件，通过动量方法求解浮体纵荡、横荡以及艏摇方向的波浪平均漂移力。远场法计算精度较高，但只能计算 3 自由度的平均漂移力载荷。远场法不能用于多体耦合状态下的浮体平均漂移力求解。

（3）近场法（Pinkster Method，Near-field Method）也称为直接积分法，基于势流理论假定，对浮体表面的压力进行积分，精确到波幅的二阶从而求得浮体所有 6 自由度的平均漂移力。近场法可以给出 6 自由度的平均漂移力载荷，但计算精度依赖于面元网格质量，在尖角位置收敛性较差。近场法可以求解多体耦合时的平均漂移力。

（4）中场法（Mid-field Method）也称为中场公式或陈晓波法。在一个包围浮体并距离浮体一定位置的面进行载荷求解，避免了压力直接积分的精度误差并能给出 6 自由度的平均漂移力计算结果。中场法可以求解多体耦合的平均漂移力。

（5）控制面法（Control Surface Method）在浮体与自由表面交界的位置定义控制面，通过动量/通量原理计算平均漂移力。控制面法能够给出精度较高的关于浮体 6 自由度的平均漂移力，控制面法本质上与中场法一致。

远场法和近场法是应用较为广泛的计算方法，近场法计算精度依赖面元模型划分情况，远场法计算结果精度较高，通常将近场法计算结果与远场法计算结果进行对比以检验近场法计算结果的精度以及间接验证面元模型的网格质量。

2.2.4 低频波浪载荷传递函数

二阶差频波浪载荷是系泊浮体产生低频运动的重要因素之一，它可以认为是不规则波中两列不同的规则波成分相互作用产生的，可以用二次传递函数（Quadratic Transfer Functions，QTF）来表达和估计。二次传递函数是两个相互影响的规则波频率的函数，与波幅无关。求 QTF 的方法主要有 Newman 近似法和全 QTF 矩阵法。

1. Newman 近似法

对于 N 个波浪单元，低频波浪载荷的一般公式为：

$$
\begin{aligned}
F_i^-(t) &= \sum_i^N \sum_j^N \{P_{ij}^- \cos[-(\omega_i - \omega_j)t + (\varepsilon_i - \varepsilon_j)]\} \\
&+ \sum_i^N \sum_j^N \{Q_{ij}^- \sin[-(\omega_i - \omega_j)t + (\varepsilon_i - \varepsilon_j)]\}
\end{aligned}
\tag{2.29}
$$

式（2.29）中的所有震荡项在长周期中的均值为 0，因而，$i = j$ 时会出现与时间无关的项：

$$
\overline{F}_i = \sum_{j=1}^N A_j^{\,2} P_{jj}^- \tag{2.30}
$$

式（2.30）代表了波幅为 A_j、圆频率为 ω_j 的规则波引起的平均波浪载荷。

Newman 于 1974 年提出 P_{ij}^-、Q_{ij}^- 可以通过 P_{ii}^-、P_{jj}^- 和 Q_{ii}^-、Q_{jj}^- 来估计，即：

$$
\begin{aligned}
P_{ij}^- &= \frac{1}{2} a_i a_j \left(\frac{P_{ii}^-}{a_j^{\,2}} + \frac{P_{jj}^-}{a_j^{\,2}} \right) \\
Q_{ij}^- &= 0
\end{aligned}
\tag{2.31}
$$

式中，P_{ii}^-、P_{jj}^-、Q_{ii}^-、Q_{jj}^- 为平均波浪载荷的计算结果。P_{ij}^- 和 Q_{ij}^- 为同相和异相的、独立于时间的传递函数，即 QTF。更一般地，Newman 近似法关于两个成分波的低频波浪载荷的二次传递函数可以表达为：

$$QTF_{-(\omega_1,\omega_2)} = 1/2[QTF_{-(\omega_1,\omega_1)}, QTF_{-(\omega_2,\omega_2)}] \tag{2.32}$$

可以发现，Newman 近似得到的 QTF 矩阵实际上只包含矩阵对角线元素，忽略了非对角线的结果（异相位）的影响。

Newman 估计法计算简便，精度可以满足一般要求，得到了广泛的应用。

2. 全 QTF 矩阵法

P_{ij}^{-} 的一般表达式为：

$$P_{ij}^{-} = A_1 + A_2 + A_3 + A_4 + A_5 \tag{2.33}$$

$$A_1 = -\oint_{WL} \frac{1}{2}\rho g \xi_r \frac{\bar{N}}{\sqrt{n_1^2 + n_2^2}} dl \tag{2.34}$$

$$A_2 = \iint_{S_0} \frac{1}{2}\rho |\nabla\phi|^2 \bar{N} dS \tag{2.35}$$

$$A_3 = \iint_{S_0} \rho \left(X_i \cdot \nabla \frac{\partial \Phi}{\partial t} \right) \bar{N} dS \tag{2.36}$$

$$A_4 = M_s R \cdot \ddot{X}_g \tag{2.37}$$

$$A_5 = \iint_{S_0} \rho \frac{\partial \Phi^{(2)}}{\partial t} \bar{N} dS \tag{2.38}$$

式中：WL 为浮体水线；ξ_r 为相对波面升高；S_0 为浮体湿表面；X 为浮体运动；M_s 为浮体质量；R 为浮体转动矩阵；$\ddot{X}_g$ 为浮体重心加速度向量；A_1 为水线积分项；A_2 为伯努利方程项；A_3 为加速度项；A_4 为动量；A_5 为二阶速度势项。

二阶速度势基本不影响 QTF 矩阵的主对角线项（即平均波浪载荷项），但是影响矩阵中的非对角线项。

浅水条件对二阶速度势的影响会导致二阶力发生显著的变化。对于浅水系泊系统，忽视水深对二阶速度势的影响会低估二阶载荷，这不利于系泊系统的安全。对于深海浮式结构物，由于立管等结构的存在，往往对计算精度的要求较高，使用全 QTF 矩阵法进行低频载荷计算能够取得更理想的结果。

2.2.5 MOSES 对于平均漂移力和二次传递函数的处理

平均漂移力可以认为由水线积分项、伯努利压力项、加速度项、动量项、二阶速度势项组成。在 MOSES 中，水线积分项和伯努利压力项可以直接求解，此时假定浮体不动；加速度项在时域分析中进行求解；动量项通过运动求解。MOSES 不考虑二阶速度势的贡献。MOSES 基于 Newman 近似法来进行 QTF 的估计。

传统的 MOSES 提供两种平均漂移力的求解方法：Salvesen 法、直接积分法，V10 版本增加了远场法。

Salvesen 方法有前提条件，即认为浮体为细长体，具有较弱的反射能力。Salvesen 法计算的平均漂移力/力矩通过二维切片理论结合浮体一阶运动项和入射势求得。该方法可以计算零航速船舶以及低航速船舶的二阶定常波浪载荷，对于不符合细长体假定的浮体，其计算结果容易失真。

对于不符合细长体假定的浮体，直接积分法结果一般较为合理。直接积分法对于浮体水动力计算网格要求较高，MOSES 软件对于水动力网格的处理是自动划分，用户对网格可调整的手段较少。MOSES 不具有不规则频率去除功能，因而在一些对二阶载荷要求较高的计算场合，用户需要从整体上对计算方法的选择和水动力网格质量进行充分评估。

MOSES 水动力计算结果与 WADAM 计算结果对比如图 2.9～图 2.10 所示。

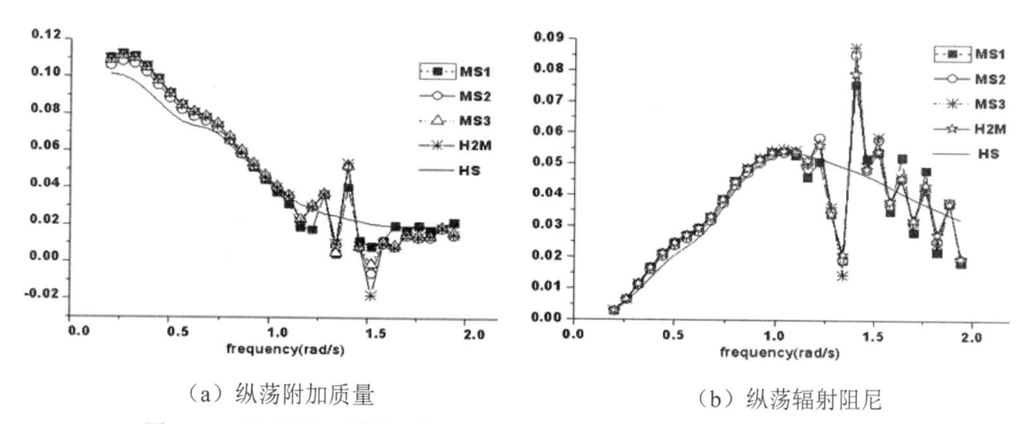

（a）纵荡附加质量　（b）纵荡辐射阻尼

图 2.9　对起重船，不同网格 MOSES 计算结果同 WADAM（实线）的对比

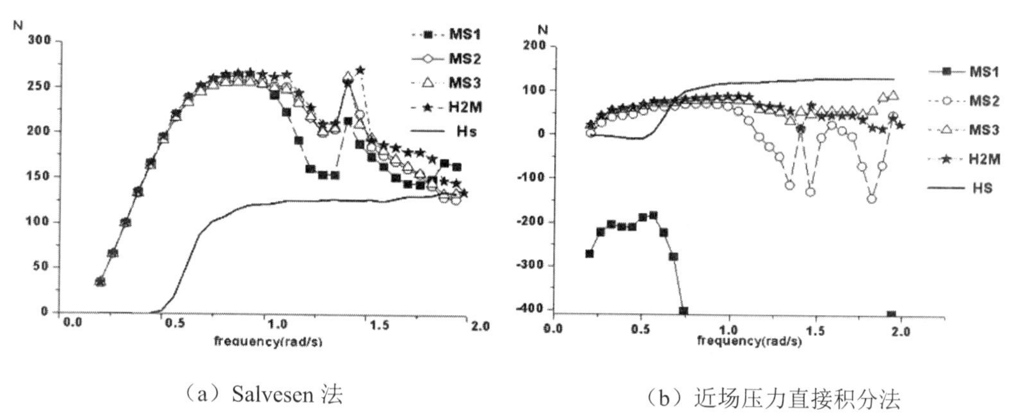

（a）Salvesen 法　（b）近场压力直接积分法

图 2.10　对起重船，不同网格 MOSES 计算平均漂移力结果同 WADAM（实线）的对比

注：MOSES 的计算结果不计及运动影响。

根据以往应用经验，这里给出一些使用 MOSES 进行水动力计算的建议，仅供参考：

（1）按照 MOSES 自动网格划分方法，计算网格增加有利于增强水动力计算结果收敛性，但建议导入质量较好的外部网格模型进行水动力计算，具体可参考 3.4.13 节相关内容。

（2）针对满足细长体假定的船舶可以使用 Salvesen 法计算平均漂移力，对于其他类型浮体建议使用压力直接积分法。在 V10 以后的版本中，用户可以选择近场法或者远场法来计算平均漂移力。

（3）一阶水动力计算结果精度对二阶载荷的影响不可忽略，在使用 MOSES 计算水动力时应尽量保证计算结果平滑光顺，减少或避免不规则频率的产生。

（4）增加网格和计算频率数目有利于减少不规则频率的震荡，但不能消除不规则频率。

如有条件可以将其他软件计算的水动力结果转为MOSES识别的格式来导入MOSES来进行后续分析，或者手动调整计算频率去除不规则频率的影响。手动去除不规则频率需要用户对浮体的特征有正确的理解。

（5）进行系泊时域分析，水动力计算的频率间隔应能够充分捕捉系泊浮体的低频固有运动周期，越小的频率间隔对于捕捉低频共振越有利，一般认为可以设置水动力计算频率间隔$\Delta\omega$为1/5～1/3的低频运动固有频率。

2.3 环境条件与载荷

2.3.1 波浪

1. 线性规则波

规则波波浪的基本参数有（图2.11）：

- 波高H：相邻波峰顶与波谷底之间的垂向距离$H=2A$。
- 周期T：相邻波峰经过一点的时间间隔。
- 波浪圆频率周期ω：$\omega=2\pi/T$。
- 波长λ：相邻波峰顶之间的水平距离。
- 波速C：波形移动的速度，等于波长除以周期$C=\lambda/T$。
- 波数k：$k=2\pi/\lambda$。
- 色散关系：$\omega^2=gk\tanh(kh)$，h为水深，深水条件下公式可简化为$\omega^2=gk$。
- 波陡S：波高与波长之比$S=2\pi\frac{H}{gT^2}$。
- 浅水波参数μ：$\mu=2\pi\frac{d}{gT^2}$。
- 厄塞尔数U_R：$U_R=\frac{H\lambda^2}{d^3}$。

以上这些参数是研究规则波的基本参数，也是工程中经常使用的判断依据。譬如判断特定水深下规则波波长与周期的关系需要使用色散关系；判断是否为浅水区，需要根据浅水波参数来进行判断；判断波浪是否会破碎，需要根据波陡的计算结果来推断等。

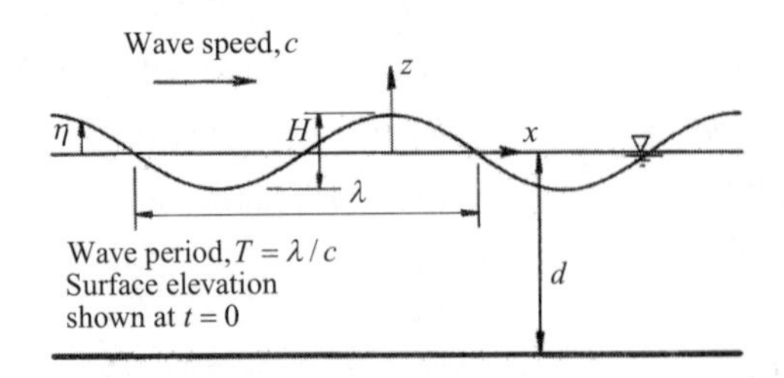

图2.11 规则波基本参数

（1）艾立波（Airy Wave）。艾立波有如下假设：相比于波长和水深，规则波的波幅A较小，波峰至水面的距离与波谷至水面的距离是相等的，即波高 $H=2A$。

对于艾立波，其波面的表达式为：

$$\eta(x,y,t)=\frac{H}{2}\cos(\omega t-kx) \tag{2.39}$$

将**深水条件下**的色散公式进行简化，可以得到：

$$T=\sqrt{\frac{2\pi\lambda}{g}} \tag{2.40}$$

根据色散关系可以得到深水条件下，对应波浪周期 T 的线性规则波波长 λ。浅水条件下应考虑水深变化所带来的影响，此时周期与波长之间的关系变为：

$$T=\sqrt{\frac{2\pi\lambda}{g\tanh\left(\frac{2\pi d}{\lambda}\right)}} \tag{2.41}$$

（2）斯托克斯波（Stokes Wave）。斯托克斯波是对线性波的幂函数展开，一阶斯托克斯波与艾立波接近，在深水条件下，二阶斯托克斯波的表达式可以写为：

$$\eta=\frac{1}{2}A^2k\cos[2(kx-\omega t)]+A\cos(\omega t-kx) \tag{2.42}$$

将深水条件下波高为 1m、周期为 4s 时的艾立波与二阶斯托克斯波进行波面比较可以发现，二阶斯托克斯波波峰尖、波谷坦，是更接近真实波浪传播特征的“坦谷波”，如图 2.12 所示。

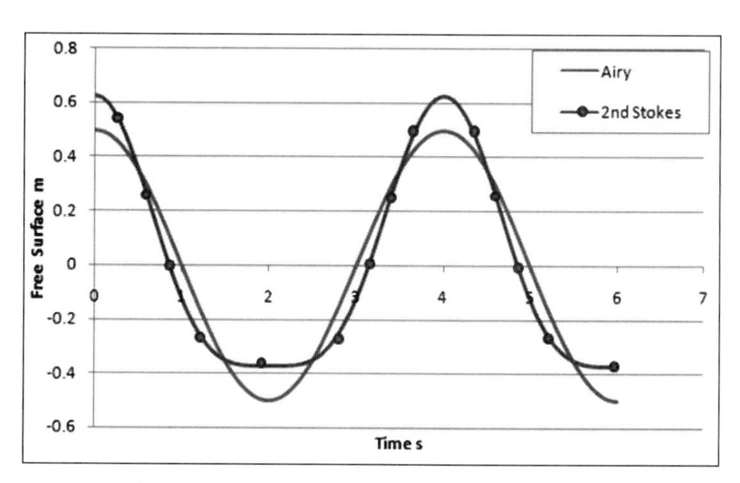

图 2.12 艾立波与二阶斯托克斯波的波面比较

斯托克斯波还有更高阶的展开，这里不再赘述，需要强调的是：浅水中（当厄塞尔数 U_R 大于 30 的时候）不宜应用斯托克斯波，此时宜使用椭圆余弦波或流函数方法进行模拟。

（3）流函数（Stream Function Wave）。流函数具有广泛的适用范围，其表达式一般为：

$$\psi(x,z)=cz+\sum_{n=1}^{N}X(n)\sinh nk(z+d)\cos nkx \tag{2.43}$$

式中，c 为波速；N 为流函数的阶数，阶数取决于波陡 S 和浅水波参数 μ。在实际使用中，波浪越接近破碎，进行模拟所需要的流函数阶数越多。由于流函数能够较好地适应深水和浅水波浪模拟要求，因而在工程中的应用较为广泛。

（4）不同规则波理论适用范围。不同的规则波理论有不同的适用范围，整体而言：

1）艾立波适用于深水、中等水深，适用于波陡较小的情况。

2）斯托克斯波适用于波陡较大的深水波浪模拟。

3）流函数适应能力最好，但越接近破碎极限，需要的阶数越高。

具体的选择可以参照图 2.13。

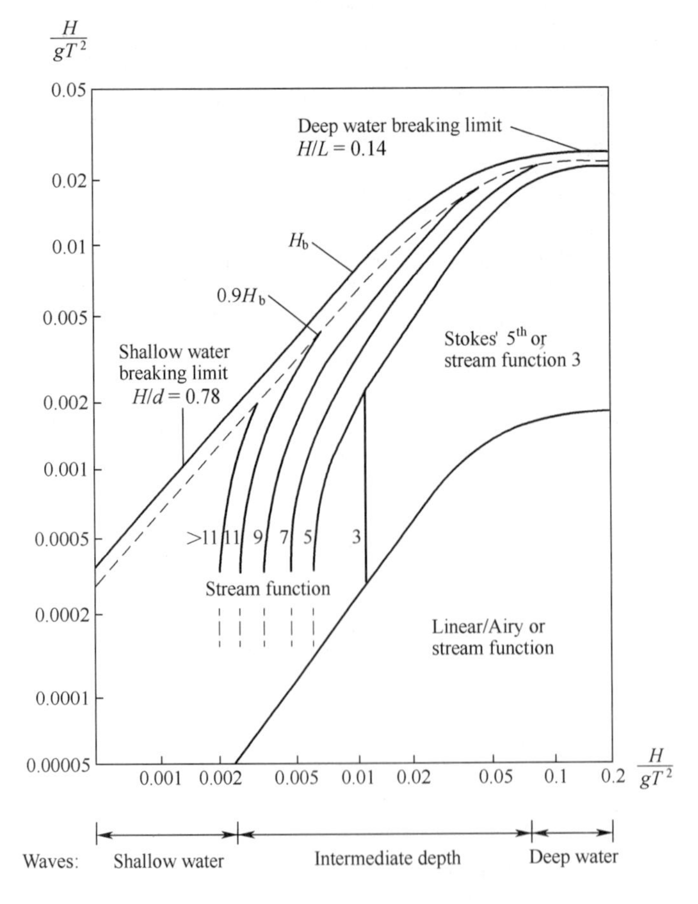

图 2.13 不同规则波理论适用范围

2. *水质点速度延展*

随着波浪波面的升高，波面位于平均水面以上的部分水质点的运动需要精确的预测和模拟。不规则波浪的水质点运动延展一般通过 3 种方法实现：外插法、Wheeler 法以及线性拉伸，如图 2.14 所示。通常，外插法得到的结果较为保守，线性拉伸方法相对简单，但与实际波浪运动特性有所差距，采用 Wheeler 法能够得到比较好的结果。

3. *不规则波及其要素*

实际海况中的波浪峰谷参差不齐，并不具备严格的周期，很难用一个波高来对海况进行定义，这时需要使用不规则波理论来近似地表达真实的海况。线性长峰不规则波可以用下式表达：

$$\eta(t)=\sum_{k=1}^{N}\cos(\omega_k t+\varepsilon_k) \tag{2.44}$$

不规则波的一个时间序列如图 2.15 所示。

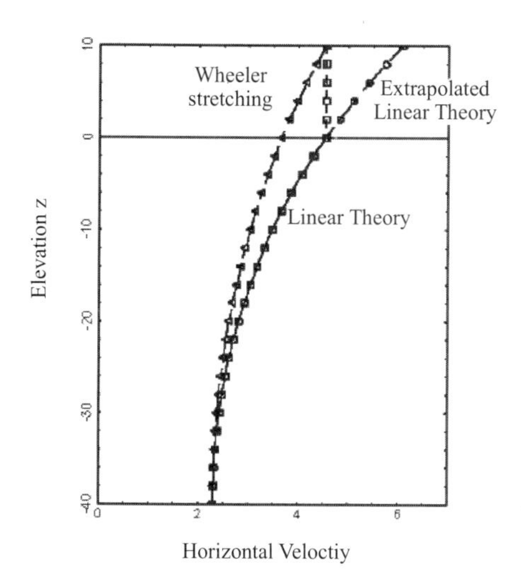

图 2.14　不同数值点速度延展方法比较

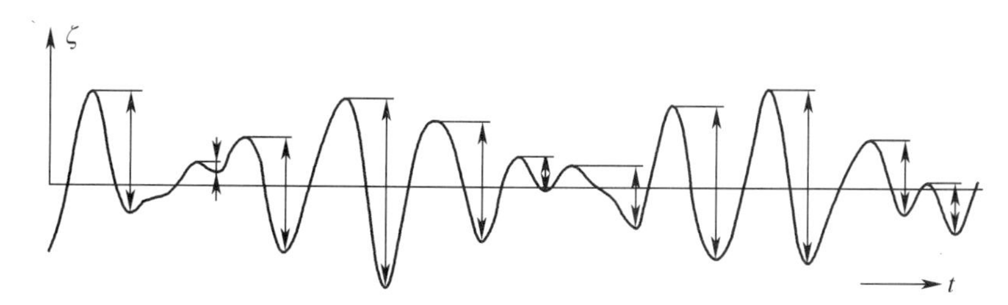

图 2.15　不规则波的时间序列

不规则波是由许多个不同波高、相位的规则波组成的。上式中的 ε_k 为对应 k 个规则波的相位，随机分布在 0～2π 之间，如图 2.16 所示。A_k 为不同规则波成分，是符合瑞利分布的随机波幅。波幅的能量分布满足：

$$E[A_k^2]=2S(\omega_k)\Delta\omega_k \tag{2.45}$$

式中，$S(\omega)$为波浪谱；$\Delta\omega$ 为各成分波的频率间隔。$\Delta\omega$ 由不规则波时长决定，$\Delta\omega=2\pi/t$，t 为不规则波持续时长。

不规则波主要特征要素有：

（1）表现波高 H：相邻波峰波谷之间的垂直距离。

（2）有义波高 H_s：对波浪样本进行统计，其中前三分之一大波的平均波高。

（3）跨零周期 T_z：波浪时间序列两相邻波浪两次上跨零的时间间隔。

（4）有义周期 T_s：前三分之一大波的平均周期。

（5）谱峰周期 T_p：以波浪谱描述短期海况的时候，波浪能量最集中的波浪周期。

举一个例子来理解有义波高的概念。对于表 2.2 的波浪观测记录，有义波高 H_s 为前三分之一大波的平均数，总观测记录为 150 个，波高 2.0m、2.5m、3.0m、3.5m、4.0m 合起来样本数为 50，为总样本数的三分之一，对于此观测样本，有义波高 H_s 应为以上几个波高乘以各自样本数再除以总样本数，即：

$$H_s=(2.0\times21+2.5\times14+3.0\times9+3.5\times5+4.0\times1)/150=2.51\text{m}$$

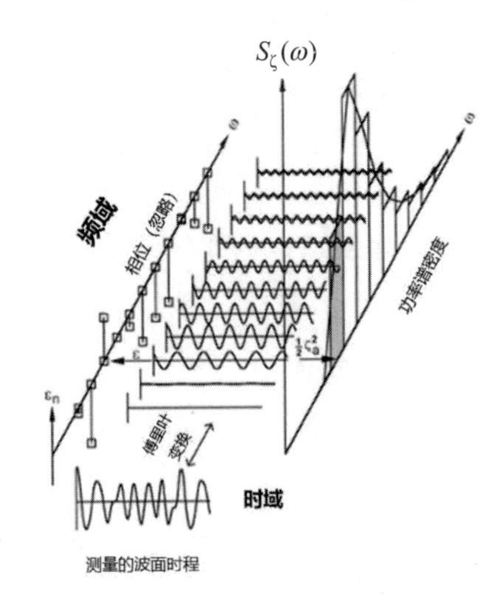

图 2.16　不规则波的合成

表 2.2　波浪观测记录

波高样本区间/m	样本区间波高均值/m	区间样本数
0.25～0.75	0.5	15
0.75～1.25	1.0	30
1.25～1.75	1.5	55
1.75～2.25	2.0	21
2.25～2.75	2.5	14
2.75～3.25	3.0	9
3.25～3.75	3.5	5
3.75～4.25	4.0	1
合计	/	150

4. 短期海况的统计特征

对于海洋工程结构物，一般认为，一个海况条件指的是 3 个小时内的海况平均统计特性不变，也即短期海况。对于海况需要使用不规则波来描述。

对于一个组成不规则波的单元规则波，其单位面积具有的波能为：

$$E=\frac{1}{2}\rho g\zeta_{\mathrm{a}}^{2} \tag{2.46}$$

不规则波是由大量规则波组成的，在某频率间隔 $\Delta\omega$ 内，波能表达式为：

$$E_{\Delta\omega}=\frac{1}{2}\rho g\sum_{\omega}^{\omega+\Delta\omega}\zeta_{a_{\mathrm{n}}}^{2} \tag{2.47}$$

定义波能谱密度函数，并对频率从 0 至无穷积分：

$$\int_0^{\infty} S(\omega)\mathrm{d}\omega = \sum_{n=1}^{\infty}\frac{1}{2}\zeta_{a_n}^2 \tag{2.48}$$

波能谱曲线下的总面积等于波面总能量，即：

$$m_0 = \int_0^{\infty} S(\omega)\mathrm{d}\omega \tag{2.49}$$

实际上 m_0 代表了波面升高的方差。各阶波能谱矩 m_{n} 可以求出：

$$m_{\mathrm{n}} = \int_0^{\infty} \omega^n S(\omega)\mathrm{d}\omega \tag{2.50}$$

实践表明，短期海况瞬时波面变量属于窄带瑞利分布，即：

$$P(\zeta_{\mathrm{a}}) = \frac{\zeta_{\mathrm{a}}}{\sigma^2}\exp\left(-\frac{\zeta_{\mathrm{a}}^2}{2\sigma^2}\right) \tag{2.51}$$

大于 ξ_0 的概率为：

$$F(\zeta_{\mathrm{a}}) = P(\zeta_{\mathrm{a}} > \zeta_0) = \int_0^{\infty} P(\zeta_{\mathrm{a}})\mathrm{d}\zeta_{\mathrm{a}} - \int_0^{\zeta_{\mathrm{a}}} P(\zeta_{\mathrm{a}})\mathrm{d}\zeta_{\mathrm{a}} = \exp\left(-\frac{\zeta_{\mathrm{a}}^2}{2\sigma^2}\right) \tag{2.52}$$

两边取对数，则：

$$\zeta_{\mathrm{a}} = \sqrt{2\ln\left(\frac{1}{F(\zeta_{\mathrm{a}})}\right)}\sigma \tag{2.53}$$

式中，$F(\xi_0)$为超越概率函数。可以进而得到一个重要的结论：对于不同的超越概率水平，波高幅值可以与标准差建立起直接的关系，见表 2.3。

表 2.3　超越概率与对应统计值

超越概率 $F(\xi_0)$/%	0.1	3.9	13.5
对应累计概率/%	99.9	96.1	86.5
与标准差 σ 的倍数	3.72	2.55	2.00
对应统计值	千分之一值	十分之一值	三分之一值（有义值）

对于符合瑞利分布的短期海况，最大波高（千分之一值）约为有义波高（有义值）的 1.86 倍。

5. 常见波浪谱

（1）Pierson-Moskowitz（PM 谱）。PM 谱表达式为：

$$S_{\mathrm{PM}}(\omega) = \frac{5}{16}H_{\mathrm{s}}^2\omega_{\mathrm{p}}^4\omega^{-5}\exp\left(-\frac{5}{4}\left(\frac{\omega}{\omega_{\mathrm{p}}}\right)\right)^{-4} \tag{2.54}$$

式中，$\omega_{\mathrm{p}}=2\pi/T_{\mathrm{p}}$，$T_{\mathrm{p}}$ 为谱峰周期。PM 谱是单参数谱，由 T_{p} 决定谱形状。

（2）JONSWAP 谱。JONSWAP 谱本质上是 PM 谱的变形，表达式为：

$$S_{JON}(\omega) = AS_{PM}(\omega)\gamma^{\exp\left(-0.5\left(\frac{\omega-\omega_p}{\sigma\omega_p}\right)^2\right)} \tag{2.55}$$

式中，γ 为谱峰升高因子；σ 为谱型参数，当波浪频率 ω 大于 ω_p 时，σ=0.09；反之，σ=0.07。A=1−0.287ln(γ)为无因次参数。

γ 平均值为 3.3，当 γ=1 的时候，JONSWAP 谱等效于 PM 谱。JONSWAP 谱是三参数谱，由 H_s、T_p、γ 共同决定。

γ 本质上描述的是波浪能量集中的程度，如图 2.17 所示，同样 H_s、T_p 的情况下，γ 越大，波浪谱能量越集中于 T_p 附近，对应谱的形状越尖耸。

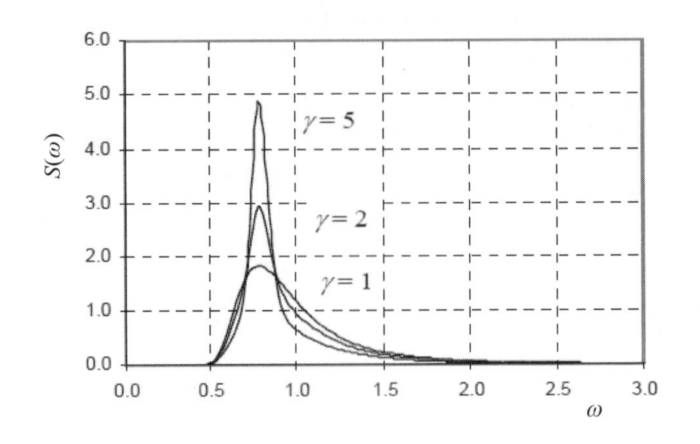

图 2.17　H_s=4m，T_p=8s 不同 γ 值对谱形状的影响

根据 DNV RP C205 规范，JONSWAP 谱的 3 个参数存在如下关系：

1）跨零周期 T_z 与谱峰周期 T_p 的关系：

$$\frac{T_z}{T_p} = 0.6673 + 0.05037\gamma - 0.006230\gamma^2 + 0.0003341\gamma^3 \tag{2.56}$$

2）谱型参数 γ 与谱峰周期 T_p 及有义波高 H_s 的关系：

$$\gamma = \begin{cases} 5 & T_p/\sqrt{H_s} \leqslant 3.6 \\ \exp\left(5.75 - 1.15\frac{T_p}{\sqrt{H_s}}\right) & 3.6 < T_p/\sqrt{H_s} \leqslant 5.0 \\ 1 & 5.0 < T_p/\sqrt{H_s} \end{cases} \tag{2.57}$$

3）极限波陡 S_p：

$$S_p = \begin{cases} 1/15, & T_p \leqslant 8\text{s} \\ 1/25, & T_p \geqslant 15\text{s} \end{cases} \tag{2.58}$$

根据式（2.56）和式（2.57）可以在给定 H_s 与 T_z 数据的情况下，求出 T_p 和对应的 γ，同时根据式（2.58）进行波陡检查，最终可以给出较为合理的 T_p 与 γ。

该方法仅适用于海洋环境数据并未指明 γ 值的情况。由于以上 3 个式子主要基于挪威沿海环境条件给出，一般用在中国沿海会偏于保守。

另一个 T_p、T_z 关系表达式：

$$T_z = T_p\sqrt{\frac{5+\gamma}{11+\gamma}} \tag{2.59}$$

式（2.57）与式（2.59）对于同一 γ 值给出的结果基本一致。

（3）TMA 谱。TMA 谱为 JONSWAP 谱乘以一个有限水深修正项得来，这里不再介绍。

（4）ITTC/ISSC 双参数谱（Breschneider 谱）。该谱为双参数谱，其表达式为：

$$S_i(\omega) = \frac{173H_s^2}{T_1^4}\omega^{-5}\exp\left(\frac{-692H_s^2}{T_1^4}\omega^{-5}\right) \tag{2.60}$$

式中，T_1 为波浪特征周期，其与谱峰周期 T_p 的关系为：T_p=1.296T_1，这与 PM 谱给出的关系是一致的，多数条件下认为 PM 谱与 ITTC/ISSC 双参数谱是等效的。

（5）Ochi-Hubble 谱与 Torsethaugen 谱。对于风浪和涌浪显著并存的海况，其共同的有义波高 H_s 为风浪有义波高 $H_{s,\text{Windsea}}$ 与涌浪有义波高 $H_{s,\text{Swell}}$ 的组合，即：

$$H_s = \sqrt{H_{s,\text{Windsea}}^2 + H_{s,\text{Swell}}^2} \tag{2.61}$$

Ochi-Hubble 谱是将风浪、涌浪的影响共同考虑（二者均符合 γ 分布）的三参数双峰谱，本质上是两个谱的叠加，如图 2.18 所示，其 3 个参数主要是 $H_{s1\sim2}$、$T_{z1\sim2}$ 以及 $\lambda_{1\sim2}$。

H_{s1}、T_{z1}、λ_1 为能量频率较高的风浪所对应的有义波高、平均跨零周期以及谱型参数；H_{s2}、T_{z2}、λ_2 为能量频率较低的涌浪所对应的有义波高、平均跨零周期以及谱型参数。二者组成的整体有义波高中的风浪、涌浪成分遵循式（2.61）。

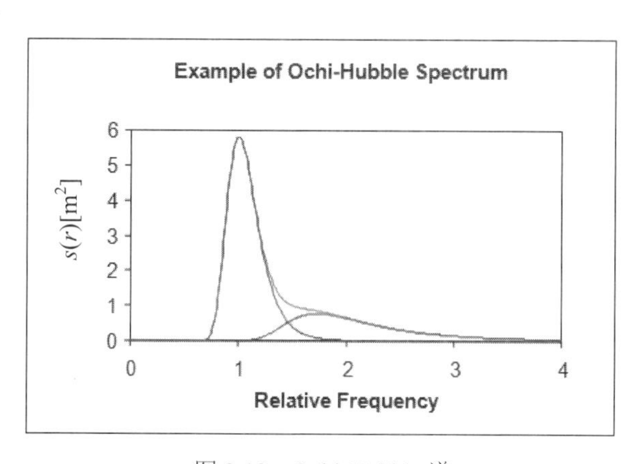

图 2.18 Ochi-Hubble 谱

Torsethaugen 谱基于 JONSWAP 谱发展而来，较适宜用于挪威沿海海况环境的模拟，是双参数谱，H_s 为根据式（2.61）求得的包含风浪、涌浪成分的总有义波高；T_p 为风浪、涌浪中能量最高者所对应的谱峰周期，Torsethaugen 谱形如图 2.19 所示。

（6）Gaussian Swell 谱。Gaussian Swell 谱是用来描述海况中具有明显涌浪环境的三参数谱，其表达式为：

$$S_G(\omega) = \frac{1}{\sqrt{2\pi}\sigma}\left(\frac{H_s}{4}\right)^2\exp\left(-\frac{1}{2\sigma^2}\left(\frac{1}{T}-\frac{1}{T_p}\right)^2\right) \tag{2.62}$$

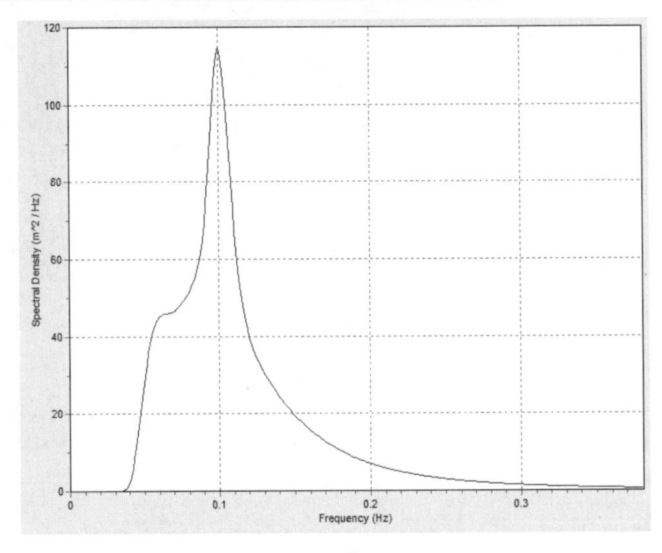

图 2.19　Torsethaugen 谱，H_s=10m，T_p=10s

Gaussian Swell 谱中的 σ 参数由式（2.63）求得：

$$\sigma = \sqrt{\omega_z^2 + \omega_{SW}^2} \tag{2.63}$$

式中，ω_z 为涌浪平均跨零频率；ω_{SW} 为涌浪的谱峰频率。一般 σ 值在 0.005～0.02 之间。

2.3.2　风与风载荷

1. 风载荷基本表达式

（1）风压。基本风压由下式定义：

$$q = \frac{1}{2}\rho_a U_{T,Z}^2 \tag{2.64}$$

式中，q 为基本风压；ρ_a 为空气密度；$U_{T,Z}$ 为 T 平均时间内的高度 Z 处对应的平均风速。

（2）风力。风力可由下式定义：

$$Fw = q\sum_{1}^{n} C_Z C_S A_n \tag{2.65}$$

式中，q 为基本风压；C_Z 为受风结构高度系数；C_S 为构件形状系数；A_n 为受风力部件的迎风面积。

2. 形状系数与高度系数

风速随着高度变化而变化，可以根据相关规范进行转换。API RP 2SK 给出了基于 1 分钟平均风速的风力高度系数转换关系，见表 2.4。

不同的受风构件在风力作用下的受力程度也有所不同，可参考表 2.5。

3. 迎风面积

在计算风面积时，可依照下列步骤：

（1）应包括所有柱体的投影面积。

（2）可以用一些甲板上的房间组合的投影面积来替代计算每个独立装置的面积，但当替代时，应采用形状系数 C_S=1.10。

表 2.4　风力高度系数 C_h（1 分钟平均风速）

水面以上面积中心高度				
英制/feet		公制/m		C_h
大于	不超过	大于	不超过	
0	50	0	15.3	1.00
50	100	15.3	30.5	1.18
100	150	30.5	46.0	1.31
150	200	46.0	61.0	1.40
200	250	61.0	76.0	1.47

表 2.5　受风构件风力形状系数 C_s

受风构件类型	C_s
圆柱形	0.50
船体（吃水线以上表面）	1.00
船甲板室	1.00
独立结构（起重机、槽钢、横梁、角钢）	1.50
甲板以下区域（光滑表面）	1.00
甲板以下区域（暴露的横梁和纵桁）	1.30
井架	1.25

（3）独立结构，如井架、吊机应单独计算。

（4）通常用于钻塔桅杆和吊杆的开放式桁架可近似取一面投影阻挡面积的 60%。

（5）面积计算应当在给定操作条件下对应相应的船体吃水。

（6）参考表 2.5 对受风面积确定形状系数。

（7）风速随水线以上的高度增加而增加。为了计入这种变化，应考虑风力高度系数。可以使用表 2.4 中的高度系数，该表适用于使用 1 分钟定常风的计算方法。

（8）可以用于调整不同平均时间间隔风速关系：

$$V_t = \alpha V_{hr} \tag{2.66}$$

式中，V_t 为平均时间段 t 的风速；α 为表 2.6 中的时间系数；V_{hr} 为 1 小时平均风速。

4. 风力力矩

当受风面积不对称以及整体受风面积型心与重心存在一定距离时，风力还具有 3 个方向的力矩作用：M_Z、M_X、M_Y。

$$M_{ZW} = \frac{1}{2}\rho\sum_{i=1}^{n}(F_{XWi}D_{Xi} + F_{XWi}D_{Yi})U^2 \tag{2.67}$$

$$M_{XW} = F_{YW}(C_{YB} - C_{YG}) \tag{2.68}$$

$$M_{YW} = F_{XW}(C_{XB} - C_{XG}) \tag{2.69}$$

式中，M_{ZW} 可以根据对应风力作用方向上各个受风部件受到的风力载荷对于整体风力作用点的力矩进行求和得到；C_{YB}、C_{XB} 为受风面积形心位置；C_{YG}、C_{XG} 为参考点，一般为结构整体重心位置。

5．风速长期分布

对于风速的统计分为短期分布和长期分布，长期分布一般指 10 年或者更长时间内风速的分布情况，在统计中，风速一般以地面或水面以上 10m 高度位置的 10 分钟平均风速 U_{10} 来表达，其风速变化标准差以 σ_U 表示。

当以双参数 Weibull 分布来表示风速的长期变化时，其表达式为：

$$F_{U_{10}}(u)=1-\exp\left\{-\left(\frac{u}{A}\right)^k\right\} \tag{2.70}$$

式中，A 为尺度参数；k 为形状参数。

对于有台风/飓风过境的区域，使用上述公式进行风速长期分布需要根据实际数据进行修正。

对于没有台风/飓风以及热带气旋过境的区域，对于 1 年一遇最大 10 分钟平均风速可以采用以下公式进行估计：

$$F_{U_{10},\text{Max1Y}}(u)=(F_{U_{10}}(u))^N \tag{2.71}$$

式中，N=52596，表示 1 年出现 10 分钟样本数目，即：356.25×24×6=52560 个 10 分钟风速样本。

当以 Gumbel 分布来进行极值推断时，其表达式为：

$$F_{U_{10},\text{Max1Y}}(u)=\exp\{-\exp[-a(u-b)]\} \tag{2.72}$$

对于大于 1 年的回归周期（Year Return Period，YRP）极端风速的估计，其在 1 年之内发生的概率为：

$$1-\frac{1}{T_{\text{YRP}}} \tag{2.73}$$

对应风速由下式给出：

$$U_{10,T_{\text{YRP}}}=F_{U_{10},\text{Max1Y}}\left(1-\frac{1}{T_{\text{YRP}}}\right)^{-1} \tag{2.74}$$

式中，$F_{U_{10},\text{Max1Y}}$ 为 1 年 10 分钟平均风速的累计概率函数。

根据海上风机设计经验，50 年一遇 10 分钟平均风速近似为 1 年一遇 10 分钟平均风速的 1.25 倍，是年平均风速的 5～6 倍。在强热带气旋影响的地区，这一比例甚至有可能升高到 8 倍。

6．风速廓线、风速平均周期及高度转换

风速廓线描述风速沿着高度的变化，是高度的函数，其表达式为：

$$U(z)=U(H)\left(\frac{z}{H}\right)^{\alpha} \tag{2.75}$$

式中，α 是空气层与大地/海面交界处粗糙度的函数，在海上一般情况下可认为 α=0.14。对于开敞海域且有波浪的情况，α=0.11～0.12；对于陆地具有零星建筑物的情况，α=0.16；对于城市中心，α=0.4。

由于计算分析的需要，往往要将风速进行不同平均周期（表 2.6）与参考高度（表 2.4）

的转换，DNV RP C205 给出的转换公式为：

$$U(T,Z)=U_{10}\left(1+0.137\ln\frac{Z}{H}-0.047\ln\frac{T}{T_{10}}\right) \tag{2.76}$$

式中，U_{10} 为 10m 高处（H=10）的 10 分钟平均风速。

表 2.6　不同风速平均周期的转换关系

平均时间 T	DNV RP C205 时间系数	API RP 2SK 时间系数*
1 小时	0.916	0.943
10 分钟	1.000	1.000
1 分钟	1.108	1.113
15 秒	1.174	1.189
5 秒	1.225	1.236
3 秒	1.250	1.255

*从 DNV RP C205 与 API RP 2SK 的结果对比可以发现，二者是存在轻微差异的。

7. 湍流强度与风谱

10 分钟平均风速 U_{10} 下的波动标准差 σ_U 与平均风速的比值称为湍流强度。对于海洋工程设计分析，一般使用海面以上 10m 高处的 1 小时平均风速并配以时变分量，以风谱的形式从能量的角度来描述风对于海洋工程结构物的影响。

当前被海洋工程界广泛使用的风谱主要是 API 和 NPD 谱。API 谱发表于 API RP 2A 的早期版本中。在 API RP 2A 的最新版本中，NPD 谱取代了 API 谱，但 NPD 风谱在描述阵风周期大于 500s 的风况时，具有较大的不确定性。虽然 NPD 风谱为推荐风谱，但在具体使用中也应对采用哪种风谱加以权衡。

（1）NPD 风谱。海平面以上 z 米处的 1 小时平均风速 $U(z)$为：

$$U(z)=U_{10}\left[1+C\ln\left(\frac{z}{10}\right)\right] \tag{2.77}$$

$$C=0.0573\sqrt{1+0.15U_{10}} \tag{2.78}$$

式中，$U(z)$为海平面以上 z 米的 1 小时平均风速；U_{10} 为海平面以上 10 米处的 1 小时平均风速。

NPD 谱表述了某点处纵向风速能量密度的波动，其表达式为：

$$S_{\mathrm{NPD}}(f)=\frac{320\left(\frac{U_0}{10}\right)^2\left(\frac{z}{10}\right)^{0.45}}{(1+\tilde{f}^{0.468})^{3.561}} \tag{2.79}$$

式中，$S_{\mathrm{NPD}}(f)$为频率 f 的能量谱密度，单位为 m^2/s；f 为频率，单位为 Hz。

$$\tilde{f}=\frac{172f\left(\frac{z}{10}\right)^{2/3}}{\left(\frac{U_0}{10}\right)^{3/4}} \tag{2.80}$$

（2）API 风谱。API 风谱表达式为：

$$S_{\mathrm{API}}(f)=\frac{\sigma(z)^2}{f_{\mathrm{p}}\left(1+1.5\frac{f}{f_{\mathrm{p}}}\right)^{5/3}} \tag{2.81}$$

式中，$S_{\mathrm{API}}(f)$为频率f的能量谱密度，单位为 m^2/s；f为频率，单位为 Hz。

$$\sigma(z)=I(z)U(z) \tag{2.82}$$

$$f_{\mathrm{p}}=\frac{a}{z}U(z),\ 0.01\leqslant a\leqslant 0.1 \tag{2.83}$$

当风谱为测量风谱时，f_{p}由 a=0.025 求出。

$$I(z)=\begin{cases}0.15\left(\frac{z}{z_{\mathrm{s}}}\right)^{-0.125}, & z\leqslant z_{\mathrm{s}}\\ 0.15\left(\frac{z}{z_{\mathrm{s}}}\right)^{-0.275}, & z>z_{\mathrm{s}}\end{cases} \tag{2.84}$$

式中，z_{s}＝20m（边界层的厚度）。

2.3.3 流

1．流的主要类型

流的主要类型有：

（1）风生流：由风曳力和大气层压力梯度差产生的海面表层水体流动。

（2）潮流：由天体引力引起的潮汐所带来的稳定周期水体流动。

（3）大洋环流：行星风带持续作用在各大洋产生的稳定水体流动循环。

（4）内波流：由海水密度不均匀产生的内波所带来的水体流动，可能引起水体流动方向折返。

（5）涡流：发生在大洋西岸，随着地球自转效应引起大洋环流西部强化现象，属于典型的暖流（黑潮和湾流），厚度可达 200～500m，流速达到 2m/s 以上，是地球上最强大的海流。

（6）沿岸流：沿岸流是大体与海岸线走势相平行的定向流。它的成因比较复杂，与盛行风、风与浪的相互作用、河流入海造成的海水密度变化等因素有关。一般多出现在河流入海口处。

2．流速的描述

流速通常是随着水深变化而有所变化的，一般近水面流速高，随着水深的增加，流速逐渐减小。多数情况下，流速可以认为是方向稳定、流速量级稳定、速度大小随着水深增大而递减的。一般流速的表达式为：

$$V_{\mathrm{C}}(z)=V_{\mathrm{C,Wind}}(z)+V_{\mathrm{C,Tide}}(z)+V_{\mathrm{C,Circ}}(z)+\cdots \tag{2.85}$$

式中，$V_{\mathrm{C,Wind}}(z)$为风生流在某一水深位置的流速分量；$V_{\mathrm{C,Tide}}(z)$为潮流在某一水深位置的流速分量；$V_{\mathrm{C,Circ}}(z)$为环流在某一水深位置的流速分量。

3. 流速剖面

（1）潮流。受到潮流影响较明显的浅水海域，一般可以以幂函数形式表达流速随着水深增大所产生的变化趋势：

$$V_{\mathrm{C,Tide}}(z)=V_{\mathrm{C,Tide}}(0)\left(\frac{d+z}{d}\right)^{\alpha} \tag{2.86}$$

式中，$V_{\mathrm{C,Tide}}(0)$为潮流在水面处的速度，一般可取 $\alpha=1/7$。

（2）风生流。对于风生流，可以以线性表达式的形式来表达流速剖面：

$$V_{\mathrm{C,Wind}}(z)=V_{\mathrm{C,Wind}}(0)\left(\frac{d_0+z}{d_0}\right) \tag{2.87}$$

式中，d_0为风生流衰减至 0 的水深位置。DNV RP C205 对于 d_0的定义为 50m。

对于深水开敞海区，风生流可以以下式近似估算：

$$V_{\mathrm{C,Wind}}(z)=kU_{\mathrm{1hour}} \tag{2.88}$$

式中，U_{1hour}为 10m 高处 1 小时平均风速，k=0.015～0.03。

（3）内波流。在某些受到内波影响的海域，其流速剖面往往更加复杂，甚至会出现某个水深位置上下流速方向相反的现象，如图 2.20 所示。

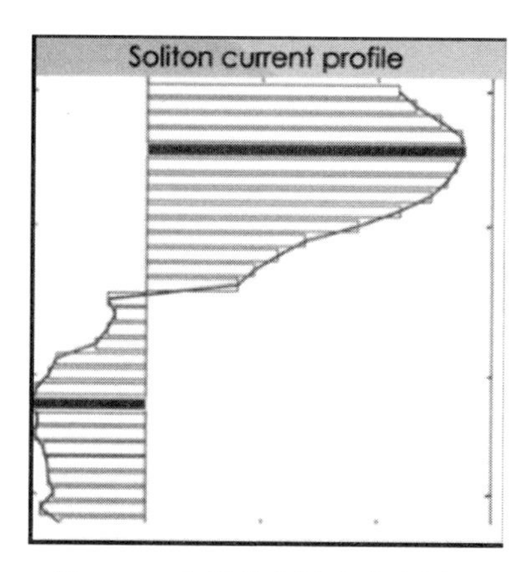

图 2.20 典型的内波流流速剖面

（4）墨西哥湾环流。受到湾流影响的海域（如美国墨西哥湾），湾流产生时，其流速剖面并不同于一般流速沿着水深逐渐衰减，其最主要的流速区域可能位于水下几百米的位置，在水深剖面上形成一个明显的“峰”，如图 2.21 所示。

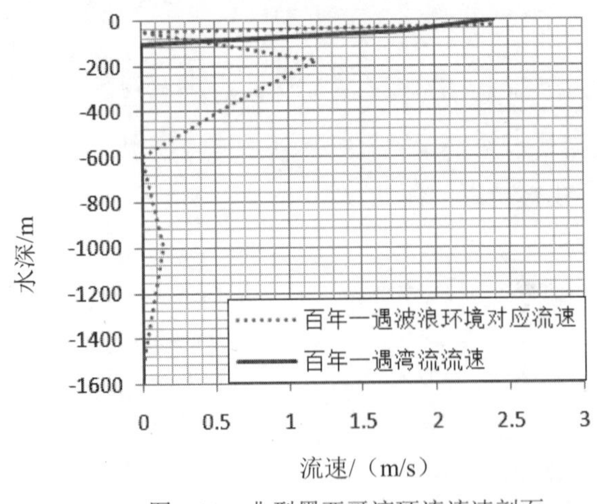

图 2.21　典型墨西哥湾环流流速剖面

2.3.4　设计水位

设计水位（图 2.22）的变化主要受到潮位和风暴增水的影响：

（1）风暴增水（Storm Surge）。风暴增水即风暴潮，也称为气象海啸，是一种由热带气旋、温带气旋或强冷锋等天气系统的强风作用和气压骤变所引起的海面水位高度异常升降现象。

（2）天文潮（Astronomical Tide）。天文潮是地球上海洋水体受月球和太阳引潮力作用所产生的潮汐现象。天文潮的高潮位和低潮位以及出现时间具有规律性，可以根据月球、太阳和地球在天体中相互运行的规律进行推算和预报。天文潮分为正天文潮（HAT）和负天文潮（LAT）。

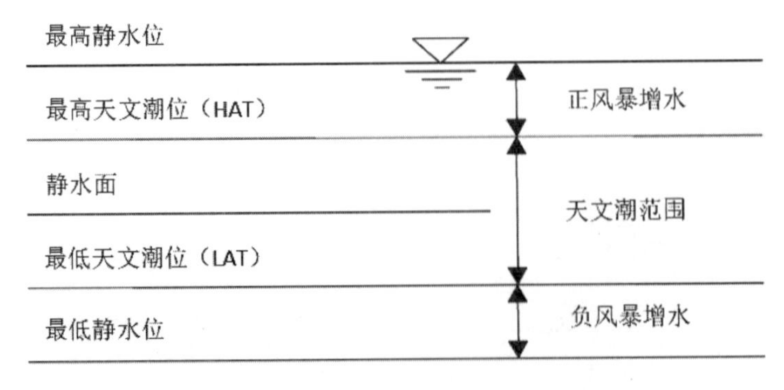

图 2.22　设计水位

不同水位对应的是不同水位影响因素的组合。一般分为：

1）平均静水水位（Mean Sea Level）。平均静水水位是位于 HAT 和 LAT 之间的平均水位。

2）风暴增水（Storm Surge）。正确预报风暴增水需要长期的观测数据支持。

3）最大/最小静水位（Max/Min Still Water Level）。最大/最小静水位为符合设计重现期要求的最高/最低天文潮与正/负风暴增水的组合。

在深水条件下，水位的变化量相比于水深而言量级较小，往往可以忽略。当处于浅水条件时，服役和工作的浮式结构物在波浪作用下所产生载荷响应特征具有明显变化，同时，浅水条件下波浪的船舶特性与深水条件也存在差异，因而在浅水条件下，需要充分考虑水位变化对于浮体所带来的影响。

2.3.5　小尺度结构物上的波流载荷

1. 莫里森（Morison）公式

对于位于震荡流 $U=A\omega\sin\omega t$ 中的圆柱体，由于流动是周期性的，可以假设圆柱受到的力也是周期性的：

$$F_X(t)=F_{C1}\cos\omega t+F_{s1}\sin\omega t+F_{C2}\cos 2\omega t+F_{s2}\sin 2\omega t+\cdots \tag{2.89}$$

式中，$F_{C1}\cos\omega t$ 是与结构加速度同相位的惯性力载荷项；$F_{s1}\sin\omega t$ 为与流体速度同相位的阻力载荷项，忽略高频项，则式（2.89）可以表达为：

$$F_X=\rho C_M A\dot{U}+\frac{1}{2}\rho C_D U|U| \tag{2.90}$$

式中，C_D 为拖曳力系数；$C_M=1+C_m$，其中 C_m 为附加质量系数。

在实际使用中，通常以不同柱体“切片”积分的形式求得整个圆柱形结构件上的波浪和流载荷，对于某个圆柱的某一截面，该截面受到的 X 方向的力可以表达为：

$$\mathrm{d}Fx=\left\{\frac{1}{2}\rho C_D D(U-\dot{X})|U-\dot{X}|+\rho(1+C_m)\frac{\pi D^2}{4}\dot{U}-\rho C_m\frac{\pi D^2}{4}\ddot{X}\right\}\mathrm{d}L \tag{2.91}$$

对相同截面特征杆件沿着长度方向进行积分从而求出整体受力，即著名的莫里森公式。对于式（2.91），C_m 和 C_D 的选取是至关重要的。

2. 拖曳力系数、附加质量系数和拖曳力系数的线性化

拖曳力系数 C_D 与物体表面粗糙度、雷诺数 Re、K_C 数有密切关系。

（1）雷诺数 Re 定义为：$Re=UD/\nu$，ν 为流体黏性系数；U 为流体速度；D 为结构特征尺度。

（2）K_C 数定义为：$K_C=AT/D$，A 为流体速度幅值；T 为周期。

（3）粗糙度 $\Delta=k/D$，k 为粗糙度高度。

对于高雷诺数 $Re>10^6$ 和大 K_C 数时，拖曳力系数关于粗糙度的关系为：

$$C_D(\Delta)=\begin{cases}0.65 & \Delta<10^{-4}\\ [29+4\log_{10}(\Delta)]/20 & 10^{-4}<\Delta<10^{-2}\\ 1.05 & \Delta>10^{-2}\end{cases} \tag{2.92}$$

一般材料的表面粗糙高度为：

1）新的钢材料，没有涂层 $k=5\times10^{-5}$。

2）有涂层的钢材料，$k=5\times10^{-6}$。

3）严重腐蚀的钢材料，$k=3\times10^{-3}$。

4）混凝土材料，$k=3\times10^{-3}$。

5）材料表面有海生物附着，$k=5\times10^{-3}\sim5\times10^{-2}$。

在确定结构直径的时候，需要充分考虑海生物附着的增厚影响。圆柱拖曳力与表面粗糙

度关系如图 2.23 所示。

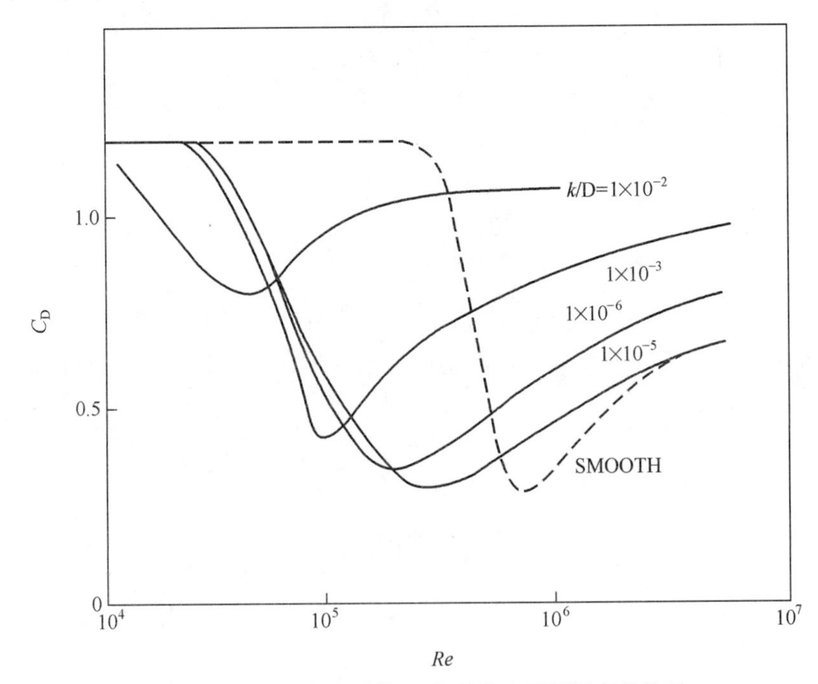

图 2.23　圆柱拖曳力系数 C_D 与柱体表面粗糙度的关系

光滑圆柱附加质量系数 C_m 依赖于 K_C 数，具体如图 2.24 所示。

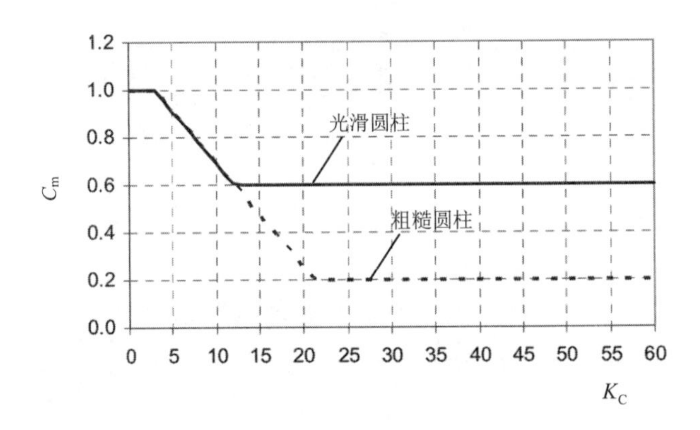

图 2.24　附加质量系数 C_m 与 K_C 数的关系

式（2.91）中的 $(U-\dot{X})|U-\dot{X}|$ 项并不适合在线性频域中进行计算。当 U 在均值为零的高斯随机变量（不规则波）作用下时：

$$(U-\dot{X})|U-\dot{X}|\approx\lambda\sigma_U U \tag{2.93}$$

式中，σ_U 为相对运动速度的均方差，λ 的值可以通过迭代运算求得。

阻力中的非线性项进行了线性化处理，通过给定海况进行迭代计算可以使莫里森公式阻力项在频域中进行求解，这使得莫里森杆件的阻尼效果可以通过更直观的方法来进行估计。

2.3.6 静水力载荷

静水压力表达式为：

$$P_0 = -\rho g z \tag{2.94}$$

式中，z 为水面以下某点相对于静水面的深度。

浮体浸入水中所受到的浮力为：

$$F_0 = -\int_{S_w} zn\mathrm{d}S \tag{2.95}$$

式中，S_w 为浸入水中湿表面面积；$n = (nx, ny, nz)$，为方向向量。

在船舶静力学中，船舶的横稳性高度定义为：

$$GM_T = BM_T + KB - KG \tag{2.96}$$

式中，$BM_T=S_{22}/V$，$KB=z_B$，$KG=z_G$（浮心、重心都以船底基线为原点）。

船舶的纵稳性高度定义为：

$$GM_L = BM_L + KB - KG \tag{2.97}$$

那么对于横摇方向静水刚度 K_{44} 和纵摇方向静水刚度 K_{55} 就可以用初稳性高来表达：

$$\begin{aligned} K_{44} &= \rho gV \cdot GM_T \\ K_{55} &= \rho gV \cdot GM_L \end{aligned} \tag{2.98}$$

船舶垂向的刚度是由水线面提供的，在吃水变化不大的前提下，垂向静水刚度 K_{33} 由下式表达：

$$K_{33} = \rho g A_w \tag{2.99}$$

式中，A_w 为水线面面积。

2.3.7 波浪载荷特性与计算理论适用范围

结构尺度相对于波浪波长大小不同，波浪载荷特性也会产生较大的区别。一般结构物的特征长度 D 大于六分之一的波长时（$D > \lambda/6$），物体本身对于波浪会产生较为明显的影响（即结构物的绕射作用并相应地产生绕射波浪力 Diffraction Force）。结构特征长度小于波长五分之一，结构对于波浪的影响基本可以忽略，此时黏性载荷与惯性载荷（Drag and Inertia Force）是波浪载荷的主要成分。

在海洋工程浮体分析中，诸如 FPSO、半潜平台、Spar 平台、TLP、重力式混凝土平台（GBS）以及其他工程船舶起重船、铺管船、大型驳船等都属于大型结构物，其绕射作用不可忽略。一般，钢桩导管架、桁架式自升平台的支腿、Truss Spar 的桁架结构、垂荡板结构以及其他小直径结构物适合使用莫里森公式进行波浪载荷计算。

波浪载荷特性与结构特征尺度 D 以及波长 λ、波高 h 的关系如图 2.25 所示。

（1）黏性载荷（拖曳力载荷）（Drag Load）：黏性载荷是在流体的黏性特性作用下，小尺度结构物受到的压力拖曳力与摩擦拖曳力。

（2）绕射载荷（Diffraction Load）：由于结构尺度较大，其对于流场的影响不可忽略，结构此时不可穿透。结构的存在使得波浪产生的变化并产生绕射作用，其对于波浪载荷的修正即波浪绕射力。

（3）惯性载荷（Inertia Load）：惯性载荷产生于流体水质点相对于结构的加速度作用。可以认为是绕射作用中的一个特例，即波浪并没有受到结构存在所产生的影响。

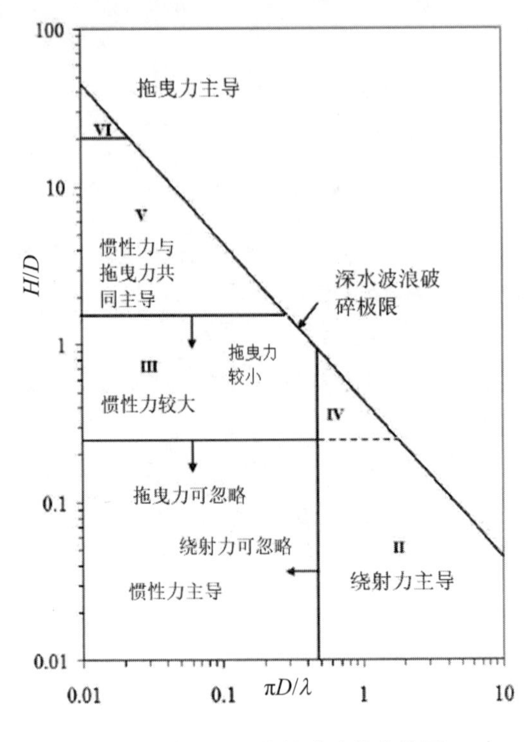

图 2.25　不同特性波浪载荷范围

对于一些大尺度、小尺度结构共存的浮体，如 Truss Spar 以及具有横撑/斜撑的半潜平台，如图 2.26 所示，想要真实地计算结构整体受到的波浪载荷，需要同时考虑大尺度部件的绕射波浪载荷以及小尺度结构部件的黏性波浪载荷的共同作用。

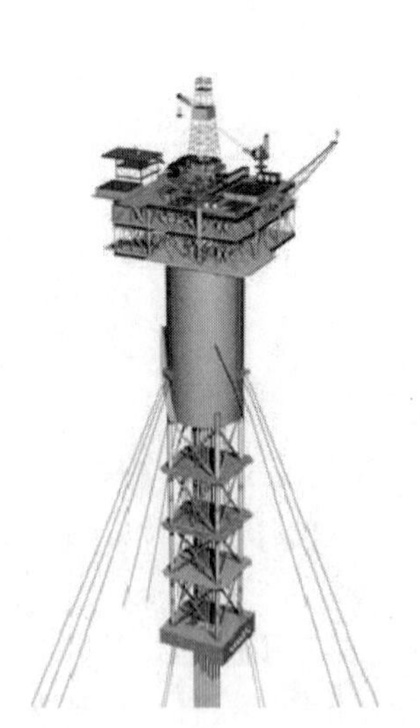

图 2.26　Truss Spar 与具有横撑的半潜钻井平台

2.3.8 波浪载荷的周期特征

对于系泊在指定位置并长期服役的海上浮式平台，其在服役期内持续受到风、浪、流的共同作用，环境载荷作用下的系泊浮体呈现不同的运动特征，主要包括：

（1）波频载荷与波频运动（Wave Frequency Load and Motion，WF）。

（2）低频载荷与低频运动（Low Frequency Load and Motion，LF）。

（3）高频载荷与高频运动（High Frequency Load and Motion，HF）。

波频载荷量级最大，能量范围最广（5～20s），浮体在波频载荷的作用下产生波频运动。波频载荷时刻存在，因而使得浮体 6 自由度运动固有周期避开波频载荷的主要能量范围、避免共振、降低浮体响应是海洋工程浮体设计中非常重要的一项设计原则。

典型浮体固有周期对比见表 2.7。

表 2.7　典型浮体运动固有周期　单位：s

运动自由度	FPSO	Spar	TLP	半潜
纵荡	>100	>100	接近或大于 100	>100
横荡	>100	>100	接近或大于 100	>100
升沉	5～20	20～35	<5	20～50
横摇	5～30	>30	<5	30～60
纵摇	5～20	>30	<5	30～60
艏摇	>100	>100	接近或大于 100	>50

低频波浪载荷是关于两个规则成分波频率之差（ω_i-ω_j）的波浪载荷。由于系泊浮体平面内运动固有周期（纵荡、横荡）与艏摇固有周期较大，对应运动自由度的整体阻尼较小，在低频波浪载荷作用下，系泊浮体这 3 个自由度容易发生共振，即二阶波浪载荷导致的低频运动。如果浮体其他自由度的运动固有周期较大，也有可能在低频波浪载荷的作用下产生共振（譬如 Spar 的较大的升沉与横纵摇固有周期）。

高频波浪载荷中的和频载荷是关于两个波浪成分波频率之和（ω_i+ω_j）的波浪载荷。在张力腱系统的约束下，TLP 的升沉、横摇、纵摇固有周期在 5s 以下，容易在和频波浪载荷的作用下产生高频弹振。

高频波浪载荷还有另外一种非常重要的类型，即高速航行的船舶由于多普勒效应产生的波浪遭遇频率升高，波频载荷在高遭遇频率下与结构共振频率接近并产生弹振。

其他的高频波浪载荷还包括底部抨击、外飘抨击等。

2.3.9 低频波浪载荷

低频载荷主要包括两部分：低频风载荷和低频波浪载荷。流载荷由于变化的周期非常长，很难与系泊结构产生共振，因而通常流载荷被认为是定常载荷。低频风载荷和低频波浪载荷对于系泊浮体的影响程度不同，但一般而言，相比于低频波浪载荷，低频风载荷的影响较小。

从量级上看低频波浪载荷小于波频载荷，但低频载荷由于与系泊浮体的平面运动自由度（纵荡、横荡和艏摇）固有周期接近，其产生的共振成为系泊浮体产生较大平面偏移（Offset）

的主要因素。

低频波浪载荷对于系泊系统的影响主要包括：

（1）低频波浪载荷是二阶低频波浪载荷，不同于波频载荷，二阶低频波浪载荷正比于波浪幅值的平方，因而在恶劣海况下，低频波浪载荷量级增加明显。

（2）系泊浮体纵荡、横荡以及艏摇运动自由度的固有周期较长，频率较低，与低频波浪载荷容易产生共振，加之系泊系统（包括船体）阻尼量较小，因而当低频波浪载荷作用在系泊浮体系统时，平台将在平均载荷作用下的平衡位置附近产生明显的平面偏移共振，对系泊系统产生较大的挑战。

以一个系泊的驳船为例，一段时间的波高变化的时间历程产生 3 部分主要影响，如图 2.27 所示。

（1）波浪的平均载荷作用在系泊驳船上，驳船产生一个稳定的位移偏差（Mean Displacement）。

（2）波浪作用在系泊驳船，产生一阶的波频运动（First Order Motion）。

（3）波浪的低频成分（包络线）作用在系泊驳船上，产生二阶的低频运动（Second Order Motion）。

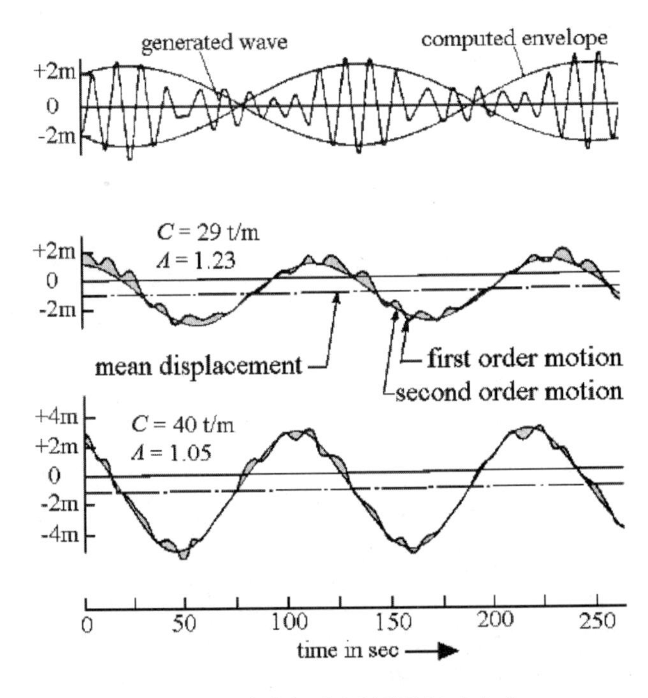

图 2.27 波浪与系泊驳船的运动响应

图 2.27 中，Λ 表示波浪低频包络线与驳船系泊状态下纵荡运动固有周期的比值，可以发现，在阻尼贡献基本一致的情况下，当低频波浪载荷与低频运动固有周期接近的时候，低频载荷作用与系泊驳船固有周期产生的共振程度越大，所导致的低频运动幅值增大。

2.3.10 高频波浪载荷

（1）和频波浪载荷。和频波浪载荷类似于低频波浪载荷，所不同的是，低频波浪载荷是两个波浪成分差频产生的，而和频载荷是由两个波浪成分的和频产生。

对于 N 个波浪单元，和频波浪载荷可以简单地表达为：

$$F_i^+(t) = \mathrm{Re}[A_1 A_2 QTF^+(\omega_1, \omega_2) e^{-i(\omega_1+\omega_2)t}] \tag{2.100}$$

典型张力腿平台的升沉、横摇、纵摇固有周期在 2～5s 附近，使得和频载荷激励下产生共振成为可能，某些情况下和频载荷产生的激励有可能大于波频载荷所造成的影响，而更高阶的载荷会产生更多的激励影响，这一点与低频载荷的特性有很大的区别。

二阶和频传递函数 QTF 的确定不同于二阶差频 QTF。对于二阶差频载荷，采用 Newman 近似，忽略二阶速度势影响可以在大多数情况下给出较好的模拟效果，但对于二阶和频载荷，二阶速度势的影响以及 QTF 非对角线载荷的影响不可忽视。准确的计算二阶和频载荷传递函数非常重要，和频传递函数的计算需要非常精细的船体和自由表面网格，而且对于计算周期的间隔要求非常紧密（尤其是在高频区域），以充分捕捉和频载荷成分影响，这导致整个和频 QTF 求解计算耗时非常长，某些情况下长时间的计算结果精度也并不能很好地得到证明。

一个张力腿平台面元与自由表面模型如图 2.28 所示。

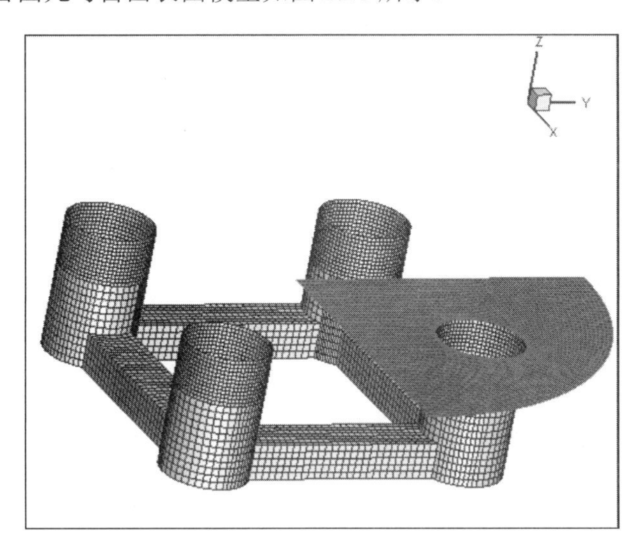

图 2.28　张力腿平台面元模型与自由表面模型（自由表面模型显示了 1/4）

在二阶和频作用下，张力腿平台的运动响应幅值很大程度上依赖于阻尼的情况。水动力计算可以提供辐射阻尼，一定程度上存在不确定性的黏性阻尼对张力腿平台高频运动自由度（升沉、横摇以及纵摇）运动响应影响较大。

（2）高遭遇频率的一阶波浪载荷。当船舶具有航速时，由于多普勒效应，波浪频率 ω 对于船舶的遭遇频率 ω_p 为：

$$\omega_\mathrm{p} = \omega - \frac{\omega^2 U}{g}\cos\beta \tag{2.101}$$

式中，U 为船舶航速；β 为船舶航向角。

当船舶以高航速航行时，遭遇频率随着航速增加而增加，此时船舶受到的波浪载荷是高频的一阶波频载荷。

高遭遇频率下的船舶水动力计算具有挑战。当计算频率增加时，需要更小、更密的面元网格来适应计算要求，随之而来的是计算精度和计算耗时的问题。

（3）抨击载荷。抨击载荷包括结构物入水、外飘结构的抨击等，呈现强烈的非线性特征。对于圆柱体单位长度结构，其受到的抨击载荷可以由式（2.102）进行估算：

$$F_S = \frac{1}{2}\rho C_S D V^2 \tag{2.102}$$

式中，C_S 为抨击载荷系数；D 为结构直径；V 为结构件与水面的相对速度。

对于结构体抨击以及入水问题并不是本书重点，更具体的内容可以参考 DNV RP C205 规范。

2.3.11 大尺度结构物的流载荷

大尺度结构物对于流载荷的模拟与风载荷类似。定常流作用下的船形结构物会产生沿着流速方向的平面力以及绕着 Z 轴方向的艏摇力矩。实际上定常流作用下浮体受到的流载荷包括 6 个方向力和力矩：

$$F_{XC} = \frac{1}{2}\rho C_{XD} A_{CX} U_C^2 \tag{2.103}$$

$$F_{YC} = \frac{1}{2}\rho C_{YD} A_{CY} U_C^2 \tag{2.104}$$

$$M_{ZC} = \frac{1}{2}\rho C_{MZD} A_{CZ} U_C^2 \tag{2.105}$$

$$M_{XC} = F_{YC}(C_{YB} - C_{YG}) \tag{2.106}$$

$$M_{YC} = F_{XC}(C_{XB} - C_{XG}) \tag{2.107}$$

式中，C_{XD}、C_{YD}、C_{MZD} 为 F_X、F_Y、M_Z 方向的流力系数；U_C 为流速与结构之间的相对速度；A_{CX}、A_{CY} 为受流力部件的迎流面积；C_{YB}、C_{XB} 为对应方向流力作用在船体上的作用点。

OCIMF *Prediction of Wind and Current Loads on VLCCs* 对于流面积的定义是：对于船型结构，$A_{CX}=LD=A_{CY}$，其中，L 为船体垂线间长；D 为船体吃水，$A_{CZ}=L^2D$。

2.3.12 MOSES 对于环境条件的定义

MOSES 可以定义规则波（艾立波、斯托克斯波、流函数）、ISSC 谱（与 PM 谱等效）、JONSWAP 谱、双参数 JONSWAP 谱，也可以输入用户自定义的波浪谱。

MOSES 可以定义 ABS、API、NPD 以及指数分布的风廓线及高度系数，当使用 ABS、API 以及 NPD 风廓线时，程序按照对应规范进行设置。当使用指数分布时，指数 α 为 1/7。软件可以实现平均风速平均周期的指定。MOSES 可以定义 API、NPD、Harris 以及 Ochi 风谱，用户也可以自定义风谱或者定义时域下的风速曲线。

MOSES 可以定义定常流和流速剖面。MOSES 可以实现水位的定义以及海生物附着的定义。

MOSES 对于环境条件定义的命令解释请参考 3.3.7、3.3.8 节。

2.4 频域分析与线性化

2.4.1 RAO

浮体运动幅值响应算子（Response Amplitude Operaters，RAO）的含义是单位波幅值规则波作用下，浮体对应自由度运动幅值，表征的是在线性波浪作用下浮体的运动响应特征。

以船舶的横摇运动为例，横摇 RAO 为船舶在单位波幅的规则波作用下所产生的、关于波浪频率的横摇运动幅值函数，近似表达：

$$Roll_{RAO} = \frac{\theta_X}{\xi_a} = DAF_{Roll}\frac{\omega^2}{g}57.3\sin\beta \tag{2.108}$$

式中，θ_X 为船舶横摇运动幅值；ξ_a 为入射波波幅，此处为规则波单位波幅；DAF_{Roll} 为横摇运动方程得到的动力放大系数；ω 为入射波圆频率；β 为入射波角度，式（2.108）单位为°/m。

RAO 本质上描述的是线性条件下入射波幅值与浮体运动幅值的关系。根据 2.1.1 节，描述刚体运动仅关注幅值响应是不够的，还需要关注运动响应相位的变化。

当对运动响应幅值 RAO 求一次导数、二次导数后，对应的运动幅值 RAO 变为运动速度响应 RAO 和加速度响应 RAO。

2.4.2 不规则波作用下的波频运动响应

对于一个给定的波浪谱 $S(\omega)$，零航速下浮体的波频运动响应谱 $S_R(\omega)$可以表达为：

$$S_R(\omega) = RAO^2 S(\omega) \tag{2.109}$$

根据响应谱得到的第 n 阶矩的表达式为：

$$m_{nR} = \int_0^\infty \omega^n S_R(\omega)\mathrm{d}\omega \tag{2.110}$$

其中，m_{0R} 为运动方差。一般认为短期海况符合窄带瑞利分布，浮体的波频运动近似认为同样符合瑞利分布，则浮体波频运动有义值可以根据谱矩求出，即：

$$R_{1/3} = 2\sqrt{m_{0R}} \tag{2.111}$$

对应运动平均周期 T_{1R} 和平均跨零周期 T_{2R} 为：

$$T_{1R} = 2\pi\frac{m_{0R}}{m_{1R}} \tag{2.112}$$

$$T_{2R} = 2\pi\sqrt{\frac{m_{0R}}{m_{2R}}} \tag{2.113}$$

2.4.3 波频运动极值估计

浮体运动响应值 R_a 以瑞利分布表示为：

$$f(R_a) = \frac{R_a}{m_{0R}}\exp\left(\frac{-R_a^2}{2m_{0R}}\right) \tag{2.114}$$

那么 R_a 大于 a 的概率为：

$$P(R_a > a) = \int_a^{\infty} \frac{R_a}{m_{0R}} \exp\left(\frac{-R_a^2}{2m_{0R}}\right) dR_a = \exp\left(-\frac{a^2}{2m_{0R}}\right) \tag{2.115}$$

对上式两边求对数，则：

$$R_a = k\sqrt{m_{0R}} \tag{2.116}$$

k 与超越概率的关系见表 2.8。

表 2.8　超越概率与保证率及对应统计值关系

超越概率 $F(\xi_0)$/%	0.1	3.9	13.5
对应累计概率/%	99.9	96.1	86.5
与标准差 $\sqrt{m_{0R}}$ 的倍数	3.72	2.55	2.00
对应统计值	千分之一值	十分之一值	三分之一值（有义值）

对于服从窄带瑞利分布的波浪和波浪频域的浮体运动响应，可以从频域角度根据方差来推断极值，如千分之一极值等于 3.72 倍的方差，等于 1.86 倍的有义值；百分之一极值等于 3.03 倍的方差。

对于“短期海况”时间 t，浮体波频运动峰值次数为 t/T_{1R} 次，那么出现的最大值所对应的超越概率为发生次数的倒数 T_{1R}/t，则浮体运动最大值 R_{max} 为：

$$\exp\left(-\frac{{R_{max}}^2}{2m_{0R}}\right) = \frac{T_{1R}}{t} \tag{2.117}$$

$$R_{max} = \sqrt{-2m_{0R}\ln\frac{T_{1R}}{t}} = \sqrt{2m_{0R}\ln\frac{t}{T_{1R}}} \tag{2.118}$$

R_{max} 即为 MPM（Most Probable Maximum Value）值。

如果是指定超越概率（譬如累计概率 90%，超越概率 10%，即 P90 值），则对应概率极值 R_{max-p} 表达式为：

$$R_{max-p} = \sqrt{m_{0R}\,2\ln(N/p)} \tag{2.119}$$

式中，N 为峰值个数；p 为超越概率。一般 P90 值要比 MPM 值大 15%左右，因而更保守一些。

2.4.4　低频运动响应统计

低频波浪载荷以谱的形式可以表示为：

$$S_{F2-}(\Delta\omega) = 8\int_0^{\infty} S(\omega)S(\omega+\Delta\omega)\left[\frac{F_i\left(\omega+\frac{\Delta\omega}{2}\right)}{\xi_a}\right]^2 d\omega \tag{2.120}$$

式中，$S(\omega)$ 为波浪谱；$F_i\left(\omega+\frac{\Delta\omega}{2}\right)$ 为对应频率 $\omega+\frac{\Delta\omega}{2}$ 的平均波浪漂移力。

系泊状态下的浮体低频响应动力方程为：

$$(M+\Delta M)\ddot{X}+B'\dot{X}+K_{\mathrm{m}}X=F_i(t) \tag{2.121}$$

式中，ΔM 为低频附加质量；B' 为系泊状态下的系统阻尼；K_{m} 为系泊恢复刚度；$F_i(t)$ 为低频漂移力。

对于系泊状态的浮体纵荡运动，其响应谱可以表示为：

$$S_{R2-}(\Delta\omega)=|R_{2-}(\Delta\omega)|^2\,S_{\mathrm{F2-}}(\Delta\omega) \tag{2.122}$$

式中，$R_{2-}(\Delta\omega)$ 为质量－阻尼－弹簧系统的动力学导纳。纵荡运动的低频方差为：

$$m_0(\Delta\omega)=\int_0^{\infty}\frac{S_{\mathrm{F2-}}(\Delta\omega)}{[K_{\mathrm{m}}-(M+\Delta M)\Delta\omega^2]^2+B'^2\,\Delta\omega^2}\mathrm{d}\Delta\omega \tag{2.123}$$

由于系泊系统往往是小阻尼低频共振系统，因而式（2.123）中对于运动方差的主要贡献是纵荡固有周期附近的共振激励载荷，典型的低频运动极值为标准差的 3～4 倍。

当系泊系统刚度、浮体质量及低频附加质量以及平均漂移载荷已知的情况下，可以通过频域计算给出系泊浮体大致的平面内低频运动响应情况。这种方法也是进行系泊系统初期设计的常用方法。

2.4.5　莫里森杆件的谱线性化

对于莫里森杆件，想要在频域下评估黏性拖曳力的影响需要对其进行线性化处理。

对于式（2.90）中的阻力项更一般的表达为：

$$\frac{1}{2}\rho C_{\mathrm{D}}|U|U=\frac{1}{2}\rho C_{\mathrm{D}}[C_1+C_2(U-U_{\mathrm{m}})] \tag{2.124}$$

式中，C_1、C_2 为常数项；U_{m} 为平均流速；U 为流体与物体的相对速度。

$$C_1=(\sigma_{\mathrm{U}}^2+U_{\mathrm{m}}^2)\left[2F\left(\frac{U_{\mathrm{m}}}{\sigma_{\mathrm{U}}}\right)-1\right]+\sigma_{\mathrm{U}}U_{\mathrm{m}}\sqrt{\frac{2}{\pi}}\exp\left(-\frac{1}{2}\frac{U_{\mathrm{m}}^2}{\sigma_{\mathrm{U}}^2}\right) \tag{2.125}$$

$$C_2=2U_{\mathrm{m}}\left[2F\left(\frac{U_{\mathrm{m}}}{\sigma_{\mathrm{U}}}\right)-1\right]+\sigma_{\mathrm{U}}\sqrt{\frac{8}{\pi}}\exp\left(-\frac{1}{2}\frac{U_{\mathrm{m}}^2}{\sigma_{\mathrm{U}}^2}\right) \tag{2.126}$$

式中，F 为正态分布累计概率函数。

当在规则波作用下时，$|U|U=\frac{8}{3\pi}U_{\max}U$，$U_{\max}$ 为最大相对速度。

同式（2.90）和式（2.93）比较，忽略 C_1 项，在不规则波作用下时，$\lambda=\sqrt{8/\pi}$。

对莫里森杆件的谱线性化过程为：

（1）对水质点相对于杆件的速度的均值和标准差进行估计。

（2）对拖曳力系数进行线性化处理。

（3）分析拖曳力线性化后的杆件受力。

（4）使用谱分析方法计算水质点相对于杆件的速度。

（5）重复（2）～（4）步，迭代计算，直至这两步的结果一致。

（6）计算杆件受力。

在 MOSES 中，以上迭代计算可以自动完成。

2.5 时域分析与纽马克 β 法

2.5.1 时域分析

时域分析引入了单位脉冲函数 $\delta(\tau)$，其作用在系统上产生一个对应的响应 $h(t-\tau)$，即脉冲响应函数，其含义为浮式系统受到脉冲作用后产生的响应，表达的是受到脉冲影响发生运动直至恢复平静状态的过程中系统所经历的响应特性。

线性系统在某段时间内的响应可以视作多个线性响应的叠加，即：

$$R(t)=\int_{-\infty}^{\infty}\xi(t-\tau)h(\tau)\mathrm{d}\tau \tag{2.127}$$

式中，$\xi(t-\tau)$ 为一段时间内的波高升高。

$h(\tau)$ 可以通过频域分析中的频率响应函数经过傅里叶变换得到：

$$h(\tau)=\int_{-\infty}^{\infty}H(\omega)e^{iwt}\mathrm{d}\omega \tag{2.128}$$

对于浮式结构物，其时域下的运动方程可以写为：

$$\sum_{j=1}^{6}[(a_{ij}+m_{ij}(t))\ddot{x}_j(t)+\int_{0}^{t}K_{ij}(t-\tau)\dot{x}_j(\tau)\mathrm{d}\tau+C_{ij}x_j(t)]=F_i(t) \quad i=1,\cdots,6 \tag{2.129}$$

式中，a_{ij} 为浮体的惯性质量矩阵；$m_{ij}(t)$为浮体的附加质量矩阵；$K_{ij}(t)$为延迟函数矩阵；C_{ij} 为静水恢复力矩阵；$F_i(t)$为波浪激励力；$x_j(t)$为浮体位移矩阵。

延迟函数矩阵 $K_{ij}(t)$为：

$$K_{ij}(t)=\frac{2}{\pi}\int_{0}^{\infty}B_{ij}(\omega)\cos(\omega t)\mathrm{d}\omega \tag{2.130}$$

延迟函数 $K_{ij}(t)$ 为频域水动力求解出的辐射阻尼 $B_{ij}(\omega)$ 经傅里叶逆变换求出。

为获得浮体在波浪中的运动位移矩阵[$x_j(t)$]，必须知道浮体的附加质量矩阵[$m_{ij}(t)$]、延迟函数矩阵[$K_{ij}(t)$]和波浪激励力矩阵[$F_i(t)$]。

波浪激励力 $F_i(t)$为：

$$F_i(t)=\sum_{k=1}^{N}R\{A_\mathrm{k}F_i(\omega_\mathrm{k})e^{-i(\omega_\mathrm{k}t+\theta_\mathrm{k})}\} \tag{2.131}$$

式中，A_k、ω_k、θ_k 为对应波谱中每个规则波成分波的波幅、频率和相位；$F_i(\omega_\mathrm{k})$ 是频率为 ω_k 的单位波幅对应波浪激励力。

当求出浮体的附加质量矩阵、延迟函数矩阵、静水恢复力矩阵、波浪激励力矩阵和浮体位移矩阵后，可以使用数值方法，经过迭代求解最终求出浮体的运动时域响应。

2.5.2 纽马克 β 法

MOSES 采用纽马克 β 法进行结构动力响应计算，动力响应方程简化为：

$$[M]\ddot{X}+[B]\dot{X}+[K]X=[F(t)] \tag{2.132}$$

根据拉格朗日中值定理及纽马克 β 法假设，对于 $t+\Delta t$ 时刻的速度可以表示为：

$$\dot{X}_{i+1}=\dot{X}_i+(1-\delta)\ddot{X}_t\Delta t+\delta\ddot{X}_{i+1}\Delta t \quad (2.133)$$

由泰勒级数展开，得：

$$X_{t+1}=X_t+\dot{X}_i\Delta t+\left[\left(\frac{1}{2}-\beta\right)\ddot{X}_i+\beta\ddot{X}_{t+1}\right]\Delta t^2 \quad (2.134)$$

式中，δ 和 β 是与精度和稳定性有关的参数。当 $\delta>0.5$ 时，产生算法阻尼，从而使系统振幅人为衰减；当 $\delta<0.5$ 时，产生负阻尼，积分过程中振幅逐渐增加。通常取 $\delta=0.5$。在 $\delta=0.5$ 时，$\beta=0$ 为常加速度法，即中心差分法；$\beta=0.25$ 为平均加速度法；$\beta=1/6$ 为线性加速度法。MOSES 默认采用平均加速度法。不同 β 对应的临界步长关系见表 2.9。

表 2.9 不同 β 时的临界步长（$\delta=0.5$）

名称	β	Δt_{ct}
中心差分法	0	$\frac{T_N}{\pi}$
	1/12	$\sqrt{\frac{3}{2}}\frac{T_N}{\pi}$
	1/8	$\sqrt{2}\frac{T_N}{\pi}$
线性加速度法	1/6	$\sqrt{3}\frac{T_N}{\pi}$
平均加速度法	1/4	无限制

纽马克 β 法的计算过程为：

（1）初始计算。

1）形成刚度矩阵[$\boldsymbol{K}$]、质量矩阵[$\boldsymbol{M}$]和阻尼矩阵[$\boldsymbol{B}$]，给定初始值 x_0、$\dot{x}_0$、$\ddot{x}_0$。

2）选择时间步长 Δt、参数 β、δ。

3）形成有效刚度矩阵：

$$[\boldsymbol{K}]'=[\boldsymbol{K}]+a_0[\boldsymbol{M}]+a_1[\boldsymbol{B}]，\quad a_0=\frac{2}{\beta\Delta t^2}，\quad a_1=\frac{\delta}{6\Delta t} \quad (2.135)$$

对上式进行三角分解。

（2）求每个时间步的响应。

1）计算 $t+\Delta t$ 时刻的有效载荷。

2）计算 $t+\Delta t$ 时刻的位移。

3）计算 $t+\Delta t$ 时刻的加速度和速度。

积分临界步长 Δt_{ct} 与 β 的选择有关，实际的步长应比临界步长小。

虽然 MOSES 采用平均加速度法对于时间步长无限制，但实际计算对时间步长应充分予以重视。一般对于系泊时域分析，时间步长应能充分捕捉低频运动响应的固有周期，一般时间步长可以在 0.1～0.5s，步长不宜过大，也不应太小。

2.6 系泊分析理论

2.6.1 系泊系统

按照作业时间长短不同，海上定位系泊系统可以分为大致 3 类。

1. 移动式系泊系统

移动式系泊系统适用于海上工程船舶，如铺管船、起重船、埋管船以及后勤辅助船舶等，这些船舶在工作时需要拖带它们所用的定位锚沿着一定的路线行进，锚的移动通常由另外的辅助船舶帮助完成，如图 2.29 所示。

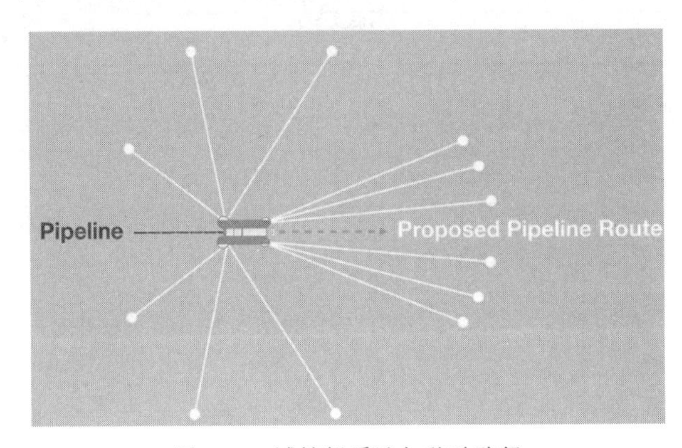

图 2.29 铺管船系泊与移动路径

2. 临时性系泊系统

临时性系泊系统适用于钻井平台、钻井船等，这些浮式平台在持续工作几周或几个月后更换作业海域，如图 2.30 所示。

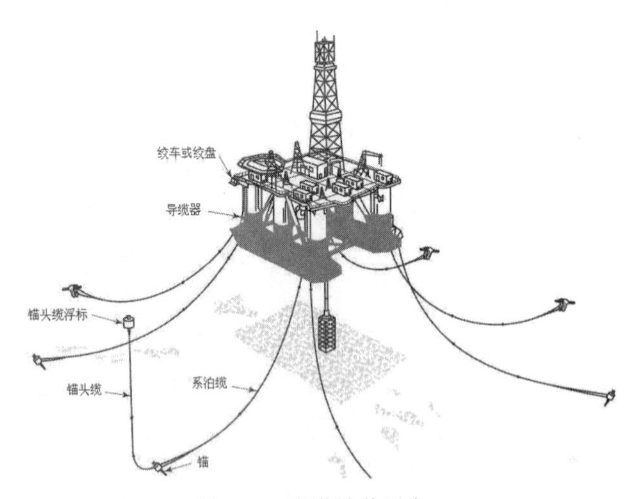

图 2.30 半潜钻井平台

3. 永久性系泊系统

永久性系泊系统适用于不同类型的海上浮式油气田开发平台。根据油气田要求不同，服役时间在几年到几十年不等。

系泊系统按照控制特性可以分为多点系泊和单点系泊。

（1）多点系泊系统。在浮体多个方向分布一定数量的系泊缆，控制平台平面运动和艏摇运动。多点系泊系统简单、经济，不需要复杂的机械装置，多点系泊系统分布范围广，其整体系泊刚度分布较为均匀，能够连接更多的立管和脐带系统。一般而言，采用多点系泊的典型浮式平台包括立柱式平台（Spar）、半潜生产平台（Semi-Submersible）、浮式生产储卸油轮（Floating Production Storage Offloading，FPSO）以及张力腿平台（Tension Leg Platform，TLP），如图 2.31 所示。

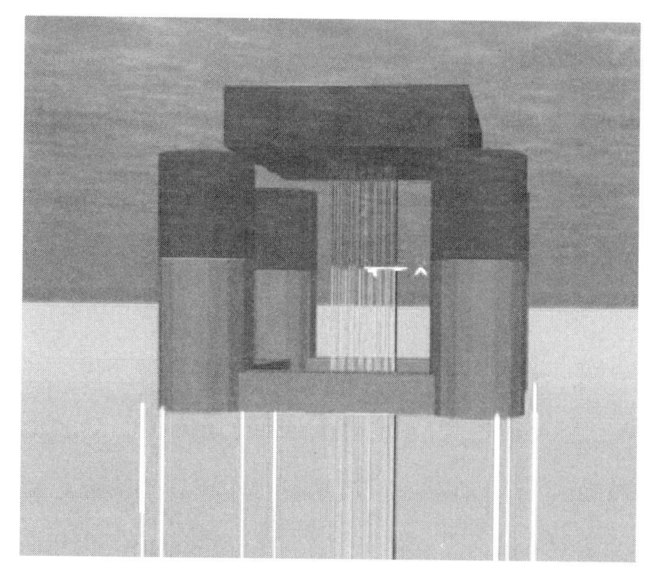

图 2.31　张力腿平台系泊系统

多点系泊系统多用于结构对称性较强、各个方向受力差异不大的浮式平台。FPSO 属于典型的船类结构，长宽比大，其横向受到环境载荷较大，一般多点系泊用于 FPSO 时多用于波浪环境条件方向较为稳定、海况较好、环境载荷量级不大的海域（如西非、巴西沿岸等），如图 2.32 所示。

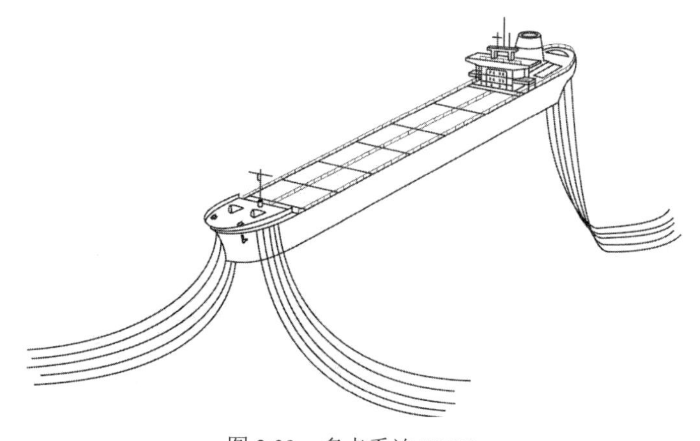

图 2.32　多点系泊 FPSO

（2）单点系泊系统。单点系泊系统是指系泊系统连接旋转装置，船体通过旋转装置与系泊系统连接，当环境载荷作用在船体上时，船体会自然地发生旋转，使得船艏朝向环境载荷合力最小的方向，降低系泊系统所承受的环境载荷作用。

一般意义上的单点系泊系统包括：

1）永久式转塔单点系泊系统。转塔系泊系统上部与 FPSO 连接，下部与系泊系统连接，通过轴承结构与船体连接以实现旋转，船体在环境载荷作用下旋转至合力最小的方向。通常，单点转塔分为内转塔和外转塔两大类。

外转塔单点的转塔结构多位于船艏前方，外转塔单点系泊系统减少了对于船体维修的要求，可以在码头沿岸安装，不限制舱容，但外转塔系泊系统对于立管数量有限制，对于恶劣环境适应性有限，多用于浅水海域或环境条件较为温和的海域，如图 2.33 所示。

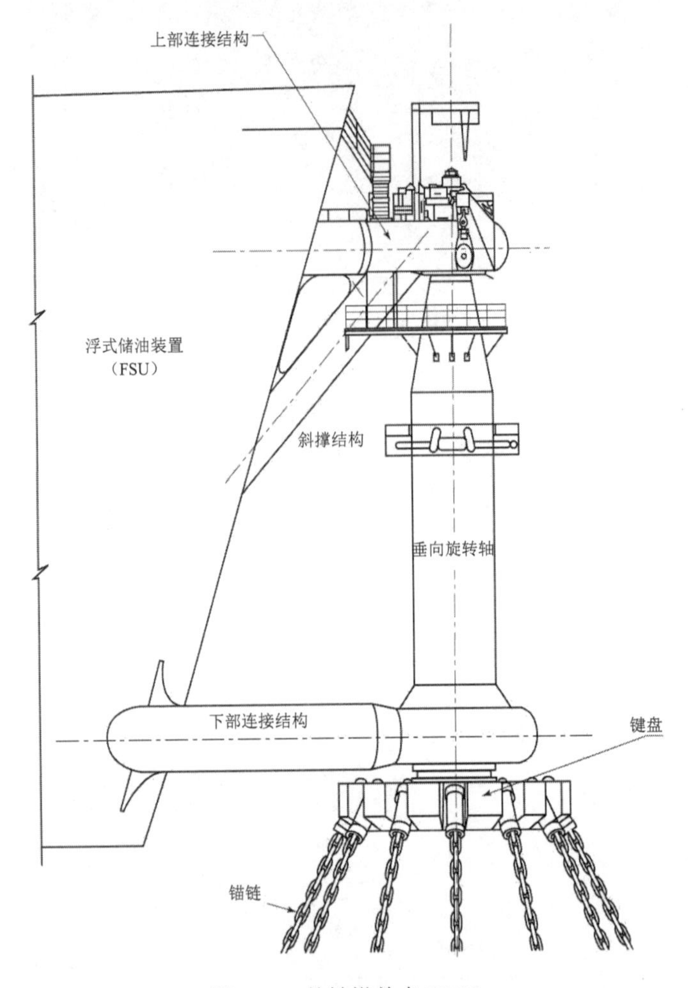

图 2.33　外转塔单点 FPSO

内转塔单点能够设计得较大，为布置设备和管汇等设备提供足够的空间；内转塔在船体之中，能够得到较好的保护。内转塔系统占据了部分舱容，当其靠近船中部时，风向标效应减弱，此时多用动力定位系统辅助实现风向标效应，如图 2.34 所示。

2）可解脱式转塔单点系泊系统。可解脱式转塔系泊系统具有解脱和回接功能，在极端环境下，单点系统可以从FPSO船体上的连接位置解脱来规避恶劣海况，对于环境恶劣的海区和季节性环境变化海区及冰区适应性较好，如图2.35所示。

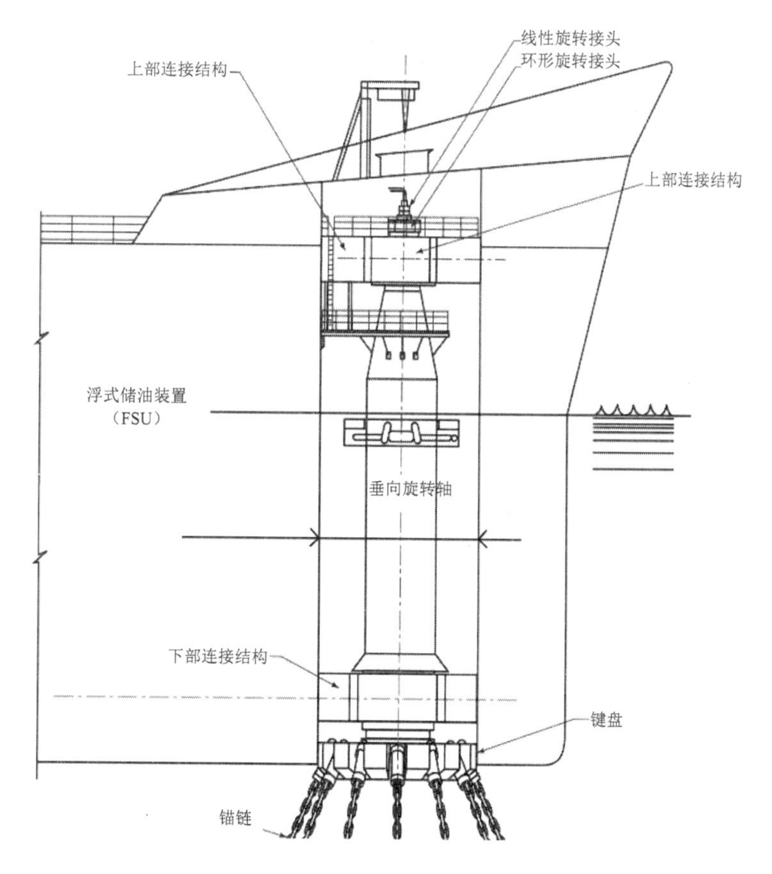

图2.34　内转塔单点系泊FPSO

图2.35　内转塔可解脱单点系泊FPSO

3）塔式单点系泊系统。塔式系泊系统是指刚性塔结构固定于海底作为FPSO连接的锚点，FPSO与刚塔通过软钢臂结构或者系泊缆索相连接。塔式系泊系统可以布置较多的立管系统，不需要柔性立管，安装施工方便，但随着水深增加成本增加较快，仅适用于浅水，如图 2.36 所示。

图 2.36 软钢臂系泊 FPSO

4）悬链线浮筒单点系泊系统。悬链线浮筒通常用于原油卸载，是系泊装卸油轮较为经济有效的方法，主要由系泊缆、浮筒、浮筒旋转结构、浮筒与油轮连接系泊缆以及输油软管等组成，如图 2.37 所示。

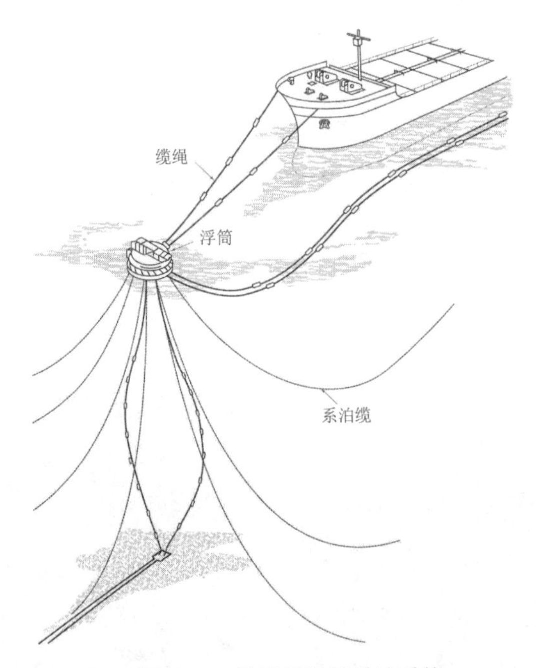

图 2.37 悬链线浮筒系泊系统

悬链线浮筒系泊系统适用水深范围较大，施工快捷经济，对于油轮吨位适应性较好。

5）单锚腿系泊系统。单锚腿系泊系统多用于油轮卸载和 FSO 系泊。单锚腿系泊系统分为带立管和不带立管两大类，锚腿系泊于海底，浮筒与油轮通过钢臂连接，主要由浮筒、立连接刚臂以及基础部分等组成，如图 2.38 所示。

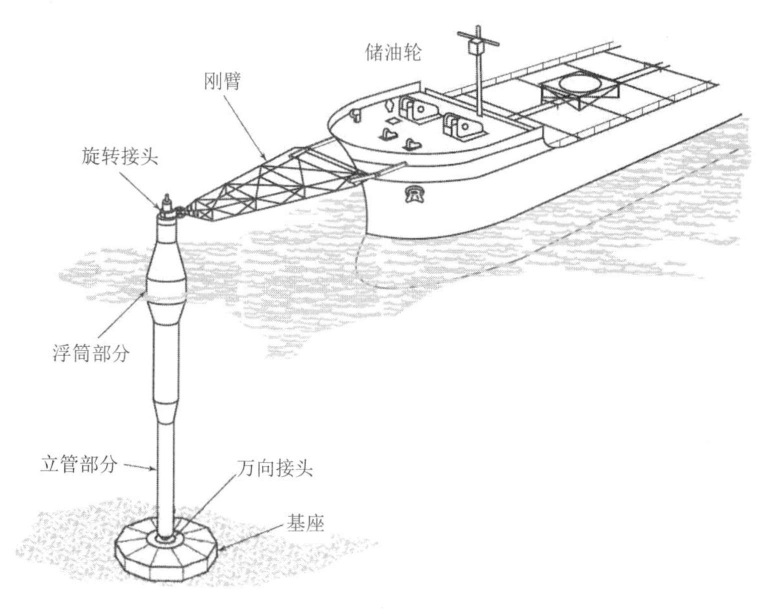

图 2.38 单锚腿系泊系统

单锚腿系泊系统对于天气、水深适应能力较强，适用于改装油轮，但通常只能安装一根立管。

其他类型单点系泊系统不再赘述。

系泊系统按照系泊缆几何形态与力学特性可以分为悬链线式系泊和张紧式系泊两大类。

1. 悬链线式系泊

悬链线系泊方式是浮式结构物常见且传统的系泊方式。悬链线系泊系统的系泊缆呈现外形弯曲的悬链线形状，系泊系统的水平恢复力主要由悬在水中的系泊缆悬挂段和躺卧在海底的躺底段的缆绳重力提供，通常系泊缆的趟底段长度较大，在最恶劣海况下趟底段仍需要保持一定的长度以保证锚不受到上拔力的作用，因而，悬链线系泊系统需要的系泊半径范围会较大，如图 2.39 所示。

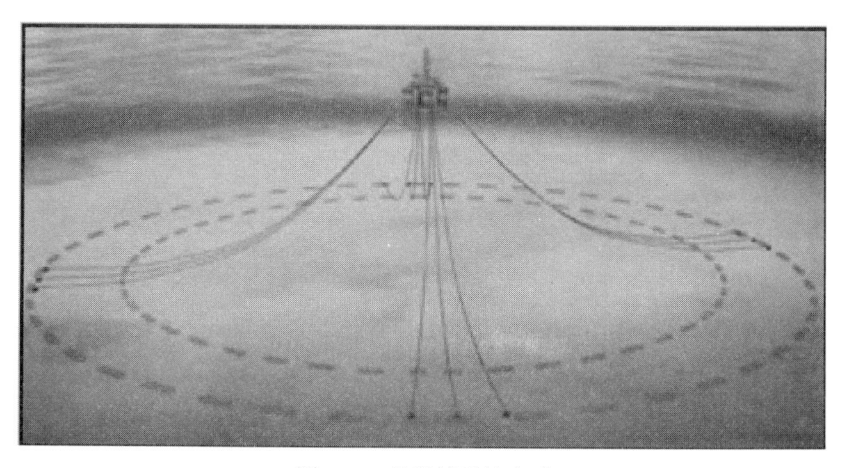

图 2.39 悬链线系泊方式

2. 张紧式系泊

随着水深的增加，悬链线系泊系统的水中悬挂段重量快速增加，增加了系泊缆设计难度和浮体所受到的垂向载荷，在深水、超深水浮式浮体系泊系统中，张紧式系泊系统得到广泛应用，如图 2.40 所示。

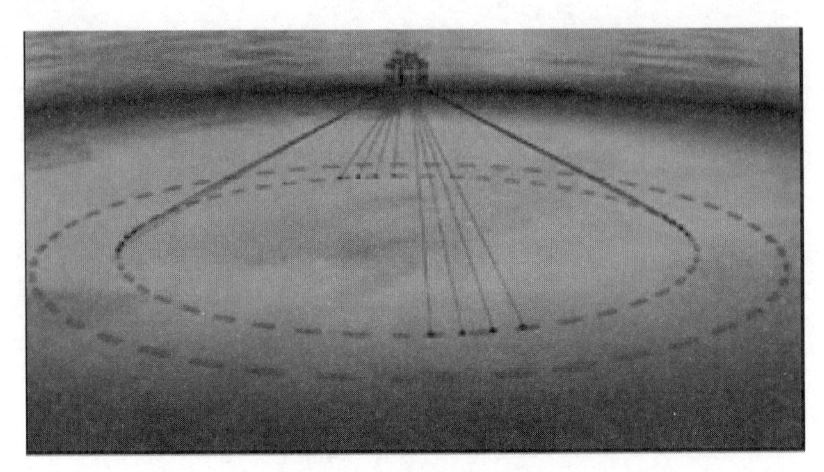

图 2.40 张紧式系泊方式

张紧式系泊系统与海底呈一定角度，系泊缆保持张紧状态，系泊系统的恢复刚度主要靠缆绳轴向刚度来提供，海底锚受到较大的上拔力。由于张紧式系泊系统依靠系泊缆轴向刚度来提供恢复力，因而同样情况下，张紧式系泊系统系泊半径比悬链线系泊系统要小，系泊缆悬挂段多采用重量轻、弹性好的合成纤维系泊缆。

2.6.2 主要系泊缆材质与属性

1. 钢制锚链

锚链便于操作，通常用于连接浮式结构物和海底链趟底部分，也部分用于悬挂段的配重链。锚链链条分为横档锚链和无档锚链。横档锚链便于操作，能增加抗弯曲能力，但横档位置容易破坏，无档锚链可以做到同样的效果，目前永久系泊系统采用无档锚链较多。

没有资料依据的情况下，可以按照下式进行粗略计算锚链的以下属性：

有档锚链（Studlink）：

$$w = 21900D^2 \quad \text{kg/m}$$
$$EA = 1 \times 10^8 D^2 \quad \text{kN}$$
$$BL = CD^2(44 - 80D) \quad \text{kN}$$

无档锚链（Studless）：

$$w = 19900D^2 \quad \text{kg/m}$$
$$EA = 0.85 \times 10^8 D^2 \quad \text{kN}$$
$$BL = CD^2(44 - 80D) \quad \text{kN}$$

以上式中，D 为锚链的链环直径，单位为 m；w 为锚链单位长度水中重量；EA 为锚链轴向刚度；BL 为锚链破断强度，其中 C 为锚链破断强度系数。

锚链破断强度系数 C 见表 2.10。

表 2.10　锚链破断强度系数 C

锚链等级	C
ORQ	2.11×10^{4}
3	2.23×10^{4}
3S	2.49×10^{4}
4	2.74×10^{4}

2. 钢缆

同样的破断强度，钢缆重量要比锚链轻，弹性更好。一般常用钢缆类型有六股式、螺旋股式以及多股式，六股钢缆又分为中心线为纤维材质和钢丝绳材质两类。

在没有资料依据的情况下，钢缆的部分参数可以按照下式进行粗略计算（其中 D 为钢缆直径）：

六股中心线钢丝绳材质：

$$w = 3989.7D^2 \quad \text{kg/m}$$
$$EA = 4.04\times10^{7}D^2 \quad \text{kN}$$
$$BL = 633358D^2 \quad \text{kN}$$

六股中心线纤维材质：

$$w = 3610.9D^2 \quad \text{kg/m}$$
$$EA = 3.67\times10^{7}D^2 \quad \text{kN}$$
$$BL = 584175D^2 \quad \text{kN}$$

螺旋股式：

$$w = 4383.2D^2 \quad \text{kg/m}$$
$$EA = 9.00\times10^{7}D^2 \quad \text{kN}$$
$$BL = 900000D^2 \quad \text{kN}$$

3. 合成纤维材质

合成纤维缆与传统锚链、钢缆相比，其轴向刚度与缆绳内所受载荷的平均值和载荷变化幅值及周期有关。

合成纤维缆具有较大的水平恢复力，缆绳重量轻，刚度大，降低了缆绳拉伸程度，适合用于深水和超深水浮式结构物的张紧式系泊系统。

合成纤维缆的缺点是轴向刚度随着力的作用时间而变化，并发生偏移，力学分析较为复杂。长期服役的合成纤维缆每隔一段时间都需要重新张紧。合成纤维缆不能与海底接触，也不能放置于海底，以免造成破坏，因而只适合作为系泊缆悬挂段。

在没有资料依据的情况下，合成纤维缆的部分参数可以按照下式进行粗略计算：

Polyester

$$w = 797.8D^2 \quad \text{kg/m}$$
$$BL = 170466D^2 \quad \text{kN}$$

HMPE

$$w = 632.0D^2 \quad \text{kg/m}$$

$$BL = 105990D^2 \quad \text{kN}$$

Aramid

$$w = 575.9D^2 \quad \text{kg/m}$$

$$BL = 450000D^2 \quad \text{kN}$$

合成纤维缆的轴向刚度是分析难点，对于合成纤维缆的分析方法可参考 ABS 规范 *Guidance Notes on The Application of Fiber Rope for Offshore Mooring*。

2.6.3 不考虑弹性影响的单一成分缆悬链线方程

本书省略具体推导过程，仅给出主要结论。

处于悬链线状态、不考虑缆绳弹性的单一成分缆，其最低点与海底相切，对应倾角为零，此时该点的系泊张力 T_0 等于该缆任意悬挂位置点的水平分力，对应主要公式有：

$$l_0 = a\sinh\left(\frac{S}{a}\right) \tag{2.136}$$

$$H = a[\cosh(S/a) - 1] \tag{2.137}$$

$$l_0 = \sqrt{H^2 + 2Ha} \tag{2.138}$$

$$a = T_{\text{H}} / w \tag{2.139}$$

系泊缆顶端最大张力：

$$T_{\max} = T_{\text{H}} + wH \tag{2.140}$$

式中，w 为单位长度缆绳水中重量；H 为水深；S 为顶端张力位置与缆绳与海底切点的水平距离；l_0 为缆绳悬挂段长度。悬链线方程参数示意如图 2.41 所示。图中，l 为整个缆绳长度；T_0 为海底切点位置的水平张力。

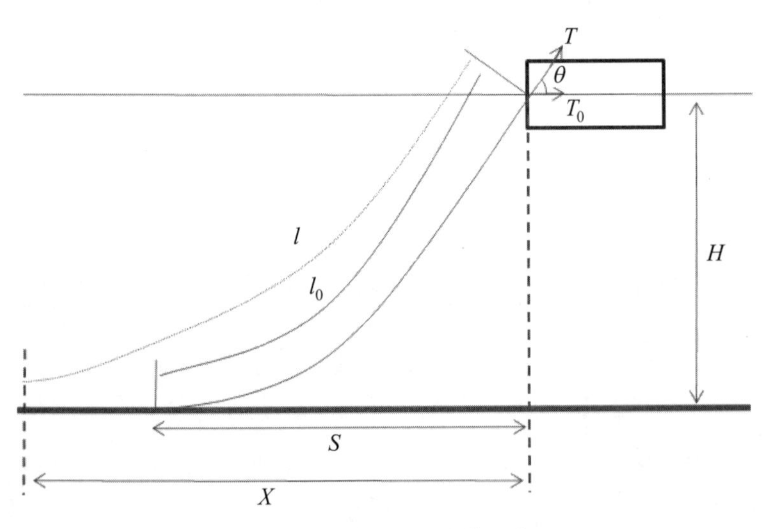

图 2.41 悬链线方程参数示意

当水深 H、缆绳单位长度水中重量 w 以及水平张力 T_0 已知的情况下，可以求解缆绳下端切线位置对应的缆绳长度 l_0、系泊缆顶端张力 T 及其倾角以及顶端与海底切线位置的水平跨距 S。

当水深 H、系泊缆长度 l 以及单位长度水中重量 w 已知的情况下，可以求解保持下端张力水平方向所能承受的最大水平张力 $T_{\max}$，此时需要进行判断：如果 $T_0<T_{\max}$ 则系泊缆具有卧链长度，据此可以求出其他参数；如果 $T_0>T_{\max}$ 则系泊缆完全拉起，此时锚点将受到上拔力的影响。

2.6.4　考虑弹性影响的悬链线方程

系泊缆实际情况下是具有弹性的，某些场景忽略系泊缆弹性影响得到的结论是不准确的。系泊缆悬挂段未被拉长长度 l_0 可写为：

$$l_0 = \frac{T_Z}{w} \tag{2.141}$$

式中，T_Z 为上端系泊点垂向受力，等于系泊缆悬挂水中的垂向重量；w 为单位长度重量。

$$H = T_0 / w\left[\frac{1}{\cos\phi_{\mathrm{w}}} - 1\right] + \frac{1}{2}\frac{w}{AE}l_0^2 \tag{2.142}$$

$$\cos\theta = \frac{T_{\mathrm{H}}}{\sqrt{T_{\mathrm{H}}^2 + T_{\mathrm{Z}}^2}} \tag{2.143}$$

式中，θ 为系泊点轴向张力与水平力的夹角。缆绳上端系泊点水平张力 T_0 为：

$$T_0 = \frac{T_{\mathrm{Z}}^2 - \left(wH - \frac{1}{2}\frac{w^2}{AE}l_0^2\right)^2}{2\left(wH - \frac{1}{2}\frac{w^2}{AE}l_0^2\right)} \tag{2.144}$$

系泊缆顶端张力可以表达为：

$$T = \sqrt{T_{\mathrm{H}}^2 + T_{\mathrm{Z}}^2} \tag{2.145}$$

$$S = \frac{T_{\mathrm{H}}}{w}\log\left(\frac{\sqrt{T_{\mathrm{H}}^2 + T_{\mathrm{Z}}^2} + T_{\mathrm{Z}}}{T_{\mathrm{H}}}\right) + \frac{T_{\mathrm{H}}}{AE}l_0 \tag{2.146}$$

具体计算时，可以先假定一个 T_Z，随后根据式（2.143）、式（2.146）、式（2.147）、式（2.148）分别计算 l_0、T_0、T、S 四项。当 T_0 已知的时候，根据以上各步骤对各个 T_Z 进行计算，随后可以根据数据进行内插，最终得到合适的解。

2.6.5　浮体—系泊系统耦合分析方法

处于风、浪、流环境载荷影响下的浮体及系泊系统所受到的载荷本质上是相互影响、相互耦合的，在分析之中需要予以充分考虑。当前主流的分析方法主要有以下几种。

1. 非耦合计算方法

浮体与系泊缆的响应分开计算：考虑系泊系统的刚度、缆绳受到的水动力载荷、外界环境载荷等作用，求解浮体在平均载荷、波浪载荷和低频波浪载荷作用下的浮体运动响应，之后求解目前偏移状态下的缆绳张力响应。这种方法主要应用频域分析方法，适用于系泊系统的初始设计阶段。

2. 半耦合计算方法

对浮体系泊状态下的波频、低频响应分开考虑：浮体系泊状态下的波频运动通过 RAO 来计算；浮体在低频波浪载荷、风力、流力作用下的漂移以及系泊缆的张力进行耦合分析，分析方法为时域分析法，但波频运动对于系泊缆的张力贡献考虑有限，一般而言，计算精度略低于全耦合分析方法但优点是计算速度快。

3. 全耦合计算方法

系泊缆的动力响应与浮体运动响应完全耦合计算，浮体波频运动和低频运动在时域范围内共同求解。全耦合计算方法是主流的系泊分析方法，计算结果可靠，主要用于系泊系统设计载荷的规范校核和系泊浮体整体运动性能分析，但是计算耗时长。

以上方法的简要对比见表 2.11。

表 2.11 非耦合与耦合计算方法对比

分析方法	波频运动计算方式	低频运动计算	系泊缆张力	计算方法	计算时间
非耦合	频域谱分析	频域谱分析	以频域运动结果代入系泊缆计算方程中推导	非耦合频域分析	非常快
半耦合	RAO	低频时域波浪载荷	低频时域耦合求解	半耦合时域分析	快
全耦合	波频时域波浪载荷	低频时域波浪载荷	全耦合时域求解	全耦合时域分析	慢

2.6.6 缆绳张力分析方法

系泊系统中的系泊缆响应是系泊分析中的重要分析内容，主要有以下 3 种方法。

1. 静态计算

系泊系统以刚度形式进行静力计算，先求得系泊系统的各个方向刚度情况，将位移代入刚度数据中求解各个缆绳的张力响应，系泊缆受力以静恢复力考虑。

2. 准静态法

准静态法忽略系泊缆质量、阻尼以及其他动力响应特性，一般准静态计算方法求出的缆绳张力响应偏低，因而校核安全系数要求更高。

3. 动态分析

动态分析完全考虑缆绳重量、缆绳水动力载荷以及其他动态响应，系泊缆的非线性张拉，缆绳与海底接触的摩擦力、系泊缆的附加质量、拖曳力等，与浮体运动响应在时域分析中进行完全耦合分析。主要计算理论有集中质量法与细长杆理论。

2.6.7 缆绳动态计算理论

在水深相对较浅的时候，系泊缆呈现较为明显的悬链线特征。随着水深的增加，系泊缆呈现更强烈的柔性特征，环境条件作用在系泊缆上的载荷以及系泊缆的动态响应变得不可忽略。

缆绳动力分析的主流计算理论有集中质量法和细长杆理论两大类。

集中质量法是将系泊缆以多自由度的弹簧－质量模型来代替，采用有限差分法求解动力问题。

细长杆理论将系泊缆假设为连续的弹性介质，采用有限元法求解系泊缆的静力与动力响应问题。

2.6.8 MOSES 的系泊分析方法

MOSES 的浮体与系泊系统耦合分析方法为全耦合法，浮体运动方程、波浪载荷以及水动力系数均在时域求解。MOSES 对于悬链线系泊系统系泊缆张力的计算方法为准静态法。系泊系统以整体刚度形式参与计算，每个时间步求解对应浮体位移的系泊系统刚度，随后对系泊缆张力进行计算。

MOSES 提供基于细长杆理论的动态缆模型，可以考虑缆绳的动态响应。

2.6.9 动力定位简介

动力定位是指船舶或者浮式平台在环境条件作用下不需要进行抛锚系泊，而通过船载计算机实现推进系统的自动控制，在一定范围内保持浮体位置的一种定位方式，基本原理是：利用探测装置获悉浮体水平方向的偏差，控制系统根据外界扰动力的影响发出指令使得推进系统产生抵抗外界环境载荷的推力，从而使浮体回到原位置。动力定位是一种实时的控制过程，需要通过特定算法来对各个推进器进行推力分配。

动力定位系统主要组件如图 2.42 所示。

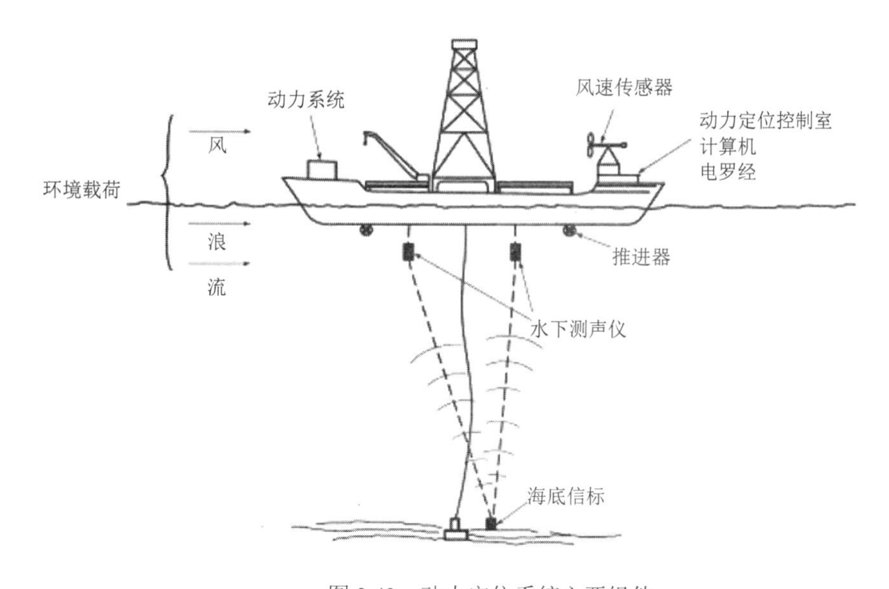

图 2.42　动力定位系统主要组件

动力定位具有以下主要特点：

（1）动力定位成本不会随着水深变化而变化，可以在系泊系统布置困难的海域进行定位作业。

（2）动力定位系统随船安装，不需要其他辅助船舶作业。

（3）动力定位能力好，响应快。

（4）动力定位系统成本较高，燃油消耗量大。

（5）推进系统复杂，存在失效风险。

（6）动力定位系统需要投入更多的人力物力进行维护和操作。

1. 动力定位系统的基本组成

动力定位系统一般由测量系统、控制系统、推力系统和动力系统 4 部分组成。

位置测量系统用于测量浮体方位和外界环境信息，以便控制系统衡量外部影响因素，计算并进行推力分配，主要包括：位置测量系统、艏向测量系统以及风传感器。位置测量系统包括位置参考系统和传感器系统，常用的位置参考系统有卫星导航系统、水声位置参考系统、张紧索位置参考系统等。艏向测量系统主要是电罗经。其他的传感器还包括垂荡传感器、加速度传感器等。

控制系统是动力定位系统的核心，包括两种主要工作方式：后反馈（Feed-back）和前反馈（Feed-forward）。后反馈以浮体瞬时位置与目标位置的偏差作为依据进行推力计算和分配；前反馈根据客观条件预测环境载荷从而提前进行推力计算和分配，由于前反馈能够在浮体做出运动响应之前就施加恢复力，因而减小了能量消耗。由于波浪和流速的难以预测，目前通常仅将风前馈加入到控制策略中。

动力定位系统控制器的主要功能为：

（1）根据传感器信息，求得实际位置与艏向。

（2）将实际位置与目标位置进行比较从而产生位置偏差信号。

（3）根据位置偏差信号计算所需回复力和力矩。

（4）根据瞬时风速计算风力和风力矩并作为前馈影响因素与位置偏差信号计算的恢复力叠加。

（5）根据推力分配逻辑，对推进器推力进行分配并对推进器进行控制。

（6）对动力定位系统滞后响应进行补偿等其他功能。

推力系统用于产生恢复力和恢复力矩，主要由推进器、控制器、动力机构组成。

推进器的主要类型有开敞螺旋桨、导管式螺旋桨。导管式螺旋桨是将螺旋桨放置在称为导管的罩壳中，其优点是效率较高。

导管式螺旋桨放置在贯穿船体两侧的船底隧道中，称为隧道螺旋桨。导管式螺旋桨通过转向装置同船底连接，能够实现全方位回转推进，称为全回转推进器。导管螺旋桨与全回转螺旋桨如图 2.34 所示。

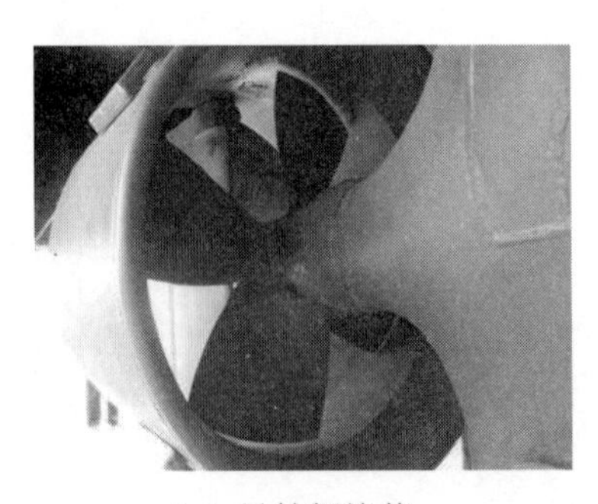

（a）导管螺旋桨

（b）全回转螺旋桨

图 2.43　导管螺旋桨和全回转螺旋桨

吊舱推进器是近年来得到发展的一种电力推进装置。电机放置在流线型吊舱中并与螺旋桨相连接，称为独立模块并能实现全方位回转。

平旋推进器的转轴直立，桨叶在旋转过程中通过传动装置改变其螺距，借助于螺距控制机构来改变推力大小和方向。

吊舱螺旋桨与平旋螺旋桨如图 2.44 所示。

（a）吊舱螺旋桨

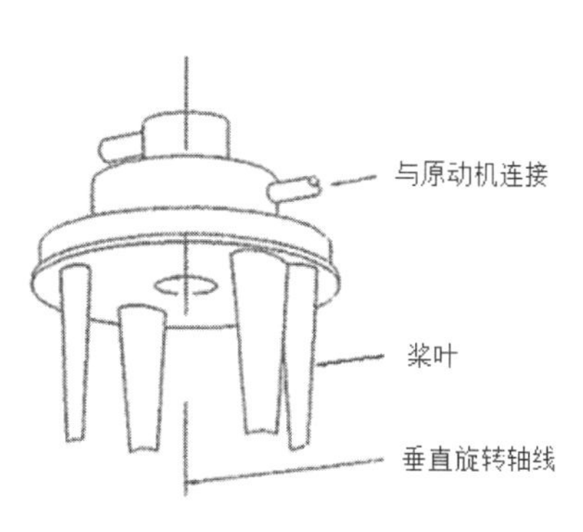

（b）平旋螺旋桨

图 2.44 吊舱螺旋桨和平旋螺旋桨

图 2.45～2.48 为一些动力定位船舶与平台的推进器典型布置示意。

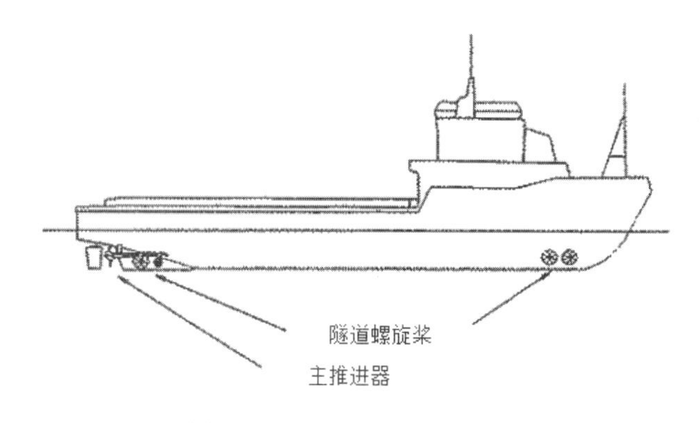

图 2.45 British Viking 工作船

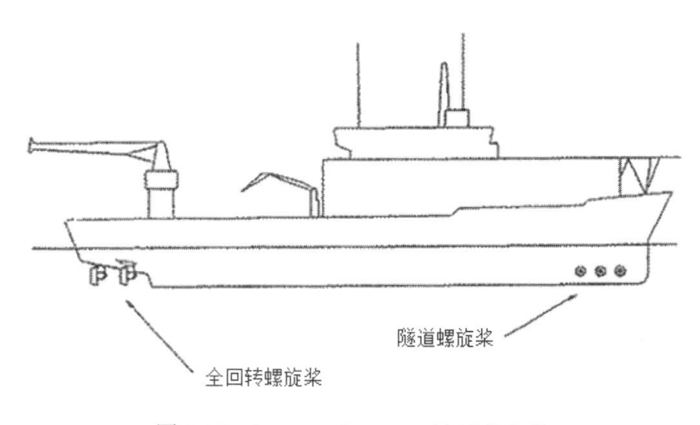

图 2.46 Stena Wellservicer 油田供应船

动力定位系统只控制浮体水平方向的运动，推力系统总推力应能足够抵消产生漂移的各种水平外力载荷，包括风、浪、流的环境载荷和浮体执行特殊任务可能产生的作业力；推力系统应具有足够快的响应速度以便快速应对外力变化。

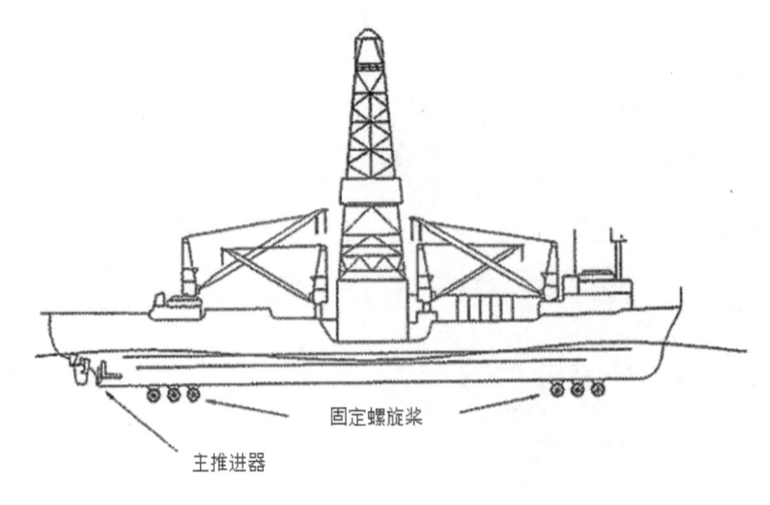

图 2.47　钻井船

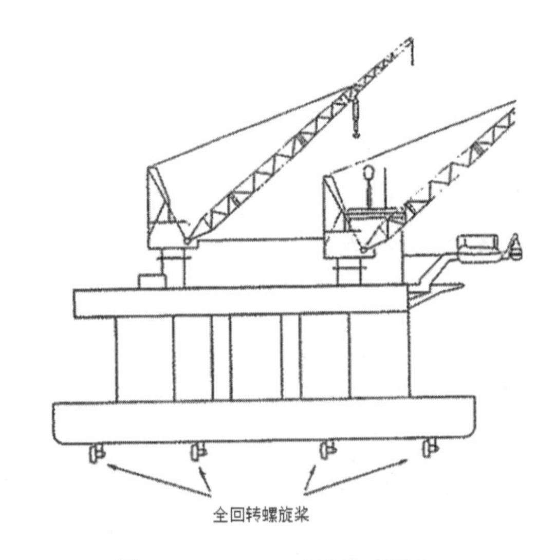

图 2.48　Regalia 半潜钻井平台

动力系统的功能是为整个动力定位系统进行供电并负责电力分配与管理。由于动力定位系统具有实时响应的特点，控制系统需求的电力在短时间内会发生较大变换，发电系统需要快速响应，也要防止不必要的燃料消耗。多数动力定位船舶配备柴电机组，一台柴油发电机及对应变电器组成单个发电机组。为了防止主发电机失效影响，动力定位系统采用无间断的继电保护设备（UPS）。UPS 在主机失效后提供短期未定的电力供应，通常在主要供电中断后，UPS 的电池组能够供应至少 30 分钟。

2. *动力定位能力分析*

动力定位系统抵抗外界的环境载荷，可通过模型试验或数值方法进行计算。在没有参考的情况下，可依据国际海事承包商协会 IMCA M140 Specification for DP Capability Plots 建议的方法，该方法为静力计算。

（1）风力。风力的计算按照平均风速，考虑浮体受风面积、对应高度系数、对应形状系数进行计算。

（2）流力。流力的计算按照流速、考虑浮迎流面积、流力系数进行计算。

（3）波浪漂移力。IMCA 提供了小型船舶的波浪漂移力近似计算方法：

$$\omega' = \omega\sqrt{\frac{V^{\frac{1}{3}}}{g}} \tag{2.147}$$

式中，ω'为无量纲波浪频率；g 为重力加速度；V 为排水量；ω 为波浪频率。

$$\begin{aligned} C_{\mathrm{wvx}} &= \frac{F_{\mathrm{wvx}}}{\frac{1}{2} g\rho a^2 V^{\frac{1}{3}}} \\ C_{\mathrm{wvy}} &= \frac{F_{\mathrm{wvy}}}{\frac{1}{2} g\rho a^2 V^{\frac{1}{3}}} \end{aligned} \tag{2.148}$$

式中，C_{wvx}、C_{wvy} 为无量纲规则波 X、Y 方向漂移力系数；a 为波幅；F_{wvx}、F_{wvy} 为规则波中的 X、Y 方向漂移力；ρ 为海水密度。

$$C_{\mathrm{wvn}} = \frac{F_{\mathrm{wvn}}}{\frac{1}{2} g\rho a^2 V^{\frac{2}{3}}} \tag{2.149}$$

式中，C_{wvn} 为无量纲规则波艏摇漂移力系数；a 为波幅；F_{wvn} 为规则波中的艏摇漂移力；ρ 为海水密度。

如果相似船的相关数据已知，可以按照以上方法进行粗略估算，有条件的情况波浪漂移力应根据水动力计算程序进行计算。

IMCA 给出了北大西洋历史记录基础上的有义波高、平均风速、谱峰周期与平均跨零周期的关系作为 DP 能力评估的环境输入条件，见表 2.12。

表 2.12 海况与风速关系

有义波高 H_s/m	平均跨零周期 T_z /s	谱峰周期 T_p /s	平均风速 V_W/(m/s)
0	0	0	0
1.28	4.14	5.30	2.5
1.78	4.89	6.26	5.0
2.44	5.72	7.32	7.5
3.21	6.57	8.41	10.0
4.09	7.41	9.49	12.5
5.07	8.25	10.56	15.0
6.12	9.07	11.61	17.5
7.26	9.87	12.64	20.0

续表

有义波高 H_s/m	平均跨零周期 T_z /s	谱峰周期 T_p /s	平均风速 V_W/(m/s)
8.47	10.67	13.65	22.5
9.75	11.44	14.65	25.0
11.09	12.21	15.62	27.5
12.5	12.96	16.58	30.0
13.97	13.70	17.53	32.5
15.49	14.42	18.46	35.0

对于推进器，隧道桨的效率假设为 11kg/hp（已考虑了推力损失，hp 为英制马力，1hp = 0.7457kW），假设隧道桨正反推力相同；全回转桨的效率当艏倾时假设为 13kg/hp，艉倾时假设为 8kg/hp。喷水推进器假设为 8kg/hp。

当动力定位推进系统中有舵时，其影响可假设在舵杆位置布置隧道桨的形式来分析。在隧道桨的性能分析时假设舵可提供最大升力。当没有性能图可供参考时，横向推力假设为尾部最大推力的 30%。

主推进器效率可为 13kg/hp，反向推力可为该值的 70%。全马力条件下主推不能发挥全部作用时，假设推力输出正比于螺旋桨转速：

$$T \propto N^2 \tag{2.150}$$

式中，T 为推力；N 为螺旋桨转数（rpm）。

对于可控制纵摇的推进器：

$$T \propto P^{1.7} \tag{2.151}$$

式中，T 为推力；P 为纵摇幅值。

对于动力定位能力的评估需要考虑最严重的失效状态下系统依旧能够提供足够的定位能力。通用方法是故障模式和影响分析（FMEA）方法。IMCA 对于多数动力定位船舶定义的最严重的情况是：单个动力舱室失效或一半数量主开关失效导致的一半数量推进器失效，此时剩余的推进器应能使船保持艏向稳定并具备横向推力。

IMCA 规定动力定位能力图（图 2.49）需要通过计算给出，并满足：

（1）DP 能力图包括 0、1、2 节流速以及其他需要进行分析的有代表性的流速。

（2）DP 能力图要包括系统完好状态、部分推进器失效状态、最严重的状态 3 种情况。

（3）DP 能力图以玫瑰图形式给出。

（4）对于不确定目标海域设计环境条件，DP 能力图以能够抵抗的极限风速来给出，如果环境条件确定，则应给出推进器效率情况。

（5）风浪流假设在同一方向，绕船一周进行计算，每个方向均给出结果。

动力定位能力图根据船体推力系统理论上可能产生的推力与外界环境载荷静态平衡所计算出来的，是一种简化设计方法，对于深水常规作业可通过该方法进行分析，对于浅水作业、新系统以及关键操作一般采用时域动力分析方法，此时需要控制系统模型的介入。

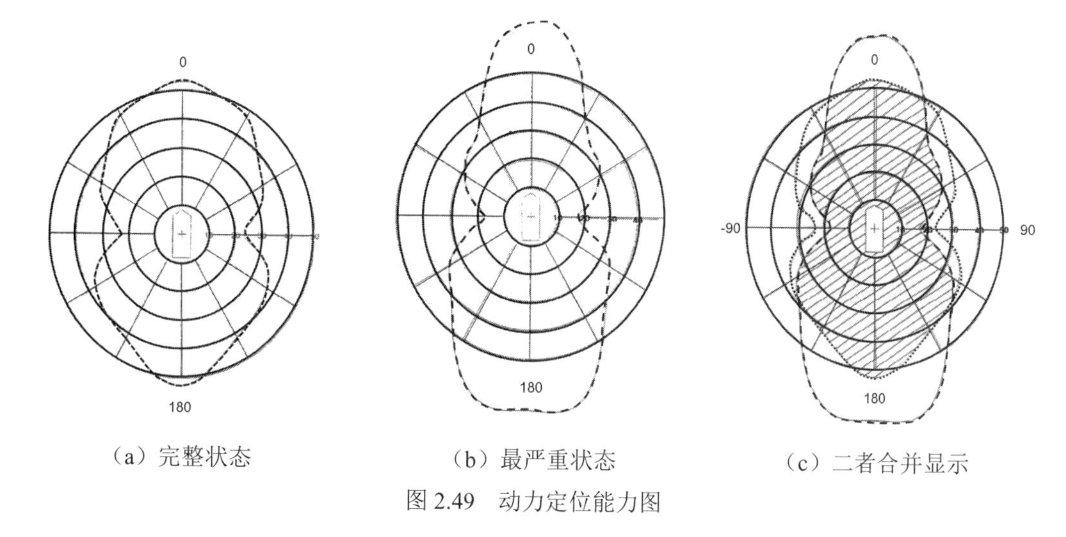

（a）完整状态　（b）最严重状态　（c）二者合并显示

图 2.49　动力定位能力图

动力定位使用的控制方法有多种形式，其中较为常见的是经典 PID 控制（比例积分微分控制）、LQC 控制（线性随机最优控制）等。

PID 控制基本方程为：

$$\begin{aligned} F_{xT} &= -F_{xe} + C_{xt}\Delta x + b_{xt}\Delta\dot{x} + \frac{i_{xt}}{T_{int}}\int \Delta x \mathrm{d}t + F_{xwff} \\ F_{yT} &= -F_{ye} + C_{yt}\Delta y + b_{yt}\Delta\dot{y} + \frac{i_{yt}}{T_{int}}\int \Delta y \mathrm{d}t + F_{ywff} \\ M_{zT} &= -M_{ze} + C_{rzt}\Delta\delta + b_{rzt}\Delta\dot{\delta} + \frac{i_{rzt}}{T_{int}}\int \Delta\delta \mathrm{d}t + M_{zwff} \end{aligned} \tag{2.152}$$

式中，F_{xe}、F_{ye}、M_{ze} 为平均环境力（力矩）；C_{xt}、C_{yt}、C_{rzt} 为与相对位移有关的比例增益，起到刚度作用；b_{xt}、b_{yt}、b_{rzt} 为与相对速度有关的微分增益，起到阻尼作用；i_{xt}、i_{yt}、i_{rzt} 为抵消缓慢变化的平均力有关的积分增益；F_{xwff}、F_{ywff}、M_{zwff} 为风前馈力和力矩；T_{int} 为积分时间。

控制器计算出的定位所需推力由不同推力执行机构完成，这需要专门的推力分配逻辑。求解推力分配是一个非线性优化问题，可通过建立问题的目标函数和对应约束条件的优化方法进行求解。

3. 动力定位系统分级

根据国际海事组织（IMO）颁布的相关规范，动力定位船舶分为 3 个等级：Class1、Class2、Class3。

Class1：系统设备没有冗余度，任何单个设备的失效都可能导致船舶失去定位能力。

Class2：系统具有冗余度，单个设备失效不会引起系统失效。主要设备如发电机、推进器、控制台、远程控制阀等失效不会导致船舶失去位置，但系统可能因为线缆、管路、手动控制阀等静态设备的失效而失灵。

Class3：单个设备失效不会导致船舶失去位置，且系统能够抵抗任一舱室起火或浸水的严重情况。

各个机构对动力定位船舶的分级和入级符号见表 2.13。

表 2.13　动力定位系统分级及入级符号

描述	IMO	船级社入级符号			
		ABS	LRS	DNV	CCS
在指定的最大设计条件下能够进行手动位置控制和自动艏向控制	-	DPS-0	DP（CM）	DNV-T	-
在指定最大设计条件下能进行自动和手动位置控制以及自动艏向控制	Class1	DPS-1	DP（AM）	DNV-AUT DNV-AUTS	DP-1
在指定最大设计条件下能进行自动和手动位置控制及自动艏向控制。系统具有冗余度，具有两个独立的计算机控制系统，单个设备失效（不包括舱室）不会导致船舶失位	Class2	DPS-2	DP（AA）	DNV-AUTR	DP-2
在指定最大设计条件下能进行自动和手动位置控制及自动艏向控制。系统具有冗余度，具有至少两个独立的计算机控制系统和 1 个分离的备份系统，单个设备的失效及任一舱室的失控不会导致船舶失位	Class3	DPS-3	DP（AAA）	DNV-AUTRO	DP-3

3 MOSES 的语言规则

本章对 MOSES 的语言规则、基本定义和常用命令进行介绍。MOSES 内部命令和选项数量庞大，这里仅对常用命令和选项进行介绍，更具体的可查询软件帮助。

3.1 基本语言规则

3.1.1 特殊字符

一些特殊字符在 MOSES 的语言规则中有特殊的用途：

- \：一般作为程序命令文件和模型文件的续行符。
- +：一般作为程序命令文件和模型文件的续行符。
- $：作为注释符使用。
- /：单一通配符，代表单个字符，如 ABCDE，A/CDE，"/"在此代表单个字符的通配。
- @：多字符通配符，代表一系列字符，如 ABCDE，A@E，"@"在此代表多个字符的通配。
- -：用作 OPTION 之前，表示“-”字符后为对应命令的选项。
- &：一般命令开头字符。
- :：选择符号。
- ‘：用来标示一串字符，一般用于定义报告、图标的名称或者在程序运行界面中输出显示字符或字符串。
- *：定义节点/关键点/关注点。
- #：用于载荷定义。
- ~：定义单元、连接部件以及相应参数。

3.1.2 命令格式

MOSES 中的命令分为两类：

（1）内部命令（Internal Command）：以&开头，主要起到整体参数定义、运行控制等作用，如**&if** 定义判断语句，**&COMPARTMENT** 进行压载舱压载，**&ENV** 定义环境条件，**&EQUI** 进行静平衡计算等。

（2）计算及控制命令：不以特殊字符开头，以具有代表性的字符来表达，如 **HYTROSTATIC** 进入静水力模块，**RARM** 进行风倾力臂计算，**RAO** 进行 RAO 计算，**PLOT** 输出计算结果曲线图等。

命令的基本组成形式为：

```
COMMAND  -OPTION  data  data  -OPTION  data  data...
```

COMMAND 为命令名称，-OPTION 为对应命令下的控制选项或者输入选项，data 为对应 OPTION 下需要进行输入的一些参数，如以下几个命令：

&instate barge01 -locate 0 0 -5 0 0 0

表示将名称为 barge01 的船体设置吃水为 5m，没有横纵倾以及艏向角。

CFORM 5 0 0 -draft 0.5 5

表示对当前船体在 5m 吃水的条件下计算静水力，并以 0.5m 为步长，计算 5 次，即从 5m 吃水算到 7.5m，对应每个吃水都计算船舶静水力数据。

通常 MOSES 中每个命令前 4 个字符是不相同的，在命令输入中可用前 4 个字符代替，如 **&instate** 可以简写为**&inst**，**&status** 可以简写为**&stat**。

注意：MOSES 的命令不区分大小写。

3.1.3 变量声明

&SET 为全局变量声明命令，具体格式为：

```
&SET variable  =  value
```

“=”前后有空格，变量可以为数据、文本以及数组等，如：

```
&set Hs  =  2.0
&set Tps  =  7  8  9  10
&set shipname  =  barge01
&set stab  =  .true.
```

当变量需要在其他命令中引用的时候，需要在变量名称前后加“%”用来标示，如：

```
&instate   %shipname%   -locate 0 0 -5 0 0 0
&type 'The Ship Name is: ' %shipname%
```

&LOCAL 为局部变量定义命令，具体格式为：

```
&LOCAL, LVAR(1), LVAR(2) = VAL, …
```

局部变量通常用于宏命令或者自定义函数。

3.1.4 输出设置

MOSES 中有逻辑设备（Logical device）和通道（Channel）的定义。逻辑设备用于定义输出结果在何种设备上输出，其命令格式为：

```
&logdevice, ldvnam, -options
```

ldvnam 可以为：log、output、screen、gra_devi、document、table、ppout 和 model，主要用于图片输出、文本文件输出、数据文件输出定义，一般采用默认设置即可。

通道命令格式为：

```
&channel, chanam, -options
```

chanam 可以为 log、output、screen、gra_devi、document、table、ppout 和 model，分别对应 log 文件、out 文件、屏幕输出图片、图片文件、保存文件、表格文件、后处理信息和模型信息。常用的 option 为：

```
-p_device, pdvnam, level
```

pdvnam 可以为 screen、default、postscript、tex、pcl、jpg、png、ugx、dxf、html 及 csv。当选择 screen 时，计算结果将输出在程序界面。计算结果也可以以其他格式输出以便用户处理，如：

```
&channel    table    -p_device    csv
```

该命令的含义为将数据表以 csv 格式输出。

3.1.5 选择

&select 为选择命令，该命令可以针对模型中定义的体、载荷、舱室以及各种变量进行选择，常用的命令格式为：

```
&select :name    –select    selname    –except excname
```

举例：对于 Barge01 船，船体右舷压载舱名称为 01SWT～09SWT，左舷压载舱名称为 01SWT～09PWT，将所有右舷压载舱选中，但不包括 04SWT、07SWT、09SWT，并将选中的舱室命名为“bal_plan”，则选择命令可以为：

```
&select : bal_plan    -select 01SWT    02SWT    03SWT    05SWT    06SWT    08SWT
```

或者：

```
&select : bal_plan    -select @SWT –except    04SWT    07SWT    09SWT
```

在程序编写过程中，充分利用通配符有利于减轻文件编写工作量，但需要对选择结果情况进行核查以保证执行正确。

3.1.6 逻辑运算及判断

在 MOSES 中，如果变量定义为逻辑判断变量，如：

```
&set    stab    =    .true.
```

在逻辑运算中可以用以下方式进行逻辑判断：

```
&if %stab% &then
    Command1
&endif
```

当进行其他逻辑判断时，MOSES 中对于逻辑判断有如下定义：

- .EQ.判断变量是否相等。
- .NE.判断变量是否不相等。
- .LT.判断变量 1 是否小于变量 2。
- .LE.判断变量 1 是否小于等于变量 2。
- .GT.判断变量 1 是否大于变量 2。
- .GE.判断变量 1 是否大于等于变量 2。

需要**&logical** 命令来实现逻辑判断：

```
&logical (A    .eq.    A)
&logical (A    .ne.    B)
&logical (5    .le.    4)
```

当同**&if** 一起使用时：

```
&if  &logical (A  .eq.  A)  &then
&type 'A is A'
&elseif
&else
&endif
```

当判断是否存在变量时，命令为**&v_exist**(variable)。

3.1.7 数学运算

MOSES 中可以直接对变量和数值进行运算：

```
&set  Vwinds =  17.5*1.9438
&set  tplow  =  (13*%hs%)**0.5
```

MOSES 支持很多数学计算公式，在实际工作中调用各种公式进行计算非常方便。

当需要更复杂的数学运算时，需要使用**&number** 命令，具体常用格式为（RN 数学表达式），主要包括：

- **&number**(real RN)：表达式结果以实数形式输出。
- **&number**(integer RN)：表达式结果以整数形式输出。
- **&number**(sin RN)：对表达式求正弦，单位为弧度。
- **&number**(sind RN)：对表达式求正弦，单位为度。
- **&number**(cos RN)：对表达式求余弦，单位为弧度。
- **&number**(cosd RN)：对表达式求余弦，单位为度。
- **&number**(tan RN) ：对表达式求正切，单位为弧度。
- **&number**(tand RN)：对表达式求正切，单位为度。
- **&number**(acos RN)：对表达式求反余弦，单位为弧度。
- **&number**(asin RN)：对表达式求反正弦，单位为弧度。
- **&number**(atan RN)：对表达式求反正切，单位为弧度。
- **&number**(atan2 X Y)：对 X/Y 求反正切，单位为弧度。
- **&number**(sqrt RN)：对表达式求开方。
- **&number**(ln RN)：对表达式求自然对数。
- **&number**(exp RN)：对表达式求指数。
- **&number**(abs RN)：对表达式求绝对值。
- **&number**(min RN1,RN2,RN3,…)：对一系列表达式或数据求最小值。
- **&number**(max RN1,RN2,RN3,…)：对一系列表达式或数据求最大值。
- **&number**(mean RN1,RN2,RN3,…)：对一系列表达式或数据求均值。
- **&number**(sort RN1,RN2,RN3,…)：对一系列表达式或数据进行排序，以增序形式输出。
- **&number**(norm RN1,RN2,RN3,…)：对一系列表达式或数据求开方并求和输出。
- **&number**(interpolate X,X1,Y1,X2,Y2,…,Yn)：内差法求解 X 对应的 Y 值，需要输入增序排列的 X1～Xn 和 Y1～Yn 数据。
- **&number**(scale, SF, RN(1),…)：将指定数据乘以一个系数 SF。

3.1.8 提取数组值

&token 用于提取字符串或数组值，如：

```
&set STRING = A B C D E F G H I J K
&type &token(1   %string%)
&type &token(3:5 %string%)
&type &token(8:   %string%)
```

程序运行结果为：

```
>&set STRING = A B C D E F G H I J K
 A
 C D E
 H I J K
```

&token (Action, string)中 Action 为数字时，单个数字代表名称为 string 的数组变量中第几个数据，以上例为例，如 Action 为 1，输出 A；如果 Action 为数字范围如 3:5，输出 string 中第 3 至第 5 个数据，即 C D E；如果 Action 为数字加“:”如“8:”，则输出 STRING 中第 8 个至最后的所有数据，即 H I J K。

&token 通常同循环一起使用，实现在一个命令运行文件中完成多个参数提取和输出工作。

3.1.9 循环、中断以及结束命令

（1）MOSES 中循环命令为**&loop &endloop**，基本格式为：

```
&loop  i  a  b  n
   &next  &logical
   &exit   &logical
&endloop
```

i 为循环变量，a 为循环变量开始值，b 为循环变量结束值，n 为循环变量步长。

&next &logical 表示当**&logical** 判断为.true.时，跳至下一个循环；**&exit &logical** 表示当**&logical** 判断为.true.时，跳出循环。

（2）MOSES 命令文件中的中断命令运行通过**&eofile** 控制，基本格式为：

```
&eofile  &logical
```

当遇到需要中断查看时，可以在命令中插入**&eofile**，当需要**&eofile** 条件运行时可在命令后加**&logical** 来执行判断，但一般情况下只单独使用**&eofile** 而并不加任何逻辑判断。

（3）MOSES 命令文件中的结束命令运行通过**&finish** 控制，基本格式为：

```
&finish  &logical
```

当程序完成运行时需要**&finish** 来表明运行完成并关闭运行界面。**&finish** 可以有条件运行，但一般都只使用**&finish** 并不加任何逻辑判断。

3.1.10 宏的定义

MOSES 用户可以根据需求自行定义宏命令，其格式如下：

```
&macro, name, arg1,arg2…argn\
          -option1 opt1 carg1
          -option2 opt1 carg1
```

```
    Command1
    Command2
&endmacro
```

MOSES 的宏是提高工程分析效率的必备工具。

一般而言，用户自定义的宏通常用于实现批量数据处理、图表输出以及重复性较强的计算，对于复杂分析，MOSES 内置了多个宏可供用户随时调用，比较常用的有以下几种：

1. 稳性分析

- **STAB_OK** 用于平台、船体稳性计算和校核，包括完整稳性和破舱稳性。
- **KG_ALLOW** 用于计算平台、船体多个吃水条件下的许用重心高度，包括完整条件和破舱条件。

以上几个宏可以在帮助手册中查询。

2. 导管架安装分析

- **inst_loadout**：用于导管架或组块结构物的装船分析。
- **inst_transp**：用于导管架或组块结构物的拖航运输分析。
- **inst_lift**：用于导管架或组块结构物的吊装分析。
- **inst_launch**：用于导管架的下水分析。
- **inst_up**：用于导管架的扶正分析。

以上几个宏可以在帮助手册中查询。

3. 建模工具

在 MOSES 新版本中提供了一些快速建模宏命令，主要包括：

- **v_model**：根据内置油轮数据建立油轮模型。
- **cargo**：通过宏添加货物。
- **ml_prop**：通过宏添加连接部件属性。
- **jkt_node**、**jkt_elem**：通过宏定义导管架。
- **ljnt**：定义节点重量和浮力。
- **w_box**、**jgen_init**、**leg_gen**、**crane**、**part_set**：通过宏来组装自升平台模型。
- **brg_gen**：通过宏来建立驳船结构模型。

以上几个宏可以在 MOSES 网站进行查询。

用户自定义的宏需要在 dat 文件中编写，当 cif 读入 dat 文件后可以在 cif 文件中调用该宏。使用已经定义好的宏，需要在 dat 文件最开始的位置中输入以下命令：

```
Use_mac 宏名
```

宏的名称为需要使用的、已经定义好的宏命令所对应的名称，譬如需要使用 Stab_ok，则命令应为：

```
Use_mac   Stab_ok
```

3.1.11 程序—用户交互

MOSES 提供了程序与用户交互的命令，提供一些常见的交互方式，其中较为常用的是 **&GET**。**&GET** 执行后，根据不同的交互方式得到字符串。

```
&GET(WAY, DATA)
```

WAY 为交互方式，DATA 为对应 WAY 的提示信息。

（1）当 WAY 为 FILE，程序运行会弹出读入文件的对话框。运行命令：

```
&get(file,读入文件)
```

程序弹出读入文件对话框。

（2）当 WAY 为 RESPONSE，需要输入文件名。运行命令：

```
&get(response,读入文件)
```

程序弹出名称为“读入文件”的文件名输入对话框。

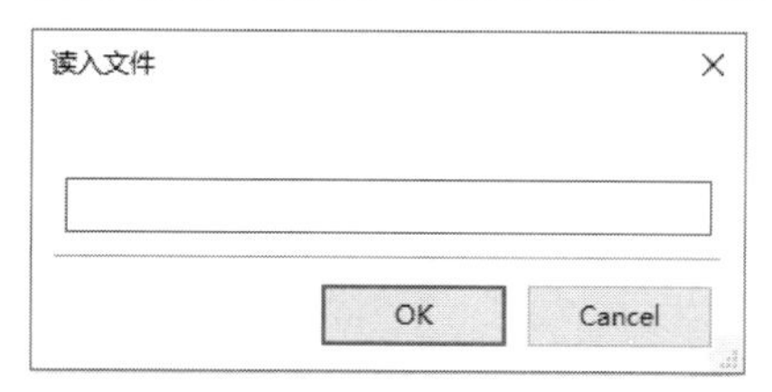

（3）当 WAY 为 YES/NO，程序弹出确认对话框。运行命令：

```
&get(yes/no, test)
```

程序弹出名称为“TEST”的确认对话框。

（4）当 WAY 为 PICK 时，程序弹出选择列表，列表信息通过 MAX_PICK 设置，DATA 对应 MAX_PICK, TITLE, ITEM(1), ITEM(2), …

MAX_PICK 设置可以选择的数目，TITLE 为对话框题目，ITEM(i)为选择的条目。如运行命令：

```
&get(pick,2,items,test01,test02,test03)
```

程序弹出名称为“ITEMS”，包含 TEST01、TEST02、TEST03 的对话框。

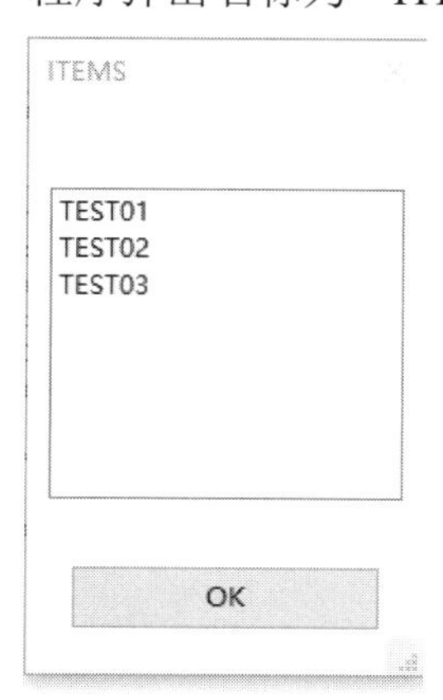

（5）当 WAY 为 N_PICK 时，程序弹出的选择列表将依据名称来进行选择。

输入**&name names** 显示当前可供选择的内容。

如运行命令：

```
&name names
&rep_select – body &get(n_pick,1,bodies,'Select a body)
```

运行后程序显示可供选择的 Name，以及选择对话框。

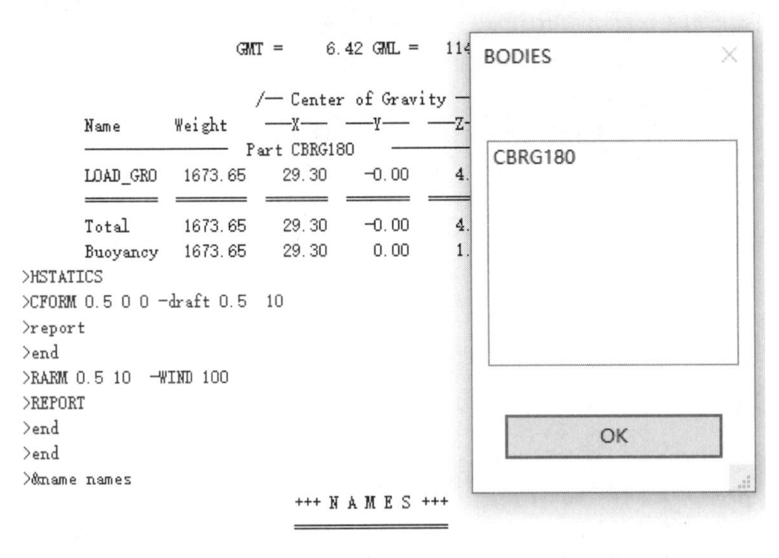

```
                     GMT =      6.42 GML =    114
                        /— Center of Gravity —
   Name       Weight     ——X——   ——Y——    ——Z-
   ————————————————  Part CBRG180  ————————————
   LOAD_GRO   1673.65    29.30    -0.00     4.
   ========   =======    =====    =====    ===
   Total      1673.65    29.30    -0.00     4.
   Buoyancy   1673.65    29.30     0.00     1.
>HSTATICS
>CFORM 0.5 0 0 -draft 0.5  10
>report
>end
>RARM 0.5 10  -WIND 100
>REPORT
>end
>end
>&name names
                          +++ N A M E S +++
```



```
   BODIES   CATEGOR  CLASSES  COMPARTM CONNECTO CONVOLUT CURVES   DMARKS
   DURATION ELEMENTS ENVIRONM GRIDS    HOLES    INTEREST IN_BODIE IN_ELEME
   IN_PARTS LOADGROU LSETS    LT_MULT  MACROS   MAPS     MD_NAMES NAMES
   NG_S_CAS NODES    PANELS   PARTS    PIECES   PI_VIEWS POINTS   PROCESSE
   PR_NAMES RODS     R_CASES  SELECTOR SENSORS  SHAPES   SN       SOILS
   S_CASES  VARIABLE
>
```

通过交互的方式用户可以编写程序实现更多的功能。**&GET** 通过交互方式得到的信息可以同其他命令一同使用，譬如运行以下命令：

```
&type  &get(pick,1,items,test01,test02,test03)
```

程序运行后，选择 TEST01，单击 OK。

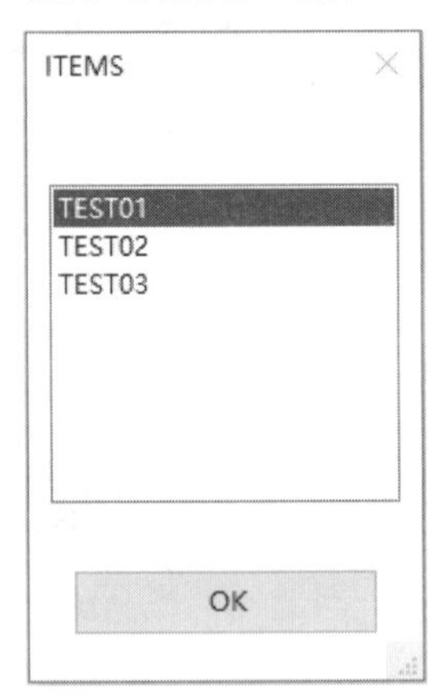

程序显示 TEST01。

```
>
 TEST01
>
>
>
                END OF COMIN FILE — Input now from Terminal
```

3.1.12 文件操作

MOSES 具备一般编程工具所具有的文件操作功能。主要命令包括：

```
&F_READ(TYPE VAR)
&FILE, ACTION, DATA, -OPTIONS
&INFO(FILE_EXISTS filename)
```

&F_READ 用来读取文件，**&FILE** 用来对文件进行操作，**&INFO** 用来判断文件是否存在。

&FILE 的具体功能如下：

- **&FILE** MKDIR, A：创建路径为“A”的目录。
- **&FILE** RM, A：删除名称为“A”的文件。
- **&FILE** MV, A, B：将文件名为“A”的文件重命名为“B”。
- **&FILE** CP, A, B：将文件名为“A”的文件复制并命名为“B”。
- **&FILE**, OPEN, -TYPE, TYPE, -NAME, FILE_NAME：以何种方式打开文件。
- **&FILE**, WRITE, TYPE, STRING：删除已打开文件中的内容，并写入 STRING 所代表的内容。
- **&FILE**, CLOSE, TYPE, -OPTIONS：关闭文件。-OPTIONS 如果为-DELETED，文件将在关闭后删除。

使用**&FILE** 命令，TYPE 需要一致。

运行以下命令：

```
&file open –type a –name test.txt
&file write a ABCD
&file write a ABCD
&file close a
```

则在 cif 文件运行目录下新建名称为“test.txt”的文件，内容为两行文本“ABCD”。

```
test.txt - 记事本
文件(F)  编辑(E)  格式(O)
ABCD
ABCD
```

3.2 基本定义

3.2.1 物理量、运行控制及全局参数定义

1. 定义全局物理量

MOSES 通过**&DIMEN** 来定义程序运行的物理量单位制。

```
&DIMEN, -OPTIONS
    -DIMEN, LEN, FOR
    -SAVE
    -REMEMBER
```

-DIMEN 定义长度单位和力的单位，LEN 为长度单位，可以为英制（FEET）和公制（METERS）。FOR 对应力的单位，如果 LEN 为英制单位，则 FOR 可以为千磅（KIPS）、长

吨（L-TONS）、短吨（S-TONS）；当 LEN 为公制单位，则 FOR 可以为千牛（K-NTS）或者公吨（M-TONS）。

-SAVE 表示对当前的单位制进行保存。当出现单位制变更时，想要回到之前的单位制，使用-REMEMBER。

2. 运行控制

常用的运行控制命令为**&DEVICE**。

```
&DEVICE, -OPTIONS
    -BATCH, YES/NO
    -LIMERROR, ERLIM
    -US_DATE, YES/NO
    -SET_DATE, DATE
    -CONT_ENTRY, The Entry You Want
    -NAME _FIGURE, NAME
    -FIG_NUM, YES/NO, NUMBER
    -G_DEFAULT, GLDEVICE
    -OECHO, YES/NO
    -COMIN, FILE_NAME
    -ICOMIN, FILE_NAME
    -AUXIN, FILE_NAME
    -IAUXIN, FILE_NAME
```

这些选项可以分为如下几类：

（1）定义程序结束模式。

-BATCH 后如果是 YES，只要程序遇到错误就会停止运行；如果是 NO，则需要定义 LIMERROR，即允许错误数。此时，当程序运行过程中遇到的错误数超过允许数目时，程序会停止运行。

（2）日期、图片和曲线图设置。

-US_DATE、-SET_DATE 设置输出报告的日期格式；-NAME_FIGURE、-FIG_NUM 设置图表序号以及图表名称是否以文本“FIGURE”开头。

（3）设置图片和数据曲线图保存。

-G_DEFAULT 后为 SCREEN，则图片和曲线图显示在 MOSES 程序运行界面；如果为 FILE，则图片和曲线图以文件形式保存。

（4）设置是否输出所有输入过程到 out 文件。

-OECHO 后为 YES，则所有计算过程都将在 out 文件中进行记录；如果为 NO，则主要报告结果和过程将在 out 文件中进行记录。

（5）文件读入。

-COMIN 后为文件名称，表示程序从该文件读取运行命令，直到该文件结束或者 MOSES 运行结束。

-AUXIN 与-COMIN 类似，区别是-AUXIN 将文件的命令以输入方式输入到程序并运行。习惯上多使用-AUXIN 选项。

如果-COMIN 和-AUXIN 后面所引用的文件不存在，则程序自动停止运行。使用-ICOMIN 和-IAUXIN 时如果引用文件不存在，程序将忽略错误继续运行。

当用户不需要重新定向命令执行文件，而只需要将数据进行输入时，可以使用**&INSERT**

命令。

```
&INSERT, FILE_NAME
```

更多情况下**&DEVICE** -AUXIN 需要和**&INSERT** 命令混合使用。习惯上**&DEVICE** -AUXIN 读入的文件是一个控制文件，用来建立一些判断条件来实现不同文件的导入。由于-AUXIN 读入文件不会在 MOSES 命令显示窗口进行显示，所以多用于读入数据量较大的文件，如船体模型、水动力数据等文件。

&INSERT 更多情况下是在控制文件中或者在 cif 运行文件中实现模型或者数据文件的读入，多数情况下用于短文件的读入。

具体读入方式及对应读入模型如图 3.1 所示。

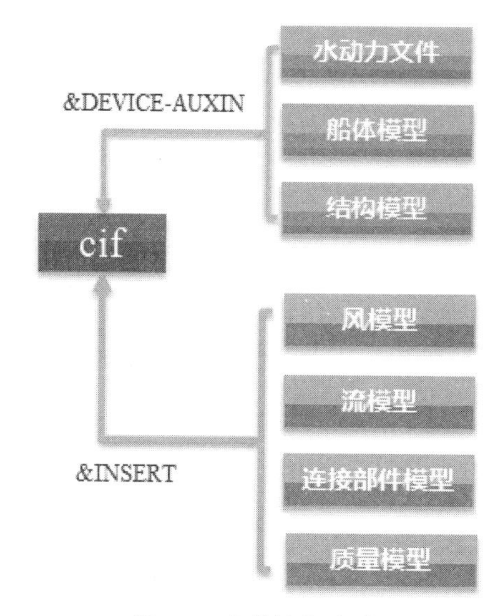

图 3.1　文件读入方式

3. 参数控制

MOSES 中很多默认设置可以通过**&DEFAULT** 进行修改。**&DEFAULT** 的选项很多，这里仅对一些较为常用的选项进行介绍。

```
&DEFAULT, -OPTIONS
 -SAVE
```

保存目前的参数设置。

```
-REMEMBER
```

回退到默认参数状态。

```
-SPGRAVITY, SPGR
```

定义海水密度。

```
-DENSITY, RHO
```

定义材料密度。

```
-EMODULUS, EMOD
```

定义弹性模量。

```
-POI_RAT, POIRAT
```

定义泊松比。

```
-ALPHA, ALPHA
```

定义热膨胀系数。

```
-FYIELD, FYIELD
```

定义材料屈服应力。

```
-SN, TYPE(1), SN1 A, SN1 B, SN1 R, TYPE(2), SN2 A, SN2 B, SN2 R,
```

定义不同类型的 S-N 曲线。

以上各个选项数值单位应与 cif 文件运行时所定义的物理量相对应。

&PARAMETER 在 MOSES 中实现对一些计算参数的设置，通常采用默认值即可。

```
-SAVE
```

保存目前的参数设置。

```
-REMEMBER
```

回退到默认参数状态。

```
-DRGTUB, RE(1), DC(1), RE(2), DC(2),…
-F_CD_TUBE, CDTFREQ
-FM_ROD, ROD_FACTOR
-DRGPLA, DCP
-AMCTUB, AMT
```

以上选项对用户定义的板单元和管单元的水动力特性进行设置。-DRGTUB 定义雷诺数和与拖曳力系数的关系，用于时域计算。-F_CD_TUBE 定义管单元在频域中采用的拖曳力系数，该系数是常数。-FM_ROD 用于动态缆单元（ROD），效果与-F_CD_TUBE 类似。板单元的拖曳力系数由-DRGPLA 定义。板单元和管单元的附加质量系数由-AMCTUB 定义。

```
-WCSTUBE, CSHAPE
-REL_WIND, YES/NO
```

以上选项定义管单元的风力计算方式。-WCSTUBE 定义管单元的风力形状系数；-REL_WIND 定义以何种方式来考虑风速，YES 表明以风速与结构运动的相对速度计算风力，NO 表示以风速来计算风力。

```
-SL_TUBE, SCT
-SL_PLATE, SCP
-SLAM_BOTH, YES/NO
```

以上选项定义管单元和板单元的抨击载荷系数和抨击力计算方式。软件中抨击力只针对跨越水线的单元进行计算，SCT 和 SCP 分别对应管单元和板单元的抨击力系数。如果 SCT/SCP 设置为 AUTOMATIC，则程序依照切片积分的方法通过计算水线位置单元的附加质量的动量贡献来计算抨击载荷。

需要计算入水和出水抨击力时，-SLAM_BOTH 后应为 YES，如果为 NO，软件仅计算入水抨击力。

```
-API_TDRAG, YES/NO
-AF_ENVIRONMENT, YES/NO
```

以上两个选项定义相对风速考虑方式。-API_TDRAG YES 表示依据 API RP 2A，相对风速为风速中指向管单元的分量，NO 表示以整个相对风速参与风力计算。-AF_ENVIRONMENT YES 表示进行风力/拖曳力计算时，风面积/流面积为垂直风/流方向的投影；NO 表示以风速/流速在垂直风面积/流面积方向上的分量来计算风力和流力。通常选项为 YES。

```
-MAXLEN, LENGTH
-MAXAREA, AREA
-MAXREFINE, REFINE_NUMBER
```

```
-M_DISTANCE, DISTANCE
```

以上几个选项控制模型单元划分精度。-MAXLEN 定义最大单元长度，-MAXAREA 定义最大单元面积，-MAXREFINE 进行网格加密处理。

-M_DISTANCE 用于对水动力网格进行划分，在三维辐射绕射面元法中，DISTANCE 为面元单元的最大长度，在切片法中 DISTANCE 定义切片的间隔长度。关于面元法单元尺度的选择，可参考 2.2.2 节、2.2.5 节的相关内容。

```
-STRETCH_SEA, YES/NO
-NONL_SEA, YES/NO
```

-STRETCH_SEA 定义波浪水质点的延展方法，YES 表示使用外插法进行延展，NO 表示使用线性延展。

-NONL_SEA 定义是否考虑波面的非线性压力分布影响。YES 表示考虑，此时波面为坦谷波。

&PARAMETER 所包含的很多选项与**&DEFAULT** 相同，同样情况下**&PARAMETER** 使用的概率较高。

4. 交互信息

```
&TITLE, MAIN_TITLE
&SUBTITLE, SUBTITLE
```

这两个命令用来设置文本文件报告、图片和曲线图的标题和副标题。

```
&TYPE, MESSAGE
&CTYPE, MESSAGE
&CUTYPE, MESSAGE
```

这 3 个命令用于命令执行过程中显示用户定义的一些显示信息，区别是：**&TYPE** 输出的信息在窗口显示的时候左对齐；**&CTYPE** 输出信息在窗口中居中显示；**&CUTYPE** 输出的信息在窗口中间显示，并以下划线标注。

下面的例子，输入这 3 个命令，同样输出“test”。

```
&test   'test'
&ctype   'test'
&cutype   'test'
```

在命令运行窗口运行结果：

```
test
                                         test
                                         test
                                         ====
```

```
&ERROR, CLASS ,MESSAGE
```

该命令多用于宏命令编写和调试，用于输出错误信息及其级别。CLASS 为错误信息级别，分别为：警告（WARNING）、错误（ERROR）和致命错误（FATAL）。MESSAGE 为遇到错误信息时用户需要输出的提示信息。

3.2.2 坐标系系统

MOSES 坐标系系统与环境条件方向定义如图 3.2 所示。

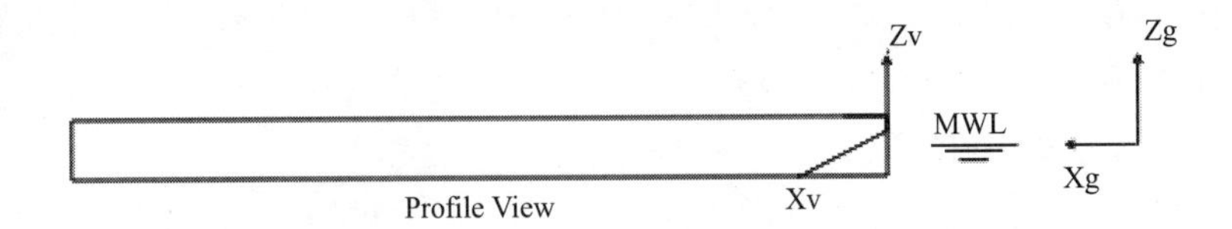

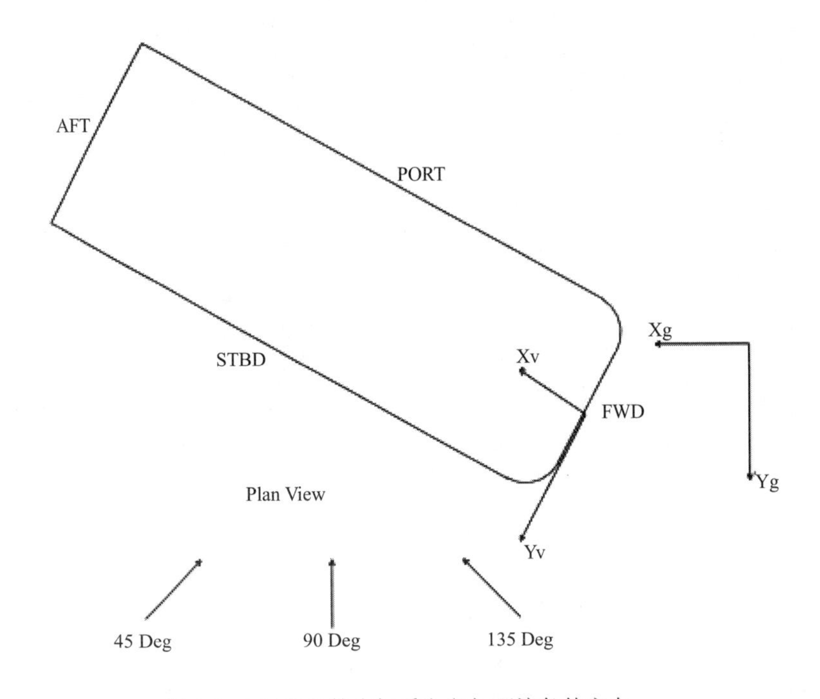

图 3.2　MOSES 的坐标系定义与环境条件方向

MOSES 的坐标系系统较为特殊，其整体坐标系和局部坐标系 X 轴正向由船艏指向船艉，Y 轴正向由船艸指向右舷，Z 轴正向指向水面上方，坐标系遵循右手法则。

MOSES 全局坐标系原点位于静水面，默认体（BODY）坐标系原点位于船艏与船底基线交点。

MOSES 默认的建模原点位于船艏，当对船舶指定吃水时，默认指定的是艏吃水（建模原点人为设置在其他位置除外）。船舶艏倾为负，艉倾为正；左倾为正，右倾为负。

在 MOSES 中，环境条件的方向遵循以下定义：相对于全局坐标系，当环境条件由 X 轴正方向指向负方向时，环境条件方向为 0°；当由 X 轴负方向指向正方向时，环境条件方向为 180°；当由 Y 轴正方向指向负方向时，环境条件方向为 90°。环境条件角度沿着逆时针增加。

更多关于全局坐标系、体（BODY）坐标系、PART 坐标系的介绍详见 3.4.1 节。

3.3　基本模块常用命令

MOSES 基本命令流程和命令目录如图 3.3 所示。

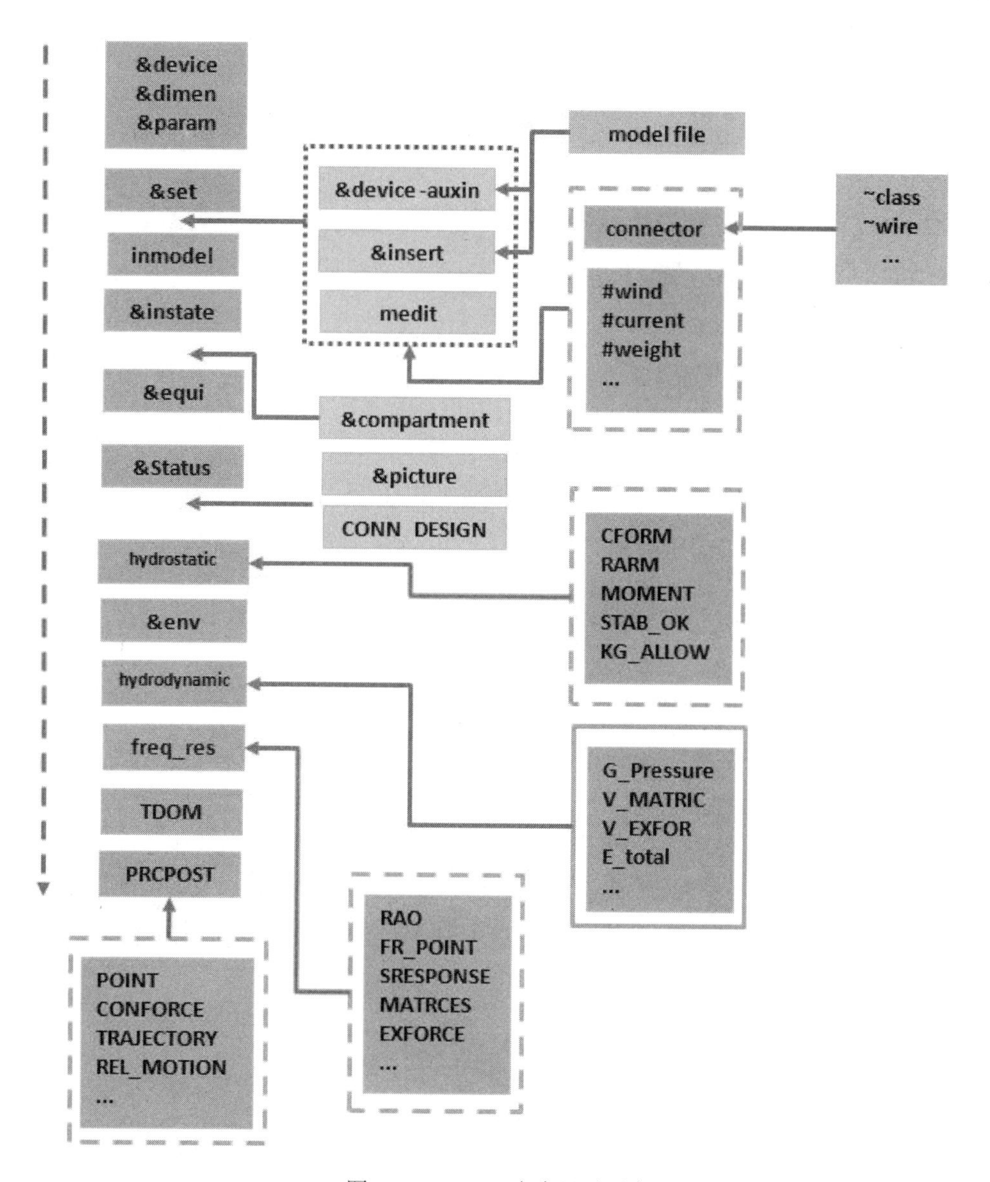

图 3.3 MOSES 命令目录示意

3.3.1 状态显示

&STATUS 命令应该是 MOSES 众多命令中最常用的一个，其命令格式为：

```
&STATUS, REP_TYPE, :SELE, -OPTIONS
```

REP_TYPE 代表需要显示的信息，主要包括以下几类：

1. 显示浮体状态

&STATUS B_W（等效命令&status b_w），显示浮体当前的重心、浮心、稳性高、回转半径、吃水以及横纵倾状态等信息，如图 3.4 所示。

&STATUS CONFIGURATON（等效命令&status config），显示当前浮体原点位置和所受合力状态，如图 3.5 所示。

```
>&status b_w
   +++ B U O Y A N C Y   A N D   W E I G H T   F O R   C B R G 1 8 0 +++
   ======================================================================

  Process is DEFAULT: Units Are Degrees, Meters, and M-Tons Unless Specified
                    Results Are Reported In Body System

       Draft =     2.10 Roll Angle =      0.00 Pitch Angle =      0.00

                      Wet Radii Of Gyration About CG

              K-X =     9.06 K-Y =    27.15 K-Z =    27.12

                      GMT =     6.42 GML =    114.49

                         /-- Center of Gravity ---/  Sounding   % Full
      Name       Weight    ---X---  ---Y---  ---Z---  --------  --------
      ----------------  Part CBRG180   ------------
      LOAD_GRO   1673.65    29.30    -0.00     4.26
      ========  ========  =======  =======  =======
      Total      1673.65    29.30    -0.00     4.26
      Buoyancy   1673.65    29.30     0.00     1.07
```

图 3.4　显示浮体基本浮态

```
>&status config
     +++ C U R R E N T   S Y S T E M   C O N F I G U R A T I O N +++
     ===============================================================

  Process is DEFAULT: Units Are Degrees, Meters, and M-Tons Unless Specified
                  Location and Net Force at Body Origin

   Body                 X         Y         Z        RX        RY        RZ
  --------         --------- --------- --------- --------- --------- ---------

  CBRG180  Location     0.00      0.00     -2.10      0.00      0.00      0.00
           N Force     -0.00     -0.00      0.00         0         0         0
```

图 3.5　显示浮体位置及合力状态

&STATUS　BODY（等效命令&Status body），显示当前浮体水动力计算的一些参数设置，如图 3.6 所示。

```
>&Status body
            +++ C U R R E N T   B O D Y   S E T T I N G S +++
            =================================================

  Process is DEFAULT: Units Are Degrees, Meters, and M-Tons Unless Specified


CBRG180
        Number of Degrees of Freedom   =            6
        Ignored Degrees of Freedom     =
        Wave Run Up                    = No
        Pressure Name                  = NONE
        Drift Name                     = NONE
        Drift Force Multiplier         =         1.00
        Drift Radiation Multiplier     =         1.00
        Drift Coriolis Multiplier      =         1.00
        Drift Phase                    =         0.00
        Static Process Height          =     0.0      0.0      0.0
        Static Process Orientation     =     0.0      1.0      0.0
                                             1.0      0.0      0.0
        Spectral Multiplier            =         1.00
        Morrison Frequency Multiplier  =         1.00
        Convolution DT                 =         0.25
        Convolution Factor             =         1.00
        Period Use                     = None
```

图 3.6　显示浮体水动力参数设置

&STATUS FORCE（等效命令&status force），显示当前浮体受力分类（静力）及对应大小，如图 3.7 所示。

```
>&status force
        +++ F O R C E S   A C T I N G   O N   L A N J I A N G +++
        =====================================================

   Process is DEFAULT: Units Are Degrees, Meters, and M-Tons Unless Specified
                      Results Are Reported In Body System

  Type of Force           X         Y         Z        MX        MY        MZ
 ----------------- --------- --------- --------- --------- --------- ---------
 Weight               -2.50     -0.00 -51430.64         0   4462705         0
 Buoyancy              2.51      0.00  51599.90         0  -4476893         0
 Wind                -67.53      0.00      0.00         0     -3077         0
 Viscous Drag         -2.59      0.00      0.10         0      -188         0
 Wave Drift          -33.43      0.00    -40.52         0      3908         0
 Inertia               1.61     -0.00      0.03         0       -19         0
 Added Inertia         0.00      0.00      0.00         0         0         0
 Flex. Connectors    101.93     -0.00   -128.87         0     13568         0
                    =======   =======   =======   =======   =======   =======
 Total                 0.00      0.00     -0.00         0         0         0
```

图 3.7　显示浮体受力分类及量级

&STATUS DRAFT 显示当前浮体吃水状态，该信息的显示需要在模型中定义吃水标记（-DMARK，参见 3.4.1 节）。

&STATUS B_MATRIX（等效命令&status B_Matrix）显示当前浮体基本质量矩阵，如图 3.8 所示。

```
>&status B_Matrix
              +++ B A S I C   W E I G H T   M A T R I X +++
              ============================================

 Process is DEFAULT: Units Are Degrees, Meters, and M-Tons Unless Specified


                              For Body CBRG180
                              ----------------

 1.67365E+03  0.00000E+00  0.00000E+00  0.00000E+00  7.13789E+03  5.32905E-07
 0.00000E+00  1.67365E+03  0.00000E+00 -7.13789E+03  0.00000E+00  4.90307E+04
 0.00000E+00  0.00000E+00  1.67365E+03 -5.32905E-07 -4.90307E+04  0.00000E+00
 0.00000E+00 -7.13789E+03 -5.32905E-07  1.67760E+05  1.59538E-05 -2.11402E+05
 7.13789E+03  0.00000E+00 -4.90307E+04  1.59538E-05  2.70042E+06  2.66453E-06
 5.32905E-07  4.90307E+04  0.00000E+00 -2.11402E+05  2.66453E-06  2.66735E+06
```

图 3.8　显示浮体基本质量矩阵

&STATUS A_MATRIX 显示当前浮体的表现质量矩阵。

&STATUS D_MATRIX（等效命令&status d_Matrix）显示当前对浮体施加的质量矩阵，如图 3.9 所示。

```
>&status d_Matrix
              +++ D E F I N E D   W E I G H T   M A T R I X +++
              ================================================

 Process is DEFAULT: Units Are Degrees, Meters, and M-Tons Unless Specified


                              For Body CBRG180
                              ----------------

 1.24495E+03  0.00000E+00  0.00000E+00  0.00000E+00  6.22476E+03  5.32905E-07
 0.00000E+00  1.24495E+03  0.00000E+00 -6.22476E+03  0.00000E+00  3.72706E+04
 0.00000E+00  0.00000E+00  1.24495E+03 -5.32905E-07 -3.72706E+04  0.00000E+00
 0.00000E+00 -6.22476E+03 -5.32905E-07  1.55619E+05  1.59538E-05 -1.86353E+05
 6.22476E+03  0.00000E+00 -3.72706E+04  1.59538E-05  2.26736E+06  2.66453E-06
 5.32905E-07  3.72706E+04  0.00000E+00 -1.86353E+05  2.66453E-06  2.23624E+06
```

图 3.9　显示浮体当前施加的质量矩阵

2. 显示环境条件信息

&STATUS ENVIRONMENT 显示当前定义的环境条件情况，包括时域分析设置、海况设置、风况设置以及流环境的设置情况，如图 3.10 所示。

```
&STATUS  ENVIRONMENT
                  +++ C U R R E N T   E N V I R O N M E N T +++
                  =============================================

  Process is DEFAULT: Units Are Degrees, Meters, and M-Tons Unless Specified

                          Environment Name ENV

            Observation Time =  4000.0   Time Increment   =   0.200
            Time Offset      =     0.0   Time Reinforce   =   1.8E5

                          S E A   C O N D I T I O N
                          -------------------------

 Type = JONSWAP  Mean Period =   8.98  Hs  =  3.50  Gamma = 1.0  Dir =   0.0
                                 S.Coe =  200

                              W I N D   D A T A
                              -----------------

              1 Hr. Wind Speed =  31.8 Knots, Direction =    0.0
                     Design Wind Based On ABS Rules
                  Wind Height Variation Based on NPD Rules
                             Wind is Static

                           C U R R E N T   D A T A
                           -----------------------

                           DEPTH   SPEED  DIRECTION
                           -----   -----  ---------

                             0.0    1.08        0.0
```

图 3.10　显示目前定义的环境条件信息

&STATUS SEA 显示当前定义的海况统计特征，包括波浪类型、平均周期、波高均值、波高标准差、有义波高、波高最大最小值及对应发生时间等，如图 3.11 所示。

```
&STATUS SEA
                    +++ S E A   C O N D I T I O N +++
                    =================================

            Observation Time =  4000.0   Time Increment   =   0.200
            Time Offset      =     0.0   Time Reinforce   =   1.8E5

 Type = JONSWAP  Mean Period =   8.98  Hs  =  3.50  Gamma = 1.0  Dir =   0.0
                                 S.Coe =  200

                    Mean                 =        -0.000
                    Variance             =         0.714
                    Std Deviation        =         0.845
                    Skewness             =         0.249
                    Kurtosis             =         0.204
                    Max                  =         3.415
                    Min                  =        -2.472
                    Predicted Max        =         3.185
                    Max/Pred. Max        =         1.072
                    Min/Pred. Max        =         0.776
                    Time of Max          =      2339.923
                    Time of Min          =      2155.968
                    Number of Peaks      =      1218.000
                    Pred. Peaks for Max  =      3541.802
```

图 3.11　显示目前海况统计信息

&STATUS　SEA_TSERIES 输出组成时域波浪谱的成分波信息，如图 3.12 所示。

```
>&STATUS SEA_TSERIES
      +++ E N V I R O N M E N T   S E A   T I M E   S E R I E S +++
      ===========================================================

 Process is DEFAULT: Units Are Degrees, Meters, and M-Tons Unless Specified

                         Environment Name = ENV

                                                0
                         Freq.  Period  Phase  Fcoef
                        ------ ------ ------ ------

                          0.25  25.00   0.19  0.004
                          0.31  20.00   0.00  0.012
                          0.33  19.00 113.65  0.027
                          0.35  18.00   0.14  0.055
                          0.37  17.00  84.67  0.100
                          0.39  16.00   0.07  0.160
                          0.42  15.00   0.16  0.172
                          0.43  14.50  74.39  0.184
                          0.45  14.00  51.51  0.211
                          0.47  13.50 120.03  0.238
                          0.48  13.00  55.54  0.262
                          0.50  12.50   0.38  0.283
                          0.52  12.00   0.09  0.300
                          0.55  11.50  62.53  0.314
                          0.57  11.00 130.56  0.322
                          0.60  10.50  51.32  0.326
                          0.63  10.00   0.02  0.325
                          0.66   9.50 132.70  0.319
                          0.70   9.00   0.27  0.310
                          0.74   8.50 169.33  0.297
                          0.79   8.00   0.14  0.281
                          0.84   7.50   0.33  0.263
```

图 3.12　显示波浪谱成分波组成信息

&STATUS　WIND_TSERIES（等效命令&status wind_T）显示按照风谱定义时域风速时的风速组成，如图 3.13 所示。

```
>&status wind_T
     +++ E N V I R O N M E N T   W I N D   T I M E   S E R I E S +++
     ===========================================================

 Process is DEFAULT: Units Are Degrees, Meters, and M-Tons Unless Specified

                         Environment Name = ENV

                              Spectral   Fourier
           Frequency  Period    Value     Coeff.     Phase
          ---------- --------- --------- --------- ---------

                0.06    100.00    254.73      1.69      0.05
                0.08     80.00    217.48      1.01      0.00
                0.09     70.00    189.92      0.92    154.26
                0.10     60.00    161.21      1.00      0.04
                0.13     50.00    131.28      1.10      0.09
                0.16     40.00    109.55      1.02      0.00
                0.18     35.00     93.89      0.92     51.49
                0.21     30.00     78.00      0.99      0.08
                0.25     25.00     61.92      1.08      0.19
                0.31     20.00     45.76      1.20      0.00
                0.42     15.00     33.79      1.15      0.16
                0.52     12.00     24.45      1.14      0.09
                0.70      9.00     17.36      1.12      0.27
                0.90      7.00     11.68      1.14    103.02
                1.26      5.00      6.39      1.31      0.05
                2.09      3.00      2.89      1.36      0.38
```

图 3.13　显示风谱组成成分

3. 显示连接部件状态

使用**&STATUS**显示连接部件状态，**F**开头的选项代表载荷，**G**开头的选项代表几何连接状态，**DG**开头的是显示连接部件详细几何连接状态。

&STATUS F_CONNECTOR（等效命令&status f_con）显示在静平衡状态下连接部件的受力情况，如图3.14所示。

```
>&status f_con
                      +++ C O N N E C T O R   F O R C E S +++
                      ========================================

  Process is DEFAULT: Units Are Degrees, Meters, and M-Tons Unless Specified
Forces in Body System at Attachment - Magnitude is Sqrt( X**2 + Y**2 + Z**2 )

    Conn.     Body      FX       FY       FZ       MX       MY       MZ      MAG.
  --------- -------- -------- -------- -------- -------- -------- -------- --------
   P1       LANJIANG    -8.5    -5.1    -10.1       0        0        0       14
   P2       LANJIANG    -8.6    -8.9    -11.1       0        0        0       17
   P3       LANJIANG    25.8   -42.5    -20.8       0        0        0       54
   P4       LANJIANG    42.2   -40.7    -22.5       0        0        0       63
   S1       LANJIANG    -8.5     5.1    -10.1       0        0        0       14
   S2       LANJIANG    -8.6     8.9    -11.1       0        0        0       17
   S3       LANJIANG    25.8    42.5    -20.8       0        0        0       54
   S4       LANJIANG    42.2    40.7    -22.5       0        0        0       63
```

图3.14 显示目前浮体连接缆绳张力信息

&STATUS G_CONNECTOR（等效命令&status g_con）显示连接部件属性、长度以及连接点坐标，如图3.15所示。

```
>&status g_con
                     +++ C O N N E C T O R   G E O M E T R Y +++
                     ============================================

                               Results in The Body System
  Process is DEFAULT: Units Are Degrees, Meters, and M-Tons Unless Specified

                              Length of  /------------ Connection -------------/
  Name     Class    Status    First Seg.   Body        X          Y          Z
 -------- -------- --------  ---------- --------- --------- ---------- ---------
P1       ~WIRE    Active       1811.18 LANJIANG      6.99     -10.17     11.50
                                       GROUND    -1551.86    -910.17   -200.00
P2       ~WIRE    Active       1811.18 LANJIANG     11.68     -16.15     11.50
                                       GROUND    -1261.11   -1288.94   -200.00
P3       ~WIRE    Active       1811.18 LANJIANG    134.27     -26.49     11.50
                                       GROUND     1034.27   -1585.34   -200.00
P4       ~WIRE    Active       1811.18 LANJIANG    142.67     -26.49     11.50
                                       GROUND     1415.46   -1299.28   -200.00
S1       ~WIRE    Active       1811.18 LANJIANG      6.99      10.17     11.50
                                       GROUND    -1551.86     910.17   -200.00
S2       ~WIRE    Active       1811.18 LANJIANG     11.68      16.15     11.50
                                       GROUND    -1261.11    1288.94   -200.00
S3       ~WIRE    Active       1811.18 LANJIANG    134.27      26.49     11.50
                                       GROUND     1034.27    1585.34   -200.00
S4       ~WIRE    Active       1811.18 LANJIANG    142.67      26.49     11.50
                                       GROUND     1415.46    1299.28   -200.00
```

图3.15 显示目前浮体连接缆绳几何信息

&STATUS DG_CONNECTOR（等效命令&status dg_con）显示单根连接部件的详细几何信息，如图3.16所示。

```
>&status dg_con
          +++ S 4   C O N N E C T O R   C O O R D I N A T E S +++
          =====================================================

                    Results In The Global System
  Process is DEFAULT: Units Are Degrees, Meters, and M-Tons Unless Specified

       Dist.       X          Y          Z         RX         RY         RZ
   ---------- --------- --------- --------- --------- --------- ---------
         0.0  1415.462  1299.282  -200.000    0.0000    0.0000  223.9760
        18.1  1402.099  1286.388  -200.000    0.0000    0.0000  223.9760
        36.2  1388.736  1273.495  -200.000    0.0000    0.0000  223.9760
        54.3  1375.373  1260.601  -200.000    0.0000    0.0000  223.9760
        72.4  1362.009  1247.707  -200.000    0.0000    0.0000  223.9760
        90.6  1348.646  1234.813  -200.000    0.0000    0.0000  223.9760
       108.7  1335.283  1221.919  -200.000    0.0000    0.0000  223.9760
       126.8  1321.920  1209.025  -200.000    0.0000    0.0000  223.9760
       144.9  1308.556  1196.131  -200.000    0.0000    0.0000  223.9760
       163.0  1295.193  1183.237  -200.000    0.0000    0.0000  223.9760
       181.1  1281.830  1170.343  -200.000    0.0000    0.0000  223.9760
       199.2  1268.467  1157.449  -200.000    0.0000    0.0000  223.9760
       217.3  1255.103  1144.556  -200.000    0.0000    0.0000  223.9760
       235.5  1241.740  1131.662  -200.000    0.0000    0.0000  223.9760
       253.6  1228.377  1118.768  -200.000    0.0000    0.0000  223.9760
       271.7  1215.014  1105.874  -200.000    0.0000    0.0000  223.9760
       289.8  1201.650  1092.980  -200.000    0.0000    0.0000  223.9760
       307.9  1188.287  1080.086  -200.000    0.0000    0.0000  223.9760
```

图 3.16　显示单根连接缆绳几何信息

&STATUS　S_ROD

&STATUS　F_ROD

以上两个选项针对 ROD 单元，显示 ROD 单元组成的缆/管的几何连接状态以及受力情况。

&STATUS　CL_FLEX（等效命令&status cl_flex）显示系泊缆材料属性情况，如图 3.17 所示。

```
>&status cl_flex
            +++ M O O R I N G   L I N E   C L A S S E S +++
            ===============================================

  Process is DEFAULT: Units Are Degrees, Meters, and M-Tons Unless Specified

     Type    Water  Slope of   Clump  /---------- Segment Data ----------/
     Name    Depth   Bottom   Weight   Length     W/L       AE      Break
   -------- ------- -------- -------- -------- -------- -------- ---------
   ~WIRE     200.0   0.0000      0.0  1800.00   0.0210 2.32E+03    350.00
```

图 3.17　显示缆绳材料及长度信息

&STATUS　F_LWAY

&STATUS　G_LWAY

以上两个选项针对滑道单元，显示滑道单元组成的连接部件的几何连接状态以及受力情况。

&STATUS　SPREAD（等效命令&status spread）显示 ROD、B_CAT、H_CAT、SL_ELEM、TUG_BOAT 五种单元类型定义的缆绳连接状态，包括张力、张力与破断力的比、长度以及朝向角度等信息，如图 3.18 所示。

```
>&status spread
                    +++ M O O R I N G   S P R E A D +++
                    ===================================

 Process is DEFAULT: Units Are Degrees, Meters, and M-Tons Unless Specified

             Tension    Tension /  Length of          /----- Heading ----/
   Name                 Break St.  First Seg.   Body    Local     Global
 --------- ---------- ---------- ---------- -------- --------- ----------

 P1            14.14    0.04040     1811.18 LANJIANG    210.75     210.75
 P2            16.56    0.04733     1811.18 LANJIANG    226.06     226.06
 P3            53.89    0.15397     1811.18 LANJIANG    301.26     301.26
 P4            62.83    0.17951     1811.18 LANJIANG    316.02     316.02
 S1            14.14    0.04040     1811.18 LANJIANG    149.25     149.25
 S2            16.56    0.04732     1811.18 LANJIANG    133.94     133.94
 S3            53.89    0.15396     1811.18 LANJIANG     58.74      58.74
 S4            62.83    0.17950     1811.18 LANJIANG     43.98      43.98
```

图 3.18　显示目前系泊连接基本信息

&STATUS　LINES（等效命令&status lines）针对 B_CAT（悬链线）单元缆显示其当前连接状态下的水平跨距、卧链长度、顶部张力以及锚点受力情况，如图 3.19 所示。

```
>&status lines
                    +++ M O O R I N G   L I N E S +++
                    =================================

 Process is DEFAULT: Units Are Degrees, Meters, and M-Tons Unless Specified

            Horiz.  Length of  Line on  /-----  Top  ------/ /---- Anchor -----/
  Name     Distance First Seg  Bottom     Tension    Ratio   Hori Pull Vert Pull
 --------- --------- --------- --------- --------- --------- --------- ---------

 P1          1760.04   1811.18   1335.09     14.14   0.0404      9.89      0.00
 P2          1767.56   1811.18   1290.12     16.56   0.0473     12.32      0.00
 P3          1823.61   1811.18    837.12     53.89   0.1540     49.72      0.00
 P4          1833.06   1811.18    758.14     62.83   0.1795     58.67      0.00
 S1          1760.04   1811.18   1335.10     14.14   0.0404      9.89      0.00
 S2          1767.55   1811.18   1290.12     16.56   0.0473     12.32      0.00
 S3          1823.61   1811.18    837.14     53.89   0.1540     49.72      0.00
 S4          1833.06   1811.18    758.15     62.83   0.1795     58.67      0.00
```

图 3.19　显示当前悬链线缆绳基本信息

&STATUS　PIPE 显示张紧器单元受力情况。

4. 显示舱室状态

&STATUS　COMPARTMENT（等效命令&status compar）显示目前定义的舱室信息，包括压载方式、舱室液体密度、舱容、压载量（百分比）以及舱室探深，如图 3.20 所示。

```
>&status compar
             +++ C O M P A R T M E N T   P R O P E R T I E S +++
             ===================================================

                     Results Are Reported In Body System
 Process is DEFAULT: Units Are Degrees, Meters, and M-Tons Unless Specified

           Fill    Specific /— Ballast —/ /———— % Full ————/ Sounding
  Name     Type    Gravity  Maximum  Current   Max.   Min.   Curr.   ————————

 1C       CORRECT    1.0247    151.0     0.0   0.00   0.00   0.00     0.000
 1P       CORRECT    1.0247     81.7     0.0   0.00   0.00   0.00     0.000
 1S       CORRECT    1.0247     81.7     0.0   0.00   0.00   0.00     0.000
 2C       CORRECT    1.0247    283.7     0.0   0.00   0.00   0.00     0.000
 2P       CORRECT    1.0247    230.2     0.0   0.00   0.00   0.00     0.000
 2S       CORRECT    1.0247    230.2     0.0   0.00   0.00   0.00     0.000
 3C       CORRECT    1.0247    496.5     0.0   0.00   0.00   0.00     0.000
 3P       CORRECT    1.0247    268.5     0.0   0.00   0.00   0.00     0.000
 3S       CORRECT    1.0247    268.5     0.0   0.00   0.00   0.00     0.000
 4C       CORRECT    1.0247    425.5     0.0   0.00   0.00   0.00     0.000
```

图 3.20　显示舱室基本信息

&STATUS CG_COMPARTMENT（等效命令&status cg_compar）显示目前压载舱的重量、压载率、探深以及重心信息，如图 3.21 所示。

```
>&status cg_compar
                    +++ C O M P A R T M E N T   C G S +++
                    ======================================

                     Results Are Reported In Body System
     Process is DEFAULT: Units Are Degrees, Meters, and M-Tons Unless Specified
```

Name	Fill Type	Current Weight	% Full	Sounding	CG X	CG Y	CG Z	CG Deri. X	CG Deri. Y
1C	CORRECT	0.0	0.00	0.000	4.01	-0.00	0.00	0.000	0.000
1P	CORRECT	0.0	0.00	0.000	4.02	-5.64	0.00	0.000	0.000
1S	CORRECT	0.0	0.00	0.000	4.02	5.64	0.00	0.000	0.000
2C	CORRECT	0.0	0.00	0.000	16.00	0.00	0.00	0.000	0.000
2P	CORRECT	0.0	0.00	0.000	13.72	-5.64	0.00	0.000	0.000
2S	CORRECT	0.0	0.00	0.000	13.72	5.64	0.00	0.000	0.000
3C	CORRECT	0.0	0.00	0.000	28.58	-0.00	0.00	0.000	0.000
3P	CORRECT	0.0	0.00	0.000	28.57	-5.64	0.00	0.000	0.000
3S	CORRECT	0.0	0.00	0.000	28.57	5.64	0.00	0.000	0.000
4C	CORRECT	0.0	0.00	0.000	43.43	0.00	0.00	0.000	0.000

图 3.21 显示舱室重量信息

&STATUS S_COMPARTMENT（等效命令&status s_compar）显示舱室高度方向的最高点、最低点位置，如图 3.22 所示。

```
>&status s_compar
        +++ C O M P A R T M E N T   S O U N D I N G   D A T A +++
        ==========================================================

                     Results Are Reported In Body System
     Process is DEFAULT: Units Are Degrees, Meters, and M-Tons Unless Specified
```

Name	Fill Type	Top X	Top Y	Top Z	Bottom X	Bottom Y	Bottom Z
1C	CORRECT	3.43	0.00	4.27	3.43	0.00	0.00
1P	CORRECT	3.43	-5.64	4.27	3.43	-5.64	0.00
1S	CORRECT	3.43	5.64	4.27	3.43	5.64	0.00
2C	CORRECT	16.00	0.00	4.27	16.00	0.00	0.00
2P	CORRECT	13.72	-5.64	4.27	13.72	-5.64	0.00
2S	CORRECT	13.72	5.64	4.27	13.72	5.64	0.00
3C	CORRECT	28.57	0.00	4.27	28.57	0.00	0.00
3P	CORRECT	28.57	-5.64	4.27	28.57	-5.64	0.00
3S	CORRECT	28.57	5.64	4.27	28.57	5.64	0.00
4C	CORRECT	43.43	0.00	4.27	43.43	0.00	0.00
4P	CORRECT	43.43	-5.64	4.27	43.43	-5.64	0.00
4S	CORRECT	43.43	5.64	4.27	43.43	5.64	0.00
5C	CORRECT	52.58	0.00	4.27	52.58	0.00	0.00
5P	CORRECT	52.58	-5.64	4.27	52.58	-5.64	0.00
5S	CORRECT	52.58	5.64	4.27	52.58	5.64	0.00
VOID	CORRECT	9.14	0.00	4.27	9.14	0.00	0.00

图 3.22 显示舱室探深信息

&STATUS V_HOLE（等效命令&status v_hole）显示舱室的阀、排气孔位置以及对应阻力系数和面积信息，如图 3.23 所示。舱室的不同类型阀和通气孔可以通过舱室建模进行定义。默认情况下，注水阀位于舱室的最低点，通气孔位于舱室的最高点。

```
>&status v_hole
                          +++ H O L E   D A T A +++
                          =========================

                 Results Are Reported In Body System
 Process is DEFAULT: Units Are Degrees, Meters, and M-Tons Unless Specified

            Hole   /--- Location ---/ /--- Normal ---/ Friction  Area
   Name     Type     X      Y     Z     X     Y     Z   Factor

  F|1C    F_VALVE   3.43   0.00  0.00  0.44  0.00  0.90   2.20   0.008
  V|1C    M_VENT    3.43   0.00  4.27  0.00  0.00 -1.00   2.20   0.008
  F|1P    F_VALVE   3.43  -5.64  0.00  0.44  0.00  0.90   2.20   0.008
  V|1P    M_VENT    3.43  -5.64  4.27  0.00  0.00 -1.00   2.20   0.008
  F|1S    F_VALVE   3.43   5.64  0.00  0.44 -0.00  0.90   2.20   0.008
  V|1S    M_VENT    3.43   5.64  4.27  0.00  0.00 -1.00   2.20   0.008
  F|2C    F_VALVE  16.00   0.00  0.00  0.00  0.00  1.00   2.20   0.008
  V|2C    M_VENT   16.00   0.00  4.27  0.00  0.00 -1.00   2.20   0.008
  F|2P    F_VALVE  13.72  -5.64  0.00  0.00  0.00  1.00   2.20   0.008
```

图 3.23　显示舱室阀、排气孔相关信息

&STATUS　P_HOLE（等效命令&status p_hole）显示舱室的阀与通气孔的水头高度、二者的水头压差等信息，如图 3.24 所示。

```
>&status p_hole
                      +++ H O L E   P R E S S U R E +++
                      =================================

                  Results Are Reported In Body System
  Process is DEFAULT: Units Are Degrees, Meters, and M-Tons Unless Specified

  Hole     Hole     Hole     Extern.   Intern.  Pressure   Diff   Flow Rate
  Name     Class    Status   Fl. Head  Fl. Head   Head     Head     (CMS)
  -------  -------  -------  --------  --------  --------  ------  ---------

  F|1C    F_VALVE  CLOSED      2.10      0.00      0.00     2.10     0.00
  V|1C    M_VENT   OPEN        0.00      0.00      0.00     0.00     0.00
  F|1P    F_VALVE  CLOSED      2.10      0.00      0.00     2.10     0.00
  V|1P    M_VENT   OPEN        0.00      0.00      0.00     0.00     0.00
  F|1S    F_VALVE  CLOSED      2.10      0.00      0.00     2.10     0.00
  V|1S    M_VENT   OPEN        0.00      0.00      0.00     0.00     0.00
  F|2C    F_VALVE  CLOSED      2.10      0.00      0.00     2.10     0.00
  V|2C    M_VENT   OPEN        0.00      0.00      0.00     0.00     0.00
  F|2P    F_VALVE  CLOSED      2.10      0.00      0.00     2.10     0.00
  V|2P    M_VENT   OPEN        0.00      0.00      0.00     0.00     0.00
  F|2S    F_VALVE  CLOSED      2.10      0.00      0.00     2.10     0.00
```

图 3.24　显示舱室阀、排气孔水头高度信息

&STATUS　WT_DOWN 显示舱室模型定义的水密点位置信息。

&STATUS　NWT_DOWN 显示舱室模型定义的非风雨密点位置信息。

5. 显示载荷组信息

&STATUS　M_LOADG（等效命令&status m_load）显示目前模型定义的载荷组系数，如图 3.25 所示。

```
>&status m_load
        +++ L O A D   G R O U P   M U L T I P L I E R S +++
        ===================================================

     Name      Mult.     Name      Mult.     Name      Mult.
   --------  --------  --------  --------  --------  --------
   BALLAST      1.00  DFWT0001      1.00  LANJIANG      1.00
```

图 3.25　显示模型目前载荷组及对应系数

&STATUS　F_LOADG 显示目前载荷对应的系数。

&STATUS　M_CATEGORY（等效命令&status m_cate）显示目前不同载荷类型及对应系数，如图 3.26 所示。

```
>&status m_cate
            +++ C A T E G O R Y   M U L T I P L I E R S +++

  Name      #DEAD    #CONTENT   #BUOY    #WIND    #DRAG    #AMASS

 &DEFWT      1.00      1.00      1.00     1.00     1.00     1.00
 &PIECE      1.00      1.00      1.00     1.00     1.00     1.00
 &ROD        1.00      1.00      1.00     1.00     1.00     1.00
 BALLAST     1.00      1.00      1.00     1.00     1.00     1.00
 EXTRAS      1.00      1.00      1.00     1.00     1.00     1.00
 TOTAL       1.00      1.00      1.00     1.00     1.00     1.00
```

图 3.26　显示不同载荷类型对应的载荷系数

&STATUS　CATEGORY（等效命令&status cate）显示目前状态下浮体的重量信息、重心信息以及对应系数，如图 3.27 所示。

```
>&status cate
 +++ C A T E G O R Y   S T A T U S   F O R   P A R T   L A N J I A N G +++

  Process is DEFAULT: Units Are Degrees, Meters, and M-Tons Unless Specified
                  Results Are Reported In The Part System

           Weight   Buoyancy            /-- Center of Gravity --/
Category   Factor    Factor    Weight       X        Y        Z     Buoyancy

BALLAST     1.000     1.000   27144.92    98.36    -0.98     6.25     0.00
EXTRAS      1.000     1.000   24285.72    73.82     1.10    13.94     0.00

TOTAL                         51430.64    86.77     0.00     9.88     0.00
```

图 3.27　显示目前浮体重量分类信息

&STATUS　D_CATEGORY（等效命令&status d_cate）显示目前状态下浮体的重量以及对应的描述信息，如图 3.28 所示。

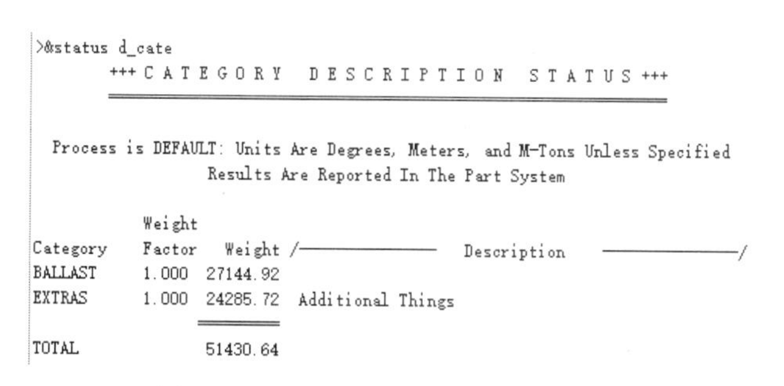

```
>&status d_cate
      +++ C A T E G O R Y   D E S C R I P T I O N   S T A T U S +++

 Process is DEFAULT: Units Are Degrees, Meters, and M-Tons Unless Specified
                 Results Are Reported In The Part System

          Weight
Category  Factor   Weight  /----------   Description   ----------/
BALLAST   1.000  27144.92
EXTRAS    1.000  24285.72  Additional Things

TOTAL            51430.64
```

图 3.28　显示目前浮体重量分类及描述

3.3.2　状态设定

1. 通过**&INSTATE** 命令指定体的位置和状态

```
&INSTATE, -OPTIONS
 -LOCATE, NAME, X, Y, Z, RX, RY, RZ
```

将名称为 NAME 的体放置在对应 X、Y、Z、RX、RY、RZ 六个方向的位置。

-MOVE, NAME, DX, DY, DZ, DRX, DRY, DRZ

将名称为 NAME 的体按照位移增量进行移动，DX、DY、DZ、DRX、DRY、DRZ 为 6 个自由度方向的位移增量。

-CONDITION, NAME, DRAFT, ROLL, TRIM

设置名称为 NAME 的浮体的浮态，DRAFT 为吃水，ROLL 为横倾，PITCH 为纵倾。

-GUESS, *NODE(1), *NODE(2), *NODE(3)

确定一个状态，此时*NODE(1)、*NODE(2)、*NODE(3)三个点都位于水面。在设置的时候需要注意：这 3 个点不能在同一条线上，且不可将物体旋转 90°。

2. 通过**&WEIGHT** 命令设置重量状态

&WEIGHT, -OPTIONS

-COMPUTE, BODY_NAME, ZCG, KX, KY, KZ

当通过**&INSTATE** 已经定义了浮体的浮态后，使用**&WEIGHT** –COMPUTE 将对浮体施加一个等于浮力的重力，其重心位于浮心上方并通过 ZCG 进行指定，其对应的回转半径为 KX、KY、KZ，该方法是根据指定浮态施加对应重量。

-DEFINE, PART_NAME, WEIGHT, XCG, YCG, ZCG, KX, KY, KZ

该选项对指定 BODY 或 PART（名称通过 PART_NAME 引用）施加重量 WEIGHT，重心位置为 XCG、YCG、ZCG，对应回转半径为 KX、KY、KZ。

-TOTAL, PART_NAME, WEIGHT, XCG, YCG, ZCG, KX, KY, KZ

该选项定义整体质量 WEIGHT 且整体重心位置为 XCG、YCG、ZCG，对应整体回转半径为 KX、KY、KZ 在平衡计算后不发生变化。当已知总重和重心位置时，通过该选项指定整体重量而后通过平衡计算可以求出所对应的浮态，该方法是根据指定重量求浮态。

通过**&WEIGHT** 命令施加的重量载荷分布形式为**均布**。

3.3.3 压载

&COMPARTMENT 是 MOSES 对舱室进行压载的命令。

&COMPARTMENT, -OPTION

1. 压载方式

-FLOOD, :CMP_SEL(1), … :CMP_SEL(n)

该选项用于指定哪些舱室与海水连通，通常用于设置破舱。

CMP_SEL(n)对应舱室名称。如通过**&SELECT** 对一系列舱室进行选择，则 COM_SEL 为**&SELECT** 定义的选择名称。

-NO_FLOOD, :CMP_SEL(1), … :CMP_SEL(n)

该选项为-FLOOD 的逆操作。

-OPEN_VALVE, :CMP_SEL(1), … :CMP_SEL(n)

该命令作用是将选中的舱室中所定义的注水阀门打开。

-DOWN_FLOOD, :CMP_SEL(1), … :CMP_SEL(n)

该命令作用是将选中的舱室进行压载，直到通气口位置高度低于舱内水位高度。

-DYNAMIC, :CMP_SEL(1), … :CMP_SEL(n)

该命令作用是将选中的舱室中进行动态压载，整个压载过程需要在时域计算中模拟完成。

动态压载需要舱室模型具有定义完整、正确的注水阀门和空气管位置。该选项应出现在**&COMPARTMENT** 命令所有选项的最后位置。

-INT_PRE, :CMP_SEL(1), … :CMP_SEL(n), INTPRE, EMP_FRACT

该选项用于指定舱室内部压力为 INTPRE（内部空气压力与大气压的差，单位 ksi 或者 MPa）。如果 INTPRE 为零，则舱室内所有通气口都打开；如果 INTPRE 大于零，则所有通气管阀都将关闭。

如果舱室定义了 VENT（无阀）类型的孔，则舱室内部不存在内压。EMP_FRACT 设置舱室给定内部空气压力条件下的舱室内空气的百分比，默认为 100%。

-COMPRESSOR, :HOL_NAME(1), … :HOL_NAME(n), PCOMP, FLCOMP

使用空气压力泵进行压载。HOL_NAME 为对应舱室模型定义的空气压载泵名称，PCOMP 为空气压载压力，FLCOMP 为压载水流速。

-PUMP, :HOL NAME(1), … :HOL_NAME(n), PCOMP, FLCOMP

使用水泵进行压载。HOL_NAME 为对应舱室模型定义的注水孔名称，PCOMP 为压力，FLCOMP 为压载水流速，单位为立方英尺/分钟或立方米/分钟。

2. 压载方法

-CORRECT, :CMP_SEL(1), :CMP_SEL(2), …

该选项计算舱室压载过程中的重心变化并考虑自由液面修正，可用于时域模拟，输出信息如图 3.29 所示。

```
>&compart -corr 3c -per 3c 50
>&status cg_comp
                  +++ C O M P A R T M E N T   C G S +++
                  =====================================

                    Results Are Reported In Body System
   Process is DEFAULT: Units Are Degrees, Meters, and M-Tons Unless Specified

            Fill     Current                 /------  CG   ------/ /- CG Deri.-/
   Name     Type     Weight % FUll  Sounding    X      Y      Z      X      Y

 1C       CORRECT       0.0   0.00    0.000   4.01  -0.00   0.00  0.000  0.000
 1P       CORRECT       0.0   0.00    0.000   4.02  -5.64   0.00  0.000  0.000
 1S       CORRECT       0.0   0.00    0.000   4.02   5.64   0.00  0.000  0.000
 2C       CORRECT       0.0   0.00    0.000  16.00   0.00   0.00  0.000  0.000
 2P       CORRECT       0.0   0.00    0.000  13.72  -5.64   0.00  0.000  0.000
 2S       CORRECT       0.0   0.00    0.000  13.72   5.64   0.00  0.000  0.000
 3C       CORRECT     248.2  50.00    2.134  28.58  -0.00   1.07  0.036  0.175
```

图 3.29 显示压载状态及自由液面信息（-CORRECT）

-APPROXIMATE, :CMP_SEL(1), :CMP_SEL(2), …

舱室按照要求进行压载后，计算并考虑经过自由液面修正的重心。在静态计算条件下-APPROXIMATE 同-CORRECT 效果一致，输出信息如图 3.30 所示。

```
>&compart -appr 3c -per 3c 50
>&status cg_comp
                  +++ C O M P A R T M E N T   C G S +++
                  =====================================

                    Results Are Reported In Body System
   Process is DEFAULT: Units Are Degrees, Meters, and M-Tons Unless Specified

            Fill     Current                 /------  CG   ------/ /- CG Deri.-/
   Name     Type     Weight % FUll  Sounding    X      Y      Z      X      Y

 1C       CORRECT       0.0   0.00    0.000   4.01  -0.00   0.00  0.000  0.000
 1P       CORRECT       0.0   0.00    0.000   4.02  -5.64   0.00  0.000  0.000
 1S       CORRECT       0.0   0.00    0.000   4.02   5.64   0.00  0.000  0.000
 2C       CORRECT       0.0   0.00    0.000  16.00   0.00   0.00  0.000  0.000
 2P       CORRECT       0.0   0.00    0.000  13.72  -5.64   0.00  0.000  0.000
 2S       CORRECT       0.0   0.00    0.000  13.72   5.64   0.00  0.000  0.000
 3C       APPROXIM    248.2  50.00    2.134  28.58  -0.00   1.07  0.036  0.175
```

图 3.30 显示压载状态及自由液面信息（-APPROXIMATE）

-APP_NONE, :CMP_SEL(1), :CMP_SEL(2), …

压载过程中不考虑自由液面修正，输出信息如图 3.31 所示。

```
>&compart -app_none 3c -per 3c 50
>&status cg_comp
                    +++ C O M P A R T M E N T   C G S +++
                    =====================================

                     Results Are Reported In Body System
  Process is DEFAULT: Units Are Degrees, Meters, and M-Tons Unless Specified

         Fill     Current                      /------ CG  ------/ /- CG Deri.-/
 Name    Type     Weight % FUll  Sounding    X       Y       Z       X      Y

1C      CORRECT      0.0   0.00    0.000    4.01   -0.00   0.00  0.000  0.000
1P      CORRECT      0.0   0.00    0.000    4.02   -5.64   0.00  0.000  0.000
1S      CORRECT      0.0   0.00    0.000    4.02    5.64   0.00  0.000  0.000
2C      CORRECT      0.0   0.00    0.000   16.00    0.00   0.00  0.000  0.000
2P      CORRECT      0.0   0.00    0.000   13.72   -5.64   0.00  0.000  0.000
2S      CORRECT      0.0   0.00    0.000   13.72    5.64   0.00  0.000  0.000
3C      APP_NONE   248.2  50.00    2.134   28.58   -0.00   1.07  0.000  0.000
```

图 3.31　显示压载状态，不计及自由液面修正

-WORST, :CMP_SEL(1), :CMP_SEL(2), …

使用压载过程中最大自由液面进行重心修正，输出信息如图 3.32 所示。

```
>&compart -app_worst 3c -per 3c 50
>&status cg_comp
                    +++ C O M P A R T M E N T   C G S +++
                    =====================================

                     Results Are Reported In Body System
  Process is DEFAULT: Units Are Degrees, Meters, and M-Tons Unless Specified

         Fill     Current                      /------ CG  ------/ /- CG Deri.-/
 Name    Type     Weight % FUll  Sounding    X       Y       Z       X      Y

1C      CORRECT      0.0   0.00    0.000    4.01   -0.00   0.00  0.000  0.000
1P      CORRECT      0.0   0.00    0.000    4.02   -5.64   0.00  0.000  0.000
1S      CORRECT      0.0   0.00    0.000    4.02    5.64   0.00  0.000  0.000
2C      CORRECT      0.0   0.00    0.000   16.00    0.00   0.00  0.000  0.000
2P      CORRECT      0.0   0.00    0.000   13.72   -5.64   0.00  0.000  0.000
2S      CORRECT      0.0   0.00    0.000   13.72    5.64   0.00  0.000  0.000
3C      APP_WORS   248.2  50.00    2.134   28.58   -0.00   1.07  0.036  0.175
```

图 3.32　显示压载状态，采用最大自由液面修正

-FULL_CG, :CMP_SEL(1), :CMP_SEL(2), …

使用舱室压满状态的重心并考虑压载过程中的自由液面修正，输出信息如图 3.33 所示。

```
>&compart -full_cg 3c -per 3c 50
>&status cg_comp
                    +++ C O M P A R T M E N T   C G S +++
                    =====================================

                     Results Are Reported In Body System
  Process is DEFAULT: Units Are Degrees, Meters, and M-Tons Unless Specified

         Fill     Current                      /------ CG  ------/ /- CG Deri.-/
 Name    Type     Weight % FUll  Sounding    X       Y       Z       X      Y

1C      CORRECT      0.0   0.00    0.000    4.01   -0.00   0.00  0.000  0.000
1P      CORRECT      0.0   0.00    0.000    4.02   -5.64   0.00  0.000  0.000
1S      CORRECT      0.0   0.00    0.000    4.02    5.64   0.00  0.000  0.000
2C      CORRECT      0.0   0.00    0.000   16.00    0.00   0.00  0.000  0.000
2P      CORRECT      0.0   0.00    0.000   13.72   -5.64   0.00  0.000  0.000
2S      CORRECT      0.0   0.00    0.000   13.72    5.64   0.00  0.000  0.000
3C      FULL_CG    248.2  50.00    2.134   28.58   -0.00   2.13  0.036  0.175
```

图 3.33　显示压载状态，考虑自由液面修正（重心为舱室压满状态）

-FCG_NONE, :CMP_SEL(1), :CMP_SEL(2), …

使用舱室压满状态的重心，不考虑压载过程中的自由液面修正，输出信息如图 3.34 所示。

```
>&compart -fcg_none 3c -per 3c 50
>&status cg_comp
                    +++ C O M P A R T M E N T   C G S +++
                    =====================================

                     Results Are Reported In Body System
 Process is DEFAULT: Units Are Degrees, Meters, and M-Tons Unless Specified

          Fill    Current                     /------ CG  ------/ /- CG Deri.-/
 Name     Type    Weight % FUll  Sounding    X       Y       Z      X      Y

1C      CORRECT      0.0   0.00    0.000   4.01  -0.00   0.00  0.000  0.000
1P      CORRECT      0.0   0.00    0.000   4.02  -5.64   0.00  0.000  0.000
1S      CORRECT      0.0   0.00    0.000   4.02   5.64   0.00  0.000  0.000
2C      CORRECT      0.0   0.00    0.000  16.00   0.00   0.00  0.000  0.000
2P      CORRECT      0.0   0.00    0.000  13.72  -5.64   0.00  0.000  0.000
2S      CORRECT      0.0   0.00    0.000  13.72   5.64   0.00  0.000  0.000
3C      FCG_NONE   248.2  50.00    2.134  28.58  -0.00   2.13  0.000  0.000
```

图 3.34 显示压载状态，不计及自由液面修正（重心为舱室压满状态）

-FCG_WORST, :CMP_SEL(1), :CMP_SEL(2), …

使用舱室压满状态的重心，使用压载过程中出现的最大自由液面修正值来对重心进行修正，输出信息如图 3.35 所示。

```
>&compart -fcg_worst 3c -per 3c 50
>&status cg_comp
                    +++ C O M P A R T M E N T   C G S +++
                    =====================================

                     Results Are Reported In Body System
 Process is DEFAULT: Units Are Degrees, Meters, and M-Tons Unless Specified

          Fill    Current                     /------ CG  ------/ /- CG Deri.-/
 Name     Type    Weight % FUll  Sounding    X       Y       Z      X      Y

1C      CORRECT      0.0   0.00    0.000   4.01  -0.00   0.00  0.000  0.000
1P      CORRECT      0.0   0.00    0.000   4.02  -5.64   0.00  0.000  0.000
1S      CORRECT      0.0   0.00    0.000   4.02   5.64   0.00  0.000  0.000
2C      CORRECT      0.0   0.00    0.000  16.00   0.00   0.00  0.000  0.000
2P      CORRECT      0.0   0.00    0.000  13.72  -5.64   0.00  0.000  0.000
2S      CORRECT      0.0   0.00    0.000  13.72   5.64   0.00  0.000  0.000
3C      FCG_WORS   248.2  50.00    2.134  28.58  -0.00   2.13  0.036  0.175
```

图 3.35 显示压载状态，使用最大自由液面修正

以上几种方式给出不同的计算结果，结果的保守程度各不相同，在具体使用中需要根据具体需要来使用。

-INPUT, AL, AT, Gx, Gy, Gz, :CMP_SEL(1), :CMP_SEL(2), …

使用输入的重心和重心修正结果。

3. 压载设置

-PERCENT, :CMP_SEL(1), PERC(1), SPGC(1), …

设置指定舱室按照体积百分比进行压载。CMP_SEL 为选择的舱室，PERC 为百分比，SPGC 为压载液体密度。

-FRACTION, :CMP_SEL(1), FRAC(1), SPGC(1), …

设置指定舱室按照分数比进行压载。CMP_SEL 为选择的舱室，FRAC 为分数比，SPGC

为压载液体密度。

```
-AMOUNT, :CMP_SEL(1), BAL(1), SPGC(1), …
```

设置舱室按照压载重量进行压载，CMP_SEL 为选择的舱室，BAL 为压载量，SPGC 为压载液体密度。

```
-SOUNDING, :CMP_SEL(1), S(1), SPGC(1), ...
```

设置舱室按照压载舱指定探深进行压载，CMP_SEL 为选择的舱室，S 为指定探深，SPGC 为压载液体密度。

&CMP_BAL 命令可根据浮态选取目标舱室进行自动压载计算。

```
&CMP_BAL, BODY_NAME, :CMP_SEL(1), -OPTIONS, … :CMP_SEL(n)   -OPTIONS
-LIMIT, MIN, MAX
-HARD
```

BODY_NAME 为船体名称，CMP_SEL 为舱室名称。-LIMIT 定义舱室最小和最大压载量。使用**&CMP_BAL** 命令进行给定浮态压载计算时，程序根据选取的舱室进行迭代计算，当选取的舱室能够给出解时，程序完成计算；当不能给出解时，程序会提示错误。使用**&CMP_BAL** 时，选择的舱室数一般不少于 3 个。

3.3.4　平衡计算

平衡计算命令用于对整个系统目前的装载、压载（破舱）以及连接部件约束的条件下求解系统平衡，是 MOSES 最常用的命令之一。

```
&EQUI -OPTIONS
-DEFAULTS
```

MOSES 程序内部设置了迭代求解的容差，当不输入任何命令选项的情况下，程序按照默认容差进行平衡计算。当用户自定义了迭代步数和容差后，程序按照用户要求进行平衡迭代计算，当需要返回默认状态时，使用-DEFAULTS 选项。

程序默认进行 50 步迭代计算，容差为 1E-6。

```
-ITER_MAX, MAX_ITER
```

用户自定义最大平衡迭代计算的计算步数。

```
-TOLERANCE, TOL
```

该选项用于定义计算的容差。

```
-IGNORE, B_NAME, DOF(1), DOF(2), …
```

该选项用来设置在平衡计算中忽略系统的某些运动自由度。B_NAME 为体（BODY）的名称，DOF(n)为忽略的自由度，X、Y、Z、RX、RY、RZ 分别对应纵荡、横荡、垂荡、横摇、纵摇和艏摇。

```
-OMEGA, FRACT
```

MOSES 在进行平衡迭代计算时采用改进的牛顿迭代法，对于刚度矩阵某些自由度不具备恢复刚度的情况，内部设置了替代刚度：

$$K_i = K + f^2 I \tag{3.1}$$

式中，K 为恢复刚度，当刚度矩阵对应自由度不提供恢复刚度时，K=0；I 为对应自由度质量矩阵量；f 为调整系数，该系数为一个小量，默认值为 0.2236。-OMEGA 用于修改默认量，FRACT 为用户指定的调整系数 f 值。

```
-MOVE_MAX, MAX_TRANSLATE, MAX_ANGLE
```

对于一些刚度较大的系统，采用改进的牛顿迭代法进行计算往往会发生步长过大，难以收敛的现象。-MOVE_MAX 用于将迭代计算步长调小，MAX_TRANSLATE 用于将横向位移步长调小（默认 0.3m），MAX_ANGLE 用于调小转动位移步长（默认 2 度）。

3.3.5 静水力计算

当程序运行处于命令“根”目录时（即不进入具体分析命令目录时），用户可以通过输入 **HSTATIC** 进入静水力计算菜单。输入完静水力计算命令后，输入 **END** 退出静水力计算菜单。

MOSES 的静水力计算可以实现静水力曲线的计算、恢复力臂/风倾力臂的计算、破舱稳性计算、总纵强度以及舱容计算等内容。

1. 舱容计算

```
TANK_CAPACITY, TNAME, INC, -OPTIONS
-ROLL, ROLL_ANGLE
-PITCH, PITCH_ANGLE
```

TNAME 为舱室名称，INC 为按照探深进行压载的增加步长（默认 0.25m），-ROLL 和 -PITCH 对给定船体横纵倾对舱容进行计算。

如在 cif 文件中输入如下命令对“3c”舱进行计算：

```
Hstati
  Tank_cap   3c   1
  vlist
  report
end
end
```

MOSES 运行界面运行结果如图 3.36 所示。

```
>hstati
>Tank_cap 3c 1
>vlist
                 The Variables Available for Selection are:
                 ==========================================

   1 % Full              5 Volume             9 Tran. FS Moment
   2 Ullage              6 LCG               10 Long. FS Moment
   3 Sounding            7 TCG               11 Long. GC Derivative
   4 Weight              8 KG                12 Tran. GC Derivative

>report
>end
>end
```

图 3.36 TANK_CAPACITY 显示舱容信息

通过 **REPORT** 可以将计算结果输出，可以发现舱容按照探深步长 1m 进行计算，计算内容包括：压载舱压载率、对应舱室探深、重量、体积、重心位置、自由液面修正以及重心位置修正量，如图 3.37 所示。

```
+++ T A N K   C A P A C I T I E S   F O R   3 C +++
===================================================

Description:                Specific Gravity =     1.0247

Process is DEFAULT: Units Are Degrees, Meters, and M-Tons Unless Specified

Roll =    0.000                Pitch =    0.000

Sounding Tube Top     : X =  28.575 Y =    0.000 Z =    4.267

Sounding Tube Bottom  : X =  28.575 Y =    0.000 Z =    0.000

   %                                                /---- Center Of Gravity ----/- Free Surf Moment /-- CG Derivative-/
  Full      Ullage  Sounding    Weight    Volume   --- X --- --- Y --- --- Z ---  Trans.     Long.      Trans.    Long.

   0.00     4.267    0.000     0.000     0.000     0.000     0.000     0.000         0          0     0.0000    0.0000
  23.43     3.267    1.000   116.339   113.531    28.575    -0.000     0.500       519       2483     0.0778    0.3724
  46.87     2.267    2.000   232.685   227.070    28.575     0.000     1.000       519       2483     0.0389    0.1862
  70.30     1.267    3.000   349.039   340.615    28.575     0.000     1.500       519       2483     0.0259    0.1242
  93.74     0.267    4.000   465.400   454.168    28.575    -0.000     2.000       519       2483     0.0195    0.0931
 100.00    -0.733    4.267   496.470   484.488    28.575     0.000     2.134         0          0     0.0000    0.0000
```

图 3.37　通过 TANK_CAPACITY 输出某舱室舱容计算结果（.out 文件）

2. 浮态平衡计算

```
EQUI_H, -OPTIONS
    -ECHO, YES/NO
    -FIX, DOF(1), …, DOF(N)
    -NUMITER, ITER_MAX
    -TOLERANCE, HE, RO, PI
    -WAVE, WLENGTH, STEEP, CREST
```

EQUI_H 命令用于静水力船体浮态平衡计算。

-ECHO 用于显示平衡迭代计算过程。

-FIX 作用是忽略运动自由度，DOF 可以是 HEAVE、ROLL 或 PITCH。

-NUMITER 用于设置浮态计算参数，ITER 为迭代计算步数（默认 20 步）。

-TOLERANCE 设置迭代计算容差，HE 为重量容差（默认 0.0001）、RO 横摇力臂容差（默认 0.01）、PI 纵摇力臂容差（默认 0.01）。

-WAVE 设置波浪位置。MOSES 在默认条件下进行静水条件下的船体静水力计算，-WAVE 用来设置波浪参数，WLENGTH 为波长，STEEP 为波陡，CREST 为波峰位置（相对于船体模型的建模原点）。

EQUI_H 命令同**&EQUI** 的区别是：**EQUI_H** 专用于静水力菜单，针对浮体的浮态进行平衡求解在进行总纵强度计算之前必须使用该命令；**&EQUI** 用在各个需要进行平衡求解的场合，可以考虑环境载荷、各种重量以及约束作用等因素的影响。

3. 静水力曲线计算

```
CFORM, DRAFT, ROLL, TRIM, -OPTIONS
    -DRAFT, INC, NUM
    -ROLL, INC, NUM
    -PITCH, INC, NUM
    -WAVE, WLENGTH, STEEP, CREST
```

CFORM 用来计算浮体的静水力曲线，DRAFT、ROLL、PITCH 为浮体初始状态的吃水、横倾和纵倾。

-DRAFT 设置浮体不同吃水条件下的静水力计算，INC 为吃水增加步长，NUM 为计算步数。-ROLL 设置浮体不同横倾下的静水力计算，INC 为横倾增加步长，单位为（°），NUM 为计算步数。-PITCH 设置浮体不同纵倾下的静水力计算，INC 为纵倾增加步长，单位为（°），NUM 为计算步数。

-WAVE 设置波浪位置。MOSES 在默认条件下进行静水作用下的船体静水力计算，-WAVE 用来设置波浪参数，WLENGTH 为波长，STEEP 为波陡，CREST 为波峰位置（相对于船体模型的建模原点）。

4. 总纵强度计算

```
MOMENT, -OPTIONS
    -WAVE, WLENGTH, STEEP, CREST
    -ALLOW, ALLOW_STRESS, ALLOW_DEFLECT
```

MOMENT 命令用于计算船体的总纵强度。-WAVE 为波浪参数，WLENGTH 为波长，STEEP 为波陡，CREST 为波峰位置（相对于船体模型的建模原点）。-ALLOW 定义船体的许用应力和许用挠度，计算内容包括：船体总纵弯矩剪力、总纵强度以及同许用值的比较等结果。

在计算船体总纵弯矩和剪力之前，应先使用 **EQUI_H** 命令进行平衡计算。如果考虑波浪作用，则需要先使用 **EQUI_H** -WAVE 对给定波浪条件下的船体浮态进行平衡计算。

5. 恢复力臂与风倾力臂

```
RARM, INC, NUM, -OPTIONS
```

INC 为恢复力臂和风倾力臂的计算步长，对应浮体横倾角，单位为（°），NUM 为计算步数。譬如计算到横倾 90°，步长为 2°，则 NUM 应为 45。

```
-ECHO, YES/NO
```

用来设置是否显示迭代计算过程。

```
-FIX
```

该选项的作用是将船体纵倾锁定。

```
-NUMITER, ITER_MAX
```

设置迭代的计算步数。

```
-TOLERANCE, HE, RO, PI
```

设置迭代的计算容差。

```
-WAVE, WLENGTH, STEEP, CREST
```

为波浪参数，WLENGTH 为波长，STEEP 为波陡，CREST 为波峰位置（相对于船体模型的建模原点）。

```
-YAW, YAW_ANGLE
```

定义力臂参考轴，即船体计算倾斜方向相对于船体 Z 轴的旋转角度，角度遵循软件内部对方向的定义（参见 3.2.2 节）。

```
-WIND, WIND_SPEED
```

定义风倾力臂的参考风速，风速单位为节。

```
-U_CURRENT, FLAG
```

考虑流力对于稳性的影响，如 FLAG 为 INITIAL，软件会在稳性计算中使用同一个参考点；如 FLAG 为其他字符，程序对每个横倾状态计算流力。默认软件是对每个横倾状态计算流力，考虑流力影响时，应定义好流力计算模型参见 3.4.12 节。

```
-CEN_LATERAL, X, Y, Z
```

默认情况下，软件对于恢复力臂的计算参考船体的浮心，用户通过-CEN_LATERAL 可以自行定义参考点。

```
-W_COEFF, WC0, WC1, WC2, WC3
-R_COEFF, RC0, RC1, RC2, RC3
```

以上两个选项可以实现用户自定义风倾力臂（-W_COEFF）和恢复力臂（-R_COEFF），

用户通过输入 3 次拟合函数的系数来实现自定义。

$$M_W = (W_{C0} + W_{C1}H + W_{C2}H^2 + W_{C3}H^3)V_W$$
$$M_R = R_{C0} + R_{C1}H + R_{C2}H^2 + R_{C3}H^3 \tag{3.2}$$

式中，M_W 为风倾力臂；M_R 为复原力臂；$W_{C0\sim3}$ 为风倾力臂拟合函数系数；$R_{C0\sim3}$ 为回复力臂拟合函数的系数，H 为横倾角度，V_W 为风速。

-STOP, HOW

设置计算结束条件，如果 HOW 为 RARM，则程序计算到回复力臂为 0 时停止计算；当 HOW 为 NET 时，程序计算至风倾力臂与恢复力臂的第二交点；当 HOW 为 DOWN 时，程序计算到最小进水点。

6. 稳性校核宏命令与许用中心高度宏命令

STAB_OK 是 MOSES 内部的浮体稳性校核宏命令，典型的稳性曲线如图 3.38 所示。

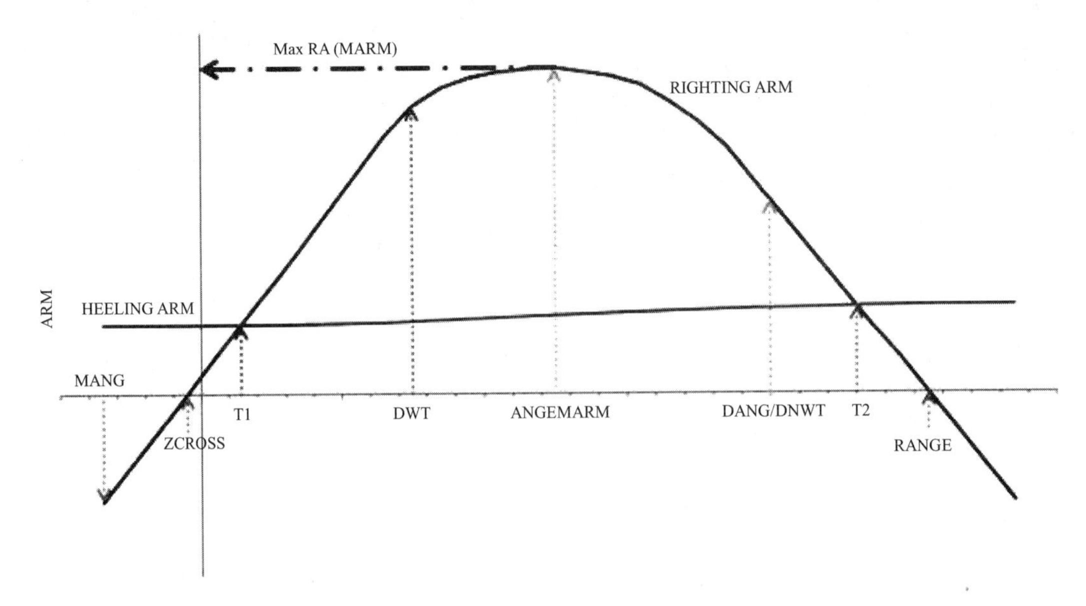

图 3.38 稳性曲线

稳性校核中涉及的一些符号及校核内容为：

- R(a)：横倾角度 a 对应的回复力臂。
- H(a)：横倾角度 a 对应的风倾力臂。
- RA(a)：为横倾角度 a 时恢复力臂曲线下的面积。
- HA(a)：为横倾角度 a 时风倾力臂曲线下的面积。
- DWT：风雨密点浸没时对应的横倾角度。
- NDWT：非风雨密点浸没时对应的横倾角度。
- GM：稳性高度。
- DOWN_H：平衡状态下进水点距离水面的高度。
- ZCROSS：无风作用下浮体平衡状态横倾角度。
- THETA1：恢复力臂曲线与风倾力臂曲线的第一交点。

- THETA2：恢复力臂曲线与风倾力臂曲线的第二交点。
- RANGE：第二交点的角度范围（稳性范围）。
- R_M_EQUI：R_M_EQUI=RANGE-f×ZCROSS，f 为设置的系数。
- DANG：进水点对应横倾角度（进水角）。
- DANG_T1：等于进水点角度减去第一交点（进水角与第一交点的角度范围）。
- DWT_T1：风雨密点与第一交点的差。
- ANG_DIFF：第二交点与第一交点的差。
- ANG@MARM：出现最大恢复力矩时所对应的横倾角度。
- AR_RATIO：在最小进水角和第二交点计算各自对应的恢复力臂曲线面积与风倾力臂曲线面积的比（RA/HA），将这两个面积比结果进行比较，程序输出较小的值。
- ARR@30：进水角、第二交点以及 30°横倾角三者之间最小的角度值所对应的恢复力距与风倾力矩的比。
- AR_RESID：AR_RESID=RA(T)-RA(THETA1)-[HA(T)-HA(THETA1)]，其中 T 为进水角和第二交点相比较小的角度值。
- RARM@30：30°横倾角对应的恢复力臂。
- ARM_AR：第二交点对应的恢复力臂值。
- ARE@DFLD：进水角和第二交点相比，较小的角度值所对应的恢复力臂曲线下的面积。
- ARE@MARM：当恢复力臂最大时恢复力臂曲线下面积。
- ARE@30：进水角、第二交点以及 30°横倾角三者相比最小的角度值所对应的恢复力臂曲线下面积。
- ARE@40：进水角、第二交点以及 40°横倾角三者相比最小的角度值所对应的恢复力臂曲线下面积。
- AREBTW：ARE@40 与 ARE@30 的差。
- ARM_RATIO：进水角、第二交点以及 30°横倾角三者相比最小的角度值对应恢复力臂与风倾比例的比（R/H）。
- AR_WRATIO：用于校核船舶抵抗横风和横摇联合作用所具有的稳性能力（气象衡准）。AR_WRATIO=[RA(TW)-RA(MANG)]/AD，此时风倾力臂曲线 HAW 为常数，即船体受到稳定的风压作用，HAW=1.5×HA(0)；TW 为风倾力臂曲线与恢复力臂曲线的第二交点；AD=HAW(TW+TT)，TT=MANG-T1，MANG 为横浪作用下船舶由静倾角向船体迎风方向横摇的角度，T1 为风倾力臂曲线与恢复力臂曲线的第一交点。

关于稳性校核参数和校核内容建议读者根据具体规范进行理解。

STAB_OK 的命令组成为：

```
STAB_OK, DRAFT RANG_INC, NR_ANGLES, –OPTIONS
```

DRAFT 为浮体进行稳性计算时所对应的吃水，RANG_INC 为横倾角度增加步长，NR_ANGLES 为计算步数。

（1）设置选项。

```
-R_TOLERANCE HE, RO, PI
```

意义同 **RARM** 相关选项意义一致，用于调整稳性计算的容差。

-YAW, Y ANGLE

设置横稳性计算参考角度。

-DAMAGE, DAM_CMP

进行破舱稳性计算，DAM_CMP 为破损舱室名称。

-WIND, WIND

稳性校核风速，单位为**节**。

-THWAV, ANGLE_WAVE

考虑波浪作用下的稳性校核，ANGLE_WAVE 为波倾角。

-CEN_LATERAL XC, YC, ZC
-COEF_WIND, W_COEF
-COEF_RARM, R_COEF
-U_CURRENT

以上几个选项同 **RARM** 命令相关选项含义一致，不再赘述。

（2）校核选项。完整稳性校核和破舱稳性校核选项内容一致，但标识不同。当校核选项为“**I**”开头时，校核内容为完整稳性；当以“**D**”开头时，校核内容为破舱稳性，相应地需要在 **STAB_OK**, -DAMAGE 中设置破损舱室。

这里以完整稳性校核命令为例进行介绍。

-I_GM, IGM

设置初稳性高校核值，IGM 为初稳性高要求值。

-I_AR_RATIO, IARATIO

对恢复力/风倾力的面积比进行校核，IARTIO 为面积比要求值。

-I_RARM@M30, IRARM@M30

对 30°横倾角对应的恢复力臂值进行校核，IRARM@M30 为要求值。

-I_AR_WRATIO, IAWRATIO, MANG

进行船舶抵抗横风和横摇联合作用所具有的稳性能力（气象衡准）校核，IAWRATIO 为要求值，MANG 为波浪作用下船体的横摇角。

-I_ARM_RATIO, IARMRAT

进水角、第二交点以及 30°横倾角三者相比、最小的角度值对应恢复力臂与风倾力臂的比（R/H），IARMRAT 为要求值。

-I_DOWN_H, I_DOWNH

平衡状态下的进水点高度，I_DOWNH 为进水点高度要求值。

-I_ARE@MARM, IARE@MARM

当恢复力臂最大时的恢复力臂曲线下面积，IARE@MARM 为要求值。

-I_ARE@DFLD, IARE@DFLD

进水角和第二交点相比较小的角度值对应的恢复力臂曲线下的面积，IARE@DFLD 为要求值。

-I_ARE@30, IARE@30

进水角、第二交点以及 30°横倾角三者相比，最小的角度值所对应的恢复力臂曲线下面积。

-I_ARE@40, IARE@40

进水角、第二交点以及 40°横倾角三者相比，最小的角度值所对应的恢复力臂曲线下面积。

-I_AREBTW, IAREBTW

ARE@40 与 ARE@30 的差。

-I_ARM_AR, IARMARE

第二交点对应的恢复力臂曲线面积。

-I_AR RESID, IARRESID

AR_RESID=RA(T)-RA(THETA1)-[HA(T)-HA(THETA1)]，其中，T 为进水角和第二交点相比较小的角度值。

-I_ZCROSS, IZCROSS

无风作用下浮体的平衡状态横倾角度校核。

-I_THETA1, ITHETA1

恢复力臂曲线与风倾力臂曲线的第一交点，ITHETA1 为要求值。

-I_RANGE, IRANGE

第二交点的角度范围（稳性范围），IRANGE 为要求值。

-I_R_M_EQUI, IRMEQUI, FACTOR

R_M_EQUI=RANGE-f×ZCROSS，IRMEQUI 为平衡状态角度要求值，FACTOR 是系数 f 值。

-I_ANG_DIFF, IANGDIF

第二交点与第一交点的差，IANGDIF 为要求值。

-I_DANG_T1, IDANGT1

进水点角度减去第一交点，IDANGT1 为要求值。

-I_DANG, IDANG

进水点对应横倾角度（进水角），IDANG 为要求值。

-I_ANG@MARM, IANG@MARM

最大恢复力矩所对应的横倾角度，IANG@MARM 为要求值。

STAB_OK 可以实现的校核内容较多，具体设置需要依据对应稳性规范进行设定，输入内容示意如图 3.39 所示。

```
&loop i 1 12 1
&set n = 0  30  60  90  120  150  180  210  240  270  300  330
&set num = &token(%i%,%n)
stab_ok    %draft   1   90    \
            -wind         100  \
            -yaw            %num \
            -i_ar_ratio    1.4 \
            -i_arm_ratio     1 \
            -i_down_h        0 \
            -i_gm            0.15 \
            -i_are@marm      0 \
            -i_are@dfld      0 \
            -i_are@40        0 \
            -i_arm_ar        0 \
            -i_zcross       90 \
            -i_theta1       90 \
            -i_range         0 \
            -i_ang_diff      0 \
            -i_dang_t1       0 \
            -i_dang          0 \
            -i_ang@marm      0
$
&endloop
$
```

图 3.39 cif 文件完整稳性校核输入内容示意

当相关命令和校核值输入完毕后，运行 cif 文件，程序会给出校核结果，并以“PASS”和“FAIL”标示是否通过稳性校核，如图 3.40 所示。

对于多个角度的完整稳性校核，可以通过循环（**&LOOP**）来完成，如图 3.41 所示。

```
The Following Intact Condition
================================
Draft                    =     7.09 M
Roll                     =     0.03 Deg
Pitch                    =    -0.11 Deg
VCG                      =    18.43 M
Axis Angle               =   330.00 Deg
Wind Vel                 =   100.00 Knots
1st Intercept            =     3.83 Deg
2st Intercept            =    29.11 Deg
NWT Down-Flooding        =    22.54 Deg
WT Down-Flooding         =    22.54 Deg
MIN (1st Int. NWT Down)  =    22.54 Deg

Passes All of The Stability Requirements:
================================

GM                          >=   0.15    M      13.50 Passes
Static Heel w/o Wind        <=  90.00    DEG     0.08 Passes
NWT Dfld Angle - 1st Interc.>=   0.00    DEG    18.71 Passes
Downflood Angle             >=   0.00    DEG    22.54 Passes
Angle @ Max Righting Arm    >=   0.00    DEG    16.00 Passes
2nd - 1st Intercepts        >=   0.00    DEG    25.27 Passes
1st Intercept               <=  90.00    DEG     3.83 Passes
Range                       >=   0.00    DEG    32.62 Passes
Dfld Height @ Equilibrium   >=   0.00    M       4.75 Passes
Area Ratio                  >=   1.40            1.75 Passes
RA/HA Ratio                 >=   1.00            2.52 Passes
Arm Area @ 2nd Intercept    >=   0.00    M*DEG  41.35 Passes
Arm Area @ Dfld             >=   0.00    M*DEG  41.31 Passes
Arm Area @ Max Right. Arm   >=   0.00    M*DEG  26.37 Passes
Arm Area @ 40 Degrees       >=   0.00    M*DEG  41.31 Passes
```

图 3.40　完整稳性校核计算结果示意

对多个角度的破舱稳性校核，可以通过循环嵌套（**&LOOP**）来设置多个角度、多个舱室破损进行循环计算，如图 3.41 所示。破舱稳性分析结果示意如图 3.42 所示。

```
&loop i 1 12 1
 &set n = 0  30  60  90  120  150  180  210  240  270  300  330
 &set num = &token(%i%,%n)

 &type  ********************************
 &type  *
 &type  * Compartment damaged with:%dam%
 &type  *
 &type  *  Heading : %num
 &type  *
 &type  ********************************

 stab_ok    %draft  1  40          \
           -wind          50  \
           -yaw     %num \
              -damage %dam  \
           -D_ar_ratio    0 \
           -D_arm_ratio     1 \
           -D_down_h        0 \
           -D_gm            0.15 \
           -D_are@marm      0 \
           -D_are@dfld      0 \
           -D_are@40        0 \
           -D_arm_ar        0 \
           -D_zcross       90 \
           -D_theta1       90 \
           -D_range         0 \
           -D_ang_diff      0 \
           -D_dang_t1       0 \
           -D_dang          0 \
           -D_ang@marm      0
$
 &endloop
```

图 3.41　cif 文件破舱稳性校核输入内容示意

```
+++ S T A B I L I T Y   S U M M A R Y +++

The Following Damaged Condition

with 01WB_1p Damaged
Draft                    =     7.22 M
Roll                     =     0.31 Deg
Pitch                    =    -0.24 Deg
VCG                      =    19.47 M
Axis Angle               =   330.00 Deg
Wind Vel                 =    50.00 Knots
1st Intercept            =     1.28 Deg
2st Intercept            =    29.58 Deg
NWT Down-Flooding        =    22.76 Deg
WT Down-Flooding         =    22.76 Deg
MIN (1st Int. NWT Down)  =    22.76 Deg

Passes All of The Stability Requirements:

GM                           >=   0.15     M     12.48 Passes
Static Heel w/o Wind         <=  90.00   DEG      0.39 Passes
NWT Dfld Angle - 1st Interc. >=   0.00   DEG     21.48 Passes
Downflood Angle              >=   0.00   DEG     22.76 Passes
Angle @ Max Righting Arm     >=   0.00   DEG     13.00 Passes
2nd - 1st Intercepts         >=   0.00   DEG     28.30 Passes
1st Intercept                <=  90.00   DEG      1.28 Passes
Range                        >=   0.00   DEG     30.29 Passes
Dfld Height @ Equilibrium    >=   0.00     M      5.07 Passes
Area Ratio                   >=   0.00            5.74 Passes
RA/HA Ratio                  >=   1.00            8.10 Passes
Arm Area @ 2nd Intercept     >=   0.00 M*DEG     37.34 Passes
Arm Area @ Dfld              >=   0.00 M*DEG     37.31 Passes
Arm Area @ Max Right. Arm    >=   0.00 M*DEG     16.86 Passes
Arm Area @ 40 Degrees        >=   0.00 M*DEG     37.31 Passes
```

图 3.42　破舱稳性校核计算结果示意

KG_ALLOW 用于许用重心高度的计算，命令格式为：

KG_ALLOW -OPTIONS

-WIND, I_WIND, D_WIND

-WIND 设置计算风速，单位为节。I_WIND 为完整稳性计算风速，D_WIND 为破舱稳性计算风速。

-YAW, Y_ANGLE(1), …

许用重心计算参考角度。

-DAMAGE, DAM_CMP(1), …

破舱许用重心高度计算时的破损舱室，DAM_CMP 为舱室名称。

-DRAFTS, D1, D2, …

许用重心高度计算时的船体吃水。

-KG_TOL, KG_TOL

许用重心高度计算的迭代计算容差。

-KG_MIN, KG_MIN

开始许用重心高度计算的最小值，默认为 0。如果出现“LOWER BOUND FAILS”的提示，需要将 KG_MIN 调为负值。

-KG_MAX, KG_MAX

许用重心高度计算的最大值，默认情况下程序计算到 GM=0 时对应的重心高度为许用重心高度的最大值。

KG_ALLOW 的其他选项同 **STAB_OK** 一致，此处不再赘述。

KG_ALLOW 的基本计算流程为：

（1）对指定的参考轴、完整状态和破舱状态，对应最小重心高度 KL 进行稳性计算，如满足要求则增加重心高度；当目前的重心高度 KG 能够满足要求时，则 KG 等于 KL，重新进行迭代计算。

（2）当程序计算到 GM 为设置的最小允许值（默认为 0）时，此时的重心高度 KU 为最大许用重心高度；当不满足要求时，则目前的重心高度 KG 等于 KU。

（3）程序进行迭代计算，直到 KU-KL 小于容差，则最终许用重心高度结果为对应的 KL。

（4）如果设置了多个吃水，则程序会对不同吃水对应的许用重心高度进行计算。

（5）在进行许用重心高度的计算时，提前预估稳性最差的破舱工况和参考轴来进行具体分析能够提高计算的收敛性。

一个简单的例子：对某驳船 5ft 吃水进行许用重心高度的计算，完整条件下风速 100 节，破损条件下风速 50 节，破损舱室为 5P，计算 0°、45°两个方向，要求面积比大于 1.4，破舱初稳性高大于 0，完整初稳性高大于 0，如图 3.43 所示。程序分析过程和计算结果如图 3.44 所示，该条件下的许用重心高度为 20.93ft。

```
kg_allow -draft        5        \
         -wind         100   50 \
         -damage       5p       \
         -yaw          0 45     \
         -i_gm 0                \
         -i_ar_ratio    1.4     \
         -d_gm            0
```

图 3.43 cif 文件设置许用重心高度计算命令示意

```
>kg_allow -draft      5 -wind        100  50 -damage      5p -yaw         0  \
     45 -i_gm 0 -i_ar_ratio   1.4 -d_gm          0

            Finding Allowable Kg:  Draft = 5, Wind = 100, 50
            ================================================

 Setting Upper Bound to 43.10
 Setting Lower Bound to 0.00
 Checking Lower Bound
    Time To Check Lower Bound                    : CP=     1.00
 Current Try = 34.48, Upper Bound = 43.10, Lower Bound = 0.00
       Failed with yaw =    0, damage = none!
 Current Try = 27.58, Upper Bound = 34.48, Lower Bound = 0.00
       Failed with yaw =    0, damage = none!
 Current Try = 22.06, Upper Bound = 27.58, Lower Bound = 0.00
       Failed with yaw =    0, damage = none!
 Current Try = 17.65, Upper Bound = 22.06, Lower Bound = 0.00
 Current Try = 21.18, Upper Bound = 22.06, Lower Bound = 17.65
       Failed with yaw =    0, damage = none!
 Current Try = 20.47, Upper Bound = 21.18, Lower Bound = 17.65
 Current Try = 21.04, Upper Bound = 21.18, Lower Bound = 20.47
       Failed with yaw =    0, damage = none!
 Current Try = 20.93, Upper Bound = 21.04, Lower Bound = 20.47
 Current Try = 21.02, Upper Bound = 21.04, Lower Bound = 20.93

    Time To Find Allowable                       : CP=     4.53

For Draft 5, Allowable Kg is 20.93, Area Ratio                 , Yaw = 0, dama
==============================================================================

 Writing Reports
    Time To Write Reports                        : CP=     1.03
```

图 3.44 MOSES 运行结果

程序会将最终许用重心高对应的稳性计算结果写入 out 文件中，如图 3.45 和图 3.46 所示，分别对应完整稳性分析结果和破舱稳性分析结果。

```
+++ S T A B I L I T Y   S U M M A R Y +++
=========================================

The Following Intact Condition
=======================================
Draft                    =     5.00 Ft
Roll                     =     0.00 Deg
Pitch                    =     0.00 Deg
VCG                      =    20.93 Ft
Axis Angle               =     0.00 Deg
Wind Vel                 =   100.00 Knots
1st Intercept            =     7.09 Deg
2st Intercept            =    52.83 Deg
NWT Down-Flooding        =    21.02 Deg
WT Down-Flooding         =    22.89 Deg
MIN (1st Int. NWT Down)  =    21.02 Deg

Passes All of The Stability Requirements:
=========================================

GM                           >=    0.00      FT    29.65 Passes
Area Ratio                   >=    1.40             1.40 Passes
```

图 3.45　完整条件下 0°方向许用重心高度对应稳性结果

```
+++ S T A B I L I T Y   S U M M A R Y +++
=========================================

The Following Damaged Condition
=======================================
with 5p Damaged
Draft                    =     4.73 Ft
Roll                     =     0.94 Deg
Pitch                    =     0.24 Deg
VCG                      =    20.93 Ft
Axis Angle               =     0.00 Deg
Wind Vel                 =    50.00 Knots
1st Intercept            =     1.91 Deg
2st Intercept            =    55.61 Deg
NWT Down-Flooding        =    18.18 Deg
WT Down-Flooding         =    23.56 Deg
MIN (1st Int. NWT Down)  =    18.18 Deg

Passes All of The Stability Requirements:
=========================================

GM                           >=    0.00      FT    27.24 Passes
```

图 3.46　5P 舱破损条件下 0°方向许用重心高度对应稳性校核结果

3.3.6　水动力计算

当程序运行处于命令“根目录”时，用户可以通过输入 **HYDRODYNAMIC** 进入水动力计算菜单。当输入完相关命令后输入 **END** 退出水动力计算菜单。

1. 主要计算内容

MOSES 的水动力计算内容主要包含以下几方面：

（1）单位波幅下浮体所受波浪载荷。

（2）浮体附加质量矩阵和辐射阻尼矩阵。

（3）单位波幅下的平均漂移力。

（4）浮体运动对于平均漂移力的修正项。

MOSES 的水动力计算可以考虑不同波浪方向、航速以及遭遇频率的影响。计算结果分为一阶波浪载荷和平均波浪漂移力载荷。

MOSES 可以通过指定水动力数据名称来实现不同吃水、纵倾、航速以及其他状态下的水动力计算和对应计算数据的保存与调用。

在水动力计算菜单中，以 **G_**开头的命令为计算命令，即进行水动力计算；**V_**开头的命令为数据后处理命令，用于查看计算结果；**I_**开头的命令为导入数据文件命令；**E_**开头的命令为导出数据文件命令。

2. 一阶波浪力、辐射阻尼与附加质量计算

当船体湿表面、重量、惯性矩、浮态等条件确定后可以开始水动力计算，水动力计算理论通过 **PGEN** 命令进行设定，包括切片理论（STRIP）和三维辐射绕射势流理论（3D_DIFF），具体详见 **PGEN** 命令解释（参见 3.4.3 节）。

进行波浪载荷计算的具体命令为：

G_PRESSURE, BODY_NAME, PKT_NAME –OPTIONS

BODY_NAME 对应进行水动力计算的浮体名称；PKT_NAME 为水动力计算数据名称。运行状态如图 3.47 所示。

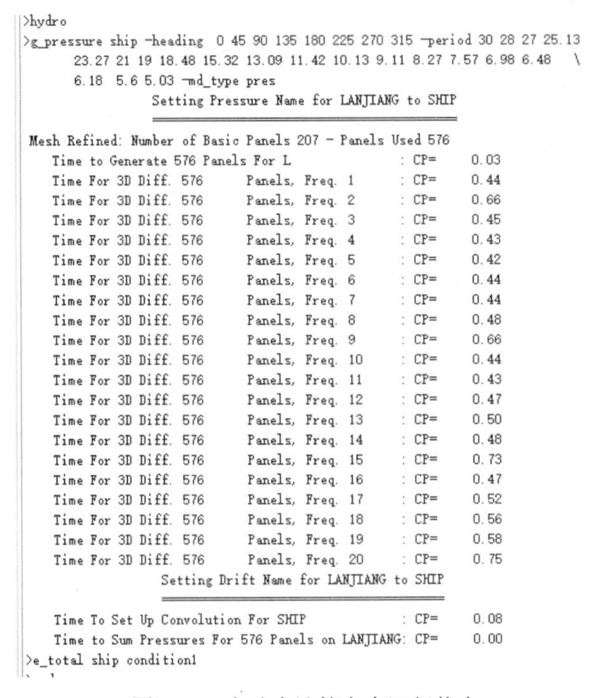
```
>hydro
>g_pressure ship -heading  0 45 90 135 180 225 270 315 -period 30 28 27 25.13
      23.27 21 19 18.48 15.32 13.09 11.42 10.13 9.11 8.27 7.57 6.98 6.48   \
      6.18  5.6 5.03 -md_type pres
                Setting Pressure Name for LANJIANG to SHIP

Mesh Refined: Number of Basic Panels 207 - Panels Used 576
    Time to Generate 576 Panels For L              : CP=     0.03
    Time For 3D Diff. 576      Panels, Freq. 1     : CP=     0.44
    Time For 3D Diff. 576      Panels, Freq. 2     : CP=     0.66
    Time For 3D Diff. 576      Panels, Freq. 3     : CP=     0.45
    Time For 3D Diff. 576      Panels, Freq. 4     : CP=     0.43
    Time For 3D Diff. 576      Panels, Freq. 5     : CP=     0.42
    Time For 3D Diff. 576      Panels, Freq. 6     : CP=     0.44
    Time For 3D Diff. 576      Panels, Freq. 7     : CP=     0.44
    Time For 3D Diff. 576      Panels, Freq. 8     : CP=     0.48
    Time For 3D Diff. 576      Panels, Freq. 9     : CP=     0.66
    Time For 3D Diff. 576      Panels, Freq. 10    : CP=     0.44
    Time For 3D Diff. 576      Panels, Freq. 11    : CP=     0.43
    Time For 3D Diff. 576      Panels, Freq. 12    : CP=     0.47
    Time For 3D Diff. 576      Panels, Freq. 13    : CP=     0.50
    Time For 3D Diff. 576      Panels, Freq. 14    : CP=     0.48
    Time For 3D Diff. 576      Panels, Freq. 15    : CP=     0.73
    Time For 3D Diff. 576      Panels, Freq. 16    : CP=     0.47
    Time For 3D Diff. 576      Panels, Freq. 17    : CP=     0.52
    Time For 3D Diff. 576      Panels, Freq. 18    : CP=     0.56
    Time For 3D Diff. 576      Panels, Freq. 19    : CP=     0.58
    Time For 3D Diff. 576      Panels, Freq. 20    : CP=     0.75
                Setting Drift Name for LANJIANG to SHIP

    Time To Set Up Convolution For SHIP            : CP=     0.08
    Time to Sum Pressures For 576 Panels on LANJIANG: CP=    0.00
>e_total ship condition1
```

图 3.47　水动力计算命令运行状态

-HEADING, H(1), H(2), …, H(n)

用于定义波浪方向，H(n)为需要进行计算的不同波浪方向。

-PERIOD, T(1), T(2), …, T(n)

定义水动力计算周期，总的波浪周期数目不能超过 200 个。

-MAX_DIST, DIST

DIST 定义两个面元之间的最大距离，当两个面元之间有其他面元距离大于 DIST，则这两个面元之间的影响可以忽略，进而降低了绕射计算矩阵的量级从而提高计算效率。该选项对于细长体船舶较为有效。

-MD_TYPE, MD_Method

设置平均波浪漂移力计算方法，这部分内容在本节的“平均波浪漂移力的计算”部分进

行介绍。

V_MATRICES, BODY_NAME

该命令输出对应浮体名称（BODY_NAME）的附加质量和辐射阻尼信息。当运行该命令后，程序将激活通用数据后处理命令（详见 3.5 节），此时可以进行相关数据的后处理。

V_EXFORCES, BODY_NAME

该命令输出对应浮体名称（BODY_NAME）的关于不同波浪方向的 6 个自由度波浪力和对应相位。当运行该命令后，程序将激活通用数据后处理命令目录，此时可以进行相关数据的后处理。

E_PRESSURE, BODY_NAME –OPTION

输出对应浮体名称（BODY_NAME）的完整水动力计算结果，包括一阶波浪载荷、平均波浪漂移力以及各个面元的压力数据。

FP_MAP PANEL_NAME, :PNT_SEL(1), :PNT_SEL(2), …
FPANEL PANEL_NAME, AREA, XC, YC, ZC, NX, NY, NZ, WLLEN
FPPHI PER, RPRX, IPRX, RPRY, IPRY, … RPRRZ, IPRRZ, RPDH(1), IPDH(1), …
FDELP PER, RPRXX, IPRXX, RPRXY, IPRXY, ... RPRRZZ, IPRRZZ, RPDHX(1), IPDHX(1) , …

以上 4 个命令出现在 **E_PRESSURE** 命令输出的水动力数据文件中。**FP_MAP** 定义波浪压力作用哪个面元（PANEL_NAME）以及对应单元的哪些节点（PNT_SEL）上；**FPANEL** 定义面元信息；**FPPHI** 定义对应波浪周期下，作用在单元上的速度势情况；**FDELP** 定义速度势梯度。

I_PRESSURE, BODY_NAME, PKT_NAME, DISPL, -OPTIONS
　-PERIOD, T(1), T(2), …
　-HEADING, H(1), H(2), …
　-CONDITION, DRAFT, ROLL, PITCH

用于定义并导入面元压力数据，BODY_NAME 为浮体名称，PKT_NAME 为水动力数据名称，-PERIOD 为进行计算的波浪周期，-HEADING 为波浪方向，-CONDITION 为浮体对应浮态。

E_TOTAL, BODY_NAME –OPTION

输出对应浮体名称（BODY_NAME）的部分水动力计算结果，包括一阶波浪载荷、平均波浪漂移力。**E_TOTAL** 输出的数据仅用于浮体性能分析，不能用于结构分析。

I_TOTAL, BODY_NAME, PKT_NAME, DISPL, -OPTIONS
　-PERIOD, T(1), T(2), …
　-HEADING, H(1), H(2), …
　-CONDITION, DRAFT, ROLL, PITCH
　-SCFACT, SCLEN, SCMASS, SCDRAG, SCFOR

该命令出现在水动力数据文件中，作用是整体定义和描述当前水动力数据的状态。BODY_NAME 为浮体名称，PKT_NAME 为水动力数据名称，DISPL 为浮体当前排水量，-PERIOD 为进行计算的波浪周期。-HEADING 为波浪方向，-CONDITION 为浮体对应浮态。-SCFACT 为定义调整系数，SCLEN 为长度调整系数，SCMASS 为质量调整系数，SCDRAG 为阻尼调整系数，SCFOR 为波浪力调整系数，所有计算数据在保存前都将乘以这里定义的对应系数，如图 3.48 所示。

H_ORIGIN, OX, OY, OZ

该命令用于定义水动力计算结果的平动坐标系变化。OX、OY、OZ 为体坐标系在 X、Y、Z 方向的移动量。

H_EULERA, EROLL, EPITCH, EYAW

```
&dimen -save -dimen Meters   M-Tons
$
$****************************************         Enter Menu
$
HYDRODYNAMICS
I_TOTAL SHIP CONDITION1 5.1463E4 -PERIOD 25.13 23.27 18.48 15.32 13.09 \
        11.42 10.13 9.11 8.27 7.57 6.98 6.48 6.18 5.03 4.52 3.93 -HEADING 0 45 \
        90 135 180 225 270 315 -CONDITIO 8.0053 -1.1835E-9 -5.1051E-4 \
        -FACT_CONVEL 1 -WAVE_RUN NO -TPRE_FACT 1
H_PERIOD 25.13
H_DAMP 5.6112E-3 2.2193E-8 3.1589E-3 -3.7901E-7 1.0951 1.0657E-6 1.1361E-7 \
        1.4911E-2 1.5152E-6 -0.37301 -1.0136E-4 1.2462 3.5171E-4 9.2025E-9 \
        0.96801 6.6951E-7 -80.973 -2.1079E-6 -7.7734E-7 -0.35048 -4.0466E-7 \
        8.7845 -1.005E-4 -29.322 1.2671 -9.2884E-7 -80.635 -1.4059E-5 7058.7 \
        8.1418E-6 3.2401E-6 1.258 3.4094E-5 -31.511 -2.233E-3 106.36
H_AMASS 0.11898 7.3603E-7 -1.5279E-2 -1.2601E-5 19.725 5.4941E-6 1.6739E-6 \
        0.52731 1.255E-6 -11.886 7.4438E-5 43.964 -7.3356E-3 -1.2916E-6 4.0699 \
        5.054E-6 -340.55 -4.4112E-5 -1.011E-5 -11.307 1.326E-6 350.01 \
        -4.9225E-4 -940.04 17.787 5.0341E-5 -340.9 3.7447E-4 3.4503E4 \
        3.5847E-3 3.0807E-5 44.045 4.3595E-5 -993.04 1.6312E-3 4255.9
H_FORCE 0 2.7581 3.4658E-4 -1515.3 -3.488E-3 1.1821E5 9.8702E-4 16.056 \
        -2.4242E-4 -367.59 8.1592E-3 3.8298E4 -1.5702E-3 466.98 1.0487E-5 \
        3050.4 3.415E-3 -1.3149E5 -2.3928E-2 -282.47 7.4717E-5 5152.4 \
        -1.5012E-2 -5.0554E5 2.2751E-2
H_FORCE 45 6.9187 110.08 -1691.5 -2299.7 1.3719E5 1.0806E4 6.4471 -159.51 \
        109.18 3452.3 -2090.4 -1.1953E4 271.82 272 4756.1 -7448.8 -3.2747E5 \
        2.7013E4 -307.81 -306.55 4277.1 8011.3 -4.3703E5 -2.1814E4
H_FORCE 90 -0.20328 -31.794 -1281.8 795.17 1.0732E5 -2656.7 0.24916 -284.8 \
        1308.3 6088.6 -1.0949E5 -2.3738E4 -2.4242 2.606E-5 6819.3 7.3122E-3 \
        -5.7061E5 -1.5416E-2 2.5877E-4 -614.53 -2.1186E-4 1.6455E4 7.1686E-2 \
        -5.1348E4
```

图 3.48 MOSES 水动力计算数据文件示例（辐射阻尼，附加质量与一阶波浪力）

该命令用于定义水动力计算结果的欧拉角度变化。EROLL、EPITCH、EYAW 为体坐标系在 RX、RY、RZ 方向的移动量。

H_PERIOD, T

一阶水动力数据对应的计算周期，T 为水动力计算周期。

H_AMASS, AM(1,1), AM(2,1), …, AM(6,6)

定义对应波浪周期 T 的附加质量 6×6 数据矩阵。在 MOSES 的水动力文件中，附加质量数据均为计算数据除以排水量的结果（对应 **I_TOTAL** 中对于船体排水量的定义）；附加质量惯性矩为附加质量惯性矩除以排水量后再开方的结果（实际上是附加质量惯性半径），其**单位为长度单位**（米或者英尺）。

如果-SCFACT 定义了 SCLEN、SCMASS，则纵荡、横荡、升沉的 3×3 附加质量数据将乘以 SCMASS；横摇、纵摇、艏摇的附加质量惯性矩将乘以 $SCMASS \times SCLEN^2$。其他附加质量矩阵中的耦合项为计算结果乘以 SCMASS×SCLEN。

H_DAMP, DAMP(1,1), DAMP(2,1), …, DAMP(6,6)

定义对应波浪周期 T 的辐射阻尼 6×6 数据矩阵。阻尼数据的调整与附加质量数据的调整方式类似，不同的是-SCFACT 定义的 SCDRAG 代替 SCMASS 对辐射阻尼数据进行调整。

H_FORCE, H, RFKX, RFKY, … RFKYAW, IFKX, …, IFKYAW RDIX, RDIY, … RDIYAW, IDIX, …, IDIYAW

定义对应波浪周期 T、对应波浪方向 H 的一阶波浪力数据。波浪力数据的前 12 项为 F-K 力（对应 6 个方向的波浪力的实部和虚部），后 12 项为绕射力修正项（对应 6 个方向的波浪力的实部和虚部）。

如果-SCFACT 定义了 SCLEN 和 SCFOR，则平动方向的波浪力为乘以 SCFOR 的结果；转动方向的波浪力为乘以 SCFOR×SCLEN 的结果。

3. 平均波浪漂移力的计算

G_PRESSURE -MD_TYPE, MD_Method

当浮体模型定义命令 **PGEN** 对浮体水动力计算方法定义为切片法时，老版本程序默认使用 Salvesen 法计算波浪漂移力。

如果想要在水动力计算命令中进行波浪漂移力计算方法的设定，可以在 **G_PRESSURE** 的-MD_TYPE 选项中进行设置。

-MD_TYPE, Salvesen 表示使用 Salvesen 法进行计算；-MD_TYPE, PRES 表示使用近场压力积分方法进行计算。

MOSES V10.1 之后的版本对平均波浪漂移力的计算方法做了调整。程序默认使用近场法（-MD_TYPE, NEARFIELD）进行计算，同时增加了远场法（-MD_TYPE, FARFILED），保留 Salvesen 法（-MD_TYPE, Salvesen）。

G_MDRIFT, BODY_NAME, PKT_NAME –OPTIONS

该命令对浮体固定状态下所受到的波浪漂移力进行简单估算。BODY_NAME 对应进行波浪漂移力计算的浮体名称；PKT_NAME 为水动力计算数据名称。

如果用户在 **G_PRESSURE** 中进行了波浪漂移力的计算设置，再用 **G_MDRIFT** 命令，则 **G_MDRIFT** 的计算结果会替换 **G_PRESSURE** 的计算结果。

-MD_TYPE, DTYPE

DTYPE 可以为 FORMULAE 或 SEMI。

-DIMENSIONS, LENGTH, BEAM, DRAFT

定义物体水下部分的特征长度。

-HEADING, H(1), H(2), …, H(n)

用于定义波浪方向，H(n)为需要进行计算的不同的波浪方向。

-PERIOD, T(1), T(2), …, T(n)

定义水动力计算周期，总的波浪周期数目不能超过 200。

G_MDRIFT 命令计算结果为近似角度，而非准确角度，此时程序认为浮体固定不动，通常情况下不建议使用。

平均波浪漂移力计算结果如图 3.49 和图 3.50 所示。

```
HYDRODYNAMICS
$
$****************************************          Define Conditions
$
I_MDRIFT LANJIANG SHIP -PERIOD 30 28 27 25.13 23.27 21 19 18.48 15.32 13.09 \
       11.42 10.13 9.11 8.27 7.57 6.98 6.48 6.18 5.6 5.03 -HEADING 0 45 90 \
       135 180 225 270 315 -MD_TYPE COMPUTED
M_DRIFT 30 -4.9242 7.7808E-3 -1.2724E-2 -3.7955E-7 -39.237 -1.8719E-4 0.25267 \
       6.0914E-7 3453.8 5.2784E-2 -0.39127 -1.8462E-5 -3.8949 7.3191E-3 \
       -4.6337 1.0379E-2 -52.72 -2.5517E-4 32.57 -7.1891E-2 4582.3 5.0288E-2 \
       -490.84 0.79186 -0.6508 7.0696E-5 -6.7627 1.8261E-2 -66.594 -3.4975E-4 \
       8.2235 -0.12536 5834.2 3.2128E-3 -566.8 1.5296 2.1488 -7.2216E-3 \
       -4.0559 1.0095E-2 -51.797 -2.9511E-4 -27.464 -6.9949E-2 4687.5 \
       -4.5323E-2 -237.35 0.76791 2.7485 -7.7252E-3 -1.1662E-2 -2.6337E-8 \
       -38.022 -2.3305E-4 0.24462 -1.9134E-6 3538.1 -4.9114E-2 -0.37917 \
       3.0468E-6 2.1558 -7.221E-3 4.0514 -1.0094E-2 -51.796 -2.9466E-4 27.597 \
       6.9939E-2 4687.5 -4.5318E-2 237.15 -0.76784 -0.65272 7.1931E-5 6.7766 \
       -1.826E-2 -66.595 -3.4909E-4 -8.4465 0.12535 5834.2 3.2222E-3 567.16 \
       -1.5296 -3.9043 7.32E-3 4.6278 -1.0379E-2 -52.722 -2.5471E-4 -32.43 \
       7.1889E-2 4582.3 5.0295E-2 490.63 -0.7919
M_DRIFT 28 -5.5506 7.6932E-3 -1.2654E-2 4.4442E-8 -38.76 -2.153E-4 0.25139 \
       -2.3872E-6 3401.8 5.242E-2 -0.39209 7.4843E-6 -4.4478 7.6837E-3 \
       -5.5941 1.1104E-2 -52.933 -3.0033E-4 31.832 -7.7044E-2 4581.5 \
       5.3045E-2 -578.5 0.83178 -0.66502 8.2758E-5 -8.373 2.0245E-2 -67.621 \
       -4.1058E-4 8.4671 -0.13897 5917.6 3.7688E-3 -701.73 1.6956 2.6675 \
       -7.6103E-3 -5.0252 1.0706E-2 -51.861 -3.2574E-4 -28.649 -7.4321E-2 \
       4704.7 -4.7646E-2 -311.73 0.79812 3.3366 -7.7016E-3 -1.145E-2 \
       6.6583E-8 -37.36 -2.4438E-4 0.24218 -3.0054E-6 3487.3 -4.8863E-2 \
       -0.37811 2.7443E-7 2.674 -7.6094E-3 5.0209 -1.0707E-2 -51.86 \
       -3.2525E-4 28.78 7.4318E-2 4704.7 -4.7639E-2 311.53 -0.79815 -0.66735 \
       8.4074E-5 8.3867 -2.0244E-2 -67.622 -4.0989E-4 -8.6871 0.13896 5917.6 \
       3.7792E-3 702.08 -1.6956 -4.4572 7.6847E-3 5.5882 -1.1105E-2 -52.935 \
       -2.9982E-4 -31.692 7.7041E-2 4581.4 5.3053E-2 578.29 -0.83182
```

图 3.49　MOSES 水动力数据文件示例（定常波浪漂移力）

```
M_DRIFT 5.03 -54.27 2.4947E-2 -1.2533E-2 1.7287E-4 -78.105 1.5017E-3 \
        6.7902E-2 -1.5092E-3 4426.7 0.15305 0.84041 8.4994E-3 -36.991 \
        -1.6985E-2 -121.35 -1.6025E-2 -81.283 -6.2374E-3 353.34 0.10699 5701.1 \
        -5.8031E-2 -1.0098E4 -2.5387 1.7991 -1.5311E-2 -131.83 -0.27318 \
        -44.839 -8.4194E-3 440.63 1.7265 3536.8 -3.3458E-2 -1.1612E4 -25.116 \
        7.7611 -1.2645E-2 -141.31 -1.2745E-2 -72.211 -2.9678E-3 375.51 \
        -7.5729E-2 4927.3 -6.5686E-2 -1.1847E4 -2.4249 18.653 5.9506E-2 \
        -3.3516E-2 -1.0381E-4 -37.423 1.7671E-2 0.59441 1.5156E-3 2531.1 \
        0.25566 -5.5854E-2 -4.0253E-3 7.8421 -1.2603E-2 141.48 1.2444E-2 \
        -72.117 -2.9169E-3 -378.34 7.7408E-2 4926.6 -6.6093E-2 1.1857E4 2.4048 \
        1.847 -1.526E-2 131.84 0.27329 -44.783 -8.4047E-3 -440.57 -1.7276 \
        3535.5 -3.354E-2 1.1613E4 25.123 -36.95 -1.7028E-2 121.32 1.6255E-2 \
        -81.236 -6.249E-3 -352.71 -0.10861 5698.8 -5.8378E-2 1.0099E4 2.5543
MD_MOTION 30 0 1.8678E-2 3.9554E-3 9.3496E-5 -2.3885E-4 8.5647E-2 -4.001E-2 \
        -1.7511E-3 4.1153E-3 -8.1373 1.9257 2.6467E-3 -6.3981E-3 6.6872E-5 \
        -1.3634E-4 4.8277E-2 5.8142E-2 6.0775E-5 -1.2925E-4 -1.5707 -1.5586 \
        -5.2656E-4 1.1999E-3 4.5837 4.9317 0.59716 -0.53323 -5.0624E-5 \
        1.3366E-4 0.13458 2.3358E-2 2.3857E-3 -2.3072E-3 -5.9342 5.2757 \
        -3.9693E-3 3.6573E-3 1.472E-3 9.3277E-4 -40.894 -64.447 5.5932E-4 \
        1.1532E-3 302.75 443.36 1.8108E-2 -4.2629E-3 -2405.5 -6319.8 -23.065 \
        96.069 7.0856E-3 -1.2551E-2 11.913 -5.1505 -0.14164 0.23744 -401.58 \
        118.39 0.26016 -0.35157 1.8201E-3 -3.057E-3 3.3166 6.0713 1.9061E-3 \
        -3.3328E-3 -116.45 -166.73 -2.5538E-2 3.6987E-2 408.14 572.14
MD_MOTION 30 45 1.7779E-2 1.9154E-3 2.5229E-3 -2.4346E-3 5.5296E-2 -4.7375E-2 \
        -0.22198 0.28666 -4.6196 4.018 0.50259 -0.56607 -5.7583E-3 -6.5302E-3 \
        5.3283E-2 4.0196E-2 0.20231 -0.26968 -1.3266 -0.78554 -19.899 20.065 \
        4.8502 3.166 0.31689 -0.50322 0.46561 -0.65985 0.11104 2.5806E-4 \
        -0.87459 -6.7489E-3 -1.0156 7.067 46.41 -50.301 0.90189 0.80455 \
        -56.468 -53.557 -4.7269 6.0694 400.61 361.59 467.36 -445.04 -4183.7 \
        -5293.8 22.193 91.943 -47.794 49.151 10.06 -3.6368 99.622 39.301 \
        -345.03 94.011 -5312.7 4765.8 -0.85114 8.1505E-2 4.1277 4.1787 19.565 \
        -20.874 -103.79 -82.361 -2111.6 1892.9 460.42 366.83
```

图 3.50 MOSES 水动力数据文件示例（运动修正项 MD_MOTION）

V_MDRIFT, BODY_NAME

当运行该命令后，程序将激活通用数据后处理命令，此时可以进行波浪漂移力数据的后处理。

E_MDRIFT, BODY_NAME

将目前关于 BODY_NAME 的波浪漂移力进行输出保存。

I_MDRIFT, BODY_NAME, PKT_NAME -OPTIONS
    -HEADING, H(1), H(2), …, H(n)
    -PERIOD, T(1), T(2), …, T(n)

定义和读入波浪漂移力。BODY_NAME 为浮体名称，PKT_NAME 为数据名称。-HEADING 为波浪方向，-PERIOD 为计算周期。

M_DRIFT, PER, FXR(1), FXI(1), …, FYAWI(1), … FXR(n), FXI(n), …, FYAWI(n)

定义对应波浪周期PER的与波浪幅值平方成正比的定常波浪漂移力。FXR(n), FXI(n), …, FYAWI(n)对应第 n 个波浪周期的 6 个自由度定常波浪漂移力，单位为力的单位或力矩单位，具体单位制通过**&DIMEN** 定义。

MD_MOTION, PER, HED, MDR(1,1), MDI(1,1), … MDI(6,6)

定义波浪漂移力的运动修正项，PER 为波浪周期，HED 为波浪方向，具体数据为包含实部虚部的 6×6 矩阵（共 72 个数据）。

4. *船舶横摇造涡阻尼经验计算*

老版本的 MOSES 自动根据船体形状进行基于经验公式的横摇阻尼计算，新版本将这一功能移动到**#TANAKA** 命令中，具体可参考 3.3.12 节相关内容。

3.3.7 环境条件的定义

&ENV 命令是 MOSES 软件中定义环境条件的命令，其格式为：

&ENV, ENV_NAME, -OPTIONS

ENV_NAME 为定义的环境条件名称，该名称应为唯一的。

1. 定义整体参数

-DURATION, DURATION

用于疲劳累计损伤的计算，定义时间长度（单位为天）。

-WATER, RHOWAT

定义流体密度为单位体积流体密度。

-SPGWATER, SPGWAT

-SPGWATER, SPGWAT 定义流体密度为指定值 SPGWAT 与标准水密度的比。

通常在**&PARAMETER** 中进行密度定义后不建议在其他命令中再进行修改。

2. 定义波浪条件

-PROBABILITY, STAT, PDATA

定义不规则波浪的统计特征。STAT 可以为 RMS、SIGNIFICANT、1/10、MAXIMUM、DURATION。如果 STAT 为 MAXIMUM，则 PDATA 为波高最大值与波高标准差的比，默认值位 3.72；如果 STAT 为 DURATION，则 PDATA 单位为秒，此时波高最大值为时域模拟得到的波高极值。

一般情况下采用程序默认设置即可。

-SEA, SEA_NAME, SEA_DIRECTION, HS, PERIOD, GAMMA

定义海况条件。SEA_NAME 为波浪谱类型；SEA_DIRECTION 为波浪方向；HS 为有义波高；PERIOD 为波浪周期；GAMMA 为谱峰升高因子。

-A_SEA, SEA_NAME, SEA_DIRECTION, HS, PERIOD, GAMMA

定义叠加海况条件。如果使用-A_SEA 命令，则必须先使用-SEA 定义一个海况，通过-A_SEA 定义的海况条件将与第一个海况叠加。

SEA_NAME 定义的波浪类型可以为规则波 REGULAR、ISSC 谱、JONSWAP 谱、2JONSWAP 双参数谱或通过 **&DATA CURVE P_SPECTRUM** 和 **&DATA CURVE F_SPECTRUM** 或**&DATA ENVIRONMENT** 命令定义的波浪谱或规则波数据。

-SP_TYPE, TYPE

设置波浪谱周期 PERIOD 的类型，TYPE 如果为 PEAK，则周期为谱峰周期 T_p；TYPE 如果为 MEAN，则波浪谱的谱峰周期 T_p=1.2958×PERIOD。对于 ISSC 谱，PERIOD 为平均波浪周期。

当波浪谱定义 JONSWAP 时，HS、PERIOD 和 GAMMA 都需要输入。如果波浪谱为 2JONSWAP，用户输入 HS 和 PERIOD 即可，GAMMA 值程序通过 DNVGL RP C205 规范进行估算［式（2.56）至式（2.58）］。

-SPREAD, EXP

定义短峰波扩散函数。短峰波的扩散函数为：

$$f(\theta)=\begin{cases}\cos(\alpha-\theta)^x & -\dfrac{\pi}{2}<\theta<\dfrac{\pi}{2}\\ 0 & \text{others}\end{cases} \tag{3.3}$$

式中，α 为平均波浪方向；x 为指数参数，通过-SPREAD 中的 EXP 来设置，默认 EXP 为 200。

3. 定义风环境条件

-WIND, WIND_SPEED, WIND_DIRECTION

定义风速风向，WIND_SPEED 为风速，单位为节；WIND_DIRECTION 为风向。

-W_PROFILE, WP_TYPE, EXP

定义风廓线，WP_TYPE 为风廓线类型，可为 ABS、API、NPD 或者 POWER（指数分布）。

当选择 POWER 时，EXP 为指数分布参数，默认为 1/7。

-W_DESIGN, DTYPE, DURATION

定义平均风速时间，DTYPE 可为 API 或 NPD，DURATION 为平均风速时间，单位为秒。

-W_SPECTRUM, STYPE

定义风谱类型，STYPE 可为 API、NPD、HARRIS、DAVENPORT OCHI 以及通过**&DATA CURVE F_SPECTRUM** 或**&DATA CURVE P_SPECTRUM** 定义的风谱，可参考 3.3.8 节相关内容。

-W_HISTORY, HISTORY_NAME

使用自定义的风速时域曲线，HISTORY_NAME 为时域风速曲线名称，通过**&DATA CURVE W_HISTORY** 定义，可参考 3.3.8 节相关内容。

4. 定义流环境

-CURRENT, VC, CURRENT_DIRECTION

定义定常流，VC 为流速，单位为 m/s 或 feet/s，CURRENT_DIRECTION 为流速方向，该命令定义的流速自水面至海底均为 VC。

-CURRENT, PRO_NAME(1), CURRENT_DIRECTION(1), PRO_NAME(2), CURRENT DIRECTION(2)

定义剖面流。PRO_NAME 为剖面流名称，剖面流的特性通过**&DATA CURVE_C PROFILE** 定义，CURRENT_DIRECTION 为剖面流方向。

5. 其他环境条件

-TIDE, CHANGE

定义水位变化，CHANGE 为水位变化值，单位为 m 或 feet。

-M_GROWTH, MG_NAME

定义海生物附着，MG_NAME 为海生物附着曲线名称，该曲线通过**&DATA_CURVE M_GROWTH** 来定义。

-T_PRESSURE, TMP_NAME

定义内部压力、温度，TMP_NAME 为对应数据名称，通过**&DATA ENVIRONMENT** 菜单的 T_PRESSURE 命令来进行定义。

6. 定义时域模拟参数

-TIME, TOBSERV, DELTA_TIME, TTRA_SET, NCYCLES

定义时域模拟时间，TOBSERV 为时域模拟时长，单位为秒；DELTA_TIME 为时间步长；TTRA_SET，NCYCLES 和 NCYCLES 较少使用，此处不再介绍。

-RAMP, RAMP_TIME

对时域模拟时间进行截断处理，RAMP_TIME 定义截断时长。如时域模拟时间为 10800 秒，RAMP_TIME 为 400 秒，则最终的时域计算输出结果为 400～10800 秒，400 秒位置对应的状态将作为时域模拟的起点进行输出和处理。

-T_REINFORCE, TB

定义组成不规则波的成分规则波的相位特性。

$$\varphi(i)=-TB\times\omega(i) \tag{3.4}$$

式中，$\varphi(i)$为第 i 个成分波的相位；$\omega(i)$为第 i 个成分波的波浪频率；TB 为时间，当 TB 不变的时候，软件可生成同样的波浪；当 TB 不同时，软件模拟的不规则波都将不同。

当模拟时间达到 TB 时刻时，所有成分波进行叠加，此时将得到一个大到不真实的波高，因而默认条件下 TB 应该是个非常大的值。

3.3.8 自定义环境条件数据

&DATA_CURVES, TYPE, NAME, DATA -OPTIONS

该命令用于用户自定义一些可用于计算的输入数据。TYPE 为数据类型，NAME 为数据名称，DATA 为具体数据。TYPE 可以为：

- **C_PROFILE**：定义剖面流，数据结构为 Z(1), V(1), …, Z(n), V(n)。Z(n)为水深，V(n)为对应水深的流速。
- **P_SPECTRUM**：定义关于周期的风谱或波浪谱，数据结构为 P(1), S(1), …, P(n), S(n)。P(n)为周期，S(n)为对应周期的谱值。
- **F_SPECTRUM**：定义关于圆频率的风谱或波浪谱，数据结构为 F(1), S(1), …, F(n), S(n)。F(n)为圆频率，S(n)为对应圆频率的谱值。
- **M_GROWTH**：定义海生物附着情况，数据结构为 Z(1), ADD(1), …, A(n), ADD(n)。Z(n)为水深，ADD(n)为海生物附着厚度（inches 或 mm）。
- **W_HISTORY**：定义时域风速曲线，数据结构为 T(1), V(1), ANG(1),…, T(n), V(n), ANG(n)。T(n)为时间，V(n)为对应时间的风速，单位为节；ANG(n)为对应风向。
- **LT_MULTIPLIER**：定义随时间变化的载荷系数。T(1), V(1),…, T(n), V(n)。T(n)为时间，V(n)为对应时间的载荷系数。
- **CT_LENGTH**：定义随时间变化的连接件长度变化速率。T(1), V(1),…, T(n), V(n)。T(n)为时间；V(n)为对应时间的连接件长度变化速率，单位为 ft/s 或 m/s。
- **CS_VELOCITY**：定义随相对速度变化的拖曳力系数，V(1), D(1),…, V(n), D(n)。V(n)为相对速度，D(n)为对应相对速度的拖曳力系数。
- **EFFICIENCY**：定义推进器推进效率，V(1), E(1), …, V(n), E(n)。V(n)为水质点速度，E(n)为对应水质点速度的推进器效率。

&DATA ENVIRONMENT

一些特殊的环境条件数据可通过进入**&DATA ENVIRONMENT** 菜单进行定义。

T_PRESSURE, TMP_NAME, OBJECT(1), TMP(1), INP(1), GH(1), SC(1), OBJECT(2), TMP(2), INP(2), GH(2), SC(2), …

定义温度、压力、内部流体密度以及水头高度。TMP_NAME 为数据名称，OBJECT(n)为施加结构的名称，可以施加在节点或者通过“~”定义的部件（ROD）。TMP(n)为温度，INP(n)为压力，GH(n)为水头高度，SC(n)为单元内部的流体密度。

ENVIRONMENT, ENV NAME, -OPTIONS

定义环境条件，效果同**&ENV** 相同。

S_GRID, GRID_NAME, GRID_TYPE, DEPTH, HEIGHT, PERIOD

GRID_NAME 为名称，GRID_TYPE 为线性艾利波（**REGULAR**）、STOKES 波（**STOKES**）、流函数（**STREAM**）或者自定义（**INPUT**）。DEPTH 为水深，HEIGHT 为波高，PERIDO 为周期。

用户用**&DATA ENVIRONMENT S_GRID** 命令定义好规则波后可通过**&ENV –SEA** 来进行调用。

3.3.9 频域计算菜单

当程序运行处于命令“根目录”时，用户可以通过输入 **FREQ_RESPONSE** 进入频域分析菜单。当输入完计算命令后输入 **END** 退出频域分析菜单。基本分析流程如图 3.51 所示。

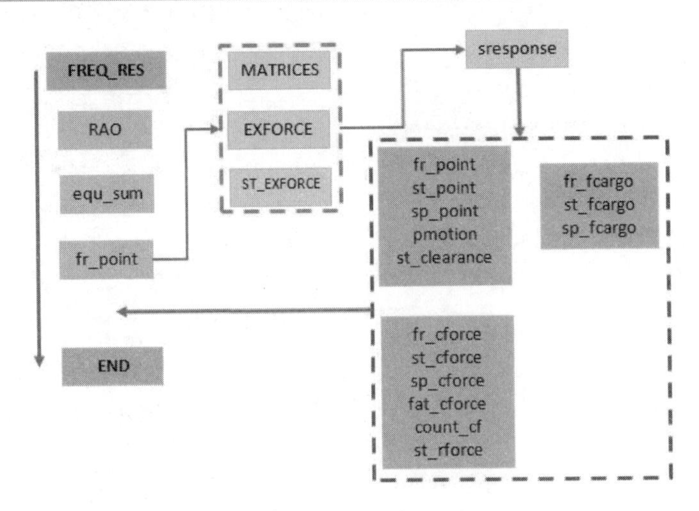

图 3.51　频域分析命令流程

1. 幅值响应算子 RAO 的计算

RAO 计算命令为：

RAO, -OPTIONS

主要包含以下选项：

-SPEED, VR

定义船体航速，VR 为航速，单位为**节**。

-ITER, MAXIT

设置 RAO 计算的迭代步数，默认步数 30 步。

-SPECTRUM, ENV_NAME

进行谱线性化。ENV_NAME 为通过**&ENV** 命令定义的环境条件名称。如果不设置-SPECTRUM 命令内容，程序根据默认 1/7 的波陡进行拖曳力的线性化处理。

-STEEP, ST, PBCHEI, CHEI
-ROD STEEP, ST, PBCHEI, CHEI

定义进行线性化处理的波陡和波高，用于改变默认设置。ST 为波陡，如使用 1/8 波陡，则 ST 应为 8。PBCHEI 定义多大波浪周期以下的范围使用波陡进行线性化处理，当周期大于 PBCHEI 时，则使用波高 CHEI 进行线性化处理。

2. 频域谱分析

SRESPONSE, ENV_NAME, -OPTIONS

ENV_NAME 为已定义的环境条件名称。

-PERIOD, T(1), T(2), …, T(N)

设置频域谱分析的周期，如需包括低频响应分析，周期 T(N)应包含大周期，如图 3.52 所示。

```
sresponse WH_0  -period 500 450 400 350 300 250 200 180 160 150 140 130 120 110 100 90   \
                         80  70  60  50  40  30 25.13 16.98 14.61 12.82 11.42 10.30 9.38 8.61  \
                        7.95 7.39 6.90 6.48 6.10  5.76  5.46  5.19  4.95  4.72 4.52 4.33 \
                        4.16 4.00 3.85 3.72 3.59 3.47 3.16 3.06 2.98 2.90 2.82 2.74 2.67 \
                        2.61 2.54  2.48  2.43  2.37
```

图 3.52　SRESPONSE 周期设置示例

-ITER, MAXIT

设置频域谱分析计算的迭代步数，默认步数 30 步。

3. 水动力计算结果后处理

EQU_SUM

该命令作用是将频域分析结果生成报告以待处理。在进行数据后处理之前必须输入该命令。

MATRICES, -OPTION

输出附加质量矩阵和辐射阻尼矩阵，当-OPTION 为-FILE 时，数据结果以 PPO 后缀名进行输出，文件为文本格式，可通过本文编辑程序打开并查看。

EXFORCE, -OPTION

输出波浪力数据，当-OPTION 为-FILE 时，数据结果以 PPO 后缀名进行输出，可通过本文编辑程序打开并查看。

以上两个命令可以通过后处理命令进行数据输出和曲线结果输出和显示。

ST_EXFORCE, ENV_NAME, -OPTIONS

输出不规则波作用下，频域分析计算的波浪载荷统计值，ENV_NAME 为通过**&ENV** 定义的环境条件名称。

以上命令输出结果的参考点均为最后一个 **FR_POINT** 命令指定的点。如果没有通过 **FR_POINT** 定义参考点，则结果默认参考点为模型原点。

水动力系数及波浪力输出命令示例如图 3.53 所示。

```
FREQ_RES
  RAO
  equ_sum
  MATRICES
   REPORT
   vlist
   plot 1 3 4 5 -T_LEFT "Added mass"  -T_SUB "Hydro Coefficients"
   plot 1 6 7 8 -T_LEFT "Added mass"  -T_SUB "Hydro Coefficients"
   plot 2 3 4 5 -T_LEFT "Added mass"  -T_SUB "Hydro Coefficients"
   plot 2 6 7 8 -T_LEFT "Added mass"  -T_SUB "Hydro Coefficients"
  end
   EXFORCE
   REPORT
   vlist
   plot 1  3  27  -T_LEFT "Surge Force"   -T_SUB "Wave Forces"
   plot 1  5  29  -T_LEFT "Sway Force"    -T_SUB "Wave Forces"
   plot 1  7  31  -T_LEFT "Heave Force"   -T_SUB "Wave Forces"
   plot 1  9  33  -T_LEFT "Roll Force"    -T_SUB "Wave Forces"
   plot 1 11  35  -T_LEFT "Pitch Force"   -T_SUB "Wave Forces"
   plot 1 13  37  -T_LEFT "Yaw Force"     -T_SUB "Wave Forces"
   end
```

图 3.53　水动力系数及波浪力输出命令示例

4. 运动计算结果后处理

FR_POINT, WHERE, -OPTIONS

指定运动输出参考点。当关注非建模原点的 RAO 响应时，通过该命令可以将 RAO 的结果转换到关注点位置进行输出。WHERE 为关注点的坐标位置（x, y, z）或者已定义好的点的名称。

FR_POINT 命令输出内容示例如图 3.54 所示。

ST_POINT, ENV_NAME, -OPTIONS

输出关于 **FR_POINT** 指定的关注点位置，不规则波浪作用下的谱分析运动统计值。

SP_POINT, ENV_NAME, -OPTIONS

输出关于 **FR_POINT** 指定的关注点位置，不规则波谱分析运动响应谱。

PMOTION, :PNT_SEL, ENV_NAME, -OPTIONS

输出**全局坐标系**下关注点位置的运动统计值，关注点通过**&SELECT** 进行选择，PNT_SEL

为**&SELECT** 定义的选择名称，ENV_NAME 为环境条件名称。

ST_CLEARANCE, :PNT SEL, ENV_NAME, -OPTIONS

输出不同关注点之间的相对运动统计值，关注点通过**&SELECT** 进行选择，PNT_SEL 为**&SELECT** 定义的选择名称，ENV_NAME 为环境条件名称。

```
>fr_point 82.94125 -8.145736E-9 7.5
              RAOs Moved to X =    82.9 Y =    -0.0 Z =    7.5

>vlist
              The Variables Available for Selection are:

  1 Frequency              34 RX-Phase:Hed_90.0       67 Z-Amp:Hed_225.0
  2 Period                 35 RY-Amp:Hed_90.0         68 Z-Phase:Hed_225.0
  3 X-Amp:Hed_ 0.0         36 RY-Phase:Hed_90.0       69 RX-Amp:Hed_225.0
  4 X-Phase:Hed_ 0.0       37 RZ-Amp:Hed_90.0         70 RX-Phase:Hed_225.0
  5 Y-Amp:Hed_ 0.0         38 RZ-Phase:Hed_90.0       71 RY-Amp:Hed_225.0
  6 Y-Phase:Hed_ 0.0       39 X-Amp:Hed_135.0         72 RY-Phase:Hed_225.0
  7 Z-Amp:Hed_ 0.0         40 X-Phase:Hed_135.0       73 RZ-Amp:Hed_225.0
  8 Z-Phase:Hed_ 0.0       41 Y-Amp:Hed_135.0         74 RZ-Phase:Hed_225.0
  9 RX-Amp:Hed_ 0.0        42 Y-Phase:Hed_135.0       75 X-Amp:Hed_270.0
 10 RX-Phase:Hed_ 0.0      43 Z-Amp:Hed_135.0         76 X-Phase:Hed_270.0
 11 RY-Amp:Hed_ 0.0        44 Z-Phase:Hed_135.0       77 Y-Amp:Hed_270.0
 12 RY-Phase:Hed_ 0.0      45 RX-Amp:Hed_135.0        78 Y-Phase:Hed_270.0
 13 RZ-Amp:Hed_ 0.0        46 RX-Phase:Hed_135.0      79 Z-Amp:Hed_270.0
 14 RZ-Phase:Hed_ 0.0      47 RY-Amp:Hed_135.0        80 Z-Phase:Hed_270.0
 15 X-Amp:Hed_45.0         48 RY-Phase:Hed_135.0      81 RX-Amp:Hed_270.0
 16 X-Phase:Hed_45.0       49 RZ-Amp:Hed_135.0        82 RX-Phase:Hed_270.0
 17 Y-Amp:Hed_45.0         50 RZ-Phase:Hed_135.0      83 RY-Amp:Hed_270.0
 18 Y-Phase:Hed_45.0       51 X-Amp:Hed_180.0         84 RY-Phase:Hed_270.0
 19 Z-Amp:Hed_45.0         52 X-Phase:Hed_180.0       85 RZ-Amp:Hed_270.0
 20 Z-Phase:Hed_45.0       53 Y-Amp:Hed_180.0         86 RZ-Phase:Hed_270.0
 21 RX-Amp:Hed_45.0        54 Y-Phase:Hed_180.0       87 X-Amp:Hed_315.0
 22 RX-Phase:Hed_45.0      55 Z-Amp:Hed_180.0         88 X-Phase:Hed_315.0
 23 RY-Amp:Hed_45.0        56 Z-Phase:Hed_180.0       89 Y-Amp:Hed_315.0
 24 RY-Phase:Hed_45.0      57 RX-Amp:Hed_180.0        90 Y-Phase:Hed_315.0
 25 RZ-Amp:Hed_45.0        58 RX-Phase:Hed_180.0      91 Z-Amp:Hed_315.0
 26 RZ-Phase:Hed_45.0      59 RY-Amp:Hed_180.0        92 Z-Phase:Hed_315.0
 27 X-Amp:Hed_90.0         60 RY-Phase:Hed_180.0      93 RX-Amp:Hed_315.0
 28 X-Phase:Hed_90.0       61 RZ-Amp:Hed_180.0        94 RX-Phase:Hed_315.0
 29 Y-Amp:Hed_90.0         62 RZ-Phase:Hed_180.0      95 RY-Amp:Hed_315.0
 30 Y-Phase:Hed_90.0       63 X-Amp:Hed_225.0         96 RY-Phase:Hed_315.0
 31 Z-Amp:Hed_90.0         64 X-Phase:Hed_225.0       97 RZ-Amp:Hed_315.0
 32 Z-Phase:Hed_90.0       65 Y-Amp:Hed_225.0         98 RZ-Phase:Hed_315.0
 33 RX-Amp:Hed_90.0        66 Y-Phase:Hed_225.0
>report
>plot 1  51  -T_LEFT "Surge RAO"   -T_SUB "Low Frequency Motion RAOs"
>plot 1  55  -T_LEFT "Heave RAO"   -T_SUB "Low Frequency Motion RAOs"
```

图 3.54　FR_POINT 输出内容示例

该命令可以输出的结果包括：关注点与水面的平均距离、关注点与水面距离的统计值、关注点低于水面时对应的有义波高（此时发生抨击）、每小时发生抨击的次数、全局坐标系下关注点和水质点的相对速度等。

以上几个命令的 OPTION 基本一致：

```
-SEA, SEA NAME, THET, HS, PERIOD, GAMMA
-SPREAD, EXP
-SP_TYPE, TYPE
-E_PERIOD, EP(1), EP(2), …
-CSTEEP, YES/NO
```

这几个选项可以通过**&ENV** 完成设置，不建议在本处进行更改。

5. *货物受力计算结果后处理*

FR_FCARGO, WEIGHT, RX, RY, RZ

输出对应 **FR_POINT** 指定位置，重量为 WEIGHT，回转半径为 RX、RY、RZ 的货物在频域下的受力响应曲线，平动方向单位为 g，转动方向为角加速度。

ST_FCARGO, ENV_NAME, -OPTIONS

输出对应 **FR_FCARGO** 定义货物的不规则波频域分析受力响应统计结果。

SP_FCARGO, ENV_NAME, -OPTIONS

输出对应 **FR_FCARGO** 定义货物的不规则波频域分析受力响应谱。

以上几个命令的 OPTION 基本一致：

-SEA, SEA_NAME, THET, HS, PERIOD, GAMMA
-SPREAD, EXP
-SP_TYPE, TYPE
-E_PERIOD, EP(1), EP(2), …
-CSTEEP, YES/NO

这几个选项可以通过**&ENV** 完成设置，不建议在该处进行更改。

6. 连接部件受力计算结果后处理

FR_CFORCE, CONN_NAME

输出连接部件受力频域响应曲线，通过 CONN_NAME 选择连接部件。

ST_CFORCE, ENV_NAME, -OPTIONS

输出 **FR_CFORCE** 选择的连接部件的频域受力统计值，ENV_NAME 为环境条件名称。

SP_CFORCE: CONN_SEL, -OPTIONS

输出连接部件受力响应谱，连接部件通过**&SELECT** 选择，CONN_SEL 为选择名称。

ST_RFORCE, ROD_NAME, ENV_NAME, -OPTIONS

输出动态缆单元 ROD 的频域统计值，ROD_NAME 为动态缆名称。如果关注管道（pipe）受力，此时 ROD_NAME 为**&PIPE**，输出结果为管道单元内力统计值。

以上几个命令的 OPTION 基本一致：

-SEA, SEA_NAME, THET, HS, PERIOD, GAMMA
-SPREAD, EXP
-SP_TYPE, TYPE
-E_PERIOD, EP(1), EP(2), …
-CSTEEP, YES/NO

这几个选项可以通过**&ENV** 完成设置，不建议在该处进行更改。

频域分析及数据后处理示例如图 3.55 所示。

```
sresponse WH_0  -period 500 450 400 350 300 250 200 180 160 150 140 130 120 110 100 90   \
                         80  70  60  50  40  30 25.13 16.98 14.61 12.82 11.42 10.30 9.38 8.61  \
                        7.95 7.39 6.90 6.48 6.10  5.76  5.46  5.19  4.95  4.72 4.52 4.33 \
                        4.16 4.00 3.85 3.72 3.59 3.47 3.16 3.06 2.98 2.90 2.82 2.74 2.67 \
                        2.61 2.54  2.48  2.43  2.37
  fr_point &part(cg lanjiang -body)
   report
   plot 2  3 15 27 39 51 -T_LEFT "Surge RAO"  -T_X "Period (s)" -T_SUB "Low Frequency Motion RAOs"
   plot 2  5 17 29 41 53 -T_LEFT "Sway RAO"   -T_X "Period (s)" -T_SUB "Low Frequency Motion RAOs"
   plot 2  7 19 31 43 55 -T_LEFT "Heave RAO"  -T_X "Period (s)" -T_SUB "Low Frequency Motion RAOs"
   plot 2  9 21 33 45 57 -T_LEFT "Roll RAO"   -T_X "Period (s)" -T_SUB "Low Frequency Motion RAOs"
   plot 2 11 23 35 47 59 -T_LEFT "Pitch RAO"  -T_X "Period (s)" -T_SUB "Low Frequency Motion RAOs"
   plot 2 13 25 37 49 61 -T_LEFT "Yaw RAO"    -T_X "Period (s)" -T_SUB "Low Frequency Motion RAOs"
  end
  $
  st_point WH_0
   vlist
   report
  end
  $
  st_cforce @ WH_0
     report
  end
```

图 3.55　频域分析及数据后处理示例

每输入一个频域后处理命令，程序都将激活通用数据后处理命令，此时用户可以通过后处理命令查看可输出数据（**VLIST**）、对数据进行输出（**REPORT**）和数据曲线图（**PLOT**）的输出等操作，相关命令解释详见3.5节。

3.3.10 时域计算命令

当用户位于命令根目录时可以进行时域分析，时域分析命令为**TDOM**。

TDOM, -OPTIONS

主要选项包括：

-NO_CAPSIZE, YES/NO

当物体横摇或纵摇运动超过90°时程序会认为时域模拟存在问题而停止当前的时域分析，如此时设置YES则程序将忽略该问题并继续进行时域仿真。

-EQUI

该选项用于较难收敛的时域分析，当该选项在时域分析命令中出现时，程序将以平均力施加在时域分析过程中，效果和**&EQUI**类似，不同之处在于-EQUI作用在每个时间步上，用户可以通过该方式检查每个时间步的平衡计算情况。

-NEWMARK, YES/NO, BETA, ALPHA

MOSES提供两种时域计算方法，预估-校正法（Predictor/Corrector）和纽马克法（Newmark）。程序默认使用纽马克法。

当选项出现NO时，程序将采用预估-校正法进行时域分析，但通常而言纽马克法的适应性更好，建议用户使用默认的纽马克法进行时域分析。

MOSES默认使用纽马克法两参数BETA=0.25，ALPHA=0.5，即平均加速度法，具体可参考2.5.2节。

时域分析及后处理命令示例如图3.56所示。

```
TDOM   -newmark
PRCPOST
point *cog $-event %ramp% %dur%
   vlist
    &subtitle motion of barge center at deck
    statistic 1  2  3  4  5  6  7 -hard
    statistic 1 15 16 17 18 19 20 -hard
    statistic 1 29 -hard
    store 1 29
    &subtitle sway surge motion
    plot 1 2 -no
     spectrum 1 2
     plot 1 3 -no

     end
    plot 1 3 -no
     spectrum 1 3
     plot 1 3 -no

     end
    plot 1 4 -no
     spectrum 1 4
     plot 1 3 -no

     end
    plot 1 29 -no
end
```

图3.56 时域分析和后处理命令示例

-CONVERGE, NUMB, TOL

设置时域分析收敛性，NUMB为迭代步数，默认为5；TOL为迭代容差，默认为$5e^{-2}$。

-RESTART, RESTART_TIME

默认情况下每进行一次新的时域分析，之前的时域分析结果都将被新的结果覆盖。使用该选项可以在指定时间（通过 RESTART_TIME 设置）重新进行时域分析，之前的时域分析结果截止到 RESTART_TIME 并保留，RESTART_TIME 之后的时域模拟结果将被新的分析结果覆盖。

-RESET, RESTART_TIME

当用户需要在某些时间位置对模型进行修改并进行时域分析时可通过该选项进行相关设置。举例说明：

```
&INSTATE   -EVENT   100
&CONNECTOR   C100@   -ACTIVE
TDOM   -RESET   100
```

以上命令的作用是：在 100 秒位置激活连接部件，时域分析从 100 秒位置重新开始分析。

-STORE, STORE_INCREMENT

该命令的作用是调整时域计算结果的保存步长。程序默认条件下程序保存每个时间步的计算结果，如果设置保存步长 STORE_INCREMENT 不等于 1，则程序将按照该选项设置对时域分析结果进行保存。

3.3.11　过程后处理菜单

用户需要输入 **PRCPOST** 命令进入过程后处理模块，过程包括静态过程、时域计算过程和用户自定义过程，多数情况下该模块用于时域结果的后处理。

本节对命令的解释均针对时域分析结果。

1. 体信息的后处理

TRAJECTORY

该命令输出指定体在时域范围内的位置、速度、加速度、与海底距离、排水量的变化。

-EVENTS, EVE_BEGIN, EVE_END, EVE_INC

设置进行后处理的时域范围，EVE_BEGIN 为开始时间，EVE_END 为结束时间，EVE_INC 为时间步长。

-MAG_DEFINE, A(1), … A(n)

定义运动计算组合，A(n)可以为 X、Y、Z，默认 3 个方向的位移矢量和为对应体的对应结果。

-BODY, :B_SEL

指定体的名称。

-CG

计算结果为指定体重心位置的结果。

-LOCAL, YES/NO

设置计算结果参考坐标系，当为 YES 时，输出结果参考体坐标系；当为 NO 时，输出结果参考全局坐标系。

REPORT, NAME, -EVENTS, EVE_BEGIN, EVE_END, EVE_INC

当运行完 **TRAJECTORY** 命令后，用户可以通过 **REPROT** 进行运动结果的输出。输出结果可以为位移（**LOCATION**）、速度（**VELOCITY**）或加速度（**ACCELERATION**）；EVE_BEGIN 为开始时间，EVE_END 为结束时间，EVE_INC 为时间步长。

BODY_FORCE

该命令输出不同载荷类型随时间变化的情况。

```
-EVENTS, E_BEG, E_END, E_INC
-MAG_DEFINE, A(1), ··· A(n)
-BODY, :B_SEL
```

以上 3 个选项和 **TRAJECTORY** 相关选项含义一致。

```
-FORCE, FORCE_NAME(1), ···, FORCE_NAME(n)
```

FORCE_NAME 可以为以下载荷类型：**WEIGHT**、**CONTENTS**、**BUOYANCY**、**WIND**、**V_DRAG**、**R_DRAG**、**WAVE**、**SLAM**、**W_DRIFT**、**CORIOLIS**、**DEFORMATION**、**EXTRA**、**APPLIED**、**INERTIA**、**A_INERTIA**、**C_INERTIA**、**FLEX_CONNECTORS**、**RIGID_CONNECTORS** 以及 **TOTAL**，对应载荷名称含义可参考 3.3.12 节相关内容。默认情况下 **BODY_FORCE** 命令输出合力 **TOTAL** 的结果。

2. 吃水、关注点位移及传感器

```
DRAFT, :DNAME, -OPTIONS
```

输出吃水变化结果。DNAME 为吃水标记（DRAFT MARK）名称，DRAFT MARK 需要在模型中进行定义。

```
POINT, :PNT_NAME, -OPTIONS
```

输出关注点时域曲线，PNT_NAME 为关注点的名称，该命令的选项有-EVENTS 和-MAG_DEFINE。当使用-MAG_DEFINE 时，A(n)必须为 X、Y、Z 中的一个或者多个，默认为 3 个方向的矢量和。

POINT 输出内容示意如图 3.57 所示。

```
>point *cog
>vlist
                 The Variables Available for Selection are:
                 ==========================================

  1 Event            13 V-RX:*COG         24 M-X:*COG
  2 W.Elv:*COG       14 V-RY:*COG         25 M-Y:*COG
  3 Clear:*COG       15 V-RZ:*COG         26 M-Z:*COG
  4 L-X:*COG         16 V-Mag:*COG        27 M-Mag:*COG
  5 L-Y:*COG         17 A-X:*COG          28 G-X:*COG
  6 L-Z:*COG         18 A-Y:*COG          29 G-Y:*COG
  7 L-RX:*COG        19 A-Z:*COG          30 G-Z:*COG
  8 L-RY:*COG        20 A-RX:*COG         31 RV-X:*COG
  9 L-RZ:*COG        21 A-RY:*COG         32 RV-Y:*COG
 10 V-X:*COG         22 A-RZ:*COG         33 RV-Z:*COG
 11 V-Y:*COG         23 A-Mag:*COG        34 RV-Mag:*COG
 12 V-Z:*COG
```

图 3.57　POINT 输出内容示意

```
REPORT, REP_NAMES(1), REP NAME(2), ··· -OPTIONS
```

用于将 **POINT** 命令中的关注点结果输出到 OUT 文件中。REP_NAME 可以为：位置变化 LOCATION、运动结果 MOTION、波面升高 HEIGHT 等，默认情况下程序输出所有计算结果。

该命令主要选项有：

```
-EVENTS, EVE_BEGIN, EVE_END, EVE_INC
-MAG_DEFINE, A(1), ··· A(n)
```

当使用-MAG_DEFINE 时，A(n)必须为 X、Y、Z 中的一个或者多个。

```
REL_MOTION PNT_NAME(1,1), PNT_NAME(2,1), ··· -OPTIONS
-MAG DEFINE, A(1), ··· A(n)
```

输出关注点之间的相对运动情况，PNT_NAME 为关注点名称。

3. 舱室压载

TANK_BAL, :CMP_SEL, -OPTIONS

输出舱室压载量百分比、探深、利用率、压载量、水头高度、邻近舱室最大的水头高度差以及舱室的压载水流量，CMP_SEL 为选择的舱室名或通过**&SELECT** 选择的多个舱室所对应的选择名。

HOLE_FLOODING, :CMP_SEL, -OPTIONS

输出对应舱室的流水孔/空气孔的压力、外部水头高度、内部水头高度、水头高度差以及流量，CMP_SEL 为选择的舱室名或通过**&SELECT** 选择的多个舱室所对应的选择名。

以上 3 个命令的选项为-EVENTS, EVE_BEGIN, EVE_END, EVE_INC。

4. 连接部件响应

C_LENGTH, :CONN_SEL, -OPTIONS

输出连接部件长度变化，CONN_SEL 为缆绳名称。

CONFORCE, :CONN SEL, -OPTIONS

输出连接部件受力、最大张力与破断力的比、最小卧链长度、锚点所受上拔力、锚点位置所受水平拉力等结果。

CONFORCE 输出内容示意如图 3.58 所示。

```
>conforce @ -event 0 1700
>vlist
                 The Variables Available for Selection are:
                 ==========================================

  1 Event              31 M/BT:P3            61 MY:S2
  2 FX:P1              32 LINE_0_BOT:P3      62 MZ:S2
  3 FY:P1              33 HA_PULL:P3         63 MAG:S2
  4 FZ:P1              34 VA_PULL:P3         64 M/BT:S2
  5 MX:P1              35 FX:P4              65 LINE_0_BOT:S2
  6 MY:P1              36 FY:P4              66 HA_PULL:S2
  7 MZ:P1              37 FZ:P4              67 VA_PULL:S2
  8 MAG:P1             38 MX:P4              68 FX:S3
  9 M/BT:P1            39 MY:P4              69 FY:S3
 10 LINE_0_BOT:P1      40 MZ:P4              70 FZ:S3
 11 HA_PULL:P1         41 MAG:P4             71 MX:S3
 12 VA_PULL:P1         42 M/BT:P4            72 MY:S3
 13 FX:P2              43 LINE_0_BOT:P4      73 MZ:S3
 14 FY:P2              44 HA_PULL:P4         74 MAG:S3
 15 FZ:P2              45 VA_PULL:P4         75 M/BT:S3
 16 MX:P2              46 FX:S1              76 LINE_0_BOT:S3
 17 MY:P2              47 FY:S1              77 HA_PULL:S3
 18 MZ:P2              48 FZ:S1              78 VA_PULL:S3
 19 MAG:P2             49 MX:S1              79 FX:S4
 20 M/BT:P2            50 MY:S1              80 FY:S4
 21 LINE_0_BOT:P2      51 MZ:S1              81 FZ:S4
 22 HA_PULL:P2         52 MAG:S1             82 MX:S4
 23 VA_PULL:P2         53 M/BT:S1            83 MY:S4
 24 FX:P3              54 LINE_0_BOT:S1      84 MZ:S4
 25 FY:P3              55 HA_PULL:S1         85 MAG:S4
 26 FZ:P3              56 VA_PULL:S1         86 M/BT:S4
 27 MX:P3              57 FX:S2              87 LINE_0_BOT:S4
 28 MY:P3              58 FY:S2              88 HA_PULL:S4
 29 MZ:P3              59 FZ:S2              89 VA_PULL:S4
 30 MAG:P3             60 MX:S2
```

图 3.58 CONFORCE 输出内容示意

CF_MAGNITUDE, :CONN_SEL, -OPTIONS

输出连接部件最大张力与破断力的比。

CF_TOTAL,BODY, :CONN_SEL -OPTIONS

输出对应连接件施加在指定体上的全部载荷。

LWFORCE, -OPTIONS

输出下水滑道受到的载荷。

TIP-HOOK, -OPTIONS

输出吊机缆绳长度变化和受力情况。

以上命令的选项主要为-EVENTS, EVE_BEGIN, EVE_END, EVE_INC。

5. 动态缆单元和管道的后处理

R_DETAIL, ROD_NAME, -OPTIONS

该命令允许用户查看某些时刻对应的动态缆单元（ROD）的受力或应力响应，对应时刻通过-EVENTS, EVENT_NUMBER 定义。

REPORT, REP_NAMES(1), REP_NAME(2), … -OPTIONS

对应**R_DETAIL**输出相关结果，此时 REP_NAME 可以为受力**FORCE**或者应力**STRESS**。

R_ENVELOPE, ROD_NAME, -OPTIONS

得到整个分析过程中所有动态缆单元的受力、应力以及位移的包络线结果，计算结果对应时间范围通过-EVENTS, EVE_BEGIN, EVE_END, EVE_INC 定义。

REPORT, REP_NAMES(1), REP_NAME(2), … -OPTIONS

对应 R_ENVELOPE 输出相关结果，此时 REP_NAME 可以为受力 FORCE、应力 STRESS 或者位移 LOCATION。

R_VIEW, ROD_NAME, -OPTIONS

输出动态缆各单元时域下的绝对值最大值。

以上所有后处理命令执行后，程序都将激活通用数据后处理命令，此时用户可以通过后处理命令查看可输出数据（**VLIST**）、数据输出（**REPORT**）、数据曲线图（**PLOT**）的输出、对内容进行统计分析（**STATISTIC**）、谱分析（**SPECTRUM**）以及对需要的内容进行保存（**STORE**）等操作，相关命令解释详见 3.5.2 节。

3.3.12 力、载荷与载荷定义

1. 力（FORCE）的分类

在 MOSES 中，力（FORCE）分为以下几个主要类型：

- WEIGHT：重力。
- CONTENTS：压载舱中的液体重力或者单元内部包含的液体重力。
- BUOYANCY：浮力。
- WIND：风力。
- V_DRAG：黏性拖曳力，横摇黏性阻尼以及通过定义**-CS_CURRENT** 系数所产生的载荷，与速度平方成比例，相当于莫里森公式中的黏性项。
- WAVE：作用在浮体上的一阶波浪力。
- R_DRAG：辐射阻尼或通过定义**#DRAG** 所产生的线性阻尼力。
- SLAM：抨击力。
- CORIOLIS：科里奥利力。
- W_DRIFT：平均漂移波浪力。

- DEFORMATION：当使用广义自由度法时，由于物体变形所产生的力。
- APPLIED：施加在物体上的力。
- INERTIA：物体惯性力。
- A_INERTIA：附加质量所产生的惯性力。
- C_INERTIA：CONTENTS 所产生的惯性力。
- FLEX_CONNECTORS：柔性连接部件所施加的力。
- RIGID_CONNECTORS：刚性部件所施加的力。
- TOTAL：所有力的和。

2. 载荷（LOAD）类型

在 MOSES 中，载荷（LOAD）分为以下几个主要类型：

（1）**#DEAD**：重量载荷。

（2）**#WIND**：风力载荷。

（3）**#BUOY**：浮力载荷。

（4）**#AMASS**：水动力载荷。

（5）**#DRAG**：黏性流体载荷（拖曳力），可以通过软件定义线性定常的拖曳力载荷，该载荷与速度一次项有关，即线性阻尼。

3. 载荷定义

（1）**#WEIGHT**。

```
#WEIGHT, *PT, WT, RX, RY, RZ, -OPTIONS
   -LDIST, X1, X2
   -NUM_APPLIED, NUMBER
   -CATEGORY, CAT_Name
```

定义重量载荷及其分布。*PT 为重量的重心；WT 为定义的重量；RX、RY、RZ 分别为对应重量的回转半径。**#WEIGHT** 有 3 个主要选项：

1）-LDIST 定义重量在长度方向上的分布范围，后面输入 X1、X2 对应重量在长度方向上分布的起点和终点。

2）-NUM_APPLIED, NUMBER 定义载荷施加系数，即在定义好重量后，再定义载荷施加系数，最终施加的载荷为重量乘以该系数。

3）-CATEGORY 对定义的重量进行命名。一般情况下如果不对载荷进行命名，程序会按照默认的载荷分类进行定义。如果用户需要自定义载荷名称，可以在-CATEGORY 后输入需要定义的名称。譬如同样是重量，当希望此时定义的**#WEIGHT** 为空船重量时，-CATEGORY 后可以输入 L_ship，以便同其他重量载荷区别开。

（2）**#LSET**。

```
#LSET, *PT, FX, FY, FZ, MX, MY, MZ
```

在点*PT 施加 6 个方向的集中力载荷，需要在**&APPLY** 命令之后才可使用。

（3）**#AMASS**。

```
#AMASS, *PT, DISP, CX, CY, CZ, RX, RY, RZ –OPTIONS
   -CATEGORY, CAT_Name
```

#AMASS 定义附加质量矩阵的主对角线值。*PT 是参考点；DISP 为重力（单位是力的单位）；CX、CY、CZ 为对应 DISP 的**附加质量系数**；RX、RY、RZ 为对应 DISP 的**附加质量惯**

性半径系数（长度单位）。

该命令可以用于特殊结构物的附加质量修正。

（4）**#DRAG**。

```
#DRAG, *PT, DISP, D(X), D(Y), D(Z), R(X), R(Y), R(Z) –OPTIONS
  -CATEGORY, CAT_Name
```

#DRAG 定义线性阻尼矩阵主对角线值。*PT 是参考点；DISP 为重力（单位是力的单位，此时真正起作用的质量为 DISP/G，G 为重力加速度）；D(X)、D(Y)、D(Z)为对应 DISP 的**平动方向线性阻尼系数**；R(X)、R(Y)、R(Z)为对应 DISP 的**转动方向线性阻尼系数**。

线性阻尼力的表达式为：

F(X) = DISP/G * D(X) * V(X)

F(Y) = DISP/G * D(Y) * V(Y)

F(Z) = DISP/G * D(Z) * V(Z)

M(X) = DISP/G * R(X)**2 * OMEG(X)

M(Y) = DISP/G * R(Y)**2 * OMEG(Y)

M(Z) = DISP/G * R(Z)**2 * OMEG(Z)

其中，G 为重力加速度；V(X)、V(Y)、V(Z)为物体平动速度；OMEG(X)、OMEG(Y)、OMEG(Z)为物体转动速度，单位为弧度/秒。

#DRAG 可以用于阻尼修正。

（5）**#BUOY**。

```
#BUOY, *PT, DISP, -OPTIONS
  -CATEGORY, CAT_Name
  -NUM_APPLIED, NUMBER
```

#BUOY 定义施加在*PT 点的浮力为 DISP，此时*PT 点必须在水面以下。

（6）**#AREA**。

```
#AREA, *PT, AX, AY, AZ, -OPTIONS
  -CATEGORY, CAT_Name
  -NUM_APPLIED, NUMBER
  -WIND, WINMUL
  -DRAG, DRGMUL
  -AMASS, AMSMUL
  -WAVE_PM, WAVMUL
  -BUOY_THICK, BTHICK
  -TOT_WEIGHT, WT
  -MULT_WEIGHT, WMULT
```

#AREA 定义一块能够承受流载荷或者风载荷的面积。*PT 为面积形心，AX、AY、AZ 分别为 X、Y、Z 方向的受流/受风面积。

雷同的选项这里不再解释。-WIND，WINMUL 定义对应风面积的风力形状系数；-DRAG, DRGMUL 定义拖曳力系数；-AMASS, AMSMUL 定义附加质量系数。

-WAVE_PM, WAVMUL 是否考虑波浪流场中的水质点速度和加速度系数。软件默认 WAVEMUL 为 0。

如果定义的面积有厚度，通过-BUOY_THICK, BTHICK 定义其所受的浮力，BTHICK 为厚度。

如果定义的面积具有重量且不可忽略，通过-TOT_WEIGHT, WT 定义其所具有的重量。-MULT_WEIGHT, WMULT 用于定义单位面积重量。

（7）**#PLATE**。

```
#PLATE, *PNT(1), *PNT(2), …, -OPTIONS
  -CATEGORY, CAT_Name
  -NUM_APPLIED, NUMBER
  -WIND, WINMUL
  -DRAG, DRGMUL
  -AMASS, AMSMUL
  -WAVE_PM, WAVMUL
  -BUOY_THICK, BTHICK
  -TOT_WEIGHT, WT
  -MULT_WEIGHT, WMULT
```

#PLATE 的作用同**#AREA** 类似，但需要通过定义多个点（*PNT(1)…）来描述面的形状。当面跨越水线时，程序可以自动计算风和流在对应面积上的载荷。

（8）**#TUBE**。

```
#TUBE, OD, T, *PT1, *PT2 -OPTIONS
  -CATEGORY, CAT_Name
  -NUM_APPLIED, NUMBER
  -WIND, WINMUL
  -DRAG, DRGMUL
  -AMASS, AMSMUL
-WAVE_PM, WAVMUL
-TOT_WEIGHT, WT
-MULT_WEIGHT, WMULT
-BUOY_DIA, BOD
```

当需要考虑管单元的风、流载荷但同时不需要建立管单元结构模型时，可以通过使用 **#TUBE** 建立杆件载荷模型。

定义杆件载荷模型需要指定管单元的外径（OD）、厚度（T）、杆单元的起始、结束点（*PT1、*PT2）。

上文介绍过的选项此处不再赘述。-BUOY_DIA, BOD 定义杆件所受浮力的等效直径。

（9）**#TABLE**。

在 MOSES 中，用户可以通过**#TABLE** 来定义风流力系数。

```
&DATA  A_TABLE,  T_NAME, FLAG
    ANGLE, ANG1
    WIND_ARE, WAX, WAY, WAZ, WAMX, WAMY, WAMZ
    CURR_ARE, CAX, CAY, CAZ, CAMX, CAMY, CAMZ
#TABLE, T_NAME, *PNT, -OPTIONS
    -WAVE_PM, WAVMUL
    -CATEGORY, CAT_Name
```

具体流程是：

1）定义数据表**&DATA A_TABLE**，名称为 T_NAME。FLAG 为 REFLECT 时，可以输入 0～180°的风流力系数，程序自动对称处理；如果不输入 FLAG 参数，则风流系数需要在 0～360°的范围内进行输入。

2）输入风向/流向角定义命令 **ANGLE**，ANG1。

3）输入风/流力 **WIND_ARE/CURR_ARE**，各对应 6 个数据，前 3 个为平面力系数，后 3 个为力矩系数。

4）重复第二步，输入其他角度的风流力系数。

5）定义完成后需要输入 **END_&DATA**。

6）当定义完风流力数据表后，输入**#TABLE** 实现调用，T_NAME 即为风流力系数表的名称。*PNT 为风流力的作用点。

在风流力系数表中定义的风/流力系数为**风力、流力计算公式中去除速度平方项后的值**。

（10）**#TANAKA**。

#TANAKA 为 MOSES 计算船体横摇造涡阻尼的经验方法，用户如果需要进行经验公式的计算，可以通过**#TANAKA** 进行具体设置。

```
#TANAKA,WETSUF, -OPTIONS
    -ROLL, SECTION, FRACTION, BLOCK, DEPKEEL, KG, BEAM, BILRAD
    -PITCH, SECTION, FRACTION, BLOCK, DEPKEEL, KG, LENGTH, BILRAD
    -PERIOD, T(1), T(2), …, T(n)
    -ANGLE, AN(1), …, AN(n)
```

WETSUF 为船体的湿表面面积，可通过静水力命令 **CFORM** 进行计算，可参考 3.3.5 节。

-ROLL 设置横摇黏性阻尼计算参数，SECTION 为对应船体位置，可以为 BOW、MIDBODY 和 STERN。FRACTION 为对应 SECTION 所占的船体湿表面面积比例。BLOCK 为对 SECTION 的拖曳力系数。DEPKEEL 为从水线至船底基线的垂向距离。KG 为船体重心距离基线的距离。BEAM 为船体型宽。BILRAD 为舭部半径。LENGTH 为船长。用户可定义多个 SECTION，最多为 20 个。程序默认不对纵摇进行经验阻尼计算。

当读入模型数据后，在命令输入窗口输入 **MEDIT**，输入**#TANAKA**。如果此时用户不希望通过**#TANAKA** 进行阻尼设置，则可以忽略**#TANAKA** 命令输入参数，这时，用户进入子菜单后主要有以下两个命令用来定义对应波浪周期和方向的**线性阻尼系数**。

```
R_TANAKA, PER, VDM(1), …, VDM(N)
```

主要用途是定义对应波浪周期的线性横摇阻尼系数。

```
P_TANAKA, PER, VDM(1), …, VDM(N)
```

主要用途是定义对应波浪周期的线性纵摇阻尼系数。

需要注意的是，R_TANAKA 和 **P_TANAKA** 后定义的线性阻尼系数所对应的波浪周期 PER 需要通过**#TANAKA** -PERIOD 进行定义；指定的阻尼参数 VDM(1), … ,VDM(N)对应 **#TANAKA** -ANGLE, AN(1), …, AN(n)所定义的波浪角度。

（11）**#TANKER**。

用户可以通过**#TANKER** 来直接引用 OCIMF 的 *Prediction of wind and current loads on VLCCs* 中对油轮或者 FPSO/FSO 定义风流力系数，比较方便。

```
#TANKER, SIZE, TLEN, TDEP, TBEAM, AEX, AEY, LCP, -OPTIONS
    -CATEGORY, CAT_Name
    -CBOW
    -YAW_FACTOR, YF
    -WAVE_PM, WAVMUL
```

#TANKER 需要输入的参数包括：船体载重吨 SIZE（单位为千吨）；船长 TLEN；型深 TDEP；型宽 TBEAM。船体上层建筑横截面风面积 AEX；船体上层建筑纵截面风面积 AEY。

当输入 AEX 和 AEY 时，程序会以输入数据替换默认的船体上层建筑迎风面积数据，程序自动计算船体风面积。LCP 为建模原点至船舯距离。

-CBOW 表示船体具有球鼻艏。

-YAW_FACTOR 为时域计算中予以考虑的艏摇拖曳力系数，起到阻尼作用。

当船体发生艏摇运动时会产生一个明显的黏性力，从而起到减缓船体艏摇的作用。

Wichers（1979）基于切片理论对于艏摇拖曳力系数有过具体研究并给出了圆柱截面浮体所受的艏摇拖曳力表达式：

$$M_{\mathrm{YAW}} = \frac{1}{32} C_{\mathrm{d}} D L^4 \tag{3.5}$$

式中，D 为吃水；L 为船长；C_{d} 为艏摇拖曳力系数。MOSES 的处理方式与此类似。

在 MOSES 中如果-YAW_FACTOR 的 TF 设置为 0 则不考虑艏摇拖曳力的作用；如果 YF 为 1，则使用程序默认数据进行计算。

4. **&APPLY** 命令

对载荷施加系数需要使用**&APPLY** 命令。

```
&APPLY, -OPTIONS
    -PERCENT
    -FRACTION
```

两个选项定义载荷系数的定义形式：-PERCENT 以百分比的形式施加系数；-FRACTION 表示以系数形式施加。如：

```
&APPLY  -PERCENT  –LOAD_GROUP  A_NAME  50  -FRACTION  B_NAME  0.5
```

该命令表示对 A_NAME 的载荷施加 50%的量；对 B_NAME 施加一半的载荷量。

其他选项还包括：

```
-FORCE :NAME(1), VAL(1), …:NAME(n), VAL(n)
```

对用户定义力（FORCE）施加系数，NAME(n)为载荷名称，VAL(n)为对应系数。

```
-LOAD_GROUP :NAME(1), VAL(1), …:NAME(n), VAL(n)
```

对载荷（LOAD）施加系数，NAME(n)为载荷组名称，VAL(n)为对应系数。

```
-TIME_NAME, C_NAME
```

调用随时间变化的载荷系数，C_NAME 为通过**&DATA CURVES,** LT MULTIPLIER 定义的数据曲线名称。

```
-CATEGORY :CAT(1), :NAME(1), VAL(1), …:NAME(n), VAL(n)
```

对载荷类别施加系数，CAT(n)为载荷类别（Category）名称，NAME(n)为具体载荷名称，VAL(n)为载荷系数。

```
-MARGIN :CAT(1), VAL_INC(1), …:CAT(n), VAL_INC(n)
```

对**#DEAD** 载荷施加系数，CAT(n)为载荷类别（Category）名称，VAL_INC(n)为载荷调整量。如果此时对应-PERCENT，此时 VAL_INC(N)为增加/减少的百分比；如果对应-FRACTION，此时 VAL_INC(N)对应增加/减少的系数。

#APPLY 常用于 SACS 模型导入 MOSES 中进行分析时对载荷进行调整以满足重控要求。**#APPLY** 命令示意如图 3.59 所示。

```
&APPLY -PERCENT \
        -CATEGORY STR_MODE #dead 100.4    #buoy 100 \
        -CATEGORY ANODE    #dead 102.6    #buoy 100 \
        -CATEGORY SLEEVE   #dead 120.4    #buoy 100 \
        -CATEGORY BUMPER   #dead 110.1    #buoy 100 \
        -CATEGORY B-LAND   #dead 110.0    #buoy 100 \
        -CATEGORY MUDMAT   #dead 110.7    #buoy 100 \
        -CATEGORY WKWY     #dead 110.7    #buoy 100 \
        -CATEGORY CASSION  #dead 110.1    #buoy 100 \
        -CATEGORY RISER    #dead 111.8    #buoy 100 \
        -CATEGORY JTUBE    #dead 115.4    #buoy 100 \
        -CATEGORY PADEYE   #dead 110.0    #buoy 100 \
        -CATEGORY MGP      #dead 100.4    #buoy 100 \
        -CATEGORY L-SLING  #dead 110.1    #buoy 100 \
        -CATEGORY J-RING   #dead 110.0    #buoy 100 \
        -CATEGORY BULKHD   #dead 110.1    #buoy 100 \
        -CATEGORY FLOOD    #dead 110.1    #buoy 100 \
        -CATEGORY LEVELTL  #dead 110.0    #buoy 100 \
        -CATEGORY GRIPER   #dead 110.1    #buoy 100 \
        -CATEGORY PACKER   #dead 110.0    #buoy 100 \
        -CATEGORY U-PADEYE #dead 110.0    #buoy 100 \
        -CATEGORY L-PLAT   #dead 110.1    #buoy 100 \
        -CATEGORY U-SLING  #dead 100.9    #buoy 100 \
        -CATEGORY CONGUID  #dead 110.1    #buoy 100 \
        -CATEGORY U-PLAT   #dead 120.1    #buoy 100 \
        -CATEGORY DIAPHRM  #dead 110.0    #buoy 100 \
        -CATEGORY TANK     #dead 140.3    #buoy 100 \
        -CATEGORY TEMBRC   #dead 110.1    #buoy 100 \
        -CATEGORY FASTENG  #dead 110.1    #buoy 100 \
        -CATEGORY SKIDSHOE #dead 110.1    #buoy 100
```

图 3.59　**&APPLY** 命令示意

3.4　常用建模与模型传递方法

3.4.1　&DESCRIBE

“体”（BODY）是 MOSES 进行模拟仿真的基本要素之一，这里的“体”为运动学中的刚体；PART 是比体更小的部件，一般的属性都通过 PART 进行设置，BODY 的作用主要是用于刚体动力学模拟仿真。

1. 全局坐标系、BODY 坐标系和 PART 坐标系

MOSES 的全局坐标系是固定的、独立于时间的坐标系，主要作为定义环境条件方向的参考坐标系并用于描述各个局部坐标系在整体空间范围内的位移变化，其原点位于静水面，Z 方向指向水面上方。

PART 坐标系用于定义 PART 的几何尺度，主要作用是：

（1）描述点的位置。

（2）定义施加在 PART 上的载荷特征。

（3）用于计算单元的结构应变响应。

BODY 坐标系用于刚体运动仿真计算，全局坐标系，BODY 坐标系与 PRAT 坐标系，如图 3.60 所示。

&DESCRIBE 命令用来对不同 BODY 和 PART 进行描述和定义。当出现**&DESCRIBE** 命令后，除非出现新的**&DESCRIBE** 命令，否则对应的模型文件输入内容均对应第一个**&DESCRIBE** 命令。

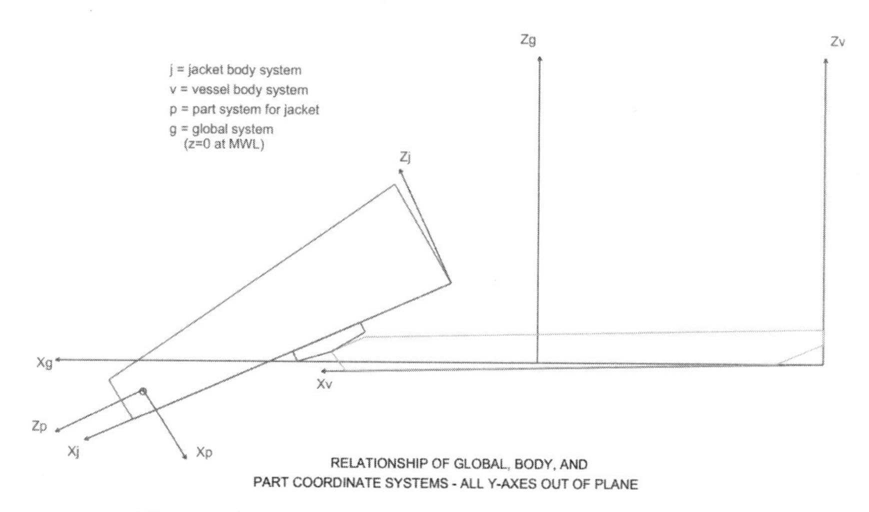

图 3.60 全局坐标系、BODY 坐标系与 PART 坐标系的关系

2. &DESCRIBE BODY

&DESCRIBE BODY, BODY_NAME, -OPTIONS

BODY_NAME 为需要进行描述的 BODY 的对应名称。

-IGNORE, DOF(1), DOF(2), …

在仿真模拟中忽略 BODY 的某运动自由度，DOF(n)可以为 X、Y、Z、RX、RY 和 RZ 中的一个或多个。

-SECTION, EI, X(1), SM(1), …, X(n), SM(n)

定义浮体截面属性，用于总纵强度计算。EI 为截面刚度；X(n)为浮体截面 X 坐标方向位置；SM(n)定义对应截面的剖面模数。

-LOCATION, X(1), X(2), …

定义总纵强度计算位置，X(n)为需要进行计算和结果输出的浮体 X 方向典型截面位置。

-DMARK, DM_NAME, *DPT(1), *DPT(2)

定义吃水标记，DM_NAME 为吃水标记名称，吃水标记通过两个点来定义：*DPT(1)为吃水标记的下方起点，*DPT(2)为吃水标记的上方终点。

-D_DMARK, :DM_NAME(1), :DM_NAME(2), …

删除吃水标记，DM_NAME 为需要删除的吃水标记名称。

-PR_NAME, PR_NAME
-MD_NAME, MD_NAME

以上两个命令用于定义水动力计算数据和漂移力计算数据对应名称。

-MD_FORCE, MD_FORCE, MD_RADIATION, MD_CORIOLIS

定义波浪漂移力调整系数，所有漂移力计算结果都将乘以 MD_FORCE 对应的系数来进行调整；MD_RADIATION 对平均漂移力中浮体运动辐射势的结果（运动修正项）进行调整；MD_CORIOLIS 对平均漂移力中的柯式加速度结果进行调整。

-FM_MORISON, FM_FACTOR

定义频域分析中黏性载荷的调整系数。

-SPE_MULTIPLIER, SPEMUL

修改频域范围内谱线性化的默认参数，一般不建议进行修改。

-PERI_USE, PER

在时域内不采用卷积积分的方法计算附加质量和辐射阻尼的延迟函数，而是采用某个计算周期（PER）对应的水动力计算结果。

程序默认采用卷积积分的方法。

3. &BODY

&BODY 命令用于读取关于体的信息，命令格式如下：

```
&BODY(ACTION, BODY_NAME, -OPTION)
```

ACTION 为需要进行显示的数据名，BODY_NAME 为选择的体的名称。ACTION 对应的可选择项包括：

（1）CURRENT：读取目前状态下体的名称，此时不需要输入 BODY_NAME 和 OPTION。

（2）P_NAME：读取对应 BODY_NAME 的 PART 名称。

（3）EXTREMES：读取对应 BODY_NAME 的长、宽、高数据。

（4）DRAFT：读取对应 BODY_NAME 的吃水标记信息。

（5）LOCATION：读取对应 BODY_NAME 的目前位置。

（6）VELOCITY：读取对应 BODY_NAME 的目前速度。

（7）MXSUBMERGENCE：读取 BODY_NAME 目前最大浸没深度。

（8）BOTCLEARANCE：读取对应 BODY_NAME 的体与海底距离。

（9）NWT_DOWN：返回对应 BODY_NAME 的非水密点列表。

（10）WT_DOWN：返回对应 BODY_NAME 的水密点列表。

（11）MIN_WT_DOWN：返回对应 BODY_NAME 的最小风雨密点高度。

（12）MIN_NWT_DOWN：返回对应 BODY_NAME 的最小非风雨密点高度。

（13）E_PIECES：返回对应 BODY_NAME 体的外部 PIECES 列表。

（14）I_PIECES：返回对应 BODY_NAME 体的内部 PIECES 列表（舱室）。

（15）MAX_BUOYANCY：返回对应 BODY_NAME 体完全浸没时的最大浮力。

（16）MAX_CB：返回对应 BODY_NAME 体完全浸没时对应的浮心位置。

（17）DISPLACE：返回对应 BODY_NAME 体目前状态下的排水量。

（18）CB：返回对应 BODY_NAME 体目前状态的浮心位置。

（19）GM：返回对应 BODY_NAME 体目前状态的 GM 值。

（20）G_ROLL：返回对应 BODY_NAME 体目前状态下总的倾斜角度。

以 F_开头的 ACTION 返回对应 BODY_NAME 的体所受到的载荷信息，如：F_WEIGHT、F_CONTENTS、F_BUOYANCY、F_WIND、F_V_DRAG、F_WAVE、F_SLAM、F_R_DRAG、F_CORIOLIS、F_W_DRIFT、F_DEFORMATION、F_EXTRA、F_APPLIED、F_INERTIA、F_AINERTIA、F_CINERTIA、F_FLEX_CONNECTORS、F_RIGID_CONNECTORS、F_TOTAL，具体含义可参考 3.3.12 节有关内容。

以 B_开头的 ACTION 返回对应 BODY_NAME 的体的基本重量信息，返回内容包括：B_CG、B_WEIGHT、B_RADII、B_MATRIX。

以 A_开头的 ACTION 返回对应 BODY_NAME 的体所施加的基本重量信息和包含重量（如压载水等）信息，返回内容包括：A_CG、A_WEIGHT,A_RADII, A_MATRIX。

以 D_开头的 ACTION 返回对应 BODY_NAME 的体所定义的重量信息，返回内容包括：D_CG、D_WEIGHT、D_RADII、D_MATRIX。

MATRIX 返回的数据为 6×6 的质量矩阵，具体数据为对应质量/惯性质量除以重力加速度后的结果；CG 返回重心结果；WEIGHT 返回重量结果；RADII 返回回转半径结果。

4. **&DESCRIBE PART**

```
&DESCRIBE PART, PART_NAME, PART_TYPE, -OPTIONS
```

PART_NAME 为 PART 的名称，PART_TYPE 为类型，其中最常用的类型为 **GROUND**。当类型为 **GROUND** 时，对应 PART 固定不动，通常用于定义锚点（&DESCRIBE GROUND）。

当 PART_NAME 为 JACKET 时，该命令用于导管架等结构的特殊定义。

```
-MOVE, NX, NY, NZ, NRX, NRY, NRZ
-MOVE, NX, NY, NZ, *PT(1), *PT(2), *PT(3), *PT(4)
```

该选项的含义是将结构物进行移动操作。NX、NY、NZ 为新的结构坐标原点位置，NRX、NRY、NRZ 为绕着 X、Y、Z 轴旋转的角度。

当通过 4 个点（*PT(1)～(4)）定义时，结构坐标系 X 轴由*PT(4)和*PT(2)的中点指向*PT(3)和*PT(1)的中点；X 轴向量方向与*PT(4)和*PT(2)向量方向的叉乘确定新的 Z 轴方向；Y 轴服从右手坐标系方向定义，具体可参考第 6 章的例子。

5. **&DESCRIBE PIECE**

&DESCRIBE PIECE 定义封闭的面，由多个 PANEL 组成。**&DESCRIBE PIECE** 可以用于浮体外表面的定义也可以用于复杂舱室的定义，通过 **PGEN** 命令建模，程序默认自动建立对应的 **PIECE**。关于 **PGEN** 和 **BLOCK** 方法参见 3.4.3 和 3.4.4 节相关内容。

&DESCRIBE PIECE 命令格式为：

```
&DESCRIBE PIECE, PIECE_NAME, -OPTIONS
```

PIECE_NAME 为定义的 **PIECE** 名称。

```
-PERMEABILITY, PERM
-OBSTACLE
-DIFTYPE, TYPE
-CS_WIND, CSW_X, CSW_Y, CSW_Z
-CS_CURRENT, CSC_X, CSC_Y, CSC_Z
-CS_VELOCITY, CS_VELOCITY_NAME
-AMASS, AMA_MULT, AM_CURVE
-TANAKA, TANAKA_FACTOR
-ROLL_DAMPING, ROLL_DAMP_FACTOR
```

以上各个选项的解释请参考 3.4.3 节的相关介绍。

PIECE 与 PANEL 的命令组成如图 3.61 所示。

```
$****************************************          Set body to MODEL
$
&describe body MODEL   ent
$
$****************************************          Define Coordinates
$
*PNT0001    -42.501*%xfac   -42.698*%yfac    0.000*%zfac
*PNT0002    -42.501*%xfac   -42.698*%yfac   61.000*%zfac
*PNT0003    -42.501*%xfac   -42.612*%yfac    0.001*%zfac
*PNT0004    -42.501*%xfac   -42.612*%yfac    0.001*%zfac
*PNT0005    -42.501*%xfac   -42.612*%yfac    2.996*%zfac
*PNT0006    -42.501*%xfac   -42.612*%yfac    8.001*%zfac
*PNT0007    -42.501*%xfac   -42.612*%yfac    8.001*%zfac
*PNT0008    -42.501*%xfac   -42.612*%yfac    8.000*%zfac
```

图 3.61　PIECE 和 PANEL

```
$***************************************          Set Piece to MODEL
$
&describe piece MODEL    -diftype 3ddif -cs_curr 0 0 0 -cs_wind 0 0 0
$
$***************************************          Define Panels
$
PANEL *PNT1002 *PNT1001 *PNT0001 *PNT0002
PANEL *PNT1001 *PNT1013 *PNT0012 *PNT0001
PANEL *PNT0001 *PNT0012 *PNT0020
PANEL *PNT0001 *PNT0020 *PNT0003
PANEL *PNT0001 *PNT0003 *PNT0005
PANEL *PNT0001 *PNT0005 *PNT0007
PANEL *PNT0002 *PNT0001 *PNT0007
PANEL *PNT1015 *PNT1002 *PNT0002 *PNT0015
PANEL *PNT0022 *PNT0015 *PNT0002
PANEL *PNT0002 *PNT0007 *PNT0013 *PNT0022
PANEL *PNT0003 *PNT0004 *PNT0005
PANEL *PNT0010 *PNT0011 *PNT0004 *PNT0003
PANEL *PNT0020 *PNT0010 *PNT0003
PANEL *PNT0005 *PNT0004 *PNT0006 *PNT0008
PANEL *PNT0014 *PNT0006 *PNT0004 *PNT0011 *PNT0024 *PNT0026
PANEL *PNT0007 *PNT0006 *PNT0014 *PNT0013
```

图 3.61 PIECE 和 PANEL（续图）

PANEL 定义一块多边形面，具体命令格式为：

PANEL, PAN_NAME, PTNAM(1), …, PTNAM(n)

PAN_NAME 对应 PANEL 的名称，一般可以忽略，PTNAM(n)为组成该面的点的名称，当该面为浮体外表面时，其节点排列顺序为顺时针，法向方向指向浮体内部。组成 **PANEL** 的点最少为 3 个，最多 55 个。

REVERSE –OPTION

该命令用于将所有 **PANEL** 的法向方向进行翻转操作。当-OPTION 为-YES 时，程序将所有 **PANEL** 的法向方向进行翻转。

REVERSE 命令仅针对当前**&DESCRIBE PIECE** 命令描述的内容起作用。

6. **&DESCRIBE COMPARTMENT**

定义内部舱室命令。

&DESCRIBE COMPARTMENT, CNAME -OPTIONS

CNAME 为舱室名称。对应选项包括：

-DESCRIPTION, DESC

通过该选项可以对定义的舱室进行特殊描述。

-S_TUBE, *PT, *PB

定义对应舱室的探深管，*PT 为探深管的最高点，*PB 为探深管的最低点。

-MINIMUM, MPERC, SPGC

定义舱室不可排出舱底水，MPERC 为舱底水与舱室体积的百分比，SPGC 为舱底水密度。

-HOLES, HOLE(1), … HOLE(n)

定义舱室的阀门和空气管等，HOLE(n)对应阀门和空气管名称，通过**&DESCRIBE HOLE** 定义。

-WT_DOWN, *WD(1), *WD(2), …

定义风雨密点，*WD(n)为风雨密点名称。

-NWT_DOWN, *ND(1), *ND(2), …

定义非风雨密点，*ND(n)为非风雨密点名称。

一般对于风雨密点和非风雨密点需要通过定义一个“虚拟”的舱室来进行定义可参考 5 章相关内容。

```
TUBTANK, DIA, PNT(1), PNT(2)
```

定义大直径管结构内的舱室（如导管架的支腿内部舱室），DIA 为舱室直径，PNT(1)、PNT(2) 定义管内舱室的起止点。

7. **&DESCRIBE HOLE**

定义舱室包含的不同类型孔，命令格式为：

```
&DESCRIBE HOLE, HOL_NAME, HOL_TYPE -OPTIONS
```

HOL_NAME 为孔名称；HOL_NAME 为孔的类型，包括：注水阀 F_VALVE、水密通气孔 WT_VENT、持续保持在水面以上的通气孔 M_VENT、可淹没通气孔 VENT、有内压的空气阀 V_VALVE。

对应选项包括：

```
-POINT, POINT_NAME
```

定义阀或通气孔的位置，POINT_NAME 为定义的点名称。

```
-AREA, AREA
```

定义阀或通气孔的横截面积（单位为平方毫米或平方英寸）。

```
-NORMAL, NX, NY, NZ
```

定义阀或通气孔法向分量。

```
-FRICTION, F_FACTOR
```

定义阀或通气孔以及对应管路系统的阻力系数。

MOSES 对于压载流量的定义为：

$$Q = UA\sqrt{\frac{2gH}{f}} \tag{3.6}$$

式中，Q 为流量，单位为立方米每分钟或立方英尺每分钟；A 为管道横截面积；g 为重力加速度；H 为水头高度差；f 为管道阻力系数；U 为无量纲参数。

8. **&DESCRIBE SENSOR**

定义传感器。

```
&DESCRIBE SENSOR, SENSOR_NAME, -OPTIONS
```

SENSOR_NAME 为定义的传感器名称。

```
-ON, :SEL(1), :SEL(2), …
-OFF, :SEL(1), :SEL(2), …
-DELETE, :SEL(1), :SEL(2), …
```

这 3 个选项用于开启、关闭、删除控制器，此时不需要定义 SENSOR_NAME。

```
-SIGNAL, S_TYPE, S_SOURCE, S_DESIRED, S_VAL, S_B, S_N
```

该选项用于定义传感器监控信息，S_TYPE 为信号来源类型，可以为：TIME、点位置 POINT、两点相对位移 VECTOR、缆绳长度 C_LENGTH、连接部件受力 C_FORCE、最小风雨密点高度 MIN_WT_DOWN、最小非风雨密点高度 MIN_NWT_DOWN、体的朝向角度 BODY_ANG。

S_SOURSE 为数据信号来源，对于 TIME 不需要指定信号来源；对于 POINT 此时信号来源应为定义的点；对于 VECTOR，信号来源应为定义向量方向的两个点；C_LENGTH 和 C_FORCE 信号来源应为连接部件；MIN_WT_DOWN、MIN_NWT_DOWN、BODY_ANG 信号来源应为已定义的风雨密点/非风雨密点。

S_DESIRED 为需要达到的值，当连接到控制系统（通过 **ASSEMBLLY CONTROL** 定义）

时才需要指定。

S_VAL、S_B、S_N 信号处理方法。S_VAL 为 NORM（范数）或 VALUES，当 S_VAL 为 NORM 时数据来源为向量范数；S_B 为 1、2，对应 1 型范数、2 型范数。

对于不同的信号类型需要进行甄别，如果需要对信号类型的部分结果进行组合并进行监控，则此时 S_VAL 可以为 NORM，S_B 定义范数类型，S_N 定义需要进行组合的计算结果数目；如果只监控某种计算结果，则 S_VAL 为 VALUE，S_B 省略，S_N 为需要监控的计算结果对应数据列。

MOSES 并没有对信号类型能够提供的结果内容进行详细解释，考虑到信号控制多用于时域分析，本书建议读者根据时域计算结果通过后处理命令 **VLIST** 来查看可以进行后处理的数据和对应项。如 **CONFORCE** 命令进行时域过程下缆绳张力计算结果的处理，可输入 **VLIST** 查看可进行处理的结果和对应数字代号，如图 3.62 所示。

```
>conforce @ -event 0 1700
>vlist
                  The Variables Available for Selection are:
                  ==========================================
  1 Event               31 M/BT:P3              61 MY:S2
  2 FX:P1               32 LINE_O_BOT:P3        62 MZ:S2
  3 FY:P1               33 HA_PULL:P3           63 MAG:S2
  4 FZ:P1               34 VA_PULL:P3           64 M/BT:S2
  5 MX:P1               35 FX:P4                65 LINE_O_BOT:S2
  6 MY:P1               36 FY:P4                66 HA_PULL:S2
  7 MZ:P1               37 FZ:P4                67 VA_PULL:S2
  8 MAG:P1              38 MX:P4                68 FX:S3
  9 M/BT:P1             39 MY:P4                69 FY:S3
 10 LINE_O_BOT:P1       40 MZ:P4                70 FZ:S3
 11 HA_PULL:P1          41 MAG:P4               71 MX:S3
 12 VA_PULL:P1          42 M/BT:P4              72 MY:S3
 13 FX:P2               43 LINE_O_BOT:P4        73 MZ:S3
 14 FY:P2               44 HA_PULL:P4           74 MAG:S3
 15 FZ:P2               45 VA_PULL:P4           75 M/BT:S3
 16 MX:P2               46 FX:S1                76 LINE_O_BOT:S3
 17 MY:P2               47 FY:S1                77 HA_PULL:S3
 18 MZ:P2               48 FZ:S1                78 VA_PULL:S3
 19 MAG:P2              49 MX:S1                79 FX:S4
 20 M/BT:P2             50 MY:S1                80 FY:S4
 21 LINE_O_BOT:P2       51 MZ:S1                81 FZ:S4
 22 HA_PULL:P2          52 MAG:S1               82 MX:S4
 23 VA_PULL:P2          53 M/BT:S1              83 MY:S4
 24 FX:P3               54 LINE_O_BOT:S1        84 MZ:S4
 25 FY:P3               55 HA_PULL:S1           85 MAG:S4
 26 FZ:P3               56 VA_PULL:S1           86 M/BT:S4
 27 MX:P3               57 FX:S2                87 LINE_O_BOT:S4
 28 MY:P3               58 FY:S2                88 HA_PULL:S4
 29 MZ:P3               59 FZ:S2                89 VA_PULL:S4
 30 MAG:P3              60 MX:S2
```

图 3.62 **CONFORCE** 可进行处理的缆绳张力计算结果

以 P1 缆为例，1 对应 Time，2 对应张力 X 方向分量，3 对应张力 Y 方向分量，4 对应张力 Z 方向分量。由于 TIME 不需要信号来源，因此 X、Y、Z 分量在用于信号监控时对应数字变为 1、2、3。如果此时想监控缆绳张力信号，则此时对应位置应设置为：

```
… NORM  1  3
```

求 1、2、3 信号源的 1 型范数结果作为监控信号，即监控缆绳的张力合力（Tension）。

```
-CONVOLUTION, CVL_NAME
```

在进行监控前先对原数据信号进行卷积处理来获得系统缓慢变化的特征。

```
-DERIVATIVE, YES/NO
```

对数据信号求导处理。

```
-LIMITS, LIM_L, LIM_U
```

对数据信号设置上下限范围以用于控制。

```
-ACTION, A_TYPE, RECEIVER
```

ACTION 为数据信号超出-LIMIT 设置范围时采取的动作。A_TYPE，可以为 NONE、STOP_SIMULATION、STOP_WINCH、DEACTIVAVE、CHANGE_PROP。RECEIVER 为动作

施加的数据信号来源或者对应部件。关于传感器定义和组装可参见 7.4 节示例。

3.4.2　模型读入与修改

INMODEL 是 cif 文件对整体参数进行定义后，在进行分析之前必须输入的命令。

```
INMODEL -OPTIONS
        -offset
```

-offset 选项作用是读入导管架模型后对管节点的 offset 予以考虑。

```
USE_VES, VES_NAME
USE_MAC, MAC_NAME
```

这两个命令一般在 dat 文件开始位置输入。**USE_VES** 的作用是调用 MOSES 内部定义的船舶模型，VES_NAME 为船体模型名称。**USE_MAC** 的作用是激活 MOSES 或者用户自定义的宏命令，MAC_NAME 为宏命令名称。

模型读入后对模型进行修改的命令为：

```
MEDIT
...
END_MEDIT
```

在 **MEDIT** 命令输入后可以对读入的模型进行修改，譬如定义一些关键点、定义系泊系统、定义风/流面积模型或进行模型修改等。

3.4.3　通过型线建立船体模型

当已知船体型线对应型值后可以通过 **PGEN** 命令建立船体模型，基本命令和步骤为（图 3.63）：

（1）新建 dat 模型文件。

（2）在 dat 文件中输入**&dimen** 命令，定义模型文件数据对应的单位制。

（3）输入**&describe body**，定义船体名称。

（4）输入 **PGEN** 命令并设定一些必要参数。

（5）通过 **PLANE** 命令输入对应每个站位的船体型值，每个 **PLANE** 命令描述典型站位的型值。

（6）当所有型值输入完毕后输入 **END_PGEN** 结束模型定义。

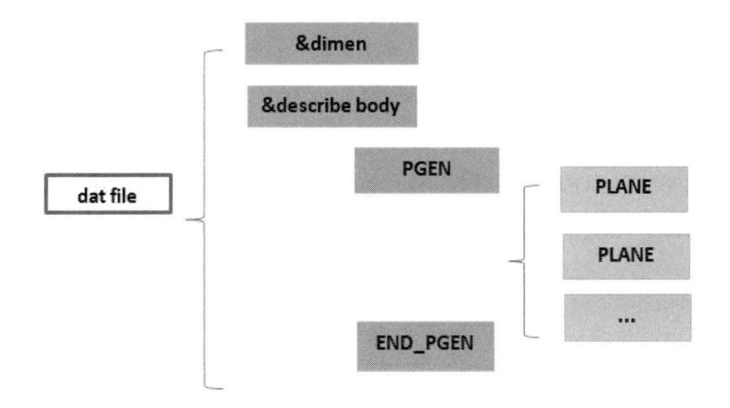

图 3.63　通过 PGEN 建立船体模型的基本命令组成

PGEN 命令格式和对应选项如下。

PGEN, PIECE_NAME, -OPTIONS

PIECE_NAME 为通过 PGEN 定义的片体名称，如果存在多个片体，建议对此处进行命名以示区别。如果仅存在一个片体，则此处可以省略。

-PERMEABILITY, PERM

定义渗透率，PERM 为渗透率比值。当 PERM 为正数时表明此时通过 PGEN 命令定义的片体法向方向指向水体，模型为静水力和水动力计算模型；当 PERM 为负值时，PGEN 命令定义的片体法向方向指向船体内，用于舱室的定义。

理想状态下 PERM 应为 1（即 100%）或-1，但一般建模得到的模型或多或少都会存在误差，通过调整 PERM 值可以对船体排水量进行修正或对舱室舱容进行修正。

-OBSTACLE

本选项表明此时通过 **PGEN** 定义的片体为固定不动的结构，且对其他浮体具有水动力的耦合影响。可以用来考察浮体与固定体之间的水动力作用。

-DIFTYPE, TYPE

定义片体水动力计算方法，TYPE 可以为三维辐射绕射法（3DDIF）或切片法（Strip）。

-CS_WIND, CSW_X, CSW_Y, CSW_Z

定义片体风力系数。通过该选项可以对片体进行 X、Y、Z 三个方向的风力系数的定义。

-CS_CURRENT, CSC_X, CSC_Y, CSC_Z

定义片体所受流力系数，CSC_X、CSC_Y、CSC_Z 对应 X、Y、Z 方向的流力系数。需要指出的是，Z 方向流力系数在设置的时候应予以注意。

通过 **PGEN** 定义的片体在程序计算中会自动按照吃水线进行划分，水线以上承受风力作用，水线以下受到水质点运动影响。

图 3.64 为考虑横摇造涡经验公式（**#TANAKA**）计算的横摇阻尼同-CS_CURR 定义为 1, 1, 1 时某船横摇 RAO 对比，可以发现-CS_CURR 的 Z 向系数对于横摇运动具有明显的阻尼效果。用户要么设置 CSC_Z，要么在横摇阻尼中进行了定义，二者不可同时使用，否则会高估阻尼贡献。本书建议在 **PGEN** 建模过程中慎重考虑 CSC_Z 项的设置。

-CS_VELOCITY, CS_VELOCITY_NAME

流力系数与流速相关，CS_VELOCITY_NAME 为通过**&DATA CURVE CS_VELOCITY** 定义的流力系数和流速之间关系数据的名称。

-TANAKA, TANAKA_FACTOR

为经验公式计算的横摇造涡阻尼修正项的缩放系数，TANAKA_FACTOR 为缩放系数值。

-ROLL_DAMPING, ROLL_DAMP_FACTOR

定义二次横摇阻尼系数，ROLL_DAMP_FACTOR 同横摇角速度的平方呈正比，即：

$$\text{Roll\_damping\_moment} = \text{Roll\_DAMP\_FACTOR} \times \varphi^2 \tag{3.7}$$

式中，φ 为横摇运动角速度。

-STBD

默认情况下用户只需对右舷几何特性进行描绘，程序会自动将右舷几何特性关于 XZ 平面映射到左舷，从而组成完整模型。输入-STBD 选项表明通过 **PGEN** 描绘的片体几何特性只包含右舷而不自动向左舷进行映射。

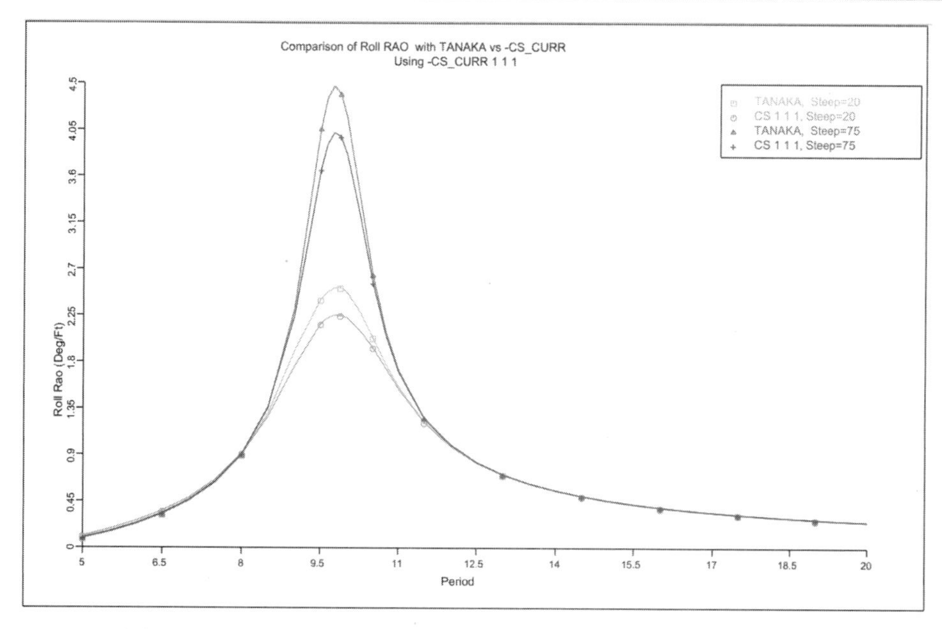

图 3.64　TANAKA 阻尼与 CS-CURRENT 定义系数对横摇运动的影响

-PORT

该选项表明通过 **PGEN** 描绘的片体几何特性只包含左舷，具体输入数据可以按照左舷布置的几何特性进行输入定义。

-BOTH

该选项表明不需要程序进行映射操作，用户此时需要把左右舷的几何特性数据都完整地输入到文件中。

-LOCATION, X, Y, Z, ROLL, PITCH, YAW

用户可以通过该选项对片体的建模原点进行移动和旋转操作。

以上 4 个选项常用于舱室的定义。

PLANE 命令用于描述典型站位（或典型截面）的几何特征，具体命令如下：

PLANE, X(1), X(2), ⋯, X(n), -OPTIONS

X(n)为典型站位（典型截面）在船体坐标系 X 轴方向的位置，当典型站位之间的截面特性不一致时需要对每个典型站位 X(n)输入 PLANE 命令进行几何特性描述。

对于船舶平行中体，用户需要对平行中体范围内的典型位置进行定义，则 PLANE 后可输入多个典型位置 X 值，这些位置的几何特性均相同。

-RECTANGULAR, ZBOT, ZTOP, BEAM, NB, NS, NT

该选项用于矩形截面特性的定义，ZBOT 和 ZTOP 分别是截面 Z 向的最低点和最高点；BEAM 为截面整体宽度；NB 为矩形底边的点的数目；NS 为 ZBOT 至 ZTOP 之间的点的数目；NT 为顶部宽度方向点的数目，如图 3.65 所示。

-CARTESIAN, Y(1), Z(1), Y(2), Z(2), ⋯, Y(n), Z(n)

该选项用于以型值点的形式来对典型截面几何特性进行描述，点的排列顺序是：从船底船舯开始逆时针输入，最后一个点可以与起点相同，也可以为起点上方的点，如图 3.66 所示。

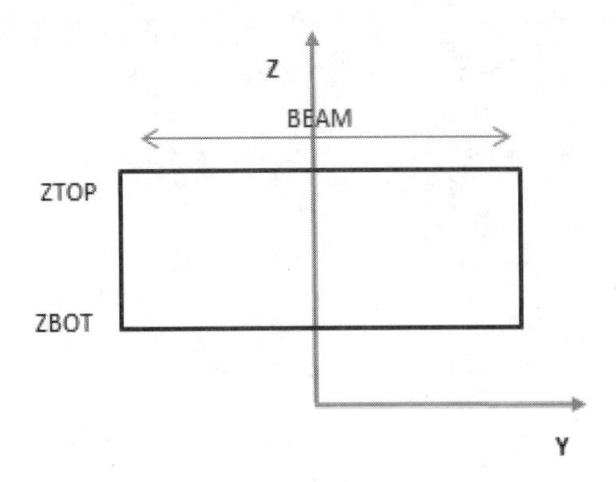

图 3.65　PLANE-RECTANGULAR 示意

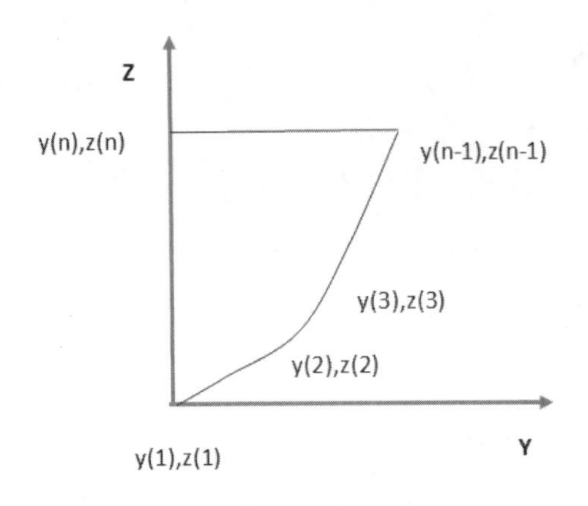

图 3.66　PLANE-CARTESIAN 示意

-CIRCULAR, Y, Z, R, THETA, DTH, NP

用于描绘圆形截面，Y、Z 为圆形截面圆心位置；R 为半径；THETA 为第一个点的角度（角度方向定义由负 Z 轴指向正 Z 轴）对应的点；DTH 为角度增量；NP 为需要生成的点数。该选项实际上是以多边形来近似描绘圆形截面，如图 3.67 所示。

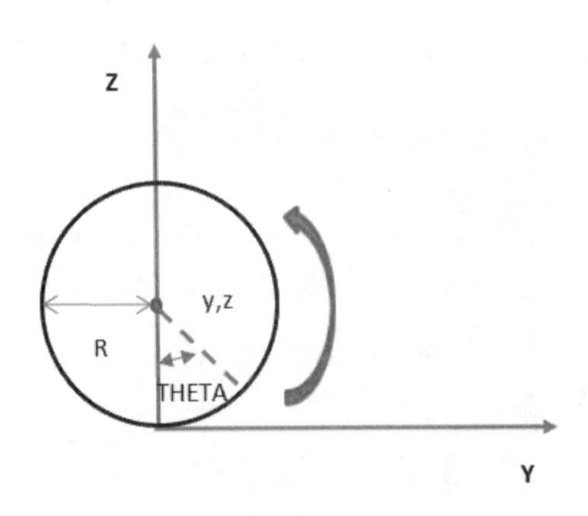

图 3.67　PLANE-CIRCULAR 示意

通过 **PGEN** 建立的模型文件示意如图 3.68 所示。

```
use_mac stab
&dimen   -SAVE -DIMEN meters m-tons
$
$*****************************************************************
&DESCRIBE BODY  %bgname%
$
$******************************************* BARGE DRY WEIGHT
$
 *cg_l 47.58 0.00 4.27
 #weight *cg_l 2347 10.2 25.0 25.0 -cat l_ship -ldist 0 95.16
$
$******************************************* BARGE HULL DATA
pgen -perm 1.01 -diftyp 3DDIF -cs_wind 1 1 0
plane 0.00 -cart  0.00   4.10 \
                         14.8   4.10 \
                         15.3   4.60 \
                         15.3   4.88 \
                         15.3   6.10
plane 1.83 -cart  0.00   3.46 \
                         14.8   3.66 \
                         15.3   3.97 \
                         15.3   4.60 \
                         15.3   4.88 \
                         15.3   6.10
plane 3.66 -cart  0.0    2.82 \
                         14.8   3.05 \
                         15.3   3.60 \
                         15.3   4.27 \
                         15.3   4.60 \
                         15.3   4.88 \
                         15.3   6.10
plane 5.49 -cart  0.0    2.18 \
                         14.902 2.44 \
                         15.3   3.05 \
                         15.3   3.05 \
```

图 3.68 通过 PGEN 建立船体模型

PGEN 命令多用于连续体的模型建模，如船舶、Spar 平台等，如图 3.69 所示。

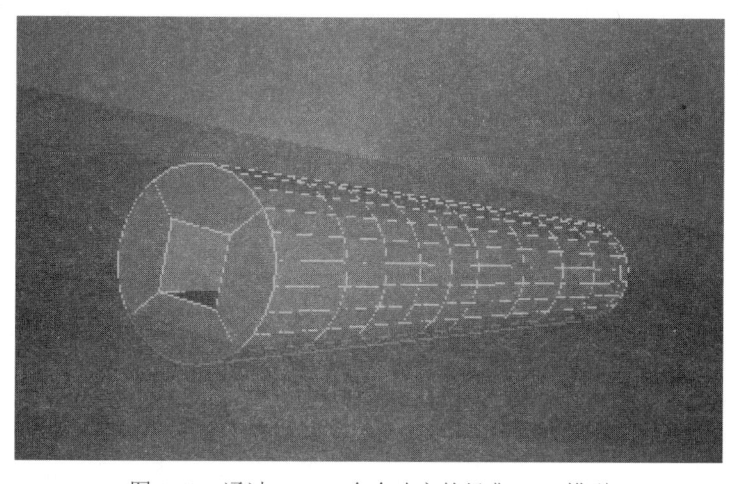

图 3.69 通过 **PGEN** 命令建立的经典 Spar 模型

如果是非连续体，用户可以通过多个 **PGEN** 命令来定义模型，如图 3.70 所示。但这种方法存在重复定义面积的问题，在进行水动力计算时可能存在湿表面重复定义和重叠的问题从而影响计算结果精度。如果仅进行静水力计算，则一般影响不大。

图 3.70　通过定义多个 **PGEN** 命令建立的自升式平台静水力计算模型

这里以一个简单的驳船为例说明通过 **PGEN** 命令建立船体模型的基本流程。目标驳船的基本参数见表 3.1。该驳船为典型平板驳，全长 95.16m，共 52 站，站距 1.83m，艏艉型线相同，各占据 6 个站位，其余部分为平行舯体，船舶舭部圆弧过渡，如图 3.71 所示。

表 3.1　目标驳船主要参数

项目	数据
船长 /m	95.16
船宽 /m	30.6
型深 /m	6.1
拖航吃水 /m	3.0
拖航排水量 /t	7503

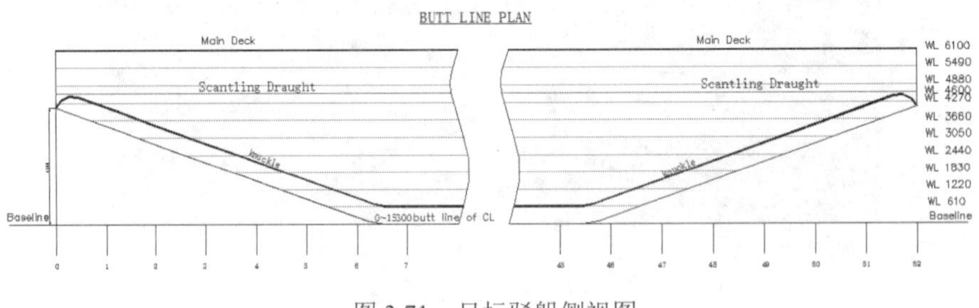

图 3.71　目标驳船侧视图

建模基本步骤如下：

（1）新建 barge.dat 文件并打开该文件，定义 BODY 名称为 BARGE，定义单位制为公制，如图 3.72 所示。

```
$*****************************************************************
$
&DESCRIBE BODY  barge
$
$************************************************ DEFINE UNIT
$
&DIMEN -DIMEN METERS M-TONS
$
$******************************************** BARGE HULL DATA
```

图 3.72　定义 BODY 名称及单位制

（2）输入 **PGEN** 命令，定义渗透率、水动力计算方法以及风力系数，如图 3.73 所示。

（3）根据型线图和型值表使用 **PLANE** 命令对驳船船艏几何形状进行描绘，这里采用 -CARTESIAN 用型值点的形式进行船体剖面几何特性的输入，如图 3.73 所示。

```
$******************************************** BARGE HULL DATA
pgen -perm 1.01 -diftyp 3DDIF -cs_wind 1 1 0
plane 0.00 -cart  0.00   4.10 \
                          14.8   4.10 \
                          15.3   4.60 \
                          15.3   4.88 \
                          15.3   6.10
plane 1.83 -cart  0.00   3.46 \
                          14.8   3.66 \
                          15.3   3.97 \
                          15.3   4.60 \
                          15.3   4.88 \
                          15.3   6.10
plane 3.66 -cart  0.0    2.82 \
                          14.8   3.05 \
                          15.3   3.60 \
                          15.3   4.27 \
                          15.3   4.60 \
                          15.3   4.88 \
                          15.3   6.10
plane 5.49 -cart  0.0    2.18 \
                          14.902 2.44 \
                          15.3   3.05 \
                          15.3   3.05 \
                          15.3   4.27 \
                          15.3   4.60 \
                          15.3   4.88 \
                          15.3   6.10
plane 7.32 -cart  0.0    1.535 \
                          14.964 1.83 \
                          15.3   2.44 \
                          15.3   3.05 \
                          15.3   4.27 \
                          15.3   4.60 \
                          15.3   4.88 \
                          15.3   6.10
```

图 3.73　描绘驳船船艏部分型线

（4）船长 12.81～82.35m 之间为平行中体，对应 **PLANE** 几何信息一致，如图 3.74 所示。

（5）对船艉位置型线进行描绘，如图 3.75 所示。输入完毕后输入 **END_PGEN** 结束命令输入并保存文件。

通过 MOSES 程序打开该文件（barge.dat），将驳船设置在 3m 吃水位置查看排水量。吃水 3m 时，该驳船排水量为 7511.2t，同要求值 7503t 基本一致，如图 3.76 所示，驳船模型示意图如图 3.77 所示。更精确地，模型排水量应同平台装载计算书进行比较以确定模型在各个吃水位置是否能够满足要求，可以通过调整渗透率（-PERM）来使得模型排水量满足要求。

```
plane 9.15 -cart  0.0     0.894 \
                          14.964 1.22 \
                          15.3   1.83 \
                          15.3   2.44 \
                          15.3   3.05 \
                          15.3   4.27 \
                          15.3   4.60 \
                          15.3   4.88 \
                          15.3   6.10
plane 10.98 -cart 0.0     0.252 \
                          14.995 0.61 \
                          15.3   1.22 \
                          15.3   3.05 \
                          15.3   4.27 \
                          15.3   4.60 \
                          15.3   4.88 \
                          15.3   6.10
plane 12.81 -cart  0.0     0.0 \
                          14.675 0.00 \
                          15.3   0.61 \
                          15.3   3.05 \
                          15.3   4.27 \
                          15.3   4.60 \
                          15.3   4.88 \
                          15.3   6.10
plane 82.35 -cart  0.0     0.0 \
                          14.675 0.00 \
                          15.3   0.61 \
                          15.3   3.05 \
                          15.3   4.27 \
                          15.3   4.60 \
                          15.3   4.88 \
                          15.3   6.10
plane 84.18 -cart  0.0    0.252 \
                          14.995 0.61 \
                          15.3   1.22 \
                          15.3   3.05 \
                          15.3   4.27 \
                          15.3   4.60 \
                          15.3   4.88 \
                          15.3   6.10
```

图 3.74　描绘驳船船艏部分型线

```
plane 87.84 -cart  0.0    1.535 \
                          14.964 1.83 \
                          15.3   2.44 \
                          15.3   3.05 \
                          15.3   4.27 \
                          15.3   4.60 \
                          15.3   4.88 \
                          15.3   6.10
plane 89.67 -cart  0.0     2.18 \
                          14.902 2.44 \
                          15.3   3.05 \
                          15.3   4.27 \
                          15.3   4.60 \
                          15.3   4.88 \
                          15.3   6.10
plane 91.5 -cart  0.0     2.82 \
                          14.8   3.05 \
                          15.3   3.60 \
                          15.3   4.27 \
                          15.3   4.60 \
                          15.3   4.88 \
                          15.3   6.10
plane 93.33 -cart 0.00    3.46 \
                          14.8   3.66 \
                          15.3   3.97 \
                          15.3   4.60 \
                          15.3   4.88 \
                          15.3   6.10
plane 95.16 -cart 0.00    4.10 \
                          14.8   4.10 \
                          15.3   4.60 \
                          15.3   4.60 \
                          15.3   4.88 \
                          15.3   6.10
end pgen
```

图 3.75　描绘驳船船艉部分型线

```
>inmodel
   Time To perform Inmodel                         : CP=     0.92
>&instate barge -condition 3 0 0
>&status
     +++ B U O Y A N C Y   A N D   W E I G H T   F O R   B A R G E +++
     =================================================================

  Process is DEFAULT: Units Are Degrees, Meters, and M-Tons Unless Specified
                      Results Are Reported In Body System

      Draft =     3.00 Roll Angle =     0.00 Pitch Angle =     0.00

                       Wet Radii Of Gyration About CG

              K-X =     0.00 K-Y =     0.00 K-Z =     0.00

                           /-- Center of Gravity --/  Sounding   % Full
 Name        Weight       --X--    --Y--    --Z--    --------   -------
 ---------------------- Part BARGE ----------------
 =======    =======     =======  =======  =======

 Total         0.00        0.00     0.00     0.00
 Buoyancy   7511.21       47.58    -0.00     1.56
```

图 3.76　驳船 3m 吃水状态下的排水量

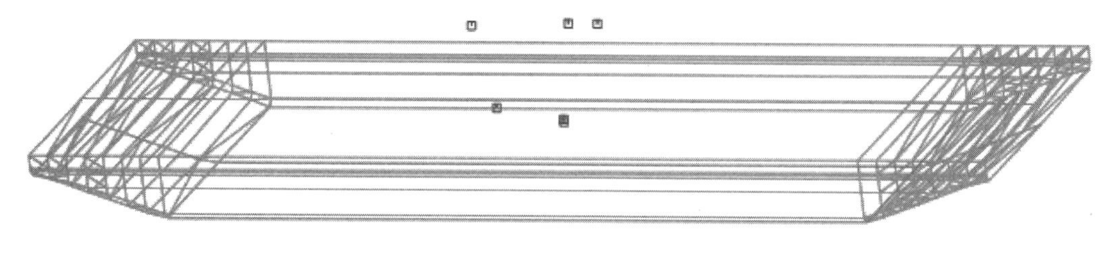

图 3.77　通过 **PGEN** 建立的驳船模型

3.4.4　通过 BLOCK 建立模型

BLOCK 命令可以实现非连续体的建模。上一节提到，通过 **PGEN** 方法建立的非连续体模型存在交界面重合、面积重复定义的问题，这些问题通过 **BLOCK** 方法可以较好地解决。

BLOCK 基本命令如图 3.78 所示。

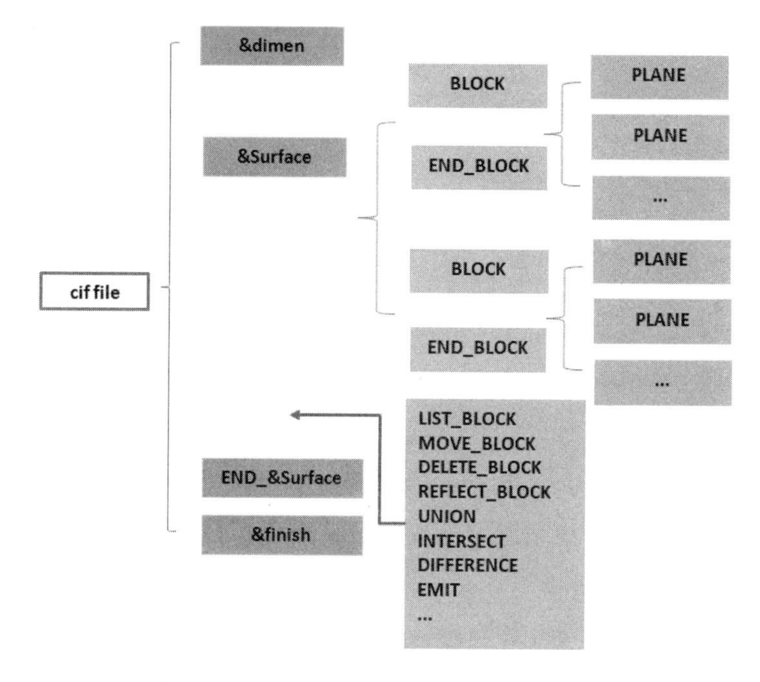

图 3.78　通过 **BLOCK** 建立模型的基本命令组成

BLOCK 的方法是通过描述各个部件几何形状，通过程序内置的布尔运算规则对各个部件进行布尔运算，最终形成完整的模型。这种方法生成的模型外表面闭合，不存在部件界面重合的问题。

当需要使用 **BLOCK** 方法时，需要新建一个 cif 文件，MOSES 通过执行该文件可以生成具体的模型文件。

在 cif 文件中需要输入**&SURFACE** 命令，进入 Block 建模的命令菜单，**END_&Surface** 命令表示退出菜单。

BLOCK 建模菜单的主要命令如下。

1. 定义 BLOCK（块）

BLOCK, BLOCK_NAME, -OPTIONS

BLOCK_NAME 为建立 **BLOCK** 的名称。

-LOCATION, X, Y, Z, ROLL, PITCH, YAW

设置所在位置。

-STBD
-PORT
-BOTH

以上 3 个选项同 **PGEN** 的相关选项意义相同。

当建立完一个 BLOCK 后需要输入 **END_BLOCK** 表示输入完毕。**BLOCK** 命令也是通过 **PLANE** 来进行几何特性描述的，这一点同 **PGEN** 命令相似，**PLANE** 命令相关内容可参考 3.4.3 节相关内容。

2. 操作命令（块操作）

LIST_BLOCK

列出目前已经定义的所有 BLOCK 的名称。

MOVE_BLOCK, BLOCK_NAME, ANSNAM, X, Y, Z, RX, RY, RZ

对 BLOCK_NAME 指定的 BLOCK 进行复制操作，新生成的 BLOCK 名称为 ANSNAM。X、Y、Z、RX、RY、RZ 分别对应新生成 BLOCK 六个方向的位置。

DELETE_BLOCK, BLOCK_NAME(1), … BLOCK_NAME(n)

删除指定 BLOCK。

REFLECT_BLOCK, BLOCK_NAME, ANSNAM, AXIS

对指定的 BLOCK 进行映射操作，新生成的 BLOCK 名称通过 ANSNAM 指定，AXIS 为映射参考轴，可以为 X、Y、Z。

UNION, BLOCK_NAME(1), BLOCK_NAME(2), ANSNAM

对两个 BLOCK 进行“和”操作，新生成的 BLOCK 名称由 ANSNAM 指定。“和”操作将两个 BLOCK 合为一体，并删除重叠部分。

INTERSECT, BLOCK_NAME(1), BLOCK_NAME(2), ANSNAM
DIFFERENCE, BLOCK_NAME(1), BLOCK_NAME(2), ANSNAM

两个命令均为对两个 BLOCK 进行“差”操作，**INTERSECT** 保留 BLOCK_NAME(1)与 BLCOK_NAME(2)的重叠部分，**DIFFERENCE** 用于在 BLOCK_NAME(1)上“挖孔”。

RENAME_BLOCK, :BLOCK_SEL, -OPTIONS

删除除了 BLOCK_SEL 包括的内容外的所有 BLOCK 并对模型的节点、PANEL 进行重命名。

-POINT, *PNAM,

*PNAM 设置节点前缀名。

-PANEL, PNL,

对 PANLE 设置 PANEL 前缀名。

-EQUIVALENT, DIST

通过定义节点等效距离 DIST 对一些节点进行等效删减，从而将不规则的小 PANEL 进行删减和合并。

3. 模型的输出

EMIT, :BLOCK_SEL(1), … :BLOCK_SEL(n), -OPTIONS

输出通过 **BLOCK** 方法生成的模型。BLOCK_SEL 对应 BLOCK 的名称。**EMIT** 命令示意如图 3.79 所示。

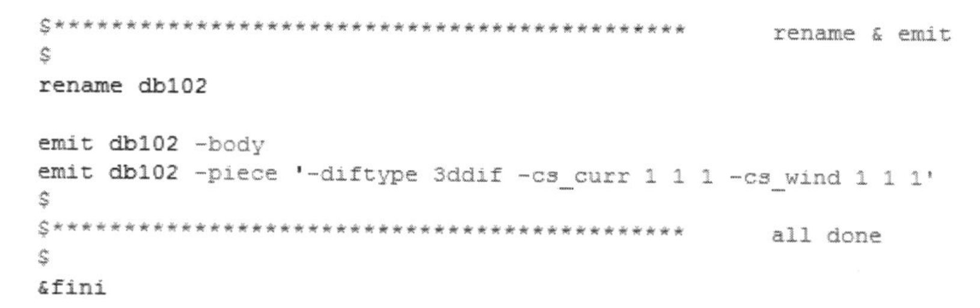

```
$*********************************************          rename & emit
$
rename db102

emit db102 -body
emit db102 -piece '-diftype 3ddif -cs_curr 1 1 1 -cs_wind 1 1 1'
$
$*********************************************          all done
$
&fini
```

图 3.79　**EMIT** 示例

-PART, PART_NAME, PAROPT

当以 PART 定义 BLOCK 时，输出 BLOCK 的点信息。PAROPT 对应**&DESCRIBE PART** 的选项信息，该选项信息要以单引号标注。

-BODY, BODY_NAME, BODOPT

当以 BODY 定义 BLOCK 时，输出 BLOCK 的点信息。BODOPT 对应**&DESCRIBE BODY** 的选项信息，该选项信息要以单引号标注。

-COMPARTMENT, CMPOPT

用于在输出文件中的**&DESCRIBE** 命令后标明定义结构为舱室（COMPARTMENT）。CMPOPT 对应**&DESCRIBE COMPARTMENT** 的选项信息，该选项信息要以单引号标注。

-PIECE, PIEOPT

输出水动力计算模型的选项信息，PIEOPT 对应**&DESCRIBE PIECE** 的选项信息，该选项信息要以单引号标注。

-PERM, PERM

定义输出模型对应的渗透率。

-NAME, NAME

当 BLOCK 为舱室时，-NAME 定义舱室名称。

-POINTS

该选项只输出模型的点信息。

这里以一个简单的例子说明如何使用 **BLCOK** 方法生成半潜平台模型。目标平台为四立柱、四浮箱的半潜生产平台，主尺度见表 3.2。

表 3.2　某半潜生产平台主尺度

主尺度		
数据项	单位	数据
立柱中心间距	m	67
立柱边长	m	18
浮箱宽	m	18
浮箱高度	m	8
吃水	m	45
干舷	m	16
拖航吃水	m	7.5
排水量	t	88707

建立半潜平台模型的基本步骤（图 3.80）如下。

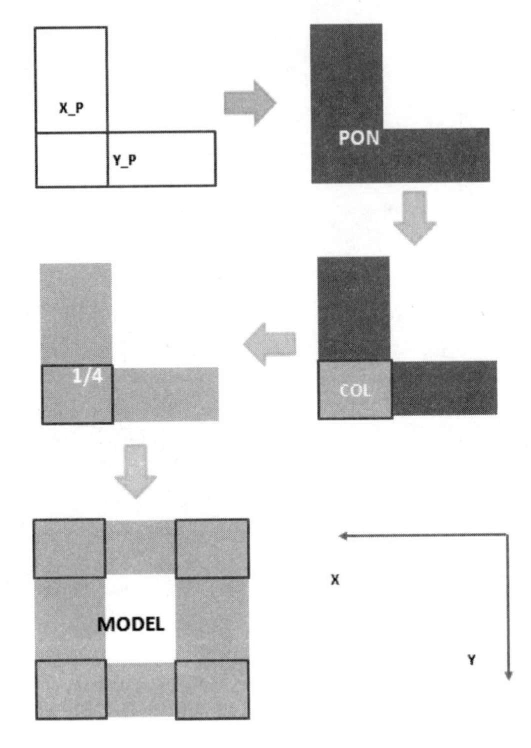

图 3.80　通过 BLOCK 建立半潜平台模型流程

（1）新建 semi_block.cif 文件，打开该文件，定义单位制和图片输出端，如图 3.81 所示。

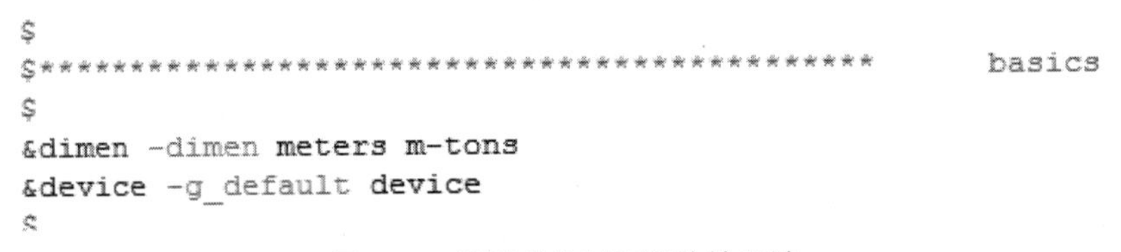

```
$
$*********************************************          basics
$
&dimen -dimen meters m-tons
&device -g_default device
$
```

图 3.81　设置单位制和图片输出端

（2）建立平台底部 X 方向浮箱部分模型“X_P”，长度为单个浮箱的 1/2。

（3）建立平台底部 Y 方向浮箱部分模型“Y_P”，长度为单个浮箱的 1/2，将两个 BLOCK 组装为“PON”，如图 3.82 所示。

（4）建立立柱部分模型“COL”。

（5）对“PON”和“COL”两个模型进行“和”操作，完成 1/4 模型的建立（名称为“1/4”），如图 3.83 所示。

（6）对 1/4 模型关于 X 轴映射，命名为“1/4X”，并对“1/4”和“1/4X”两个 BLOCK 进行“union”操作，并重命名为“halfx”。

（7）对 1/2 模型“halfx”进行映射 Y 轴映射，命名为“halfy”，对“halfx”和“halfy”进行“和”操作，并命名为“model”，建立完整模型“model”，如图 3.84 所示。

```
$*********************************************     enter &surface
$
&surface
$
$*********************************************     pontoon
$
&cutype Building X Pontoon
block X_P -locat 24.5  0  0  -stbd
      plane 0 18 -rect 0  8  85
end_block
$
&cutype Building Y Pontoon
block Y_P -locat 0 33.5  0
      plane 0 42.5 -RECT 0 8 18
end_block
$
union x_p y_p pon
&picture ISO -parent pon
$
```

图 3.82　定义 1/4 整体模型 BLOCK 并组装（浮箱长度为单个浮箱长度的一半）

```
$
$*********************************************     column
$
&cutype Building  column
block col -LOC 24.5 33.5 0
      plane 0 18 -rect 0 61 18
end_block
$
union pon col 1/4
&picture iso -parent 1/4
$
```

图 3.83　定义 1/4 模型的立柱 BLOCK

```
$*********************************************     reflect
$
reflect_block 1/4 1/4x x
union 1/4 1/4x halfx
$
reflect_block halfx halfy  y
union halfx halfy model
$
List_block
$
delete_block 1/4 1/4x col halfx halfy pon x_p y_p
$
$*********************************************     plot
$
&picture iso -parent model
```

图 3.84　组装 1/4 模型并映射

（8）输出模型“model”并输入相关参数，如图 3.85 所示。

具体模型组装流程如图 3.86 所示。

```
$*********************************************      plot
$
&picture iso -parent model
$
$*********************************************     emit
$
emit model -body
emit model -piece '-diftype 3ddif -cs_curr 0 0 0 -cs_wind 0 0 0'
$
$*********************************************      all done
$
&fini
```

图 3.85　输出完整模型

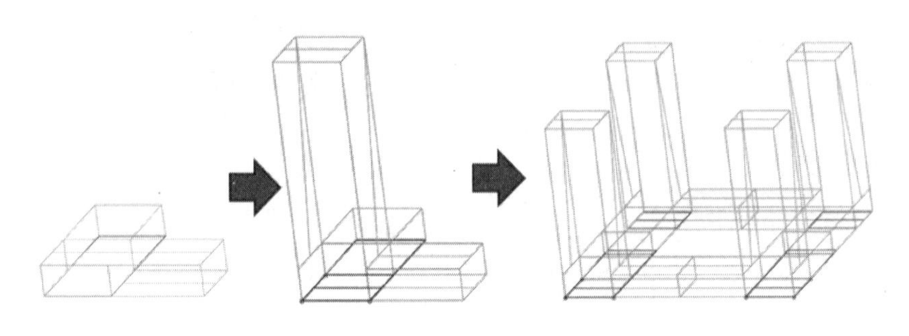

图 3.86　通过 **BLOCK** 建立半潜平台的过程截图

至此，通过 **BLOCK** 方法建立半潜生产平台船体部分模型的工作完成了，具体生成的模型文件可在 ans 文件夹下找到，文件名为 mod00001.txt。

将该文件重命名为 semi_model.dat 并打开进行编辑，删掉**&DEFAULT** 项，将 body 命名为 semi，如图 3.87 所示。

```
$*****************************************          Defaults
$
&LOCAL xfac = 1 yfac = 1 zfac = 1
$
$@@@@@@@@@@@@@@@@@@@@@@@@@@@@@@@@@@@@@@@@@@@@@@@@@@@@@@@@@@@@@@@@@@@@@@@@@@@@@@
$@
$@                         Define Points
$@
$@@@@@@@@@@@@@@@@@@@@@@@@@@@@@@@@@@@@@@@@@@@@@@@@@@@@@@@@@@@@@@@@@@@@@@@@@@@@@@
$
$
$*****************************************          Set factors
$
&set xfac = 1
&set yfac = 1
&set zfac = 1
$
$*****************************************          Set body to MODEL
$
&describe body semi   ent
```

图 3.87　修改 semi_model 中的 Body name

用 MOSES 打开该文件，将半潜平台放置在吃水 45m 的状态下，查看排水量信息，可以发现，通过 **BLOCK** 建立的半潜平台模型在 45m 吃水时排水量为 88725t，与要求值 88707t 基本一致，如图 3.88 所示。更精确地，模型排水量应同平台装载计算书进行比较以确定模型是否能够满足要求。

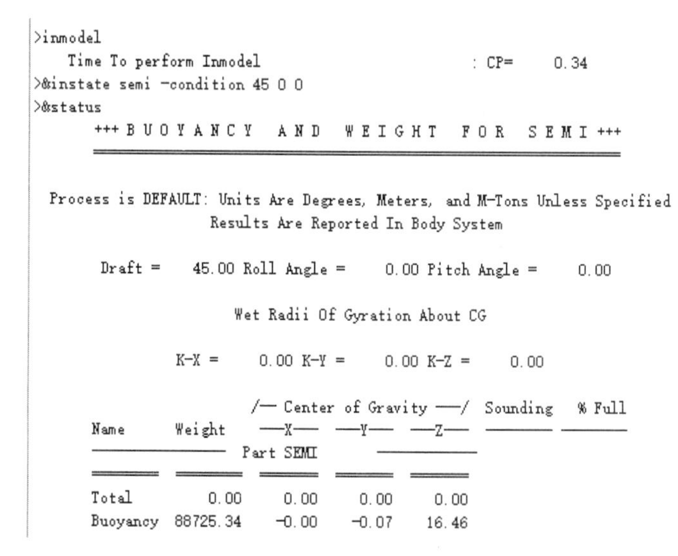

```
>inmodel
   Time To perform Inmodel                          : CP=     0.34
>&instate semi -condition 45 0 0
>&status
      +++ B U O Y A N C Y   A N D   W E I G H T   F O R   S E M I +++
      ===========================================================

  Process is DEFAULT: Units Are Degrees, Meters, and M-Tons Unless Specified
                 Results Are Reported In Body System

      Draft =    45.00 Roll Angle =     0.00 Pitch Angle =     0.00

                    Wet Radii Of Gyration About CG

             K-X =     0.00 K-Y =     0.00 K-Z =     0.00

                    /-- Center of Gravity --/  Sounding  % Full
 Name       Weight    ---X---  ---Y---  ---Z---  --------  -------
 ---------------  Part SEMI   ----------
 ========  ========  =======  =======  =======

 Total        0.00     0.00     0.00     0.00
 Buoyancy 88725.34    -0.00    -0.07    16.46
```

图 3.88 查看 semi 模型 45m 吃水的排水量

通过 **BLOCK** 方法建立模型需要在建模之前整体规划建模步骤，合理确定各个 **BLOCK** 的尺寸，在组装过程中综合运用各个组装命令。在命令执行过程中设置图片查看命令可以有效帮助使用者修改和完善相关命令，以达到更好的效果。

3.4.5 舱室模型的建立

MOSES 的舱室模型可以通过 **PGEN** 也可以通过 **BLOCK** 或其他方法建立，本节仅对通过 **PGEN** 建立舱室模型进行介绍。

通过 **PGEN** 定义舱室时可以将舱室模型同船体模型放到同一个 dat 模型文件中，也可以放到单独的文件进行调用，本书建议将舱室模型和船体模型放到同一个 dat 文件中。这里以 3.4.3 节的驳船为例，介绍使用 **PGEN** 建立舱室的基本步骤。

打开船体模型文件，在船体模型数据之后输入**&DESCRIBE COMPARTMENT** 并输入定义舱室的对应名称。根据舱容图、总布置图等图纸对舱室几何特性进行描绘，驳船舱室模型如图 3.89 所示。

由于很多情况下舱室在船上的位置并不关于船体舯纵剖面对称，因而 **PGEN** 命令在定义舱室时多需要使用-STBD、-PORT 以及-LOCATION 等选项，-STBD 用于右边舱的建模，-PORT 用于左边舱的建模。-LOCATION 用于设置舱室建模原点，也可以不用该选项直接沿用默认坐标系。

另外，某些情况下舱室由于内部管线、复杂几何特征等原因使得舱室建模体积同舱容表数据有出入，此时需要使用-PERM 进行舱容调节。

以 01WBT 为例介绍舱室建模过程，如图 3.90 所示。该舱室位于船艉，舱室为右侧舱室，此时 **PGEN** 选项为-stbd。舱室坐标系采用默认坐标系 -loca 0 0 0。由于 01WBT 是内部压载舱，此时-perm 为-1。

根据 01WBT 的形状，使用 **PLANE** 命令对舱室几何特征进行描述。该舱室范围从 6 站位延伸至 0 站位（0 站位位于船艉），**PLANE** 命令从 6 站位开始，至 0 站位结束。舱室宽度 7.344m，由于该舱位于船艉，需要将船艉的几何特征予以考虑。

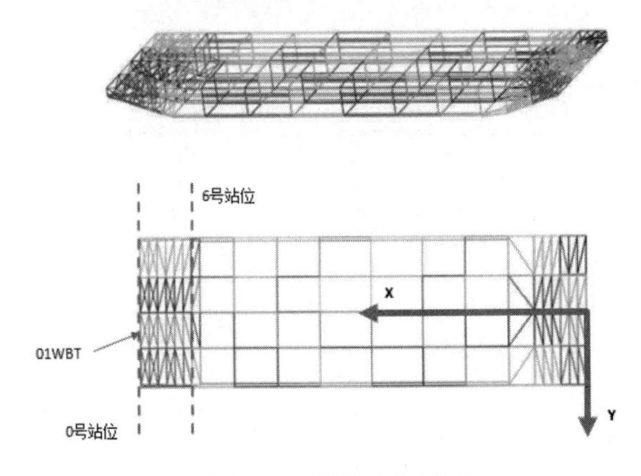

图 3.89　驳船舱室模型

```
$*********************************************COMPARTMENT DESCRIBE
$
&describe compartment 01WBT
pgen -perm -1 -stbd -loca 0 0 0
plane 95.16-6*1.83 -cart  0.0    0.252 \
                          7.344 0.61 \
                          7.344 1.22 \
                          7.344 3.05 \
                          7.344 4.27 \
                          7.344 4.60 \
                          7.344 4.88 \
                          7.344 6.10
plane 95.16-5*1.83  -cart  0.0    0.894 \
                          7.344   1.22 \
                          7.344   1.83 \
                          7.344   3.05 \
                          7.344   4.27 \
                          7.344   4.60 \
                          7.344   4.88 \
                          7.344   6.10
plane 95.16-4*1.83  -cart  0.0    1.535 \
                          7.344 1.83 \
                          7.344 2.44 \
                          7.344 3.05 \
                          7.344 4.27 \
                          7.344 4.60 \
                          7.344 4.88 \
                          7.344 6.10
 plane 95.16-2*1.83  -cart  0.0    2.82 \
                          7.344   3.05 \
                          7.344   3.60 \
                          7.344   4.27 \
                          7.344   4.60 \
                          7.344   4.88 \
                          7.344   6.10
 plane 95.16-1.83 -cart  0.00   3.46 \
                          7.344   3.66 \
                          7.344   3.97 \
                          7.344   4.60 \
                          7.344   4.88 \
                          7.344   6.10
 plane 95.16 -cart  0.00   4.10 \
                          7.344   4.10 \
                          7.344   4.60 \
                          7.344   4.60 \
                          7.344   4.88 \
                          7.344   6.10
}end pgen
```

图 3.90　建立名称为 01WBT 的舱室

当数据输入完毕后，输入 **END PGEN** 表示舱室信息输入完毕。其他舱室的建模过程与此类似。当舱室模型建立完成后需要同舱容表进行比较。不同压载量时舱室 01WBT 的相关数据如图 3.91 所示。

```
>inmodel
   Time To perform Inmodel                          : CP=     0.82
>&compart -perc 01wbt 100 1.025
>&stat compart
              +++ C O M P A R T M E N T   P R O P E R T I E S +++
              ===================================================

                    Results Are Reported In Body System
   Process is DEFAULT: Units Are Degrees, Meters, and M-Tons Unless Specified

           Fill   Specific /-- Ballast --/ /----- % Full ------/ Sounding
  Name     Type    Gravity Maximum  Current  Max.    Min.   Curr.  -------

 01WBT   CORRECT    1.0250   314.2    314.2  100.00   0.00  100.00    5.848

>&stat cg_comp
                      +++ C O M P A R T M E N T   C G S +++
                      =====================================

                    Results Are Reported In Body System
   Process is DEFAULT: Units Are Degrees, Meters, and M-Tons Unless Specified

           Fill    Current                  /----- CG -----/ /- CG Deri.-/
  Name     Type    Weight % FUll  Sounding  X      Y      Z     X      Y

 01WBT   CORRECT    314.2 100.00   5.848  88.78   3.63   4.05 -0.000 -0.000
```

（a）01WBT 压载量 100%

```
>&compart -perc 01wbt 52.9 1.025
>&stat cg_comp
                      +++ C O M P A R T M E N T   C G S +++
                      =====================================

                    Results Are Reported In Body System
   Process is DEFAULT: Units Are Degrees, Meters, and M-Tons Unless Specified

           Fill    Current                  /----- CG -----/ /- CG Deri.-/
  Name     Type    Weight % FUll  Sounding  X      Y      Z     X      Y

 01WBT   CORRECT    166.2  52.90   4.058  87.99   3.60   3.02  0.039  0.087

>&stat compart
              +++ C O M P A R T M E N T   P R O P E R T I E S +++
              ===================================================

                    Results Are Reported In Body System
   Process is DEFAULT: Units Are Degrees, Meters, and M-Tons Unless Specified

           Fill   Specific /-- Ballast --/ /----- % Full ------/ Sounding
  Name     Type    Gravity Maximum  Current  Max.    Min.   Curr.  -------

 01WBT   CORRECT    1.0250   314.2    166.2   52.90   0.00   52.90    4.058
```

（b）01WBT 压载量 52.9%

图 3.91　不同压载量时舱室 01WBT 的相关数据

01WBT 舱室的基本数据见表 3.3。

表 3.3　目标驳船 01WBT 压载舱主要数据同模型计算结果比较

舱室名：01WBT	类型：压载舱	渗透率：98%	模型结果	模型调整后
输出项目	单位	舱容表数据		
52.9%压载重心 X	m	87.97	87.99	87.99
52.9%压载重心 Y	m	3.67	3.60	3.60
52.9%压载重心 Z	m	2.92	3.02	3.02
52.9%压载量探深	m	4.000	4.058	4.058
52.9%压载量	ton	168.2	166.2	167.8
100%压载量重心 X	m	88.79	88.78	88.78
100%压载量重心 Y	m	3.67	3.63	3.63
100%压载量重心 Z	m	3.98	4.05	4.05
100%压载量探深	m	5.848	5.848	5.848
100%压载量	ton	317.9	314.2	317.3

打开 MOSES 程序读入模型，对 01WBT 舱 52.9%压载量、100%压载量的相关数据进行计算，并将数据同舱容表进行比较，具体命令如图 3.91 所示。

从比较结果来看。相比于舱容数据，舱室模型在 100%渗透率的条件下的舱容偏小。打开模型文件，将渗透率改为-PERM -1.01（即舱容放大 1%）并重新计算。

经调整后的舱室数据同舱容表基本一致。

舱室模型的建模工作比较烦琐，模型校验工作量较大并且非常重要。舱室模型的正确与否直接影响船舶或者浮式平台的静水力计算的准确性，必须予以重视。

3.4.6　定义点

MOSES 软件中以*来定义点。

```
*NAM, X, Y, Z, -OPTIONS
```

*表示定义点，NAM 为点的名称，X, Y, Z 为对应点的坐标信息，坐标值参照目前 PART 的坐标系进行定义。

```
-REFERENCE, *RPA, *RPB,…
```

表示以相对坐标系来定义点。-REFERENCE 后引用点数量的不同，含义也不尽相同：

（1）当-REFERENCE 后只有 1 个点*RPA 时，*NAM 后的 X、Y、Z 为相对于*RPA 点坐标的量。

（2）当-REFERENCE 后有 2 个点*RPA、*RPB 时，*NAM 后仅包括 X，此时 X 的含义为*RPA 指向*RPB 方向上距离*RPA 点的距离。

（3）当-REFERENCE 后有 3 个点*RPA、*RPB、*RPC 时，这 3 个点定义了一个遵循右手规则的局部坐标系。*RPA 指向*RPB 定义局部坐标系的 X 方向；*RPA 指向*RPC 定义局部坐标系的 Z 方向。此时*NAM 后的 X、Y、Z 为该局部坐标系下的坐标位置。

（4）当-REFERENCE 后有 4 个点*RPA、*RPB、*RPC、*RPD 时，程序连接*RPA 和*RPB，

连接*RPC 和*RPD，确定两条线的交点。此时*NAM 的 X、Y、Z 为相对于该点的距离。

```
-RECT
-CYLINDER
-SPHERICAL
```

以上 3 个选项分别对应笛卡尔坐标系、柱坐标系和球坐标系，当使用以上选项时，*NAM 参照各个坐标系的定义方式进行 X、Y、Z 的输入。

```
-DEL, DOF(1), … DOF(i)
```

删除*NAM 点的运动自由度，DOF(i)可以为 X、Y、Z、RX、RY、RZ 中的一个或多个。

3.4.7 质量模型

定义质量模型需要定义重量施加点和具体施加质量，定义命令为**#WEIGHT**（参考 3.3.12 节载荷定义部分）。这里以 3.4.3 节的驳船为例简要说明质量模型的一般定义方法。

当前空船及运输货物重心均参照 MOSES 默认坐标系，船体建模原点位于船艏垂线与船底基线交点。驳船运输货物共 6 个，具体重量信息及对应重心位置见表 3.4。

表 3.4 运输货物信息

重量名称	重量 /t	重心 X /m	重心 Y /m	重心 Z /m
空船	2347	47.58	0.000	4.27
BST5	146	55.76	0.386	16.6
BST6	155	42.86	0.584	17.3
FLAR1	224	10.81	1.300	30.0
FLAR2	255	83.25	-1.300	26.4
BR7	505	50.45	11.371	11.4
BR8	511	79.87	-10.881	10.1

打开 barge.dat 模型文件，定义空船重心和空船重量，空船重心名称为*l_cg，重量为 2347t。空船的回转半径可以估算输入。空船重量的 category 为 l_ship，如图 3.92 所示。

```
$
&DESCRIBE BODY  barge
$
$********************************************** DEFINE UNIT
$
&DIMEN -DIMEN METERS M-TONS
$
$
$********************************************** light ship weight
$
 *l_cg_l 47.58 0.00 4.27
 #weight *l_cg_l 2347 10.2 25.0 25.0 -cat l_ship
$
$****************************************** BARGE HULL DATA
```

图 3.92 在 barge.dat 文件中定义空船重量信息

新建 barge.cif 并打开，定义整体参数。将船名和初始吃水定义为变量以便后续引用，如图 3.93 所示，随后输入读入模型命令（**inmodel**）。

```
$
&DIMEN -DIMEN METERS M-TONS
&PARAMETER -SPGWATER 1.025 -DEPTH 100
&PARAMETER -m_dist 5.0
$
$
&set bgname    =   barge
&set draft     =  3
$
&DEVICE -oecho n -prim device
$
$
$********************* READ MODEL **************
$
inmodel
```

图 3.93　在 barge.cif 文件中定义整体参数和变量

对船体模型进行修改（**medit**），定义各个货物信息，包括对应重心位置和重量信息，如图 3.94 所示。

```
&DESCRIBE BODY %bgname%
$
$ cargos define
$
medit
 *BST5  55.76   0.386 16.6
 *BST6  42.86   0.584 17.3
 *FLAR1 10.81   1.300 30.0
 *FLAR2 83.25  -1.300 26.4
 *BR7   50.45  11.371 11.4
 *BR8   79.87 -10.881 10.1
$
 #weight *BST5  146 2.9 2.9 4.1  -cat bst5
 #weight *BST6  155 2.9 2.9 4.1  -cat bst6
 #weight *FLAR1 224 2.5 2.5 3.5  -cat flar1
 #weight *FLAR2 255 2.5 2.5 3.5  -cat flar2
 #weight *BR7   505 1.4 20.0 20.0  -cat br7
 #weight *BR8   511 1.4 20.0 20.0  -cat br8

end
```

图 3.94　在 barge.cif 文件中定义货物信息

输入显示重量信息命令（**&status category, cate 为简写**），如图 3.95 所示。

```
$
&status
&status cate
```

图 3.95　在 barge.cif 文件中输入显示重量信息命令

定义完毕后运行 barge.cif 文件，各个重量状态结果与要求一致，如图 3.96 所示。

```
>&status cate
    +++ C A T E G O R Y   S T A T U S   F O R   P A R T   B A R G E +++
    ===================================================================

  Process is DEFAULT: Units Are Degrees, Meters, and M-Tons Unless Specified
                   Results Are Reported In The Part System

            Weight    Buoyancy             /-- Center of Gravity --/
Category    Factor    Factor     Weight      X         Y         Z     Buoyancy
--------  --------  ---------  --------  --------  --------  --------  --------

BR7         1.000     1.000     505.00    50.45     11.37     11.40      0.00
BR8         1.000     1.000     511.00    79.87    -10.88     10.10      0.00
BST5        1.000     1.000     146.00    55.76      0.39     16.60      0.00
BST6        1.000     1.000     155.00    42.86      0.58     17.30      0.00
FLAR1       1.000     1.000     224.00    10.81      1.30     30.00      0.00
FLAR2       1.000     1.000     255.00    83.25     -1.30     26.40      0.00
L_SHIP      1.000     1.000    2347.00    47.58      0.00      4.27      0.00
                               ========  ========  ========  ========  ========

TOTAL                          4143.00    52.23      0.07      9.53      0.00
```

图 3.96 运行 barge.cif 后显示的各个重量信息

3.4.8 连接部件类型与对应参数定义

连接部件的定义在 **MEDIT** 命令下对原有模型进行修改和添加，也可以定义单独的文件在 cif 文件运行过程中调用。

MOSES 可以定义的部件类型主要包括：弹性受力部件、缆绳部件、推进器部件、拖轮，基本命令如图 3.97 所示。

1. 弹性受力部件：GSPR，LMU，ROLLER

（1）**GSPR** 弹性受力部件。

```
~CLASS, GSPR, SENSE, DF(1), SPV(1), AF(1)…DF(n), SPV(n), AF(n), -LEN, L, -OPTIONS
```

SENSE 定义部件受压还是受拉，如果为 TENSION 则部件为受拉部件；如果为 COMPRESION，则部件为受压部件。DF(n)定义部件的受力自由度方向，该自由度方向相对于部件坐标系，部件坐标系一般平行于整体坐标系，常规为 X。SPV(n)为对应自由度方向的线性刚度。AF(n)为对应自由度方向的最大允许载荷。-LEN, L 定义部件长度。

（2）**LMU**（Leg Mating Unit）浮托安装桩腿对接耦合装置。

```
~CLASS, LMU, LEN, OD(1), OD(2), DF(1), SPV(1), AF(1) … DF(n), SPV(n), AF(n), -OPTIONS
```

LEN、OD(1)、OD(2)可参考图 3.98 进行设置，LEN 为锥形接收器（CONE）的垂向长度，OD1 为锥口直径，OD2 对应插尖（PIN）的直径；DF、SPV、AF 同 **GSPR** 参数含义一致，如图 3.98 所示。LMU 的典型组成如图 3.99 所示。

一般 LMU 由两部分组成：组块 LMU 单元和桩腿 LMU 单元，组块 LMU 单元下部具有插尖（PIN），桩腿 LMU 单元上部的锥形接收器（CONE）具有喇叭口形状，用于插尖的捕捉。沿着 CONE 配备一圈横向缓冲单元，其下部装备垂向缓冲单元，用于缓冲对接状态时桩腿上端所受到的动态载荷。

桩腿 LMU 单元下部配备砂箱用于对接最后阶段填充 LMU 空间并起到缓冲作用，其最下部同桩腿上端连接。

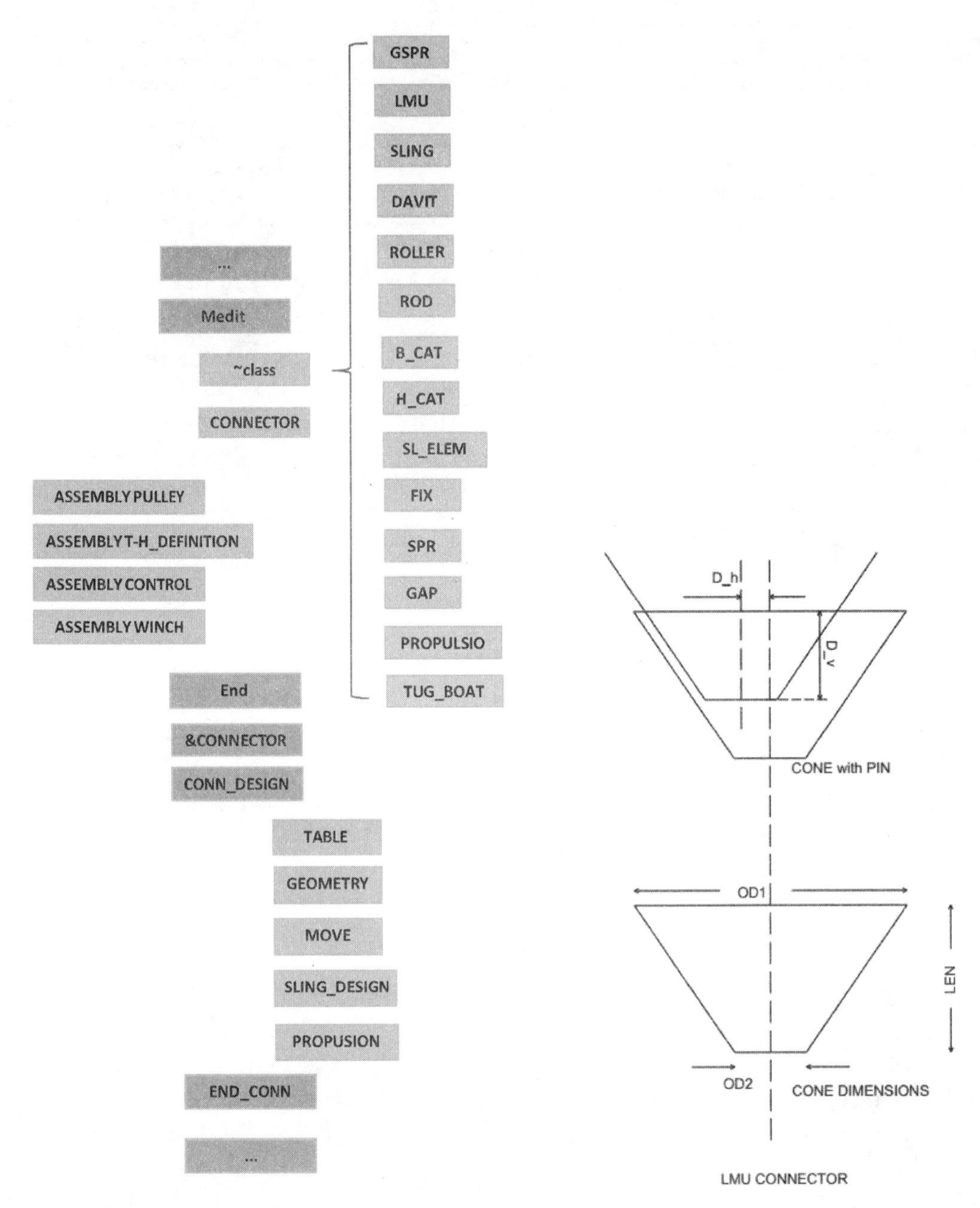

图 3.97　定义连接部件的基本命令　　　　图 3.98　**LMU** 单元示意

接收器锥口坡度正切值 T 为：

$$T = (OD2 - OD1)/(2LEN) \tag{3.8}$$

当插尖位于接收器锥口范围内时，D_v 为插尖进入锥口的深度，D_h 为插尖偏离锥口中心线的距离。当 D_v 小于 LEN 时，横向变形定义为：

$$\Delta h = D\_h - T(LEN - D\_v) \tag{3.9}$$

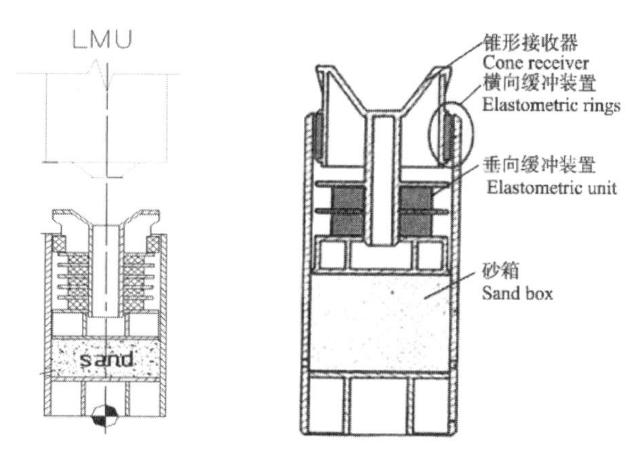

图 3.99　一般 LMU 单元组成

横向变形垂向分量为：

$$\Delta v = -\Delta h \times T \tag{3.10}$$

当 D_v 大于 LEN 时，横向、垂向变形为：

$$\Delta v = D\_v - LEN - (D\_h \times T) \tag{3.11}$$

$$\Delta h = D\_h \tag{3.12}$$

通过将刚度和约束进行考虑，可进一步求出受力结果。

对应以上 GSPR 和 LMU 种连接部件有如下选项：

```
-SYMMETRIC, YES/NO
```

设置单元对称性，当为 YES 时，单元关于单元坐标系的 X 轴对称。**GSPR** 程序默认为 NO。

```
-IG_STIFF
```

忽略连接单元刚度对于连接体结构的影响。

```
-SEND, KE(1), KE(2)
```

定义连接单元具有拉伸二次非线性刚度。表达式为：

$$d = [KE(1) + F \times KE(2)] \times F \tag{3.13}$$

式中，d 为变形量；F 为单元拉伸状态下的受力。

```
-X_PY, P(1), Y(1), P(2), Y(2), …, P(n), Y(n)
-Y_PY, P(1), Y(1), P(2), Y(2), …, P(n), Y(n)
-Z_PY, P(1), Y(1), P(2), Y(2), …, P(n), Y(n)
```

以上 3 个选项定义单元坐标系下 X、Y、Z 方向的刚度曲线。Y(n)为对应变形量，P(n)为对应变形量的力。

```
-X_DAMPING, Co, Ex, Fo
-Y_DAMPING, Co, Ex, Fo
-Z_DAMPING, Co, Ex, Fo
```

以上 3 个选项定义单元坐标系下施加在单元节点位置的 X、Y、Z 方向的非线性阻尼缓冲，阻尼力定义为：

$$F = Co \times (v^{EX}) \tag{3.14}$$

式中，F 需小于 Fo；v 为相对速度。

```
-FRICTION, MU
```

定义单元坐标系下当 X 方向具有位移时 Y、Z 方向的摩擦力，此时需要定义这两个方向的刚度数据。

$$
\begin{aligned}
F_{\mathrm{h}} &= \sqrt{F_{\mathrm{y}}^2 + F_{\mathrm{z}}^2} \\
F_{\mathrm{m}} &= MU \times abs(F_{\mathrm{x}}) / F_{\mathrm{h}} \\
FACT &= \min(F_{\mathrm{m}}, 1) \\
F_{\mathrm{RY}} &= FACT \times F_{\mathrm{y}} \\
F_{\mathrm{RZ}} &= FACT \times F_{\mathrm{z}}
\end{aligned}
\tag{3.15}
$$

式中，F_{RY}、F_{RZ}分别为Y、Z方向的摩擦力。

当Y、Z方向没有刚度时，仅有F_{m}起作用，摩擦力方向为相对速度的反方向。

浮托分析是MOSES安装分析中较为复杂、烦琐的工作，以导管架组块浮托安装为例，定义完整的连接部件包括以下内容：

定义LMU（图3.100）：

1）需要计算好组块在各个桩腿的重量分配。

2）不同重量对应的**LMU**垂向弹性变形载荷量，该载荷同各个桩腿重量分配有关。

3）考虑桩腿Z向刚度（桩腿轴向），考虑**LMU**垂向弹性变形刚度曲线，定义**LMU**单元（轴向弹性单元，用**GSPR**模拟也可以）。

4）考虑桩腿**LMU**单元位置的桩腿平面刚度，考虑**LMU**横向缓冲变形刚度曲线，定义**GSPR**单元（水平弹性单元）。

```
$%%%%%%%%%%%%%%%%%%%%%%%%%%%%%%%%%%%%%%%%%%%%%%%%%%%%%%%%%%%%%%%%%%%%%%%%%%
$           topside and jkt leg combined spring element class (X,Y)
$%%%%%%%%%%%%%%%%%%%%%%%%%%%%%%%%%%%%%%%%%%%%%%%%%%%%%%%%%%%%%%%%%%%%%%%%%%
$
   medit
     ~sxy_A1 gspr   x  %kx_jlgA1     y %ky_jlgA1
     ~sxy_A2 gspr   x  %kx_jlgA2     y %ky_jlgA2
     ~sxy_A3 gspr   x  %kx_jlgA3     y %ky_jlgA3
     ~sxy_A4 gspr   x  %kx_jlgA4     y %ky_jlgA4
     ~sxy_B1 gspr   x  %kx_jlgB1     y %ky_jlgB1
     ~sxy_B2 gspr   x  %kx_jlgB2     y %ky_jlgB2
     ~sxy_B3 gspr   x  %kx_jlgB3     y %ky_jlgB3
     ~sxy_B4 gspr   x  %kx_jlgB4     y %ky_jlgB4
$
$%%%%%%%%%%%%%%%%%%%%%%%%%%%%%%%%%%%%%%%%%%%%%%%%%%%%%%%%%%%%%%%%%%%%%%%%%%
$               spring alternative element class for LMU
$%%%%%%%%%%%%%%%%%%%%%%%%%%%%%%%%%%%%%%%%%%%%%%%%%%%%%%%%%%%%%%%%%%%%%%%%%%
$
    ~lmu_A1 gspr compression x %kz_jlgA1%  -conepy %k_lmu_a1
    ~lmu_A2 gspr compression x %kz_jlgA2%  -conepy %k_lmu_a2
    ~lmu_A3 gspr compression x %kz_jlgA3%  -conepy %k_lmu_a3
    ~lmu_A4 gspr compression x %kz_jlgA4%  -conepy %k_lmu_a4
    ~lmu_B1 gspr compression x %kz_jlgB1%  -conepy %k_lmu_b1
    ~lmu_B2 gspr compression x %kz_jlgB2%  -conepy %k_lmu_b2
    ~lmu_B3 gspr compression x %kz_jlgB3%  -conepy %k_lmu_b3
    ~lmu_B4 gspr compression x %kz_jlgB4%  -conepy %k_lmu_b4
```

图3.100　定义LMU单元

定义护舷：

1）考虑导管架与驳船对接位置的横向刚度、导管架横向护舷（Sway Fender）刚度的共同贡献，使用GSPR单元定义驳船与桩腿之间的横向护舷如图3.101所示。

```
$describe interest -associate :p_gfend
$
 ~fd_legA1 gspr x %k_lgfA1 -conepy %k_fender
 ~fd_legA2 gspr x %k_lgfA2 -conepy %k_fender
 ~fd_legA3 gspr x %k_lgfA3 -conepy %k_fender
 ~fd_legA4 gspr x %k_lgfA4 -conepy %k_fender
 ~fd_legB1 gspr x %k_lgfB1 -conepy %k_fender
 ~fd_legB2 gspr x %k_lgfB2 -conepy %k_fender
 ~fd_legB3 gspr x %k_lgfB3 -conepy %k_fender
 ~fd_legB4 gspr x %k_lgfB4 -conepy %k_fender
```

图 3.101 定义横向护舷

2）考虑导管架对接位置纵向刚度、导管架纵向护舷（Surge Fender）刚度的共同贡献，使用 GSPR 单元定义驳船与桩腿纵向护舷如图 3.102 所示。

```
$
 ~fdx gspr compression x 100
$
```

图 3.102 定义纵向护舷

定义 DSU：

1）计算组块在运输船上各个 DSU 位置的重量分配。

2）考虑组块 DSU 支撑位置的刚度，使用 GSPR 定义 DSU 单元如图 3.103 所示，DSU 示意图如图 3.104 所示。

```
$%%%%%%%%%%%%%%%%%%%%%%%%%%%%%%%%%%%%%%%%%%%%%%%%%%%%%%%%%%%%%%%%%%%%%%%%%%%
$                    DSU model
$%%%%%%%%%%%%%%%%%%%%%%%%%%%%%%%%%%%%%%%%%%%%%%%%%%%%%%%%%%%%%%%%%%%%%%%%%%%

 medit
  ~LSF_A0 gspr compression  x %kz_LSFA0  y %kxy_lsf z %kxy_lsf  -friction 0.05
  ~LSF_A1 gspr compression  x %kz_LSFA1  y %kxy_lsf z %kxy_lsf  -friction 0.05
  ~LSF_A2 gspr compression  x %kz_LSFA2  y %kxy_lsf z %kxy_lsf  -friction 0.05
  ~LSF_A3 gspr compression  x %kz_LSFA3  y %kxy_lsf z %kxy_lsf  -friction 0.05
  ~LSF_A4 gspr compression  x %kz_LSFA4  y %kxy_lsf z %kxy_lsf  -friction 0.05
  ~LSF_B0 gspr compression  x %kz_LSFB0  y %kxy_lsf z %kxy_lsf  -friction 0.05
  ~LSF_B1 gspr compression  x %kz_LSFB1  y %kxy_lsf z %kxy_lsf  -friction 0.05
  ~LSF_B2 gspr compression  x %kz_LSFB2  y %kxy_lsf z %kxy_lsf  -friction 0.05
  ~LSF_B3 gspr compression  x %kz_LSFB3  y %kxy_lsf z %kxy_lsf  -friction 0.05
  ~LSF_B4 gspr compression  x %kz_LSFB4  y %kxy_lsf z %kxy_lsf  -friction 0.05
 $
```

图 3.103 定义 DSU 单元

定义系泊缆（如果是非动力定位浮托安装）：

1）定义船体的系泊定位缆。

2）定义船体与导管架腿之间的连接系泊缆。

以某渤海 8 腿导管架、15000t 级组块浮托安装为例，整个对接过程需要定义：

- 6 个载荷传递阶段。
- 4 根对接系泊缆。
- 4 根船体系泊定位缆。
- 8 个横向护舷。
- 2 个纵向护舷。

- 8 个 LMU 单元。
- 8 个 LMU 横向缓冲单元。
- 10 个 DSU 单元。

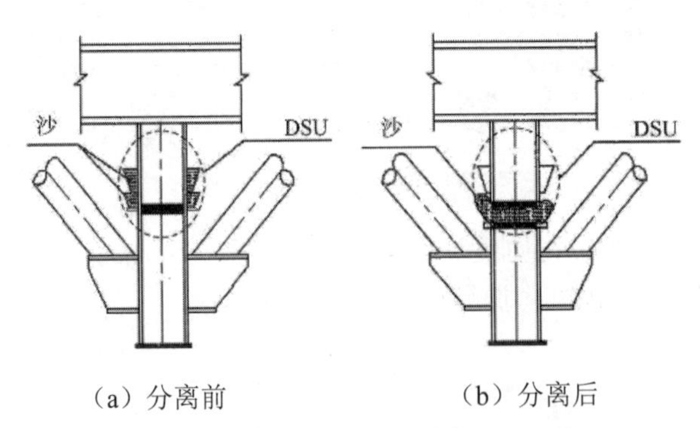

（a）分离前　　（b）分离后

图 3.104　DSU 示意

需要提取的结果包括时域计算的、关于 6 个载荷传递阶段的：DSU 受力、LMU 受力、Fender 受力、系泊缆受力等。

浮托分析需要结构专业和浮体专业的密切配合，需要对浮托分析过程中的弹性单元特性和分布具有清晰的理解，对专业技术能力要求较高。

（3）**ROLLER** 铺管滚筒。

```
~CLASS, ROLLER, SENSE, DF(1), SPV(1), AF(1) ... DF(n), SPV(n), AF(n),   -OPTIONS
```

ROLLER 是特殊的 **GSPR** 单元，用于定义铺管作业的托管架滚筒部件，这里的设置参数同 **GSPR** 相同。

```
-Y_PY , P(1), Y(1), P(2), Y(2),  …, P(n), Y(n)
-Z_PY , P(1), Y(1), P(2), Y(2),  …, P(n), Y(n)
```

以上两个选项定义部件坐标系下 Y、Z 方向的刚度曲线。Y(n)为对应变形量，P(n)为对应变形量的力。

```
-Y_ROLLER, Y-, Y+
-Z_ROLLER, Z-, Z+
```

以上两个选项定义滚筒与管道之间的间隙，单位为 mm 或 inches。

2. 缆绳部件：SLING，DAVIT，ROD，B_CAT，H_CAT，SL_ELEM

（1）**SLING**、**DAVIT** 线弹性绳。

```
~CLASS, SLING, OD, -LEN, L, -EMODULUS
~CLASS, DAVIT, OD, -LEN, L, -EMODULUS
```

SLING 和 DAVIT 类似，均为线弹性绳索。绳索为圆形截面，OD 为绳索直径，-LEN 定义绳长，-EMODULUS 定义绳索轴向刚度 EA。

（2）**ROD** 动态缆。

```
~CLASS, ROD, OD, T, -LEN, L, -REFINE, N, -OPTIONS
```

ROD 是考虑水动力以及其他载荷影响的动态缆单元，以考虑惯性载荷的梁单元有限元法进行求解。OD 为缆绳外径，T 为壁厚，-LEN 定义缆绳长度，-REFINE 定义单元个数，程序允许的单根缆绳最大单元数为 100。

ROD 单元可以考虑温度、压力以及内部流体，需要通过 **&ENV –T_PRESSURE** 选项定义。

（3）**B_CAT** 水中悬链线缆。

```
~CLASS, B_CAT, OD, FLAG, -LEN, L, -DEPANCHOR, DEPTH -OPTIONS
```

B_CAT 为水中悬链线缆绳，只能在浮体和海底之间实现连接定义。OD 为缆绳外径。默认程序计算 **B_CAT** 在给定水深条件下的缆绳上端受力与横向距离之间的数据表并用于后续计算调用。FLAG 为 EXTRACT 时该表格不再生成，程序根据水深变化适时计算，主要用于水深变化影响明显的情况。

B_CAT 缆绳的静态计算结果如图 3.105 所示。

+++ P R O P E R T I E S   O F   L I N E   P 1 +++

Process is DEFAULT: Units Are Degrees, Meters, and M-Tons Unless Specified

Line Class = ~WIRE　　Water Depth = 　201　Length of First Segment = 　1812

H. Dist.	/--- Horizontal ---/		/------------ Tension		------------/		/--- Anchor	----/	Line on	/- 1st Connection -/	
X	Force	DF/DX	Ten Top	Max T/TB	Cri Break	Crit. Seg	V. Pull	H. Pull	Bottom	Height Ab Anchor	Net Force Applied
1610.43	0.01	0.00	4.27	0.012	350.00	1	0.00	0.01	1607.47	0.00	0.00
1651.04	0.42	0.02	4.68	0.013	350.00	1	0.00	0.42	1589.24	0.00	0.00
1695.54	1.66	0.05	5.92	0.017	350.00	1	0.00	1.66	1541.10	0.00	0.00
1725.61	3.75	0.10	8.00	0.023	350.00	1	0.00	3.75	1476.31	0.00	0.00
1746.31	6.66	0.19	10.91	0.031	350.00	1	0.00	6.66	1403.02	0.00	0.00
1761.76	10.40	0.30	14.65	0.042	350.00	1	0.00	10.40	1325.29	0.00	0.00
1774.28	14.98	0.43	19.22	0.055	350.00	1	0.00	14.98	1245.11	0.00	0.00
1785.19	20.39	0.56	24.62	0.070	350.00	1	0.00	20.39	1163.52	0.00	0.00
1795.25	26.63	0.68	30.85	0.088	350.00	1	0.00	26.63	1081.09	0.00	0.00
1804.93	33.71	0.78	37.91	0.108	350.00	1	0.00	33.71	998.11	0.00	0.00
1814.55	41.62	0.86	45.80	0.131	350.00	1	0.00	41.62	914.79	0.00	0.00
1824.30	50.36	0.93	54.53	0.156	350.00	1	0.00	50.36	831.26	0.00	0.00
1834.35	59.93	0.98	64.08	0.183	350.00	1	0.00	59.93	747.55	0.00	0.00
1844.82	70.33	1.02	74.47	0.213	350.00	1	0.00	70.33	663.73	0.00	0.00
1855.79	81.57	1.04	85.68	0.245	350.00	1	0.00	81.57	579.79	0.00	0.00
1867.34	93.64	1.06	97.73	0.279	350.00	1	0.00	93.64	495.78	0.00	0.00
1879.56	106.54	1.07	110.61	0.316	350.00	1	0.00	106.54	411.65	0.00	0.00
1892.51	120.27	1.08	124.32	0.355	350.00	1	0.00	120.27	327.45	0.00	0.00
1906.26	134.84	1.08	138.86	0.397	350.00	1	0.00	134.84	243.14	0.00	0.00
1920.87	150.24	1.07	154.23	0.441	350.00	1	0.00	150.24	158.74	0.00	0.00
1936.41	166.47	1.06	170.43	0.487	350.00	1	0.00	166.47	74.25	0.00	0.00
1952.90	183.53	1.05	187.46	0.536	350.00	1	0.20	183.53	0.00	0.00	0.00
1969.88	201.43	1.05	205.33	0.587	350.00	1	1.88	201.43	0.00	0.00	0.00
1987.75	220.15	1.04	224.05	0.640	350.00	1	3.60	220.15	0.00	0.00	0.00
2006.56	239.71	1.03	243.60	0.696	350.00	1	5.37	239.71	0.00	0.00	0.00
2026.36	260.11	1.01	264.00	0.754	350.00	1	7.18	260.11	0.00	0.00	0.00
2047.21	281.33	1.00	285.23	0.815	350.00	1	9.02	281.33	0.00	0.00	0.00
2069.14	303.39	0.99	307.30	0.878	350.00	1	10.89	303.39	0.00	0.00	0.00
2092.21	326.28	0.97	330.20	0.943	350.00	1	12.78	326.28	0.00	0.00	0.00
2116.45	350.00	0.96	353.94	1.011	350.00	1	14.69	350.00	0.00	0.00	0.00

图 3.105　B_CAT 缆绳悬链线特性计算结果

-LEN 定义缆绳长度。

定义多段缆时，MOSES 的规则为：系泊缆由上端与船体连接位置开始，至锚点位置止，最后一段缆需要定义-DEPANCHOR，DEPTH，DEPTH 对应锚点位置水深。

（4）**H_CAT** 空气中悬挂悬链线缆绳。

```
~CLASS, H_CAT, OD, FLAG, -LEN, L, -OPTIONS
```

OD 为缆绳外径。默认情况下 **H_CAT** 忽略缆绳重量且只受张力载荷影响。当 FLAG 为 EXTRACT 时缆绳重量将予以考虑。

（5）**SL_ELEM** 拉压受力悬链线。

```
~CLASS, SL_ELEM, OD, FLAG, -LEN, L, -OPTIONS
```

SL_ELEM 与 H_CAT 的最大不同在于 **SL_ELEM** 可以承受压力，如果 FLAG 为 TENSION 则 **SL_ELEM** 仅承受拉力载荷。

对应以上几种连接部件有如下选项：

-DENSITY, RHO

定义 **ROD** 单元材料密度。

-EMODULUS, EMOD

缆绳的轴向刚度 EA。

-POI_RAT, POIRAT

定义 **ROD** 单元的泊松比。

-ALPHA, ALPHA

定义 **ROD** 单元的热膨胀系数。

-FYIELD, FYIELD

定义 **ROD** 单元的屈服应力。

-WTPLEN, WTPFT

定义缆绳的单位长度重量。如果该重量为缆绳的水中重量，则其他关于浮力的选项不需再进行定义。

-DISPLEN, DPFT

定义缆绳的单位长度排水量。如果已定义水中重量，此处无需再进行定义。

-PISTON, TYPE, LT, LD, VLONG, VSHORT, TMAX, TMIN

定义控制缆绳张力的液压缸，TYPE 可为 MAX 或 MINMAX。LT 为液压缸冲程，LD 为液压缸的平均位置。VLONG 为液压缸拉伸时的速度，VSHORT 为液压缸压缩时的速度。TMAX 为对应最大受力，TMIN 为对应最小受力。

当 TYPE 为 MINMAX 时，液压缸只在最大张力 TMAX 和最小张力 TMIN 出现时起作用。液压缸初始位置在 LD 位置，当张力超过 TMAX 时，液压缸以 VLONG 速度增加长度以保持张力等于 TMAX 直到超出 LT 的范围，此时液压缸停止运动，张力超过 TMAX。如果张力小于 TMIN，液压缸以 VSHORT 速度减少长度以保持张力等于 TMIN 直到冲程长度超过 LT 的范围。当张力处于 TMAX 和 TMIN 之间时，液压缸不产生运动。

当 TYPE 为 MAX 时液压缸只对最大张力 TMAX 发挥作用。当张力小于 TMAX 时，液压缸以 VSHORT 速度减少长度直到达到冲程范围 LT。

-B_TENSION, BTEN

定义缆绳破断强度 BTEN，单位为程序定义的力的单位。当缆绳为多段材质时需要对每一段缆都定义对应的破断强度。

-C_SN, CSN

定义缆绳材质的 SN 曲线，CSN 可以为 WIRE 或 CHAIN，对应 API RP 2SK 定义的 T-N 曲线。

-TAB_LIM, TABLE_LIMIT

对 **B_CAT**，程序按照悬链线方程自动计算缆绳恢复力与顶端位移的数据，最多计算 30 个点，计算顶端张力的范围小于缆绳最大破断力。

当不使用最大张力作为计算限值时，-TAB_LIM 用于定义缆绳在计算悬链线方程数据时的张力计算限值。

-DEPANCHOR, DEPTH

用于定义系泊缆锚点位置的水深。

-CLUMP, CW, CLEN

定义配重或浮筒。CW 为正值时为配重重量，为负值时表示定义浮筒浮力。默认条件下配重或浮筒均位于对应缆绳的末端，CLEN 定义浮筒相对于缆绳的末端长度位置。

定义配重或者浮筒时需要使用多段系泊缆材质的定义方法。

-BUOYDIAMETER, BOD

指定缆绳受到浮力作用的等效直径。

-DRAGDIAMETER, D_DIAMETER

指定 **ROD** 单元受到拖曳力载荷的等效直径。

-WINDDIAMETER, WOD

指定 **ROD** 单元受到风力载荷的等效直径。

-AMASDIAMETER, AMOD

指定 **ROD** 单元的附加质量等效直径。

-FRICTION, BOTMU

定义缆绳趟底段与海底的摩擦系数。

-SLOPE, SLOP

定义船体至锚点位置的海底倾斜程度，SLOP 等于船体位置深度除以缆绳上端与船体连接位置至锚点的水平距离（系泊缆的水平跨距），SLOP 为正表示由船体指向锚点水深逐渐增加，负值表示水深减小，命令如图 3.106 所示，对应模型显示如图 3.107 所示。

```
]medit
   $
   &set dia_w = 76
   &set wwt_w = 24.1/1000
   &set mbl_w = 3430
   $
      ~wire b_cat %dia_w exact -len 1400 -wtpl %wwt_w*0.87  \
                -buoydia 0.0 -emod 2.5E4 -b_tension 350 -depanc %depth
      ~wire1 b_cat %dia_w exact -len 1400 -wtpl %wwt_w*0.87  \
                -buoydia 0.0 -emod 2.5E4 -b_tension 350 -depanc %depth -slope -40/1000
      ~wire2 b_cat %dia_w exact -len 1400 -wtpl %wwt_w*0.87  \
                -buoydia 0.0 -emod 2.5E4 -b_tension 350 -depanc %depth -slope  20/1000
      $
      connector p1 -anc -135  1000 ~wire2 *mr_bp2
      connector p2 -anc -120  1000 ~wire *mr_bp3
      connector p3 -anc  -45  1000 ~wire *mr_bp5
      connector p4 -anc  -30  1000 ~wire *mr_bp6
      connector s1 -anc  135  1000 ~wire *mr_bs2
      connector s2 -anc  120  1000 ~wire *mr_bs3
      connector s3 -anc   45  1000 ~wire *mr_bs5
      connector s4 -anc   30  1000 ~wire1 *mr_bs6
 $
-end
```

图 3.106　B_CAT 悬链线系泊缆定义不同海底坡度

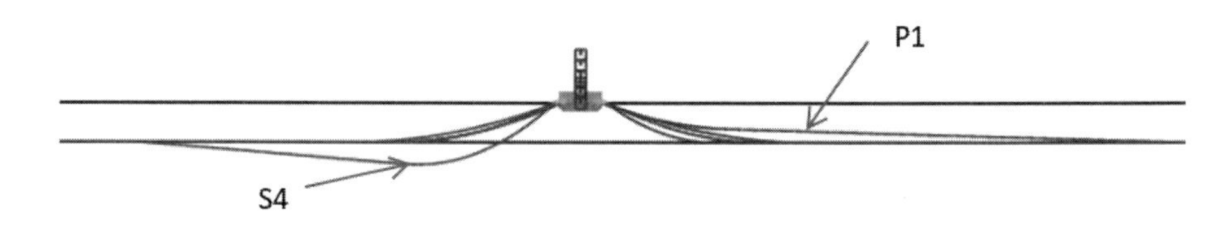

图 3.107　B_CAT 悬链线系泊缆定义不同海底坡度时的缆绳形态

3. 特殊部件：FIX，SPR，GAP

FIX 约束自由度；**SPR** 定义运动自由度的线弹性；**GAP** 为两节点的恒定距离。

~CLASS, **FIX**, DF(1), ··· DF(n)

约束节点自由度，DF(n)可以为 X、Y、Z、RX、RY 和 RZ，如果约束所有运动自由度，此时不需要输入 DF 数据。

~CLASS, **SPR**, DF(1), SPV(1),⋯ DF(n), SPV(n)

定义节点对应自由度的线弹性刚度，DF(n)可以为 X、Y、Z、RX、RY 和 RZ；SPV(n)为对应自由度的线弹性刚度。

~CLASS, **GAP**, COEF

定义两节点之间具有恒定距离并且程序施加载荷以保证该距离，定义的第二个节点指向第一个节点为间距方向，两节点之间的距离恒定。COEF 为摩擦力系数。

GAP 仅承受压力作用，不承受张力作用。

4. 推进器和拖轮：PROPUSION，TUG_BOAT

~CLASS, **PROPULSION**, E_NAME, MAX_THRUST, R_ALPHA, R_GAMMA,R_DIST

E_NAME 为推进器效率曲线，需要通过**&DATA CURVE** 定义。MAX_THRUST 为推进器最大推力。R_DIST 为推进器与舵轴的距离。R_ALPHA（$feet^3$ 或 m^3）和 R_GAMMA（$feet^2$ 或 m^2）定义推进器施加在舵上的力。

$$
\begin{aligned}
&F_n = P \times R\_GAMMA \\
&P = \frac{1}{2}\rho S V_n \\
&S = V_r + V_t \\
&V_t = abs\left[Thrust / \left(\frac{1}{2}\rho \times R\_ALPHA\right)\right]
\end{aligned}
\tag{3.16}
$$

式中，F_n 为推进器施加在舵上的力；P 为压力；S 为水质点相对速度；V_n 为水质点相对速度在舵面的法相分量。V_r 为无推进器影响时的水质点速度；V_t 为考虑推进器影响时的水质点速度，*Thrust* 为推进器推力，ρ 为流体密度。

-R_ANGLE LIMITS, RA_MIN, RA_MAX

定义舵的有效方向范围，默认为-90°～90°。

-T_ANGLE LIMITS, TA_MIN, TA_MAX

定义推进器的有效方向范围，如果是固定推进器则不需要指定有效方向角。

CONNECTOR, PNAME, PROP, *NODE

定义推进器的位置，PNAME 为推进器名称，PROP 为推进器性能，*NODE 为推进器所在位置。

建立推进器的控制器（**ASSEMBLY CONTROL**）和推进系统初始设置（**&CONNECTOR –SET_PROPUSION**），相关内容可参考 3.4.9 节及 7.4 节。

~CLASS, **TUG_BOAT,** FORCE

用于模拟拖轮作用，FORCE 为拖轮施加的拖力。

-T_DYNAM, PERCENT FORCE, PHASE

指定动态分析下拖轮拖力的变化，PERCENT 为施加拖力百分比，FORCE 为指定拖力，PHASE 为拖力相对于波峰位置的相位。

-DAMPING, C

定义拖缆在拖轮连接位置的阻尼系数。

3.4.9 连接部件组装

当连接部件的类型和材质等信息确定后，需要通过部件组装命令完成部件建模工作。

下面就组装不同类型的连接部件进行介绍。

1. 组装系泊缆

系泊缆的定义主要由以下步骤组成：

（1）定义系泊缆类型 **ROD** 或 **B_CAT** 及对应材质（参考 3.4.8 节）。

（2）定义系泊缆与船体的连接点和锚点位置（若使用 **CONNECTOR** –ANCHOR 则仅需定义系泊缆与船体连接点）。

（3）通过 **CONNECTOR** 命令定义缆绳连接。

（4）使用**&CONNECTOR** 命令定义预张力。

CONNECTOR, CNAME, -OPTIONS, ~CLASS, *NODE(1), *NODE(2)

该命令定义连接部件的几何连接。CNAME 为定义的连接名称，~CLASS 为连接部件类型，*NODE(1)为连接部件的第一个点，*NODE(2)为连接部件的第二个点。

-ANCHOR, THET, DTA

用于 **ROD** 和 **B_CAT** 部件，以分布角度 THET 和锚点与缆绳上端连接点的水平距离 DTA 来定义系泊缆。

&CONNECTOR(:CON_SELE, -OPTION)

CON_SELE 为系泊缆名称。

-ANCHOR, XA, YA, ZA

给定锚点位置的坐标。

-A_ HORIZONTAL, FORCE

以锚点的水平方向受力作为目标值来迭代计算缆绳形态。

-A_TENSION, FORCE

以锚点总张力作为目标值来计算缆绳形态。

-LENGTH, LEN

给定缆绳上端连接的第一段缆绳的长度。

-INACTIVE

使选择的缆绳失效。

-ACTIVE

激活选择的缆绳。

-LENGTH, LEN

指定连接船体的第一段缆绳长度。

-L_HORIZONTAL, FORCE

指定系泊缆上端平面力作为目标值来定义缆绳预张力。

-L_TENSION, FORCE

以系泊缆上端轴向力定义缆绳预张力。

2. 定义 **GSPR** 和 **LMU**

建立 **GSPR** 的基本步骤：

（1）定义 **GSPR** 单元特性。

（2）设置 **GSPR** 的位置和正确定义受力方向（**CONNECTOR**）。

CONNECTOR, CNAME, -OPTIONS, ~CLASS, *NODE(1), *NODE(2)

该命令定义连接部件的几何连接形式。CNAME 为定义的连接名称，~CLASS 为连接部件类型，*NODE(1)为连接部件的第一个点，*NODE(2)为连接部件的第二个点。

-EULER, E_DATA

该选项用于 **LMU**、**GSPR** 的定义，功能是对部件坐标系进行更改，根据实际情况调整 **LMU**、**GSPR** 的受力方向时需要使用该选项。

默认情况下部件坐标系统与*NODE(1)所在的 PART 坐标系一致，E_DATA 对应该坐标系的方向，可以为+X、-X、+Y、-Y、+Z 或-Z，使用-EULER 可以将 *X* 坐标系旋转到原坐标系的坐标轴对应方向；也可以指定旋转角度，角度对应 RX、RY 和 RZ 三个方向。

回顾 **GSPR** 的定义方式可以发现，**GSPR** 单元的受力方向为 *X* 方向，该方向由*NODE(1)定义。当 **GSPR** 实际受力方向为全局坐标系的 Y 方向时，需要将该坐标系进行旋转以正确定义 **GSPR** 单元受力特征。

一艘驳船船艏垂线与船底基线交点为整体坐标系原点，其船艉同码头有护舷传递载荷，这里以一个 **GSPR** 单元代表。NODE1 至 NODE2 为护舷距离，NODE1 位于码头，NODE2 位于船艉，**GSPR** 单元坐标系统与 NODE1 定义相同，设置 **GSPR** 单元承受压力作用，受力方向为部件坐标系的 X 方向（EX）。由于此时护舷受力方向与部件坐标系方向一致（受压），故不需要使用-EULER 选项进行部件坐标系旋转，如图 3.108 所示。

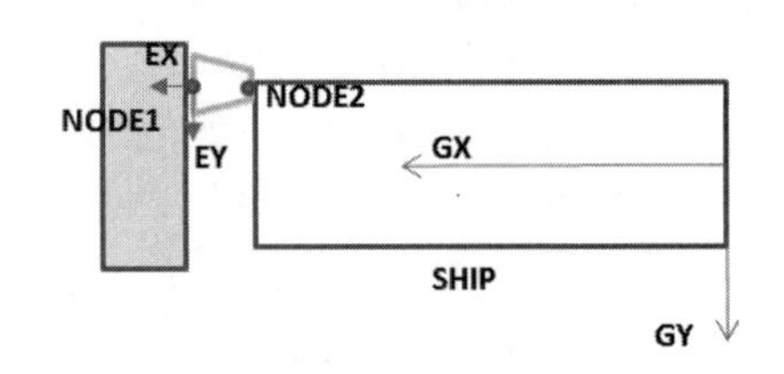

图 3.108　GSPR 坐标系示意 1

当驳船左舷同码头护舷接触时，NODE1 位于码头，NODE2 位于船体左舷，整体坐标系不发生变化，**GSPR** 单元 X 方向承受压力作用，则部件坐标系需要进行旋转。X 轴需要顺时针旋转 90°以表示正确的受力方向，此时同原坐标系的 Y 轴负方向一致，可以设置-EULER –Y，设置 **GSPR** 单元 X 轴受压方向旋转为 Y-方向，如图 3.109 所示。

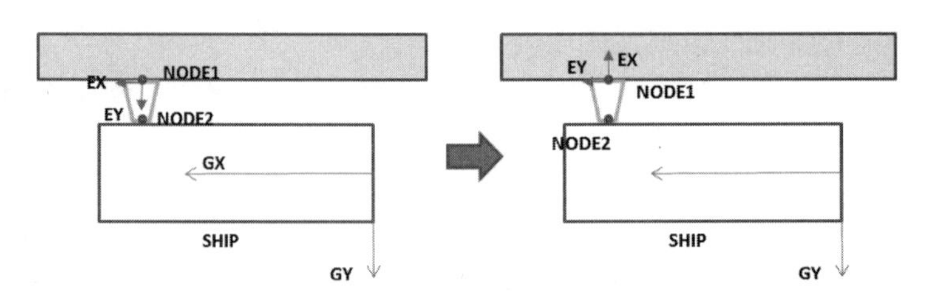

图 3.109　GSPR 坐标系示意 2

```
-NUM_APPLIED, NUMBER
```

对连接部件设置载荷调整系数。程序计算连接部件受到的载荷，随后对阻尼、刚度、受力矩阵乘以 NUMBER 定义的系数。

3. 组装滑轮组

定义滑轮组的基本步骤：

（1）定义缆绳材质。

（2）建立连接（**CONNECTOR**）。

（3）设置预张力（**&CONNECTOR**）。

（4）组装滑轮组（**ASSEMBLY PULLEY**）。

滑轮组的组装通过 **ASSEMBLY PULLEY** 命令来实现。

```
ASSEMBLY PULLEY, PUL_NAME, EL(1), …, EL(i)
```

PUL_NAME 为定义的滑轮组名称，EL(i)为缆绳名称。这里的缆绳必须是 **H_CAT** 或 **B_CAT**。如果使用 **B_CAT**，则 **B_CAT** 对应缆绳名称必须是 EL(i)的最后一个。**ASSEMBLY PULLEY** 命令定义的滑轮组是单根缆绳通过 n-1 个滑轮。

如果所有缆绳都是 **H_CAT** 单元，同时单元定义时开启了 EXACT，则组装过程中所有缆绳都能够较好地进行计算。如果缆绳中包括了 **B_CAT** 缆，则所有缆绳的直径必须一致以得到较精确的计算结果。需要说明的是，在滑轮组的定义中，**H_CAT** 的所有额外刚度都将被忽略。**&CONNECTOR** 命令可以用于调整缆绳的长度。

以官方例子为例进行介绍，例子包括以下文件（读者可下载本书例子，位于第 3 章的“pully”文件夹）：

```
pul_cat.cif
pul_cat.dat
```

这两个文件可以在官方网站或者 MOSES 软件的安装目录中找到，具体路径：

```
../Support/Technical Information/Tests/Tests of Connectors
```

打开 pul_cat.cif，该例子定义了两种缆绳材质，第一种为~wire h_cat，第二种为~w b_cat。~w 系泊缆连接船体上的点和锚点；~wire 连接船体舯部*cen 点和系泊缆。

通过 **CONNECTOR** 命令连接船舯*cen 点和系泊缆上端悬挂点，缆绳类型为 **H_CAT**；通过 **CONNECTOR** 命令连接系泊缆上端悬挂点和锚点，缆绳类型为 **B_CAT**。两段缆在系泊缆与船体连接位置*mla～*mld 连接，该位置即为滑轮起作用的点。

通过**&CONNECTOR** 命令让两段缆绳受力相同并调整缆绳长度。

最后通过 **ASSEMBLY PULLEY** 命令进行滑轮组装，**B_CAT** 缆绳应位于最后，如图 3.110 所示。

```
medit
    ~wire h_cat 1.25   -len 4000 -tab 300
    connector tsst ~wire   *cen *mla
    connector tsbs ~wire   *cen *mla
    connector tsbb ~wire   *cen *mld
    connector tsbo ~wire   *cen *mld
    connector tpst ~wire   *cen *mlb
    connector tpbs ~wire   *cen *mlb
    connector tpbb ~wire   *cen *mlc
    connector tpbo ~wire   *cen *mlc
    &connecto @ -l_tension 100
    ~w b_cat   4.19 -dep 500 -len 4000 -buoy 0 -wtpl .008 \
                   -b_tens 500
    connector csst ~w    *mla -anc   45   20
    connector csbs ~w    *mla -anc   90   20
    connector csbb ~w    *mld -anc   90   20
    connector csbo ~w    *mld -anc  135   20
    connector cpst ~w    *mlb -anc  -45   20
    connector cpbs ~w    *mlb -anc  -90   20
    connector cpbb ~w    *mlc -anc  -90   20
    connector cpbo ~w    *mlc -anc -135   20
    &connect c@ -a_ten 100
    assembly pulley psst tsst csst
    assembly pulley psbs tsbs csbs
    assembly pulley psbb tsbb csbb
    assembly pulley psbo tsbo csbo
    assembly pulley ppst tpst cpst
    assembly pulley ppbs tpbs cpbs
    assembly pulley ppbb tpbb cpbb
    assembly pulley ppbo tpbo cpbo
end
```

图 3.110　滑轮组的组装

运行该文件查看缆绳受力，可以发现两段缆缆绳受力相同，如图 3.111 所示。

改变系泊缆缆绳初始预张力（图 3.112）来查看载荷是否能够正确传递，可以发现两段缆绳根据预张力的不同，缆绳张力相应地发生了变化，这显示滑轮起到了作用，如图 3.113 所示。

```
>&status f_connector

                 +++ C O N N E C T O R   F O R C E S +++

   Process is DEFAULT: Units Are Degrees,  Feet,  and  Kips Unless Specified
Forces in Body System at Attachment - Magnitude is Sqrt( X**2 + Y**2 + Z**2 )
```

Conn.	Body	FX	FY	FZ	MX	MY	MZ	MAG.
CPBB	TBRG	-0.0	-96.3	-28.3	0	0	0	100
CPBO	TBRG	-68.1	-68.1	-28.3	0	0	0	100
CPBS	TBRG	0.0	-96.3	-28.3	0	0	0	100
CPST	TBRG	68.1	-68.1	-28.3	0	0	0	100
CSBB	TBRG	-0.0	96.3	-28.3	0	0	0	100
CSBO	TBRG	-68.1	68.1	-28.3	0	0	0	100
CSBS	TBRG	0.0	96.3	-28.3	0	0	0	100
CSST	TBRG	68.1	68.1	-28.3	0	0	0	100
TPBB	TBRG	-97.4	-24.3	0.0	0	0	0	100
TPBO	TBRG	-97.4	-24.3	0.0	0	0	0	100
TPBS	TBRG	97.4	-24.3	0.0	0	0	0	100
TPST	TBRG	97.4	-24.3	0.0	0	0	0	100
TSBB	TBRG	-97.4	24.3	0.0	0	0	0	100
TSBO	TBRG	-97.4	24.3	0.0	0	0	0	100
TSBS	TBRG	97.4	24.3	0.0	0	0	0	100
TSST	TBRG	97.4	24.3	0.0	0	0	0	100

图 3.111　滑轮组的缆绳受力

```
&status f_connector
&connect @ -a_ten 125
&status f_connector
&connect @ -l_ten 150
&status f_connector
&instate -move 10 0 0
&status force
&status f_connector
&status config
repo
   show
   do
   &status force
   &status f_connector
   &status config
```

图 3.112　改变预张力查看滑轮是否有效

```
>&status f_connector

                 +++ C O N N E C T O R   F O R C E S +++

   Process is DEFAULT: Units Are Degrees,  Feet,  and  Kips Unless Specified
Forces in Body System at Attachment - Magnitude is Sqrt( X**2 + Y**2 + Z**2 )
```

Conn.	Body	FX	FY	FZ	MX	MY	MZ	MAG.
CPBB	TBRG	-0.0	-121.4	-31.8	0	0	0	125
CPBO	TBRG	-85.8	-85.8	-31.8	0	0	0	125
CPBS	TBRG	0.0	-121.4	-31.8	0	0	0	125
CPST	TBRG	85.8	-85.8	-31.8	0	0	0	125
CSBB	TBRG	-0.0	121.4	-31.8	0	0	0	125
CSBO	TBRG	-85.8	85.8	-31.8	0	0	0	125
CSBS	TBRG	0.0	121.4	-31.8	0	0	0	125
CSST	TBRG	85.8	85.8	-31.8	0	0	0	125
TPBB	TBRG	-121.7	-30.4	0.0	0	0	0	125
TPBO	TBRG	-121.7	-30.4	0.0	0	0	0	125
TPBS	TBRG	121.7	-30.4	0.0	0	0	0	125
TPST	TBRG	121.7	-30.4	0.0	0	0	0	125
TSBB	TBRG	-121.7	30.4	0.0	0	0	0	125
TSBO	TBRG	-121.7	30.4	0.0	0	0	0	125
TSBS	TBRG	121.7	30.4	0.0	0	0	0	125
TSST	TBRG	121.7	30.4	0.0	0	0	0	125

图 3.113　预张力变为 125，缆绳受力发生了相应变化

4. 吊索

MOSES 中对于起吊吊索的定义包括 3 部分：吊臂（boom）、绳索、吊钩（hook）。吊索从

吊臂位置下方连接吊钩。吊索的材质通过~CLASS 定义，材质必须为 SLING。吊臂、吊点以点的形式进行定义，随后通过 **ASSEMBLY T-H_DEFINITION** 进行吊索的组装。

ASSEMBLY T-H_DEFINITION, NAME, BHE, EL(1), …, EL(4), -OPTIONS

NAME 定义吊索部件名称，BHE 为吊臂与吊钩之间的缆绳名称，材质必须为 LSING 而且只连接吊臂点。EL(i)为定义的缆绳名称，连接吊钩与起吊物，这里所有起吊物连接点必须位于同一个体上。

-INITIAL

该选项出现的时候程序会将起吊物放置在吊钩正下方并将该状态作为分析的起始位置。如果该选项不出现，程序会进行迭代计算以使得所有吊索缆绳处于张紧的平衡状态并以此状态作为计算的初始位置。

-DEACTIVATE

不激活定义的吊索。

&INSTATE –SL_SET

在吊索定义完成后输入该命令作用是将吊索进行初始设置。

&CONNECTOR 命令用于调整吊索缆绳的长度。

以官方例子为例，包括以下文件：

Up_lowr.cif
Up_lowr.dat

这两个文件可以在官方网站或者 MOSES 软件的安装目录中找到，具体路径：

../hdesk/runs/samples/install/

本书提供的第 3 章的 sling 文件夹中也包括以上两个文件。

打开 up_lowr.cif，找到文件定义的第一个吊索，吊索由 5 段缆组成：boom1 连接吊臂和吊钩，缆长 300m，吊臂起吊点位置位于*boom 点；LS0602、LS0604、LS1002、LS1004 连接吊钩和起吊物，初始吊索长度均为 400m，对应连接位置为*j0602、*j0604、*j1002、*j1004，这 4 个点对应货物的 4 个吊耳。

通过 **ASSEMBLY T-H_DEFINITION** 组装吊索，顺序从 boom1 开始，后面为 4 个吊钩-吊耳连接缆，如图 3.114 所示，模型效果如图 3.115 所示，更具体内容可参考第 6 章。

```
MEDIT
    &describe part ground
    *boom 199.20      0.00    755.42
    ~boo SLING 3 -len 300
    ~LSL SLING 3 -len 400
    CONNECTOR boom1  ~boo *boom
    CONNECTOR LS0602 ~LSL *j0602
    CONNECTOR LS0604 ~LSL *j0604
    CONNECTOR LS1002 ~LSL *j1002
    CONNECTOR LS1004 ~LSL *j1004
    assembly t-h_definition boom1 LS0602 LS0604 LS1002 LS1004 -initial
END
&instate -move -sl
&status tip-hook
&status f_connector
^
```

图 3.114　吊索组装示例

图 3.115　吊索组装后效果

5. 组装管道或立管

当定义完 **ROD** 单元和对应材质后可通过 **PIPE** 命令组装管道或者立管。

```
PIPE, ~PIPE_CLASS, EL(1), …, EL(i), -OPTIONS
-PIPE_TENSION, TLOWER, TUPPER
```

~PIPE_CLASS 为定义的 **ROD** 管道单元名称；EL(i)可以为戴维吊缆（DAVIT）或托管架滚筒（ROLLER）。MOSES 默认 PIPE 的布置方向沿着全局坐标系的 X 轴负方向，托管架需要依照这个方向进行布置。

如果此时管道通过托管架安装，需要~PIPE_TENSION 定义 **ROD** 管道张紧器最小（TLOWER）和最大张力（TUPPER）；沿着管道布置的最后一个 **ROLLER** 即为张紧器。

如果管道通过吊装安装，则只需指定 TLOWER 对应缆绳初始张力，不需要指定 TUPPER。

当只定义一个 **ROLLER** 时，此 **ROLLER** 为张紧器，此时的 **ROD** 管可以用来模拟立管。

&CONNECTOR 针对 **ROD** 单元还有其他选项：

```
-A_STIFF, STADGX, STADGY, STADGZ
```

定义锚点位置的 **ROD** 缆刚度。

```
-TOP_MOMENT, YES/NO
```

是否考虑 **ROD** 缆上端的弯矩，YES 为考虑。

```
-ST_ADDITION, INONUM, STADGX, STADGY, STADGZ
```

对 **ROD** 缆中间位置施加额外刚度，INONUM 为施加刚度的节点号（默认 ROD 缆最底端为 1 号节点）。

```
-ZERO_BSTIF, YES/NO
```

设置 **ROD** 缆底端是否施加刚度作用，YES 为施加刚度作用。

```
-PIPE_TENSION, TLOWER, TUPPER
```

定义 **ROD** 管道的承受张力范围，TLOWER 为最小张力，TUPPER 为最大张力。

```
-DAV_LENGTH, NEWLEN,
```

用于改变 **ROD** 管道的吊装下水的缆绳长度，NEWLEN 为吊缆的新长度。

```
-MOVE_ROLLER, DX, DY, DZ,
```

移动 **ROD** 管道托管架滚筒的位置，DX、DY、DZ 为相对于目前位置的增量。

```
-LOC_ROLLER, X, Y, Z,
```

指定 **ROD** 管道托管架滚筒位置。

6. 组装鼓式绞车

在组装鼓式绞车部件之前需要通过~CLASS 定义缆绳属性，绞车缆绳可以为 **B_CAT**、**H_CAT**、**SL_ELEM**、**ROD**、**GSPR** 等。SLING 单元也可用于考虑绞车特性的吊索定义。

```
ASSEMBLY WINCH, WINCH_NAME, EL(1), …, EL(i) –OPTIONS
```

WINCH 对应组装的绞车部件名称，EL(i)为连接单元名称。

```
-WINCH FULL_WEIGHT, MAX_TORQUE, S_MOMENT, D_MOMENT, TOT_LENGTH, FULL_GYRADIUS,
FULL_RADIUS
```

FULL_WEIGHT 为绞车卷筒自身重量和卷筒上缆绳重量的和，MAX_TORQUE 为制动器的制动力矩，S_MOMENT 为制动器施加的摩擦静力矩，D_MOMENT 为制动器施加的摩擦动力矩，与卷筒转动角速度平方相关，TOT_LENGTH 为卷筒上的缆绳长度，FULL_GYRADIUS 为卷筒卷满缆绳时的回转半径（需考虑卷筒上的缆绳影响），FULL_RADIUS 为卷筒卷满缆绳时的半径。

卷筒的部分控制功能可通过**&CONNECTOR** 命令实现。

```
&CONNECTOR -L_DYNAMIC, ACTION, MULT, BOUND
```

ACTION 为 MOTOR、BRAKE 或 CT_LENGTH 定义的缆绳长度变化曲线。

对于 MOTOR，如果此时设置了 MULT（制动力矩系数），则制动力矩 MAX_TORQUE 乘以 MULT，此时绞车马达启动，制动器放松，绞车处于收缆状态。

对于 BRAKE 如果设置了 MULT 则 S_MOMENT 和 D_MOMENT 乘以 MULT，此时绞车马达停止运行，制动器进行制动操作，此时绞车处于放缆状态。

对于 CT_LENGTH 如果设置了 MULT，则缆绳释放速度乘以 MULT。

BOUND 定义缆绳长度范围，如果 MULT 为正，则此时 BOUND 定义绞车释放缆绳时绞车缆绳的最大长度；如果 MULT 为负，则此时 BOUND 定义绞车收紧缆绳时绞车缆绳的最小长度。

这里以官方例子为例解释 winch 的使用。官方例子包括以下两个文件：

```
winch.cif
winch.dat
```

这两个文件可以在官方网站或者 MOSES 软件的安装目录中找到，具体路径：

```
../hdesk/runs/tests/conn
```

本书提供的第 3 章例子中的 winch 文件夹也包括以上两个文件。

打开 winch.dat 文件，这里对原文件作了部分修改。*g 点为固定点，绞车位于该点。*1 和*2 为名称为 Body Spring 的体两侧的点，重量通过**#WEIGHT** 定义，位于*c 点。通过 **PGEN** 绘制一个方形盒子用于动画查看，如图 3.116 所示。

打开 winch.cif 文件，绞车和绞车缆重、制动力矩、制动静摩擦力、绞车缆绳长度、绞车和绞车缆回转半径和几何半径均通过参数进行定义，缆绳材质为 h_cat。这里绞车连接两根缆，两根缆分别连接*g 与*1、*g 与*2 点，初始长度为 10feet，如图 3.117 所示。

```
&dimen -dimen feet kips
&describe body ground
*g 000 0 110
&describe body spring
*1   10 0 5
*c    0 0 2.5
*2  -10 0 5
#weight *c 10 1 1 1
PGEN -perm 1
 PLANE -10 10 -rect 0 5 20
END PGEN
```

图 3.116　winch.dat 文件内容

通过 **ASSEMBLY WINCH** 组装绞车部件并将各个参数进行设置。通过**&CONNECTOR** 设置绞车为释放状态（BRAKE），不对控制力矩进行调整（MULT 为 1），此时缆绳最大长度为 1000feet。设置吊物的初始位置（**&insta** -loca 0 0 100）并对缆绳施加 10kips 的预张力（&conn @ -l_ten 10），如图 3.117 所示。进行时域分析，时域分析步长 0.05s，模拟时间长度 75s（&env still -time 75 %tstep 0），如图 3.117 所示。

```
inmodel
&instate -loc 0 0 0 0 0 0
medit
  &set spring   = -send 1
  &set damp     = -damp 1
  &set spring   =
  &set damp     =
  &set weight   =    900 $ weight of winch + wire
  &set applied  =    300 $ maximum applied torque
  &set s_moment =      1 $ constant moment friction
  &set d_moment =      2 $ dynamic moment friction ( omega**2 )
  &set tot_len  =   1000 $ line on winch
  &set gy_radi  =      5 $ winch radius of gyration
  &set radius   =      5 $ radius of winch
  ~w_line  h_cat .5 -len 10 %spring %damp
  connector w_line1 ~w_line   *1 *g
  connector w_line2 ~w_line   *2 *g
  assembly winch winch w_line1 w_line2 -winch %weight      \
                          %applied     \
                          %s_moment    \
                          %d_moment    \
                          %tot_len     \
                          %gy_radi     \
                          %radius
end
&pict side
&insta -loca 0 0 100
&conn @ -l_ten 10
&equi
&stat force
&stat f_conn
&conn winch  -l_dynam brake 1
&set tstep = .05
&env still -time 75 %tstep  0
tdom -new .33 .67
```

图 3.117　winch.cif 文件内容——组装绞车并进行设置

时域计算后对物体运动、缆绳张力等结果进行输出，如图 3.118 所示。

```
tdom -new .33 .67
 prcpost
    traj
       vlist
       report
       plot 1 7 -rax 13 -n
       end
    cf_mag
       vl
       report
       plot 1 2 4 -n
       end
    c_length
       vl
       report
       plot 1 2 4 -rax 3 5  -n
       end
```

图 3.118　winch.cif 输出物体运动缆绳张力和长度变化结果

查看动画效果，单击 Graphics→Picture Options 勾选 Rendering Type Solid，勾选 Picture Type Default。在新弹出的窗口调节进度条单击 Play 可以播放动画。不同时刻物体下放状态，如图 3.119 和图 3.120 所示。

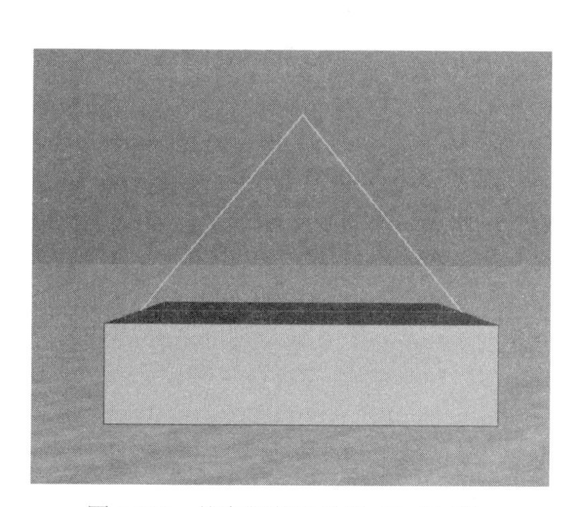

图 3.119　绞车组装后效果（0s 时刻）

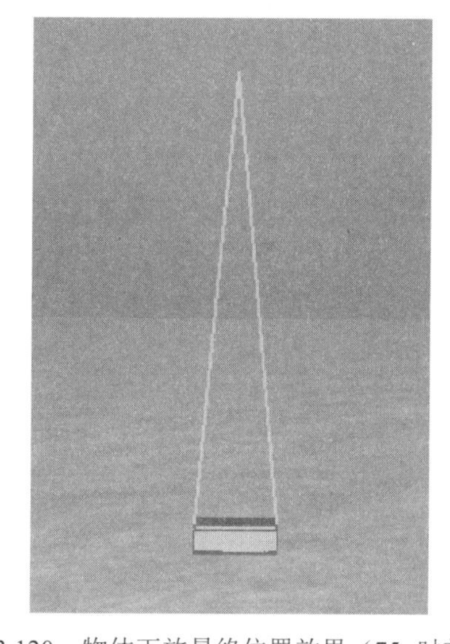

图 3.120　物体下放最终位置效果（75s 时刻）

打开 ans 文件夹下的 gra0001.eps 查看计算结果曲线，可以发现：在 15s 左右物体与水面接触，由于物体提供浮力，此时物体漂浮在水面上不再向下运动，如图 3.121 所示。由于物体漂浮于水面之上，而缆绳长度大于此时释放位置和物体最终位置之间的距离，缆绳此时受力为零，如图 3.122 所示。缆绳继续释放，直到绞车卷筒上的缆绳全部释放完毕，如图 3.123 所示。

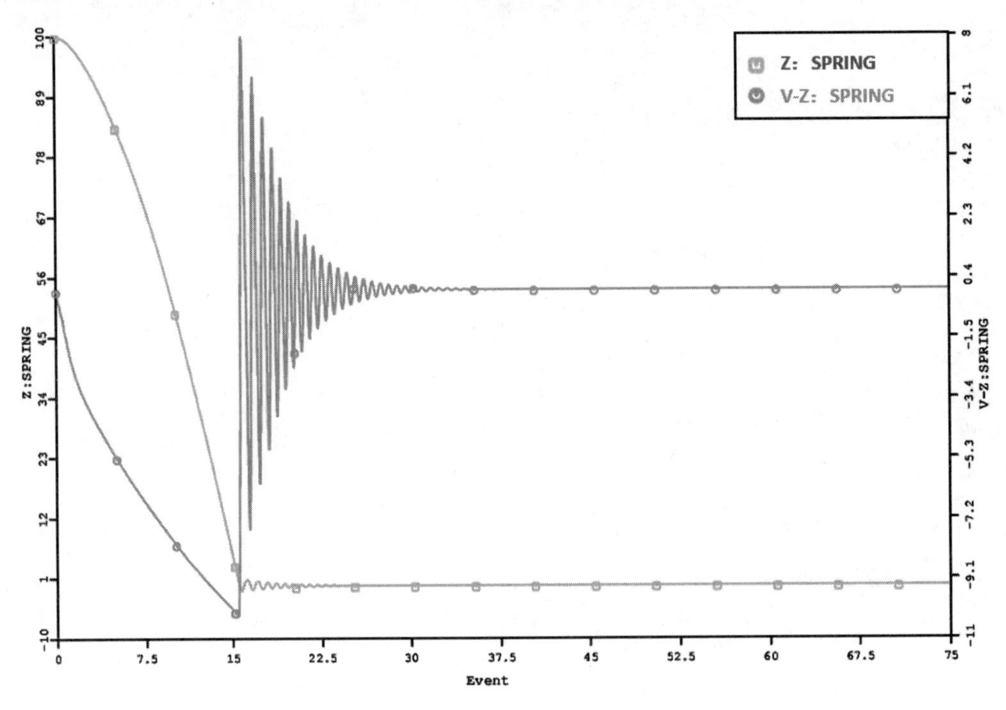

图 3.121　物体下放位移变化曲线

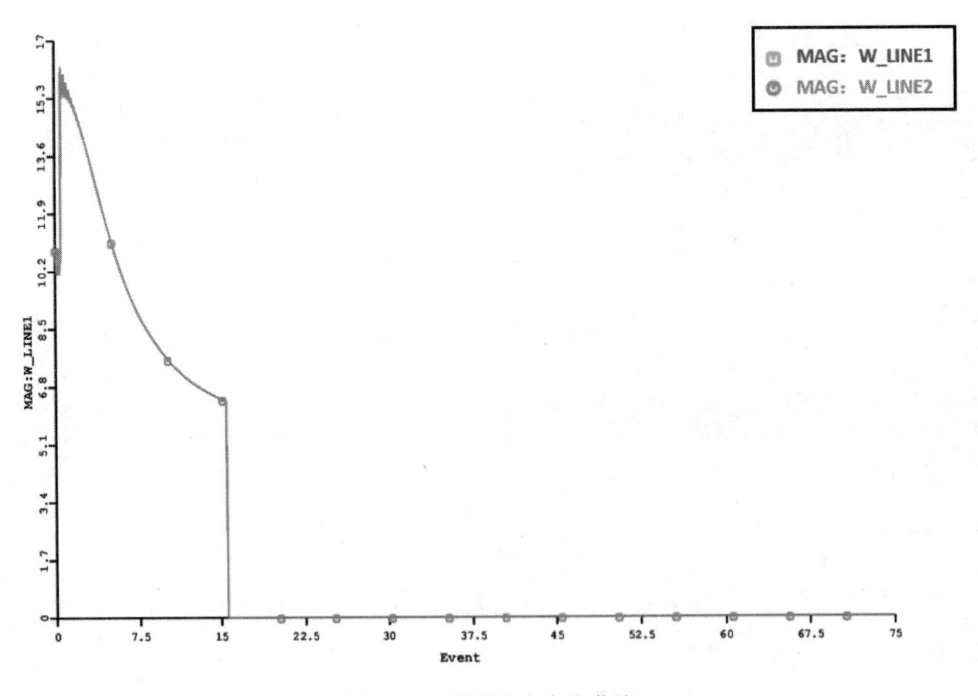

图 3.122　缆绳张力变化曲线

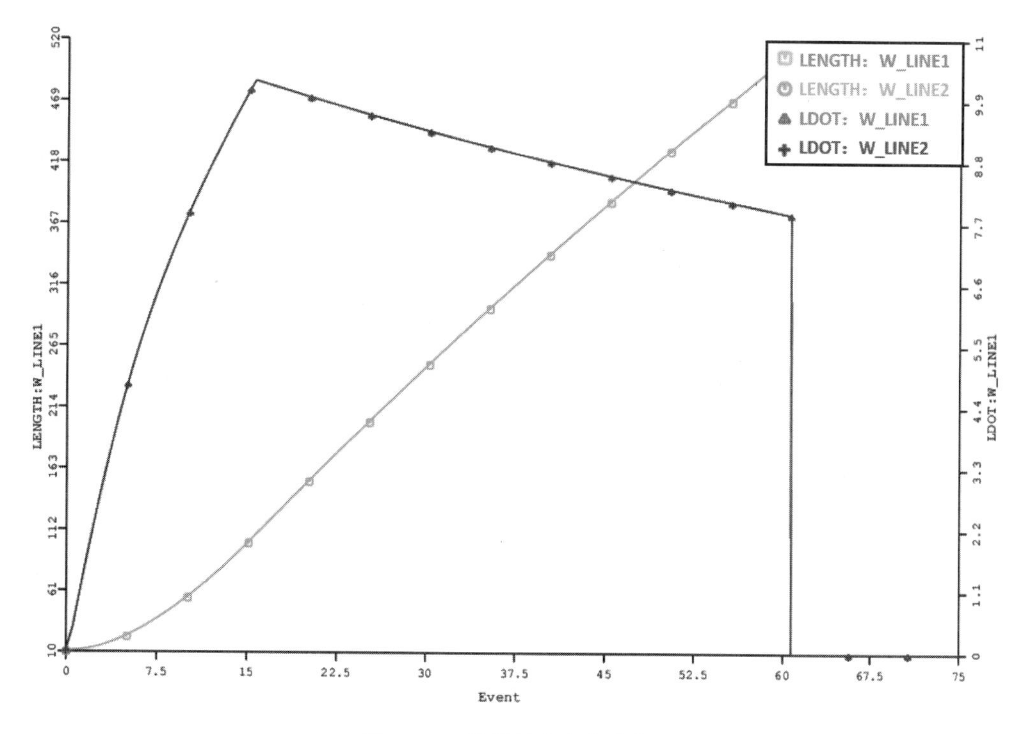

图 3.123　缆绳长度变化曲线

7. *建立动力定位控制器*

建立动力定位系统的顺序是：

（1）定义推进效率（**&DATA CURVE**）。

（2）定义传感器（**&DESCRIBE SENSOR**）。

（3）定义推进器单元（**~PROPULSION**）。

（4）定义推进器（**CONNECTOR**）。

（5）组装动力定位控制器（**ASSEMBLY CONTROL**）。

```
&CONNECTOR, PRO_NAME, -SET_PROPUSION, T_MULT, T_ANGLE, R_ANGLE
```

PRO_NAME 为定义的推进器名称，T_MULT 为推进器的最大推力系数（-1≤T_MULT≤1），T_ANGLE 为推进器放置角度，R_ANGLE 为舵角（-90≤ANGLE≤90）。

当需要控制器介入到静态计算中时，使用**&CONNECTOR**, PRO_NAME, -CONTROL 命令。

```
ASSEMBLY CONTROL, CONTROL_NAME, PE(1), …, PE(i) –OPTIONS
```

CONTROL_NAME 为控制器名称，PE(i)为推进器名称。

```
-SENSORS SG(1), SEN(1), … SG(n), SEN(n)
```

SEN(n)为传感器名称。传感器需要通过**&DESCRIBE SENSOR** 进行定义，可参考 3.4.1 节相关内容。

动力定位控制器需要保持船体上某位置同全局坐标系下同一位置的相对位移在一定范围内，控制系统会在船体纵荡、横荡、艏摇方向施加来自于推进系统的恢复力。目前 MOSES 的传感器能够读取相对位移信号，但不能直接读取风速信息，MOSES 中的动力定位控制器一般为 PID 后反馈控制器。

动力定位系统在控制器调节下提供的恢复力为：

$$F(i) = \text{sum}[SG(k) \times SR(k,i)] \tag{3.17}$$

式中，i 为船体运动自由度，可以为纵荡、横荡、艏摇；$SG(k)$为对应第 k 个传感器的控制信号增益系数；$SR(k,i)$为第 k 个传感器在 i 方向上的数据信号。

传感器信号 *SR* 包括：相对位移、相对速度以及卷积积分项，传感器信号应分别对应相对纵荡运动和相对横荡运动。由于相对运动信号只包括 X、Y、Z 三个方向，因而传感器应多在船艏船艉布置以达到控制艏摇的目的。

增益系数 *SG* 包括：与相对位移相关的比例增益系数、与相对速度相关的微分增益系数以及与积分项相关的积分增益系数，这 3 个参数起到的作用分别是：比例增益系数表示与相对位移有关的恢复力，积分增益系数抵消缓慢变化的平均力，微分增益系数提供阻尼力。

MOSES 中各个推进器的推力分配按照最小二乘法拟合结果进行分配。

如推进器是有舵推进器则控制器对其无效。这种推进器的设置需要通过**&CONNECTOR** –SET_PROPUSION 命令。

虽然 MOSES 提供了推进器定义以及控制器定义的功能，但对于真正实现动力定位分析还有一定距离。目前 MOSES 的动力定位相关命令能够实现简单的静力状态下动力定位能力计算以及后反馈 PID 控制器的定义，更具体的内容可参考 7.4 节。

8. 拖轮模拟

定义好~CLASS TUG_BOAT 后，通过 **CONNECTOR** 命令定义拖轮拖力方向和距离。

```
CONNECTOR CNAME ~CLASS, -OPTION
```

CNAME 为此时定义的拖缆名称，~CLASS 为~TUG_BOAT。

```
-TUG, ANG, DIST, *NODE
```

ANG 为拖缆方向，DIST 为拖轮与拖航物连接点的距离，*NODE 为连接点位置（位于被拖物上）。

```
&CONNECTOR T_NAME(1), …T_NAME(i), -OPTION
```

T_NAME(i)为拖缆名称。

```
-T_FORCE, FORCE
-T_LOCATION, ANG, DIST
-T_DYNAMIC, PERCENT_FORCE, PHASE
```

以上 3 个选项的效果同~CALSS, TUG_BOAT 相关选项一致，可参考 3.4.9 节相关内容。

3.4.10 缆绳配置状态显示

当连接部件定义完成后，对连接的物体在新的平衡位置条件下连接部件的状态可以通过新位置状态显示命令菜单（The Reposition Menu）进行查看，该系列命令用于缆绳连接的初始设计和布置计算，相关命令提供连接部件分析数据的显示和报告。

这部分命令属于通用后处理，但由于主要用于连接部件的状态显示，因而在本节进行单独介绍。

进入菜单命令：

```
REPO
```

退出菜单命令：

```
END_REPO
```

主要包括以下命令：

1. **DO_REPO**

对目标浮体目前位置下，求解缆绳连接部件新的长度并显示连接缆绳的信息，本命令主要用于缆绳调整与查看。

2. **BOUNDS_CONN**, UB, LB, :SC(1), :SC(2), …, :SC(n)

定义选择缆绳的张力上下限，UB 为缆绳张力上限，LB 为缆绳张力下限，SC(n)为选择的连接部件。

3. **DESIRE_VALUE**, DES, :SC(1), :SC(2), …, :SC(n)

定义选择缆绳的张力目标值，DES 定义缆绳张力目标值，SC(n)为选择的连接部件名称。

4. **SHOW_SYS**

显示目前状态下的连接缆绳的整体状态。

3.4.11 连接部件设计计算

当缆绳定义完毕后可进入连接部件设计计算菜单，计算结果均为静力结果。

进入菜单命令：

```
CONN_DESIGN
```

退出菜单命令：

```
END_CONN
```

该菜单主要包括以下命令：

1. **TABLE** 计算单根水中悬链线（**B_CAT** 或 **ROD**）缆绳特性

```
TABLE, LNAME
```

LNAME 为对应缆绳名称。

典型水中悬链线状态及对应参数如图 3.124 所示。

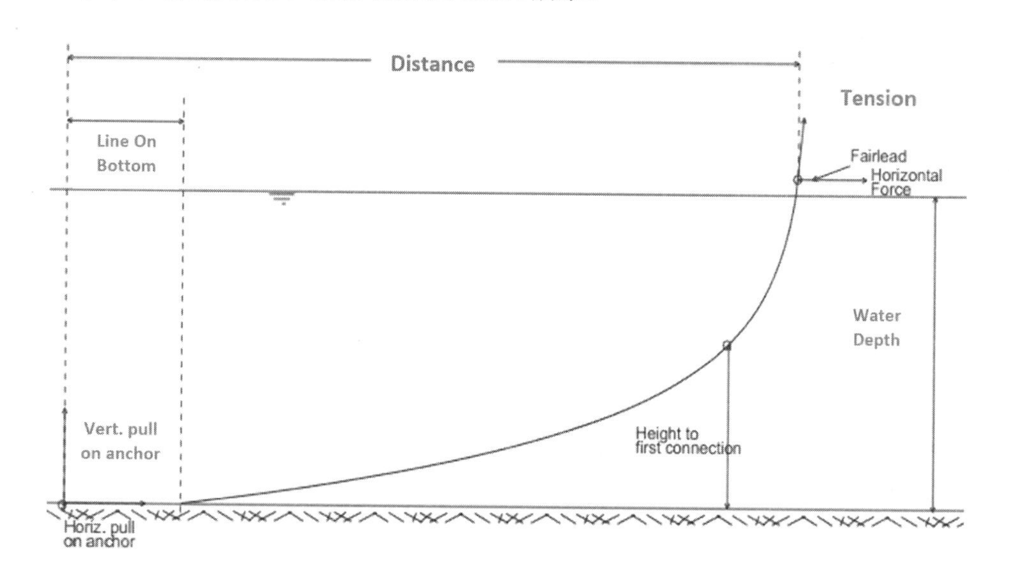

图 3.124 典型水中悬链线状态及对应参数

TABLE 命令的作用是对水中悬链线缆绳按照悬链线方程进行计算并给出计算结果，包括关于锚点至缆绳上端水平距离的：

（1）缆绳上端平面受力（Horizontal Force）。

（2）缆绳上端轴向受力（TENSION）。

（3）以上二者比值（DF/DX）。

（4）张力/破断力比（MAX T/TB）。

（5）破断力（Cri. Break）。

（6）目前缆绳由几段组成（Crit. Seg）。

（7）锚点上拔力（V.Pull）。

（8）锚点水平拉力（H.Pull）。

（9）卧链长度（Line on Bottom）。

（10）多段缆情况下连接点距离锚点高度以及缆绳受到的其他静力作用（如配重、浮筒等）。

命令执行完成后将切换到通用后处理，用户可以对数据进行后处理并输出，基本结果如图 3.125 所示。

+++ P R O P E R T I E S   O F   L I N E   P 1 +++

Process is DEFAULT: Units Are Degrees, Meters, and M-Tons Unless Specified

Line Class = ~WIRE   Water Depth =   201 Length of First Segment =   1812

H. Dist. X	/--- Horizontal ---/ Force	DF/DX	/------------ Tension ------------/ Ten Top	Max T/TB	Cri Break	Crit. Seg	/--- Anchor ----/ V. Pull	H. Pull	Line on Bottom	/- 1st Connection -/ Height Ab Anchor	Net Force Applied
1610.43	0.01	0.00	4.27	0.012	350.00	1	0.00	0.01	1607.47	0.00	0.00
1651.04	0.42	0.02	4.68	0.013	350.00	1	0.00	0.42	1589.24	0.00	0.00
1695.54	1.66	0.05	5.92	0.017	350.00	1	0.00	1.66	1541.10	0.00	0.00
1725.61	3.75	0.10	8.00	0.023	350.00	1	0.00	3.75	1476.31	0.00	0.00
1746.31	6.66	0.19	10.91	0.031	350.00	1	0.00	6.66	1403.02	0.00	0.00
1761.76	10.40	0.30	14.65	0.042	350.00	1	0.00	10.40	1325.29	0.00	0.00
1774.28	14.98	0.43	19.22	0.055	350.00	1	0.00	14.98	1245.11	0.00	0.00
1785.19	20.39	0.56	24.62	0.070	350.00	1	0.00	20.39	1163.52	0.00	0.00
1795.25	26.63	0.68	30.85	0.088	350.00	1	0.00	26.63	1081.09	0.00	0.00
1804.93	33.71	0.78	37.91	0.108	350.00	1	0.00	33.71	998.11	0.00	0.00
1814.55	41.62	0.86	45.80	0.131	350.00	1	0.00	41.62	914.79	0.00	0.00
1824.30	50.36	0.93	54.53	0.156	350.00	1	0.00	50.36	831.26	0.00	0.00
1834.35	59.93	0.98	64.08	0.183	350.00	1	0.00	59.93	747.55	0.00	0.00
1844.82	70.33	1.02	74.47	0.213	350.00	1	0.00	70.33	663.73	0.00	0.00
1855.79	81.57	1.04	85.68	0.245	350.00	1	0.00	81.57	579.79	0.00	0.00
1867.34	93.64	1.06	97.73	0.279	350.00	1	0.00	93.64	495.78	0.00	0.00
1879.56	106.54	1.07	110.61	0.316	350.00	1	0.00	106.54	411.65	0.00	0.00
1892.51	120.27	1.08	124.32	0.355	350.00	1	0.00	120.27	327.45	0.00	0.00
1906.26	134.84	1.08	138.86	0.397	350.00	1	0.00	134.84	243.14	0.00	0.00
1920.87	150.24	1.07	154.23	0.441	350.00	1	0.00	150.24	158.74	0.00	0.00
1936.41	166.47	1.06	170.43	0.487	350.00	1	0.00	166.47	74.25	0.00	0.00
1952.90	183.53	1.05	187.46	0.536	350.00	1	0.20	183.53	0.00	0.00	0.00
1969.88	201.43	1.05	205.33	0.587	350.00	1	1.88	201.43	0.00	0.00	0.00
1987.75	220.15	1.04	224.05	0.640	350.00	1	3.60	220.15	0.00	0.00	0.00
2006.56	239.71	1.03	243.60	0.696	350.00	1	5.37	239.71	0.00	0.00	0.00
2026.36	260.11	1.01	264.00	0.754	350.00	1	7.18	260.11	0.00	0.00	0.00
2047.21	281.33	1.00	285.23	0.815	350.00	1	9.02	281.33	0.00	0.00	0.00
2069.14	303.39	0.99	307.30	0.878	350.00	1	10.89	303.39	0.00	0.00	0.00
2092.21	326.28	0.97	330.20	0.943	350.00	1	12.78	326.28	0.00	0.00	0.00
2116.45	350.00	0.96	353.94	1.011	350.00	1	14.69	350.00	0.00	0.00	0.00

图 3.125　单根水中悬链线特性计算结果示意

2. **GEOMETRY** 输出缆绳几何形态

GEOMETRY, LNAME

LNAME 为缆绳名称。

该命令的作用是输出目前状态下指定缆绳的几何形态，从上端连接点开始，以 X、Y、Z 坐标显示其在全局坐标系的位置，结果示意如图 3.126 所示。

```
+++ G E O M E T R Y   O F   C O N N E C T O R   P 1 +++
=====================================================

Process is DEFAULT: Units Are Degrees, Meters, and M-Tons Unless Specified

Coordinates In Global System

Distance is from Second End
```

Dist.	H. Dist	X	Y	Z
833.14	843.03	-822.24	-487.85	-200.00
851.26	861.36	-806.37	-478.67	-200.00
869.37	879.68	-790.51	-469.49	-200.00
887.48	898.01	-774.65	-460.31	-200.00
905.59	916.34	-758.79	-451.13	-200.00
923.70	934.66	-742.93	-441.95	-200.00
941.81	952.99	-727.07	-432.77	-200.00
959.93	971.32	-711.21	-423.58	-200.00
978.04	989.64	-695.35	-414.40	-200.00
996.15	1007.97	-679.48	-405.22	-200.00
1014.26	1026.30	-663.62	-396.04	-200.00
1032.37	1044.62	-647.76	-386.86	-200.00
1050.49	1062.95	-631.90	-377.68	-200.00
1068.60	1081.28	-616.04	-368.50	-199.95
1086.71	1099.61	-600.18	-359.32	-199.67
1104.82	1117.93	-584.32	-350.14	-199.13
1122.93	1136.24	-568.47	-340.97	-198.34

图 3.126　单根水中悬链线几何形态结果示意

命令执行完成后将切换到通用后处理，用户可以对数据进行后处理并输出。

3. **MOVE** 计算系泊系统恢复力

MOVE, BODY_NAME, -OPTIONS

该命令的作用是将系泊系统连接的浮体（BODY_NAME，缺省状态是指目前的船体）进行特定方向或角度的移动，程序迭代求解以求出对应位移的系泊系统的整体恢复力。

-LINE, TH, DIST, NUMBER

以线位移形式移动系泊浮体，TH 为相对于整体坐标系的移动方向角，DIST 为整体移动距离，NUMBER 为移动步长。

船体沿着 0°方向平面移动时系泊系统恢复力曲线如图 3.127 所示。

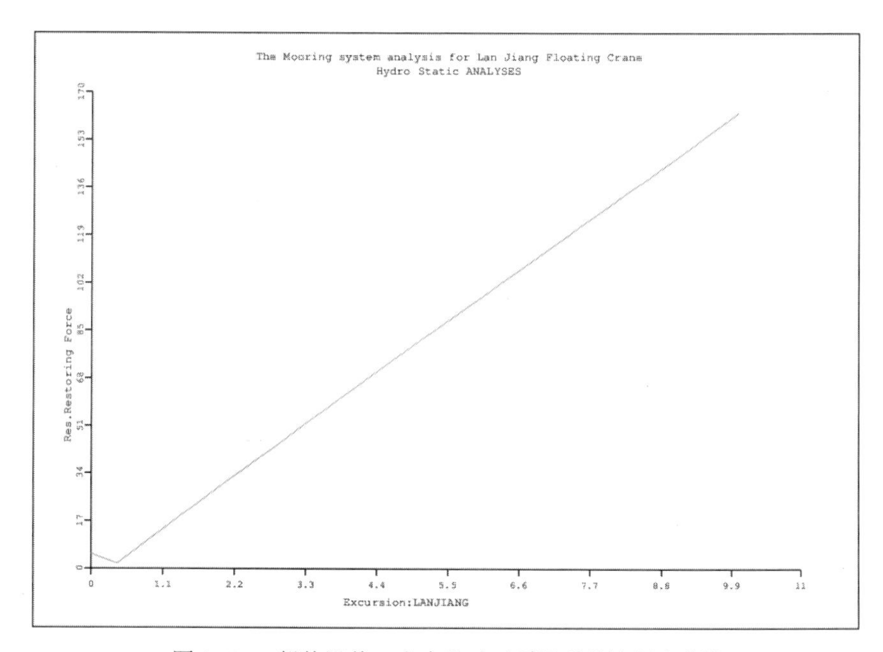

图 3.127　船体沿着 0°方向移动时系泊系统恢复力曲线

CONN_DESIGN 相关命令示例如图 3.128 所示。

```
CONN_DESIGN
   TABLE P1
      REPORT
      vlist
      plot 1 2 -no
      plot 1 10 -no
   END

  Geometry p1
   report
  end

  MOVE  -line 0 10.4 26
      REPORT
      vlist
      plot 1 7 -no
      plot 1 5 -no
      plot 3 5 -no
   END
  MOVE  -line 90 10.4 26
      REPORT
      vlist
      plot 1 7 -no
      plot 1 5 -no
      plot 3 5 -no
   END
  MOVE  -line 180 10.4 26
      REPORT
      vlist
      plot 1 7 -no
      plot 1 5 -no
      plot 3 5 -no
   END
END
```

图 3.128　**CONN_DESIGN** 相关命令示意

```
-ROTATE, EXCUR, TH_INC, NUMBER
```

以旋转位移移动系泊浮体，EXCUR 为相对于原位置的平面偏移，这里是个常数。TH_INC 为每次转动的角度（单位为度），NUMBER 为计算次数。

命令执行完成后将切换到通用后处理命令，用户可以对数据进行后处理并输出。

4. **PROP(PROP_MAX)**计算动力定位系统限制环境条件包络曲线

```
PROP, CNAME
PROP_MAX, CNAME
```

该命令的作用是计算风、浪、流定常载荷作用下的动力定位系统推力曲线。在计算之前首先要定义好推进器和环境条件，CNAME 为控制器名称。

举例来说，环境条件定义如下：

```
&ENV –WIND 100 90 –CURRENT 3.0 45 –SEA ISSC 135 10 7
```

风向为 90°风速 100 节，流速为 3.0 节 45°；海况为 ISSC 谱，有义波高 10m，平均周期 7s。随后输入 **PROP** 命令，程序会进行迭代计算，给出 0～360°范围内船艏朝向对应的：

（1）流速、海况不变条件下的系统能承受的最大风速。

（2）风速、海况不变条件下的系统可以承受的最大流速。

（3）风速、流速不变的情况下的系统能够承受的最大波高。

3.4.12　风、流、附加阻尼载荷模型

通过定义面积和对应风力/流力系数的方法定义风、流载荷计算模型时需要**#AREA** 或 **#PLATE** 命令。

通过对模型设置-CS_WIND 和-CS_CURRENT 可以进行风载荷风力系数和流载荷流力系数的设置。

附加阻尼的定义需要**#DRAG**、**#TANAKA** 以及-ROLL_DAMPING。对于杆件，可以通过定义**#TUBE** 来计算风力和流力。

1. #AREA

根据结构受风面积的轮廓计算 X、Y 方向方形受风面积，根据规范选取风力形状系数（可参考表 2.5），随后通过**#AREA** 定义受风面积模型，同时，需要计算和指定风面积的形心位置，如图 3.129 所示。

```
medit
&describe body %bgname
$  barge hull
*W-Y1   %vlength%/2  0  (%vdepth%+%draft)/2
#area *W-Y1  0  %vlength%*(%vdepth%-%draft)  0.0  -wind 1
$
$  Living quarter
*W-Y2   123.9  0  34.32
#area *W-Y2  0  98.3*25.7  0.0  -wind 1
```

图 3.129 风力载荷模型定义示例

流力模型的定义方法同风力模型类似，先估计迎流面积的形心，计算迎流面积，选取流力系数，最后通过**#AREA** 定义流面积模型。

#PLATE 通过多个点来描述面积，除此之外同**#AREA** 并无太大区别，这里不再赘述。

2. -cs_wind 和-cs_current

对于船体模型，可以通过-cs_wind, csw_x, csw_y, csw_z 来定义 X、Y、Z 三个方向上的风力系数；通过-cs_current, csc_x, csc_y, csc_z 来定义 X、Y、Z 三个方向上的流力系数，如图 3.130 所示。程序会自动根据船体浮态情况自动区分船体模型水面以上受风力影响的部分和水下受流力影响的部分。程序默认计算其他方向所受风力/流力的时候通过将风力在各自方向面积上进行投影来进行对应角度的风力/流力计算。

```
pgen   -perm 1 -diftyp 3DDIF -cs_curr 0.2 1 1
plane    0.500*%lft%  -cart     .000*%bft%    19.000*%hft%    \
      2.000*%hft%   19.000*%bft%    2.000*%hft%   19.100*%bft%     \
      0.000*%hft%   19.100*%bft%
plane    1.000*%lft%  -cart     .000*%bft%    8.000*%hft%    \
      1.000*%hft%    8.100*%bft%    2.000*%hft%    8.300*%bft%     \
      3.000*%hft%    8.800*%bft%    4.000*%hft%    9.400*%bft%     \
      5.500*%hft%   11.000*%bft%    8.800*%hft%   19.100*%bft%     \
      0.000*%hft%   19.100*%bft%
```

图 3.130 **PGEN** 的-cs_current 选项指定船体的流力系数

对-cs_wind 和-cs_current 在 *Z* 方向的风力系数和流力系数要谨慎输入，当输入该项时，程序在进行频域 RAO 计算时会考虑它所带来的阻尼效果。由于-cs_current 同流速或者说同水质点速度的二次方相关，因而该阻尼效果为二次阻尼。程序会对其阻尼影响进行频域线性化处理。

#AREA 和**#PLATE** 与-cs_wind、-cs_current 这两种不同的风力、流力参数定义方法都需要定义 X、Y 两个方向的风力/流力系数。当角度发生变化时，风力/流力系数会进行差值计算。如果需要特殊定义其他方向的风力/流力系数，可通过**#TABLE** 和**&DATA A_TABLE** 来进行定义，可参考 3.3.12 节的相关内容。

对于油轮的风流力系数可通过**#TANKER** 调用 OCIMF 对 VLCC 的风流力系数数据进行定

义，可参考 3.3.12 节的相关内容。

3. #DRAG

#DRAG 定义线性阻尼矩阵主对角线值，具体命令解释可参考 3.3.12 节相关内容。

4. #TANAKA

#TANAKA 根据 TANAKA 经验公式计算船舶横摇/纵摇造涡阻尼。较早版本的 MOSES 会根据船体形状自动进行 TANAKA 阻尼的计算，新版本将命令移动到**#TANAKA** 的子菜单中。

通过 **R_TANAKA** 命令和 **P_TANAKA** 命令可以输入等效线性阻尼系数，具体命令解释可参考 3.3.12 节相关内容。

5. -ROLL_DAMPING

-ROLL_DAMPING 出现在**&DESCRIBE PIECE** 和 **PGEN** 命令中，用途是定义横摇阻尼二次阻尼系数，且不应该与-CS_CURRENT 混合使用，更具体的内容可参考 3.4.3 节。

6. #TUBE

通过**#TUBE** 可以定义管件结构的风力、流力系数，具体内容可参 3.3.12 节。

3.4.13 ANSYS APDL 面元模型的导入

在某些情况下，用户需要通过其他建模工具进行建模并将其导入 MOSES 中进行分析。本节以通过 ANSYS APDL 建立面元模型并将其导入 MOSES 为例介绍基本流程。

本节例子相关文件可在本书提供的第 3 章例子中的 ANSYS APDL 文件夹中找到。

回顾 3.4.1 节和 3.4.4 节，通过查看 **BLOCK** 输出的模型文件可以发现，模型由节点和面两部分组成。点的信息包括点的名称、几何坐标位置；面的信息包括面的名称和组成面的各个点。各个面在空间上进行组合形成**封闭的面**。

MOSES 的点－面模型文件基本组成如图 3.131 所示。

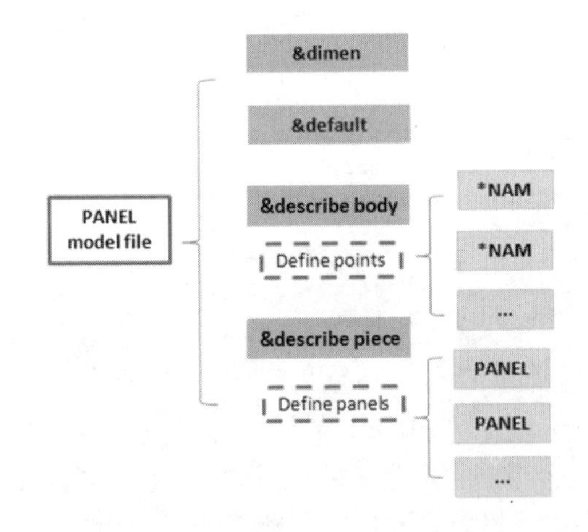

图 3.131　点－面模型文件基本组成

通过点－面建立的模型可以在几何上体现细节特征，MOSES 可以根据设置进行单元细分，用户也可以直接将划分好单元的文件转为点－面模型文件格式用于 MOSES 分析工作中。

以 3.4.4 节某半潜平台为例，在 ANSYS APDL 中建立模型、进行单元划分并将模型导入 MOSES 中。

基本流程为：

（1）打开 ANSYS APDL，按照 3.4.4 节主尺度建立半潜平台的 1/4 几何模型，建模原点位于船底船艏，如图 3.132 所示。

（2）对半潜平台进行网格划分，网格大小为 5m，如图 3.133 所示。

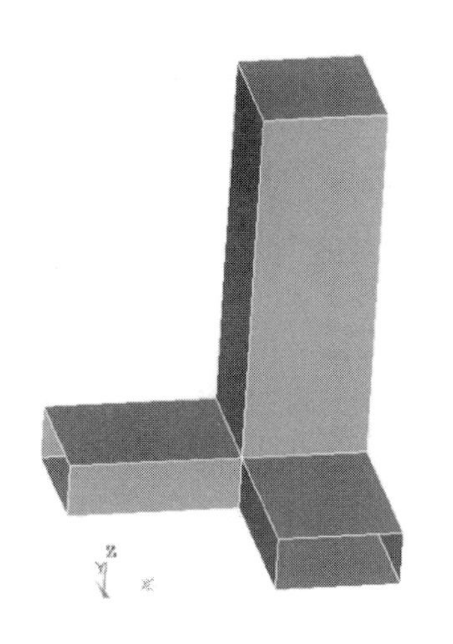

图 3.132　ANSYS APDL 建立 1/4 模型

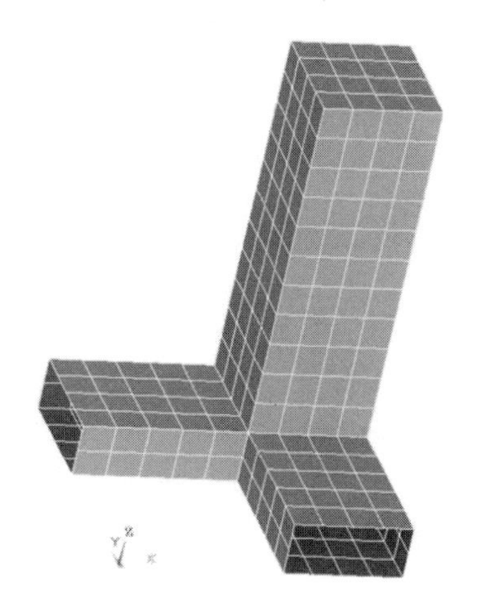

图 3.133　ANSYS APDL 对 1/4 模型进行网格划分

（3）对模型进行对称映射，组成完整模型，注意此时模型应为**空间上封闭**的，如图 3.134 所示。

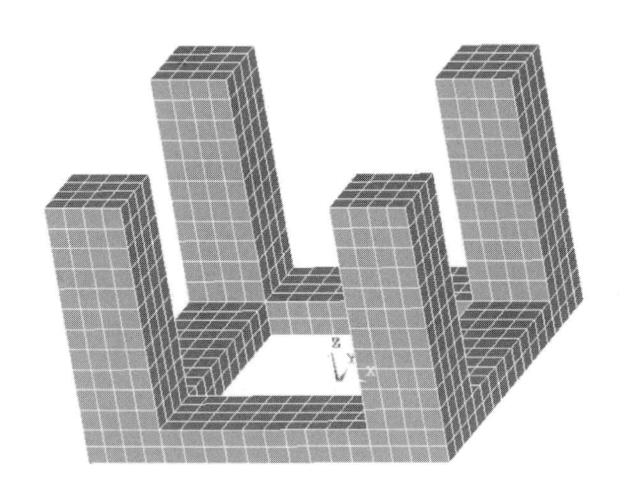

图 3.134　ANSYS APDL 对 1/4 模型进行映射

（4）输出节点信息（NLIST 命令）和单元信息（ELIST 命令）并保存，如图 3.135 和图 3.136 所示。

NLIST Command

File

LIST ALL SELECTED NODES. DSYS= 0

NODE	X	Y	Z	THXY	THYZ	THZX
1	24.500	42.500	0.0000	0.00	0.00	0.00
2	42.500	42.500	0.0000	0.00	0.00	0.00
3	29.000	42.500	0.0000	0.00	0.00	0.00
4	33.500	42.500	0.0000	0.00	0.00	0.00
5	38.000	42.500	0.0000	0.00	0.00	0.00
6	42.500	42.500	8.0000	0.00	0.00	0.00
7	42.500	42.500	4.0000	0.00	0.00	0.00
8	24.500	42.500	8.0000	0.00	0.00	0.00
9	29.000	42.500	8.0000	0.00	0.00	0.00
10	33.500	42.500	8.0000	0.00	0.00	0.00
11	38.000	42.500	8.0000	0.00	0.00	0.00
12	24.500	42.500	4.0000	0.00	0.00	0.00
13	29.000	42.500	4.0000	0.00	0.00	0.00
14	33.500	42.500	4.0000	0.00	0.00	0.00
15	38.000	42.500	4.0000	0.00	0.00	0.00
16	0.0000	42.500	0.0000	0.00	0.00	0.00

图 3.135 ANSYS APDL NLIST 命令输出节点信息

ELIST Command

File

LIST ALL SELECTED ELEMENTS. (LIST NODES)

ELEM	MAT	TYP	REL	ESY	SEC	NODES			
1	1	1	1	0	1	3	1	12	13
2	1	1	1	0	1	4	3	13	14
3	1	1	1	0	1	5	4	14	15
4	1	1	1	0	1	2	5	15	7
5	1	1	1	0	1	13	12	8	9
6	1	1	1	0	1	14	13	9	10
7	1	1	1	0	1	15	14	10	11
8	1	1	1	0	1	7	15	11	6
9	1	1	1	0	1	17	16	26	27
10	1	1	1	0	1	18	17	27	28
11	1	1	1	0	1	19	18	28	29
12	1	1	1	0	1	20	19	29	30
13	1	1	1	0	1	1	20	30	12
14	1	1	1	0	1	27	26	21	22
15	1	1	1	0	1	28	27	22	23

图 3.136 ANSYS APDL ELIST 命令输出节点信息

（5）将节点信息和单元信息转为 MOSES 模型格式。这一工作可以通过编制程序来完成，也可以在 Excel 中完成，如图 3.137 和图 3.138 所示。模型的节点一共有 1338 个，节点可命名为*PNTXXXX，XXXX 为节点编号，不足位数需要补 0。节点输入 MOSES 模型中，如图 3.139 所示。

LIST	ALL	SELECTED	NODES.	DSYS=	0					
1	24.5	42.5	0	0	0	0	*PNT0001	24.5	42.5	0
2	42.5	42.5	0	0	0	0	*PNT0002	42.5	42.5	0
3	29	42.5	0	0	0	0	*PNT0003	29	42.5	0
4	33.5	42.5	0	0	0	0	*PNT0004	33.5	42.5	0
5	38	42.5	0	0	0	0	*PNT0005	38	42.5	0
6	42.5	42.5	8	0	0	0	*PNT0006	42.5	42.5	8
7	42.5	42.5	4	0	0	0	*PNT0007	42.5	42.5	4
8	24.5	42.5	8	0	0	0	*PNT0008	24.5	42.5	8
9	29	42.5	8	0	0	0	*PNT0009	29	42.5	8
10	33.5	42.5	8	0	0	0	*PNT0010	33.5	42.5	8
11	38	42.5	8	0	0	0	*PNT0011	38	42.5	8
12	24.5	42.5	4	0	0	0	*PNT0012	24.5	42.5	4
13	29	42.5	4	0	0	0	*PNT0013	29	42.5	4
14	33.5	42.5	4	0	0	0	*PNT0014	33.5	42.5	4
15	38	42.5	4	0	0	0	*PNT0015	38	42.5	4

图 3.137　将 NLIST 文件节点进行重新命名

(LIST	NODES)							
3	1	12	13	PANEL	*PNT0003	*PNT0001	*PNT0012	*PNT0013
4	3	13	14	PANEL	*PNT0004	*PNT0003	*PNT0013	*PNT0014
5	4	14	15	PANEL	*PNT0005	*PNT0004	*PNT0014	*PNT0015
2	5	15	7	PANEL	*PNT0002	*PNT0005	*PNT0015	*PNT0007
13	12	8	9	PANEL	*PNT0013	*PNT0012	*PNT0008	*PNT0009
14	13	9	10	PANEL	*PNT0014	*PNT0013	*PNT0009	*PNT0010
15	14	10	11	PANEL	*PNT0015	*PNT0014	*PNT0010	*PNT0011
7	15	11	6	PANEL	*PNT0007	*PNT0015	*PNT0011	*PNT0006
17	16	26	27	PANEL	*PNT0017	*PNT0016	*PNT0026	*PNT0027
18	17	27	28	PANEL	*PNT0018	*PNT0017	*PNT0027	*PNT0028
19	18	28	29	PANEL	*PNT0019	*PNT0018	*PNT0028	*PNT0029
20	19	29	30	PANEL	*PNT0020	*PNT0019	*PNT0029	*PNT0030
1	20	30	12	PANEL	*PNT0001	*PNT0020	*PNT0030	*PNT0012

图 3.138　将 ELIST 文件单元进行重新命名

```
$  semi model
$
$
$*****************************************          Set Dimensions
$
&dimen -save -dimen Meters   M-Tons
$
$*****************************************          Defaults
$
$@@@@@@@@@@@@@@@@@@@@@@@@@@@@@@@@@@@@@@@@@@@@@@@@@@@@@@@@@@@@@@@@@@@@@@@@
$@                                                                      @
$@                          Define Points                               @
$@                                                                      @
$@@@@@@@@@@@@@@@@@@@@@@@@@@@@@@@@@@@@@@@@@@@@@@@@@@@@@@@@@@@@@@@@@@@@@@@@
$
$*****************************************          Set body to MODEL
$
&describe body semi
$
$*****************************************          Define Coordinates
$
*PNT0001    24.5    42.5    0
*PNT0002    42.5    42.5    0
*PNT0003    29  42.5    0
*PNT0004    33.5    42.5    0
*PNT0005    38  42.5    0
*PNT0006    42.5    42.5    8
*PNT0007    42.5    42.5    4
```

图 3.139　semi_model.dat 单元节点信息

（6）组装 MOSES 点一面模型文件 semi_model.dat 并检查法线方向，有必要的时候需要用 REVERSE 命令，ANSYS APDL 中单元节点逆时针排列，法线方向指向外部（单元呈现蓝绿色），这里需要 REVERSE 命令以便与 MOSES 单元法向一致。如果单元法线方向在 ANSYS 中已经设置为法线方向指向内部，则此时不需要 REVERSE 命令。这里建议所有的面在 ANSYS 中呈现统一的法线方向以便于处理。在 ANSYS APDL 中将法线方向统一翻转输出并进行处理，则在模型文件 semi_model.dat 中可不需要输入 REVERSE 命令，如图 3.140 所示。

```
$*****************************************          Set Piece to MODEL
$
&describe piece semi    -diftype 3ddif -cs_curr 0 0 0 -cs_wind 0 0 0
$
$*****************************************          Define Panels
$
REVERSE -YES
PANEL   *PNT0003    *PNT0001    *PNT0012    *PNT0013
PANEL   *PNT0004    *PNT0003    *PNT0013    *PNT0014
PANEL   *PNT0005    *PNT0004    *PNT0014    *PNT0015
PANEL   *PNT0002    *PNT0005    *PNT0015    *PNT0007
PANEL   *PNT0013    *PNT0012    *PNT0008    *PNT0009
```

图 3.140　semi_model.dat 单元信息

（7）重命名模型文件，用 MOSES 打开并检查排水量是否满足要求，如图 3.141 所示。

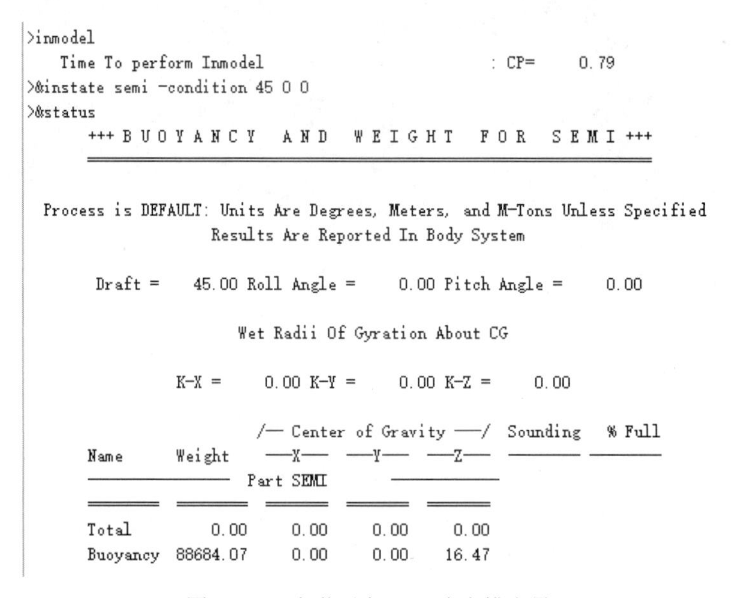

```
>inmodel
   Time To perform Inmodel                         : CP=     0.79
>&instate semi -condition 45 0 0
>&status
      +++ B U O Y A N C Y   A N D   W E I G H T   F O R   S E M I +++
      ==============================================================

 Process is DEFAULT: Units Are Degrees, Meters, and M-Tons Unless Specified
                   Results Are Reported In Body System

       Draft =    45.00 Roll Angle =     0.00 Pitch Angle =     0.00

                      Wet Radii Of Gyration About CG

              K-X =     0.00 K-Y =     0.00 K-Z =     0.00

                        /-- Center of Gravity --/  Sounding   % Full
      Name       Weight    ---X---  ---Y---  ---Z---  --------   -------
      ---------------- Part SEMI  ---------------
      ========  ========  ========  ========  ========

      Total         0.00      0.00      0.00      0.00
      Buoyancy  88684.07      0.00      0.00     16.47
```

图 3.141　半潜平台 45m 吃水排水量

（8）更进一步地，可以使用该文件进行水动力分析，船体模型如图 3.142 所示。

图 3.142　MOSES 读入半潜平台模型后的效果（45m 吃水，5m 网格）

目前，模型的单元大小为 5m，可以通过 MOSES 再进行细化，如图 3.143 所示。网格大小为 2m 的平台模型如图 3.144 所示。

```
~
&device -oecho no -primary device
$
&dimen -save -dimen Meters   M-Tons
&param -depth 200 -spg 1.025 -m_distance 2
$
inmodel
&picture iso   -detail -render solid -save
&picture iso   -type mesh -render solid -save
```

图 3.143 MOSES 读入半潜平台模型并细化网格为 2m 大小

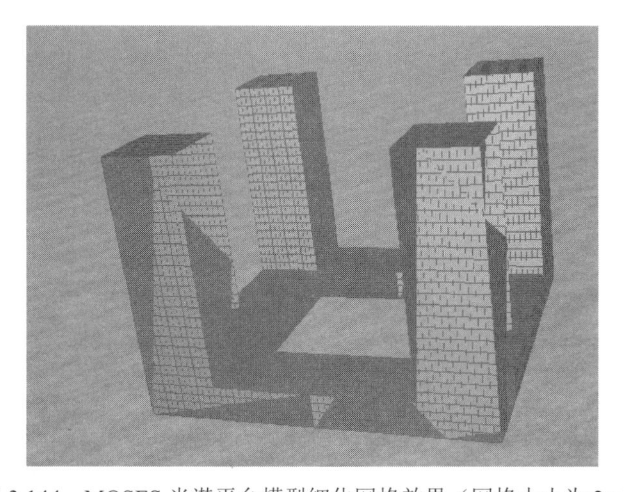

图 3.144 MOSES 半潜平台模型细化网格效果（网格大小为 2m）

3.4.14 SACS 模型的导入

这里以官方工作手册中的例子简单介绍 SACS 模型导入 MOSES 的步骤。

主要包括以下 4 个文件：

```
Sac_tpg.cif
Sac_tpg.dat
Ck_sac.cif
Ck_sac.dat
```

这 4 个文件可以在官方网站中找到，具体路径：

```
../Support/Technical Information/Tests/Conversion Tests
```

MOSES 软件的安装目录路径：

```
../hdesk/runs/tests/convert
```

以上文件也可以在 Getting Started 页面找到，如图 3.145 所示。

1. SACS 模型转成 MOSES

打开 sac_tpg.cif，主要命令为单位制定义和模型读入，具体命令如图 3.146 所示。

打开 sac_tpg.dat 文件，该文件为 SACS 的模型文件，第一行命令：

```
&convert  sacs  -jright  0000 - cright  000  -ig_dofs  no
```

这一行命令为添加命令，作用是将 SACS 文件转成 MOSES 格式。本文件的其余部分都为

SACS 建模命令。运行 sac_tpg.cif 文件，MOSES 程序会读取这些命令并转化为 MOSES 能够识别的格式并将模型以 mod00001.txt 的名称保存在 ans 文件夹下。

Test Problems

- Hydrostatics Tests
- String Function and Status Tests
- Conversion Tests
- Compartment Tests
- Tests of Connectors
- Force Computation Tests
- Static Structural Tests
- Structural Beams Tests
- Structural Plates Tests
- Jacket/Deck Installation Tests
- General Frequency Domain Tests
- Frequency Domain Tests with Connectors
- Frequency Domain Structural Tests
- Rod Element Tests
- Generalized DOF Tests
- Surface Menu Tests
- Time Domain Tests

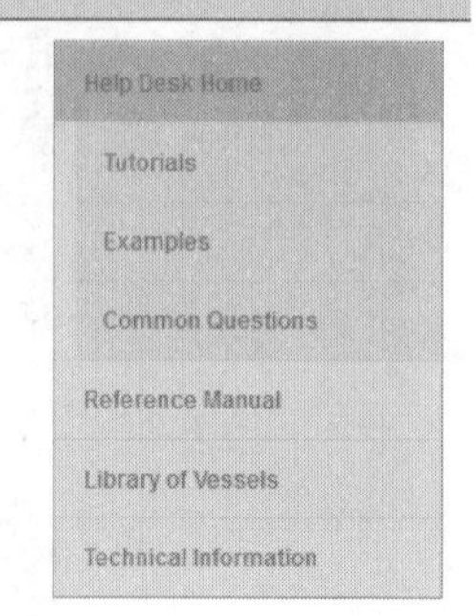

图 3.145　SACS 模型导入 MOSES 的例子

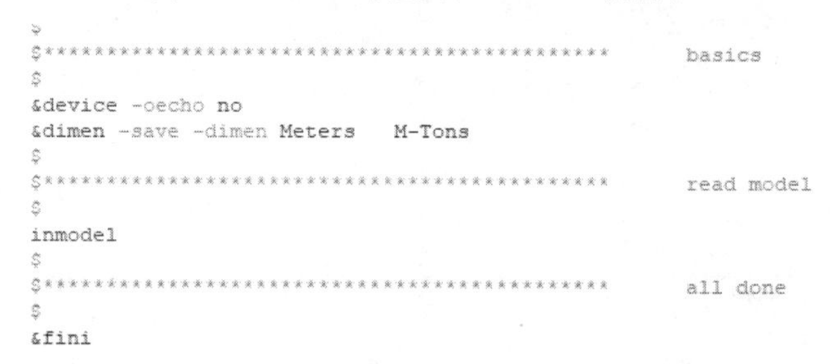

```
$
$*********************************************        basics
$
&device -oecho no
&dimen -save -dimen Meters   M-Tons
$
$*********************************************        read model
$
inmodel
$
$*********************************************        all done
$
&fini
```

图 3.146　sac_tpg.cif 文件主要命令

&CONVERT, MODEL_TYPE, -OPTIONS

&CONVERT 命令是 MOSES 进行模型转换的命令，MODEL_TYPE 为模型文件类型，MOSES 支持以下模型格式的转换：SACS、STRUCAD、DAMSS、TRUDL、HULL、OSCAR 和 PLY。

-JPREFIX, JP

对转换为 MOSES 格式的模型对应节点信息添加自定义的字符前缀。

-CPREFIX, CP

对转换为 MOSES 格式的模型单元类型添加自定义的字符前缀。

-JRIGHT, XXXXXXX
-CRIGHT, XXXXXXX

-JRIGHT 的作用是对 SACS 模型的点信息指定位数；-CRIGHT 对单元类型信息指定名称位数。

如命令：**&CONVERT**,SACS,-JPREFIX J, -JRIGHT,0000

则对于点“1”，转为 MOSES 以后的名称为*J0001。

-LOADS, FLAG

默认状态下 MOSES 在转换 SACS 或者 STRUCAD 模型时自动将“LOAD”转换为“WEIGHT”并默认为空气中的重量。

-SGRAV 选项用于指定材料所受重力加速度。如果 FLAG 为 WATER，则-SGRAV 用于定义所受浮力作用。

如果 FLAG 为 SIGN，则原模型 LOAD 的 *Z* 方向分量为负值时表示受到浮力作用；如果 FLAG 为 LOAD，则模型中所有的 LOAD 将以原形式保存到 MOSES 文件中。

```
-IG_DOFS, FLAG
```

此命令为是否将 SACS 模型对于自由度的删减定义传递到 MOSES。通常 FLAG 为 NO。

删除 sac_tpg.dat 的第一行**&CONVERT** 命令并保存，该文件可以直接通过 SACS 打开，如图 3.147 所示。

图 3.147　通过 SACS 打开 sac_tpg.dat 文件

直接运行 sac_tpg.cif 可以在 sac_tpg.ans 文件下找到名称为 mod00001.txt 的文件，该文件即为 SACS 模型转为 MOSES 格式后的模型文件，如图 3.148 所示。

图 3.148　读取转换完成的 MOSES 模型

2. 查看模型转化后的重量信息

打开 ck_sac.dat，该文件用于导入 mod00001.txt 模型文件，如图 3.149 所示。

```
&describe body sacs
&insert sac_tpg.ans/mod00001.txt
```

图 3.149 ck_sac.dat 文件

打开 ck_sac.cif 文件，主要命令有定义单位制、查看重量类型及对应系数（**&status d_category**）、查看单元类型（**class_sum**）、查看板单元类型（**plate_sum**）、查看详细重量信息（**categ_sum**），如图 3.150 所示。

```
$
$*********************************************      basics
$
&device -oecho no
$&dimen -dim feet kips
&dimen -save -dimen Meters   M-Tons
$
$*********************************************      read model
$
inmodel
&status d_category
&status d_category -hard
&summary
    class_sum
    plate_sum
    categ_sum $-brief
$
$*********************************************      all done
$

&eofile

&finish
```

图 3.150 ck_sac.cif 文件

运行 ck_sac.cif 文件，可以看到各载荷类型对应的重量、浮力和重心信息，STR_MODE 为模型的结构自重（591.73t），如图 3.151 所示。

```
>&status cat
    +++ C A T E G O R Y   S T A T U S   F O R   P A R T   S A C S +++
    =================================================================

  Process is DEFAULT: Units Are Degrees, Meters, and M-Tons Unless Specified
                  Results Are Reported In The Part System
```

Category	Weight Factor	Buoyancy Factor	Weight	X	Y	Z	Buoyancy
				/--- Center of Gravity ---/			
BLKLL10	1.000	1.000	1146.20	-1.67	-0.00	30.93	149.71
CRANEDL	1.000	1.000	39.98	12.50	-15.00	60.10	5.22
CRANEHYD	1.000	1.000	129.43	12.50	-15.00	60.10	16.91
CRANEOPE	1.000	1.000	117.94	12.50	-15.00	60.10	15.40
FUTCOMLL	1.000	1.000	504.15	-6.38	0.00	41.60	65.85
FUTDLOAD	1.000	1.000	299.76	-6.38	0.00	41.60	39.15
FUTHYDL	1.000	1.000	349.73	-6.38	0.00	41.60	45.68
FUTOPER	1.000	1.000	313.76	-6.38	0.00	41.60	40.98
HANDWALK	1.000	1.000	79.47	0.00	0.00	32.10	10.38
PADEYE	1.000	1.000	2.00	0.00	0.00	41.60	0.26
SHIFT01	1.000	1.000	253.80	-0.00	0.00	41.60	33.15
SHIFT02	1.000	1.000	253.80	0.00	-0.00	41.60	33.15
SHIFT03	1.000	1.000	253.80	0.00	-0.00	41.60	33.15
SHIFT04	1.000	1.000	253.80	-0.00	0.00	41.60	33.15
STR_MODE	1.000	1.000	591.73	0.15	-1.09	35.79	177.80
UNMODDL	1.000	1.000	137.54	-1.67	0.00	30.93	17.96
WDFUT+FX	1.000	1.000	96.00	-7.81	0.00	41.60	12.54
WDFUT+FY	1.000	1.000	28.01	-8.18	0.00	41.60	3.66
WDMOD+FX	1.000	1.000	30.47	0.00	0.00	35.15	3.98
WDMOD+FY	1.000	1.000	25.39	0.00	0.00	35.15	3.32
TOTAL			4906.78	-1.79	-1.01	38.96	741.39

图 3.151 ck_sac.cif 运行的转换模型重量

可以在 SACS 中打开原模型，查看结构重量，如图 3.152 所示，可以发现结构自重为 5254.7kN（约 536t），转为 MOSES 格式的模型自重偏大了约 56t。

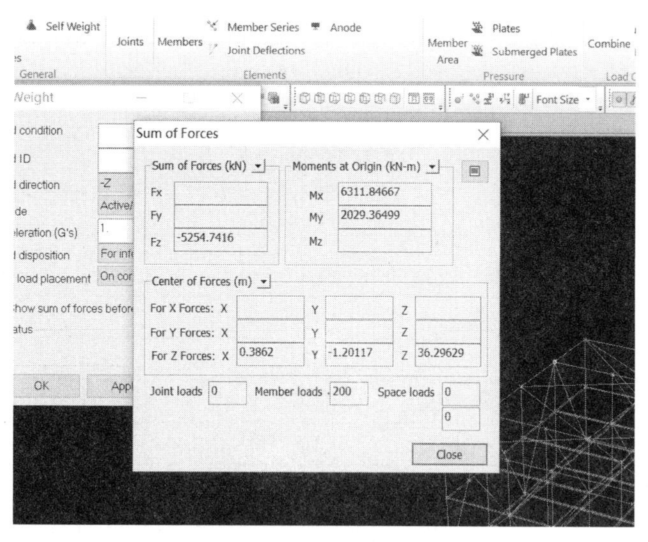

图 3.152　查看 SACS 模型结构自重

打开 SACS 模型可以找到对应 MOSES 各个 Category 的具体 LOAD 信息，如图 3.153 所示。

Programmer's File Editor - [sac_model.inp]

File　Edit　Options　Template　Execute　Macro　Window　Help

```
LOAD Z 207M 221         -62.500      -62.500                GLOB UNIF   BLKLL10     74    25
LOAD Z 209L 222         -31.250      -31.250                GLOB UNIF   BLKLL10     75    26
LOAD Z 201L 232         -31.250      -31.250                GLOB UNIF   BLKLL10     78    35
LOAD Z 207L 207         -62.500      -62.500                GLOB UNIF   BLKLL10     79    41
LOAD Z 209M 209         -31.250      -31.250                GLOB UNIF   BLKLL10     80    42
LOADCN   5
LOADLB   5FUTURE COMPRESSOR DEAD LOAD
LOAD Z  304309M 4.75000-735.75                              GLOB CONC   FUTDLOAD    48    87
LOAD Z  305309M 4.75000-735.75                              GLOB CONC   FUTDLOAD    49    84
LOAD    301L              -735.75                           GLOB JOIN   FUTDLOAD    86     0
LOAD    301L              -735.75                           GLOB JOIN   FUTDLOAD    83     0
LOADCN   8
LOADLB   8CRANE DRY LOAD
LOAD    4001              -392.40                           GLOB JOIN   CRANEDL     89     0
LOADCN  10
LOADLB  10WIND LOAD ON MODULE +FX
LOAD     101     8.81000                                    GLOB JOIN   WDMOD+FX     1     0
LOAD     120     8.81000                                    GLOB JOIN   WDMOD+FX     6     0
LOAD     181     8.81000                                    GLOB JOIN   WDMOD+FX    11     0
LOAD     189     8.81000                                    GLOB JOIN   WDMOD+FX    13     0
LOAD     122     8.81000                                    GLOB JOIN   WDMOD+FX     8     0
LOAD     109     8.81000                                    GLOB JOIN   WDMOD+FX     3     0
LOAD     119     8.81000                                    GLOB JOIN   WDMOD+FX     5     0
LOAD     124     8.81000                                    GLOB JOIN   WDMOD+FX    10     0
LOAD     199     8.81000                                    GLOB JOIN   WDMOD+FX    15     0
LOAD     201     16.6140                                    GLOB JOIN   WDMOD+FX    16     0
LOAD     220     16.6140                                    GLOB JOIN   WDMOD+FX    24     0
LOAD     281     16.6140                                    GLOB JOIN   WDMOD+FX    40     0
LOAD     289     16.6140                                    GLOB JOIN   WDMOD+FX    42     0
LOAD     222     16.6140                                    GLOB JOIN   WDMOD+FX    26     0
LOAD     209     16.6140                                    GLOB JOIN   WDMOD+FX    20     0
LOAD     219     16.6140                                    GLOB JOIN   WDMOD+FX    23     0
LOAD     224     16.6140                                    GLOB JOIN   WDMOD+FX    27     0
```

Ln 584 Col 66　717　WR　Rec Off　No Wrap　Unix　INS

图 3.153　SACS Editor 打开模型查看 LOAD 示意

关于 SACS 的操作和命令解释请参考 SACS 软件帮助。

3. 模型检查与调整

通常情况下，SACS 模型转成 MOSES 模型会多少产生一定的差异，需要用户进行检查和调整，这里以某导管架拖航运输为例简单介绍检查和调整过程。某导管架拖航运输工况基本重控见表 3.5。

表 3.5 某导管架拖航运输工况基本重控

	ITEMS	Calculated Weight /t	FACTOR	Factored Weight /t	Center of Gravity (m) X	Y	Z	LOAD TYPE
	Main Steel							
1	Σ (Main Steel)	1757.79	1.07	1880.83	-0.07	-0.41	-41.70	MODEL
	Miscellaneous Steel							
1	Anode	148.54	1.10	163.40	-0.19	-0.22	-48.12	LOAD
2	Pile Sleeve	325.20	1.10	357.72	0.00	-1.27	-75.41	LOAD
3	Boat Fender	30.00	1.10	33.00	0.00	-9.86	2.02	LOAD
4	Boat Access Platform	5.00	1.10	5.50	8.77	-6.77	1.85	LOAD
5	Mudmat	47.49	1.10	52.23	0.14	-1.87	-80.70	LOAD
6	Walkway	17.62	1.10	19.39	0.03	-0.05	8.00	LOAD
7	Caissons & Support	36.80	1.10	40.48	6.13	-2.13	-4.00	LOAD
8	Riser and Clamp	22.28	1.10	24.51	-11.63	-8.67	-35.54	LOAD
9	Cable Cassion (J-Tube)	41.93	1.10	46.12	13.42	-1.13	-35.80	LOAD
10	Lifting Padeyes	26.60	1.10	29.26	0.00	-11.68	-47.25	LOAD
11	Marine Growth Preventor	7.30	1.10	8.03	2.79	-0.82	-0.43	LOAD
12	Shackle and Slings for Lifting	80.00	1.10	88.00	0.00	-11.81	-48.58	LOAD
13	Joint Stiffener Rings	22.80	1.10	25.08	0.00	6.66	-54.57	LOAD
14	Bulkhead	12.00	1.10	13.20	0.00	-0.57	-30.67	LOAD
15	Flooding & Grouting System	61.55	1.10	67.71	0.00	-0.58	-35.85	LOAD
16	Leveling Tools	43.63	1.10	47.99	0.00	-1.21	-70.11	LOAD
17	Gripper	24.87	1.10	27.36	0.00	-1.21	-70.11	LOAD
18	Packer	22.02	1.10	24.22	0.00	-1.21	-80.70	LOAD
19	Upending Padeyes	7.30	1.10	8.03	0.00	0.00	9.50	LOAD
20	Rigging Platform for Lifting	20.67	1.10	22.74	0.00	-11.81	-48.58	LOAD
21	Rigging Platform for Upending	11.00	1.10	12.10	0.01	-6.39	5.56	LOAD
22	Conductor Guide	15.50	1.10	17.05	-4.00	1.60	-21.00	LOAD
23	Conductor Support	0.00	1.10	0.00	0.00	0.00	0.00	MODEL
24	Shackles, Slings for Upending	12.00	1.10	13.20	0.01	-6.39	5.56	LOAD
25	Diaphragms	4.00	1.10	4.40	0.00	-1.21	-75.35	LOAD
26	Buoyancy Tank	57.37	1.10	63.11	0.00	0.00	14.44	LOAD
27	Loadout Temporary Brace	50.00	1.10	55.00	0.00	8.66	-43.90	LOAD
28	Tow Fastening	70.00	1.10	77.00	0.00	15.63	-48.13	MODEL
29	Skid Shoe&Support	542.17	1.10	596.39	0.00	10.61	-43.90	LOAD
	Σ (Miscellaneous Steel)	1765.65		1942.21	0.00	0.00	-47.15	
	TOTAL Σ (Jacket)	3523.43		3823.04	-0.03	0.00	-44.47	

注：MOSES 对于 SACS 的载荷只识别 LOAD，不识别 WEIGHT；国标的工字梁 MOSES 不识别。

把按照重控建模且不带放大系数的 SACS 模型转成 MOSES 格式，打开 mod0001.txt，加入 **&describe body** jacket 命令，关闭文件并重命名为 jacket.dat。通过 MOSES 打开该文件，在命令输入框位置输入以下命令：

```
&dimen -save -dimen Meters M-Tons
inmodel
&status cat
```

可以发现，在不考虑系数的情况下，MOSES 的模型比重控大 84t，如图 3.154 所示。计算结果同重控结果进行对比，如图 3.155 所示。

Process is DEFAULT: Units Are Degrees, Meters, and M-Tons Unless Specified

Results Are Reported In The Part System

Category	Weight Factor	Buoyancy Factor	Weight	/--- Center of Gravity --/ X	Y	Z	Buoyancy
ANODE	1.000	1.000	159.32	-0.14	-0.26	-48.40	0.00
B-LAND	1.000	1.000	5.00	8.77	-6.77	1.85	0.00
BULKHD	1.000	1.000	11.99	0.00	-0.57	-30.67	0.00
BUMPER	1.000	1.000	29.98	-0.00	-9.86	2.02	0.00
CASSION	1.000	1.000	36.78	6.10	2.09	-5.50	0.00
CONGUID	1.000	1.000	15.49	-4.00	1.60	-21.00	0.00
DIAPHRM	1.000	1.000	4.00	0.00	-1.27	-75.25	0.00
FASTENG	1.000	1.000	69.96	0.00	11.76	-43.17	0.00
FLOOD	1.000	1.000	61.52	-0.00	-0.58	-35.85	0.00
GRIPER	1.000	1.000	24.86	0.00	-1.27	-70.80	0.00
J-RING	1.000	1.000	22.79	0.00	6.66	-54.57	0.00
JTUBE	1.000	1.000	39.98	11.16	-10.56	-35.94	0.00
L-PLAT	1.000	1.000	20.66	-0.00	-11.81	-48.58	0.00
L-SLING	1.000	1.000	79.96	-0.00	-11.81	-48.58	0.00
LEVELTL	1.000	1.000	43.61	0.00	-1.27	-70.80	0.00
MGP	1.000	1.000	8.00	2.78	-0.82	-0.43	0.00
MUDMAT	1.000	1.000	47.17	-0.00	-1.65	-80.70	0.00
PACKER	1.000	1.000	22.01	0.00	-1.27	-80.70	0.00
PADEYE	1.000	1.000	26.59	0.00	-11.67	-47.25	0.00
RISER	1.000	1.000	21.92	-11.63	-9.03	-35.59	0.00
SKIDSHOE	1.000	1.000	541.90	0.00	11.76	-43.18	0.00
SLEEVE	1.000	1.000	297.23	0.00	-1.27	-75.40	0.00
STR_MODE	1.000	1.000	1874.16	-0.08	-0.42	-41.57	1870.17
TANK	1.000	1.000	44.98	-0.00	0.00	14.34	0.00
TEMBRC	1.000	1.000	49.97	0.00	11.76	-43.18	0.00
U-PADEYE	1.000	1.000	7.30	0.00	0.00	9.50	0.00
U-PLAT	1.000	1.000	10.99	0.00	-6.39	5.56	0.00
U-SLING	1.000	1.000	11.99	0.00	-6.39	5.56	0.00
WKWY	1.000	1.000	17.52	-0.00	-0.02	8.00	0.00
TOTAL			3607.63	0.07	1.10	-44.07	1870.17

图 3.154　某导管架转换后的重量信息

同重控考虑系数后的重量结果进行比较，得到了模型各个载荷类别的调整系数，将这些调整系数和各个载荷名称输入到 jacket.dat 中（或在 cif 文件中进行编写）使得导管架重量与重控一致。

这里需要使用到**&APPLY** 命令，如图 3.156 所示。考虑调整系数后模型整体重量与要求基本一致，如图 3.157 所示，部分重量的重心位置略有差别但总体而言在可接受范围内。

	Name In SACS	FACTOR	Factored Weight (MT)	Center of Gravity (m)			Name in MOSES	Weight without Factor(MT)	Center of Gravity (m)			Adjust Factor	Final Weight(MT)
				X	Y	Z			X	Y	Z		
	Main Steel						**Main Steel**						
1	Σ (Main Steel)	1.07	1880.83	-0.07	-0.41	-41.7	STR_MODE	1874.16	-0.08	-0.42	-41.57	1.00	1880.83
	Miscellaneous Steel						**Miscellaneous Steel**						
1	Anode	1.1	163.4	-0.19	-0.22	-48.12	ANODE	159.32	-0.14	-0.26	-48.4	1.03	163.4
2	Pile Sleeve	1.1	357.72	0	-1.27	-75.41	SLEEVE	297.23	0	-1.27	-75.4	1.20	357.72
3	Boat Fender	1.1	33	0	-9.86	2.02	BUMPER	29.98	0	-9.86	2.02	1.10	33
4	Boat Access Platform	1.1	5.5	8.77	-6.77	1.85	B-LAND	5	8.77	-6.77	1.85	1.10	5.5
5	Mudmat	1.1	52.23	0.14	-1.87	-80.7	MUDMAT	47.17	0	-1.65	-80.7	1.11	52.23
6	Walkway	1.1	19.39	0.03	-0.05	8	WKWY	17.52	0	-0.02	8	1.11	19.39
7	Caissons & Support	1.1	40.48	6.13	-2.13	-4	CASSION	36.78	6.1	2.09	-5.5	1.10	40.48
8	Riser and Clamp	1.1	24.51	-11.63	-8.67	-35.54	RISER	21.92	-11.63	-9.03	-35.59	1.12	24.51
9	Cable Cassion (J-Tube)	1.1	46.12	13.42	-1.13	-35.8	JTUBE	39.98	11.16	-10.56	-35.94	1.15	46.12
10	Lifting Padeyes	1.1	29.26	0	-11.68	-47.25	PADEYE	26.59	0	-11.67	-47.25	1.10	29.26
11	Marine Growth Preventor	1.1	8.03	2.79	-0.82	-0.43	MGP	8	2.78	-0.82	-0.43	1.00	8.03
12	Shackle and Slings for Lifting	1.1	88	0	-11.81	-48.58	L-SLING	79.96	0	-11.81	-48.58	1.10	88
13	Joint Stiffener Rings	1.1	25.08	0	6.66	-54.57	J-RING	22.79	0	6.66	-54.57	1.10	25.08
14	Bulkhead	1.1	13.2	0	-0.57	-30.67	BULKHD	11.99	0	-0.57	-30.67	1.10	13.2
15	Flooding & Grouting System	1.1	67.71	0	-0.58	-35.85	FLOOD	61.52	0	-0.58	-35.85	1.10	67.71
16	Leveling Tools	1.1	47.99	0	-1.21	-70.11	LEVELTL	43.61	0	-1.27	-70.8	1.10	47.99
17	Gripper	1.1	27.36	0	-1.21	-70.11	GRIPER	24.86	0	-1.27	-70.8	1.10	27.36
18	Packer	1.1	24.22	0	-1.21	-80.7	PACKER	22.01	0	-1.27	-80.7	1.10	24.22
19	Upending Padeyes	1.1	8.03	0	0	9.5	U-PADEYE	7.3	0	0	9.5	1.10	8.03
20	Rigging Platform for Lifting	1.1	22.74	0	-11.81	-48.58	L-PLAT	20.66	0	-11.81	-48.58	1.10	22.74
21	Rigging Platform for Upending	1.1	12.1	0.01	-6.39	5.56	U-SLING	11.99	0	-6.39	5.56	1.01	12.1
22	Conductor Guide	1.1	17.05	-4	1.6	-21	CONGUID	15.49	-4	1.6	-21	1.10	17.05
23	Conductor Support	1.1	0	0	0	0							
24	Shackles, Slings for Upending	1.1	13.2	0.01	-6.39	5.56	U-PLAT	10.99	0	-6.39	5.56	1.20	13.2
25	Diaphragms	1.1	4.4	0	-1.21	-75.35	DIAPHRM	4	0	-1.27	-75.25	1.10	4.4
26	Buoyancy Tank	1.1	63.11	0	0	14.44	TANK	44.98	0	0	14.34	1.40	63.11
27	Loadout Temporary Brace	1.1	55	0	8.66	-43.9	TEMBRC	49.97	0	11.76	-43.18	1.10	55
28	Tow Fasterning	1.1	77	0	15.63	-48.13	FASTENG	69.96	0	11.76	-43.17	1.10	77
29	Skid Shoe&Support	1.1	596.39	0	10.61	-43.9	SKIDSHOE	541.9	0	11.76	-43.18	1.10	596.39
	TOTAL Σ (Jacket)	\	3823.04	-0.03	0	-44.47	Total	3607.63	0.07	1.1	-44.07	\	3823.05

图 3.155　导管架考虑放大系数后与转为 MOSES 格式模型重量的对比

```
&dimen -save -dimen Meters    M-Tons
inmodel
&status cat
&APPLY -PERCENT \
        -CATEGORY STR_MODE #dead 100.4     #buoy 100 \
        -CATEGORY ANODE    #dead 102.6     #buoy 100 \
        -CATEGORY SLEEVE   #dead 120.4     #buoy 100 \
        -CATEGORY BUMPER   #dead 110.1     #buoy 100 \
        -CATEGORY B-LAND   #dead 110.0     #buoy 100 \
        -CATEGORY MUDMAT   #dead 110.7     #buoy 100 \
        -CATEGORY WKWY     #dead 110.7     #buoy 100 \
        -CATEGORY CASSION  #dead 110.1     #buoy 100 \
        -CATEGORY RISER    #dead 111.8     #buoy 100 \
        -CATEGORY JTUBE    #dead 115.4     #buoy 100 \
        -CATEGORY PADEYE   #dead 110.0     #buoy 100 \
        -CATEGORY MGP      #dead 100.4     #buoy 100 \
        -CATEGORY L-SLING  #dead 110.1     #buoy 100 \
        -CATEGORY J-RING   #dead 110.0     #buoy 100 \
        -CATEGORY BULKHD   #dead 110.1     #buoy 100 \
        -CATEGORY FLOOD    #dead 110.1     #buoy 100 \
        -CATEGORY LEVELTL  #dead 110.0     #buoy 100 \
        -CATEGORY GRIPER   #dead 110.1     #buoy 100 \
        -CATEGORY PACKER   #dead 110.0     #buoy 100 \
        -CATEGORY U-PADEYE #dead 110.0     #buoy 100 \
        -CATEGORY L-PLAT   #dead 110.1     #buoy 100 \
        -CATEGORY U-SLING  #dead 100.9     #buoy 100 \
        -CATEGORY CONGUID  #dead 110.1     #buoy 100 \
        -CATEGORY U-PLAT   #dead 120.1     #buoy 100 \
        -CATEGORY DIAPHRM  #dead 110.0     #buoy 100 \
        -CATEGORY TANK     #dead 140.3     #buoy 100 \
        -CATEGORY TEMBRC   #dead 110.1     #buoy 100 \
        -CATEGORY FASTENG  #dead 110.1     #buoy 100 \
        -CATEGORY SKIDSHOE #dead 110.1     #buoy 100
&status cat -h
```

图 3.156　输入载荷调整系数

```
Process is DEFAULT: Units Are Degrees, Meters, and M-Tons Unless Specified

                Results Are Reported In The Part System

            Weight    Buoyancy             /--- Center of Gravity --/
Category    Factor    Factor    Weight       X         Y         Z       Buoyancy
--------- --------- --------- -------- --------- --------- --------- ---------

ANODE        1.026     1.000    163.46     -0.14     -0.26    -48.40      0.00
B-LAND       1.100     1.000      5.50      8.76     -6.76      1.85      0.00
BULKHD       1.101     1.000     13.21      0.00     -0.57    -30.67      0.00
BUMPER       1.101     1.000     33.01     -0.00     -9.86      2.02      0.00
CASSION      1.101     1.000     40.50      6.10      2.09     -5.50      0.00
CONGUID      1.101     1.000     17.06     -4.00      1.60    -21.00      0.00
DIAPHRM      1.100     1.000      4.40     -0.00     -1.27    -75.25      0.00
FASTENG      1.101     1.000     77.03      0.00     11.76    -43.17      0.00
FLOOD        1.101     1.000     67.74     -0.00     -0.58    -35.85      0.00
GRIPER       1.101     1.000     27.37      0.00     -1.27    -70.80      0.00
J-RING       1.100     1.000     25.07      0.00      6.66    -54.57      0.00
JTUBE        1.154     1.000     46.14     11.16    -10.56    -35.94      0.00
L-PLAT       1.101     1.000     22.75     -0.00    -11.81    -48.58      0.00
L-SLING      1.101     1.000     88.04     -0.00    -11.81    -48.58      0.00
LEVELTL      1.100     1.000     47.97      0.00     -1.27    -70.80      0.00
MGP          1.004     1.000      8.03      2.78     -0.82     -0.43      0.00
MUDMAT       1.107     1.000     52.21     -0.00     -1.65    -80.70      0.00
PACKER       1.100     1.000     24.21      0.00     -1.27    -80.70      0.00
PADEYE       1.100     1.000     29.24      0.00    -11.67    -47.25      0.00
RISER        1.118     1.000     24.51    -11.63     -9.03    -35.59      0.00
SKIDSHOE     1.101     1.000    596.63      0.00     11.76    -43.17      0.00
SLEEVE       1.204     1.000    357.87      0.00     -1.27    -75.40      0.00
STR_MODE     1.004     1.000   1881.65     -0.08     -0.42    -41.57   1870.17
TANK         1.403     1.000     63.10     -0.00      0.00     14.34      0.00
TEMBRC       1.101     1.000     55.02      0.00     11.76    -43.17      0.00
U-PADEYE     1.100     1.000      8.03      0.00      0.00      9.50      0.00
U-PLAT       1.201     1.000     13.20      0.00     -6.39      5.56      0.00
U-SLING      1.009     1.000     12.10      0.00     -6.39      5.56      0.00
WKWY         1.107     1.000     19.40     -0.00     -0.02      8.00      0.00
                               ======== ========= ========= ========= =========
TOTAL                          3824.43      0.08      1.15    -44.22   1870.17
```

图 3.157　调整后的模型重量

这里仅简单介绍了 SACS 模型导入 MOSES 的方法，更具体的内容可以查看官网相关例子，并结合实际需要进行文件编写和调整。

3.5　数据的后处理

3.5.1　图片

&PICTURE 命令用于获取目前模型状态并显示到程序界面或文件中。

&PICTURE, VIEW_DATA –OPTIONS

VIEW_DATA 为视角，可为右舷显示（STARBOARD）、左舷显示（PORT）、船艏显示（BOW）、船艉显示（STERN）、俯视（TOP）、底视（BOTTOM）以及三维视角（Isometric）。当处于 MOSES 程序界面，图片显示在程序界面的显示区域时，对应快捷键操作可参考 1.2.3 节相关内容。

主要选项包括：

-RESET

恢复默认设置。

-TITLE, M_TITLE

设置图片主标题。

-SUBTITLE, S_TITLE

设置图片副标题。

-RENDER, R_TYPE

设置图片渲染模式，R_TYPE 可为实体显示渲染 SOLID 或线图形式 WF（Wire Frame）。

-CON_SOLID YES/NO

对连接部件渲染显示，如果已经设置-RENDER SOLID，缆绳以线的形式显示，此处设置为 YES，则连接部件以实际直径和长度进行显示。

-SAVE_PIC

保存当前视角下的图片，如果当前输出界面是 SCREEN，保存图片需要该命令，如果为 FILE 则不需要。

1. 图片显示类型

-TYPE, TYPE

TYPE 可以为DEFAULT、STRUCTURE（结构模型）、MESH（面元模型）或COMPARTMENT（舱室模型）。

当需要选择部分模型进行显示时，通过**&REP_SEL** 进行选择，名称可以为 NAME、BODY、PART、ENDS、PARENT 和 PIECE。NAME 对应单元类型名称、面元单元名称或载荷组名称。

当需要显示面元模型时可添加-DETAIL 选项，程序将按照**&PARAMETER** -M_DIST 选项中设置的单元大小对模型进行面元单元划分并显示。该选项可用于查看和对比单元划分情况。

2. 视角设置

-PLANE, POI(1), POI(2), POI(3), TOL

用于设置自定义的视角，该视角通过 3 个点来定义，TOL 为容差。视角 X 方向由 POI(1) 指向 POI(2)定义，Z 方向由 POI(3)定义。

-INC_VIEW, WHAT, AMOUNT

WHAT 可以为 ROTATE 或 TRANSLATE，AMOUNT 定义视角旋转步长（单位为度）和平移视角的步长。

3. 选择显示内容

-XG_WIND, X_MIN, X_MAX
-YG_WIND, Y_MIN, Y_MAX
-ZG_WIND, Z_MIN, Z_MAX

以上 3 个选项对 X、Y、Z 方向指定范围内的模型情况进行显示。

-CONNECTORS, :CONE_SEL

显示指定的连接部件，CONE_SEL 为连接部件名称。

-ONE_VERTEX, :1V_SEL

显示指定的单元，1V_SEL 为单元名称。

-RATIO, BEG_RATIO, END_RATIO

显示位于 BEG_RATIO, END_RATIO 范围内的应力比。

-STRESS, BEG_RATIO, END_RATIO

显示位于 BEG_RATIO, END_RATIO 范围内的应力值。

-POINTS, :PNT_SEL, D_MIN, D_MAX

显示指定点信息，PNT_SEL 为指定的点，D_MIN、D_MAX 定义点显示时候的形状大小，需同-ANOTATE 一同使用。

-NAME, :NAME_SEL

```
-BODY, :BODY_SEL
-PART, :PART_SEL
-PIECE, :PIECE_SEL
-CATEGORY, :CAT_SEL
```

在图片中显示指定的 NAME（单元类型）、BODY、PART、PIECE 和 CATEGORY。

4. 显示效果设置

```
-WATER_COLOR, YES/NO
```

YES 表示对模型水下部分以较深的颜色显示，NO 表示模型水上水下部分颜色相同。

```
-ANOTATE, WWHAT
```

将模型文字信息显示在图片上。WWHAT 可以为 NAMES、POINTS、STRINGS、PARENT、P_RATIO（节点应力比）、P_STRESS（节点应力值）、S_RATIO（单元应力比）、S_STRESS（单元应力值）。

```
-COLOR, CRITERIA
```

通过-COLOR 选项可以对部分模型进行特殊显示。CRITERIA 可以为 MODELED、BODY、PART、RATIO、CDR、STRESS、FLOODED、SELECTED。STRESS 用来以云图形式显示应力，如图 3-158 所示，其他模型的显示效果通过**&DEFAULT** 定义，一般不需要修改。

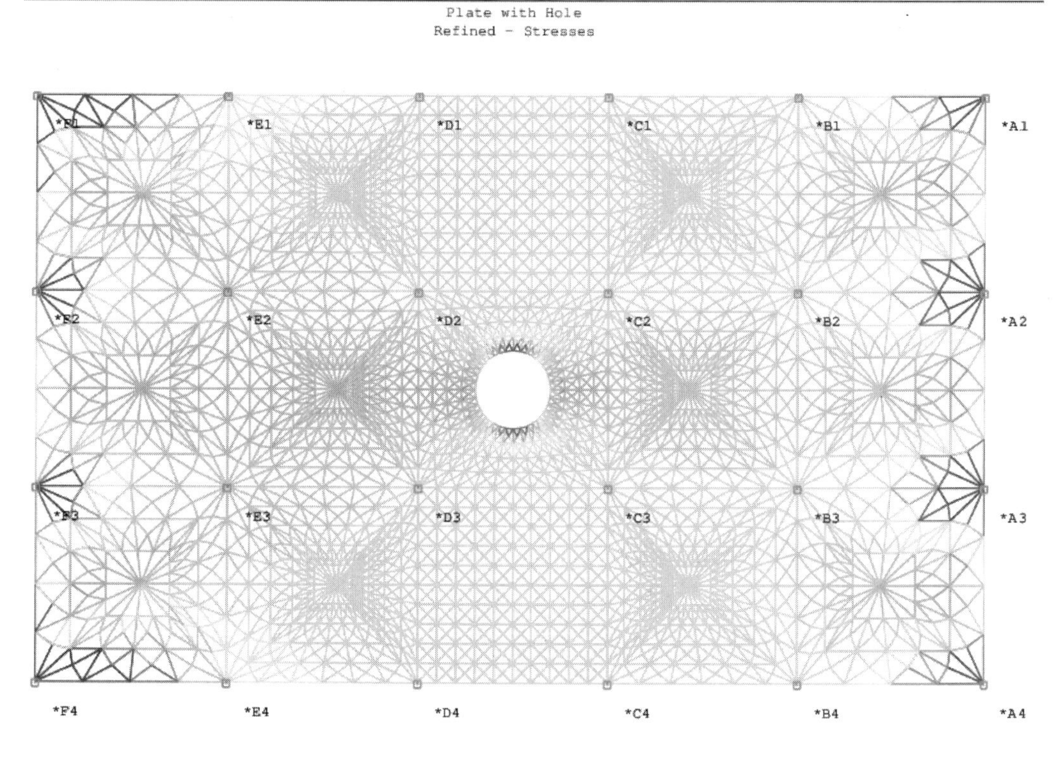

图 3.158 显示应力云图

```
-CULL_BACK, YES/NO
```

显示当前视角模型形态，YES 表示不显示模型遮挡部分，NO 表示显示透视图。

```
-BACK_COLOR, YES/NO
```

对当前视角下模型的背景进行调节，同-CULL_BACK 一起使用。当-CULL_BACK 为 NO，

-BACK_COLOR 为 YES 时，透视图下被遮挡的模型部分以其他颜色显示以示区别，如图 3.159 所示。

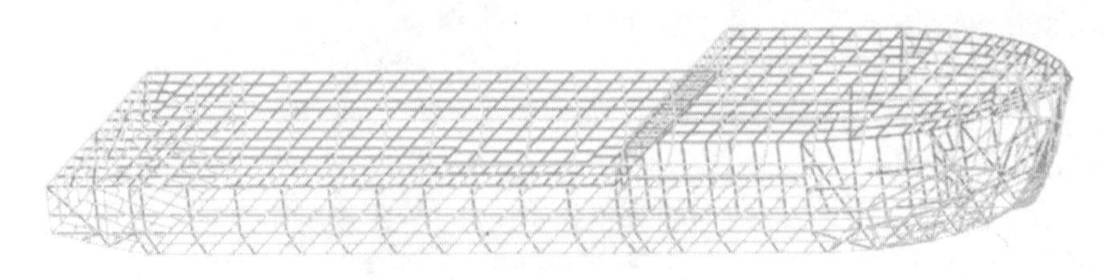

图 3.159　运行**&PICTURE** ISO -CULL_BACK NO -BACK_COLOR YES 命令保存的图片文件

-T_SIZE, TITLE_SIZE

对图片标题字号进行调整，默认为十个像素大小。

-A_SIZE, ANO_SIZE

对图片注释字号进行调整，默认为十个像素大小。

-WG_MIN, SIZE

调整波面显示网格大小。

5. *动画*

在静态过程或时域计算过程完毕后可通过**&PICTURE** 输出动画。

-EVENTS, EVE_BEGIN, EVE_END, EVE_INC

ENV_BEGIN 为动画起始时刻/步数，EVE_END 为动画结束时刻/步数，EVE_INC 为动画时刻/步数步长。默认会将整个过程动画输出，EVE_INC 用来控制动画对应过程的时刻/步数读取步长。

-MOVIE M_TYPE, F_RATE, P_MULT

M_TYPE 为动画文件格式，可以为 AVI 或 MPG。F_RATE 为帧率，P_MULT 为播放调节，如果为 0.5 则动画以默认速率一半速度播放。默认帧率 F_RATE 为 5，1 为正常帧率。如果动画播放不够顺滑可以调大 F_RATE。

3.5.2　通用数据后处理命令

一般情况下，MOSES 在计算命令运行完毕后会自动切换到通用数据后处理命令（Disposition Menu），此时通过 **VLIST** 可以查看数据结果与对应代号，以用于后续处理。

VLIST 命令输出后，程序将目前状态下可以进行输出和处理的数据及对应数字代号显示出来，如图 3.160 所示。

C_SCALE, SCALE_F, CS(1), CS(2), …

定义结果数据调整系数，SCALE_F 为指定的调整系数，CS(i)为 **VLIST** 命令显示出来的结果代号。

C_SHIFT, SHIRT_F, CS(1), CS(2), …, CS(i)

该命令对选择的结果内容 CS(i)加/减一个定值，代号 CS(i)对应的所有结果都将受到影响。

当以上两个命令出现时，指定的系数是一直有效的，除非用户指定新的系数或者退出数据处理命令目录。

```
>FREQ_RES
>RAO
    Time To Compute RAOs                                : CP=      0.15
>equ_sum
>MATRICES
>REPORT
>vlist
                  The Variables Available for Selection are:
                  ==========================================

   1 Frequency              6 Roll-Amass            11 Heave-Damp
   2 Period                 7 Pitch-Amass           12 Roll-Damp
   3 Surge-Amass            8 Yaw-Amass             13 Pitch-Damp
   4 Sway-Amass             9 Surge-Damp            14 Yaw-Damp
   5 Heave-Amass           10 Sway-Damp
```

图 3.160　**VLIST** 示意

3.5.3　输出、查看与保存数据报告

REPORT, -OPTIONS

将计算结果以报告形式输出。

-HARD

该选项将报告输出到 out 文件。

VIEW, CS(1), CS(2), … -OPTIONS

在 MOSES 程序运行界面查看结果，CS(i)对应 **VLIST** 命令显示的结果代号。

-HARD

将选择的数据输出到 out 文件。

-BOTH

将选择的数据在程序运行界面和 out 文件中均进行输出。

-HEADING, HEAD

默认情况下，程序会在输出结果时在数据上方给出默认标题。通过-HEADING，用户可以指定 HEAD 对应内容来自定义数据显示标题，如图 3.161 所示。

```
>view 2 3 4 5 -head TEST
                +++ T E S T +++
                ===============


     Period   Surge-Ama  Sway-Amas  Heave-Ama
    --------  ---------  ---------  ---------

      30.00      0.10       0.48       4.39
      28.00      0.11       0.48       4.26
      27.00      0.11       0.49       4.20
      25.13      0.11       0.50       4.06
      23.27      0.11       0.51       3.91
      21.00      0.11       0.52       3.70
      19.00      0.10       0.54       3.48
      18.48      0.10       0.54       3.42
      15.32      0.10       0.55       2.96
      13.09      0.09       0.52       2.55
      11.42      0.08       0.46       2.22
      10.13      0.08       0.40       2.00
       9.11      0.07       0.33       1.87
       8.27      0.07       0.28       1.81
       7.57      0.06       0.23       1.80
       6.98      0.05       0.18       1.90
       6.48      0.05       0.15       1.86
       6.18      0.04       0.13       1.90
       5.60      0.03       0.11       2.04
       5.03      0.05       0.08       2.08
```

图 3.161　-HEADING 选项示意

-RECORD, BEG_RNUM, END_RNUM

控制显示的数据行数目，如图 3.162 所示。

```
>view 2 3 4 5 -record 1 3
                     +++ S E L E C T E D   V A L U E S +++

                   Period   Surge-Ama Sway-Amas Heave-Ama

                    30.00      0.10      0.48      4.39
                    28.00      0.11      0.48      4.26
                    27.00      0.11      0.49      4.20
```

图 3.162　-RECORD 选项示意

STORE, CS(1), CS(2), … -OPTIONS

将选择的数据 CS(i)临时保存，可以以 CSV 或 HTML 文件格式输出。

-HEADING, HEAD

默认情况下，程序会在输出结果时在数据上方给出对应标题，通过-HEADING，用户可以自定义标题。

-TITLE, NCOL(1), CT(1), …, NCOL(n), CT(n)

定义保存数据列的表头名称。

-BOLD, YES/NO

设置表头以粗体显示（对 csv 文件无效）。

3.5.4　数据处理

ADD_COLUMN, NAME, -OPTIONS

对计算结果数据进行处理并添加到可输出结果列。NAME 为新添加的数据对应名称。

-COMBINE, CS(1), F(1), CS(2), F(2), …

对指定的 CS(i)进行叠加组合，F(i)为对应数据列的调整系数。

-NORM, CS, NCOL

求不同数据列的范数和。CS 为起始数据列代号，NCOL 为数据列数目。

如命令：**ADD_COLUMN** NEW –NORM 3 3

该命令对 3 号数据列至 5 号数据列求范数和，新的数据结果命名为“NEW”。

-RMS, CS(1), CS(2), …

RMS 的效果同-NORM 一样，区别是-RMS 可以直接指定数据列进行范数运算。

-DERIVATIVE, CS(1), CS(2)

对指定数据列求导。

-INTEGRAL, CS(1), CS(2)

对指定数据列求积分。

-FILTER, R_TYPE CS(1), CS(2), RL(1), RU(1), …, RL(n), RU(n)

对指定数据列进行滤波。R_TYPE 可以为 PERIDO 或 FREQUENCY。CS(i)为待处理数据列，RL(i)为滤波周期/频率下限，RU(i)为滤波周期/频率上限。

如命令：**ADD_COLUMN** NEW –FILTER PERIDO 1 4 0 30

该命令对数据 4 进行滤波，0～30s 的数据将被过滤掉，新的数据结果命名为“NEW”。

-SMOOTH, CS, NL, NR, ORDER

对数据进行平滑处理，CS 为指定数据列代号。

MOSES 采用基于最小二乘的 Savitzky-Golay 过滤器对数据进行平滑处理，NL 为左边点个数，NR 为右边点个数，ORDER 为多项式阶数，程序根据选取点数和多项式阶数对数据逐段拟合，默认 NL=8，NR=8，ORDER=4。用户可根据需要进行调整。

SPECTRUM, CS(1), CS(2), … -OPTIONS

对目标数据列 CS(i)进行谱变换。

FFT, CS(1), CS(2), … -OPTIONS

对目标数据列进行傅里叶变换。

-RECORD, BEG_RNUM, END_RNUM

指定数据记录的起止位置对应的数据量数目。

CULL, CS, EXL(1), EXU(1), … EXL(n), EXU(n)

对代号为 CS 的目标数据列进行截断处理。如命令：**CULL** 1 0 50 200 300

对数据列 1 剔除 0～50 以及 200～300 的数据。

下面是一个简单的应用例子，介绍以上命令的使用方法和效果。

（1）对系泊驳船 0°浪向作用下的船体重心位置位移进行数据处理，对纵荡、横荡方向位移进行矢量和组合并命名为 offset (**add_column** offset –norm 4 2)。

（2）对 offset 数据进行高低频分离（低频数据为 offset_L，高频数据为 offset_H，**add_column** offset_L -filter，**add_column** offset_H -filter）。

（3）应用-rms 选项直接对纵荡、横荡方向位移进行矢量和组合并命名为 offset1 (**add_column** offset_1 –rms 4 5)。

（4）对以上定义内容进行统计分析并保存在 out 文件 (**statistic** 1 35 36 37 38 –hard)中。

（5）对 offset 数据进行谱变换(**spectrum** 1 35)并输出时间历程曲线 (**plot** 1 35 36 37 38)。

具体命令如图 3.163 所示。

运行 cif 文件，可以看到 **OFFSET**、**OFFSET_L**、**OFFSET_H**、**OFFSET1** 已经添加到计算结果列表中，如图 3.164 所示。

```
TDOM   -newmark
PRCPOST
point *cog $-event %ramp% %dur%
   vlist
   add_column offset -norm 4 2
   add_column offset_L -filter period 1 35 0 30
   add_column offset_H -filter period 1 35 30 500
   add_column offset1 -rms 4 5
   vlist
   plot 1 35 36 37 38 -no
   statistic 1 35 36 37 38 -hard
   Spectrum 1 35
   &eofile
end
```

图 3.163　添加重心位置平面和位移并对其进行高低频分离和统计处理

```
>PRCPOST
>point *cog
>vlist
                    The Variables Available for Selection are:
                    ==========================================

   1 Event                  13 V-RX:*COG              24 M-X:*COG
   2 W.Elv:*COG             14 V-RY:*COG              25 M-Y:*COG
   3 Clear:*COG             15 V-RZ:*COG              26 M-Z:*COG
   4 L-X:*COG               16 V-Mag:*COG             27 M-Mag:*COG
   5 L-Y:*COG               17 A-X:*COG               28 G-X:*COG
   6 L-Z:*COG               18 A-Y:*COG               29 G-Y:*COG
   7 L-RX:*COG              19 A-Z:*COG               30 G-Z:*COG
   8 L-RY:*COG              20 A-RX:*COG              31 RV-X:*COG
   9 L-RZ:*COG              21 A-RY:*COG              32 RV-Y:*COG
  10 V-X:*COG               22 A-RZ:*COG              33 RV-Z:*COG
  11 V-Y:*COG               23 A-Mag:*COG             34 RV-Mag:*COG
  12 V-Z:*COG
>add_column offset -norm 4 2
>add_column offset_L -filter period 1 35 0 30
>add_column offset_H -filter period 1 35 30 500
>add_column offset1 -rms 4 5
>
>vlist
                    The Variables Available for Selection are:
                    ==========================================

   1 Event                  14 V-RY:*COG              27 M-Mag:*COG
   2 W.Elv:*COG             15 V-RZ:*COG              28 G-X:*COG
   3 Clear:*COG             16 V-Mag:*COG             29 G-Y:*COG
   4 L-X:*COG               17 A-X:*COG               30 G-Z:*COG
   5 L-Y:*COG               18 A-Y:*COG               31 RV-X:*COG
   6 L-Z:*COG               19 A-Z:*COG               32 RV-Y:*COG
   7 L-RX:*COG              20 A-RX:*COG              33 RV-Z:*COG
   8 L-RY:*COG              21 A-RY:*COG              34 RV-Mag:*COG
   9 L-RZ:*COG              22 A-RZ:*COG              35 OFFSET
  10 V-X:*COG               23 A-Mag:*COG             36 OFFSET_L
  11 V-Y:*COG               24 M-X:*COG               37 OFFSET_H
  12 V-Z:*COG               25 M-Y:*COG               38 OFFSET1
  13 V-RX:*COG              26 M-Z:*COG
```

图 3.164　显示 **ADD_COLLUM** 命令效果

输出横坐标为频率，纵坐标为 OFFSET 响应谱谱值的平面位移响应谱，如图 3.165 所示。

```
>Spectrum 1 35
>vlist
                    The Variables Available for Selection are:
                    ==========================================

  1 Frequency                  2 Period                        3 OFFSET

>plot 1 3 -no
>end
```

图 3.165　输出平面位移（OFFSET）响应谱

运行完毕后打开 out 文件查看结果，如图 3.166 所示。

系泊驳船的最大平面位移为 85.99m，低频幅值为 3.76m 和-3.24m，波频幅值为 1.13m 和-1.15m。

OFFSET 和 OFFSET1 的统计结果一致，说明这两种数据的定义方式等效。

+++ T I M E　S T A T I S T I C S +++

Description	OFFSET	OFFSET_L	OFFSET_H	OFFSET1
Mean	81.82	81.82	81.82	81.82
Variance	1.70	1.60	0.10	1.70
Root Mean Square	81.83	81.83	81.82	81.83
Std. Deviation	1.30	1.26	0.32	1.30
Skewness	0.09	0.09	-0.00	0.09
Kurtosis	-0.34	-0.37	-0.11	-0.34
Number of Peaks	1429	121	1632	1429
Av Of 1/3 Highest	83.91	84.52	82.44	83.91
Av Of 1/3 Lowest	79.83	79.21	81.19	79.83
Av Of 1/100 Highest	85.43	85.57	82.80	85.43
Av Of 1/100 Lowest	78.34	78.58	80.83	78.34
Av Of 1/1000 Highest	85.99	85.57	82.94	85.99
Av Of 1/1000 Lowest	77.91	78.58	80.67	77.91
Maximum	85.99	85.57	82.94	85.99
Minimum	77.91	78.58	80.67	77.91
Pred. Max	85.99	85.57	82.94	85.99
Pred. Min	77.91	78.58	80.67	77.91
Av Of 1/3 H-Mean	2.10	2.70	0.63	2.10
Av Of 1/3 L-Mean	-1.99	-2.61	-0.62	-1.99
Av Of 1/100 H-Mean	3.62	3.76	0.99	3.62
Av Of 1/100 L-Mean	-3.48	-3.24	-0.99	-3.48
Av Of 1/1000 H-Mean	4.18	3.76	1.13	4.18
Av Of 1/1000 L-Mean	-3.90	-3.24	-1.15	-3.90
Maximum - Mean	4.18	3.76	1.13	4.18
Minimum - Mean	-3.90	-3.24	-1.15	-3.90
Pred. Max-Mean	4.18	3.76	1.13	4.18
Pred. Min-Mean	-3.90	-3.24	-1.15	-3.90

图 3.166　out 文件中的平面位移统计结果

比较刚才指出的 4 个平面位移运动结果时域曲线（400～1400s，如图 3.167 所示）可以发现：系泊驳船运动特性主要为低频运动，响应以低频为主，这与图 3.166 给出的统计结果信息一致。

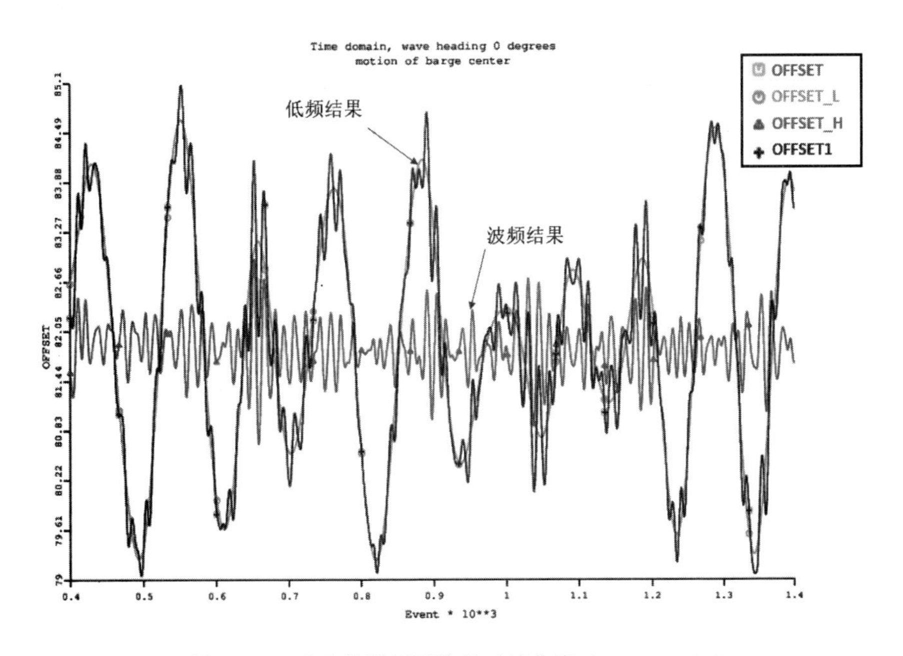

图 3.167　重心位置平面位移时域曲线（400～1400s）

位移（OFFSET）响应谱如图 3.168 所示，可以发现重心位置的平面位移以低频为主，这与统计信息以及时域曲线给出的特征相一致。

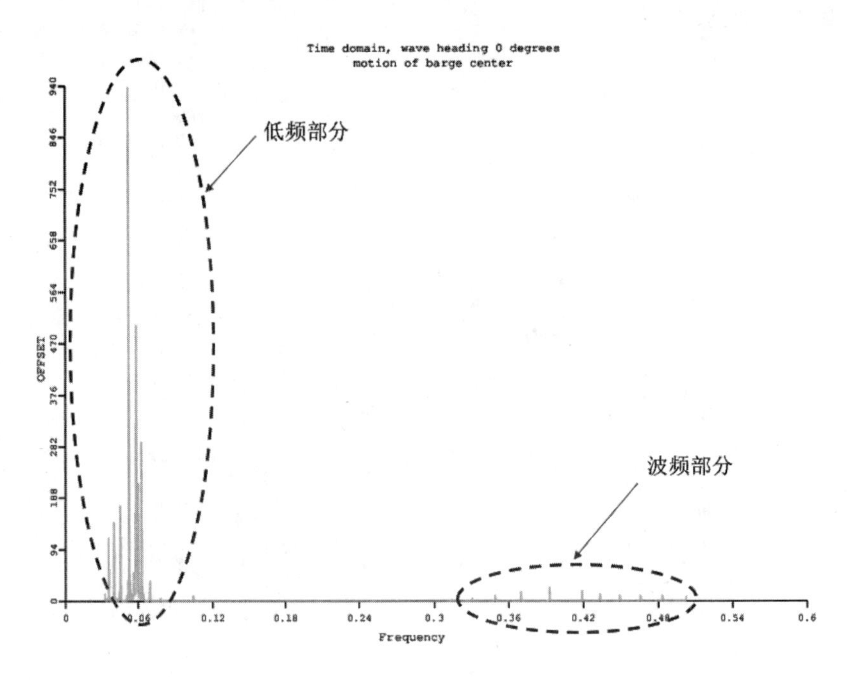

图 3.168　重心位置平面位移响应谱（横坐标单位为圆频率 rad/s）

3.5.5　数据统计

STATISTIC, CS(1), CS(2), ⋯ –OPTIONS

对计算结果（频域谱分析结果或时域分析结果）进行统计分析，CS(i)为指定的计算结果对应代号，可通过 **VLIST** 查看。

-HARD

将统计计算结果输出到 out 文件中，默认情况下统计结果在软件运行界面进行输出。

-BOTH

统计计算结果在 out 文件和程序运行界面进行输出。

-RECORD, BEG_RNUM, END_RNUM

控制进行统计的数据行数目，主要同于时域分析结果的统计处理。

-HEADING, "HEAD(1)", "HEAD(2)"

定义统计结果列表表头名称。

-EXTREMES, TIME, DEVIATION, MULTIPLIER

设置极值估计的一些参数。TIME 为极值估计所依据的模拟时间，默认为 3 个小时。

DEVIATION 可设置为 STANDARD，此时表示极值通过标准差进行估计。极值 *Pe* 同标准差 *DEVIAT* 之间的关系为：

$$\begin{aligned} Pe &= Mean \pm DEVIAT \times FACTOR \\ FACTOR &= \sqrt{2\ln(T/T_R)} \end{aligned} \tag{3.18}$$

式中，*Mean* 为均值；*DEVIAT* 为标准差；T 为 3 个小时（10800 秒）；T_R 为平均跨零周期，可参见 2.4.3 节相关内容。

当 DEVIATION 设置为 PEAKS 时，极值采用样本（时域结果）的最大值和最小值。

默认 MULTPLIER 为 GAUSSIAN，即认为样本符合高斯瑞利分布。当 PEAKS 和 GAUSSIAN 同时出现时，无论样本模拟时间为多少，极值均以 3 小时模拟的瑞利极值作为最终结果。

对于时域计算，**STATISTIC** 命令给出的统计结果与对应代号见表 3.6。

表 3.6 时域样本统计量含义与对应代号

代号	统计量	含义
1	Mean	均值
2	Variance	方差
3	RMS	均方根
4	Std. Deviation	标准差
5	Skewness	偏度
6	Number of peaks	峰值数目
7	Kurtosis	峰度
8	Av of 1/3 Highest	1/3 极大值
9	Av of 1/3 Lowest	1/3 极小值
10	Av of 1/100 Highest	1/100 极大值
11	Av of 1/100 Lowest	1/100 极小值
12	Av of 1/1000 Highest	1/1000 极大值
13	Av of 1/1000 Lowest	1/1000 极大值
14	Maximum	样本极大值
15	Minimum	样本极小值
16	Pred. Max	估计最大值
17	Pred. Min	估计最小值
18	Av of 1/3 Highest-Mean	1/3 极大值与均值的差
19	Av of 1/3 Lowest-Mean	1/3 极小值与均值的差
20	Av of 1/100 Highest-Mean	1/100 极大值与均值的差
21	Av of 1/100 Lowest-Mean	1/100 极小值与均值的差
22	Av of 1/1000 Highest-Mean	1/1000 极大值与均值的差
23	Av of 1/1000 Lowest-Mean	1/1000 极小值与均值的差
24	Maximum - Mean	样本极大值与均值的差
25	Minimum - Mean	样本极小值与均值的差
26	Pred. Max - Mean	估计最大值与均值的差
27	Pred. Min - Mean	估计最大值与均值的差

以上统计结果代号可用于自定义计算结果输出，相关内容可参考 3.5.7 节。

对于频域分析，**STATISTIC** 命令给出结果的均方根、1/3 值、1/10 值和最大值，如图 3.169 所示。

Single Amplitude Motions

	Surge	Sway	Heave	Roll	Pitch	Yaw	Mag
Root Mean Square	0.200	0.007	0.488	0.048	1.544	0.014	0.528
Ave of 1/3 Highest	0.400	0.014	0.976	0.096	3.088	0.027	1.055
Ave of 1/10 Highest	0.511	0.018	1.245	0.122	3.938	0.035	1.346
Maximum	0.745	0.026	1.816	0.179	5.744	0.051	1.963

Single Amplitude Velocities

	Surge	Sway	Heave	Roll	Pitch	Yaw	Mag
Root Mean Square	0.143	0.006	0.372	0.042	1.194	0.012	0.399
Ave of 1/3 Highest	0.285	0.013	0.744	0.083	2.388	0.023	0.797
Ave of 1/10 Highest	0.364	0.016	0.949	0.106	3.044	0.030	1.017
Maximum	0.531	0.023	1.385	0.155	4.441	0.043	1.483

Single Amplitude Accelerations

	Surge	Sway	Heave	Roll	Pitch	Yaw	Mag
Root Mean Square	0.123	0.006	0.314	0.038	0.998	0.011	0.337
Ave of 1/3 Highest	0.246	0.012	0.628	0.075	1.996	0.022	0.674
Ave of 1/10 Highest	0.313	0.015	0.800	0.096	2.545	0.028	0.859
Maximum	0.457	0.023	1.167	0.140	3.713	0.041	1.254

图 3.169　频域运动统计结果

-TYPE, STYPE

该选项主要针对频域结果统计分析，STYPE 可以为 Fourier 或 SPECTRUM。

当 STYPE 为 SPECTRUM 时，输出统计结果包括：结果的 0～4 阶距，均方差，有义值以及 1/10、1/100、1/1000 值以及 3 小时极值；动力响应结果的周期性特征，包括响应谱谱峰周期、平均跨零周期等，相关结果均基于瑞利分布假设给出，如图 3.170 所示。

+++ F R E Q U E N C Y   C O E F F I C I E N T   S T A T I S T I C S +++

Description	Surge	Sway	Heave	Roll	Pitch	Yaw
0th Moment	0.51	0.00	3.02	0.03	30.21	0.0
1st Moment	3.25	0.00	19.34	0.19	193.48	0.0
2nd Moment	20.84	0.02	123.84	1.20	1239.11	0.1
3rd Moment	133.46	0.16	793.10	7.68	7935.66	0.6
4th Moment	854.72	1.02	5079.30	49.19	50822.52	3.9
Root Mean Square	0.71	0.02	1.74	0.17	5.50	0.0
Significant	1.43	0.05	3.48	0.34	10.99	0.1
Ave Of 1/10 Peaks	1.81	0.06	4.41	0.43	13.96	0.1
Ave Of 1/100 Peaks	2.16	0.07	5.26	0.52	16.65	0.1
Ave Of 1/1000 Peaks	2.65	0.09	6.46	0.64	20.45	0.1
3 Hour Max.	3.08	0.11	7.50	0.74	23.71	0.2
TP Peak Period	0.98	0.98	0.98	0.98	0.98	0.9
TV Visual Period	0.98	0.98	0.98	0.98	0.98	0.9
TZ Zero Up-Crossing	0.98	0.98	0.98	0.98	0.98	0.9
TC Crest Period	0.98	0.98	0.98	0.98	0.98	0.9

图 3.170　**STATISTICS** -TYPE SPECTRUM

3.5.6　数据曲线图

PLOT, IVAR, L(1), L(2), …, -OPTIONS

该命令用于输出计算结果的曲线图。IVAR 为独立变量，可选择频率或者周期。L(i)为计算结果的代号，可通过 **VLIST** 查看具体可输出结果。

-RAX, R(1), R(2), …

将指定结果放置在曲线图的右侧坐标轴显示。

-LIMITS, X(1), X(2), …

限制横坐标的范围，X(1)为横坐标轴最小值，X(2)为横坐标轴最大值。

-SMOOTH, SM_TOL

对曲线进行样条曲线拟合处理，SM_TOL 为拟合容差。

-ADD, NUM_ADD

对曲线添加点，NUM_ADD 为增加点的数目。

-POINTS, LEGEND, X(1), Y(1), X(2), Y(2), …

在曲线图上定义独立的点，LEGEND 为添加点的图例名称，X(i)、Y(i)为添加点对应坐标轴的坐标值，如图 3.171 所示。这里添加了 3 个点，对应名称为“test”，这 3 个点与其他结果显示在同一个曲线图中。

-CLEAN_LINE

曲线图仅以曲线形式显示，默认条件下曲线是带数据点标记的。

-CROP_FOR, LEGEND

该选项的作用是实现曲线不与图例发生交叉和覆盖。

-NO_EDIT

不对曲线图进行任何设置。

-T_MAIN, TITLE

定义曲线图的主标题。

-T_SUB, TITLE

定义曲线图的副标题。

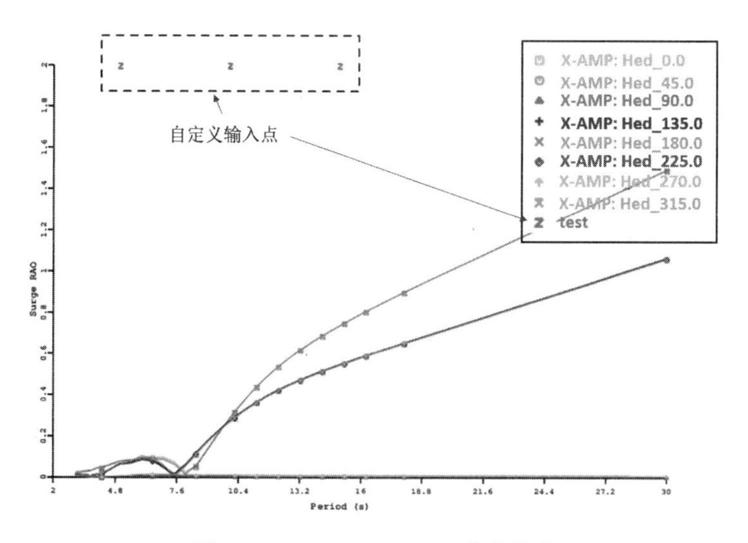

图 3.171　**PLOT** -POINTS 命令示意

-T_X, TITLE

定义横坐标轴的标题。

-T_LEFT, TITLE

定义左侧纵坐标轴标题。

-T_RIGHT, TITLE

定义右侧纵坐标轴标题。

-LEGEND, NUMBER, TITLE

定义图例显示文本名称，NUMBER 为图例中对应项目数，TITLE 为对应项目名称。

AGAIN, -OPTIONS

在 **PLOT** 运行后，如果用户想要对之前的曲线图进行编辑，可通过 **AGAIN** 命令再次生成曲线图，OPTION 同 **PLOT** 一致。

SAVE_GRAPH

当目前的输出端为程序运行界面（SCREEN）时，**SAVE_GRAPH** 可保存当前 **PLOT** 输出的曲线图。如果输出端为文件，则 **PLOT** 命令运行后对应的曲线图会自动保存在文件中。

RANGE, -OPTIONS

用于调整曲线显示范围。

-X, MIN_VALUE, MAX_VALUE

定义曲线横坐标轴的坐标范围。

-LEFT, MIN_VALUE, MAX_VALUE

定义曲线左侧纵坐标轴的坐标范围。

-RIGHT, MIN_VALUE, MAX_VALUE

定义曲线右侧纵坐标轴的坐标范围。

3.5.7 自定义数据输出

MOSES 的支持用户将数据以 csv 或 HTML 形式进行保存，熟悉这项功能有助于理解 MOSES 的输出变量的定义。

当通过 csv 文件格式保存时，需通过**&CHANNEL** 命令进行相关设置。关于**&CHANNEL** 命令可参考 3.1.4 节，这里以几个简单例子解释如何进行数据的自定义输出。

以图 3.172 命令为例：

```
&channel table -p_device csv -file motion_BST5.csv
&loop WH (WH_0 WH_45 WH_90 WH_135 WH_180 WH_225 WH_270 WH_315)
   st_point %WH%
      report
      store @
     end

&endloop
```

图 3.172 保存数据为 csv 文件

&CHANNEL 输出表格（table），表格格式为 csv，文件名为 motion_bst5.csv。通过循环命令将 WH0～WH315 环境条件下的频域运动统计数据输出到表格中。**STORE** 命令选择所有计算结果并保存在 motion_bst5.csv 文件中。

程序运行后文件夹出现 motion_bst5.csv 文件，打开该文件可以发现位移、速度、加速度的结果进行了保存，如图 3.173 所示。

SELECTED VALUES																		
Period	Surge	Sway	Heave	Roll	Pitch	Yaw	Surge Vel	Sway Vel	Heave Vel	Roll Vel	Pitch Vel	Yaw Vel	Surge Acc	Sway Acc	Heave Acc	Roll Acc	Pitch Acc	Yaw Acc
6.4	0.2	0.01	0.49	0.05	1.54	0.01	0.14	0.01	0.37	0.04	1.19	0.01	0.12	0.01	0.31	0.04	1	0.01
6.4	0.4	0.01	0.98	0.1	3.09	0.03	0.29	0.01	0.74	0.08	2.39	0.02	0.25	0.01	0.63	0.08	2	0.02
6.4	0.51	0.02	1.24	0.12	3.94	0.03	0.36	0.02	0.95	0.11	3.04	0.03	0.31	0.02	0.8	0.1	2.55	0.03
6.4	0.74	0.03	1.82	0.18	5.74	0.05	0.53	0.02	1.38	0.16	4.44	0.04	0.46	0.02	1.17	0.14	3.71	0.04
SELECTED VALUES																		
Period	Surge	Sway	Heave	Roll	Pitch	Yaw	Surge Vel	Sway Vel	Heave Vel	Roll Vel	Pitch Vel	Yaw Vel	Surge Acc	Sway Acc	Heave Acc	Roll Acc	Pitch Acc	Yaw Acc
6.4	0.17	0.18	0.6	1.55	1.55	0.67	0.12	0.14	0.45	1.22	1.27	0.54	0.1	0.13	0.36	1.02	1.1	0.47
6.4	0.34	0.36	1.19	3.09	3.09	1.34	0.24	0.29	0.89	2.44	2.54	1.09	0.2	0.26	0.71	2.03	2.2	0.93
6.4	0.43	0.46	1.52	3.94	3.94	1.7	0.31	0.37	1.14	3.12	3.24	1.39	0.25	0.33	0.91	2.59	2.81	1.19
6.4	0.63	0.68	2.22	5.75	5.75	2.49	0.45	0.54	1.66	4.55	4.73	2.02	0.37	0.48	1.33	3.78	4.09	1.74
SELECTED VALUES																		
Period	Surge	Sway	Heave	Roll	Pitch	Yaw	Surge Vel	Sway Vel	Heave Vel	Roll Vel	Pitch Vel	Yaw Vel	Surge Acc	Sway Acc	Heave Acc	Roll Acc	Pitch Acc	Yaw Acc
6.4	0.01	0.57	0.67	3.79	0.02	0.03	0.01	0.55	0.55	3.3	0.02	0.03	0.01	0.55	0.48	2.97	0.02	0.02
6.4	0.01	1.15	1.34	7.57	0.04	0.07	0.01	1.1	1.09	6.6	0.04	0.05	0.01	1.11	0.95	5.95	0.05	0.05
6.4	0.02	1.47	1.71	9.65	0.06	0.08	0.01	1.41	1.39	8.41	0.06	0.07	0.01	1.41	1.21	7.58	0.06	0.06
6.4	0.02	2.14	2.49	14.08	0.08	0.12	0.02	2.05	2.03	12.27	0.08	0.1	0.02	2.06	1.77	11.06	0.09	0.09
SELECTED VALUES																		
Period	Surge	Sway	Heave	Roll	Pitch	Yaw	Surge Vel	Sway Vel	Heave Vel	Roll Vel	Pitch Vel	Yaw Vel	Surge Acc	Sway Acc	Heave Acc	Roll Acc	Pitch Acc	Yaw Acc
6.4	0.17	0.16	0.54	1.6	1.57	0.66	0.12	0.13	0.38	1.27	1.29	0.53	0.1	0.12	0.28	1.05	1.12	0.46
6.4	0.34	0.32	1.08	3.2	3.13	1.32	0.24	0.25	0.77	2.53	2.58	1.07	0.19	0.23	0.57	2.1	2.24	0.92
6.4	0.43	0.4	1.37	4.07	3.99	1.68	0.3	0.32	0.98	3.23	3.29	1.36	0.25	0.3	0.73	2.68	2.86	1.17
6.4	0.63	0.59	2.01	5.94	5.82	2.45	0.44	0.47	1.43	4.71	4.8	1.99	0.36	0.43	1.06	3.91	4.17	1.7
SELECTED VALUES																		
Period	Surge	Sway	Heave	Roll	Pitch	Yaw	Surge Vel	Sway Vel	Heave Vel	Roll Vel	Pitch Vel	Yaw Vel	Surge Acc	Sway Acc	Heave Acc	Roll Acc	Pitch Acc	Yaw Acc
6.4	0.2	0.01	0.36	0.07	1.54	0.01	0.14	0.01	0.24	0.07	1.2	0.01	0.12	0.01	0.17	0.06	1.01	0.01
6.4	0.4	0.02	0.72	0.14	3.09	0.02	0.28	0.02	0.48	0.13	2.39	0.02	0.24	0.02	0.34	0.12	2.01	0.02
6.4	0.51	0.03	0.92	0.18	3.94	0.03	0.36	0.03	0.61	0.17	3.05	0.02	0.31	0.03	0.43	0.15	2.56	0.02
6.4	0.74	0.04	1.35	0.27	5.74	0.04	0.52	0.04	0.9	0.24	4.45	0.03	0.45	0.04	0.63	0.23	3.74	0.03
SELECTED VALUES																		
Period	Surge	Sway	Heave	Roll	Pitch	Yaw	Surge Vel	Sway Vel	Heave Vel	Roll Vel	Pitch Vel	Yaw Vel	Surge Acc	Sway Acc	Heave Acc	Roll Acc	Pitch Acc	Yaw Acc
6.4	0.17	0.16	0.54	1.55	1.54	0.65	0.12	0.13	0.39	1.23	1.27	0.53	0.09	0.12	0.29	1.02	1.1	0.45
6.4	0.34	0.32	1.08	3.1	3.09	1.31	0.24	0.25	0.77	2.45	2.54	1.06	0.19	0.23	0.57	2.03	2.2	0.91
6.4	0.43	0.41	1.38	3.95	3.94	1.67	0.3	0.32	0.98	3.12	3.24	1.35	0.24	0.3	0.73	2.59	2.81	1.15
6.4	0.63	0.59	2.02	5.76	5.74	2.43	0.44	0.47	1.43	4.56	4.72	1.97	0.35	0.43	1.06	3.78	4.09	1.68

图 3.173　保存的 motion_bst5.csv 文件

对命令进行修改，添加数据对应表头，且仅输出运动位移统计结果，如图 3.174 所示。

```
&channel table -p_device csv -file motion_BST5.csv
&loop WH (WH_0 WH_45 WH_90 WH_135 WH_180 WH_225 WH_270 WH_315)
   st_point %WH%
      vlist
      report
      store 1 2 3 4 5 6 7 \
               -heading motion statistics results \
               -title  1 period 2 Surge_motion \
                        3 sway_motion 4 heave_motion \
                        5 roll_motion 6 pitch_motion \
                        7 yaw_motion
    end

&endloop
```

图 3.174　设置 csv 文件表头

程序运行后文件夹出现 motion_bst5.csv 文件，打开该文件可以发现对应数据结果具有了自定义表头内容，如图 3.175 所示。

motion statistics results						
period	Surge_moti	sway_motic	heave_moti	roll_motic	pitch_moti	yaw_motion
6.4	0.2	0.01	0.49	0.05	1.54	0.01
6.4	0.4	0.01	0.98	0.1	3.09	0.03
6.4	0.51	0.02	1.24	0.12	3.94	0.03
6.4	0.74	0.03	1.82	0.18	5.74	0.05
motion statistics results						
period	Surge_moti	sway_motic	heave_moti	roll_motic	pitch_moti	yaw_motion
6.4	0.17	0.18	0.6	1.55	1.55	0.67
6.4	0.34	0.36	1.19	3.09	3.09	1.34
6.4	0.43	0.46	1.52	3.94	3.94	1.7
6.4	0.63	0.68	2.22	5.75	5.75	2.49
motion statistics results						
period	Surge_moti	sway_motic	heave_moti	roll_motic	pitch_moti	yaw_motion
6.4	0.01	0.57	0.67	3.79	0.02	0.03
6.4	0.01	1.15	1.34	7.57	0.04	0.07
6.4	0.02	1.47	1.71	9.65	0.06	0.08
6.4	0.02	2.14	2.49	14.08	0.08	0.12
motion statistics results						
period	Surge_moti	sway_motic	heave_moti	roll_motic	pitch_moti	yaw_motion
6.4	0.17	0.16	0.54	1.6	1.57	0.66
6.4	0.34	0.32	1.08	3.2	3.13	1.32
6.4	0.43	0.4	1.37	4.07	3.99	1.68
6.4	0.63	0.59	2.01	5.94	5.82	2.45

图 3.175　带自定义表头的 csv 文件

以 html 文件进行数据保存时可以对数据进行部分格式的设置，更具体的可参考 MOSES 帮助文件的相关内容。图 3.176 给出了以 html 文件格式保存数据的示例，图 3.177 显示了 html 数据文件效果。

```
&channel table -p_device html -file motion_BST5.html
&loop WH (WH_0 WH_45 WH_90 WH_135 WH_180 WH_225 WH_270 WH_315)
   st_point %WH%
      vlist
      report
      store 1 2 3 4 5 6 7 \
              -bold yes    \
               -heading motion statistics results
    end

&endloop
```

图 3.176　保存数据为 html 文件

motion statistics results						
Period	Surge	Sway	Heave	Roll	Pitch	Yaw
6.40	0.20	0.01	0.49	0.05	1.54	0.01
6.40	0.40	0.01	0.98	0.10	3.09	0.03
6.40	0.51	0.02	1.24	0.12	3.94	0.03
6.40	0.74	0.03	1.82	0.18	5.74	0.05

motion statistics results						
Period	Surge	Sway	Heave	Roll	Pitch	Yaw
6.40	0.17	0.18	0.60	1.55	1.55	0.67
6.40	0.34	0.36	1.19	3.09	3.09	1.34
6.40	0.43	0.46	1.52	3.94	3.94	1.70
6.40	0.63	0.68	2.22	5.75	5.75	2.49

motion statistics results						
Period	Surge	Sway	Heave	Roll	Pitch	Yaw
6.40	0.01	0.57	0.67	3.79	0.02	0.03
6.40	0.01	1.15	1.34	7.57	0.04	0.07
6.40	0.02	1.47	1.71	9.65	0.06	0.08
6.40	0.02	2.14	2.49	14.08	0.08	0.12

图 3.177　html 数据文件效果

通过**&file** 命令可实现更复杂的结果输出，关于**&file** 命令可参考 3.1.12 节相关内容。通常**&file** 需要同 **SET_VARIABLE** 命令一起使用。

SET_VARIABLE, VAR_NAME, -OPTIONS

该命令的作用是定义数组变量，用于后处理，变量名由 VAR_NAME 定义。常用选项有：

-NAMES, CS(1), CS(2), …

将结果代号 CS(i)对应名称输入到变量中。

-COLUMN CS(1), CS(2), …

将结果代号 CS(i)的数据输入到变量的数据列中。

-STATISTICS, CS(1), CS(2)

对结果代号 CS(i)的数据进行统计并保留统计结果。

下面以一个简单的例子说明这 2 个命令的应用。

对某驳船进行系泊分析，此时要提取出 0°浪向作用下的船体重心位置的 6 个自由度运动统计结果。

通过**&CHANNEL** 输出表格，文件格式为 csv，定义一个 wave.csv 的文件，将时域模拟的波面时间历程曲线输出到该文件。对船体重心 6 个自由度运动进行统计并输出到 out 文件，具体命令如图 3.178 所示。

```
 TDOM   -newmark
 PRCPOST
 point *cog $-event %ramp% %dur%
    vlist
    &subtitle motion of barge center
     &channel table -p_device csv -file wave.csv
     store 1 2
 $
     &set filename = motion.csv
     statistic 1  4  5  6  7  8  9 -hard
 $

     set_variable surge_m -statistics 1 4
     set_variable sway_m  -statistics 1 5
     set_variable heave_m -statistics 1 6
     set_variable roll_m  -statistics 1 7
     set_variable pitch_m -statistics 1 8
     set_variable yaw_m   -statistics 1 9
 $
     &file open -type table -name %filename
     &file write table   ,motion summary at ship COG,
     &file write table   ,Iterm ,surge ,sway ,heave ,roll ,pitch , yaw ,
     &file write table   ,MEAN ,&token(1  %surge_m),&token(1  %sway_m) \
                              ,&token(1  %heave_m),&token(1  %roll_m) \
                              ,&token(1  %pitch_m),&token(1  %yaw_m),
     &file write table   ,MAX  ,&token(14 %surge_m),&token(14 %sway_m) \
                              ,&token(14 %heave_m),&token(14 %roll_m) \
                              ,&token(14 %pitch_m),&token(14 %yaw_m),
     &file write table   ,MIN  ,&token(15 %surge_m),&token(15 %sway_m) \
                              ,&token(15 %heave_m),&token(15 %roll_m) \
                              ,&token(15 %pitch_m),&token(15 %yaw_m)
     &file write table   ,STD  ,&token(4  %surge_m),&token(4  %sway_m) \
                              ,&token(4  %heave_m),&token(4  %roll_m) \
                              ,&token(4  %pitch_m),&token(4  %yaw_m),
-end
```

图 3.178 **&file 和&SET_VARIABLE**

定义 6 个变量，分别为：surge_m、sway_m、heave_m、roll_m、pitch_m 和 yaw_m，对应 6 个自由度运动的统计结果，统计对应运动自由度的均值、最大值、最小值和标准差，对应统计量的代号可参考表 3.6。

通过**&file** open 命令建立名称为 motion.csv（对应变量 filename）的文件。

通过**&file** write table 命令输出 6 个自由度运动的均值、最大值、最小值和标准差。在编写命令的时候需要**注意** csv 文件以逗号作为分隔符。可以将需要输入的数据输入在同一行，也可以使用续航符，使用续航符时应注意数据与分隔符的位置，&token 命令提取对应表 3.6 代号的对应统计值。

运行 cif 文件，打开生成的 motion.csv 文件，显示的数据如图 3.179 所示。

motion summary at ship COG						
Iterm	surge	sway	heave	roll	pitch	yaw
MEAN	81.5985	-0.14519	-0.51378	-3.83E-03	9.38E-03	-0.14166
MAX	88.3598	1.15E-02	2.03E-02	1.70E-02	1.77678	8.64E-02
MIN	75.4513	-0.36504	-1.07698	-2.53E-02	-1.65373	-0.36063
STD	2.85369	7.88E-02	0.174646	5.21E-03	0.56161	0.100731

图 3.179 生成的 motion.csv 文件

打开 out 文件查看输出的 6 个自由度运动统计结果，如图 3.180 所示，并与 motion.csv 文件进行对比，csv 文件结果与 out 文件结果完全一致。

+++ T I M E   S T A T I S T I C S +++

Description	L-X *COG	L-Y *COG	L-Z *COG	L-RX *COG	L-RY *COG	L-RZ *COG
Mean	81.60	-0.15	-0.51	-0.00	0.01	-0.14
Variance	8.14	0.01	0.03	0.00	0.32	0.01
Root Mean Square	81.65	0.17	0.54	0.01	0.56	0.17
Std. Deviation	2.85	0.08	0.17	0.01	0.56	0.10
Skewness	0.06	-0.38	0.00	-0.13	0.01	0.01
Kurtosis	-0.83	-0.16	-0.24	0.57	-0.13	-0.81
Number of Peaks	141	81	428	470	429	44
Av Of 1/3 Highest	86.41	-0.05	-0.17	0.01	1.10	-0.00
Av Of 1/3 Lowest	76.90	-0.29	-0.85	-0.01	-1.09	-0.33
Av Of 1/100 Highest	88.36	0.01	-0.01	0.02	1.75	0.09
Av Of 1/100 Lowest	75.45	-0.37	-1.04	-0.02	-1.61	-0.36
Av Of 1/1000 Highest	88.36	0.01	0.02	0.02	1.78	0.09
Av Of 1/1000 Lowest	75.45	-0.37	-1.08	-0.03	-1.65	-0.36
Maximum	88.36	0.01	0.02	0.02	1.78	0.09
Minimum	75.45	-0.37	-1.08	-0.03	-1.65	-0.36
Pred. Max	89.52	0.04	0.10	0.02	2.03	0.14
Pred. Min	74.39	-0.41	-1.16	-0.03	-1.89	-0.41
Av Of 1/3 H-Mean	4.81	0.10	0.34	0.01	1.09	0.14
Av Of 1/3 L-Mean	-4.69	-0.14	-0.34	-0.01	-1.10	-0.19
Av Of 1/100 H-Mean	6.76	0.16	0.50	0.02	1.74	0.23
Av Of 1/100 L-Mean	-6.15	-0.22	-0.53	-0.02	-1.62	-0.22
Av Of 1/1000 H-Mean	6.76	0.16	0.53	0.02	1.77	0.23
Av Of 1/1000 L-Mean	-6.15	-0.22	-0.56	-0.02	-1.66	-0.22
Maximum - Mean	6.76	0.16	0.53	0.02	1.77	0.23
Minimum - Mean	-6.15	-0.22	-0.56	-0.02	-1.66	-0.22
Pred. Max-Mean	7.92	0.19	0.61	0.02	2.02	0.28
Pred. Min-Mean	-7.20	-0.26	-0.64	-0.02	-1.90	-0.27

图 3.180　out 文件中的船体重心位置 6 个自由度运动统计结果

当涉及计算量大、计算过程复杂的分析内容时，用户通过编写自定义后处理文件可以实现分析与后处理自动批量进行，可以大大提高工作效率。掌握这项功能也是工程人员实际使用 MOSES 的必备技能之一。

关于自定义结果输出可以进一步参考本书第 5 章、第 7 章的相关内容及 MOSES 帮助文件相关内容。

4

浮态与稳性

4.1 浮态与初稳性

4.1.1 静水力计算基本流程

本节介绍使用 MOSES 进行静水力计算的流程，包括浮态、压载、静水力计算、总纵强度计算 4 个部分，基本流程如下。

（1）建立船体模型，包括船体静水力计算模型、舱室模型、质量模型，并需要对船体模型进行横剖面特性的定义。涉及的命令主要有：

```
&dimen
&describe body
#weight
PGEN
Plane
&describe compart
```

（2）建立命令执行文件，包括整体单位制设置、整体参数设置以及静水力计算命令。涉及的命令主要有：

```
&dimen
Inmodel
&instate
Hstatics
Cform
Rarm
Moment
Report
```

4.1.2 船体模型

船体模型使用 MOSES 自带的 cbrg180 驳船，该船长 54.86m，型宽 15.2m，型深 4.26m。该文件可在.. /hdesk/tools/vessels/cbarges 下找到。

打开 cbrg180.dat 可以发现该船空船重量为 428.7t，沿着船长方向均匀分布。空船重心位于船舯位置，距离船底基线 2.13m。具体命令如图 4.1 所示。

```
$
$*********************************************        light ship
$
$ lfac is frame spacing not length of barge
&set lfac      = &number(real 54.864/24)
&set bfac      = &number(real 15.24/15.24)
&set dfac      = &number(real 4.267/4.267)
#WEIGHT 428.7 .32*15.24 .29*54.86 .29*54.86 \
        -cat l_ship \
        -cen 27.432 0 2.13 \
        -ldis -1*%lfac% 48*%lfac%
$
```

图 4.1 cbrg180 空船重量、重心及分布

该模型通过 **PGEN** 进行建模，同时该模型文件也包括舱室模型。通过 MOSES 程序打开模型文件，输入 **INMODEL** 命令，单击 Graphics→Picture Options 查看船体模型和舱室模型，如图 4.2 和图 4.3 所示。

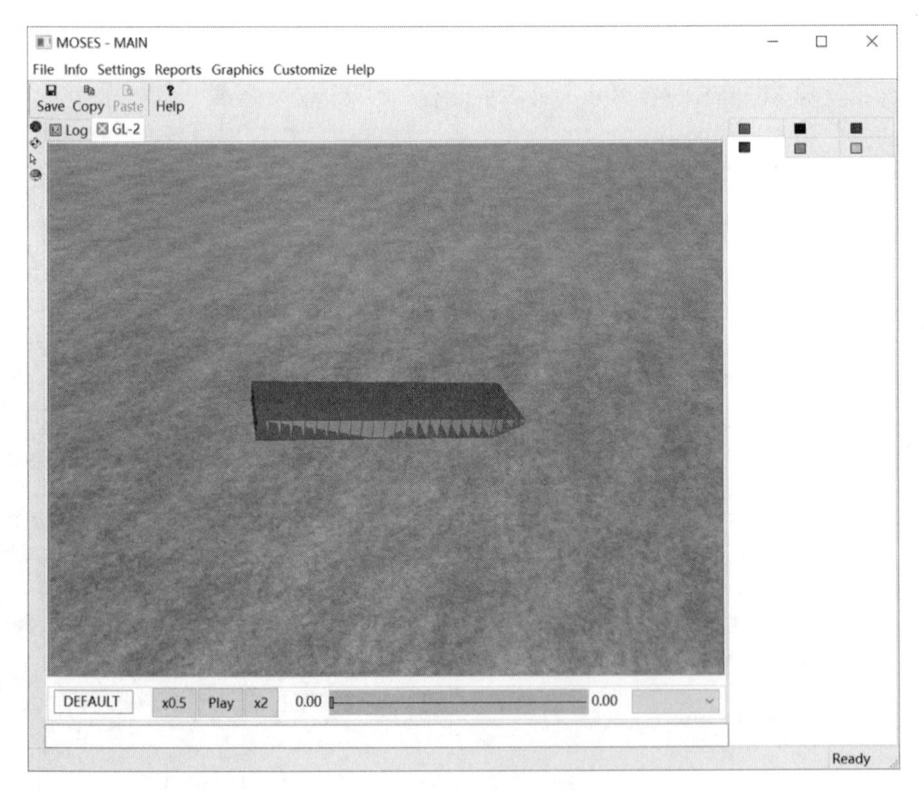

图 4.2 cbrg180 船体模型

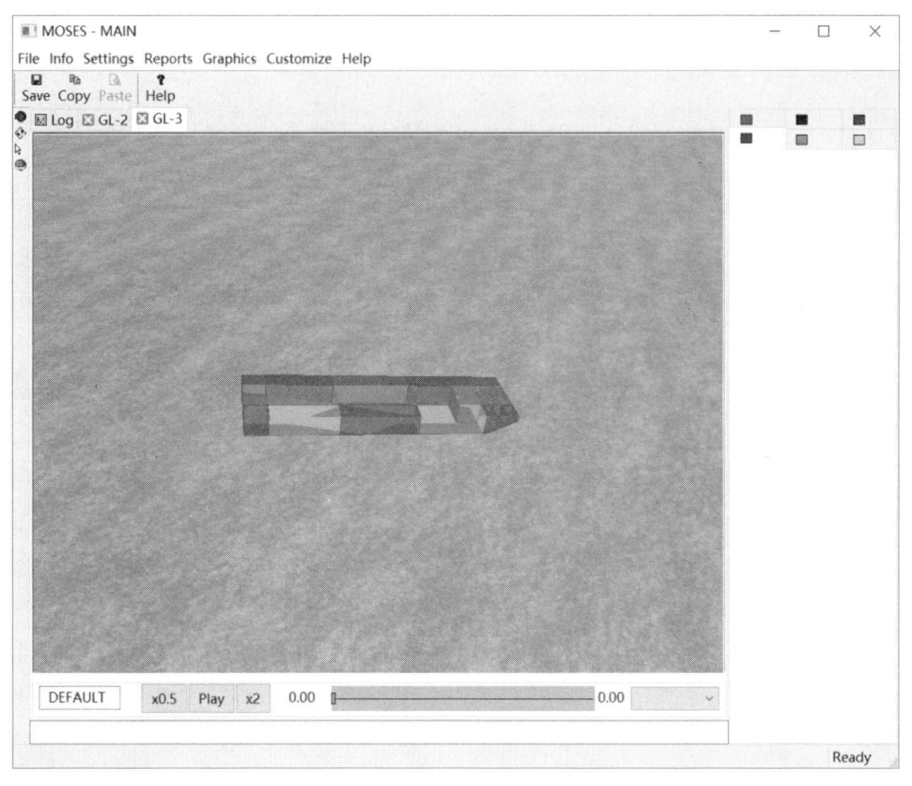

图 4.3　cbrg180 舱室模型

4.1.3　浮态与初稳性结果

这里用到的例子来源于 *An Introduction to MOSES(Workbook)*。Workbook 文件可以在官网或者软件安装目录下找到。

例子文件包括：

```
Bstab.cif
Bstab.dat
Wcomp.cif
Wcomp.dat
```

以上 4 个文件可以在官网和软件安装目录的../hdesk/runs/samples/hystat 路径下找到。

1. Bstab

该例子用于简单的浮态计算，使用的船舶模型为 cbrg180，基本过程为：

（1）指定 cbrg180 吃水为 2.1m。

（2）用**&WEIGHT** 命令计算 2.1m 吃水状态下 cbrg180 对应的重量，并指定该重量重心高度距离基线 5m，回转半径分别为 10m、30m、30m。需要**注意**的是 cbrg180 模型文件中已定义了空船重量。

（3）进入静水力计算菜单，从 0.5m 吃水，没有横纵倾的状态开始计算 cbrg180 的静水力结果，直到 5m 吃水（**CFROM**）。

（4）计算 100 节风速作用下、2.1m 吃水状态下的船体风倾力臂/恢复力臂结果（**RARM**），范围为 0～5°。

以下为Bstab.cif文件的主要内容，这里将命令及注释一并给出。

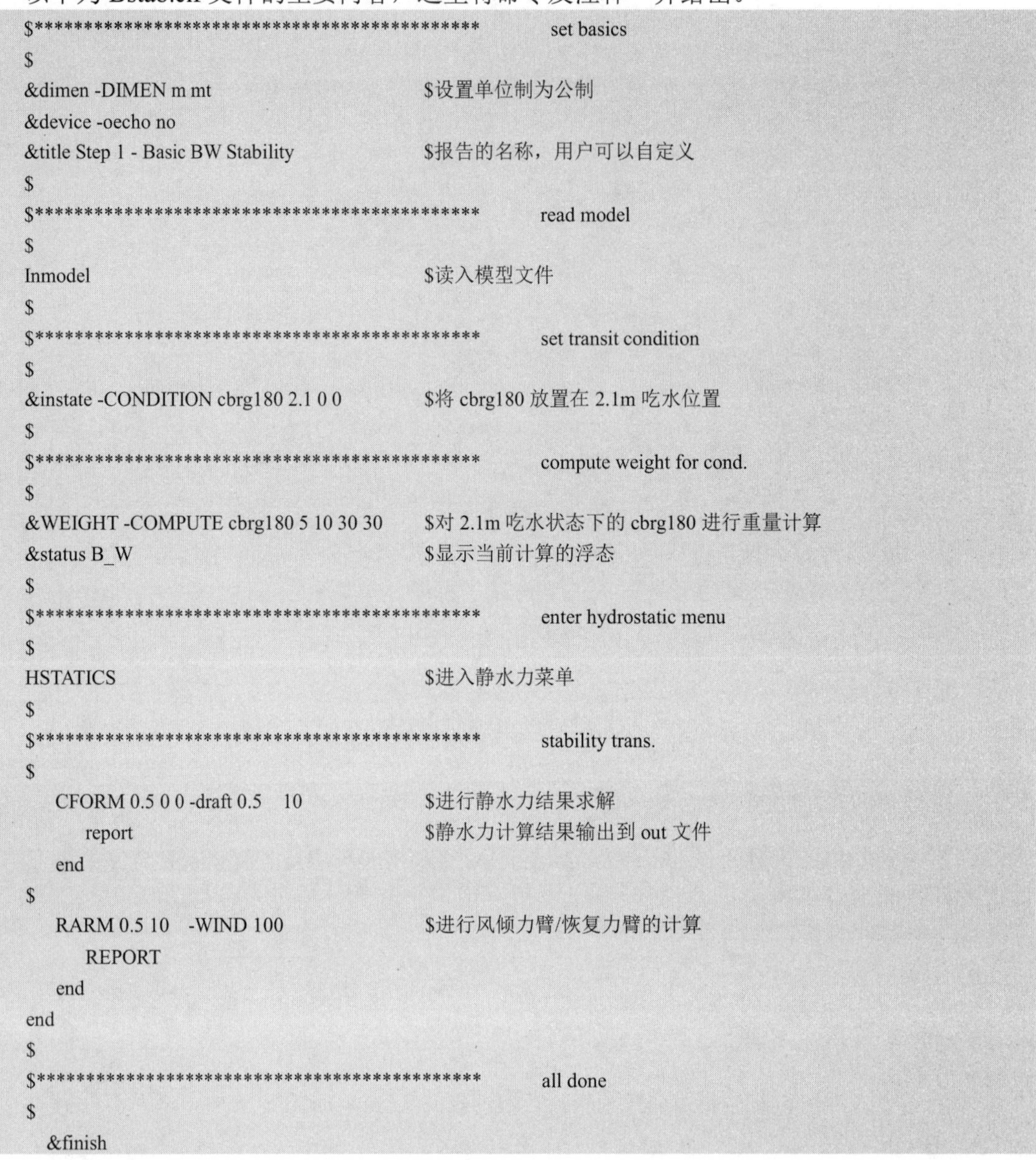

```
$*******************************************          set basics
$
&dimen -DIMEN m mt                          $设置单位制为公制
&device -oecho no
&title Step 1 - Basic BW Stability          $报告的名称，用户可以自定义
$
$*******************************************         read model
$
Inmodel                                     $读入模型文件
$
$*******************************************         set transit condition
$
&instate -CONDITION cbrg180 2.1 0 0         $将 cbrg180 放置在 2.1m 吃水位置
$
$*******************************************         compute weight for cond.
$
&WEIGHT -COMPUTE cbrg180 5 10 30 30         $对 2.1m 吃水状态下的 cbrg180 进行重量计算
&status B_W                                 $显示当前计算的浮态
$
$*******************************************         enter hydrostatic menu
$
HSTATICS                                    $进入静水力菜单
$
$*******************************************         stability trans.
$
    CFORM 0.5 0 0 -draft 0.5    10          $进行静水力结果求解
        report                              $静水力计算结果输出到 out 文件
    end
$
    RARM 0.5 10    -WIND 100                $进行风倾力臂/恢复力臂的计算
        REPORT
    end
end
$
$*******************************************         all done
$
   &finish
```

Bstab.dat 文件中的命令仅有一行：

```
use_ves    cbrg180
```

表明调用 MOSES 自带的 cbrg180 船模型。

运行 Bstab.cif 文件，可以在 log 文件中看到 2.1m 吃水状态下驳船的浮态，如图 4.4 所示。由于 cbrg180.dat 中定义了空船重量为 428.7t，对应重心高度 2.13m，此时通过**&WEIGHT** 命令施加的重量应为 2.1m 吃水对应排水量 1673.65t 减去空船重量 428.7t，即施加了 1673.65-428.7=1244.95t 的重量，该重量为**&WEIGHT** 增加的重量，其重心高度为 5m。

可以简单手算一下目前的重心高度：(428.7×2.13+1244.95×5)÷1673.65=4.2648m≈4.26m，这与程序计算结果是吻合的。关于回转半径也可以手算检查，这里不再赘述。

```
&instate -CONDITION cbrg180 2.1 0 0
&WEIGHT -COMPUTE cbrg180 5 10 30 30
&status B_W
   +++ B U O Y A N C Y   A N D   W E I G H T   F O R   C B R G 1 8 0 +++
   ======================================================================

 Process is DEFAULT: Units Are Degrees, Meters, and M-Tons Unless Specified
                   Results Are Reported In Body System

        Draft =      2.10 Roll Angle =     0.00 Pitch Angle =     0.00

                      Wet Radii Of Gyration About CG

             K-X =     9.06 K-Y =     27.15 K-Z =    27.12

                      GMT =      6.42 GML =    114.49

                        /-- Center of Gravity ---/  Sounding   % Full
       Name      Weight   ---X---   ---Y---   ---Z---  --------  --------
       ----------------  Part CBRG180   ------------
       LOAD_GRO   1673.65    29.30    -0.00     4.26
       ========  ========  =======  =======  =======
       Total      1673.65    29.30    -0.00     4.26
       Buoyancy   1673.65    29.30     0.00     1.07
```

图 4.4 cbrg180 2.1m 吃水浮态计算结果

在 out 文件中找到静水力计算结果和风倾力臂/恢复力臂的计算结果。

静水力结果包括对应各个计算吃水状态下的排水量、浮心、水线面面积、漂心、横稳心高度 KMT、纵稳心高度 KML、横稳心半径 BMT、纵稳心半径 BML 以及湿表面面积等结果，如图 4.5 和图 4.6 所示。

+++ H Y D R O S T A T I C   P R O P E R T I E S +++

For Body CBRG180

Process is DEFAULT: Units Are Degrees, Meters, and M-Tons Unless Specified

/--- Condition	---//	-	Displac-/	/-- Center Of Buoyancy	--/ /		W.P.	/ /C. Flotation	/ /	/---- Metacentric Heights			----/
Draft	Trim	Roll	M-Tons	---X---	---Y---	---Z---	Area	---X---	---Y---	-KMT-	-KML-	-BMT-	-BML-
0.50	0.00	0.00	382.95	30.20	0.00	0.25	761.445	29.88	-0.00	39.68	424.13	39.42	423.88
1.00	0.00	0.00	777.51	29.89	-0.00	0.51	777.958	29.34	-0.00	20.35	223.16	19.84	222.65
1.50	0.00	0.00	1180.07	29.62	0.00	0.76	793.442	28.83	0.00	14.09	156.39	13.33	155.63
2.00	0.00	0.00	1590.59	29.35	-0.00	1.02	809.029	28.32	0.00	11.10	123.42	10.09	122.40
2.50	0.00	0.00	2009.12	29.08	-0.00	1.27	824.721	27.81	-0.00	9.41	103.93	8.14	102.65
3.00	0.00	0.00	2435.40	28.82	-0.00	1.53	836.114	27.43	-0.00	8.34	89.78	6.81	88.24
3.50	0.00	0.00	2863.80	28.61	-0.00	1.79	836.127	27.43	-0.00	7.58	76.84	5.79	75.05
4.00	0.00	0.00	3292.21	28.46	-0.00	2.04	836.127	27.43	0.00	7.08	67.33	5.04	65.28
4.50	0.00	0.00	3520.97	28.39	0.00	2.18	0.000	0.00	0.00	2.18	2.18	0.00	0.00
5.00	0.00	0.00	3520.97	28.39	0.00	2.18	0.000	0.00	0.00	2.18	2.18	0.00	0.00

图 4.5 cbrg180 吃水 0.5～5m，步长 0.5m 静水力计算结果 1

+++ H Y D R O S T A T I C   C O E F F I C I E N T S +++

For Body CBRG180

Process is DEFAULT: Units Are Degrees, Meters, and M-Tons Unless Specified

/--- Condition	---/		Displacement	Wetted Surface	Load To Change Draft 1 MM	/--- For KG = KB Moment To Change .01 Deg	----/
Draft	Trim	Roll	------------	---------	--------------	--- Heel ---	--- Trim ---
0.50	0.00	0.00	382.95	806.4	0.78	2.64	28.33
1.00	0.00	0.00	777.51	882.4	0.80	2.69	30.21
1.50	0.00	0.00	1180.07	958.6	0.81	2.75	32.05
2.00	0.00	0.00	1590.59	1035.9	0.83	2.80	33.98
2.50	0.00	0.00	2009.12	1114.2	0.85	2.85	36.00
3.00	0.00	0.00	2435.40	1190.9	0.86	2.89	37.51
3.50	0.00	0.00	2863.80	1261.0	0.86	2.89	37.51
4.00	0.00	0.00	3292.21	1331.1	0.86	2.89	37.51
4.50	0.00	0.00	3520.97	2204.7	0.00	0.00	0.00
5.00	0.00	0.00	3520.97	2204.7	0.00	0.00	0.00

图 4.6 cbrg180 吃水 0.5～5m，步长 0.5m 静水力计算结果 2

风倾力臂/恢复力臂的计算结果包括对应横倾角度下的浮态（Condition）、风雨密点和非风雨密点的最小高度（Min.Height）、恢复力臂（Righting Arm）与恢复力臂曲线下面积（Righting Area）、风倾力臂（Heeling Arm）与风倾力臂曲线下面积（Heeling Area）、回复力臂与风倾力臂面积比（Area Ratio）、净回复臂（Net Arm）等结果。由于此时模型没有风力模型，因而风倾力臂相关的结果为 0。模型没有定义风雨密点和非风雨密点，因而没有相应的结果，具体结果如图 4.7 所示。

+++ R I G H T I N G   A R M   R E S U L T S +++

Process is DEFAULT: Units Are Degrees, Meters, and M-Tons Unless Specified

Moment Scaled By 1673.65, KG = 4.26, and Wind Speed = 100 Knots

Initial: Roll = 0.00, Trim = 0.00 Deg.

Arms About Axis Yawed 0.0 Deg From Vessel X

风雨密点/非风雨密点高度

----- Condition -----/			/-- Min. Height --/		/--- Righting ---/		/--- Heeling ---/		Area	Net
Draft	Roll	Trim	W Tight	NW Tight	Arm	Area	Arm	Area	Ratio	Arm
2.10	0.00	0.00	9999.00	9999.00	-0.00	0.00	0.00	0.00	0.00	-0.000
2.10	0.50	0.00	9999.00	9999.00	0.06	0.01	0.00	0.00	9999.00	0.056
2.10	1.00	0.00	9999.00	9999.00	0.11	0.06	0.00	0.00	9999.00	0.112
2.10	1.50	0.00	9999.00	9999.00	0.17	0.13	0.00	0.00	9999.00	0.168
2.10	2.00	0.00	9999.00	9999.00	0.22	0.22	0.00	0.00	9999.00	0.224
2.10	2.50	0.00	9999.00	9999.00	0.28	0.35	0.00	0.00	9999.00	0.281
2.10	3.00	0.00	9999.00	9999.00	0.34	0.50	0.00	0.00	9999.00	0.337
2.09	3.50	0.00	9999.00	9999.00	0.39	0.69	0.00	0.00	9999.00	0.393
2.09	4.00	0.00	9999.00	9999.00	0.45	0.90	0.00	0.00	9999.00	0.450
2.09	4.50	0.00	9999.00	9999.00	0.51	1.14	0.00	0.00	9999.00	0.506

图 4.7　cbrg180　吃水 2.1m，0～4.5° 横倾状态对应风倾力臂与恢复力臂结果

2. Wcomp

这个例子与 Bstab 的区别是增加了舱室压载的命令并增加了船体风面积，主要计算内容包括基本浮态、压载、风倾力臂/恢复力臂计算等，基本过程为：

（1）指定 cbrg180 吃水为 2.1m，没有横纵倾。

（2）选择所有舱室对 2.1m 吃水状态进行压载平衡计算。

（3）进入静水力计算菜单，计算 2.1m 吃水下、0～25°横倾角对应的风倾力臂/恢复力臂结果。

以下为 Wcomp.cif 文件的主要内容，这里将命令及注释一并给出。

```
$********************************************          set basics
$
&dimen -DIMEN meters m-tons                    $定义单位制为公制
&device -oecho no   -g_default file            $图片保存在文件中
&TITLE Step 2 - Wind Areas and Compartment Ballasting
$
$********************************************          read model
$
Inmodel
$
$********************************************          set transit condition
$
&INSTATE -CONDITION cbrg180 2.1 0 0            $指定吃水 2.1m，无横纵倾
$
$********************************************          plot of model
```

```
$
&picture iso
&pictrue starboard                                    $显示模型图片
&picture top
$
$********************************************         compute weight for cond.
$
&status compartment
&select :all -select @                     $选择所有舱室
&cmp_bal cbrg180 :all                      $对 2.1m 吃水状态进行压载计算
&status B_W                                $显示目前浮态
$
$********************************************         enter hydrostatic menu
$
HSTATICS
$
$********************************************         stability trans.
$
   RARM 2.5 10 -WIND 100                   $计算目前吃水状态，0～25°横倾角度范围内下的风倾力臂/恢复力臂结果
      REPORT
   END
end
$
$********************************************         all done
$
&FINISH
```

打开 Wcomp.dat 文件有如下命令：

```
&set v_cur = 1
&set v_win = 1
use_ves cbrg180
```

其含义是设置了 v_cur 和 v_win 变量，并调用 cbrg180 模型。

打开 cbrg180.dat，该文件中定义了逻辑判断：当变量 v_cur 存在的时候，cbrg180 的流力系数通过-cs_curr 指定，预设的 X、Y、Z 方向流力系数分别为 0.2、1.0、1.0；当 v_wind 变量存在的时候，cbrg180 的风力系数通过-cs_wind 指定，预设的 X、Y、Z 方向风力系数均为 1.0，如图 4.8 所示。这里的 v_cur 和 v_win 实际上是调整系数，cbrg180.dat 中的**&number** 命令会按照 v_cur 和 v_win 的值对预设的流力和风力系数进行调整（scale）。

```
$
$********************************************         wind & current
$
&set win_cur =
&if &v_exist(v_cur) &then
   &set win_cur = %win_cur -cs_curr &number(scale %v_cur .2  1. 1. )
&endif
&if &v_exist(v_win) &then
   &set win_cur = %win_cur -cs_wind &number(scale %v_win 1.  1. 1. )
&endif
$
```

图 4.8　通过设置变量来添加风力/流力系数

运行 Wcomp.cif 文件，**&status** compartment 显示目前舱室情况，如图 4.9 所示。通过**&select** 选中所有舱室，对驳船 2.1m 吃水状态进行压载，计算结果显示压载水量为 1245t，如图 4.10 所示。

```
>&status compartment
             +++ C O M P A R T M E N T   P R O P E R T I E S +++
             ====================================================

                    Results Are Reported In Body System
  Process is DEFAULT: Units Are Degrees, Meters, and M-Tons Unless Specified

          Fill   Specific /--- Ballast ---/ /------ % Full --------/ Sounding
 Name     Type    Gravity  Maximum  Current   Max.     Min.    Curr.  --------

1C      CORRECT    1.0247    151.0      0.0   0.00     0.00     0.00     0.000
1P      CORRECT    1.0247     81.7      0.0   0.00     0.00     0.00     0.000
1S      CORRECT    1.0247     81.7      0.0   0.00     0.00     0.00     0.000
2C      CORRECT    1.0247    283.7      0.0   0.00     0.00     0.00     0.000
2P      CORRECT    1.0247    230.2      0.0   0.00     0.00     0.00     0.000
2S      CORRECT    1.0247    230.2      0.0   0.00     0.00     0.00     0.000
3C      CORRECT    1.0247    496.5      0.0   0.00     0.00     0.00     0.000
3P      CORRECT    1.0247    268.5      0.0   0.00     0.00     0.00     0.000
3S      CORRECT    1.0247    268.5      0.0   0.00     0.00     0.00     0.000
4C      CORRECT    1.0247    425.5      0.0   0.00     0.00     0.00     0.000
4P      CORRECT    1.0247    230.2      0.0   0.00     0.00     0.00     0.000
4S      CORRECT    1.0247    230.2      0.0   0.00     0.00     0.00     0.000
5C      CORRECT    1.0247    141.8      0.0   0.00     0.00     0.00     0.000
5P      CORRECT    1.0247     76.7      0.0   0.00     0.00     0.00     0.000
5S      CORRECT    1.0247     76.7      0.0   0.00     0.00     0.00     0.000
VOID    CORRECT    1.0247    141.8      0.0   0.00     0.00     0.00     0.000
```

图 4.9 cbrg180 舱室信息

```
>&select :all -select @
>&cmp_bal cbrg180 :all
                +++ R E S U L T   O F   B A L L A S T I N G +++
                ===============================================

                         CHANGE OF BALLAST IN TANKS

                    NEW        %                      NEW        %
      TANK        % FULL    CHANGE        TANK      % FULL    CHANGE
    --------      ------    ------      --------    ------    ------
    1C             40.83     40.83      1P           74.88     74.88
    1S             74.88     74.88      2C           25.11     25.11
    2P             30.10     30.10      2S           30.10     30.10
    3C             16.51     16.51      3P           30.53     30.53
    3S             30.53     30.53      4C           22.25     22.25
    4P             41.14     41.14      4S           41.14     41.14
    5C             72.26     72.26      5P          100.00    100.00
    5S            100.00    100.00      VOID         46.08     46.08

            Total Ballast Moved           =      1245
            Alg. Sum of Ballast Moved     =      1245
```

图 4.10 进行压载计算

使用**&cmp_bal** 通常需要选择多一些的舱室数量（不少于 3 个），这样有利于结果收敛，当不出现计算失败警告的时候表明压载计算收敛，浮态实现了平衡。

通过**&status** B_W 查看浮态，LOAD_GRO 对应空船重量 428.7t，目前压载量是 1245t，整体重心高度为 1.38m，横稳性高为 7.95m，纵稳性高为 109.55m，如图 4.11 所示。

真实的情况下不会将所有舱室都选中并进行压载，压载计算遵循的原则是：先压底舱，后压边舱，分布均匀，数量尽量少，尽量压满并兼顾总纵强度要求。

```
Draft =      2.10 Roll Angle =      0.00 Pitch Angle =      0.00

                Wet Radii Of Gyration About CG

          K-X =      4.73 K-Y =     17.17 K-Z =     17.58

                GMT =      7.95 GML =    109.55

                    /-- Center of Gravity ---/  Sounding  % Full
Name       Weight    ---X---  ---Y---  ---Z---  --------  --------
----------------  Part CBRG180    ------------
LOAD_GRO    428.70   27.43     0.00     2.13
--- Contents ---
1C           61.65    4.80    -0.00     1.53     2.45     40.83
1P           61.15    4.21    -5.63     2.20     3.51     74.88
1S           61.15    4.21     5.63     2.20     3.51     74.88
2C           71.22   16.00    -0.00     0.54     1.07     25.11
2P           69.27   13.72    -5.63     0.65     1.29     30.10
2S           69.27   13.72     5.63     0.65     1.29     30.10
3C           81.97   28.57     0.00     0.35     0.70     16.51
3P           81.97   28.58    -5.63     0.66     1.31     30.53
3S           81.97   28.58     5.63     0.66     1.31     30.53
4C           94.68   43.43     0.00     0.47     0.95     22.25
4P           94.68   43.43    -5.63     0.88     1.76     41.14
4S           94.68   43.43     5.63     0.88     1.76     41.14
5C          102.50   52.58     0.00     1.54     3.08     72.26
5P           76.72   52.58    -5.64     2.14     4.27    100.00
5S           76.72   52.58     5.64     2.14     4.27    100.00
VOID         65.36    9.14     0.00     0.98     1.97     46.08
========  ========  =======  =======  =======
Total      1673.65   29.29     0.00     1.38
Buoyancy   1673.65   29.30     0.00     1.07
```

图 4.11　选择所有舱室进行压载计算后的浮态

这里对 Wcomp.cif 做部分修改。吃水保持在 2.1m，根据之前的计算结果减少需要压载的舱室数量。这里选择 1C、2C、3C、4C、4P、4S 并命名为 test1 进行压载并重新计算，如图 4.12 所示。

```
&compartment -percent @ 0
&select :test1 -select 1c 2c 3c 4c 4p 4s
&cmp_bal cbrg180 :test1
&status
```

图 4.12　调整压载方案

在选择了部分舱室进行压载计算后，目前船体重心高度为 1.79m，横稳性高为 8.06m，纵稳性高为 113.26m，如图 4.13 所示，此时驳船稳性有所改善。

实际分析中，船舶压载方案的确定涉及船体总纵强度、压载管系布置及压载设备能力等多个方面，需要综合权衡来确定最终方案。

```
+++ B U O Y A N C Y   A N D   W E I G H T   F O R   C B R G 1 8 0 +++
=====================================================================

Process is DEFAULT: Units Are Degrees, Meters, and M-Tons Unless Specified
                  Results Are Reported In Body System

Draft =     2.10 Roll Angle =     0.00 Pitch Angle =     0.00

                     Wet Radii Of Gyration About CG

             K-X =     3.96 K-Y =    14.93 K-Z =    15.17

                     GMT =     8.06 GML =   113.26

                       /-- Center of Gravity ---/  Sounding  % Full
Name       Weight     ---X---  ---Y---  ---Z---   --------  --------
----------------  Part CBRG180     -----------
LOAD_GRO   428.70    27.43     0.00     2.13
--- Contents ---
1C         150.99     4.01    -0.00     2.62      4.27    100.00
2C         268.04    16.00     0.00     2.02      4.03     94.48
3C         235.40    28.58    -0.00     1.01      2.02     47.42
4C         196.84    43.43    -0.00     0.99      1.97     46.26
4P         196.84    43.43    -5.64     1.83      3.65     85.52
4S         196.84    43.43     5.64     1.83      3.65     85.52
=======  ========  =======  =======  =======
Total     1673.65    29.30    -0.00     1.79
Buoyancy  1673.65    29.30     0.00     1.07
```

图 4.13　选择部分舱室进行压载计算后的浮态

对当前浮态进行风倾力臂/恢复力臂的计算，风速 100 节，计算范围为横倾 0～25°，步长 2.5°，计算完毕后打开 out 文件可以看到相应的计算结果，如图 4.14 所示。

```
                  +++ R I G H T I N G   A R M   R E S U L T S +++
                  ===============================================

          Process is DEFAULT: Units Are Degrees, Meters, and M-Tons Unless Specified

               Moment Scaled By 1673.65, KG = 1.79, and Wind Speed = 100 Knots

                      Initial: Roll = 0.00, Trim = 0.00 Deg.          风倾力臂及面积

                     Arms About Axis Yawed 0.0 Deg From Vessel X

/----- Condition -----/  /-- Min. Height --/  /--- Righting ---/  /--- Heeling ---/  Area    Net
Draft   Roll   Trim      W Tight  NW Tight       Arm     Area       Arm     Area     Ratio   Arm

 2.10   0.00   0.00     9999.00  9999.00      -0.00     0.00       0.02     0.00     0.00   -0.025
 2.10   2.50   0.00     9999.00  9999.00       0.35     0.44       0.03     0.06     6.98    0.326
 2.09   5.00   0.00     9999.00  9999.00       0.71     1.76       0.03     0.13    13.69    0.679
 2.08   7.50   0.00     9999.00  9999.00       1.07     3.98       0.03     0.20    19.90    1.037
 2.06  10.00   0.00     9999.00  9999.00       1.43     7.10       0.03     0.28    25.43    1.398
 2.03  12.50   0.00     9999.00  9999.00       1.80    11.14       0.04     0.37    30.16    1.764
 2.00  15.00   0.00     9999.00  9999.00       2.18    16.12       0.05     0.48    33.78    2.129
 1.96  17.50   0.00     9999.00  9999.00       2.50    21.97       0.07     0.62    35.37    2.434
 1.92  20.00   0.00     9999.00  9999.00       2.69    28.46       0.09     0.82    34.84    2.602
 1.66  22.50   0.43     9999.00  9999.00       2.78    35.29       0.11     1.06    33.22    2.670
```

图 4.14　cbrg180　2.1m 吃水下考虑风力作用的风倾力臂/恢复力臂计算结果

同图 4.7 相比，此时模型定义了风力模型，风倾力臂和力臂曲线面积计算结果有了显著变化。计算结果可以通过 **PLOT** 命令将稳性曲线显示出来，这里不再赘述。

4.1.4 总纵弯矩/剪力

对 cbrg180.dat 进行修改，在**&describe body** 命令后加-location 0 5 10 20 30 40 50 54.86，如图 4.15 所示，表明要求程序对这些位置进行总纵弯矩/剪力计算，需要说明的是，由于船体对应位置截面参数未知，这里不进行船体梁截面特征的定义。

```
$**********************************************     define body
$
&describe body %vname %ves_type  -location 0 5 10 20 30 40 50 54.86
```

图 4.15　定义总纵弯矩/剪力计算点

复制 Wcomp.cif 并重命名为 p_m.cif，对静水力计算命令进行修改，增加 **equi_h** 和 **moment** 命令，用于计算静水条件下的总纵弯矩和剪力，增加 **plot** 1 2 –rax 3 –no 命令，将总纵弯矩结果和剪力结果曲线进行显示，如图 4.16 所示。

```
hstatics
   equi_h
   moment
   vlist
   plot 1 2 -rax 3 -no
      report
      end
end
```

图 4.16　计算静水总纵弯矩和剪力

复制 Wcmop.dat 并重命名为 p_m.dat，打开文件，进行修改，增加**&insert** cbrg180.dat 命令，此时 cbrg180.dat 文件需要同以上两个文件位于同一文件夹（参见本书例子第 4 章的 p_m 文件夹）下。

```
$********************
$
&set v_cur = 1
&set v_win = 1
&insert cbrg180.dat
```

图 4.17　p_m.dat 文件内容

运行 p_m.cif 文件，计算完毕后打开 out 文件可以看到静水弯矩和剪力的计算结果，如图 4.18 所示。由于没有对船体进行截面特性定义对应，**moment** 命令没有添加许用值选项，因而相关结果为 0。

```
+++ L O N G I T U D I N A L   S T R E N G T H   R E S U L T S +++
=================================================================

Process is DEFAULT: Units Are Degrees, Meters, and M-Tons Unless Specified

                 Allowable Stress =       1.00 Mpa

               Allowable Deflection =       1.00 MM

 Longitudinal     Shear        Bending      B. Stress/    Deflection/
   Location       Force        Moment       Allowable     Allowable
 --------------  --------------  --------------  --------------  --------------

      0.00           -20           -23        -0.0000       -0.0000
      5.00          -112          -382        -0.0000        0.0000
     10.00           -52          -895        -0.0000        0.0000
     20.00           -51         -1248        -0.0000        0.0000
     30.00            54         -1285        -0.0000        0.0000
     40.00            81          -298        -0.0000        0.0000
     50.00           -68          -243        -0.0000        0.0000
     54.86            59          -297        -0.0000        0.0000
```

图 4.18　cbrg180　2.1m 吃水下静水弯矩/剪力计算结果

打开 gra0001.eps 文件，可以找到静水弯矩/剪力计算结果曲线，如图 4.19 所示。

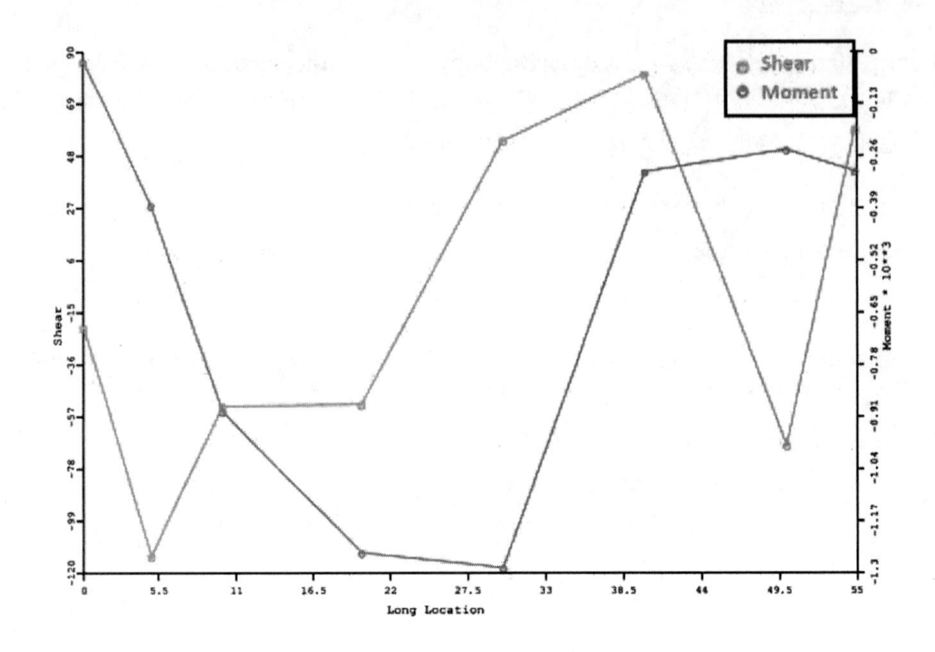

图 4.19　cbrg180　2.1m 吃水条件下静水弯矩/剪力曲线

修改 p_m.cif 文件，对 **moment** 命令进行修改，考虑波浪影响，具体命令如图 4.20 所示。设置波长等于船长，波高为 7m，考虑波峰位置分别位于船艏和船舯两种情况。在对应 **moment** 命令前的 equi_h 命令需添加波浪条件以正确求解对应平衡状态。

```
hstatics
    equi_h
    moment
      vlist
      plot 1 2 -rax 3 -no
     report
    end
$
    equi_h -wave 54 7 0
    moment -wave 54 7 0
      vlist
      plot 1 2 -rax 3 -no
     report
    end
$
    equi_h -wave 54 7 54/2
    moment -wave 54 7 54/2
      vlist
      plot 1 2 -rax 3 -no
     report
    end
end
```

图 4.20　考虑波浪对总纵弯矩/剪力的影响

运行 p_m.cif 文件，打开 out 文件可以查看波浪的存在对于总纵弯矩和剪力的影响，如图 4.21 和图 4.22 所示。

```
+++ L O N G I T U D I N A L   S T R E N G T H   R E S U L T S +++
=================================================================

Process is DEFAULT: Units Are Degrees, Meters, and M-Tons Unless Specified

Static Wave Length =   54.00     Steep   =    7.00     Crest Loc.  =     0.0

                         Allowable Stress =        1.00 Mpa

                        Allowable Deflection =        1.00 MM

 Longitudinal        Shear          Bending        B. Stress/      Deflection/
   Location          Force           Moment        Allowable        Allowable
--------------  --------------  --------------  --------------  --------------

         0.00             -17             -23         -0.0000         -0.0000
         5.00              49              18          0.0000         -0.0000
        10.00             269             727          0.0000         -0.0000
        20.00             196            3761          0.0000         -0.0000
        30.00             -28            4541          0.0000         -0.0000
        40.00            -281            3137          0.0000         -0.0000
        50.00            -231             146          0.0000         -0.0000
        54.86              61            -297         -0.0000          0.0000
```

图 4.21　cbrg180　2.1m 吃水下波长等于船长，波峰位于船艏的弯矩剪力情况

```
+++ L O N G I T U D I N A L   S T R E N G T H   R E S U L T S +++
=================================================================

Process is DEFAULT: Units Are Degrees, Meters, and M-Tons Unless Specified

Static Wave Length =   54.00     Steep   =    7.00     Crest Loc.  =    27.0

                         Allowable Stress =        1.00 Mpa

                        Allowable Deflection =        1.00 MM

 Longitudinal        Shear          Bending        B. Stress/      Deflection/
   Location          Force           Moment        Allowable        Allowable
--------------  --------------  --------------  --------------  --------------

         0.00             -20             -23         -0.0000         -0.0000
         5.00            -158            -438         -0.0000          0.0000
        10.00            -255           -1562         -0.0000          0.0000
        20.00            -367           -5013         -0.0000          0.0000
        30.00              77           -6548         -0.0000          0.0000
        40.00             407           -3724         -0.0000          0.0000
        50.00             104            -686         -0.0000          0.0000
        54.86              70            -296         -0.0000          0.0000
```

图 4.22　cbrg180　2.1m 吃水下波长等于船长，波峰位于船舯的弯矩剪力情况

当已知船体典型剖面特性时可以通过**&describe** body –section 定义船体典型横截面特性，用于许用应力和许用挠度的计算（命令参见 3.4.1 节相关内容），对于总纵强度的校核可以在 **MOMENT** 命令中增加相关要求（命令参见 3.3.5 节相关内容）。

4.2　稳性分析与许用重心高度

4.2.1　稳性校核

该例子文件位于本书例子文件夹第 4 章的“stab_ok”文件夹中。

复制 Wcomp.cif 和 Wcomp.dat 并重命名为 stab_ok.cif 和 stab_ok.dat。打开 Wcomp.cif 文件，进行以下修改：

（1）在 **inmodel** 命令后添加货物重量信息（400t）和风面积信息，并将其命名为 cargo。

（2）定义风雨密点信息（4 个风雨密点为假设点），如图 4.23 所示。

```
inmodel
$
$*********************************************      set transit condition
$
$
medit
 &describe body cbrg180
 *cargo 25 0 13
 #weight 400 10 10 10 -cen *cargo -cat cargo
 #area  60 400 0 -cen *cargo -wind 1

*p1 20 -5 5
*p2 40 -5 5
*s1 20  5 5
*s2 40  5 5

 &describe compartment cbrg180 -wt_down *p1 *p2 *s1 *s2
                       $  -nwt_down *p1 *p2 *s1 *s2
-end
$
```

图 4.23　对 cbrg180 添加 400t 的货物并定义风雨密点

（3）对压载方案进行修改；添加**&equi** 求平衡命令；添加**&status** 命令用于查看当前浮态；添加**&status** cat 查看重量信息，如图 4.24 所示。

（4）输入 **stab_ok** 命令及校核内容：船舶吃水 2.10m，计算风速（-wind）为 100 节，计算完整稳性内容，要求面积比（-i_ar_ratio）不小于 1.4，初稳性高（-i_gm）不小于 0.15m，稳性范围不小于 40°。这里通过循环命令**&loop** 实现多个角度的稳性校核，计算参考轴角度为 0°、45°、90°、135°和 180°，并将以上 5 个角度赋给变量 n，如图 4.25 所示。

```
$*********************************************
$
$
&compartment -percent @ 0
&compartment -percent 2c 100 4c 100 5c 50 1c 37
&equi
&status
&status cat
```

图 4.24　重新定义压载方案

```
&loop i 1 5 1
 &set n = 0  45  90   135 180
 &set num = &token(%i%,%n)
 stab_ok    2.1   2   30      \
            -wind         100  \
            -yaw            %num \
            -i_ar_ratio    1.4 \
            -i_arm_ratio     1 \
            -i_down_h        0 \
            -i_gm            0.15 \
            -i_are@marm      0 \
            -i_are@dfld      0 \
            -i_are@40        0 \
            -i_arm_ar        0 \
            -i_zcross       90 \
            -i_theta1       90 \
            -i_range        40 \
            -i_ang_diff      0 \
            -i_dang_t1       0 \
            -i_dang          0 \
            -i_ang@marm      0
$
&endloop
```

图 4.25　定义稳性校核内容

运行 stab_ok.cif 文件查看当前浮态信息和重量信息，如图 4.26 和图 4.27 所示。

```
>&status
   +++ B U O Y A N C Y   A N D   W E I G H T   F O R   C B R G 1 8 0 +++
   =====================================================================

 Process is DEFAULT: Units Are Degrees, Meters, and M-Tons Unless Specified
                  Results Are Reported In Body System

       Draft =     2.09 Roll Angle =     0.00 Pitch Angle =     0.00

                     Wet Radii Of Gyration About CG

              K-X =     7.34 K-Y =    15.52 K-Z =    14.80

                     GMT =     5.85 GML =   113.89

                        /-- Center of Gravity ---/  Sounding  % Full
        Name      Weight    ---X---  ---Y---  ---Z---  --------- --------
        ---------------- Part CBRG180    ------------
        LOAD_GRO    828.70    26.26     0.00     7.38
        --- Contents ---
        1C           55.87     4.89    -0.00     1.45      2.31    37.00
        2C          283.70    16.00     0.00     2.13      4.27   100.00
        4C          425.55    43.43    -0.00     2.13      4.27   100.00
        5C           70.92    52.58    -0.00     1.07      2.13    50.00
        ========  ========  =======  =======  =======
        Total      1664.73    29.31     0.00     4.68
        Buoyancy   1664.82    29.31    -0.00     1.06
```

图 4.26　浮态信息

```
>&status cat
  +++ C A T E G O R Y   S T A T U S   F O R   P A R T   C B R G 1 8 0 +++
  =====================================================================

 Process is DEFAULT: Units Are Degrees, Meters, and M-Tons Unless Specified
                 Results Are Reported In The Part System

            Weight   Buoyancy            /--- Center of Gravity --/
Category    Factor    Factor   Weight      X         Y         Z      Buoyancy
--------- --------- --------- -------- --------- --------- --------- ---------
CARGO       1.000     1.000    400.00    25.00     -0.00     13.00      0.00
L_SHIP      1.000     1.000    428.70    27.43     -0.00      2.13      0.00
                               ======== ========= ========= ========= =========
TOTAL                          828.70    26.26     -0.00      7.38      0.00
```

图 4.27　重量信息

stab_ok 进行稳性校核并在运行过程中显示校核结果，相应的计算结果保存在 out 文件中，风倾力臂/恢复力臂/面积比的曲线结果自动保存在 eps 文件中（如果此时设置输出端为 Screen，则曲线结果显示在程序图形显示界面）。

打开 out 文件可以查看风倾力臂/恢复力臂的计算结果和通过 **stab_ok** 进行稳性校核的结果。

以 0°方向为例（此时参考轴为船体 *X* 正方向，即船艏指向船艉，横倾方向为船体左倾）查看对应计算结果。风倾力臂/恢复力臂的计算结果显示横倾角为 30°附近时风雨密点浸没，此时面积比为 2.6 左右，稳性范围大于 40°，如图 4.28 和图 4.29 所示，这与稳性校核结果以及曲线结果（图 4.30）一致。

```
+++ R I G H T I N G   A R M   R E S U L T S +++
===============================================

Process is DEFAULT: Units Are Degrees, Meters, and M-Tons Unless Specified

Moment Scaled By 1664.73, KG = 4.68, and Wind Speed = 100 Knots

Initial: Roll = 0.00, Trim = 0.00 Deg.

Critical WT Down Flooding Point Is *P2

Arms About Axis Yawed 0.0 Deg From Vessel X
```

/----- Condition	-----/		/-- Min. Height	--/	/--- Righting	---/	/--- Heeling	---/	Area	Net
Draft	Roll	Trim	W Tight	NW Tight	Arm	Area	Arm	Area	Ratio	Arm
2.09	0.00	0.00	2.91	9999.00	-0.00	0.00	0.49	0.00	0.00	-0.493
2.09	2.00	0.00	2.73	9999.00	0.20	0.20	0.49	0.99	0.21	-0.289
2.08	4.00	0.00	2.56	9999.00	0.41	0.82	0.49	1.97	0.42	-0.082
2.07	6.00	0.00	2.38	9999.00	0.62	1.85	0.49	2.96	0.62	0.126
2.06	8.00	0.00	2.19	9999.00	0.83	3.29	0.49	3.94	0.84	0.337
2.05	10.00	0.00	2.01	9999.00	1.04	5.16	0.49	4.92	1.05	0.552
2.03	12.00	0.00	1.82	9999.00	1.26	7.46	0.49	5.89	1.27	0.772
2.01	14.00	0.00	1.63	9999.00	1.48	10.19	0.48	6.86	1.49	0.995
1.98	16.00	0.00	1.45	9999.00	1.69	13.37	0.49	7.83	1.71	1.207
1.94	18.00	0.00	1.27	9999.00	1.84	16.91	0.50	8.81	1.92	1.348
1.90	20.00	0.00	1.08	9999.00	1.91	20.66	0.51	9.82	2.11	1.406
1.66	22.00	0.40	0.82	9999.00	1.91	24.48	0.51	10.83	2.26	1.396
1.62	24.00	0.40	0.63	9999.00	1.88	28.28	0.52	11.87	2.38	1.363
1.57	26.00	0.40	0.44	9999.00	1.83	31.99	0.53	12.92	2.48	1.303
1.53	28.00	0.40	0.26	9999.00	1.75	35.58	0.53	13.98	2.55	1.222
1.48	30.00	0.40	0.07	9999.00	1.66	38.99	0.54	15.04	2.59	1.126
1.43	32.00	0.40	-0.12	9999.00	1.56	42.21	0.54	16.12	2.62	1.017
1.37	34.00	0.40	-0.31	9999.00	1.44	45.21	0.54	17.20	2.63	0.900
1.32	36.00	0.40	-0.49	9999.00	1.32	47.98	0.54	18.29	2.62	0.777
1.26	38.00	0.40	-0.68	9999.00	1.19	50.49	0.55	19.38	2.61	0.648
1.20	40.00	0.40	-0.87	9999.00	1.06	52.75	0.55	20.48	2.58	0.515
1.14	42.00	0.40	-1.05	9999.00	0.93	54.74	0.55	21.57	2.54	0.379
1.08	44.00	0.40	-1.24	9999.00	0.78	56.45	0.55	22.66	2.49	0.239
1.01	46.00	0.40	-1.42	9999.00	0.64	57.87	0.54	23.75	2.44	0.098
0.95	48.00	0.40	-1.60	9999.00	0.50	59.01	0.54	24.84	2.38	-0.046

图 4.28　0°方向风倾力臂/恢复力臂计算结果

```
+++ S T A B I L I T Y   S U M M A R Y +++
=========================================

The Following Intact Condition
======================================
Draft                   =      2.09 M
Roll                    =      0.00 Deg
Pitch                   =      0.00 Deg
VCG                     =      4.68 M
Axis Angle              =      0.00 Deg
Wind Vel                =    100.00 Knots
1st Intercept           =      4.79 Deg
2st Intercept           =     47.36 Deg
NWT Down-Flooding       = Not App.  Deg
WT Down-Flooding        =     30.62 Deg
MIN (1st Int. NWT Down) =     30.62 Deg

Passes All of The Stability Requirements:
=========================================

GM                           >=    0.15    M       5.86 Passes
Static Heel w/o Wind         <=   90.00   DEG      0.00 Passes
NWT Dfld Angle - 1st Interc. >=    0.00   DEG Not App.  Passes
Downflood Angle              >=    0.00   DEG     30.62 Passes
Angle @ Max Righting Arm     >=    0.00   DEG     20.00 Passes
2nd - 1st Intercepts         >=    0.00   DEG     42.57 Passes
1st Intercept                <=   90.00   DEG      4.79 Passes
Range                        >=   40.00   DEG     54.37 Passes
Dfld Height @ Equilibrium    >=    0.00     M Not App.  Passes
Area Ratio                   >=    1.40            2.60 Passes
RA/HA Ratio                  >=    1.00            3.78 Passes
Arm Area @ 2nd Intercept     >=    0.00  M*DEG    40.01 Passes
Arm Area @ Dfld              >=    0.00  M*DEG    39.98 Passes
Arm Area @ Max Right. Arm    >=    0.00  M*DEG    20.64 Passes
Arm Area @ 40 Degrees        >=    0.00  M*DEG    39.98 Passes
```

图 4.29　0°方向稳性校核结果

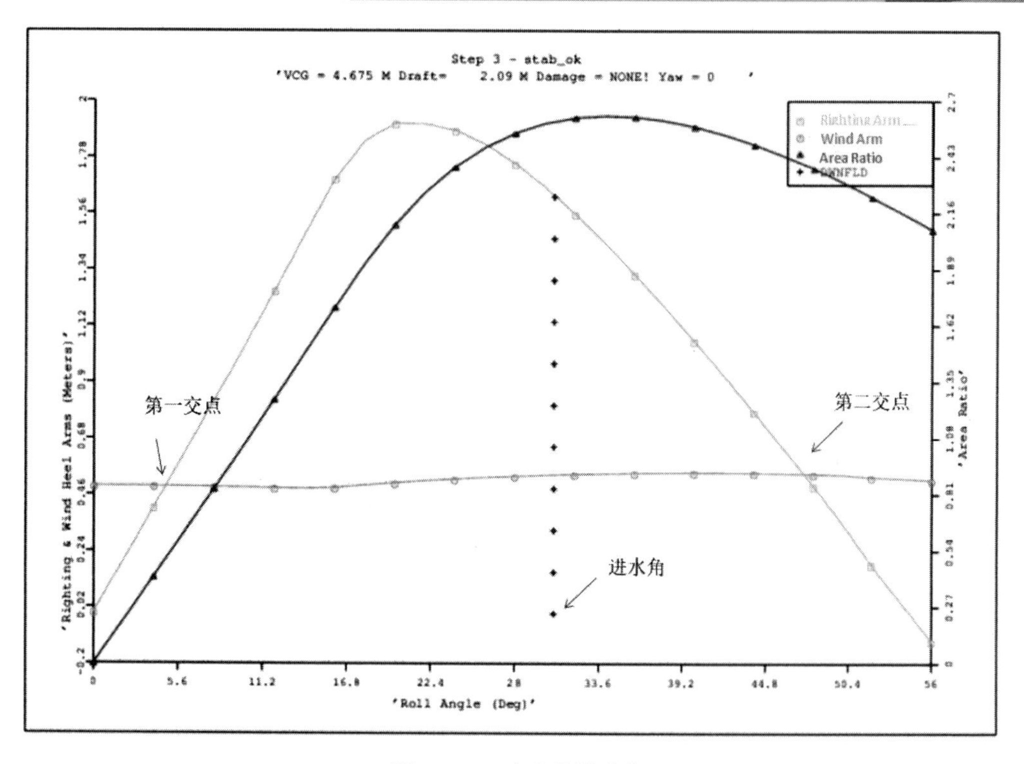

图 4.30　0°方向稳性曲线

进行破舱稳性校核时，需要在 Stab_ok 的-damage 选项指定破损舱室名称，同时所有校核内容都将“i”改为“d”。譬如对 0°方向 1s 舱室破损进行稳性校核，对 stab_ok.cif 进行修改，新增一个 Stab_ok 命令，增加选项-damage 1s，其他校核选项改为“d”开头，风速改为 50 节，如图 4.31 所示。重新运行 stab_ok.cif 文件，在 out 文件中可以找到破舱计算结果，从结果中可以看到 1s 破损对于浮态的影响，如图 4.32 所示。

```
stab_ok    2.1   2   30     \
          -damage 1s  \
          -R_tolerance 0.01 0.1 0.5 \
           -wind         50  \
           -yaw            0 \
           -d_ar_ratio    1.4 \
           -d_arm_ratio     1 \
           -d_down_h        0 \
           -d_gm            0.15 \
           -d_are@marm      0 \
           -d_are@dfld      0 \
           -d_are@40        0 \
           -d_arm_ar        0 \
           -d_zcross       90 \
           -d_thetal       90 \
           -d_range         0 \
           -d_ang_diff      0 \
           -d_dang_tl       0 \
           -d_dang          0 \
           -d_ang@marm      0
```

图 4.31　设定 1s 破损并对 0°方向进行计算

```
+++ S T A B I L I T Y   S U M M A R Y +++
=========================================

The Following Damaged Condition
=======================================
with 1s Damaged
Draft                        =      2.23 M
Roll                         =     -0.99 Deg
Pitch                        =     -0.20 Deg
VCG                          =      4.68 M
Axis Angle                   =      0.00 Deg
Wind Vel                     =     50.00 Knots
1st Intercept                =      1.29 Deg
2st Intercept                =     53.79 Deg
NWT Down-Flooding            = Not App.  Deg
WT Down-Flooding             =     31.29 Deg
MIN (1st Int. NWT Down)      =     31.29 Deg

Passes All of The Stability Requirements:
=========================================

GM                            >=    0.15      M       5.37 Passes
Static Heel w/o Wind          <=   90.00     DEG     -0.99 Passes
NWT Dfld Angle - 1st Interc.  >=    0.00     DEG Not App.  Passes
Downflood Angle               >=    0.00     DEG     31.29 Passes
Angle @ Max Righting Arm      >=    0.00     DEG     22.00 Passes
2nd - 1st Intercepts          >=    0.00     DEG     52.51 Passes
1st Intercept                 <=   90.00     DEG      1.29 Passes
Range                         >=    0.00     DEG     55.44 Passes
Dfld Height @ Equilibrium     >=    0.00      M       2.76 Passes
Area Ratio                    >=    1.40             10.16 Passes
RA/HA Ratio                   >=    1.00             14.82 Passes
Arm Area @ 2nd Intercept      >=    0.00    M*DEG    39.64 Passes
Arm Area @ Dfld               >=    0.00    M*DEG    39.61 Passes
Arm Area @ Max Right. Arm     >=    0.00    M*DEG    22.97 Passes
Arm Area @ 40 Degrees         >=    0.00    M*DEG    39.61 Passes
```

图 4.32　0°方向下 1s 破损稳性校核结果

这里为了简便没有对校核内容进行详细设置。稳性校核内容应根据规范要求进行设置和定义。

4.2.2　许用重心高度

船舶、钻机平台、安装船舶等需要进行许用重心高度的计算，许用重心高度的计算需要针对船舶多个吃水、多个典型工况以及完整和破舱状态进行计算，最终给出不同工况许用重心高度曲线。

延续本章之前的例子，本节对 **KG_ALLOW** 命令的使用做一个简单的说明。**KG_ALLOW** 命令的原理是通过移动船体重心高度进行迭代计算，给出满足校核要求的、对应吃水条件下的许用重心高度结果。

复制 stab_ok.cif 和 stab_ok.dat 文件，重命名为 kg_allow.cif 和 kg_allow.dat。复制 cbrg180.dat 文件并重命名为 cbrg180_1.dat，打开该文件将空船重量内容删除。打开 stab_ok.dat 文件，修改 **&insert** 命令为 **&insert** cbrg180_1.dat。

打开 kg_allow.cif 文件，对重量定义位置进行修改，删除货物重量定义命令，保留风面积定义内容，如图 4.33 所示。

```
inmodel
$
$*********************************************       set transit condition
$
$
medit
 &describe body cbrg180
 *cargo 25 0 16

 #area  60 400 0 -cen *cargo -wind 1
 *p1 20 -5 5
 *p2 40 -5 5
 *s1 20  5 5
 *s2 40  5 5

 &describe compartment cbrg180 -wt_down *p1 *p2 *s1 *s2
                          $    -nwt_down *p1 *p2 *s1 *s2
-end
$
```

图 4.33　删除货物重量

出于简化考虑，删除舱室压载命令，直接通过**&weight** -total 命令指定重量、重心位置以及对应惯性矩，如图 4.34 所示。注意初始浮态计算的重心高度应与之前 **stab_ok** 计算的初始浮态结果保持一致。

```
&INSTATE -CONDITION cbrg180 2.1 0 0
$
$*********************************************        plot of model
$
&picture iso
&pictrue starboard
&picture top
$
$*********************************************        compute weight for cond.
$
$
&weight -total cbrg180 1664.73 29.31 0 4.87 7.34 15.52 14.80
&status
&status cat
```

图 4.34 指定整体重量及重心

删除 **stab_ok** 命令，添加 **kg_allow** 命令，设置完整/破损条件计算风速分别为 100 节和 50 节。本例子仅对完整条件下的许用重心高度进行计算，因而校核选项都是“i”开头，如图 4.35 所示。

```
HSTATICS
$
$***********************************
$

 kg_allow     -draft 2.1       \
              -wind  100   50  \
              -yaw           0 \
              -i_ar_ratio  1.4 \
              -i_arm_ratio   1 \
              -i_down_h      1 \
              -i_gm          0.15 \
              -i_are@marm    0 \
              -i_are@dfld    0 \
              -i_are@40      0 \
              -i_arm_ar      0 \
              -i_zcross     90 \
              -i_thetal     90 \
              -i_range      40 \
              -i_ang_diff    0 \
              -i_dang_tl     0 \
              -i_dang        0 \
              -i_ang@marm    0
end
```

图 4.35 输入 kg_allow 命令校核内容

计算参考轴方向为 0°，校核条件包括初稳性高大于 0.15m，面积比不小于 1.4，稳性范围大于 40°。

运行 kg_allow.cif 文件，初始浮态初稳性高度同 stab_ok.cif 计算结果一致，此时重心高度为 4.87m，如图 4.36 所示（stab_ok.cif 的计算结果重心高度 4.68m，自由液面修正 0.19m）。

计算结果显示，完整条件 2.1m 吃水，参考轴为 0°时满足稳性指标要求的最大重心高度为 6.32m，如图 4.37 所示。考虑到有 0.19m 的自由液面修正，当前条件下的许用重心高度应为 6.32-0.19=6.13m。

```
>&status
     +++ B U O Y A N C Y   A N D   W E I G H T   F O R   C B R G 1 8 0 +++
     ===================================================================

  Process is DEFAULT: Units Are Degrees, Meters, and M-Tons Unless Specified
                    Results Are Reported In Body System

        Draft =      2.10 Roll Angle =      0.00 Pitch Angle =      0.00

                       Wet Radii Of Gyration About CG

                 K-X =       7.34 K-Y =      15.52 K-Z =      14.80

                       GMT =       5.85 GML =     113.91

                       /-- Center of Gravity ---/  Sounding   % Full
   Name       Weight    ---X---   ---Y---   ---Z---  --------  --------
   ---------------- Part CBRG180      ------------
   LOAD_GRO   1664.73     29.31      0.00      4.87
   ========   ========  =======   =======   =======
   Total      1664.73     29.31      0.00      4.87
   Buoyancy   1673.65     29.30      0.00      1.07
```

图 4.36　浮态计算结果

```
>kg_allow   -draft 2.1 -kg_min 4.68 -wind  100    50 -yaw            0  \
      -i_ar_ratio   1.4 -i_arm_ratio     1 -i_down_h        1 -i_gm              \
      0.15 -i_are@marm      0 -i_are@dfld      0 -i_are@40       0 -i_arm_ar
         0 -i_zcross      90 -i_theta1      90 -i_range       40  \
      -i_ang_diff      0 -i_dang_t1       0 -i_dang          0 -i_ang@marm     0

               Finding Allowable Kg:  Draft = 2.1, Wind = 100, 50
               ==============================================

 Setting Upper Bound to 10.69
 Setting Lower Bound to 0.69
 Checking Lower Bound
    Time To Check Lower Bound                        : CP=      0.33
 Current Try = 5.69, Upper Bound = 10.69, Lower Bound = 0.69
 Current Try = 8.19, Upper Bound = 10.69, Lower Bound = 5.69
       Failed with yaw =     0, damage = none!
 Current Try = 6.94, Upper Bound = 8.19, Lower Bound = 5.69
       Failed with yaw =     0, damage = none!
 Current Try = 6.32, Upper Bound = 6.94, Lower Bound = 5.69
 Current Try = 6.63, Upper Bound = 6.94, Lower Bound = 6.32
       Failed with yaw =     0, damage = none!
 Current Try = 6.47, Upper Bound = 6.63, Lower Bound = 6.32

    Time To Find Allowable                           : CP=     1.31

For Draft 2.1, Allowable Kg is 6.32, Range                         , Yaw = 0, dam
=========================================================================

 Writing Reports
    Time To Write Reports                            : CP=     0.22
```

图 4.37　log 文件中保存的许用重心高度计算过程

打开 out 文件可以找到重心高度 6.32m 对应的稳性校核结果（图 4.38），可以发现稳性范围 40°这一指标起到了控制作用，当重心高度大于 6.32m 时稳性范围将不能满足要求。

```
+++ S T A B I L I T Y   S U M M A R Y +++
=========================================

The Following Intact Condition
======================================
Draft                       =     2.10 M
Roll                        =     0.00 Deg
Pitch                       =     0.00 Deg
VCG                         =     6.32 M
Axis Angle                  =     0.00 Deg
Wind Vel                    =   100.00 Knots
1st Intercept               =     0.33 Deg
2st Intercept               =    38.95 Deg
NWT Down-Flooding           = Not App. Deg
WT Down-Flooding            =    30.40 Deg
MIN (1st Int. NWT Down)     =    30.40 Deg

Passes All of The Stability Requirements:
========================================

GM                             >=    0.15       M      4.37 Passes
Static Heel w/o Wind           <=   90.00     DEG      0.00 Passes
NWT Dfld Angle - 1st Interc.   >=    0.00     DEG  Not App. Passes
Downflood Angle                >=    0.00     DEG     30.40 Passes
Angle @ Max Righting Arm       >=    0.00     DEG     20.00 Passes
2nd - 1st Intercepts           >=    0.00     DEG     38.62 Passes
1st Intercept                  <=   90.00     DEG      0.33 Passes
Range                          >=   40.00     DEG     41.27 Passes
Dfld Height @ Equilibrium      >=    1.00       M  Not App. Passes
Area Ratio                     >=    1.40             13.10 Passes
RA/HA Ratio                    >=    1.00             15.81 Passes
Arm Area @ 2nd Intercept       >=    0.00   M*DEG     28.03 Passes
Arm Area @ Dfld                >=    0.00   M*DEG     28.01 Passes
Arm Area @ Max Right. Arm      >=    0.00   M*DEG     15.53 Passes
Arm Area @ 40 Degrees          >=    0.00   M*DEG     28.01 Passes
```

图 4.38　2.1m 吃水，0°参考轴方向，VCG6.32m 时的完整稳性校核结果

本节许用重心高度计算示例非常简单，真正的许用重心高度计算需要针对多个吃水、多个工况（考虑对应风面积）以及完整和破舱条件进行计算。一般可以通过循环命令（**&loop**）加 **stab_ok** 进行不断试算重心高度，最终给出逼近对应工况的许用重心高度的结果。

5 结构物拖航分析

5.1 计算模型的建立

5.1.1 基本参数

拖航分析的基本内容包括 3 个主要部分。

（1）稳性分析。当明确了拖航船舶、拖航货物、航行路线及对应环境条件等设计条件后，需要开展运输船舶在托运货物状态下的稳性分析。

对于拖航稳性分析，工业界主要依照相应规范进行校核，校核内容包括完整稳性和破舱稳性两部分，参照规范可依据各船级社的要求、IMO 相关要求以及 DNVGL 的拖航指南。

稳性分析的计算内容包括拖航船舶在货物装载条件下的静水力特性计算、风倾力矩计算、各个倾斜角对应的恢复力特性以及风倾力特性、按照规范要求需要进行校核的内容。主要计算工况包括倾斜角度参考轴绕船一周进行计算（以找到典型工况）的完整稳性和破舱稳性，破舱稳性需要考虑单舱破损，某些情况下需要进行双舱乃至多舱的破损稳性计算。

（2）运动分析。对拖航船舶在货物装载条件下进行设计环境条件作用下的运动分析，主要目的是给出船舶在设计环境条件下的船舶运动特性（包括 6 个自由度的位移极值、速度极值、加速度极值等）、拖航货物的运动特性（包括 6 个自由度的位移极值、速度极值、加速度极值等）、货物抨击载荷（如有需要）、甲板上浪（如有需要）以及其他计算结果。

船舶运动分析结果可用于拖航物绑扎计算以及拖航物的结构分析，部分分析结果（如最大横摇角度）必要情况下需要参与稳性校核。船舶运动及拖航物运动计算结果可用于抨击计算和甲板上浪分析。

（3）总纵强度计算。运输船舶在运输大型货物时需要进行总纵强度的计算。总纵强度的计算方法包括规范计算、长期分布以及等效设计波等方法，常规条件下多采用常规设计波方法进行总纵弯矩和剪力的计算，将静水条件以及波浪条件下的总纵弯矩与剪力计算值及许用弯矩和许用剪力进行比较以确定运输船舶是否能够满足设计要求。本章不对总纵强度计算进行介绍，相关内容可参考 4.1.4 节相关内容。

拖航分析的基本流程和主要命令如图 5.1 所示。

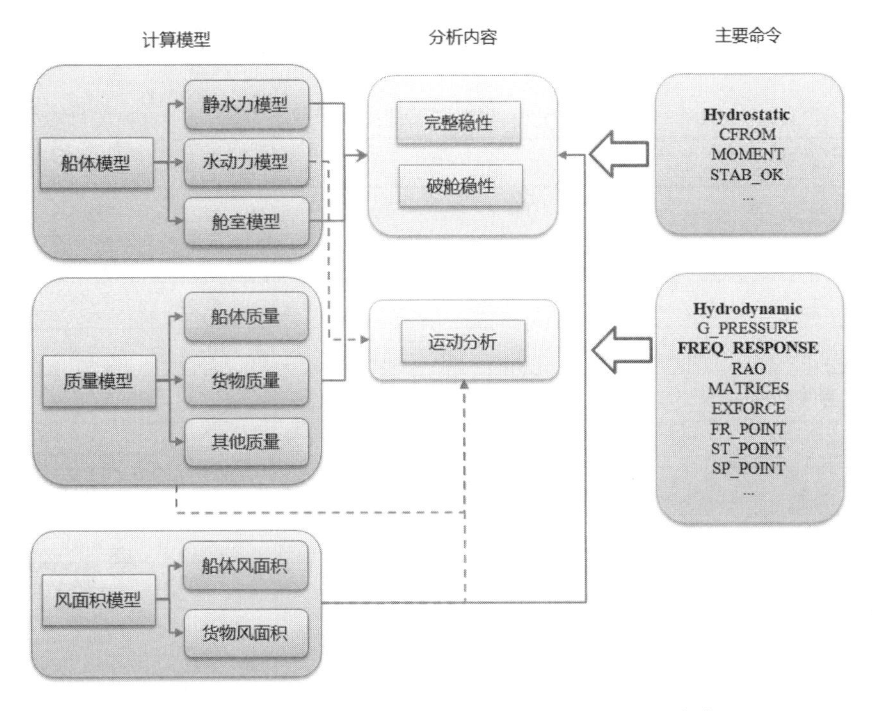

图 5.1 拖航稳性分析与运动分析基本流程与主要命令

计算模型主要有船体模型、质量模型、风面积模型。

船体模型包括静水力模型、水动力模型以及舱室模型。静水力模型需要正确体现船体的静水力特性。水动力模型能够保证水动力计算结果满足计算精度要求。船体舱室模型能够正确反映船舶的各个舱室几何特性（主要是压载舱）并满足舱容要求。船体所具有的进水点信息需要通过舱室模型进行定义。

质量模型包括空船重量、压载重量（通过对指定舱室进行压载）、货物重量、其他重量。

风面积模型包括船体风面积模型（包括船体以及上层建筑，可通过-cs_wind 或者**#AREA** 和**#PLATE** 定义）、其他货物风面积模型（可通过-cs_wind 或者**#AREA** 和**#PLATE** 定义）。

主要命令有静水力计算命令和水动力及频域分析命令。

静水力计算命令主要包括静水力计算 **CFORM**、恢复力矩/风倾力矩计算 **MOMENT**、**STAB_OK** 稳性校核宏命令等。

水动力及频域分析命令主要包括水动力计算 **G_PRESSURE**、RAO 计算命令 **RAO**、水动力系数输出 **MATRICES**、波浪力输出 **EXFORCE**、输出关注点运动 RAO（**FR_POINT**）、给定海况下的关注点运动统计结果 **ST_POINT**、给定海况下的关注点运动响应谱 **SP_POINT** 等。

其他的命令包括压载计算**&COMPARTMENT**、平衡计算**&EQUI**、环境条件定义命令**&ENV** 等。

拖航分析需要提供的结果主要包括完整稳性/破舱稳性校核结果、船体运动 RAO、给定海况下的船体运动统计值（包括位移、速度、加速度）、给定海况下的货物运动统计值（包括位移、速度、加速度）等。

1．驳船基本参数

目标驳船的主要参数见表 5.1。

表 5.1　目标驳船的主要参数

名称	单位	数值
船长	m	95.16
船宽	m	30.6
型深	m	6.1
拖航平均吃水	m	2.8
拖航排水量	ton	7782.9
VCG	m	49.33
LCG	m	0.04
TCG	m	6.51
Rxx	m	12.34
Ryy	m	24.22
Rzz	m	24.92
船艏吃水	m	2.40
船艉吃水	m	3.20

该驳船为典型平板运输驳船，全长 95.16m，共 52 站，站距 1.83m，艏艉型线相同，各占据 6 个站位，其余部分为平行中体，船舶舭部圆弧过渡，如图 5.2 所示，船体模型如图 5.3 所示。

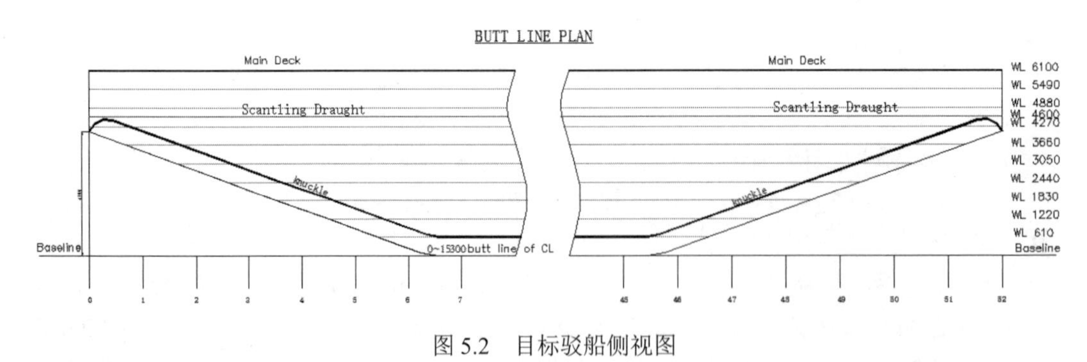

图 5.2　目标驳船侧视图

驳船的舱室均为垂向单层舱室，外圈为压载舱 01WBT～28WBT，内圈舱室为空舱 VOID01～VOID12，如图 5.4 所示。

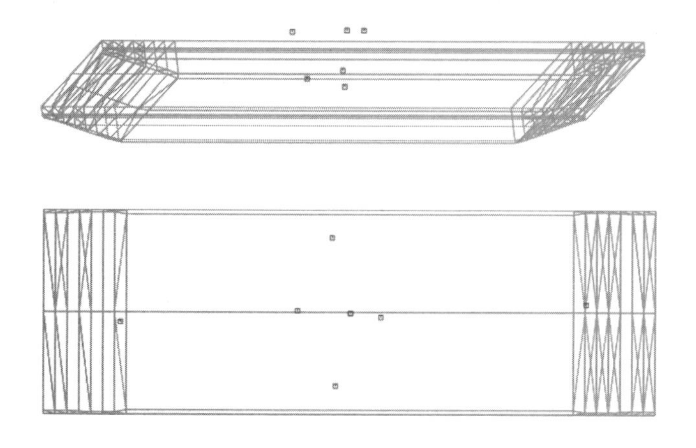

图 5.3 驳船模型侧视与俯视图

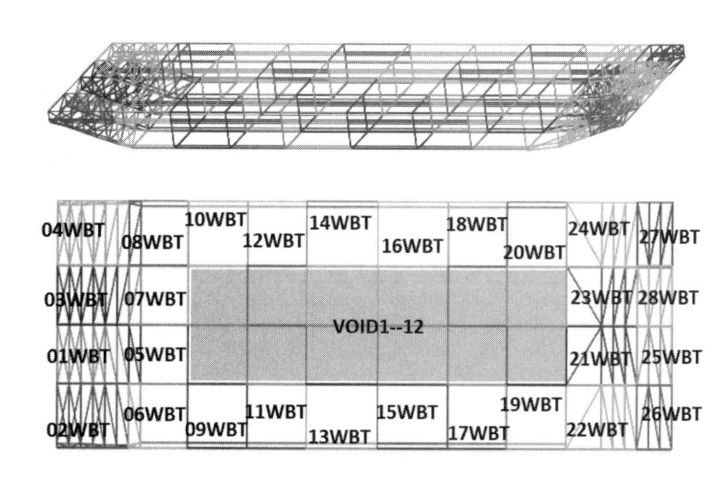

图 5.4 驳船舱室模型侧视与俯视图

各个舱室名称及对应满舱舱容见表 5.2。

表 5.2 目标驳船舱室名称及满舱舱容

舱室名称	压载水密度/(t/m^3)	满舱重量/t（渗透率 98%）	舱室名称	压载水密度/(t/m^3)	满舱重量/t（渗透率 98%）
01WBT	1.025	314.2	10WBT	1.025	444.3
02WBT	1.025	338.6	11WBT	1.025	430.7
03WBT	1.025	313.5	12WBT	1.025	430.7
04WBT	1.025	338.0	13WBT	1.025	533.2
05WBT	1.025	409.3	14WBT	1.025	533.2
06WBT	1.025	441.6	15WBT	1.025	516.9
07WBT	1.025	409.3	16WBT	1.025	516.9
08WBT	1.025	441.6	17WBT	1.025	444.3
09WBT	1.025	444.3	18WBT	1.025	444.3

续表

舱室名称	压载水密度/(t/m³)	满舱重量/t（渗透率 98%）	舱室名称	压载水密度/(t/m³)	满舱重量/t（渗透率 98%）
19WBT	1.025	430.7	VOID02	1.025	411.8
20WBT	1.025	430.7	VOID03	1.025	411.8
21WBT	1.025	440.0	VOID04	1.025	411.8
22WBT	1.025	476.7	VOID05	1.025	494.1
23WBT	1.025	440.0	VOID06	1.025	494.1
24WBT	1.025	476.7	VOID07	1.025	494.1
25WBT	1.025	117.7	VOID08	1.025	494.1
26WBT	1.025	126.0	VOID09	1.025	411.8
27WBT	1.025	126.0	VOID10	1.025	411.8
28WBT	1.025	117.7	VOID11	1.025	411.8
VOID01	1.025	411.8	VOID12	1.025	411.8

驳船空船重量及重心位置，拖航货物对应重量与对应重心坐标位置见表 5.3。拖航货物共 6 个，分布位置示意如图 5.5 所示。

表 5.3　重量名称及重心位置（相对于船体建模原点，船艏垂线与船底基线交点）

名称	重量/t	重心 X /m	重心 Y /m	重心 Z /m
空船	2347	47.58	0.000	4.3
BST5	146	55.76	0.386	16.6
BST6	155	42.86	0.584	17.3
FLAR1	224	10.81	1.300	30.0
FLAR2	255	83.25	-1.300	26.4
BR7	505	50.45	11.371	11.4
BR8	511	51.20	-11.481	10.1

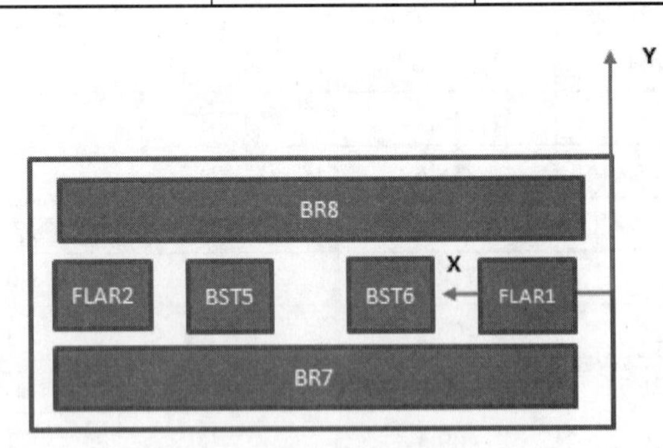

图 5.5　驳船拖航货物位置示意

驳船压载方案见表 5.4，对应舱室位置可参考图 5.4。

表 5.4　驳船压载方案

舱室	压载重量 /t	重心			百分比
		X /m	Y /m	Z /m	%
09WBT	444.32	70.46	-11.3	3.06	100
10WBT	444.32	70.46	-11.3	3.06	100
13WBT	533.18	51.24	-11.3	3.06	100
14WBT	533.18	51.24	-11.3	3.06	100
17WBT	444.32	30.20	-11.3	3.06	100
18WBT	444.32	30.20	-11.3	3.06	100

驳船和货物受风面积、对应形心和形状系数见表 5.5。出于保守考虑，货物受风面积不考虑多个货物之间的遮蔽效应，实际上货物在纵向和横向的风面积应有差异，这里出于简便考虑，认为两个方向面积一样。风面积分布如图 5.6 和图 5.7 所示。

表 5.5　受风面积、形心位置及形状系数

名称	方向（相对于船体坐标系原点位置）	面积 /m^2	坐标（相对于船艏船底）			形状系数
			X /m	Y /m	Z /m	
船体	横向	54.0	47.6	0.0	5.2	1.00
	纵向	2496.0	47.6	0.0	5.2	1.00
BST5	横向	82.9	55.8	-0.4	13.3	1.25
	纵向	82.9	55.8	-0.4	13.3	1.25
BST6	横向	88.9	42.9	0.6	13.9	1.25
	纵向	88.9	42.9	0.6	13.9	1.25
FLAR1	横向	218.9	10.8	-1.3	30.0	1.25
	纵向	218.9	10.8	-1.3	30.0	1.25
FLAR2	横向	218.9	83.3	1.3	30.0	1.25
	纵向	218.9	83.3	1.3	30.0	1.25
BR7	横向	407.0	50.5	-11.4	9.55	1.25
	纵向	407.0	50.5	-11.4	9.55	1.25
BR8	横向	407.0	49.9	10.8	9.55	1.25
	纵向	407.0	49.9	10.8	9.55	1.25

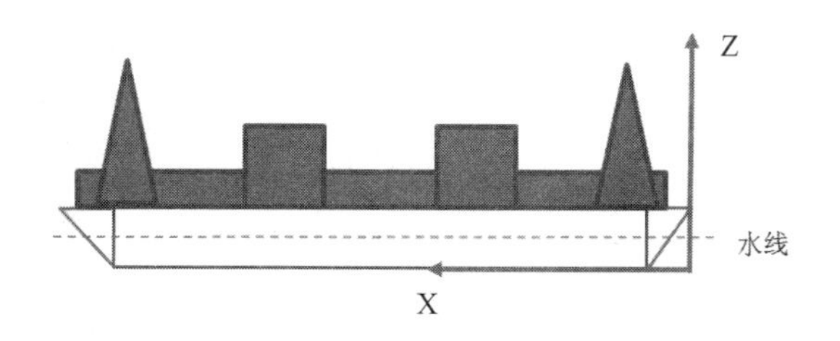

图 5.6　驳船拖航货物风面积位置示意（纵向截面）

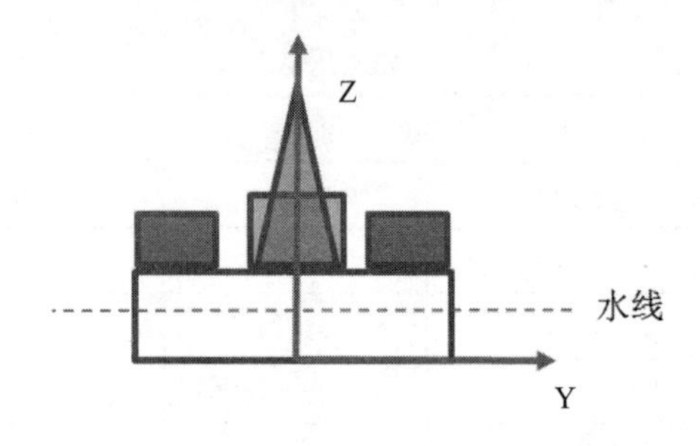

图 5.7　驳船拖航货物风面积位置示意（横向截面）

2. 设计环境条件

用于拖航稳性分析的风速见表 5.6，完整稳性校核风速为 100 节，破舱稳性校核风速为 50 节。

表 5.6　稳性分析风速条件

稳性校核内容	风速/knots
完整稳性	100
破舱稳性	50

用于拖航运动分析的海况条件见表 5.7，具体环境条件为：JONSWAP 谱，有义波高 H_s=5.4m，谱峰因子 γ=1.0，谱峰周期范围 T_p=8.33～12.7s。对于短谱峰周期，这里设置 γ=1 是不合适的，在缺乏证据的条件下可根据 DNVGL RP C205 或参考 2.3.1 节相关内容对 γ 进行估算。

表 5.7　运动分析海况

序号	有义波高 H_s /m	谱峰周期 T_p /s	谱峰因子 γ
1	5.4	8.33	1.0
2	5.4	9.77	1.0
3	5.4	10.50	1.0
4	5.4	11.97	1.0
5	5.4	12.70	1.0

考虑到拖航驳船无人无动力，在运动分析过程中不对环境条件进行折减。

5.1.2　计算模型

计算文件包括 cif 命令运行文件和 dat 模型文件，为了简洁和便于整理，对模型文件和命令运行文件分别存储，可查看本书第 5 章例子的文件结构。

（1）models 文件夹保存所有模型文件，model.dat 用于模型导入。

（2）motion 文件夹下针对每个谱峰周期建立文件夹，每个文件夹下的 trans_d.cif 文件为运动分析文件，通过读取 model.dat 文件来读入模型文件进行计算分析。

（3）stability 文件夹下包括 damage.cif 和 stab.cif 两个文件，分别用于破舱稳性和完整稳性计算。

拖航分析文件组成和说明如图 5.8 所示。

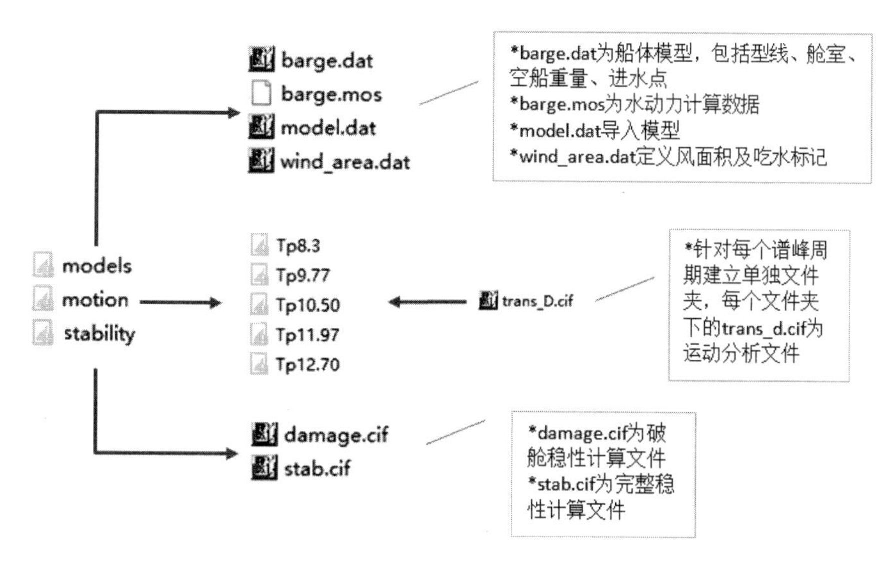

图 5.8 拖航分析文件组成

1. barge.dat 文件

新建 barge.dat 文件，需要输入的内容包括：

（1）定义量纲。

（2）定义空船重量信息，包括重心位置（*cg_1）、空船重量（#**WEIGHT**）包括重量、惯性矩、类别和重量分布，如图 5.9 所示。

（3）定义计算方法（-diftyp 3DDIF）、船体风流系数、输入各站位对应的型线信息。

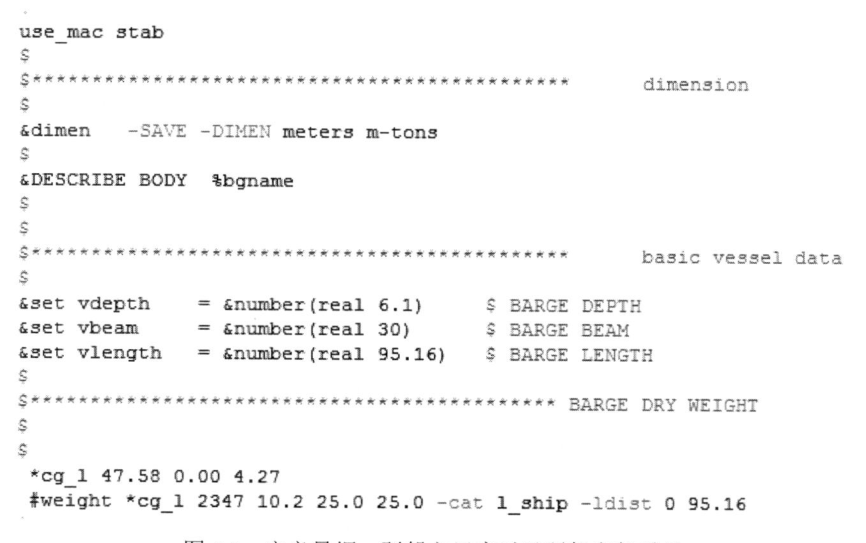

```
use_mac stab
$
$*********************************************        dimension
$
&dimen   -SAVE -DIMEN meters m-tons
$
&DESCRIBE BODY  %bgname
$
$
$*********************************************        basic vessel data
$
&set vdepth     = &number(real 6.1)      $ BARGE DEPTH
&set vbeam      = &number(real 30)       $ BARGE BEAM
&set vlength    = &number(real 95.16)    $ BARGE LENGTH
$
$********************************************* BARGE DRY WEIGHT
$
$
 *cg_l 47.58 0.00 4.27
 #weight *cg_l 2347 10.2 25.0 25.0 -cat l_ship -ldist 0 95.16
```

图 5.9 定义量纲、驳船主尺度以及驳船空船重量

驳船的风力模型不通过-cs_wind 进行定义。驳船的流力系数通过-cs_current 定义，不考虑 Z 方向流力贡献。驳船的水动力计算理论为三维势流理论（-diftyp 3DDIF），如图 5.10 所示。

```
$****************************************** BARGE HULL DATA
pgen -perm 1.01 -diftyp 3DDIF -cs_wind 0 0 0 -cs_current 0.2 1 0
plane 0.00 -cart  0.00   4.10 \
                         14.8   4.10 \
                         15.3   4.60 \
                         15.3   4.88 \
                         15.3   6.10
plane 1.83 -cart  0.00   3.46 \
                         14.8   3.66 \
                         15.3   3.97 \
                         15.3   4.60 \
                         15.3   4.88 \
                         15.3   6.10
plane 3.66 -cart  0.0    2.82 \
                         14.8   3.05 \
                         15.3   3.60 \
                         15.3   4.27 \
                         15.3   4.60 \
                         15.3   4.88 \
                         15.3   6.10
plane 5.49 -cart  0.0    2.18 \
                         14.902 2.44 \
                         15.3   3.05 \
                         15.3   3.05 \
                         15.3   4.27 \
                         15.3   4.60 \
                         15.3   4.88 \
                         15.3   6.10
plane 7.32 -cart  0.0    1.535 \
                         14.964 1.83 \
                         15.3   2.44 \
```

图 5.10　定义水动力计算方法和流力系数并输入船体型线

（4）定义各个舱室模型，如图 5.11 所示。

```
$
$*********************************************COMPARTMENT DESCRIBE
$
&describe compartment 01WBT
pgen -perm -1 -stbd -loca 0 0 0
plane 95.16-6*1.83 -cart  0.0    0.252 \
                          7.344 0.61 \
                          7.344 1.22 \
                          7.344 3.05 \
                          7.344 4.27 \
                          7.344 4.60 \
                          7.344 4.88 \
                          7.344 6.10
plane 95.16-5*1.83  -cart  0.0    0.894 \
                          7.344   1.22 \
                          7.344   1.83 \
                          7.344   3.05 \
                          7.344   4.27 \
                          7.344   4.60 \
                          7.344   4.88 \
                          7.344   6.10
plane 95.16-4*1.83  -cart  0.0    1.535 \
                          7.344 1.83 \
```

图 5.11　定义舱室模型

舱室对应名称和压载量参见表 5.2。

（5）定义进水点（图 5.12）。进水点通过定义一个“虚拟”舱室进行定义，这里假定船体甲板有 4 个进水点。

```
$
$********************************************      Define Downflood Compartment
$
*p1 30 -8 6.2
*p2 60 -8 6.2
$
*s1 30  8 6.2
*s2 60  8 6.2

 &describe compartment %bgname -wt_down *p1 *p2 *s1 *s2
```

图 5.12 定义进水点

2. wind_area.dat 文件

新建 wind_area.dat 文件，输入以下内容：

（1）定义吃水标记（图 5.13）。吃水标记分布于船艏、船艉和船舯横剖面，每个位置均设置 3 个吃水标记，对应左舷、船舯以及右舷各一个，吃水标记起点均为船底基线，终点为甲板位置。通过**&DESCRIBE** BODY –dmark 进行吃水标记的定义。

%bgname 为船名，将在 cif 中进行定义。

```
$   draft mark
$
medit
*fs1  0        15.3       0
*fs2  0        15.3     6.1
*fm1  0            0      0
*fm2  0            0    6.1
*fp1  0       -15.3       0
*fp2  0       -15.3     6.1
*ms1  47.58    15.3       0
*ms2  47.58    15.3     6.1
*mm1  47.58        0      0
*mm2  47.58        0    6.1
*mp1  47.58   -15.3       0
*mp2  47.58   -15.3     6.1
*as1  95.16    15.3       0
*as2  95.16    15.3     6.1
*am1  95.16        0      0
*am2  95.16        0    6.1
*ap1  95.16   -15.3       0
*ap2  95.16   -15.3     6.1
&DESCRIBE BODY %bgname% \
-dmark fs_m *fs1  *fs2 \
-dmark fm_m *fm1  *fm2 \
-dmark fp_m *fp1  *fp2 \
-dmark ms_m *ms1  *ms2 \
-dmark mm_m *mm1  *mm2 \
-dmark mp_m *mp1  *mp2 \
-dmark as_m *as1  *as2 \
-dmark am_m *am1  *am2 \
-dmark ap_m *ap1  *ap2
```

图 5.13 定义吃水标记

（2）定义风面积模型。通过**#area** 定义风面积模型，参照表 5.5 进行风面积形心、对应方向风面积以及形状系数的定义。MOSES 自动考虑风面积的高度系数，这里仅需要指定面积的形状系数，如图 5.14 所示。

```
&describe body %bgname
$***********************
$   ship
$***********************
$  barge hull
$
*w_ship   %vlength%/2  0   (%vdepth%-%draft%)/2+%draft%
#area *w_ship  %vbeam%*(%vdepth%-%draft)  %vlength%*(%vdepth%-%draft)  0.0  -wind 1
$
$  modules
$
 *w_BST5  55.80   -0.4   13.3
 *w_BST6  42.90    0.6   13.9
 *w_FLAR1 10.80   -1.3   30.0
 *w_FLAR2 83.30    1.3   30.0
 *w_BR7   50.50  -11.4   9.55
 *w_BR8   49.90   10.8   9.55

#area *w_BST5    82.9  0.0    0.0  -wind 1.25
#area *w_BST6    88.9  0.0    0.0  -wind 1.25
#area *w_FLAR1  218.9  0.0    0.0  -wind 1.25
#area *w_FLAR2  218.9  0.0    0.0  -wind 1.25
#area *w_BR7    407.0  0.0    0.0  -wind 1.25
#area *w_BR8    407.0  0.0    0.0  -wind 1.25

#area *w_BST5   0.0    82.9    0.0  -wind 1.25
#area *w_BST6   0.0    88.9    0.0  -wind 1.25
#area *w_FLAR1  0.0   218.9    0.0  -wind 1.25
#area *w_FLAR2  0.0   218.9    0.0  -wind 1.25
#area *w_BR7    0.0   407.0    0.0  -wind 1.25
#area *w_BR8    0.0   407.0    0.0  -wind 1.25
```

图 5.14　定义风面积

注意：通过**#area** 或**#PLATE** 指定面积需要针对 X、Y、Z 方向分别编写，不建议将 3 个方向面积放在同一个**#area** 命令中。

3. model.dat 文件

model.dat 文件通过**&insert** 命令实现模型文件的读入，文件读入顺序是：首先读入船体模型 barge.dat 文件，随后读入风面积文件 wind_area.dat，如图 5.15 所示。

```
 &insert %mdir%barge.dat
 &insert %mdir%wind_area.dat
&if %diff%  &then
 &eofile
 &else
 &insert %mdir%barge.mos
&endif
&eofile
```

图 5.15　模型文件的引用和读入（model.dat）

这里的 diff 变量用于判断是否进行水动力分析。在实际工程中对于同一吃水条件下的分析可以通过一次水动力计算将相关结果以文本文件的形式进行保存以便调用，这样有助于节省计算时间。在本例中，以 barge.mos 命名水动力计算结果文件并用于运动分析调用。

4. stab.cif 文件

stab.cif 文件用于完整稳性分析。在 Stability 文件夹下新建 stab.cif 文件，需要定义的内容主要包括：

（1）定义参数变量。通过**&set** 命令定义船体名称为 Barge，模型文件路径为../models/，吃水为 2.4m（艏吃水），定义水动力计算判断命令 diff。

通过**&device** -auxin 命令读入模型文件路径下的 model.dat，实现模型文件的读入。

通过**&picture** 命令显示模型图片。具体命令如图 5.16 所示。

```
&TITLE 'Barge Transportation -- CONFIGURATION'
&SUBTITLE MODULES TRANSPORTATION ON BARGE -- &DATE()
&set bgname    =   Barge
$
&set mdir      =   ../models/
&set draft     =  2.4
&set diff      =  .false.
$
&device -oecho no -primary device
&dimen -dimen Meters m-tons
&param -depth 100  -spg 1.025 -m_distance 12
$%%%%%%%%%%%%%%%%%%%%%%%%%%%%%%%%%%%%%%%%%%%%%%%%%%%%%%%%%%%%%%%%%%%%%%%%
$                              READ MODEL
$%%%%%%%%%%%%%%%%%%%%%%%%%%%%%%%%%%%%%%%%%%%%%%%%%%%%%%%%%%%%%%%%%%%%%%%%
&title 'Hydro Static & Stability Analysis of ' %bgname
&device -auxin %mdir%model.dat
inmodel
$
&picture iso
&picture side
&picture bow
&picture top
$
&picture  iso -type comp
&picture side -type comp
&picture  bow -type comp
&picture  top -type comp
$
&status compartment
```

图 5.16　参数定义和模型图片显示（stab.cif）

（2）货物重量定义及压载方案定义（图 5.17）。对船体模型进行修改（**MEDIT**），对照表 5.3 中货物重量和重心位置，定义 6 个货物的重心、对应重量、对应惯性矩以及类别。

```
&DESCRIBE BODY %bgname%
$
$ cargos define
$
medit
 *BST5  55.76    0.386    16.6
 *BST6  42.86    0.584    17.3
 *FLAR1 10.81    1.300    30.0
 *FLAR2 83.25   -1.300    26.4
 *BR7   50.45   11.371    11.4
 *BR8   51.20  -11.481    10.1
$
 #weight *BST5  146 2.9  2.9  4.1  -cat BST5
 #weight *BST6  155 2.9  2.9  4.1  -cat BST6
 #weight *FLAR1 224 2.5  2.5  3.5  -cat FLAR1
 #weight *FLAR2 255 2.5  2.5  3.5  -cat FLAR2
 #weight *BR7   505 1.4 20.0 20.0  -cat BR7
 #weight *BR8   511 1.4 20.0 20.0  -cat BR8
end
$
$ ballast plan
$
&compartment -percent 09WBT  100   1.025
&compartment -percent 10WBT  100   1.025
&compartment -percent 13WBT  100   1.025
&compartment -percent 14WBT  100   1.025
&compartment -percent 17WBT  100   1.025
&compartment -percent 18WBT  100   1.025
$
&inste %bgname -locate 0 0 -%draft
$
&equi
&status
&status draft
$
```

图 5.17　定义货物重量信息和压载信息

参照表 5.4 通过**&compartment** 命令对压载方案进行定义。

通过**&equi** 命令对定义完重量及压载方案的整体系统进行平衡计算，**&status** 显示目前驳船浮态，**&status** draft 显示吃水标记状态。

（3）静水力曲线计算命令（图 5.18）。进入静水力命令菜单，通过 **cform** 命令以驳船 2.0m 吃水、无横纵倾为计算起点，以 0.1m 为步长计算驳船的静水力特性并将结果输出到 out 文件中（**report** -h）。

```
$%%%%%%%%%%%%%%%%%%%%%%%%%%%%%%%%%%%%%%%%%%%%%%%%%%%%%%%%%%%%%%%%%%%%%%%%%%%%%%%%%%
$                              Stability analysis
$%%%%%%%%%%%%%%%%%%%%%%%%%%%%%%%%%%%%%%%%%%%%%%%%%%%%%%%%%%%%%%%%%%%%%%%%%%%%%%%%%%
$
HSTATICS
 cform 2.0 0 0 0 -draft 0.1  60
 report -h
end
```

图 5.18　静水力曲线计算

（4）完整稳性校核命令（图 5.19）。完整稳性校核以循环命令的形式对参考轴在 0～330°范围内、步长 30°进行稳性计算。完整稳性计算横倾角度范围为 0～90°，步长 1°（**stab_ok** %draft 1 90），校核风速为 100 节（-wind 100），恢复力曲线/风倾力曲线面积比要求不小于 1.4（-i_ar_ration 1.4），初稳性高不小于 1m（-i_gm 1.0），稳性范围不小于 36°（-i_range 36），恢复力臂曲线所包围的面积不小于 0.1m·rad（-i_arm_ar 0.1*180/3.1416，MOSES 的单位为°·m）。

```
$
$ intact stability
$
&loop i 1 12 1
&set n = 0  30  60  90  120  150  180  210  240  270  300  330
&set num = &token(%i%,%n)
stab_ok    %draft       1  90 \
            -wind          100 \
            -yaw          %num \
            -i_ar_ratio    1.4 \
            -i_arm_ratio     1 \
            -i_down_h        0 \
            -i_gm          1.0 \
            -i_are@marm      0 \
            -i_are@dfld      0 \
            -i_are@40        0 \
            -i_arm_ar      0.1*180/3.1416 \
            -i_zcross       90 \
            -i_theta1       90 \
            -i_range        36 \
            -i_ang_diff      0 \
            -i_dang_t1       0 \
            -i_dang          0 \
            -i_ang@marm      0
$
&endloop
$
&status b_w -hard
&status compart -hard
&summary
```

图 5.19　完整稳性校核命令

5. damage.cif 文件

damage.cif 文件用于破舱稳性校核。在 Stability 文件夹下新建 damage.cif 文件。该文件在稳性校核内容之前与 stab.cif 文件内容一致。

出于简便，这里仅进行单舱破损计算，破损舱室为船体右半圈外部舱室，如图 5.20 所示。

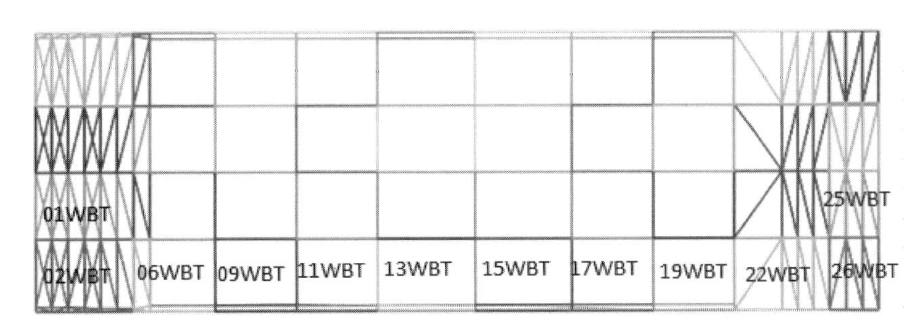

图 5.20 破损舱室位置及名称

在静水力特性计算完毕后（**cform** 命令之后），通过**&set** 命令将破损舱室以变量形式进行定义。

通过**&loop** 循环命令，指定循环计算 12 次，每次对应一个破损舱室，如图 5.21 所示。

内嵌定义一个循环命令，对每个舱室破损状态进行 0～330°、步长 30°稳性计算，如图 5.22 所示。破舱稳性计算横倾角度范围为 0～90°，步长 1°，校核风速为 50 节（-wind 50），恢复力曲线/风倾力曲线面积比要求不小于 1.4（-D_ar_ratio 1.4），初稳性不小于 0.15（-D_gm 0.15），如图 5.23 所示。

```
&set dam1 = 01WBT
&set dam2 = 02WBT
&set dam3 = 06WBT
&set dam4 = 09WBT
&set dam5 = 11WBT
&set dam6 = 13WBT
&set dam7 = 15WBT
&set dam8 = 17WBT
&set dam9  =  19WBT
&set dam10 =  22WBT
&set dam11 =  26WBT
&set dam12 =  25WBT
```

图 5.21 将破损舱室定义为变量

```
&loop j 1 12 1
  &if %j% = 1 &then
   &set dam = %dam1%
  &elseif %j% = 2 &then
   &set dam = %dam2%
  &elseif %j% = 3 &then
   &set dam = %dam3%
  &elseif %j% = 4 &then
   &set dam = %dam4%
  &elseif %j% = 5 &then
   &set dam = %dam5%
  &elseif %j% = 6 &then
   &set dam = %dam6%
  &elseif %j% = 7 &then
   &set dam = %dam7%
  &elseif %j% = 8 &then
   &set dam = %dam8%
  &elseif %j% = 9 &then
   &set dam = %dam9%
  &elseif %j% = 10 &then
   &set dam = %dam10%
  &elseif %j% = 11 &then
   &set dam = %dam11%
  &elseif %j% = 12 &then
   &set dam = %dam12%
  &elseif %j% = 13 &then
  &Endif
```

图 5.22 以循环命令进行破损舱室设定

```
&loop i 1 12 1
 &set n = 0  30  60  90  120  150  180  210  240  270  300  330
 &set num = &token(%i%,%n)

 &type  ********************************
 &type  *
 &type  * Compartment damaged with:%dam%
 &type  *
 &type  *  Heading : %num
 &type  *
 &type  ********************************

 stab_ok    %draft  1  90         \
          -wind          50  \
          -yaw     %num \
             -damage %dam  \
          -D_ar_ratio   1.4 \
          -D_arm_ratio    0 \
          -D_down_h       0 \
          -D_gm           0.15 \
          -D_are@marm     0 \
          -D_are@dfld     0 \
          -D_are@40       0 \
          -D_arm_ar       0 \
          -D_zcross      90 \
          -D_theta1      90 \
          -D_range        0 \
          -D_ang_diff     0 \
          -D_dang_t1      0 \
          -D_dang         0 \
          -D_ang@marm     0
$
 &endloop
&endloop
```

图 5.23　破舱稳性校核

6. Trans_D.cif 文件

在 motion 文件夹下建立对应不同谱峰周期的文件夹，新建 Trans_D.cif 文件。需要定义的内容包括：

（1）参数定义（图 5.24）。参数定义与稳性计算文件基本相同，不同的是这里通过**&set**命令定义海况条件和水动力计算周期（**&set** period）。

```
&TITLE 'Barge Transportation -- CONFIGURATION'
&SUBTITLE MODULES TRANSPORTATION ON BARGE -- &DATE()
&set bgname     =   Barge
$
&set mdir       =   ../../models/
&set draft      =  2.4
&set diff       =  .false.
$
&device -oecho no -primary device
&dimen -dimen Meters m-tons
&param -depth 100  -spg 1.025 -m_distance 5
$
$
$*********************** ENV data ************************
$
&set Hs    =   5.4              $ Sig. wave height of environment (m)
&set Tp    =   8.3              $ Start peak period of wave (s)
&set Gamma =   1.0              $ Peakness factor of jonswap
$
&set period = 30.00 25.00 20.00 19.00 18.00 17.00 16.75 16.50 16.25 16.00 \
              15.75 15.50 15.25 15.00 14.75 14.50 14.25 \
              14.00 13.75 13.50 13.25 13.00 12.75 12.50 12.25 12.00 11.75 \
              11.50 11.25 11.00 10.75 10.50 10.25 \
              10.00 9.50 9.00 8.50 8.00 7.50 7.00 6.50 \
              6.00 5.50 5.00 4.50 4.00
$
```

图 5.24　参数定义

对水动力计算网格进行了设置，水深 100m，海水密度 1.025ton/m^3，驳船水动力计算网格大小为 5m（**¶m** -depth 100 -spg 1.025 -m_distance 5）。

（2）模型读入、货物定义、压载方案（图 5.25～图 5.27）。这部分命令与稳性计算命令文件内容一致。

```
$
$%%%%%%%%%%%%%%%%%%%%%%%%%%%%%%%%%%%%%%%%%%%%%%%%%%%%%%%%%%%%%%%%%%%%%%%
$                              READ MODEL
$%%%%%%%%%%%%%%%%%%%%%%%%%%%%%%%%%%%%%%%%%%%%%%%%%%%%%%%%%%%%%%%%%%%%%%%
&device -auxin %mdir%model.dat
inmodel
&picture iso
&picture side
&picture bow
&picture top
$
```

图 5.25　读入模型文件并保存模型图片

```
&DESCRIBE BODY %bgname%
$
$ cargos define
$
medit
 *BST5  55.76    0.386    16.6
 *BST6  42.86    0.584    17.3
 *FLAR1 10.81    1.300    30.0
 *FLAR2 83.25   -1.300    26.4
 *BR7   50.45   11.371    11.4
 *BR8   51.20  -11.481    10.1
$
 #weight *BST5  146 2.9  2.9  4.1  -cat BST5
 #weight *BST6  155 2.9  2.9  4.1  -cat BST6
 #weight *FLAR1 224 2.5  2.5  3.5  -cat FLAR1
 #weight *FLAR2 255 2.5  2.5  3.5  -cat FLAR2
 #weight *BR7   505 1.4 20.0 20.0  -cat BR7
 #weight *BR8   511 1.4 20.0 20.0  -cat BR8
end
```

图 5.26　定义货物重量信息

```
$
$ ballast plan
$
&compartment -percent 09WBT  100   1.025
&compartment -percent 10WBT  100   1.025
&compartment -percent 13WBT  100   1.025
&compartment -percent 14WBT  100   1.025
&compartment -percent 17WBT  100   1.025
&compartment -percent 18WBT  100   1.025
$
$
&inste %bgname -locate 0 0 -%draft
$
&equi
&status
```

图 5.27　定义压载方案

（3）水动力计算命令（图 5.28）。当%diff 变量为 true 时，程序进行水动力计算。

水动力计算角度范围 0～315°，步长 45°，计算周期为 period 变量对应的周期，计算完毕后将水动力计算结果以文件形式输出（**e_total**）。

当 diff 变量为 false 时，不进行水动力计算，此时读入水动力计算数据文件 barge.mos（如图 5.15）。

```
$%%%%%%%%%%%%%%%%%%%%%%%%%%%%%%%%%%%%%%%%%%%%%%%%%%%%%%%%%%%%%%%%%%%%%%%
$                          DIFFRACTION ANALYSIS
$%%%%%%%%%%%%%%%%%%%%%%%%%%%%%%%%%%%%%%%%%%%%%%%%%%%%%%%%%%%%%%%%%%%%%%%
$
&if %diff &then
  hydro
    g_pressure %bgname -heading  0.0 45.0 90.0 135.0 180.0 225 270 315 +
      -period  %period
    e_total %bgname
  end
&endif
$
```

图 5.28　定义水动力计算命令

（4）环境条件命令（图 5.29）。环境条件以角度进行命名（WH_环境条件来向角度）定

义波浪谱 γ=1 时的 JONSWAP 谱，有义波高和谱峰周期通过对应变量指定。-sp_type 表明当前定义的波谱周期为谱峰周期。

```
$%%%%%%%%%%%%%%%%%%%%%%%%%%%%%%%%%%%%%%%%%%%%%%%%%%%%%%%%%%%%%%%%%%%%%%
$                    FREQUENCY DOMAIN ANALYSIS
$%%%%%%%%%%%%%%%%%%%%%%%%%%%%%%%%%%%%%%%%%%%%%%%%%%%%%%%%%%%%%%%%%%%%%%
$
$
 &ENV WH_0   -sea JONSWAP   0 %Hs%*1.0 %tp% %Gamma% -use_mean no -sp_type peak
 &ENV WH_45  -sea JONSWAP  45 %Hs%*0.9 %tp% %Gamma% -use_mean no -sp_type peak
 &ENV WH_90  -sea JONSWAP  90 %Hs%*0.6 %tp% %Gamma% -use_mean no -sp_type peak
 &ENV WH_135 -sea JONSWAP 135 %Hs%*0.9 %tp% %Gamma% -use_mean no -sp_type peak
 &ENV WH_180 -sea JONSWAP 180 %Hs%*1.0 %tp% %Gamma% -use_mean no -sp_type peak
 &ENV WH_225 -sea JONSWAP 225 %Hs%*0.9 %tp% %Gamma% -use_mean no -sp_type peak
 &ENV WH_270 -sea JONSWAP 270 %Hs%*0.6 %tp% %Gamma% -use_mean no -sp_type peak
 &ENV WH_315 -sea JONSWAP 315 %Hs%*0.9 %tp% %Gamma% -use_mean no -sp_type peak
$
```

图 5.29　定义环境条件

（5）后处理命令。具体命令如图 5.30 至图 5.36 所示。

```
FREQ_RES
  RAO -spectrum WH_90
  equ_sum
  MATRICES
   report
   vlist
$
   plot 2  3  4  5 -T_LEFT "Added Mass"         -T_SUB "Surge Sway & heave"
   plot 2  6  7  8 -T_LEFT "Added Mass"         -T_SUB "Roll Picth & Yaw"
   plot 2  9 10 11 -T_LEFT "Radiation Damping" -T_SUB "Surge Sway & heave"
   plot 2 12 13 14 -T_LEFT "Radiation Damping" -T_SUB "Roll Picth & Yaw"
  end

  &TITLE 'RAOs @ BST5'

  FR_POINT *BST5
   vlist
   plot 2   3  15  27  39  51  63  75  87 -T_LEFT "Surge RAO"  -T_X "Period (s)" -T_SUB "Wave Frequency Motion RAOs"
   plot 2   5  17  29  41  53  65  77  89 -T_LEFT "Sway RAO"   -T_X "Period (s)" -T_SUB "Wave Frequency Motion RAOs"
   plot 2   7  19  31  43  55  67  79  91 -T_LEFT "Heave RAO"  -T_X "Period (s)" -T_SUB "Wave Frequency Motion RAOs"
   plot 2   9  21  33  45  57  69  81  93 -T_LEFT "Roll RAO"   -T_X "Period (s)" -T_SUB "Wave Frequency Motion RAOs"
   plot 2  11  23  35  47  59  71  83  95 -T_LEFT "Pitch RAO"  -T_X "Period (s)" -T_SUB "Wave Frequency Motion RAOs"
   plot 2  13  25  37  49  61  73  85  97 -T_LEFT "Yaw RAO"    -T_X "Period (s)" -T_SUB "Wave Frequency Motion RAOs"
  end

&channel table -p_device csv -file motion_BST5.csv

&loop WH (WH_0 WH_45 WH_90 WH_135 WH_180 WH_225 WH_270 WH_315)
  st_point %WH%
     vlist
     report
     store @
   end

&endloop
```

图 5.30　进行 RAO 计算、BST5 货物重心位置的运动幅值 RAO 及频域运动统计结果的输出设置

通过 **FREQ_RES** 命令进入频域分析模块。**RAO** –spectrum WH_90 表明使用 WH_90 的环境条件对船体 RAO 进行谱线性化处理（-spectrum 作用在于线性化处理船体模型-cs_current 的阻尼贡献，也可以不用这个选项）。

输入 **MATRICES** 命令，通过后处理命令将水动力系数计算结果进行输出。

通过 **FR_POINT** 命令输出各个货物重心位置的运动幅值响应 RAO 并通过 **plot** 命令进行曲线图的输出。

通过**&channel** 命令将运动计算结果输出到 csv 文件中，csv 文件名对应各个货物名称。当然，不用该命令也是可以的，用户可以在 out 文件中自行查找需要的统计结果。

```
&TITLE RAOs @ BST6
  FR_POINT *BST6
   vlist
   plot 2   3  15  27  39  51  63  75  87 -T_LEFT "Surge RAO"  -T_X "Period (s)" -T_SUB "Wave Frequency Motion RAOs"
   plot 2   5  17  29  41  53  65  77  89 -T_LEFT "Sway RAO"   -T_X "Period (s)" -T_SUB "Wave Frequency Motion RAOs"
   plot 2   7  19  31  43  55  67  79  91 -T_LEFT "Heave RAO"  -T_X "Period (s)" -T_SUB "Wave Frequency Motion RAOs"
   plot 2   9  21  33  45  57  69  81  93 -T_LEFT "Roll RAO"   -T_X "Period (s)" -T_SUB "Wave Frequency Motion RAOs"
   plot 2  11  23  35  47  59  71  83  95 -T_LEFT "Pitch RAO"  -T_X "Period (s)" -T_SUB "Wave Frequency Motion RAOs"
   plot 2  13  25  37  49  61  73  85  97 -T_LEFT "Yaw RAO"    -T_X "Period (s)" -T_SUB "Wave Frequency Motion RAOs"
  end

&channel table -p_device csv -file motion_BST6.csv

&loop WH (WH_0 WH_45 WH_90 WH_135 WH_180 WH_225 WH_270 WH_315)
  st_point %WH%
    report
    store @
   end
&endloop
```

图 5.31　BST6 货物重心位置的运动 RAO 及频域运动统计结果输出设置

```
&TITLE RAOs @ FLAR1
  FR_POINT *FLAR1
   vlist
   plot 2   3  15  27  39  51  63  75  87 -T_LEFT "Surge RAO"  -T_X "Period (s)" -T_SUB "Wave Frequency Motion RAOs"
   plot 2   5  17  29  41  53  65  77  89 -T_LEFT "Sway RAO"   -T_X "Period (s)" -T_SUB "Wave Frequency Motion RAOs"
   plot 2   7  19  31  43  55  67  79  91 -T_LEFT "Heave RAO"  -T_X "Period (s)" -T_SUB "Wave Frequency Motion RAOs"
   plot 2   9  21  33  45  57  69  81  93 -T_LEFT "Roll RAO"   -T_X "Period (s)" -T_SUB "Wave Frequency Motion RAOs"
   plot 2  11  23  35  47  59  71  83  95 -T_LEFT "Pitch RAO"  -T_X "Period (s)" -T_SUB "Wave Frequency Motion RAOs"
   plot 2  13  25  37  49  61  73  85  97 -T_LEFT "Yaw RAO"    -T_X "Period (s)" -T_SUB "Wave Frequency Motion RAOs"
  end

&channel table -p_device csv -file motion_FLAR1.csv
&loop WH (WH_0 WH_45 WH_90 WH_135 WH_180 WH_225 WH_270 WH_315)
  st_point %WH%
    report
    store @
   end
&endloop
```

图 5.32　FLAR1 货物重心位置的运动 RAO 及频域运动统计结果输出设置

```
&TITLE RAOs @ FLAR2
  FR_POINT *FLAR2
   vlist
   plot 2   3  15  27  39  51  63  75  87 -T_LEFT "Surge RAO"  -T_X "Period (s)" -T_SUB "Wave Frequency Motion RAOs"
   plot 2   5  17  29  41  53  65  77  89 -T_LEFT "Sway RAO"   -T_X "Period (s)" -T_SUB "Wave Frequency Motion RAOs"
   plot 2   7  19  31  43  55  67  79  91 -T_LEFT "Heave RAO"  -T_X "Period (s)" -T_SUB "Wave Frequency Motion RAOs"
   plot 2   9  21  33  45  57  69  81  93 -T_LEFT "Roll RAO"   -T_X "Period (s)" -T_SUB "Wave Frequency Motion RAOs"
   plot 2  11  23  35  47  59  71  83  95 -T_LEFT "Pitch RAO"  -T_X "Period (s)" -T_SUB "Wave Frequency Motion RAOs"
   plot 2  13  25  37  49  61  73  85  97 -T_LEFT "Yaw RAO"    -T_X "Period (s)" -T_SUB "Wave Frequency Motion RAOs"
  end

&channel table -p_device csv -file motion_FLAR2.csv
&loop WH (WH_0 WH_45 WH_90 WH_135 WH_180 WH_225 WH_270 WH_315)
  st_point %WH%
    report
    store @
   end
&endloop
```

图 5.33　FLAR2 货物重心位置的运动 RAO 及频域运动统计结果输出设置

```
&TITLE RAOs @ BR7
  FR_POINT *BR7
   vlist
   plot 2   3  15  27  39  51  63  75  87 -T_LEFT "Surge RAO"  -T_X "Period (s)" -T_SUB "Wave Frequency Motion RAOs"
   plot 2   5  17  29  41  53  65  77  89 -T_LEFT "Sway RAO"   -T_X "Period (s)" -T_SUB "Wave Frequency Motion RAOs"
   plot 2   7  19  31  43  55  67  79  91 -T_LEFT "Heave RAO"  -T_X "Period (s)" -T_SUB "Wave Frequency Motion RAOs"
   plot 2   9  21  33  45  57  69  81  93 -T_LEFT "Roll RAO"   -T_X "Period (s)" -T_SUB "Wave Frequency Motion RAOs"
   plot 2  11  23  35  47  59  71  83  95 -T_LEFT "Pitch RAO"  -T_X "Period (s)" -T_SUB "Wave Frequency Motion RAOs"
   plot 2  13  25  37  49  61  73  85  97 -T_LEFT "Yaw RAO"    -T_X "Period (s)" -T_SUB "Wave Frequency Motion RAOs"
  end

&channel table -p_device csv -file motion_BR7.csv
&loop WH (WH_0 WH_45 WH_90 WH_135 WH_180 WH_225 WH_270 WH_315)
  st_point %WH%
    report
    store @
   end
&endloop
```

图 5.34　BR7 货物重心位置的运动 RAO 及频域运动统计结果输出设置

```
&TITLE RAOs @ BR8
   FR_POINT *BR8
    vlist
    plot 2   3  15  27  39  51  63  75  87 -T_LEFT "Surge RAO"  -T_X "Period (s)" -T_SUB "Wave Frequency Motion RAOs"
    plot 2   5  17  29  41  53  65  77  89 -T_LEFT "Sway RAO"   -T_X "Period (s)" -T_SUB "Wave Frequency Motion RAOs"
    plot 2   7  19  31  43  55  67  79  91 -T_LEFT "Heave RAO"  -T_X "Period (s)" -T_SUB "Wave Frequency Motion RAOs"
    plot 2   9  21  33  45  57  69  81  93 -T_LEFT "Roll RAO"   -T_X "Period (s)" -T_SUB "Wave Frequency Motion RAOs"
    plot 2  11  23  35  47  59  71  83  95 -T_LEFT "Pitch RAO"  -T_X "Period (s)" -T_SUB "Wave Frequency Motion RAOs"
    plot 2  13  25  37  49  61  73  85  97 -T_LEFT "Yaw RAO"    -T_X "Period (s)" -T_SUB "Wave Frequency Motion RAOs"
   end

&channel table -p_device csv -file motion_BR8.csv
&loop WH (WH_0 WH_45 WH_90 WH_135 WH_180 WH_225 WH_270 WH_315)
   st_point %WH%
      report
      store @
    end
&endloop
```

图 5.35 BR8 货物重心位置的运动 RAO 及频域运动统计结果输出设置

通过**&loop** 循环命令计算各个海况作用下的频域运动统计结果（**st_point**）。**st_point** 命令输出的运动参考点对应上一个 **FR_POINT** 所指定的点。

store @表示将参考点的运动位移、速度、加速度的统计结果进行完整的保存。

最后将船体整体重心位置的运动幅值 RAO 以及运动统计结果进行输出。在 **FR_POINT** 命令后加上**&body**(a_cg, %bgname)，作用是将目前的参考点指定为整体重心位置，如图 5.36 所示。

```
&TITLE RAOs @ shipcg

  FR_POINT &body(a_cg, %bgname)
    vlist
    plot 2   3  15  27  39  51  63  75  87 -T_LEFT "Surge RAO"  -T_X "Period (s)" -T_SUB "Wave Frequency Motion RAOs"
    plot 2   5  17  29  41  53  65  77  89 -T_LEFT "Sway RAO"   -T_X "Period (s)" -T_SUB "Wave Frequency Motion RAOs"
    plot 2   7  19  31  43  55  67  79  91 -T_LEFT "Heave RAO"  -T_X "Period (s)" -T_SUB "Wave Frequency Motion RAOs"
    plot 2   9  21  33  45  57  69  81  93 -T_LEFT "Roll RAO"   -T_X "Period (s)" -T_SUB "Wave Frequency Motion RAOs"
    plot 2  11  23  35  47  59  71  83  95 -T_LEFT "Pitch RAO"  -T_X "Period (s)" -T_SUB "Wave Frequency Motion RAOs"
    plot 2  13  25  37  49  61  73  85  97 -T_LEFT "Yaw RAO"    -T_X "Period (s)" -T_SUB "Wave Frequency Motion RAOs"
  end
&channel table -p_device csv -file motion_ship.csv
&loop WH (WH_0 WH_45 WH_90 WH_135 WH_180 WH_225 WH_270 WH_315)
   st_point %WH%
      report
      store @
    end
&endloop
```

图 5.36 船体重心位置的运动 RAO 及频域运动统计结果输出设置

在 motion 文件夹下对应各个谱峰周期新建对应文件夹，将 tran_d.cif 拷贝到对应文件夹并对谱峰周期数据（**&set** Tp = ）进行相应的修改。

至此，运动分析文件编制完毕。

5.2 浮态计算

运行 stab.cif 文件，运行完毕后打开 log 文件查看浮态计算结果。拖航吃水状态下驳船整体重心位置为(x, y, z)= (49.50, 0.00, 6.90)，初稳性高为 25.20m，艉倾 0.45°，如图 5.37 所示。

查看吃水标记结果，驳船艏吃水 2.43m，船舯吃水 2.81m，艉吃水 3.18m，艏艉吃水差 0.75m，如图 5.38 所示。

```
>&status
     +++ B U O Y A N C Y   A N D   W E I G H T   F O R   B A R G E +++
     =================================================================

 Process is DEFAULT: Units Are Degrees, Meters, and M-Tons Unless Specified
                    Results Are Reported In Body System

       Draft =     2.43 Roll Angle =     0.00 Pitch Angle =     0.45

                        Wet Radii Of Gyration About CG

                 K-X =     12.41 K-Y =     22.61 K-Z =     23.18

                        GMT =     25.20 GML =    243.77

                          /-- Center of Gravity ---/  Sounding   % Full
      Name      Weight    ---X---   ---Y---   ---Z---  --------  --------
      ----------------  Part BARGE          ------------
      LOAD_GRO   4143.00    48.70     -0.00     9.53
      --- Contents ---
      09WBT       444.32    70.46     11.31     3.06     6.10   100.00
      10WBT       444.32    70.46    -11.31     3.06     6.10   100.00
      13WBT       533.18    51.24     11.31     3.06     6.10   100.00
      14WBT       533.18    51.24    -11.31     3.06     6.10   100.00
      17WBT       444.32    30.19     11.31     3.06     6.10   100.00
      18WBT       444.32    30.20    -11.31     3.06     6.10   100.00
      ======== ======== ======= ======= =======
      Total      6986.64    49.50     -0.00     6.90
      Buoyancy   6986.89    49.54     -0.00     1.47
```

图 5.37　拖航状态浮态

```
>&status draft
          +++ D R A F T   M A R K   R E A D I N G S +++
          =============================================

 Process is DEFAULT: Units Are Degrees, Meters, and M-Tons Unless Specified

   Name      Draft    Name      Draft    Name      Draft    Name      Draft
  --------  -------- --------  -------- --------  -------- --------  --------
  AM_M        3.18 AP_M         3.18 AS_M         3.18 FM_M          2.43
  FP_M        2.43 FS_M         2.43 MM_M         2.81 MP_M          2.81
  MS_M        2.81
```

图 5.38　船体不同位置吃水状态

驳船及货物重心如图 5.39 所示，驳船舱室模型如图 5.40 所示。

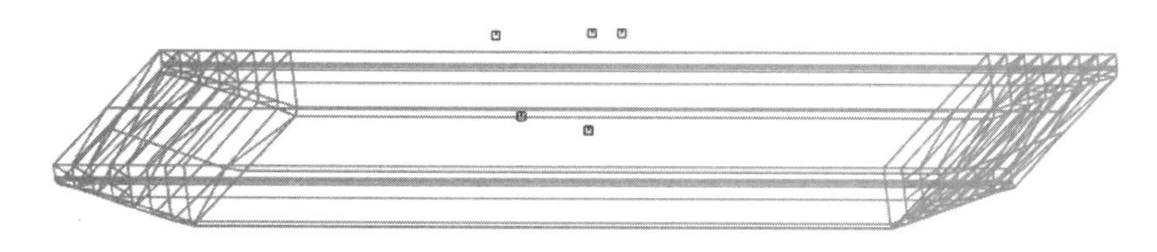

图 5.39　拖航驳船及货物模型（各重量对应重心以点的形式显示）

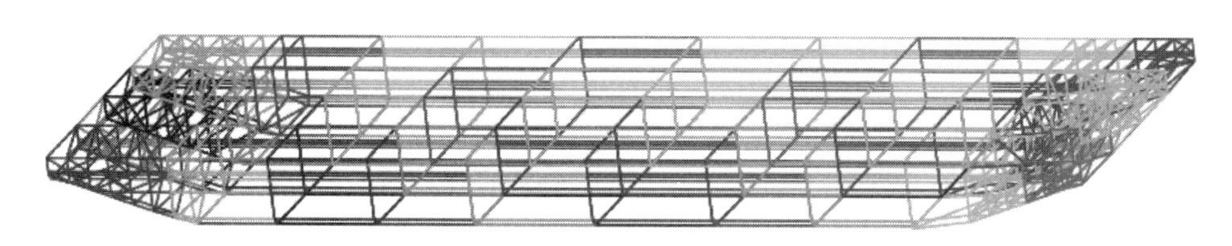

图 5.40　拖航驳船舱室模型

打开 out 文件可以找到不同吃水状态下的驳船静水力曲线计算结果（图 5.41），包括：浮态（Condition）、排水量（Displace）、浮心（Center of Buoyancy）、水线面面积（W.P. Area）、漂心（C.Flotation）、横稳心高（KMT）、纵稳心高（KML）、横稳心半径（BMT）、纵稳心半径（BML）。

```
                         +++ H Y D R O S T A T I C   P R O P E R T I E S +++
                         ===================================================

                                          For Body BARGE

                    Process is DEFAULT: Units Are Degrees, Meters, and M-Tons Unless Specified

/---  Condition  ---//- Displace-/  /-- Center Of Buoyancy --/ /   W.P.   / /C. Flotation / /----   Metacentric Heights    ----/
 Draft   Trim   Roll   M-Tons        ---X---  ---Y---  ---Z---     Area     ---X--- ---Y---  -KMT-    -KML-    -BMT-    -BML-

  2.00   0.00   0.00    4813.41      47.58    -0.00     1.03    2542.835   47.58    0.00    43.03   306.55    42.00   305.51
  2.10   0.00   0.00    5074.97      47.58    -0.00     1.08    2560.966   47.58    0.00    41.21   297.09    40.12   296.01
  2.20   0.00   0.00    5338.41      47.58    -0.00     1.14    2579.345   47.58    0.00    39.55   288.64    38.42   287.50
  2.30   0.00   0.00    5603.74      47.58    -0.00     1.19    2597.596   47.58    0.00    38.05   280.93    36.86   279.75
  2.40   0.00   0.00    5870.94      47.58    -0.00     1.24    2615.538   47.58    0.00    36.67   273.83    35.43   272.58
  2.50   0.00   0.00    6139.85      47.58    -0.00     1.29    2633.481   47.58   -0.00    35.41   267.34    34.11   266.04
  2.60   0.00   0.00    6410.71      47.58    -0.00     1.35    2651.554   47.58    0.00    34.25   261.43    32.90   260.08
  2.70   0.00   0.00    6683.42      47.58    -0.00     1.40    2669.608   47.58    0.00    33.18   256.00    31.77   254.60
  2.80   0.00   0.00    6957.99      47.58    -0.00     1.45    2687.641   47.58    0.00    32.18   251.00    30.73   249.54
  2.90   0.00   0.00    7234.80      47.58    -0.00     1.51    2705.837   47.58    0.00    31.26   246.41    29.75   244.90
  3.00   0.00   0.00    7513.18      47.58    -0.00     1.56    2723.763   47.58    0.00    30.40   242.11    28.84   240.55
  3.10   0.00   0.00    7792.98      47.58    -0.00     1.61    2741.505   47.58    0.00    29.61   238.09    27.99   236.47
  3.20   0.00   0.00    8074.90      47.58    -0.00     1.67    2759.467   47.58    0.00    28.86   234.40    27.20   232.73
  3.30   0.00   0.00    8358.67      47.58    -0.00     1.72    2777.622   47.58    0.00    28.17   231.01    26.45   229.29
  3.40   0.00   0.00    8644.32      47.58    -0.00     1.78    2795.969   47.58    0.00    27.52   227.91    25.75   226.14
  3.50   0.00   0.00    8931.85      47.58    -0.00     1.83    2814.568   47.58   -0.00    26.92   225.08    25.09   223.25
  3.60   0.00   0.00    9221.33      47.58    -0.00     1.88    2833.941   47.58   -0.00    26.35   222.63    24.46   220.74
  3.70   0.00   0.00    9512.85      47.58    -0.00     1.94    2854.443   47.58   -0.01    25.83   220.59    23.89   218.65
  3.80   0.00   0.00    9806.51      47.58    -0.00     1.99    2875.413   47.58   -0.01    25.36   218.80    23.37   216.81
  3.90   0.00   0.00   10102.32      47.58    -0.00     2.05    2896.606   47.58   -0.01    24.93   217.19    22.88   215.14
  4.00   0.00   0.00   10400.32      47.58    -0.00     2.10    2918.019   47.58   -0.01    24.51   215.74    22.41   213.64
  4.10   0.00   0.00   10700.52      47.58    -0.00     2.16    2939.547   47.58    0.00    24.10   214.43    21.95   212.28
  4.20   0.00   0.00   11001.85      47.58    -0.00     2.21    2940.075   47.58    0.00    23.57   208.78    21.36   206.57
  4.30   0.00   0.00   11303.22      47.58    -0.00     2.26    2940.485   47.58    0.00    23.06   203.41    20.80   201.15
  4.40   0.00   0.00   11604.64      47.58    -0.00     2.32    2940.779   47.58    0.00    22.58   198.30    20.26   195.98
  4.50   0.00   0.00   11906.08      47.58    -0.00     2.37    2940.955   47.58    0.00    22.13   193.43    19.75   191.05
  4.60   0.00   0.00   12207.54      47.58    -0.00     2.43    2941.013   47.58    0.00    21.69   188.77    19.27   186.35
```

图 5.41　驳船静水力计算结果

5.3　稳性校核结果

运行 stab.cif 文件，对稳性校核结果进行汇总，见表 5.8，完整稳性曲线如图 5.42 所示。

表 5.8　完整稳性结果

倾斜轴角度/°	GMT/m	第一交点/°	进水角/°	稳性范围/°	面积比
0	25.2	1.11	26.60	66.68	9.74
30		0.19	21.86	63.67	77.23
60		0.09	**13.84**	54.99	90.00
90		0.11	30.26	80.69	42.02
120		1.09	**13.85**	54.06	7.85
150		1.87	21.85	63.71	**5.55**
180		1.11	26.60	66.72	9.85
210		0.15	24.89	62.69	87.22
240		0.06	**13.64**	**39.96**	89.53
270		0.11	**17.16**	82.82	46.43
300		0.98	**13.64**	45.86	8.23
330		1.76	24.90	61.97	5.96

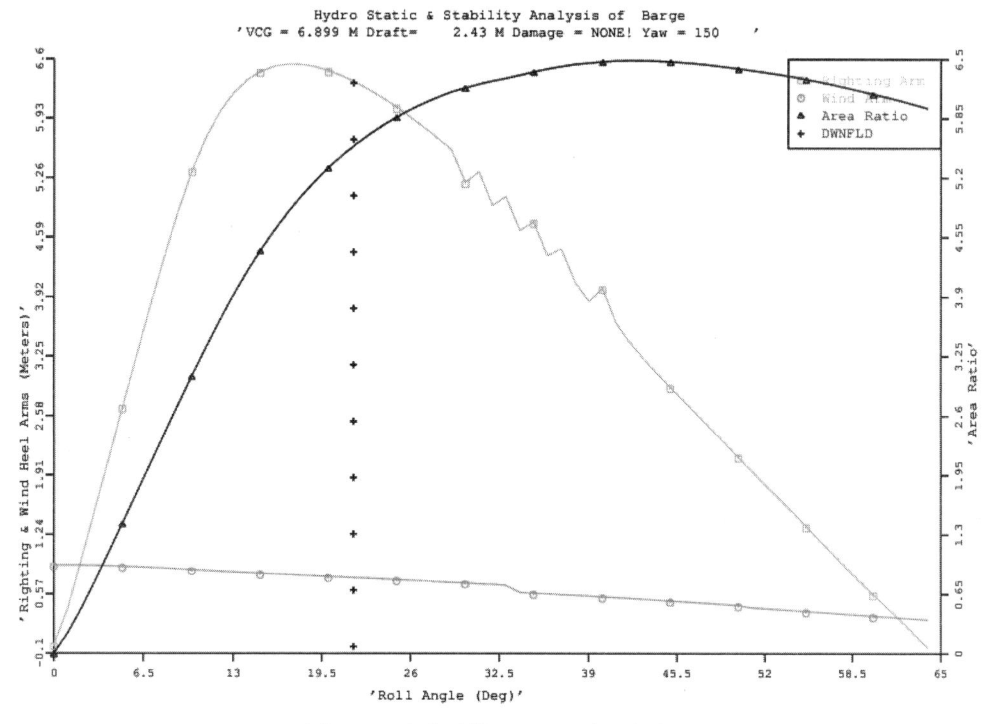

图 5.42　完整稳性，150°方向稳性曲线

运行 damage.cif，对稳性校核结果进行汇总，见表 5.9，稳性曲线如图 5.43 所示。

表 5.9　破舱稳性结果

破舱	最危险角度 /°	GMT /m	进水角 /°	稳性范围 /°	面积比
01WBT	150	24.81	19.58	63.19	20.88
02WBT	150	23.62	19.05	61.74	19.29
06WBT	150	23.22	18.09	61.04	18.71
09WBT	330	24.50	26.15	59.27	20.64
11WBT	150	23.31	18.72	61.29	19.44
13WBT	330	24.39	28.60	58.00	20.13
15WBT	150	22.96	18.93	60.63	19.64
17WBT	330	24.59	26.19	58.01	20.34
19WBT	150	23.34	20.02	60.93	20.56
22WBT	330	23.00	20.28	60.39	20.56
26WBT	150	25.14	21.71	62.94	21.99
25WBT	150	25.19	21.85	63.49	22.20

最终稳性计算汇总见表 5.10，计算结果表明，整体上驳船拖航稳性满足要求，但完整稳性部分进水点不满足进水角大于 20°的要求。

表 5.10　稳性结果汇总

名称		结果	要求	校核结果
完整稳性	GMT /m	25.2	>1	OK
	稳性范围 /°	39.96	≥36°	OK
	面积比	5.55	≥1.4	OK
破舱稳性	GMT /m	22.96	>0.15	OK
	稳性范围 /°	58.0	≥36°	OK
	面积比	18.71	≥1.4	OK

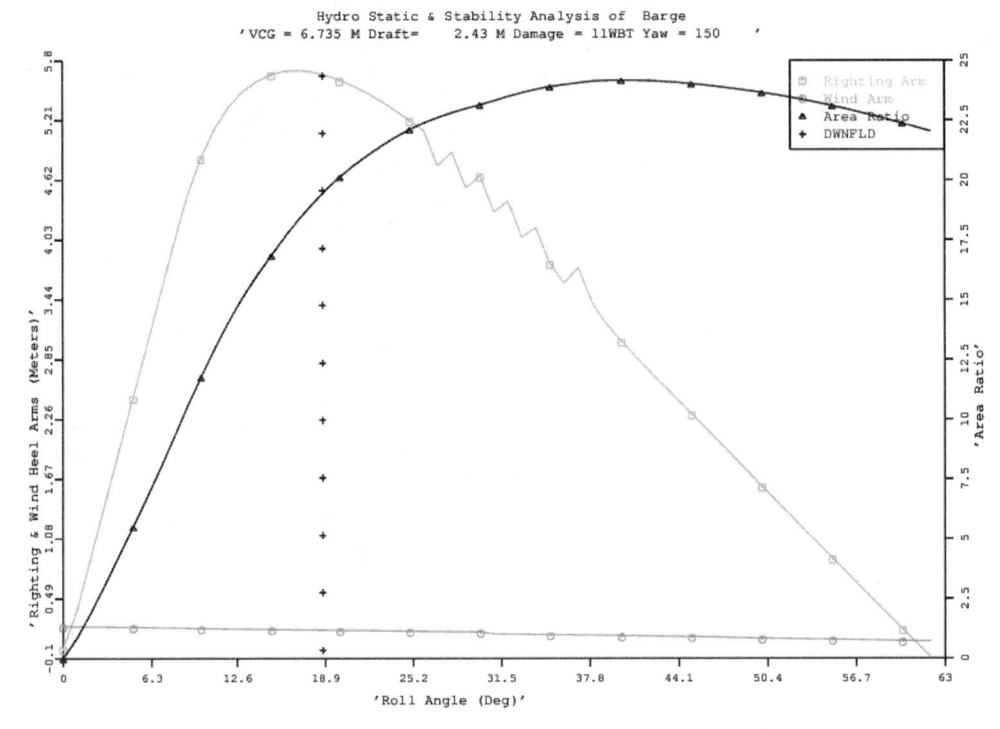

图 5.43　破舱稳性，11WBT 破损状态 150°方向稳性曲线

5.4　运动分析结果

打开 motion 文件夹下任意子文件夹中的 gra00001.esp 文件，查看运动幅值 RAO 曲线，关于船体重心位置的 6 个自由度运动 RAO（RAOs @ shipcg）曲线如图 5.44 至图 5.49 所示。

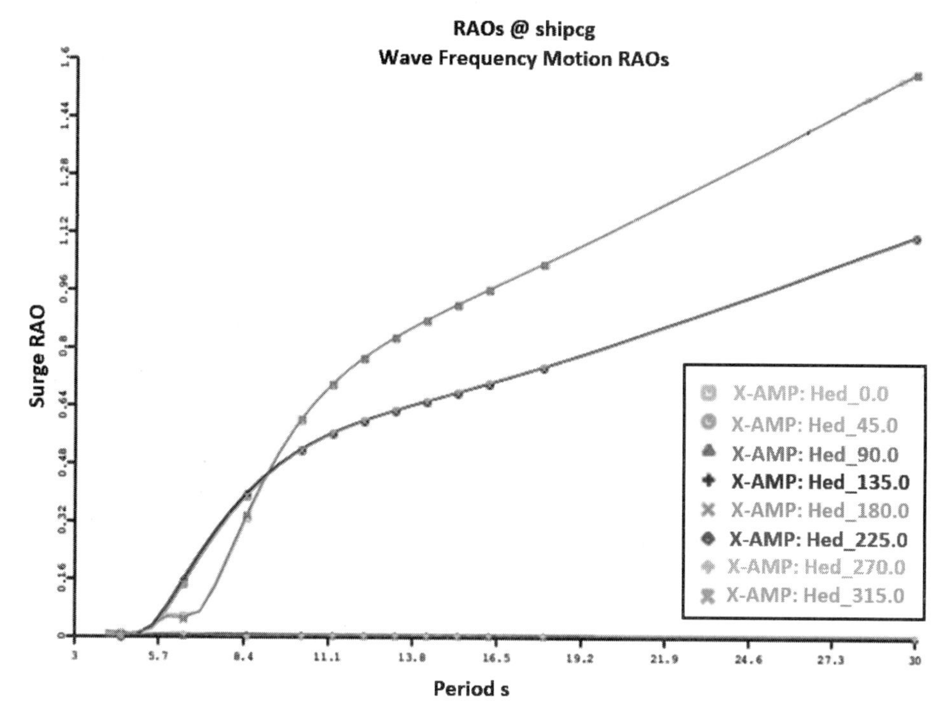

图 5.44 船体重心位置纵荡运动 RAO

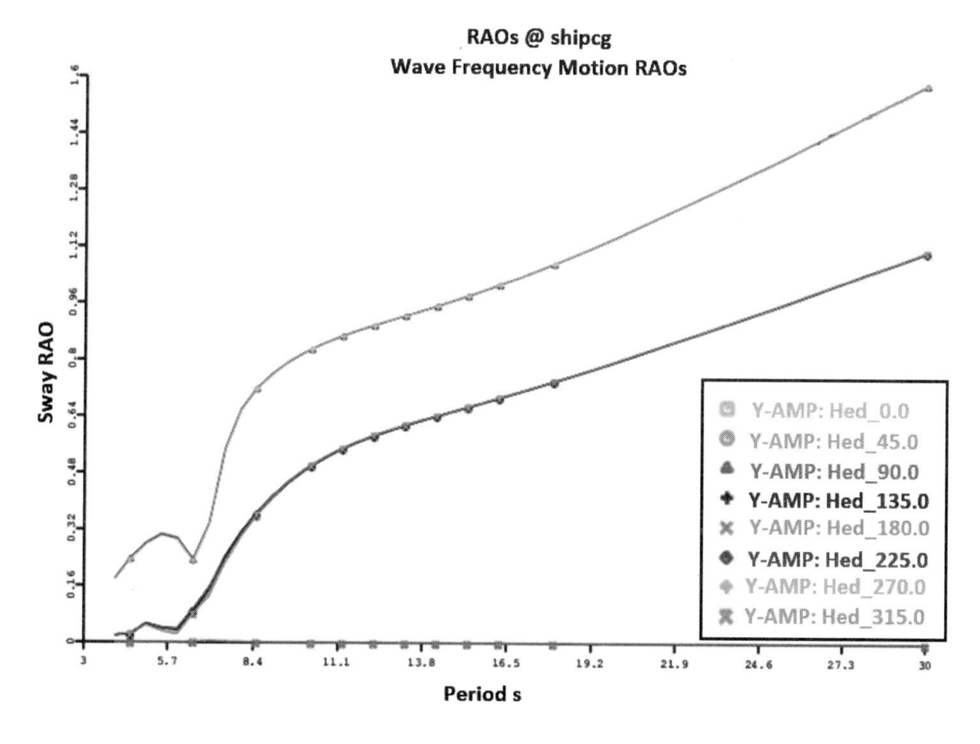

图 5.45 船体重心位置横荡运动 RAO

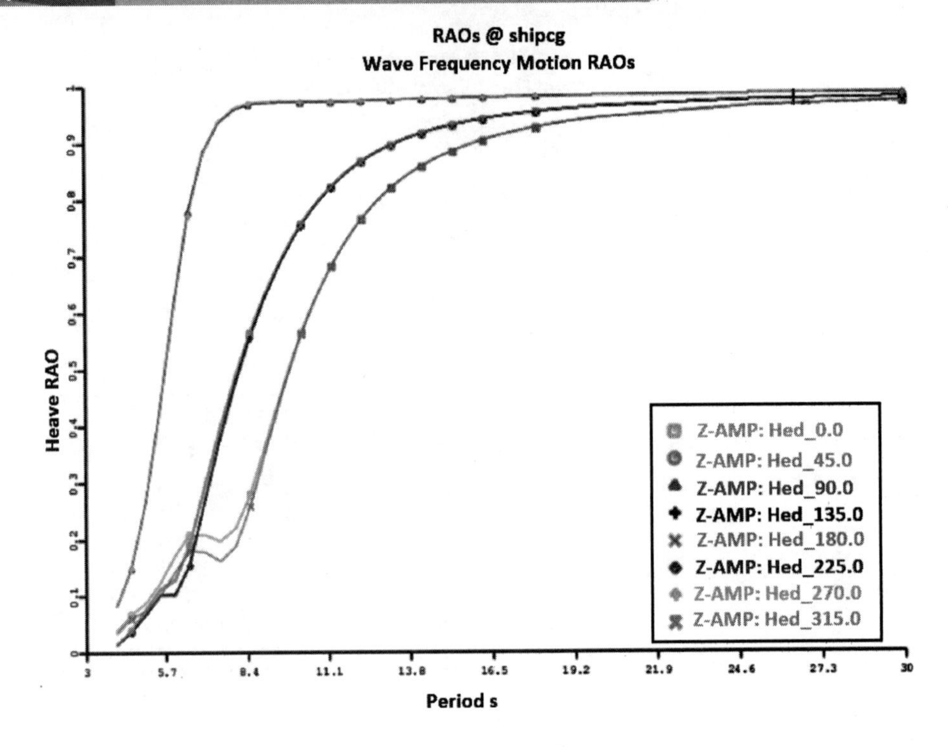

图 5.46 船体重心位置垂荡运动 RAO

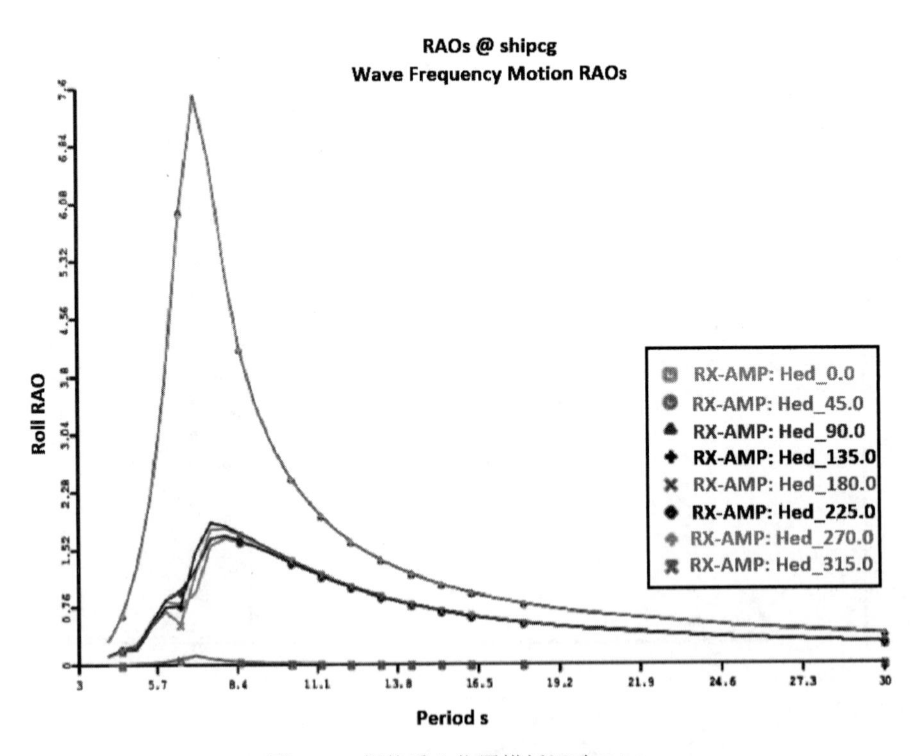

图 5.47 船体重心位置横摇运动 RAO

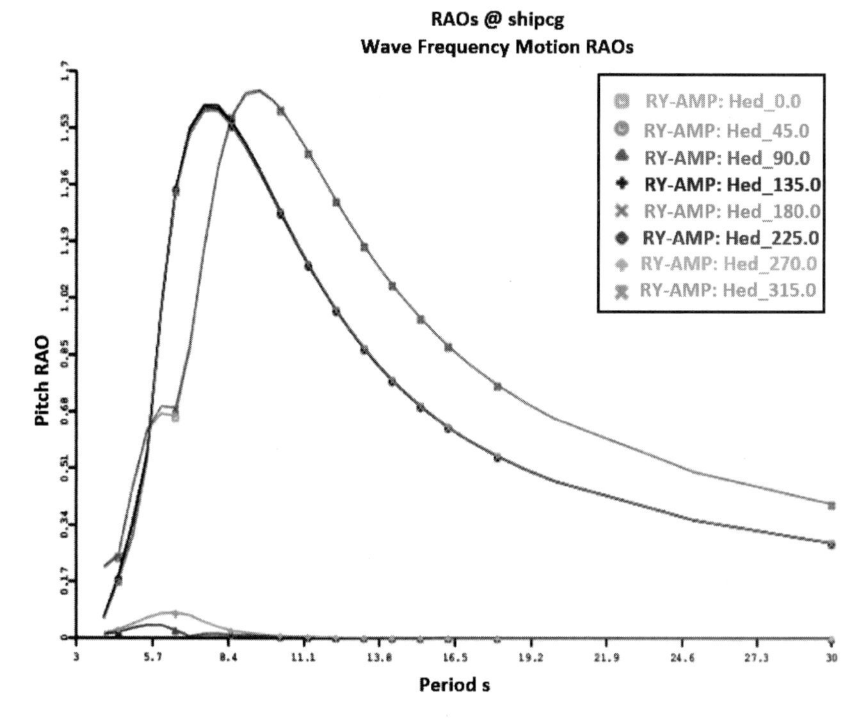

图 5.48　船体重心位置横摇运动 RAO

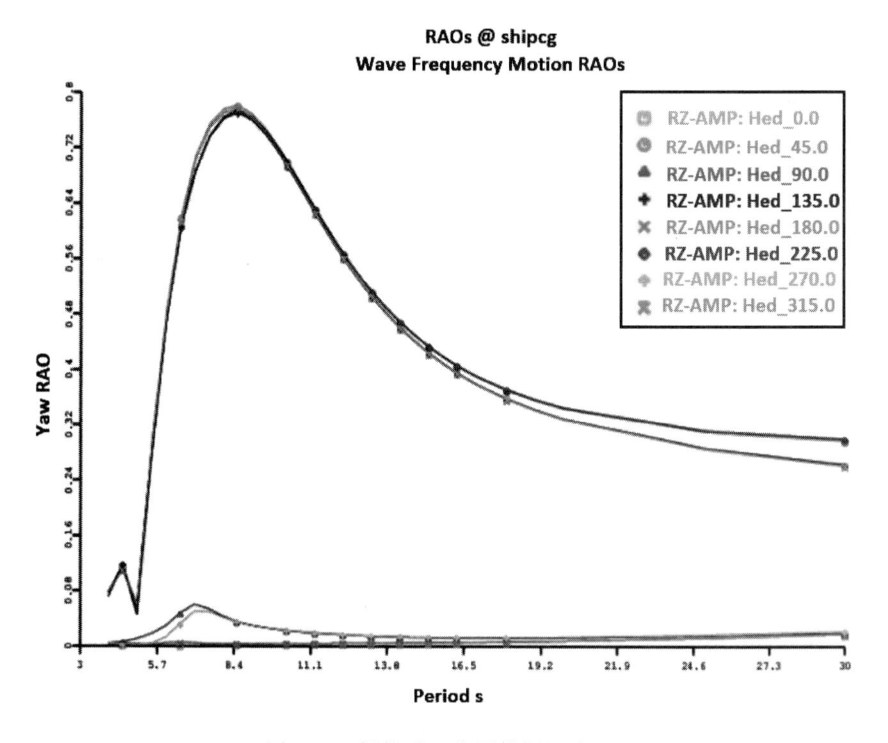

图 5.49　船体重心位置艏摇运动 RAO

驳船拖航状态下，垂荡运动、横摇、纵摇固有周期均在 5～8s 的范围内，设计海况对应谱峰周期 T_p=8.33～12.7s。随着波浪峰值周期的增加，波浪主要能量范围逐渐远离横摇固有周期峰值，可以预见谱峰周期 8.33s 工况的横摇运动最大。纵摇运动 RAO 峰值接近 10s，可以预见当谱峰周期接近 10s 时船体纵摇运动将达到最大。

对所有 csv 文件格式的运动计算结果进行汇总，结果见表 5.11 至表 5.15。可以发现，横摇运动响应最大的工况为 T_p=8.33s，最大横摇幅值为 13.94°；最大纵摇运动发生在 T_p=10.50s，最大纵摇幅值为 6.85°。

需要说明的是，这里的加速度计算结果并没有考虑重力加速度在极端纵摇/横摇条件下对于纵荡、横荡方向的加速度贡献。想要得到船体或货物重心的合成加速度可以参考 3.3.9 节 **FR_FCARGO**、**ST_FCARGO** 等命令，也可以通过手算来进行组合。

表 5.11　运动计算结果 H_s=5.4，T_p =8.30s

序号	H_s=5.4m T_p=8.30s	运动极值						运动加速度极值					
		纵荡/m	横荡/m	垂荡/m	横摇/°	纵摇/°	艏摇/°	纵荡/（m/s²）	横荡/（m/s²）	垂荡/（m/s²）	横摇/（°/s²）	纵摇/（°/s²）	艏摇/（°/s²）
1	BST5	0.82	2.04	2.49	**13.94**	6.13	2.66	0.48	2.02	1.80	11.26	4.39	1.89
2	BST6	0.79	2.19	2.61	**13.94**	6.13	2.66	0.49	2.16	1.87	11.26	4.39	1.89
3	FL1	1.32	4.95	4.92	**13.94**	6.13	2.66	1.15	4.54	3.43	11.26	4.39	1.89
4	FL2	1.02	4.08	4.47	**13.94**	6.13	2.66	0.90	3.74	3.16	11.26	4.39	1.89
5	BR7	1.24	1.46	4.53	**13.94**	6.13	2.66	0.70	1.30	3.66	11.26	4.39	1.89
6	BR8	1.33	1.75	5.25	**13.94**	6.13	2.66	0.76	1.18	3.75	11.26	4.39	1.89
7	船体重心	1.56	1.7	2.49	**13.94**	6.13	2.66	0.80	1.12	1.77	11.26	4.39	1.89

表 5.12　运动计算结果 H_s=5.4m，T_p =9.77s

序号	H_s=5.4m T_p=9.77s	运动极值						运动加速度极值					
		纵荡/m	横荡/m	垂荡/m	横摇/°	纵摇/°	艏摇/°	纵荡/（m/s²）	横荡/（m/s²）	垂荡/（m/s²）	横摇/（°/s²）	纵摇/（°/s²）	艏摇/（°/s²）
1	BST5	1.38	1.87	2.73	12.83	6.73	2.75	0.53	1.64	1.60	9.06	3.48	1.70
2	BST6	1.33	1.99	2.9	12.83	6.73	2.75	0.52	1.76	1.67	9.06	3.48	1.70
3	FL1	1.25	4.27	5.42	12.83	6.73	2.75	0.94	3.77	3.08	9.06	3.48	1.70
4	FL2	1.08	3.53	4.78	12.83	6.73	2.75	0.74	3.11	2.82	9.06	3.48	1.70
5	BR7	1.84	1.66	4.31	12.83	6.73	2.75	0.73	1.09	3.13	9.06	3.48	1.70
6	BR8	1.96	1.99	5.46	12.83	6.73	2.75	0.78	1.09	3.25	9.06	3.48	1.70
7	船体重心	2.45	2.29	2.79	12.83	6.73	2.75	0.97	1.18	1.60	9.06	3.48	1.70

表5.13 运动计算结果 H_s=5.4m，T_p=10.50s

序号	H_s=5.4m T_p=10.50s	运动极值						运动加速度极值					
		纵荡/m	横荡/m	垂荡/m	横摇/°	纵摇/°	艏摇/°	纵荡/（m/s^2）	横荡/（m/s^2）	垂荡/（m/s^2）	横摇/（°/s^2）	纵摇/（°/s^2）	艏摇/（°/s^2）
1	BST5	1.68	1.85	2.96	12.14	**6.85**	2.73	0.56	1.49	1.49	9.02	3.58	1.56
2	BST6	1.62	1.95	3.12	12.14	**6.85**	2.73	0.55	1.60	1.56	9.02	3.58	1.56
3	FL1	1.28	3.96	5.60	12.14	**6.85**	2.73	0.85	3.44	2.89	9.02	3.58	1.56
4	FL2	1.20	3.27	4.92	12.14	**6.85**	2.73	0.69	2.84	2.63	9.02	3.58	1.56
5	BR7	2.16	1.77	4.17	12.14	**6.85**	2.73	0.73	1.01	2.87	9.02	3.58	1.56
6	BR8	2.28	2.08	5.45	12.14	**6.85**	2.73	0.78	1.03	3.04	9.02	3.58	1.56
7	船体重心	2.78	2.42	3.02	12.14	**6.85**	2.73	1.00	1.14	1.50	9.02	3.58	1.56

表5.14 运动计算结果 H_s=5.4m，T_p=11.97s

序号	H_s=5.4m T_p=11.97s	运动极值						运动加速度极值					
		纵荡/m	横荡/m	垂荡/m	横摇/°	纵摇/°	艏摇/°	纵荡/（m/s^2）	横荡/（m/s^2）	垂荡/（m/s^2）	横摇/（°/s^2）	纵摇/（°/s^2）	艏摇/（°/s^2）
1	BST5	2.24	1.89	3.32	10.71	6.78	2.62	0.61	1.25	1.30	7.71	3.02	1.45
2	BST6	2.18	1.98	3.46	10.71	6.78	2.62	0.60	1.34	1.35	7.71	3.02	1.45
3	FL1	1.50	3.43	5.79	10.71	6.78	2.62	0.71	2.88	2.5	7.71	3.02	1.45
4	FL2	1.58	2.83	5.06	10.71	6.78	2.62	0.61	2.38	2.27	7.71	3.02	1.45
5	BR7	2.74	1.99	3.90	10.71	6.78	2.62	0.78	0.89	2.42	7.71	3.02	1.45
6	BR8	2.86	2.25	5.34	10.71	6.78	2.62	0.82	0.93	2.62	7.71	3.02	1.45
7	船体重心	3.35	2.62	3.38	10.71	6.78	2.62	1.03	1.04	1.30	7.71	3.02	1.45

表5.15 运动计算结果 H_s=5.4m，T_p=12.70s

序号	H_s=5.4m T_p=12.70s	运动极值						运动加速度极值					
		纵荡/m	横荡/m	垂荡/m	横摇/°	纵摇/°	艏摇/°	纵荡/（m/s^2）	横荡/（m/s^2）	垂荡/（m/s^2）	横摇/（°/s^2）	纵摇/（°/s^2）	艏摇/（°/s^2）
1	BST5	2.51	1.94	3.46	10.03	6.65	2.54	0.63	1.16	1.21	7.09	2.85	1.23
2	BST6	2.45	2.03	3.59	10.03	6.65	2.54	0.61	1.24	1.26	7.09	2.85	1.23
3	FL1	1.68	3.24	5.83	10.03	6.65	2.54	0.66	2.65	2.34	7.09	2.85	1.23
4	FL2	1.81	2.67	5.09	10.03	6.65	2.54	0.58	2.18	2.10	7.09	2.85	1.23
5	BR7	2.99	2.10	3.78	10.03	6.65	2.54	0.79	0.84	2.23	7.09	2.85	1.23
6	BR8	3.11	2.33	5.26	10.03	6.65	2.54	0.83	0.88	2.43	7.09	2.85	1.23
7	船体重心	3.59	2.69	3.52	10.03	6.65	2.54	1.02	0.99	1.22	7.09	2.85	1.23

一般情况下出于保守考虑，工程实践采用手算叠加的方式，将重力加速度在纵摇、横摇最大倾角状态下，在船长、船宽方向上的分量叠加到对应方向运动加速度分析结果上。同时，船体在给定风速条件下的静纵倾、横倾也应同时予以考虑。相对而言，这样处理得到的加速度偏大，得到的结果用于结构分析通常偏于保守。

运动分析结果汇总见表5.16，运动加速度分析结果汇总见表5.17。

表5.16 运动分析结果汇总

序号	货物	运动计算值					
		X/m	Y/m	Z/m	Rx/°	Ry/°	Rz/°
1	BST5	2.51	2.04	3.46	13.94	6.85	2.75
2	BST6	2.45	2.19	3.59	13.94	6.85	2.75
3	FL1	1.68	4.95	5.83	13.94	6.85	2.75
4	FL2	1.81	4.08	5.09	13.94	6.85	2.75
5	BR7	2.99	2.10	4.53	13.94	6.85	2.75
6	BR8	3.11	2.33	5.46	13.94	6.85	2.75

表5.17 运动加速度分析结果汇总（未考虑重力分量贡献）

序号	货物	加速度计算值（平动方向结果换算为g）					
		X/g	Y/g	Z/g	Rx/(°/s^2)	Ry/(°/s^2)	Rz/(°/s^2)
1	BST5	0.06	0.21	0.18	11.26	4.39	1.89
2	BST6	0.06	0.22	0.19	11.26	4.39	1.89
3	FL1	0.12	0.46	0.35	11.26	4.39	1.89
4	FL2	0.09	0.38	0.32	11.26	4.39	1.89
5	BR7	0.08	0.13	0.37	11.26	4.39	1.89
6	BR8	0.08	0.12	0.38	11.26	4.39	1.89

6 结构物吊装分析

6.1 吊装分析的基本内容与要求

6.1.1 说明

本章介绍的指导原则和计算方法主要参考 DNVGL ST N001 的有关规定，这些要求通常是被海洋工程工业界所普遍接受的，当然，在具体执行过程中，还应考虑有关国家、地方和公司的相关规定。

6.1.2 吊装设计需要考虑的事项

在进行海上结构物吊装设计时，要仔细考虑以下情况是否满足要求。

（1）起重船舶的选择：包括起重船的甲板面积大小、各项能力参数，尤其是起重机的起吊能力，并应考虑起重机的回转作业半径范围和吊高高度，起重机是否固定或能够旋转以及是否在指定的海况下进行操作。

（2）评估吊物：包括结构的大小、强度、重量以及吊点位置以及吊点设计强度。

（3）起重索具设置：包括吊索，卸扣和任何吊具框架或平衡梁等。

（4）起重船的系泊布置与相关操作。

（5）操作环境窗口的选择，建议的限制性天气条件以及预期的起重船在这些条件下可能产生的运动。

（6）起吊安装工艺流程安排，比如提升前切割绑扎件的安排、对起吊各个阶段进行科学评估等。

（7）辅助船舶的布置和安排等。

浮吊吊装导管架平台组块如图 6.1 所示。

图 6.1　浮吊吊装导管架平台组块

6.1.3　海上结构物吊装分析的主要考察因素

1. 吊钩负荷力

在海上安装作业时，吊钩作为吊装作业的关键点，其强度和能力至关重要。波浪作用在起重船导致的运动带动吊机臂和吊物摆动所产生的附加力会影响吊装作业安全。一般吊装力的简单估算方法可以为：

吊钩负荷（Hook Load）=吊装物重量（Lift Weight）×动力放大系数（DAF）　　（6.1）

放大系数（动力放大系数 Dynamic Amplification Factor，DAF）通常根据操作经验，或者建立分析模型并考虑船体运动与吊装物的耦合作用进行计算给出，在初步估算时也可以参考 DNVGL ST N001 的相关推荐值。

2. 吊点高度

在实际的作业中，受到现场环境载荷的影响，起重机的最大吊点高度往往会受到一定的限制，当臂杆与水平面成一定角度时才能得到目前起重机的最大吊装高度。进一步地，当满足吊装水平距离时，可以给出对应状态吊钩能达到的最大高度。最大吊点高度一般在海上起重设备中都有标注，在计算分析时需要充分考虑吊点位置、吊索（sling）长度、起吊结构物高度、安全距离等因素的影响。

3. 起吊结构物与附近结构物的安全距离

安全距离需要根据不同的设计条件灵活选用，主要目标是避免吊装结构物与附近结构物发生碰撞；吊装结构物需要安全平稳放置在指定位置；避免结构物受到波浪拍击影响等。

4. 吊装船的稳性

吊装船还需要进行吊装作业的稳性分析，通常稳性计算书中包含了吊装船在吊装作业状态下的稳性情况，一般按照稳性计算书的计算范围进行货物吊装设计即可，但有时也需要进行特定场景下的稳性分析，具体可以参考船舶稳性的相关规范要求。

典型吊机组成如图 6.2 所示。

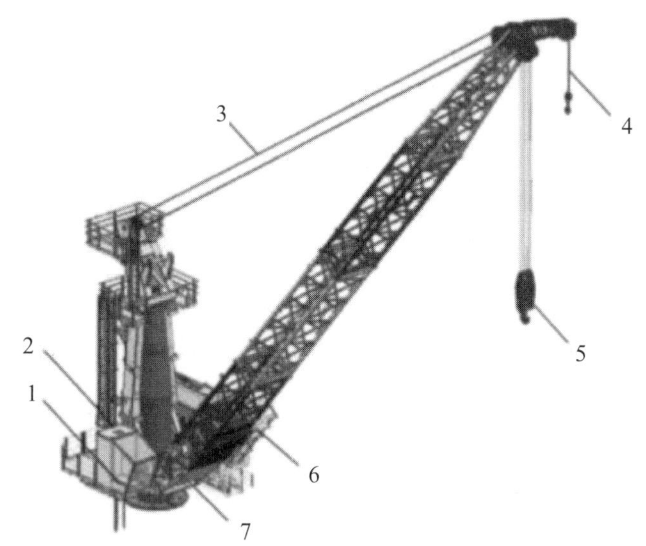

1—控制室；2—吊塔；3—吊索；4—辅吊钩；5—主吊钩；6—卷场机；7—悬壁

图 6.2　典型吊机组成

6.2　吊装分析模型的建立

6.2.1　主要起重船类型

大型起重船作为海洋工程的辅助船舶，不仅在海洋油气田的开发过程中发挥着重要的作用，同时也是海上工程吊装作业、海洋打捞作业中不可或缺的装备。大型起重船的出现使得海上工程周期大为缩短，减少了海上作业步骤从而提高了安全性。目前，世界上拥有起重船较多的国家有日本、韩国、中国、挪威等，目前主流的起重船可大致分为 4 类。

（1）船型单体起重船。以我国的“蓝疆”号为代表的自航单体起重船（图 6.3），除了装备全回转起重机外，同时配备了海底管道铺设装备，可以承担海底油气管线的铺设作业。“蓝疆”号主吊起重能力 3800t，可全回转作业，船体总长 157.5m，型宽 48m，满载排水量 58000t，可在 150m 水深范围内实施起重和铺管作业。

（2）半潜式起重船。这种船型一般被称为第三代全回转起重船，最早出现于 20 世纪 70 年代，主要由半潜船体、上层甲板、起重机 3 部分组成。半潜船型由于其耐波性较好，能适应较恶劣的海况，比较适合在水深大、海况恶劣的海域作业，但由于其造价比较昂贵，因此世界上只有少数几家公司拥有该类型船。比如 Saipem 公司的 Saipem 7000（图 6.4），该船配备了两台 7000t×45m 起重机，能力强大。

（3）自升式安装船。目前，随着海上风电行业的发展，海上风机的安装需求日益旺盛。海上风机的安装基本都是由自升式安装船或浮式起重船完成，自升式安装船由于其经济性较好，越来越受到海上风电行业的青睐。

图 6.3　“蓝疆”号起重船

图 6.4　Saipem 7000

一般海上风机的典型安装方式为：由运输船装载风机部件或者风机基础拖航至作业现场，起吊安装船从运输船上吊起部件完成安装或者进行打桩作业。由于自升式安装船具备一定的甲板面积，能够实现货物拖航与安装一体化作业，从而减少建设周期和建设成本。

以国外 OCL 公司的自升式风机起吊安装船（图 6.5）为例：该船配备 4 根 78m 桩腿，到达作业区域后桩腿插入海底支撑并固定船体。通过液压升降装置可以调整船身完全或部分露出水面，形成不受波浪影响的稳定平台，可以在相对恶劣的天气海况下工作，且安装速度较快。该安装船最大承载重量为 4500t、自航速度 7.5 节、采用 DP2 定位，可提供厘米级的定位精度；船上配备的主起重机吊钩高度可达甲板以上 110m；最大起重能力为 1000t×25m。

图 6.5　自升式风机起吊安装船

（4）Bottom Feeder。Bottom Feeder 是由 Versabar 公司提出的新的起重船概念，其整体结构分为左右两个大小形状基本一致的驳船共同支撑两个门形桁架吊，门梁处有吊机。门型桁架结构左右腿支撑在左右驳船上，一侧为铰支，一侧为固支。这样的设计减轻了左右驳船产生相对运动时施加在龙门结构上的载荷作用。

2007 年，Bottom Feeder 完成了其第一次任务，拆除 1000t 的平台甲板。此后，该船陆陆续续完成了 40 余个项目，在结构吊装安装、导管架拆除工作中表现非常好。之后该公司又建造了能力更强的 VB10000，如图 6.6 所示。该船单体起吊能力 7500t，是美国境内能力最强的海上起吊装备，同时装备 DP3，作业能力大幅提升。该船自 2010 年至今已完成了 50 个项目，能力强悍。

图 6.6　Bottom Feeder VB10000

6.2.2 起重船和起吊结构物模型建立

MOSES 在吊装分析中主要使用的连接单元是吊索单元（SLINGS）。

1. 吊装船与吊索、吊钩的模拟

船体的建模方法在之前的章节中已经有了详细描述，在此不在赘述。

通常，吊装分析可以忽略船体在波浪作用下的运动对于起吊物所带来的影响，一方面，由于吊装作业通常在天气较好的气象条件下作业，船舶运动通常较小；另一方面，吊装结构物通过弹性缆绳与起重机连接，吊装物一般运动较小，尤其是运动加速度较小，因而可以通过准静态过程进行模拟，所以在吊装分析模型中通常仅需定义固定起吊点、吊索、吊钩以及起吊物即可。

此处介绍如何建立吊索（吊杆）模型。吊索（吊杆）通过两方面来模拟：

（1）在模型文件中模拟吊钩（吊索）的物理参数，比如吊索长度以及弹性模量等。

（2）在计算命令中模拟吊索（吊杆）力学和作业动作，比如吊索的预张力、每次提升的速度等。

吊索（吊杆）的物理参数通过~CLASS 定义。

```
~CLASS,SLING,OD,-LEN,L,- OPTIONS
```

其中 CLASS 为用户定义的缆索单元名称；OD 定义吊索（吊杆）等效直径；L 为吊索长度；OPTIONS 此处唯一可用的选项为弹性模量（-EMODULUS）。

SLING 单元在 MOSES 中为线模型，其受力仅取决于线的伸长量与弹性模量。单元横截面积根据 OD（英寸或毫米）计算并假设其截面是圆形的，其轴向刚度为通过等效直径计算的横截面积与指定的弹性模量的乘积。

在吊装中，吊钩（hook）通过其他吊索连接到起吊物上的吊点位置。在 MOSES 中，吊钩可以最多连接 4 个吊索，整个系统被称为吊组（tip-hook）。用户可以定义几个不同的吊组来连接物体的不同吊装部位。

通过以下命令组装吊组：

```
ASSEMBLY T-H_DEFINITION, NAME, BHE, EL(1), …,  EL(4), –OPTIONS
```

NAME 对应吊组名称，BHE 为吊臂与吊钩之间缆绳名称，材质必须为 SLING 且只连接吊臂点。EL(i)为定义的吊索名称，连接吊钩与起吊物的吊点，此时所有吊点都必须位于同一个体上。

该命令对应 OPTION 有：

```
-INITIAL
```

该选项出现的时候程序会将起吊物放置在吊钩正下方，并将该状态作为分析的起始位置。如果该选项不出现，程序会进行迭代计算以使得所有吊索缆绳处于张紧的平衡状态，并以此状态作为计算的初始位置。

```
-VERTICAL
```

在静态模拟期间，起吊结构物的配置由高度和水平面上方两个角度来确定。-VERTICAL 选项可用指定程序自动定义相关参数，不需要用户专门指定。

```
-DEACTIVATE
```

选项指示 MOSES 将所有先前定义的所有吊组设置为失效状态。

吊组组成如图 6.7 所示。

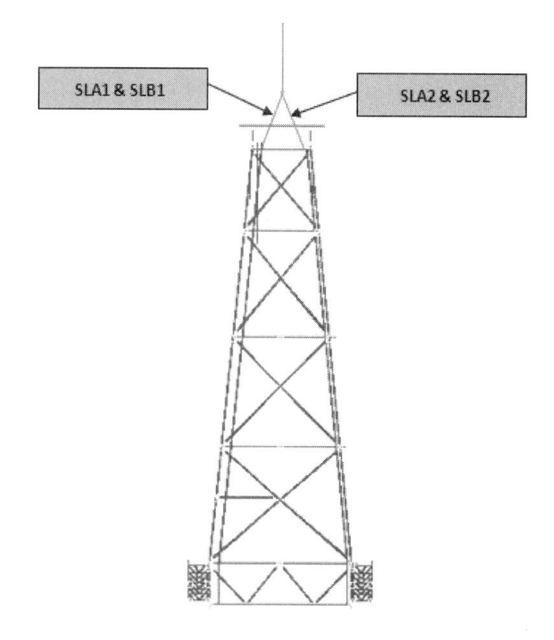

图 6.7 导管架的吊组组成示意

2. 吊装结构物的模拟

在吊装分析中，吊装结构物模型可以由用户自定义，也可以由其他软件的接口导入，比如从 SACS 导入结构模型，有两个方面的内容需要注意：

（1）吊装的重量、重心位置的分析。吊装分析对于这两个因素特别敏感，在分析设计过程中必须十分注意其准确性，保证模型与设计值一致。

（2）吊点的选择。吊点的选择需要根据吊装的作业要求、吊装结构物的特性、安装位置要求等经过多次论证来最终确定。在吊点位置确定后，就可以进行吊组的定义。

6.3 起吊与下放

6.3.1 静态过程吊装计算

MOSES 的静态过程适用于模拟导管架或者其他结构物从漂浮位置移动到直立位置或从驳船提起物体并将其降入水中的过程。

静态模拟使用命令：

```
STATIC_PROCESS
```

当用户进入静态过程菜单后，可以定义静态过程的计算方式，同时，MOSES 也提供一些辅助命令，帮助用户改变现有的过程直至最终达到期望的计算结果。通过 **BEGIN** 命令开始静态过程计算。

```
BEGIN,-OPTION
```

当发出 **BEGIN** 命令时，MOSES 将系统的“初始配置”作为平衡计算的起点。计算的起点可以通过预先估计来定义，一个贴近真实的估计结果有利于改善计算的快速性和收敛性，可以通过 **&INSTATE** 命令来修改模型中结构物的初始位置。

6.3.2 起吊和下放基本命令

在静态过程中使用 **BEGIN** 命令时，计算对象处于静止状态，此时无任何吊钩载荷或者压舱载荷施加在计算对象上。此时需要利用-OPTION 来改变物体的平衡状态，以模拟吊装物的起吊或下放的过程。-CHEIGHT 是最常用的一个辅助命令，通过这个命令可以调整吊钩高度位置，将目标物设定在某个高度的位置，通过静态计算的方式来分析吊点吊缆中的张力。

导管架的吊装就位如图 6.8 所示。

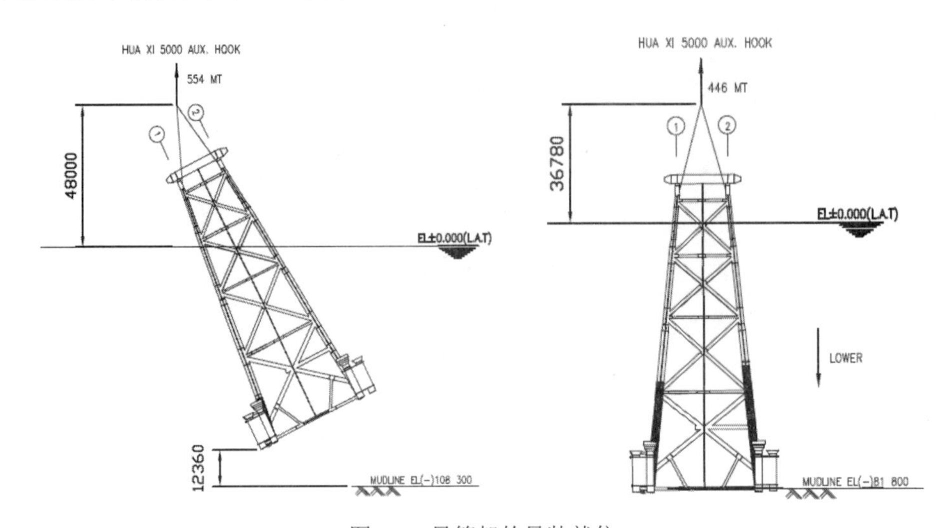

图 6.8 导管架的吊装就位

在使用 **BEGIN** 寻找静平衡位置之后，除了指定初始平衡状态以外，还需要通过 **LIFT** 命令对起吊或下放的计算过程进行设置。

```
LIFT, DZ, –OPTIONS
```

OPTION 包括以下内容：

```
–NUMBER, NUM
–SHEIGHT, HSTOP
–SHOOK, HOSTOP
–STENSION, TSTOP
–CLOSURE, TOL(1), TOL(2)
–DISPLAY, OLD(1), NEW(1), … OLD(6), NEW(6)
```

为了达到指定的吊钩高度要求，MOSES 以相同的垂直增量 DZ（英尺或米）更改吊钩的高度位置。

-NUMBER, NUM 表示按照步长 DZ 增加吊钩高度，总计算步数为 NUM。

-SHEIGHT, HSTOP 表示吊钩需要达到水面以上 HSTOP 所对应的高度，HSTOP 通过 **&DESCRIBE BODY** -sp_height 定义。

-SHOOK, HOSTOP 表示吊钩需要达到水面以上的指定高度 HOSTOP。

-STENSION, TSTOP 表示吊钩的高度与 TSTOP 所对应的吊装力相对应。

如果模拟的状态是提升，HSTOP，HOSTOP 和 TSTOP 是指定的最大值，而当模拟状态是下放时，它们是下放过程中对应的最小值。

在每个对应计算步，MOSES 将移动吊钩位置，迭代计算吊物对应俯仰角度（Pitch）、滚转角度（Roll）和对应的吊钩负载（Hook Load）等数据，随着计算的进行，各个计算步对应的计算结果都将显示在 MOSES 界面，如图 6.9 所示。

```
>STATIC_PROCESS
>begin   -CHEIGHT
           +++ S T A T I C   P R O C E S S   R E S U L T S +++
               ===============================================

        Event     Pitch      Roll    Hook H.    Hook L.  Bottom C  Tot Bal.
        -----     -----      ----    -------    -------  --------  --------

            0       5.7      -0.1      455.4     1034.1     160.7       0.0
>LIFT -5 -SHEIGHT -50
           +++ S T A T I C   P R O C E S S   R E S U L T S +++
               ===============================================

        Event     Pitch      Roll    Hook H.    Hook L.  Bottom C  Tot Bal.
        -----     -----      ----    -------    -------  --------  --------

            1       5.7      -0.1      450.4      950.9     155.7       0.0
            2       5.7      -0.1      445.4      867.6     150.5       0.0
            3       6.1      -0.1      440.4      779.1     144.9       0.0
            4       6.7      -0.1      435.4      696.4     139.1       0.0
            5       7.1      -0.1      430.4      597.1     133.4       0.0
            6       7.2      -0.1      425.4      545.8     128.2       0.0
            7       7.3      -0.2      420.4      499.7     123.1       0.0
            8       7.4      -0.2      415.4      458.2     117.9       0.0
            9       7.6      -0.2      410.4      416.8     112.7       0.0
           10       7.7      -0.2      405.4      378.2     107.5       0.0
           11       7.7      -0.2      400.4      343.8     102.5       0.0
           12       7.9      -0.2      395.4      309.5      97.3       0.0
           13       7.9      -0.2      390.4      275.2      92.3       0.0
           14       7.3      -0.2      385.6        0.6      88.4       0.0
>END
```

图 6.9　MOSES 运行界面显示的静态过程每步计算结果

当静态计算过程结束后，用户可进入后处理模块（**PRCPOST**）来查看静平衡的结果，此时通过 **STP_STD** 命令查看吊装或下放过程中每个计算步所对应的位置、高度、吃水标记、吊索张力以及整个过程轨迹图片，如图 6.10 所示。

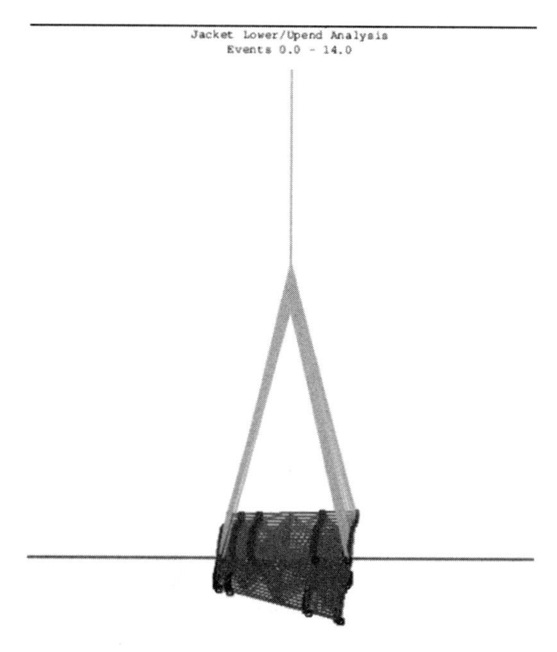

图 6.10　导管架的吊装过程模拟图

6.3.3 MOSES 分析案例

本例子为 MOSES 官方提供的算例，通过一个相对简单的导管架吊装和下放的模拟程序介绍吊装和下放的基本流程。该算例包括两个文件。

```
up_lowr.cif
up_lowr.dat
```

这两个文件可以在 http://bentley.ultramarine.com/hdesk/runs/samples/install/list.htm 中找到。up_lowr.dat 文件为吊装物模型文件，该吊装物为导管架结构。up_lowr.cif 文件包括两部分内容，分别模拟导管架的下放和导管架的扶正过程。

打开 up_lowr.cif 文件，该文件主要定义内容包括：

1. 定义量纲并读入模型

inmodel -offset 表示读入的导管架模型考虑结构杆件的 offset，**&apply** -margin str@ 5 表示对结构重量考虑 5%的冗余量，如图 6.11 所示。

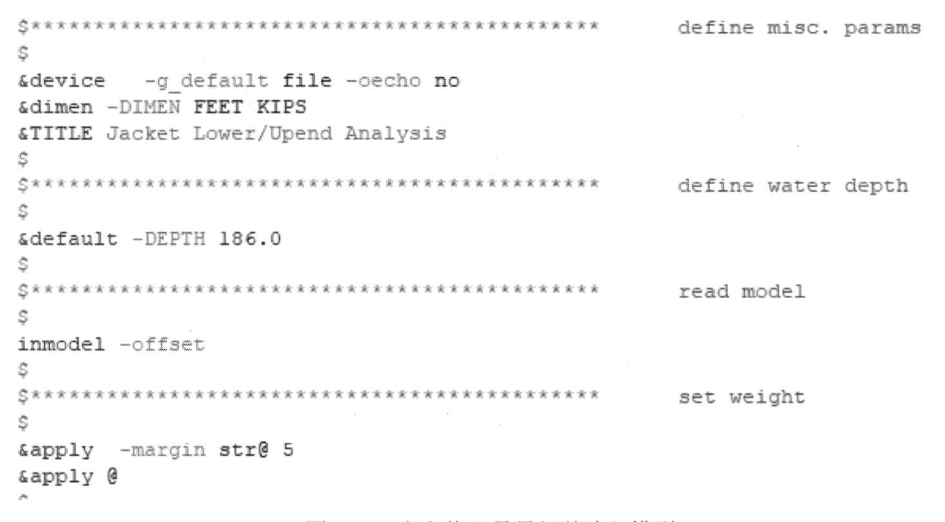

```
$*******************************************      define misc. params
$
&device   -g_default file -oecho no
&dimen -DIMEN FEET KIPS
&TITLE Jacket Lower/Upend Analysis
$
$*******************************************      define water depth
$
&default -DEPTH 186.0
$
$*******************************************      read model
$
inmodel -offset
$
$*******************************************      set weight
$
&apply  -margin str@ 5
&apply @
^
```

图 6.11 定义物理量量纲并读入模型

2. 定义过程、海况及初始位置

如图 6.12 所示，**&describe** process lower 定义结构下放过程；**&data** 定义环境条件；**&describe** part jacket-move 将导管架坐标系移动到节点*j0501、*j1001、*j0503 和*j1003 所定义的平面坐标位置，4 个节点及对应坐标为：

*J0501	-22.88	22.88	15
*J1001	-48.00	48.88	-186
*J0503	22.88	22.88	15
*J1003	48.88	48.88	-186

在使用该命令前，导管架模型矗立在海底，如图 6.13 所示。将导管架向上平移到水面位置（-move），*J1003～*J1001 的中点指向*J0503～*J0501 的中点，从而定义了新的 X 轴方向；Z 轴垂直于 X 轴为*J1003 指向*J1001 的方向。此时，导管架逆时针旋转并将其中一个立面平置在水面上，如图 6.14 所示。

```
$*******************************************      define lowering process
$
&describe process lower
$
$*******************************************      define environment
$
&data environment
   environment sea -sea issc 90 3 7 -use_mean yes
end_&data
$
$*******************************************      move part
$
&describe part jacket -move 0 0 0 *j0501 *j1001 *j0503 *j1003
&INSTATE -LOCATE jacket 0 0 10
$
```

图 6.12　定义下放过程、环境条件以及结构初始位置

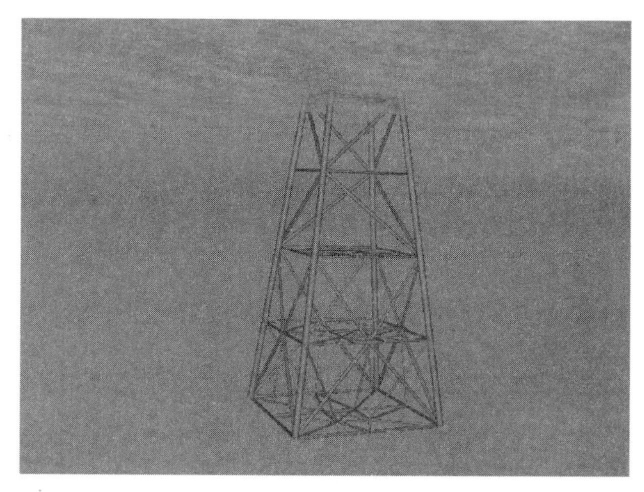

图 6.13　导管架的 MOSES 模型

图 6.14　移动后的导管架模型

3. 定义吊组

*boom 为吊杆位置，~boo 连接吊杆与吊钩，~LSL 为连接吊钩与吊点的吊索，4 个吊点分

别为 LS0602、LS0604、LS1002、LS1004。通过 **assembly** 命令组装吊组并通过-initial 选项定义初始位置，如图 6.15 所示。

```
$
$*******************************************      define lowering sling
$
MEDIT
   &describe part ground
   *boom 199.20      0.00    755.42
   ~boo SLING 3 -len 300
   ~LSL SLING 3 -len 400
   CONNECTOR booml  ~boo *boom
   CONNECTOR LS0602 ~LSL *j0602
   CONNECTOR LS0604 ~LSL *j0604
   CONNECTOR LS1002 ~LSL *j1002
   CONNECTOR LS1004 ~LSL *j1004
   assembly t-h_definition booml LS0602 LS0604 LS1002 LS1004 -initial
END
&instate -move -sl
&status tip-hook
&status f_connector
$
```

图 6.15　定义吊组

4. 下放进程模拟及后处理

进入静态过程计算命令，**BEGIN** -CHEIGHT 表示通过改变吊钩位置进行静态计算，**LIFT** -5 -SHEIGHT -50 表示将结构物下放，-SHEIGHT 定义的约束点在 up_lowr.dat 文件中进行了定义，即*J0601 点，该点坐标为：*J0601　-23.25　23.25　12.0，如图 6.16 所示。

```
$
$*******************************************      lower into water
$
STATIC_PROCESS
   BEGIN -CHEIGHT
   LIFT -5 -SHEIGHT -50
END
$
$*******************************************      lower post-processing
$
PRCPOST
   STP_STD
END
```

图 6.16　下放计算及后处理命令

这里模拟的下放过程最终效果是让导管架漂浮于水中，这里-SHEIGHT 后可设置一个大一点的值，以便导管架充足下放。

设置完下放过程计算命令后，设置后处理。进入后处理命令菜单，**STP_STD** 命令实现静态下放过程的数据处理和图片输出。

5. 波浪作用下频域吊索受力计算

&INSTATE -EVENT 3 提取静态过程的第三步作为目前状态，频域计算仅针对该步进行海况作用下的吊索张力计算，如图 6.17 所示。

进入频域计算菜单，计算 90°浪向下的导管架运动 RAO。输出运动响应曲线及吊索 LS0602 受到的张力响应曲线并输出海况条件作用下的受力统计值。

```
$
$*********************************************      freq. domain
$
&INSTATE -EVENT 3
&equi
&status config
&status f_connector
$
$*********************************************      freq. post-processing
$
freq_response
   rao -PERIOD 5 6 7 8 9 10 11 -HEADING 90
   fr_point
      REPORT
   END
   fr_cforce LS0602
      REPORT
   END
   st_cforce @ SEA
      REPORT
   END
END
```

图 6.17 频域下的吊索受力计算

6. 扶正过程定义、吊组定义、扶正计算与后处理

&DESCRIBE PROCESS UPEND 重新定义一个扶正过程。重新定义吊组，吊杆位置还是*boom 点，吊点位置与下放过程相同但吊索与下放过程不同，如图 6.18 所示。

```
$
$*********************************************      upending process
$
&DESCRIBE PROCESS UPEND
$
$*********************************************      define upend sling
$
MEDIT
   ~USL SLING 4 -len 80
   CONNECTOR boom2  ~boo *boom
   CONNECTOR US0601 ~USL *j0601
   CONNECTOR US0603 ~USL *j0603
   CONNECTOR US0602 ~USL *j0602
   CONNECTOR US0604 ~USL *j0604
   assembly t-h boom2 us0601 us0603 us0602 us0604 -deactivate -initial
END
&status tip-hook
&status f_connector
$
$*********************************************      upend
$
STATIC_PROCESS
   &INSTATE JACKET -GUESS *j0702 *j0704 *j0902
   begin
   LIFT  5 -SHEIGHT  35
   flood a@ 10 100 -cheight
   flood b@ 10 100 -cheight
END
$
$*********************************************      upend post
$
PRCPOST
   STP_STD
   tank_bal
      report
      end
END
```

图 6.18 定义扶正静态过程及后处理

通过 **assembly** 命令将之前定义的下放吊组设置为失效状态（-deactivate）并设置目前扶正过程的初始计算状态（-initial）。

进入静态计算过程，通过**&INSTATE** 命令设置初始位置，这里的-GUESS 选项含义是保证*j0702、*j0704 和*j0902 三个点位于水面。

LIFT 5 –SHEIGHT 35 表示每次吊点向上提升 5，约束高度为 35。-SHEIGHT 定义的约束点在 lowr.dat 文件中进行了定义，即*j0601 点，坐标为*j0601 -23.25 23.25 12.0。

flood 命令表示对导管架腿进行压载，导管架腿中的压载舱在 lowr.dat 文件中进行了定义。**flood** a@ 10 100 -cheight 表示对 a 开头的导管架腿舱室的压载量范围为 10%～100%，-cheight 表示每一步计算中随着吊点高度的变化，压载量产生变化并参与平衡计算。**flood** b@ 10 100 –cheight 表示对 b 开头的导管架腿舱室进行压载。

up_lowr.dat 定义了 4 个舱，分别位于 4 个导管架主腿内，如图 6.19 所示。

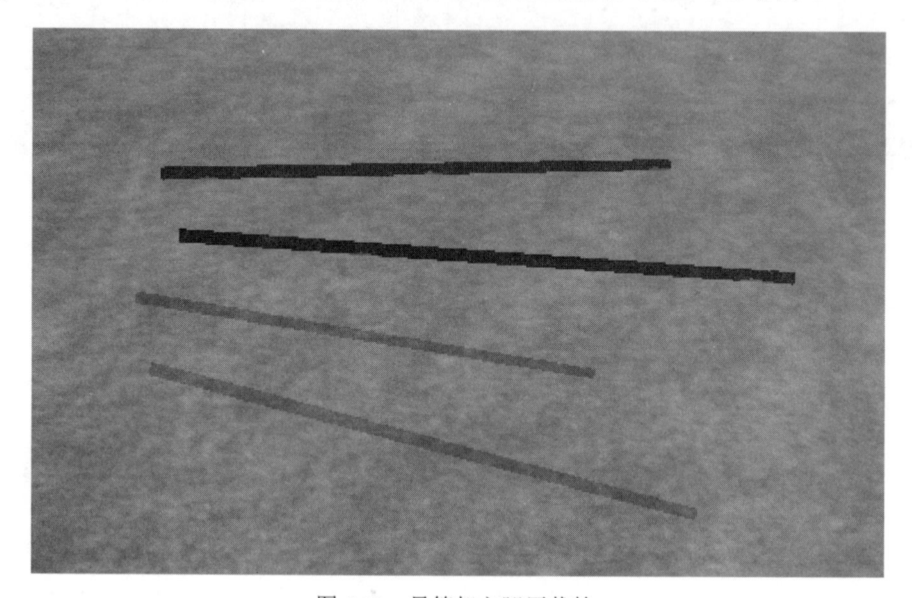

图 6.19　导管架主腿压载舱

定义好扶正计算命令后，进入后处理菜单，**STP_STD** 命令实现静态下放过程的数据处理和图片输出。**tank_bal** 将导管架腿压载舱的压载计算结果进行输出。

至此，扶正过程计算的相关命令定义完成。

在本例中还介绍了部分扶正的结构计算，这部分内容不在本书的内容范围内，在此不再介绍，如感兴趣可参考官方帮助文件进行进一步的了解。

6.3.4　计算结果

运行 up_lowr.cif 文件进行导管架下放及扶正计算。计算完毕后打开 gra00001.eps 文件查看曲线计算结果，下放过程主要计算结果包括吊钩受力（图 6.20）、吊索受力（图 6.21）、下放过程图（图 6.22）。

扶正计算主要计算结果包括吊钩受力（图 6.23）、吊索受力（图 6.24）、扶正过程图（图 6.25）。其他计算结果还包括导管架姿态、稳性等。

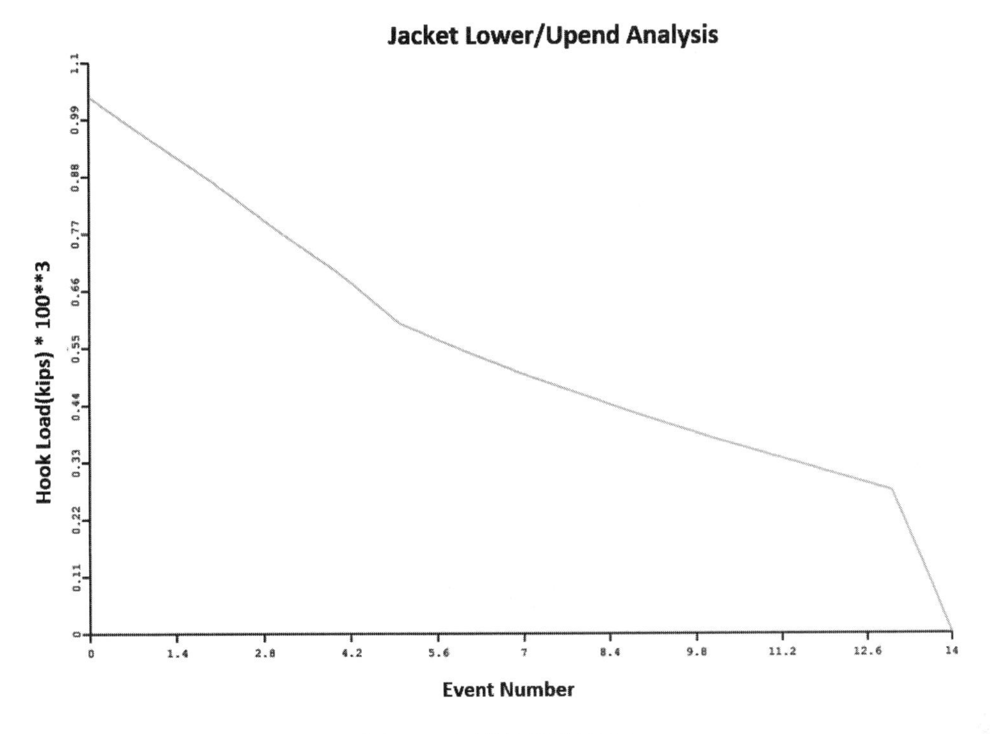

图 6.20　下放过程吊钩受力

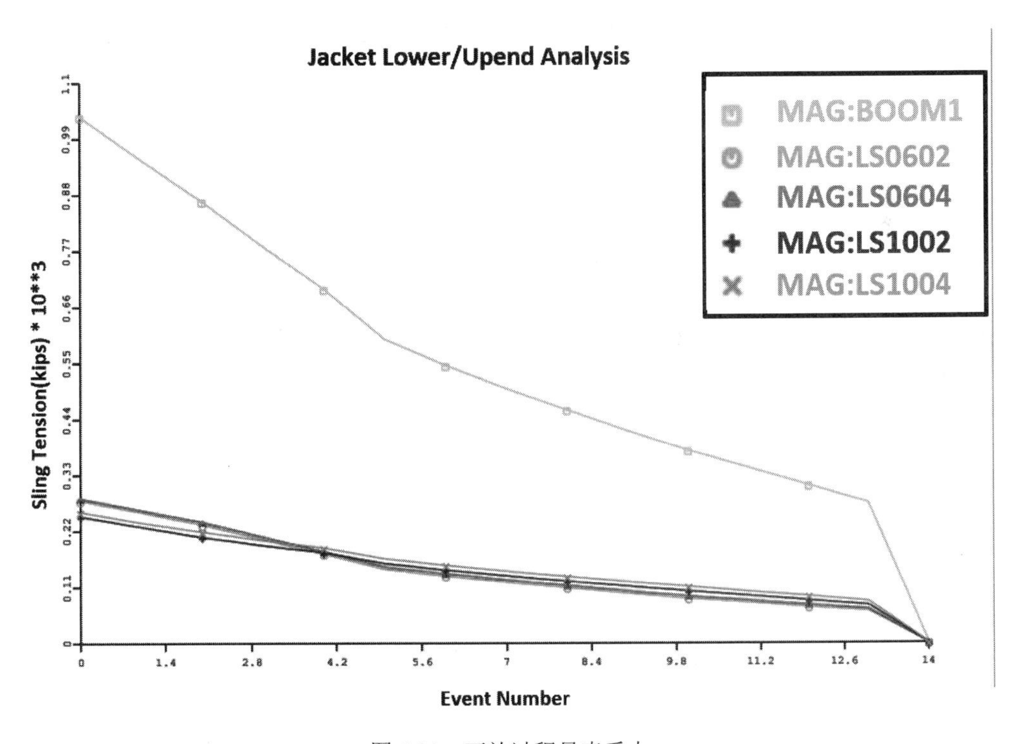

图 6.21　下放过程吊索受力

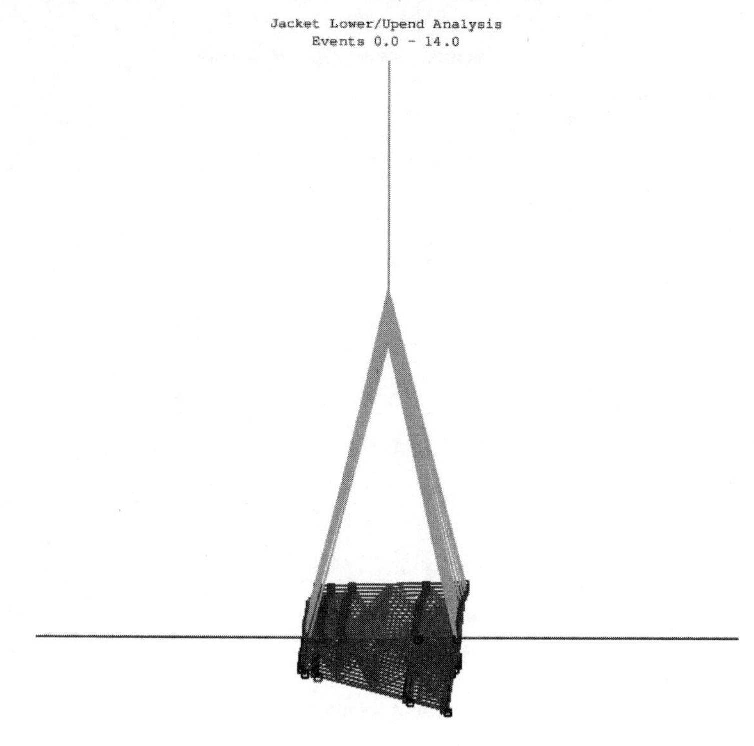

图 6.22　下放过程图

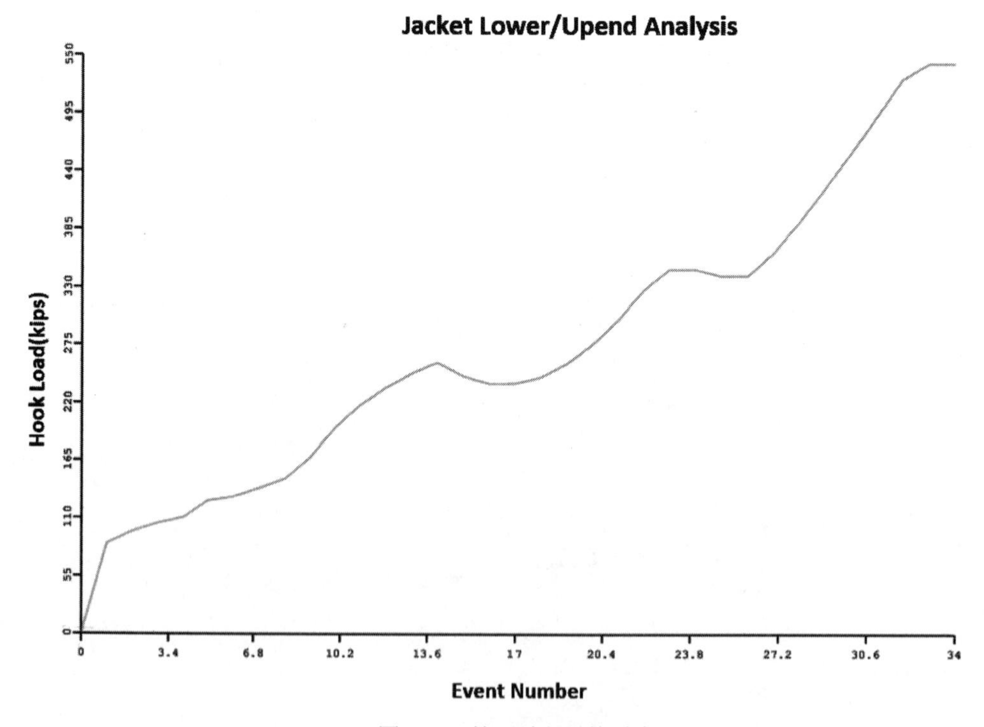

图 6.23　扶正过程吊钩受力

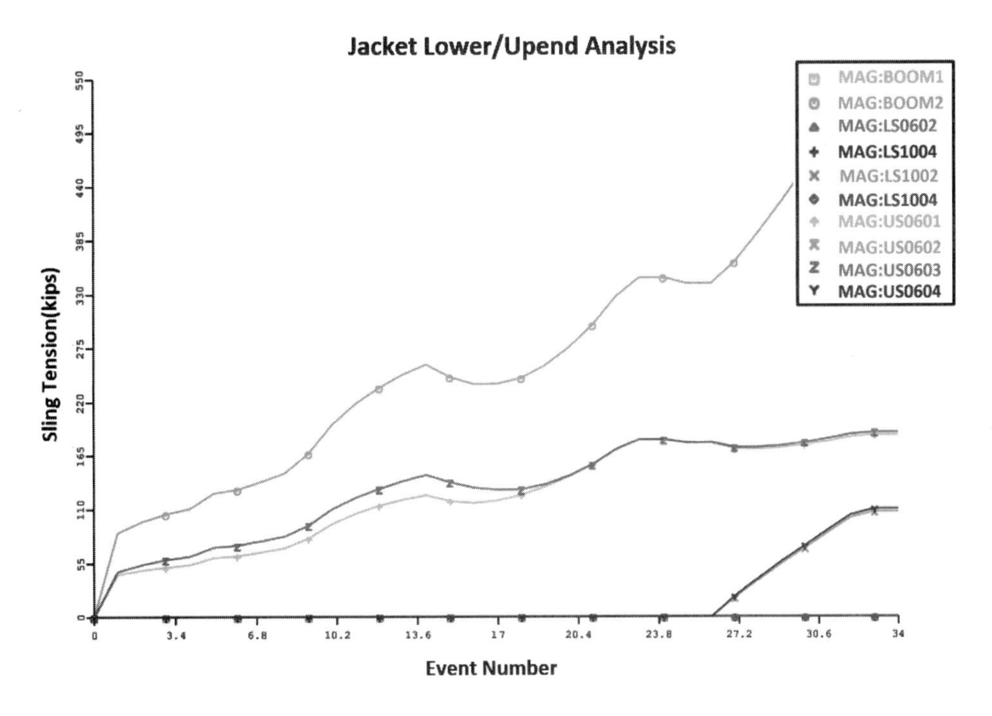

图 6.24　扶正过程吊索受力

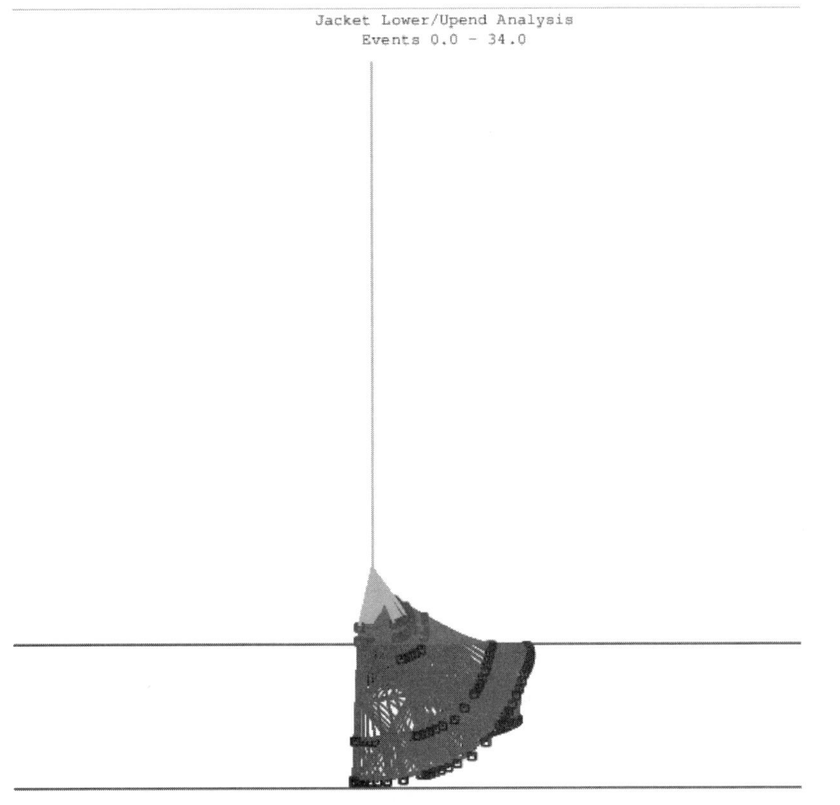

图 6.25　扶正过程图

打开 out 文件可以查看以下结果：下放过程各个步骤计算结果（图 6.26）、下放过程各个步骤结构物稳性和静水力计算结果（图 6.27）、吊索受力计算结果（图 6.28）、下放过程步骤 3 在给定海况下的吊索受力统计值（图 6.29）。

扶正过程的计算结果内容类似，但多出一个压载舱在各计算步骤的计算结果（图 6.30）。

+++ S T A T I C   P R O C E S S   P O S I T I O N +++

Process is LOWER: Units Are Degrees, Feet, and Kips Unless Specified

Event Number	Pitch Angle	Roll Angle	Hook Height	Hook Load	Total Ballast	Current Ballast	Bottom Clearance	Max Con. Force
				BEGIN -CHEIGHT				
0	-84.33	-0.07	455.42	1034.14	0.00	0.00	160.69	284.79
				LIFT -5 -SHEIGHT -50				
1	-84.33	-0.07	450.43	950.91	0.00	0.00	155.69	261.87
2	-84.25	-0.10	445.42	867.60	0.00	0.00	150.54	238.47
3	-83.88	-0.11	440.42	779.05	0.00	0.00	144.93	209.20
4	-83.33	-0.11	435.42	696.41	0.00	0.00	139.07	187.77
5	-82.88	-0.14	430.42	597.14	0.00	0.00	133.39	166.48
6	-82.79	-0.15	425.42	545.82	0.00	0.00	128.25	153.39
7	-82.69	-0.16	420.42	499.69	0.00	0.00	123.10	141.56
8	-82.59	-0.17	415.42	458.16	0.00	0.00	117.94	131.00
9	-82.43	-0.19	410.43	416.79	0.00	0.00	112.71	120.71
10	-82.25	-0.20	405.43	378.17	0.00	0.00	107.45	111.08
11	-82.25	-0.20	400.43	343.83	0.00	0.00	102.45	101.00
12	-82.13	-0.23	395.42	309.51	0.00	0.00	97.27	92.11
13	-82.13	-0.23	390.43	275.17	0.00	0.00	92.27	81.89
14	-82.73	-0.16	385.65	0.62	0.00	0.00	88.38	0.18

图 6.26　下放过程计算结果

+++ S T A T I C   P R O C E S S   S T A B I L I T Y +++

Process is LOWER: Units Are Degrees, Feet, and Kips Unless Specified

Event Number	W.P. Area	GM Transverse	GM Longitudinal	Error V.Force	Displacement + Hook Load	C.G. X	C.G. Y	C.G. Z	Disp + Hook Cen X	Disp + Hook Cen Y	Disp + Hook Cen Z
0	295	513.347	513.934	0.004	1415.7	184.19	0.14	27.52	184.52	0.15	548.63
1	256	472.115	481.955	0.006	1415.7	184.19	0.14	22.52	184.20	0.36	502.72
2	248	432.021	453.219	0.002	1415.7	184.76	0.35	17.50	184.99	0.45	456.46
3	276	388.585	424.240	0.002	1415.7	187.56	0.40	12.41	187.80	0.41	407.03
4	274	348.223	397.460	0.003	1415.7	191.63	0.44	7.32	191.90	0.44	360.45
5	190	298.503	338.810	0.003	1415.7	195.00	0.61	2.28	195.25	0.62	304.72
6	113	270.638	290.921	0.002	1415.7	195.68	0.69	-2.73	195.87	0.71	274.34
7	200	251.095	267.975	0.002	1415.7	196.41	0.76	-7.73	196.58	0.78	246.57
8	116	229.918	250.187	0.001	1415.7	197.19	0.86	-12.74	197.37	0.89	221.09
9	110	210.177	229.516	0.003	1415.7	198.37	0.98	-17.74	198.63	1.01	195.56
10	103	191.637	207.448	0.004	1415.7	199.71	1.11	-22.74	199.97	1.14	171.35
11	103	175.337	191.540	0.003	1415.7	199.71	1.11	-27.74	200.03	1.17	149.31
12	103	158.994	175.726	0.001	1415.7	200.56	1.35	-32.74	200.70	1.39	127.15
13	103	142.540	159.912	0.002	1415.7	200.56	1.35	-37.74	200.72	1.43	104.85
14	3277	125.887	548.539	0.002	1415.7	196.12	0.80	-42.51	195.99	0.80	-45.68

图 6.27　下放过程结构物稳性和静水力计算结果

+++ C O N N E C T O R   F O R C E   M A G N I T U D E S +++

Process is LOWER: Units Are Degrees, Feet, and Kips Unless Specified

Magnitude is Sqrt(X**2 + Y**2 + Z**2)

Event	Name	Magnit.	Mag/Ult.	Name	Magnit.	Mag/Ult.	Name	Magnit.	Mag/Ult.	Name	Magnit.	Mag/Ult.
0.00	BOOM1	1034.1	2.438	LS0602	280.4	0.661	LS0604	284.8	0.671	LS1002	249.3	0.588
	LS1004	258.3	0.609									
1.00	BOOM1	950.9	2.242	LS0602	257.9	0.608	LS0604	261.9	0.617	LS1002	229.2	0.540
	LS1004	237.5	0.560									
2.00	BOOM1	867.6	2.046	LS0602	233.4	0.550	LS0604	238.5	0.562	LS1002	208.8	0.492
	LS1004	219.3	0.517									
3.00	BOOM1	779.1	1.837	LS0602	204.4	0.482	LS0604	209.2	0.493	LS1002	192.3	0.454
	LS1004	202.3	0.477									
4.00	BOOM1	696.4	1.642	LS0602	175.9	0.415	LS0604	180.5	0.426	LS1002	178.4	0.421
	LS1004	187.8	0.443									
5.00	BOOM1	597.1	1.408	LS0602	145.8	0.344	LS0604	150.4	0.355	LS1002	156.9	0.370
	LS1004	166.5	0.393									
6.00	BOOM1	545.8	1.287	LS0602	132.2	0.312	LS0604	136.8	0.323	LS1002	143.9	0.339
	LS1004	153.4	0.362									
7.00	BOOM1	499.7	1.178	LS0602	120.1	0.283	LS0604	124.5	0.294	LS1002	132.3	0.312

图 6.28　下放过程吊索受力

+++ C O N N E C T O R   F O R C E   S T A T I S T I C S +++

Process is LOWER: Units Are Degrees, Feet, and Kips Unless Specified

Mean + Maximum Responses Based on a Multiplier of 3.720

Period	Name	FX	FY	FZ	MX	MY	MZ	MAG.	Ten/Brk
7.00	BOOM1	-2.10	-3.59	-785.82	0	0	0	785.83	1.8529
	LS0602	-3.16	-11.69	201.25	0	0	0	201.62	0.4754
	LS0604	-3.27	12.47	210.34	0	0	0	210.74	0.4969
	LS1002	94.38	-23.93	176.52	0	0	0	201.59	0.4753
	LS1004	101.18	25.96	189.17	0	0	0	216.09	0.5095

图 6.29　下放过程步骤 3 在给定海况下的吊索受力统计值

+++ C O M P A R T M E N T   B A L L A S T +++

Process is UPEND: Units Are Degrees, Feet, and Kips Unless Specified

Event	Tank	Percent	Sounding	Ullage	Amount	Pres Head	Max DHead	Flow (CFS)
25.00	A1	86.75	179.166	20.081	160.607	0.00	0.03	0.08
	A2	86.75	179.150	20.096	160.608	0.00	0.01	-0.06
	B1	10.00	25.273	158.298	18.523	0.00	107.08	4.90
	B2	10.00	25.291	158.281	18.523	0.00	107.00	4.89
26.00	A1	87.15	178.569	21.753	161.519	0.00	0.01	0.04
	A2	87.15	178.583	21.740	161.518	0.00	0.05	0.11
	B1	20.00	43.010	150.204	37.047	0.00	105.81	4.87
	B2	20.00	42.998	150.216	37.047	0.00	105.88	4.87
27.00	A1	87.20	177.861	22.947	161.428	0.00	0.03	0.08
	A2	87.29	178.101	22.715	161.787	0.00	0.05	-0.11
	B1	30.00	61.839	135.455	55.570	0.00	95.22	4.62
	B2	30.00	61.817	135.477	55.570	0.00	95.40	4.62
28.00	A1	87.08	177.150	23.888	161.387	0.00	0.05	0.11
	A2	87.17	177.397	23.646	161.380	0.00	0.01	0.05
	B1	40.00	81.179	117.943	74.094	0.00	80.02	4.23
	B2	40.00	81.165	117.957	74.094	0.00	80.23	4.24

图 6.30　扶正过程步骤 25～28 对应的压载舱情况

本例子简单介绍了使用 MOSES 进行结构物海上吊装和扶正分析的流程。海上吊装和扶正分析涉及的专业多、专业工作面有交叉、计算过程复杂，需要工程师具备一定的跨专业能力以及工程经验和现场经验。

实际工程分析需要根据实际情况进行设计和分析，本章例子仅供参考。

7 系泊分析

7.1 基本参数

本节介绍使用 MOSES 进行内转塔 FPSO 系泊分析的基本输入参数，环境条件采用南海某油田的数据，系泊系统为 3×3 的内转塔单点系泊系统，具体输入参数见表 7.1～表 7.3。限于篇幅，这里仅对目标 FPSO 满载吃水工况进行系泊分析。

表 7.1 目标 FPSO 主尺度

目标船主尺度		
垂线间长 L_{BP}	m	267
型宽 B	m	50.0
型深 D	m	25.1
满载吃水 t	m	16.5
满载排水量 Δ	t	170800
纵向重心位置 LXG（相对于船舯）	m	0.0
横向重心位置 BXG	m	0.0
垂向重心位置 ZXG（相对于船底基线）	m	14.3
X 轴回转半径 K_{xx}	m	17.0
Y 轴回转半径 K_{yy}	m	68.4
Z 轴回转半径 K_{zz}	m	68.4
横初稳性高 GM_T	m	6.9
横剖面方向迎风面积 A_T	m^2	1300
纵剖面方向迎风面积 A_L	m^2	4200

目标 FPSO 的系泊系统为典型 3×3 布置，3 组系泊缆间距 120°，组内系泊缆之间间距 5°，

系泊半径（系泊缆上端悬挂点到锚点的水平距离）877m。单根系泊缆从锚点至上端悬挂点由锚链－钢缆－配重链－钢缆组成，悬挂段锚链配备额外两股同材质的配重链，起到增大系泊系统恢复刚度的作用。

表 7.2　系泊缆信息

由锚点至锚链盘	直径 /mm	空气中重量/（kg/m）	水中重量/（kN/m）	腐蚀折减后破断强度/kN	轴向刚度 /kN	长度 /m
R4 无档锚链	142	407.3	3.473	17400	1.19E6	51
Spiral Strand 钢芯钢缆	134	93.7	0.733	17800	1.78E6	501
R4 S 无档锚链（配备配重链）	142	407.3×3	3.473×3	17400	1.19E6	101
Spiral Strand 钢芯钢缆	134	93.7	0.733	17800	1.78E6	251

用于系泊分析的环境条件为南海某海域百年一遇环境条件，分别包括波浪、风、流主导的环境条件数据，见表 7.3。

表 7.3　环境条件

参数	百年一遇		
	波浪主导环境条件	风主导环境条件	流主导环境条件
H_s /m	12.8	11.8	11.4
T_p /s	15.0	14.3	14.0
γ	2.6	2.6	2.6
1 小时平均风速 /（m/s）	41.2	43.4	39.4
表层流速 /（m/s）	2.20	2.15	2.36
中层流速 /（m/s）	1.79	1.75	1.92
低层流速 /（m/s）	1.00	0.97	1.07

7.2　系泊分析模型的建立

7.2.1　船体模型

假定 FPSO 目标船型为 17 万吨的 VLCC，模型通过经典 ANSYS 建模导入 MOSES 中进行计算。目标船体型值数据见附录 B。

在经典 ANSYS 中将型值数据输入，建立点－线－面模型并进行单元划分，设置单元大小为 5m，效果如图 7.1 所示。将半宽模型关于 *XZ* 平面映射，形成完整的船体模型如图 7.2 所示。

由于 MOSES 中船体模型坐标系一般为船艏指向船艉，这里将船体模型在柱坐标系下旋转 180°，如图 7.3 所示。FPSO 的内转塔旋转轴位于船艏，距离船艄 117m，这里将旋转后的模型

沿着 X 轴正方向移动 117m，最终建模的原点位于船艏船底，距离船舯横剖面 117m，如图 7.4 所示。

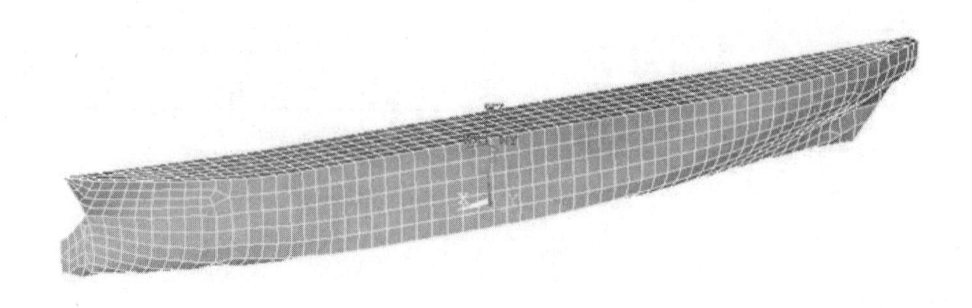

图 7.1　VLCC 半宽船体模型，5m 网格大小

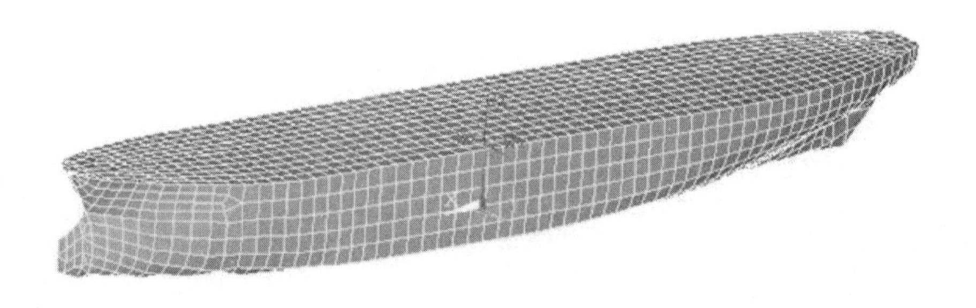

图 7.2　VLCC 完整船体模型，5m 网格大小

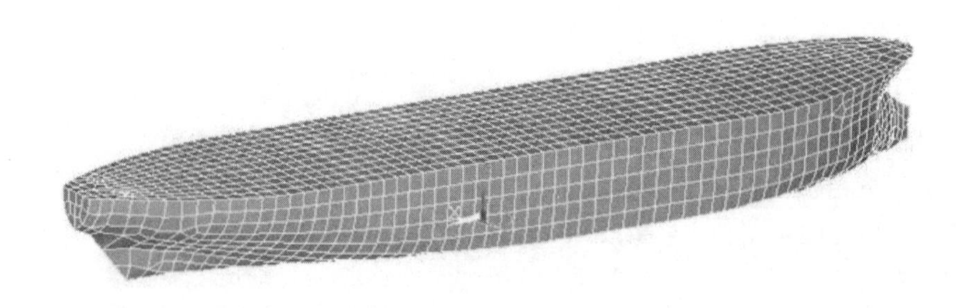

图 7.3　将船体旋转 180°

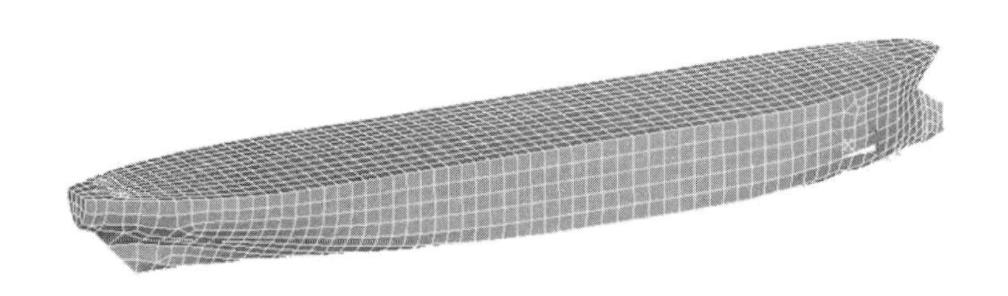

图 7.4 将船体沿 X 轴正方向移动 117m

将 ANSYS 模型的节点信息（nlist 文件）和单元信息（elist 文件）输出并保存，将其转换为 MOSES 的节点和 PANEL 单元格式，组装 MOSES 模型，具体的过程可参考 3.4.13 节相关内容。

将单元节点信息以*P 重新命名，如图 7.5 所示，对单元信息重新定义为 MOSES 的 PANEL 格式，如图 7.6 所示。新建 tanker.dat 文件，输入节点信息、单元信息以及模型定义等命令。

1	51.75	0	0	*p0001	51.75	0	0
2	51.75	-25	25.1	*p0002	51.75	-25	25.1
3	51.75	-4.8924	-1.19E-02	*p0003	51.75	-4.8924	-0.01186
4	51.75	-9.7847	-1.60E-03	*p0004	51.75	-9.7847	-0.0016
5	51.75	-14.677	6.89E-03	*p0005	51.75	-14.677	0.006893
6	51.75	-19.568	-0.10907	*p0006	51.75	-19.568	-0.10907
7	51.75	-24.234	0.80202	*p0007	51.75	-24.234	0.80202
8	51.75	-25.045	5.5308	*p0008	51.75	-25.045	5.5308
9	51.75	-25.074	10.423	*p0009	51.75	-25.074	10.423
10	51.75	-25.063	15.315	*p0010	51.75	-25.063	15.315
11	51.75	-25.035	20.208	*p0011	51.75	-25.035	20.208
12	38.7	-24.94	25.17	*p0012	38.7	-24.94	25.17
13	47.4	-24.98	25.123	*p0013	47.4	-24.98	25.123
14	43.05	-24.96	25.147	*p0014	43.05	-24.96	25.147
15	38.7	0	0	*p0015	38.7	0	0

图 7.5 将节点以*P 开头的名称重新命名

1	3	27	25	Panel	*p0001	*p0003	*p0027	*p0025
3	4	29	27	Panel	*p0003	*p0004	*p0029	*p0027
4	5	31	29	Panel	*p0004	*p0005	*p0031	*p0029
5	6	33	31	Panel	*p0005	*p0006	*p0033	*p0031
6	7	35	33	Panel	*p0006	*p0007	*p0035	*p0033
7	8	37	35	Panel	*p0007	*p0008	*p0037	*p0035
8	9	39	37	Panel	*p0008	*p0009	*p0039	*p0037
9	10	41	39	Panel	*p0009	*p0010	*p0041	*p0039
10	11	43	41	Panel	*p0010	*p0011	*p0043	*p0041
11	2	13	43	Panel	*p0011	*p0002	*p0013	*p0043
25	27	28	26	Panel	*p0025	*p0027	*p0028	*p0026
27	29	30	28	Panel	*p0027	*p0029	*p0030	*p0028
29	31	32	30	Panel	*p0029	*p0031	*p0032	*p0030
31	33	34	32	Panel	*p0031	*p0033	*p0034	*p0032
33	35	36	34	Panel	*p0033	*p0035	*p0036	*p0034
35	37	38	36	Panel	*p0035	*p0037	*p0038	*p0036
37	39	40	38	Panel	*p0037	*p0039	*p0040	*p0038
39	41	42	40	Panel	*p0039	*p0041	*p0042	*p0040

图 7.6 将单元信息转为 MOSES 的 PANEL 信息

定义模型量纲、参数以及面元模型，如图 7.7 和图 7.8 所示。

```
&dimen -DIMEN m mt
&DESCRIBE BODY  tanker
$*********************************************      basic vessel data
$
&set vdepth    = &number(real 25.1)     $ tanker DEPTH
&set vbeam     = &number(real 50)       $ tanker BEAM
&set vlength   = &number(real 267)      $ tanker LPP
$******************************************** BARGE HULL DATA
*p0001  51.75   0   0
*p0002  51.75   -25 25.1
*p0003  51.75   -4.8924 -0.01186
*p0004  51.75   -9.7847 -0.0016006
*p0005  51.75   -14.677 0.0068931
*p0006  51.75   -19.568 -0.10907
```

图 7.7　定义 BODY 为 tanker，定义船体主尺度

```
$
$@@@@@@@@@@@@@@@@@@@@@@@@@@@@@@@@@@@@@@@@@@@@@@@@@@@@@@@@@@@@@@@@@@@@@@@@@@@
$@                                                                         @
$@                            Define MODEL                                 @
$@                                                                         @
$@@@@@@@@@@@@@@@@@@@@@@@@@@@@@@@@@@@@@@@@@@@@@@@@@@@@@@@@@@@@@@@@@@@@@@@@@@@
$
$
$****************************************         Set Piece to MODEL
$
&describe piece tanker    -diftype 3ddif -cs_curr 0 0 0 -cs_wind 0 0 0
$
$****************************************         Define Panels
$
REVERSE -YES
Panel    *p0001   *p0003   *p0027   *p0025
Panel    *p0003   *p0004   *p0029   *p0027
Panel    *p0004   *p0005   *p0031   *p0029
Panel    *p0005   *p0006   *p0033   *p0031
Panel    *p0006   *p0007   *p0035   *p0033
Panel    *p0007   *p0008   *p0037   *p0035
```

图 7.8　定义 piece 为 tanker，采用三维辐射绕射面元法进行水动力计算，不设置风流力系数

将 tanker.dat 文件通过 MOSES 打开，查看模型（图 7.9）以及满载排水量信息（对应吃水 16.5m）。此时船体排水量为 170779t（如图 7.9 和图 7.10 所示），与表 7.1 对应值一致。

图 7.9　MOSES 读入的船体模型

```
>inmodel
   Time To perform Inmodel                           : CP=     1.04
>&instate tanker -condition 16.5 0 0
>&status
    +++ B U O Y A N C Y   A N D   W E I G H T   F O R   T A N K E R +++
    ===================================================================

 Process is DEFAULT: Units Are Degrees, Meters, and M-Tons Unless Specified
                  Results Are Reported In Body System

      Draft =    16.50 Roll Angle =     0.00 Pitch Angle =     0.00

                    Wet Radii Of Gyration About CG

              K-X =     0.00 K-Y =     0.00 K-Z =     0.00

                      /-- Center of Gravity --/  Sounding   % Full
      Name      Weight    --X--    --Y--    --Z--   --------  --------
      -------------- Part TANKER  -----------
      ======== ======== ======== ======== ========

      Total       0.00     0.00     0.00     0.00
      Buoyancy 170779.33   105.96     0.00     8.70
```

图 7.10　读入船体模型并检查排水量

7.2.2　命令运行文件

新建 models 文件夹用于存放模型文件，新建 spm.cif 文件作为命令运行文件。

打开 models 文件夹，新建 input.dat 文件用于模型读入，新建 ti_post.dat 文件用于时域计算数据后处理。tanker.dat 文件为建立的船体模型文件。tanker.mos 文件为水动力计算数据，该文件通过 MOSES 水动力计算生成，文件组成如图 7.11 所示。

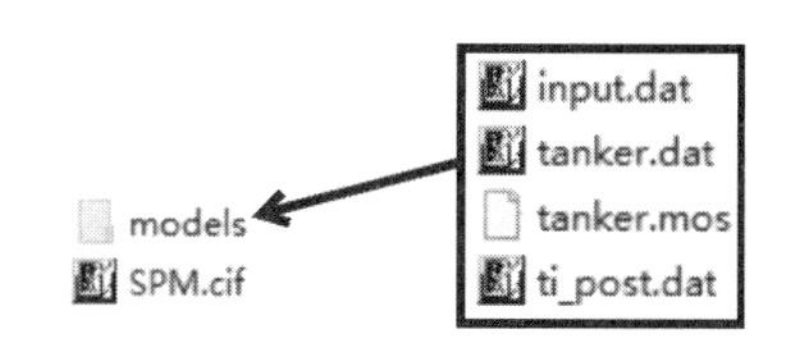

图 7.11　新建模型文件及运行文件

input.dat 文件主要内容是读入船体模型，如图 7.12 所示，通过**#tanker** 命令引用 OCIMF 风流力系数对船体进行风流力系数的定义。其中 177（千吨）为船体吨位，267（m）为垂线间长，25.1（m）为型深，50（m）为型宽，1300（m^2）为对应满载吃水横截面风面积，4200（m^2）为对应满载吃水纵截面风面积，117（m）为原点距离船艏距离。

打开 spm.cif 文件，定义以下内容：

1. 定义基本参数和变量信息

如图 7.13 所示，定义变量 diff、raos、time 作为水动力计算、RAO 计算以及时域计算的判断依据。定义变量 draft 为船体吃水，具体数值为 16.5。

输入**&device** –auxin 命令，读入 models 文件夹下的 input.dat 文件。

指定船体吃水为 16.5m，通过**&WEIGHT** –COMPUTE 指定整体重心高度为 14.3m，对应惯性半径分别为 17.0m、68.4m 和 68.4m。

```
&insert models/tanker.dat
$
$
&describe body tanker
#tanker 177  267 25.1 50 1300 4200 117 -cbow -yaw 1
$
$
&if %diff% &then

&else
    &type
    &cutype 'READING IN THE HYDRODYNAMIC DATABASE FILE'
    &type
    &insert  models/tanker.mos
&endif
$
$
$
&eofile
```

图 7.12　input.dat 文件

```
$***********************************************      SET BASIC PARAMETERS
$
$
&device -g_default device
&device -oecho no
&dimen -DIMEN METERS M-TONS
&param -depth 120  -spg 1.025
$
$***********************************************      GEN. DATABASE
$
&set diff  = .true.
&set raos  = .true.
&set draft = 16.5
&set time  = .true.
$
&device -auxin models/input.dat
$
INMODEL
$
&title SPM Time Domain Mooring Analysis
$
$***********************************************      SET INIT. CONDITIONS
$
&INSTATE -LOCATE  tanker  0  0 -1*%draft%
&WEIGHT -COMPUTE TANKER 14.3 17.0 68.4 68.4
&status
$
$***********************************************      DEFINE LINES
$
```

图 7.13　spm.cif 文件定义整体参数、变量、吃水及整体重心重量信息

2. 定义系泊系统

如图 7.14 所示，输入 **MEDIT** 命令进行系泊系统定义。系泊缆上端悬挂点为船体原点，对应内转塔旋转中心轴，该点命名为*CAT。

单根系泊缆由 4 段组成（由上端悬挂点至锚点）：

（1）直径为 134mm 的钢缆，长度为 251m，这里指定为 255m 用于预张力计算时调整缆长。破断强度为 17800/9.81t，水中重量为 0.733/9.81t，由于指定了水中重量，-buoy 指定浮力为 0。-emod 指定钢缆的弹性模量，该值可通过表 7.2 中的轴向刚度除以钢缆等效截面面积得出。

```
MEDIT
    &DESCRIBE body tanker
$
    *CAT   0 0 0
$
    ~mor  b_cat 134   exact  -len 255 -b_tension  17800/9.81 -wtpl   0.733/9.81 -buoy 0 -emod 126223
    ~mor  b_cat 256   exact  -len 101 -b_tension  17400/9.81 -wtpl 3.473*3/9.81 -buoy 0 -emod 37571
    ~mor  b_cat 134   exact  -len 501 -b_tension  17800/9.81 -wtpl   0.733/9.81 -buoy 0 -emod 126223
    ~mor  b_cat 256   exact  -len 51  -b_tension  17400/9.81 -wtpl   3.473/9.81 -buoy 0 -emod 37571 -depanc 120
$
    CONNECTOR CAT1 -ANC  185  877 ~mor  *CAT
    CONNECTOR CAT2 -ANC  180  877 ~mor  *CAT
    CONNECTOR CAT3 -ANC  175  877 ~mor  *CAT
    CONNECTOR CAT4 -ANC  -65  877 ~mor  *CAT
    CONNECTOR CAT5 -ANC  -60  877 ~mor  *CAT
    CONNECTOR CAT6 -ANC  -55  877 ~mor  *CAT
    CONNECTOR CAT7 -ANC   55  877 ~mor  *CAT
    CONNECTOR CAT8 -ANC   60  877 ~mor  *CAT
    CONNECTOR CAT9 -ANC   65  877 ~mor  *CAT

end
$
    &connector @  -l_tension 300/9.81
&status f_c
&status g_c
$
&picture iso
&picture side
&picture top
```

图 7.14　定义系泊缆材质，预张力

（2）链环直径为 142mm 的钢链长度 101m，其等效直径可为 1.8 倍的链环直径，即 256mm，破断强度为 17400/9.81t。该段链为配重链，实际上由 3 段链组成，两段链为配重，因而水中重量应为 3 倍的单端链重量，即 3.473×3/9.81t。弹性模量可通过表 7.2 中的轴向刚度除以钢链等效截面积得出。

（3）直径为 134mm 的趟底钢缆，长度为 501m，破断强度为 17800/9.81t，水中重量为 0.733/9.81t。

（4）链环直径为 142 的锚点连接钢链，其等效直径可为 1.8 倍的链环直径，即 256mm，长度为 51m，破断强度为 17400/9.81t。该段链为单股链。

通过 **CONNECTOR** 命令定义 9 根系泊缆，分别命名为 CAT1～9，通过方位角进行部署，系泊系统布置方式为 3 组 3 根形式，在整体坐标系下，9 根缆的分布距离均为 877m，分布角度分别为 185°、180°、175°、-65°、-60°、-55°、55°、60°和 65°，缆绳上端连接点均为*CAT。

通过**&connector** 命令设置系泊缆预张力，9 根缆绳预张力均为 300kN。输入**&status** f_c 和**&status** g_c 用于查看缆绳静态张力及几何布置情况。

系泊缆的类型为 b_cat，并未将缆绳的动态影响予以考虑，因而在后续的系泊缆张力安全系数校核中，对于系泊系统完整状态以 2.0 的安全系数进行校核，建立完成的系泊系统如图 7.15 所示。

3. 计算单根缆特性及系泊系统回复力曲线

如图 7.16 所示，输入 **CONN_DESIGN** 进入系泊缆特性计算命令菜单，**TABLE** 命令用于输出单根缆特性，**MOVE** 命令用于计算系泊系统整体恢复力曲线，这里计算两个典型方向：betweenlines 和 inlines（图 7.15），对应方向计算位移分别为 70m 和 40m，通过 **PLOT** 命令输出整体恢复力曲线。

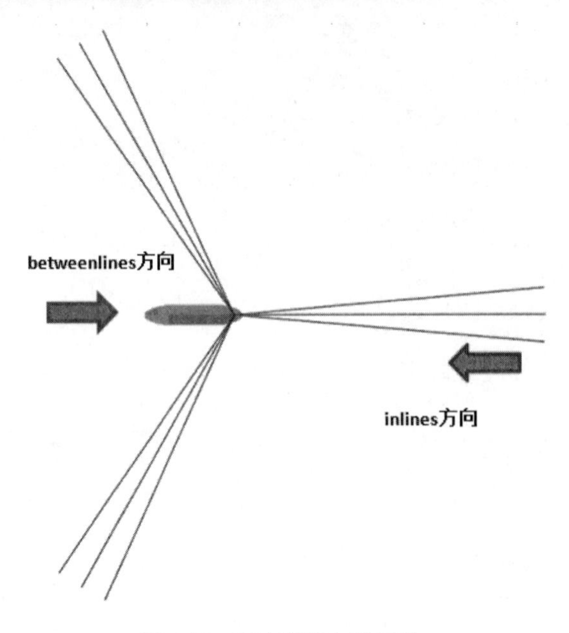

图 7.15　系泊系统布置示意

```
$*********************************************      mooring restoing
$
CONN_DESIGN
  TABLE CAT1
     REPORT
     vlist
     PLOT 1 4 -NO
     END
  MOVE tanker -line 180 70 40
     REPORT
     vlist
     PLOT 1 7 -no
     END
  MOVE tanker -line 0 30 30
     REPORT
     PLOT 1 7 -no
     END
END
```

图 7.16　计算单根缆特性即整体恢复力曲线

4. 水动力计算命令

如图 7.17 所示，定义 **&if** 命令用于判断是否进行水动力计算。船体模型具有 1623 个单元，水动力计算时间较长，建议通过一次水动力计算输出水动力文件单独保存并用于后续计算，这样可以节省时间。

Hydrodynamic 命令进入水动力计算菜单，输入计算周期和方向，二阶波浪漂移力通过直接积分法（新版本改为 Nearfield）进行计算。在新版 MOSES 中可以用远场法（Farfield）来计算二阶波浪漂移力。

输入 **e_total** 命令输出水动力计算结果文件。

5. 定义水动力系数和运动 RAO 结果的输出

如图 7.18 所示，定义 **&if** 命令用于判断是否进行 RAO 计算以及水动力系数和运动 RAO

结果输出。输入 **FREQ_RES** 进入频域计算菜单，计算 RAO，输出附加质量、辐射阻尼结果，输出船体重心位置对应的运动 RAO。以上结果都通过 **REPORT** 输出到 out 文件中。

```
$
$*********************************************        hydrodynamic
$
&if %diff% &then
Hydrodynamic
 g_pressure tanker -period  3  3.5  4.5 5 6 6.7  7.2 8 8.5  9.5 10 10.5 11 11.5 \
                            12  13.5 14 14.5 15 15.5 16 16.5 17 17.5 18 18.5 19 19.5 20 \
                            22 24 26 28 30 32 \
                            -heading 0 30 60 90 120 150 180 -md_type pres
 e_total tanker_FL
end
&endif
$
```

图 7.17　水动力计算周期和方向与相关设置

```
$*********************************************        raos
$
&if %raos% &then
$
FREQ_RES
   RAO
   equ_sum
   MATRICES
    REPORT
    vlist
    plot 2  3  4  5 -T_LEFT "Added Mass"          -T_SUB "Surge Sway & heave"
    plot 2  6  7  8 -T_LEFT "Added Mass"          -T_SUB "Roll Picth & Yaw"
    plot 2  9 10 11 -T_LEFT "Radiation Damping"   -T_SUB "Surge Sway & heave"
    plot 2 12 13 14 -T_LEFT "Radiation Damping"   -T_SUB "Roll Picth & Yaw"
   end
$
   fr_point  &part(cg tanker -body)
    REPORT    $cg motion RAOs
    vlist
    plot 2  3   15  27  39  51  63  75 -T_LEFT "Surge RAO"   -T_SUB "Wave Frequency Motion RAOs"
    plot 2  5   17  29  41  53  65  77 -T_LEFT "Sway RAO"    -T_SUB "Wave Frequency Motion RAOs"
    plot 2  7   19  31  43  55  67  79 -T_LEFT "Heave RAO"   -T_SUB "Wave Frequency Motion RAOs"
    plot 2  9   21  33  45  57  69  81 -T_LEFT "Roll RAO"    -T_SUB "Wave Frequency Motion RAOs"
    plot 2  11  23  35  47  59  71  83 -T_LEFT "Pitch RAO"   -T_SUB "Wave Frequency Motion RAOs"
    plot 2  13  25  37  49  61  73  85 -T_LEFT "Yaw RAO"     -T_SUB "Wave Frequency Motion RAOs"
   end
end
$
&endif
```

图 7.18　计算 RAO，输出水动力系数和运动 RAO 曲线

6. 环境参数定义

如图 7.19 所示，定义 **&if** 命令用于判断是否进行时域计算。环境条件数据都通过变量进行定义，seeds 为种子数、waveH 为波浪方向，windH 为风方向，currH 为流方向，hs 为有义波高，tp 为谱峰周期，Vwind 为风速（单位为节），Vcurr 为流速，gamma 为波峰升高因子，ramp 为时域截断时间，time 为总的模拟时间 3 个小时加上 ramp 定义的截断时间，dt 为时域计算时间步长，seed_no 为种子数目，env_no 为环境条件方向组合数目。

这里以数组的形式定义 waveH、windH、currH 以及 seeds。通过 **&data** curves 定义剖面流数据，该数据名称为 c_pro。

内转塔 FPSO 在风、浪、流的共同作用下绕着单点旋转，始终保持船头朝向环境载荷合力最小的方向，实现“风向标效应”（Weather Vane）。由于 FPSO 的最终朝向是风、浪、流 3 种载荷的合力最小的方向，在研究 FPSO 位移和系泊缆张力时就需要考虑多种环境条件方向的组

合，即针对系泊定位的单点 FPSO 进行多种风、浪、流方向组合条件下的系泊分析，这也就是一般所说的“扫掠分析”（Screen Analysis）。

```
$
$*******************************************     envs
$
&if %time% &then
$
 &set seeds  = 180000 190000 200000 210000 220000
 &set waveH = 180 120 180
 &set windH = 180 120 150
 &set currH = 180 120  90
 &set hs    = 12
 &set tp    = 15
 &set Vwind = 41.2*3600/1000*1.852
 &set Vcurr = 2.2
 &set gamma = 2.6
 &set ramp  = 400
 &set time  = 11200
 &set dt    = 0.5
 &set seed_no = 5
 &set env_no  = 3
 &data curves c_profile c_pro  0  2.2 \
                              60 1.79 \
                             120 1.00
$
```

图 7.19　定义环境条件参数

通过对极端条件下确定的/假定的风、浪、流环境方向组合作用下 FPSO 平面位移（Offset）和系泊系统的张力响应进行分析，从而得到较为准确的 FPSO 平面位移结果和系泊缆张力结果。

关于风、浪、流的方向组合，最好根据环境条件数据确定，但一般情况下，环境条件数据很难给出这三者的对应关系，所以更多时候或者说在设计的初始阶段需要依靠假定方向组合来进行扫掠分析。

关于风、浪、流 3 个环境条件方向的组合，有些船级社规范给出了建议：

（1）ABS 规范对环境条件方向组合的建议，ABS Floating Production Installations（FPI）对于风、浪、流方向角度组合有如下建议，对于缺乏环境条件方向关系数据的时候，除了考虑风、浪、流方向共线外，可以考虑两种风浪流非共线组合：

1）风、流与波浪方向均相差 30°。

2）风与波浪方向相差 30°，流与波浪方向相差 90°。

（2）DNVGL 规范对于环境条件方向组合的建议。DNVGL OS E301 Position Mooring 对于风、浪、流方向角度组合有如下建议，对于缺乏环境条件方向关系数据的时候：

1）风、浪、流方向共线，计算的方向绕着 FPSO 旋转，步长为 15°。

2）风与波浪方向相差 30°，流与波浪方向相差 45°，三者从 FPSO 的同一侧向 FPSO 传播。

（3）BV 规范对于环境条件方向组合的建议。BV NR493 Classfication of mooring systems for permanent offshore units 对于环境方向组合给出的建议比较多，这里仅以热带风暴影响海区为例说明规范相关要求。

对于热带风暴影响海域（如美国墨西哥湾、东南亚、澳大利亚西北海域等地），热带风暴影响大、方向变化迅速，应慎重考虑环境方向组合。规范对于不同条件极值下风、浪、流夹角给出了建议：

1）对于波浪主导环境条件，风与波浪夹角为-45°～+45°，流与波浪夹角为-30°～+30°。

2）对于风主导环境条件，风与波浪夹角为-45°～+45°，流与波浪夹角为-30°～+30°。

3）对于流主导环境条件，风与波浪夹角为-45°～+45°，流与波浪夹角为-120°～-60°。

4）处于波浪主导和流主导的环境条件之间的情况，可以考虑流与波浪夹角为-60°～-30°。

5）当考虑环境条件不共线时，可以考虑对非共线条件进行折减，折减规则见表 7.4。

表 7.4　热带风暴海区风浪组合与折减系数

环境组合	波浪	风	流
波浪主导	1.0	$0.9q_v$*	0.5
风主导	$0.9q_v$	1.0	0.5
流主导	$0.7q_v$	$0.6q_v$	1.0

*当风浪夹角小于等于 30°时，$q_v=1$；当风浪夹角大于 30°小于等于 45°时，$q_v=2-|V-H|/30$，V 为风方向，H 为波浪方向，$|V-H|$为风浪夹角绝对值。

整体而言，ABS、DNVGL 对于环境条件方向的建议较为简单。BV 的建议略微复杂，除了考虑方向组合范围较大以外还需要考虑相应的折减系数。

对于本节例子，出于简便考虑，将 ABS 与 DNVGL 的相关建议进行组合：

（1）风、浪、流同向，计算角度（波浪、风、流）为 120°、135°、150°、165°、180°。

（2）当风、浪、流不同向时，计算角度（波浪、风、流）为 a、a + 30°、a + 90°，a 分别为 120°、135°、150°、165°、180°。

因为例子中 FPSO 的系泊系统实际上是关于 X 轴对称的，因而 120°～180°、步长 15°的波浪方向就可以完整地覆盖计算要求。对于各个波浪方向考虑风、浪夹角为 30°，流、浪夹角为 90°，三者均从 FPSO 同一侧向 FPSO 传播，如图 7.20 所示。

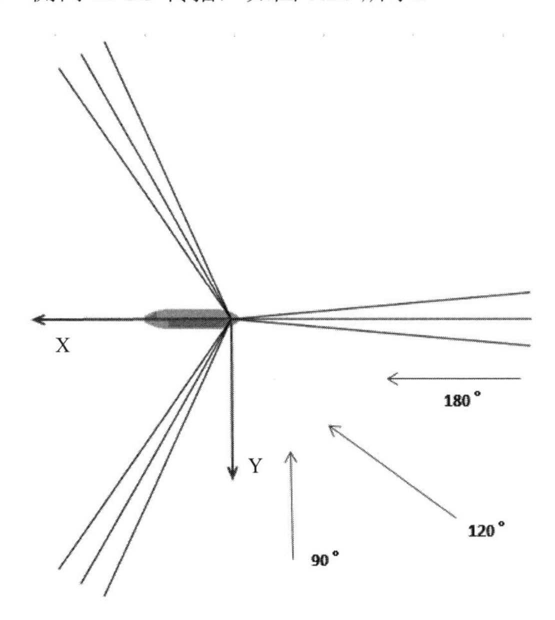

图 7.20　环境条件方向示意

作为示例，本节仅对波浪主导条件下的 3 个环境方向组合进行计算，即：

（1）波浪 180°、风 180°、流 180°，对应 inlines 方向。

（2）波浪 120°、风 120°、流 120°，对应 betweenlines 方向。

（3）波浪 180°、风 150°、流 90°，对应迎浪的风、流非共线方向。

7. 环境条件定义、时域计算以及后处理

如图 7.21 所示，通过**&channel** 命令设置表格输出，格式为 csv，文件名为“results_summary.csv”。通过两次嵌套循环命令实现 3 个环境条件组合方向、每个方向 5 个波浪种子的计算。

```
$  set output table file
$
&channel table -p_device csv
&file open -type table -name results_summary.csv
$
&loop i 1 %env_no 1 $ 3 env heading combination
$
$
 &loop j 1 %seed_no 1  $ each env has 5 seeds
$
$
  &env Env -sea JONSWAP &token(%i,%waveH) %Hs %Tp% %Gamma -sp_type peak -t_reinforce &token(%j,%seeds)  \
        -wind &number(real, %Vwind%) &token(%i,%windH) -W_PROFILE NPD  -w_SPECTRUM    NPD   \
        -current c_pro &token(%i,%currH)  \
        -time %time %dt   -ramp %ramp
$
$*********************************************      tdom
$
   &equi
   &status force
   &status env
   tdom
$
$
$*********************************************      tdom post
$
$
 &subtitle HS= %hs,Tp= %tp,WaveH= &token(%i,%waveH),WindH= &token(%i,%windH),CurrH= &token(%i,%CurrH)

$
$
  &insert models/ti_post.dat
$
$
  &endloop
 &endloop
$
&endif
$
&finish
```

图 7.21　定义环境条件和时域计算命令，插入后处理命令文件

通过**&env** 定义环境条件，通过-sp_type 设置波浪谱周期类型为谱峰周期（peak）。通过**&token** 命令提取各个环境条件方向数组参数以及对应种子数。

对应每个环境条件通过**&equi** 求当前环境条件下的系统的平衡状态，通过**&status** force 显示当前静力平衡载荷，通过**&status** env 显示当前定义的环境条件情况。

通过**&insert** 命令导入 ti_post.dat 文件，该文件为单独编写的时域计算结果后处理文件，实现运动计算结果和缆绳张力结果的输出。

打开 ti_post.dat 文件，输入 **PRCPOST** 命令进入时域后处理菜单，输入 **points** *cat –event %ramp 命令，将*cat 点的运动结果进行输出，如图 7.22 所示。

输入 **add_column** 增加名称为 offset 的关于*cat 点的平面位移结果，该数据通过*cat 点对

应的纵荡和横荡数据组合而成，是该点在 XOY 平面的运动位移之和。

```
PRCPOST
  points *cat -event %ramp
    add_column offset -rms 4 5
    vlist
    plot 1 35 -no
    plot 1 9 -no
    statistic 1 2 9 35 -both
    set_variable wave    -statistics 1  2
    set_variable surge   -statistics 1  4
    set_variable sway    -statistics 1  5
    set_variable heave   -statistics 1  6
    set_variable roll    -statistics 1  7
    set_variable pitch   -statistics 1  8
    set_variable yaw     -statistics 1  9
    set_variable offset  -statistics 1 35


   &file write table   ,*-----------------ENV %i Seed %j----------------* ,
   &file write table   ,1.wave surface & motion summary,
   &file write table   ,Iterm ,wave ,surge ,sway ,heave ,roll ,pitch , yaw , offset
   &file write table   ,MEAN ,&token(1  %wave),&token(1  %surge) \
                             ,&token(1  %sway),&token(1  %heave) \
                             ,&token(1  %roll),&token(1  %pitch) \
                             ,&token(1  %yaw),&token(1 %offset)
   &file write table   ,Max ,&token(14  %wave),&token(14  %surge) \
                             ,&token(14  %sway),&token(14  %heave) \
                             ,&token(14  %roll),&token(14  %pitch) \
                             ,&token(14  %yaw),&token(14 %offset)
   &file write table   ,Min ,&token(15  %wave),&token(15  %surge) \
                             ,&token(15  %sway),&token(15  %heave) \
                             ,&token(15  %roll),&token(15  %pitch) \
                             ,&token(15  %yaw),&token(15 %offset)
   &file write table   ,Std ,&token(4  %wave),&token(4  %surge) \
                             ,&token(4  %sway),&token(4  %heave) \
                             ,&token(4  %roll),&token(4  %pitch) \
                             ,&token(4  %yaw),&token(4 %offset)
 end
```

图 7.22　ti_post.dat 文件：时域运动统计结果输出

通过 **plot** 命令输出 offset 曲线和*cat 点对应的船体艏摇时域曲线。

通过 **set_variable** 命令对波面时历曲线，纵荡、横荡、升沉、横摇、纵摇、艏摇以及平面位移的结果（即刚才定义的 offset）进行统计，并以各自对应名称进行变量命名。

通过 **&file** 命令将以上 8 个变量对应的均值、最大值、最小值以及标准差输出到 csv 文件中。

如图 7.23 所示，输入 **CONFORCE** 命令，将 9 根系泊缆张力结果进行输出。

通过 **set_variable** 命令对 9 根系泊缆计算结果进行统计，并以各自对应名称进行变量命名。

通过 **&file** 命令将以上 9 个变量对应的均值、最大值、最小值以及标准差输出到 csv 文件中。

至此，运行命令编制完成，运行 spm.cif 文件，程序会顺序进行水动力计算、RAO 计算和结果输出，进行 3×5=15 个时域模拟，并将每个时域模拟结果中关于*cat 点的运动结果以及 9 根系泊缆的张力结果输出到 results_summary.csv 文件中。

```
CONFORCE
  vlist
  statistic 1 8 19 30 41 52 63 74 85 96 -both

   set_variable cat1  -statistics 1   8
   set_variable cat2  -statistics 1  19
   set_variable cat3  -statistics 1  30
   set_variable cat4  -statistics 1  41
   set_variable cat5  -statistics 1  52
   set_variable cat6  -statistics 1  63
   set_variable cat7  -statistics 1  74
   set_variable cat8  -statistics 1  85
   set_variable cat9  -statistics 1  96

  &file write table   ,2.Line Tension summary,
  &file write table   ,Iterm ,CAT1,CAT2,CAT3,CAT4,CAT5,CAT6,CAT7,CAT8,CAT9
  &file write table   ,MEAN ,&token(1  %CAT1 ),&token(1  %CAT2 ) \
                            ,&token(1  %CAT3 ),&token(1  %CAT4 ) \
                            ,&token(1  %CAT5 ),&token(1  %CAT6 ) \
                            ,&token(1  %CAT7 ),&token(1  %CAT8 ) \
                            ,&token(1  %CAT9 )
  &file write table   ,Max  ,&token(14  %CAT1 ),&token(14  %CAT2 ) \
                            ,&token(14  %CAT3 ),&token(14  %CAT4 ) \
                            ,&token(14  %CAT5 ),&token(14  %CAT6 ) \
                            ,&token(14  %CAT7 ),&token(14  %CAT8 ) \
                            ,&token(14  %CAT9 )
  &file write table   ,Min  ,&token(15  %CAT1 ),&token(15  %CAT2 ) \
                            ,&token(15  %CAT3 ),&token(15  %CAT4 ) \
                            ,&token(15  %CAT5 ),&token(15  %CAT6 ) \
                            ,&token(15  %CAT7 ),&token(15  %CAT8 ) \
                            ,&token(15  %CAT9 )
  &file write table   ,Std  ,&token(4  %CAT1 ),&token(4  %CAT2 ) \
                            ,&token(4  %CAT3 ),&token(4  %CAT4 ) \
                            ,&token(4  %CAT5 ),&token(4  %CAT6 ) \
                            ,&token(4  %CAT7 ),&token(4  %CAT8 ) \
                            ,&token(4  %CAT9 )
   &file write table   , ,
   &file write table   , ,
 end
end
```

图 7.23　ti_post.dat 文件：时域缆绳张力统计结果输出

7.3　结果处理

计算结果中的曲线图保存在 ans 文件夹下的 gra0001.esp 文件中，主要包括：船体和系泊系统的三视图(图 7.24、图 7.25)，单根系泊缆和整个系泊系统典型方向的恢复力曲线(图 7.26)，FPSO 的附加质量与辐射阻尼（图 7.27～7.30）、FPSO 的重心位置的运动 RAO（图 7.31～7.36）以及部分时域曲线结果（图 7.38）。

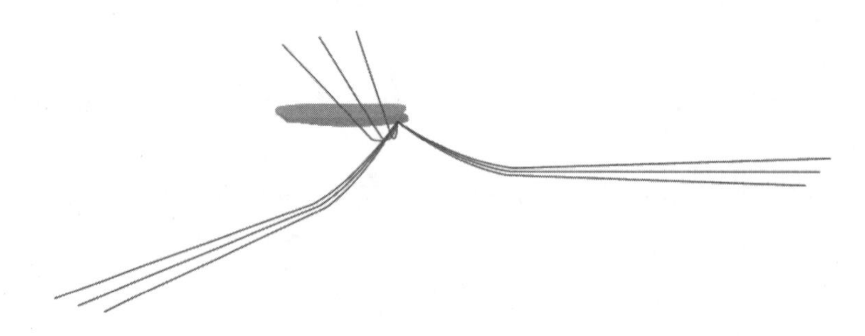

图 7.24　FPSO 与系泊系统三维视图

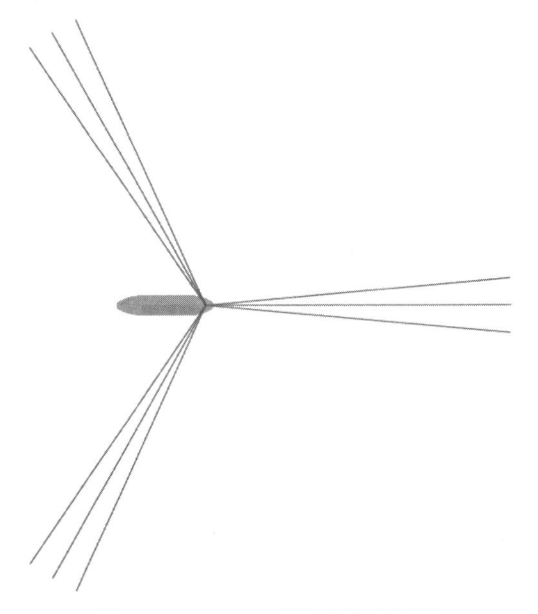

图 7.25　FPSO 与系泊系统俯视图

7.3.1　系泊系统恢复力曲线

对于分组多根系泊系统一般存在两个典型方向：

（1）inlines 方向：此时系泊系统主要由一组系泊缆提供恢复力，此时系泊刚度最大，相应位移最小。

（2）betweenlines 方向：此时系泊系统主要由两组系泊缆提供恢复力，此时系泊刚度最小，平面位移最大。

这里将输出在 out 文件中的系泊系统恢复力数据提取出来进行比较，如图 7.26 所示。

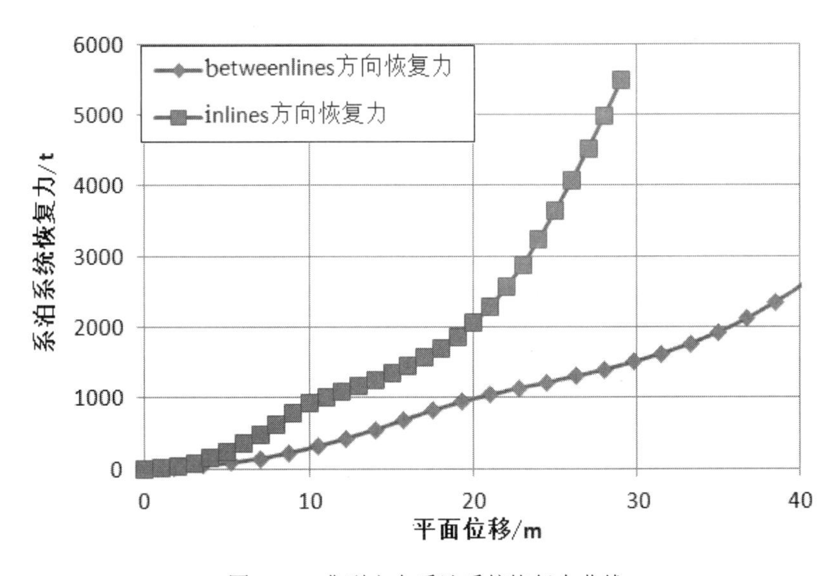

图 7.26　典型方向系泊系统恢复力曲线

7.3.2 水动力结果及运动 RAO

FPSO 船体附加质量即辐射阻尼系数如图 7.27～7.30 所示。初步计算显示水动力系数在 7 秒和 12 秒附近出现不规则频率，在后续水动力重算中已将这两个周期删去。

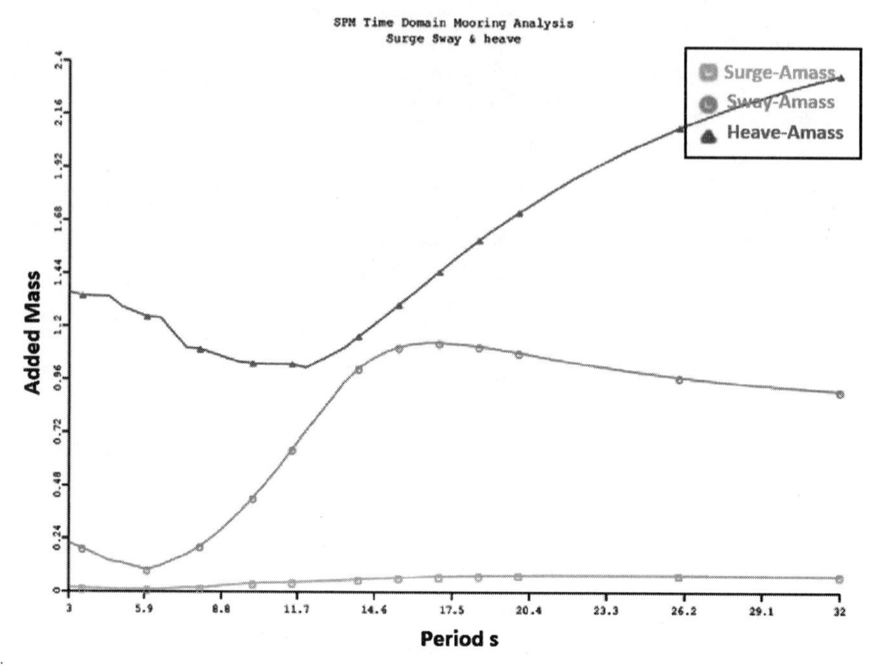

图 7.27　纵荡、横荡及升沉附加质量

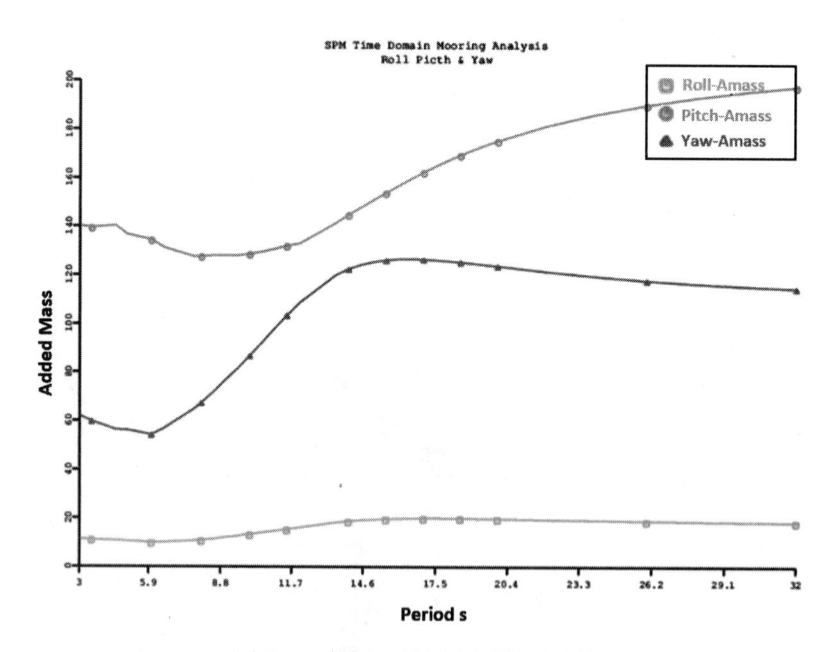

图 7.28　横摇、纵摇及艏摇附加质量

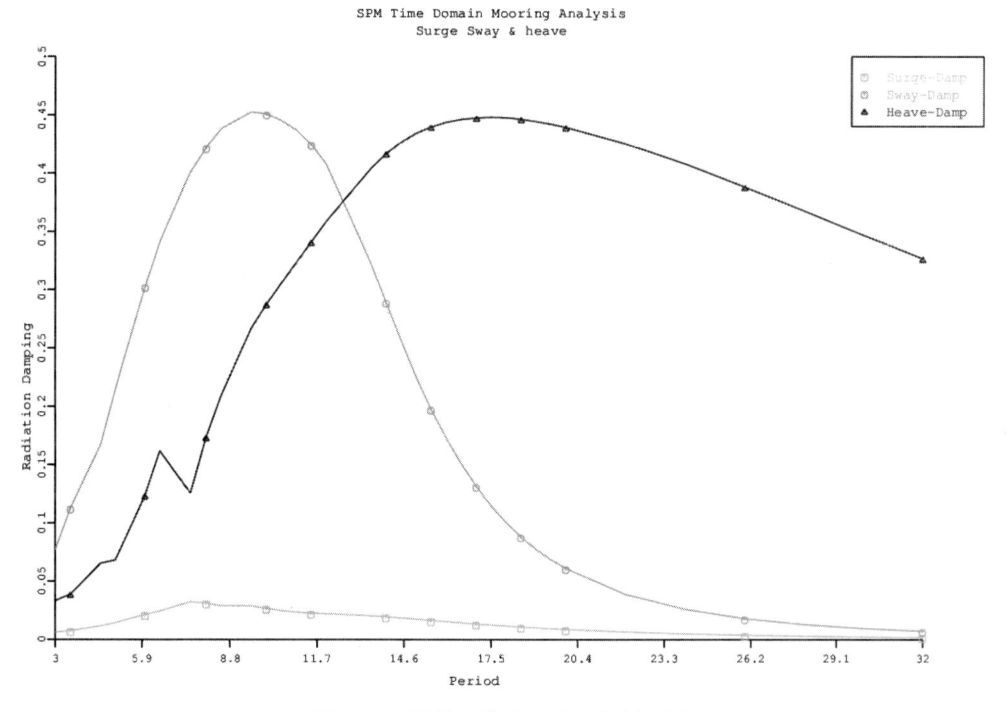

图 7.29　纵荡、横荡及升沉辐射阻尼

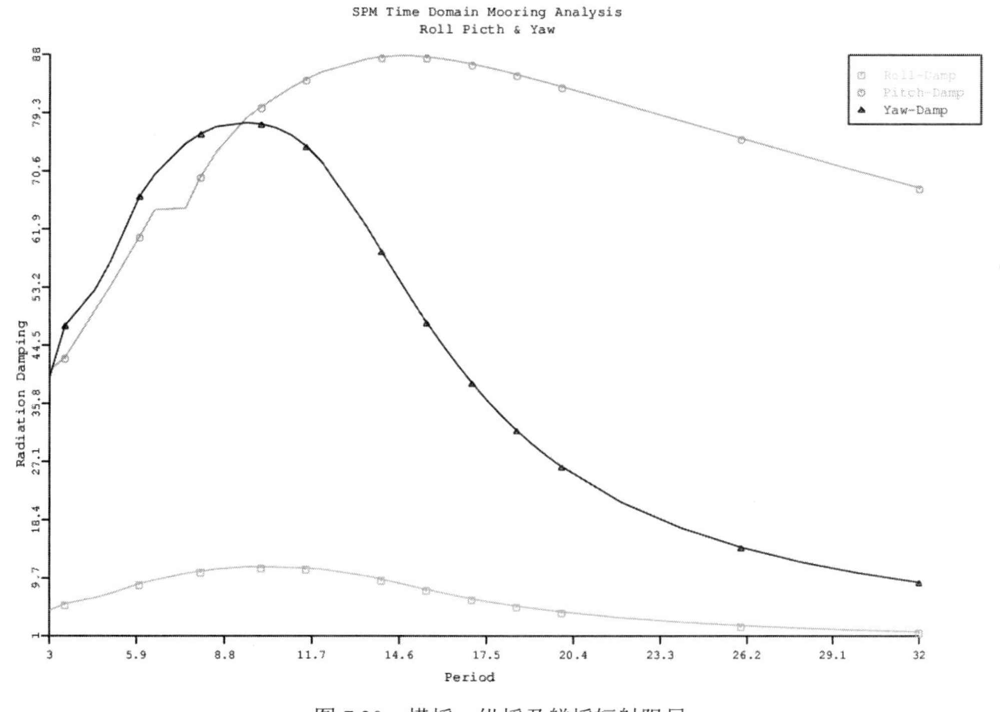

图 7.30　横摇、纵摇及艏摇辐射阻尼

FPSO 重心位置 6 个自由度运动 RAO 如图 7.31～图 7.36 所示。FPSO 升沉运动固有周期在 11s 附近，横摇固有周期在 15s 附近，纵摇固有周期在 10s 附近。

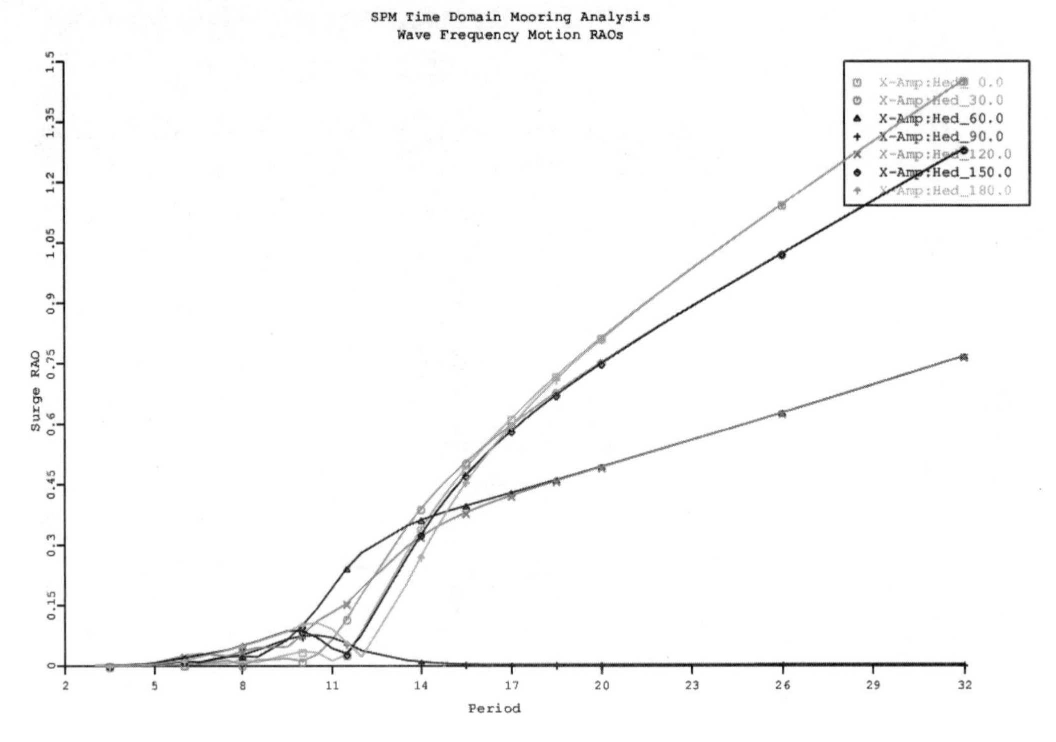

图 7.31 FPSO 重心位置纵荡运动 RAO

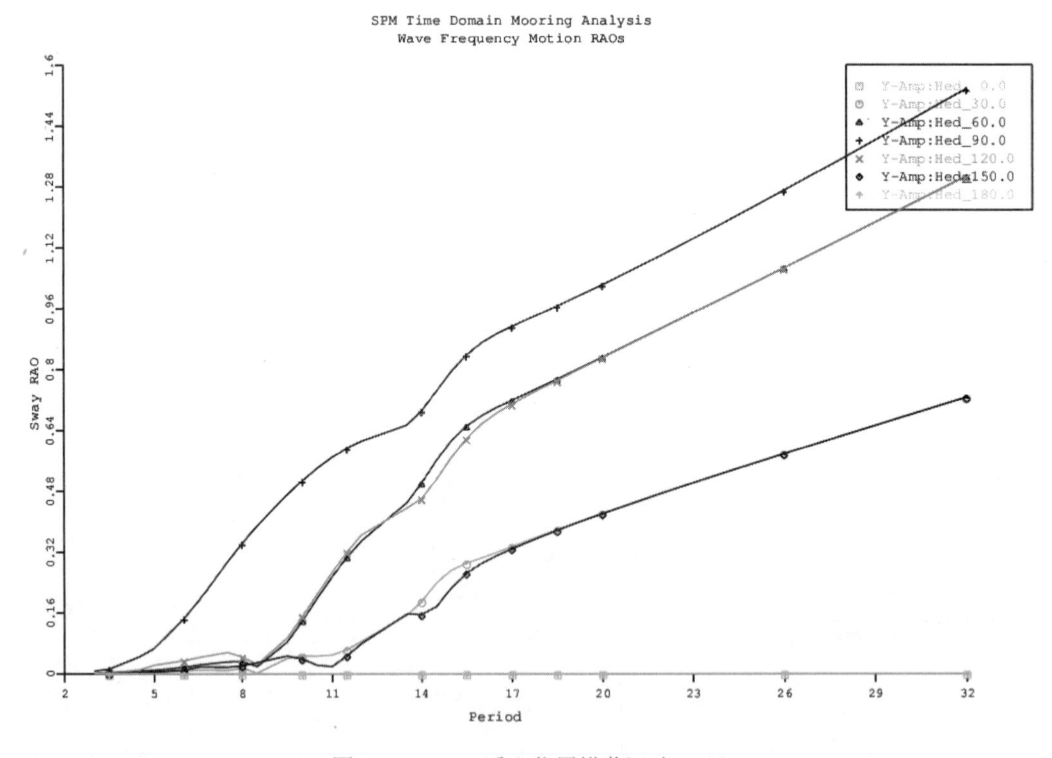

图 7.32 FPSO 重心位置横荡运动 RAO

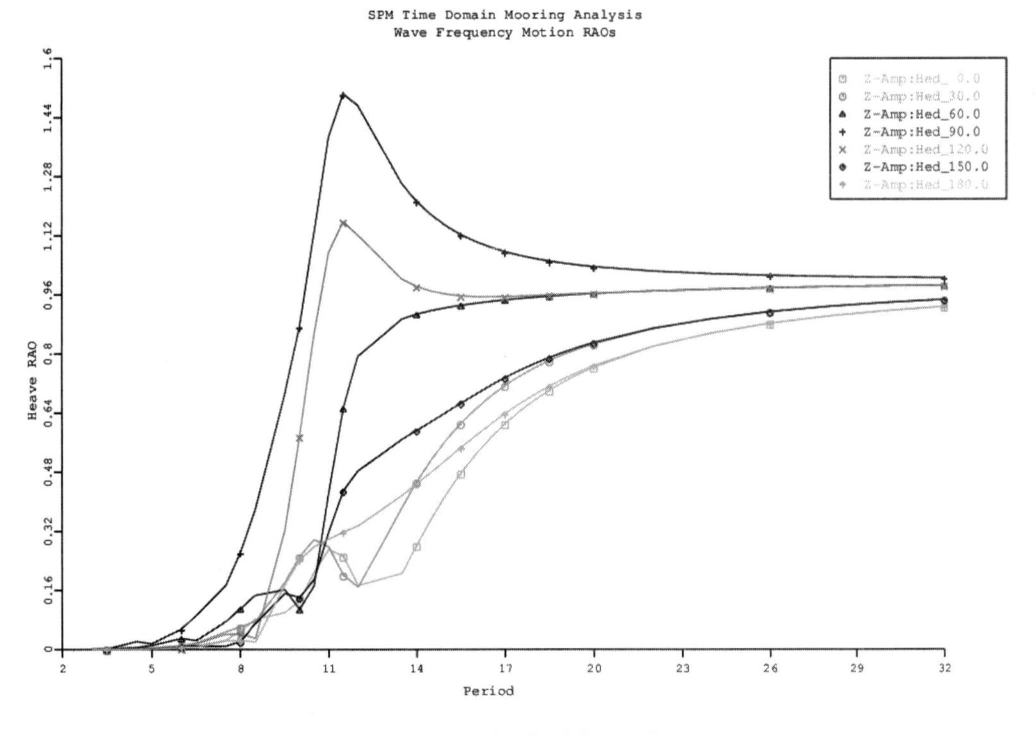

图 7.33　FPSO 重心位置升沉运动 RAO

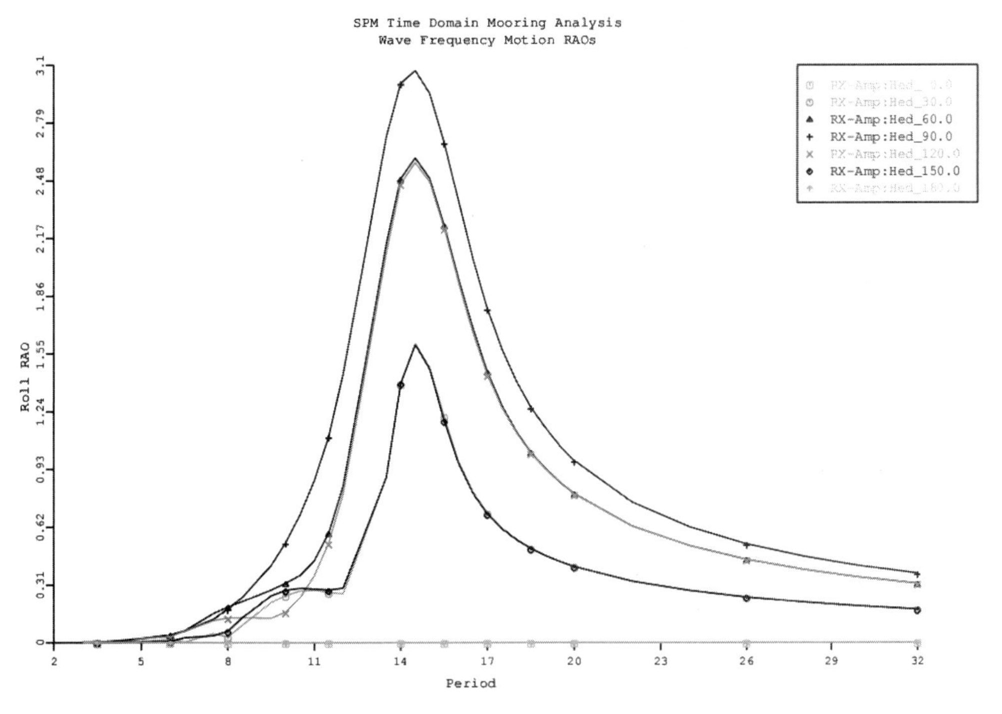

图 7.34　FPSO 重心位置横摇运动 RAO

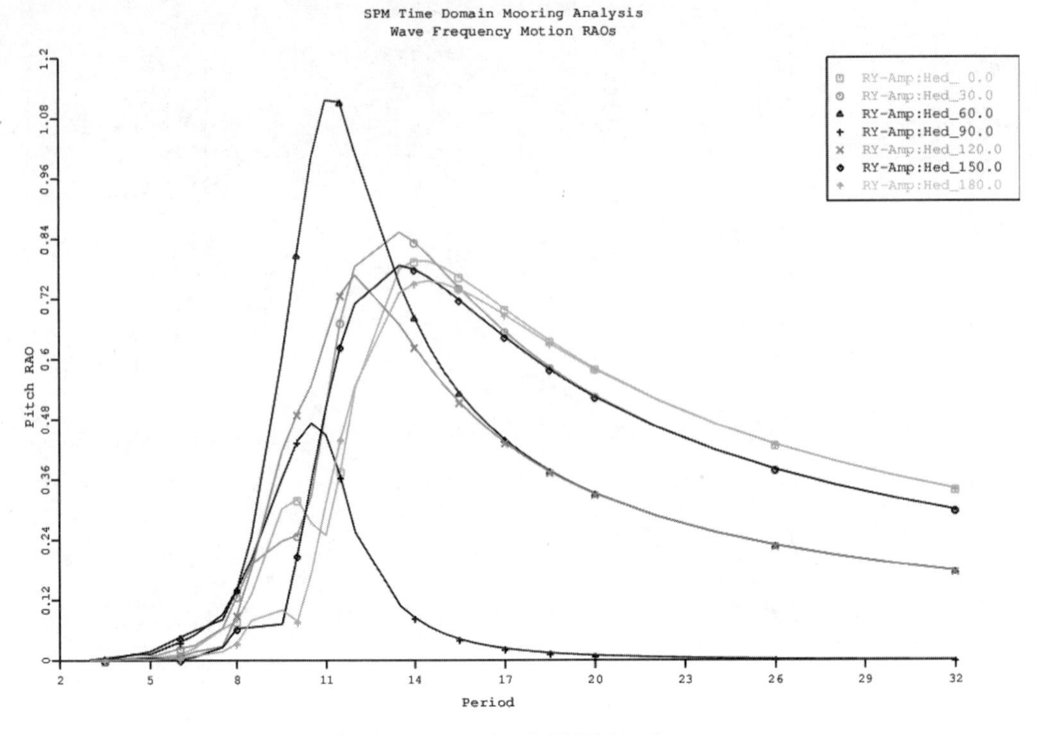

图 7.35　FPSO 重心位置纵摇运动 RAO

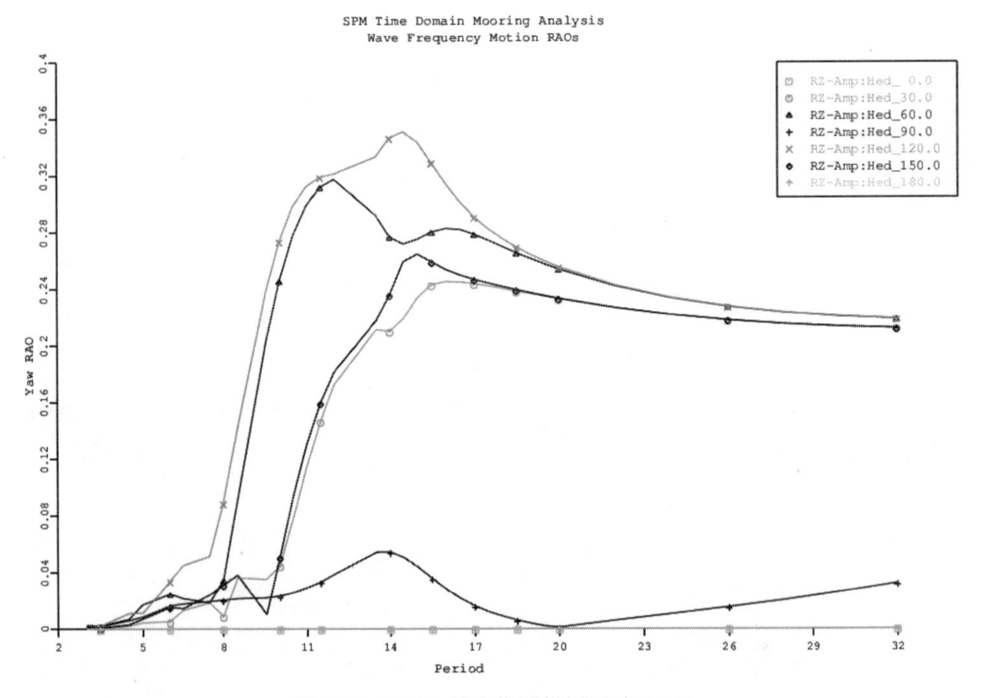

图 7.36　FPSO 重心位置艏摇运动 RAO

打开 out 文件可以查看对应曲线结果的具体数据，这里不再赘述。

自定义的统计结果保存在 results_summary.csv 文件中，如图 7.37 所示。

-----------------ENV 1 Seed 1----------------									
1.wave surface & motion summary									
Iterm	wave	surge	sway	heave	roll	pitch	yaw	offset	
MEAN	-0.03	7.63	-0.15	-16.84	0.00	-0.15	0.02	8.79	
Max	14.13	17.86	15.90	-2.09	6.04	6.11	6.72	20.10	
Min	-10.43	-2.77	-14.96	-31.47	-4.97	-6.24	-6.93	0.19	
Std	2.98	2.68	4.49	4.26	1.17	1.80	2.00	2.87	
2.Line Tension summary									
Iterm	CAT1	CAT2	CAT3	CAT4	CAT5	CAT6	CAT7	CAT8	CAT9
MEAN	227.80	229.49	228.73	32.99	29.85	27.25	27.93	30.71	34.13
Max	551.26	554.92	579.45	423.38	401.95	379.94	342.62	359.87	376.83
Min	25.44	25.46	25.45	10.83	10.47	10.18	9.85	9.97	10.15
Std	100.58	100.08	100.74	37.23	30.93	25.19	26.50	32.18	38.52
-----------------ENV 1 Seed 2----------------									
1.wave surface & motion summary									
Iterm	wave	surge	sway	heave	roll	pitch	yaw	offset	
MEAN	-0.03	7.61	0.41	-16.84	0.00	-0.15	-0.14	9.03	
Max	15.17	21.25	16.12	2.62	6.21	8.25	7.52	22.20	
Min	-9.73	-5.49	-15.74	-36.21	-5.75	-8.41	-6.67	0.19	
Std	2.97	3.07	5.00	4.28	1.35	1.81	2.28	3.30	
2.Line Tension summary									
Iterm	CAT1	CAT2	CAT3	CAT4	CAT5	CAT6	CAT7	CAT8	CAT9
MEAN	230.67	230.57	227.99	37.80	33.63	30.25	27.94	30.87	34.47
Max	717.76	686.99	649.12	432.60	417.55	401.51	353.26	376.12	399.59
Min	19.97	20.20	20.46	10.47	10.33	10.23	7.96	8.18	8.34
Std	111.51	110.55	110.92	45.26	38.36	32.29	27.89	34.18	41.20
-----------------ENV 1 Seed 3----------------									

图 7.37 MOSES 输出的时域运动与缆绳张力统计结果 csv 文件

7.3.3 时域统计结果

打开 results_summary.csv 文件，将所有关注的统计结果进行汇总，见表 7.5，仅就这 3 个工况而言，FPSO 最大位移 26.4m（即 betweenlines 方向）；最大张力 604t 对应安全系数 3.0（大于 2.0）。

表 7.5 3 个工况计算结果汇总

Run	百年一遇波浪主导			系泊缆顶部张力			平面位移		船艏朝向°
	波方向/°	风方向/°	流方向/°	受力最大缆	顶部张力/t	安全系数	均值/m	最大值/m	
1	180	180	180	cat3	579.45	3.1	8.8	20.1	0.0
2	180	180	180	cat2	686.99	2.6	9.0	22.2	-0.1
3	180	180	180	cat3	608.33	3.0	9.1	21.1	0.2
4	180	180	180	cat3	588.29	3.1	9.0	20.1	0.0
5	180	180	180	cat2	555.83	3.3	9.0	20.5	0.0
平均值					**603.78**	**3.0**	9.0	20.8	0.0
1	120	120	120	cat3 & cat9	438.92	4.1	14.2	24.3	60.0
2	120	120	120	cat3 & cat10	494.91	3.7	14.2	27.6	60.0
3	120	120	120	cat3 & cat11	482.49	3.8	14.2	27.9	60.0

续表

Run	百年一遇波浪主导			系泊缆顶部张力			平面位移		船艏朝向 °
	波方向 /°	风方向 /°	流方向 /°	受力最大缆	顶部张力 /t	安全系数	均值 /m	最大值 /m	
4	120	120	120	cat3 & cat12	450.90	4.0	14.2	24.4	60.0
5	120	120	120	cat3 & cat13	490.23	3.7	14.3	27.7	60.0
平均值					471.49	3.9	14.2	**26.4**	60.0
1	180	150	90	cat3	493.79	3.7	9.4	22.5	-17.6
2	180	150	90	cat4	617.43	2.9	9.4	24.3	-17.6
3	180	150	90	cat5	515.39	3.5	9.4	20.3	-17.6
4	180	150	90	cat6	553.45	3.3	9.4	18.5	-17.7
5	180	150	90	cat7	547.11	3.3	9.3	18.2	-17.6
平均值					545.43	3.3	9.4	20.8	-17.6

本节介绍了通过 MOSES 对一艘假定的内转塔系泊 FPSO 进行系泊分析的主要流程，需要明确的是：本例对于内转塔单点 FPSO 的系泊分析做了很多假定，诸如风流力系数直接引用软件内部的 OCIMF 数据缺少可校验过程；忽略了缆绳动态响应；忽略了船体黏性阻尼以及立管影响等。本例的几个工况显然不能完成内转塔单点 FPSO 的系泊分析与位移分析工作，需要对系泊系统进行完整的扫掠分析才能绘出合理的分析结果，本例仅做参考。

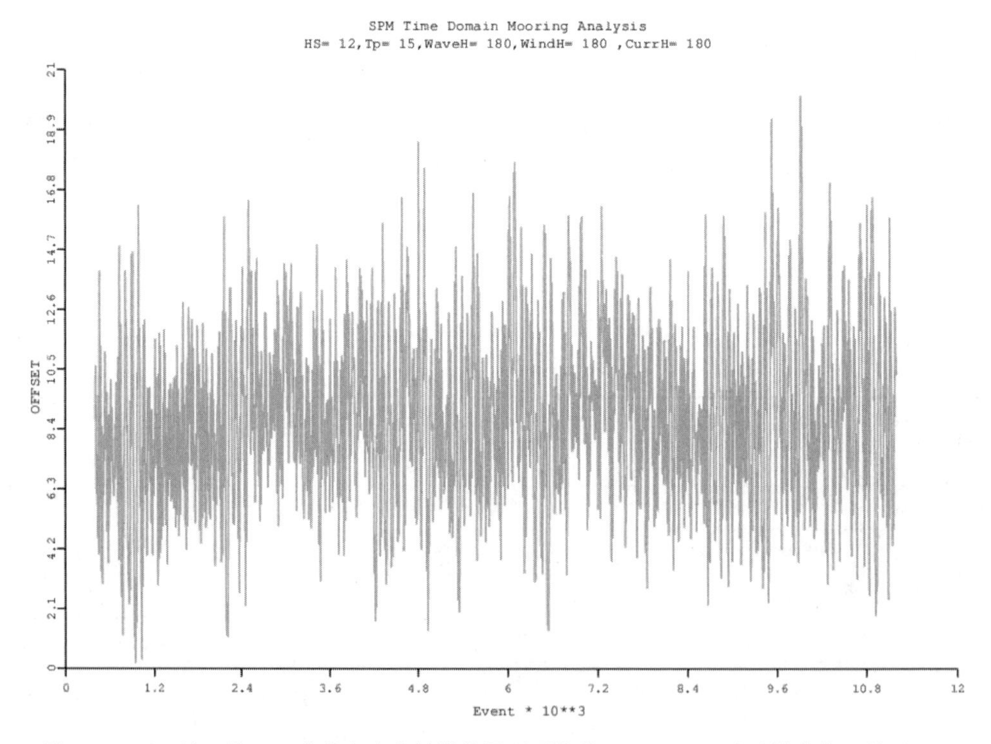

图 7.38　风、浪、流 180°共线方向内转塔位置平面位移（offset）运动时域曲线（种子 1）

7.4 动力定位

7.4.1 基本参数

本节对使用 MOSES 进行动力定位分析进行简要介绍。

目标船为一艘假定的驳船，长度 80m，宽 20m，型深 8m。驳船船艏至船舯具有上层建筑，长度 40m，宽 20m，吃水 3.0m。

环境条件为：

（1）风速 50 节，定常风。

（2）流速 1.0m/s。

（3）JONSWAP 谱，有义波高 u_s 为 3.0m，谱峰周期 T_p 为 8.0s，γ 为 1.6。

（4）计算方向 0～350°，间隔 10°。

（5）水深 100m。

要求动力定位系统能够实现驳船平面位移小于 12%的水深（即 12m），艏摇角控制在 3°以内。

MOSES 中要求输入关于水质点相对速度的推进器效率曲线，这里假定效率曲线如图 7.39 所示。假定船艏艉两舷各布置 1 个（共 4 个）全回转推进器，推力为 30t（294N），忽略其他导致推力损失的因素。

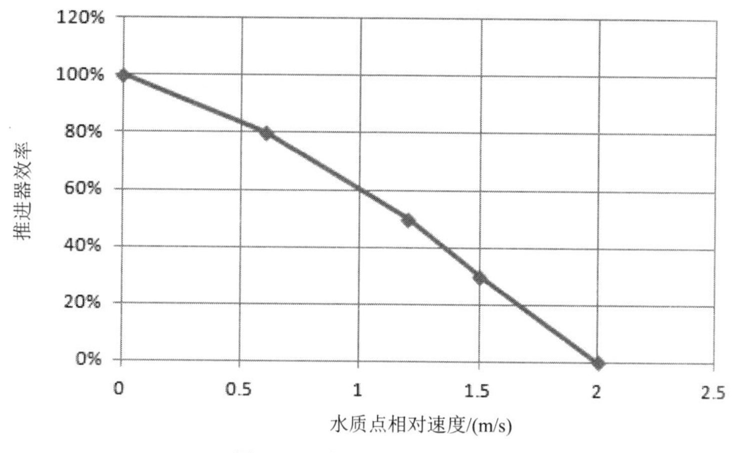

图 7.39 假定的推进器效率曲线

控制器采用 PID 控制，这里仅考虑与相对位移有关的比例增益和相对速度有关的微分增益，忽略积分增益。计算中仅考虑所有推进器正常工作工况。

计算分为以下几步：

（1）根据给定海况计算驳船对应各个环境来向的波频运动。

（2）计算动力定位系统作用下船体位移和艏摇角。在计算中仅考虑低频波浪载荷作用。由于风、流均为定常载荷，这里计算的船体位移为低频运动，控制器对低频位移起到控制作用。

（3）对应角度的波频位移、低频位移进行叠加，给出最终位移。

（4）根据计算结果给出推进器对应角度的最大平均效率和最大利用率。

7.4.2 模型文件

新建 barge.dat 文件，进行模型文件编写。

1. 船体模型

假定驳船船长 80m，建模的时候为了简便考虑将船舯放置在原点，使用三维辐射绕射理论计算水动力，通过-cs_curr/-cs_wind 定义流力/风力系数。上部建筑定义为 d_house，长度为 40m，通过-cs_wind 定义风力系数，如图 7.40 所示。

```
&dimen -DIMEN m m-tons
$
$**********************************************     define body
$
&describe body tbrg barge
$
$**********************************************    hydrostatics
$
pgen hull -cs_wind 1 1 0 -cs_curr 0.2 1 0 -diftype 3ddif
   plane  -40 -30 0 30 40  -rect 0  8  20
end pgen
pgen d_house -cs_wind 1 1 0 -loc 0 0 8
   plane -40 0 -rect 0  6  20
end pgen
```

图 7.40 barge.dat 定义驳船船体模型

2. 推进器效率

通过**&data curve** efficiency 定义推进器效率，名称为 prop_e，如图 7.41 所示。

```
$**********************************************     #propulsion
$
&data curve efficiency prop_e 0.0  1.0 \
                            0.6  0.8 \
                            1.2  0.5 \
                            1.5  0.3 \
                            2.0  0
^
```

图 7.41 barge.dat 定义推进器效率曲线

3. 传感器设置

通过**&describe** ground 定义 4 个固定点用于相对位移的参考位置，在船艏艉两舷定义 4 个点，其坐标与固定点相同，这 4 个点用于考察相对位移。在船舯建模原点定义一个点用于位移输出。

定义两组共 8 个传感器，如图 7.42 所示。

（1）d_x_bp 用于监测船艉左舷与对应固定点的 X 方向相对位移。

（2）d_y_bp 用于监测船艉左舷与对应固定点的 Y 方向相对位移。

（3）v_x_bp 用于监测船艉左舷与对应固定点的 X 方向相对速度。

（4）v_y_bp 用于监测船艉左舷与对应固定点的 Y 方向相对速度。

（5）d_x_sp 用于监测船艏右舷与对应固定点的 X 方向相对位移。

（6）d_y_sp 用于监测船艏右舷与对应固定点的 Y 方向相对位移。

（7）v_x_sp 用于监测船艏右舷与对应固定点的 X 方向相对速度。

（8）v_y_sp 用于监测船艏右舷与对应固定点的 Y 方向相对速度。

这 8 个传感器实现船体 X、Y 方向的相对位移和相对速度的读取。

```
$
$**********************************************     points
$
&describe body ground
   *g_bp -40 -10  0
   *g_bs -40  10  0
   *g_sp  40 -10  0
   *g_ss  40  10  0
&describe body tbrg
   *b_cn   0   0  0
   *b_bp -40 -10  0
   *b_bs -40  10  0
   *b_sp  40 -10  0
   *b_ss  40  10  0
$
$
$**********************************************     point sensors
$
   &describe sensor d_x_bp  -signal vector *b_bp *g_bp value 1
   &describe sensor d_y_bp  -signal vector *b_bp *g_bp value 2
   &describe sensor v_x_bp  -signal vector *b_bp *g_bp value 1 -deriv
   &describe sensor v_y_bp  -signal vector *b_bp *g_bp value 2 -deriv

   &describe sensor d_x_sp  -signal vector *b_sp *g_sp value 1
   &describe sensor d_y_sp  -signal vector *b_sp *g_sp value 2
   &describe sensor v_x_sp  -signal vector *b_sp *g_sp value 1 -deriv
   &describe sensor v_y_sp  -signal vector *b_sp *g_sp value 2 -deriv
$
```

图 7.42　barge.dat 定义传感器

7.4.3　命令文件

（1）新建 1_WF.cif 文件，用于驳船波频运动计算。通过**&set** 命令定义吃水、水深、有义波高、谱峰周期以及 γ 值。船体吃水 3m，重心高度距离船底基线 5m，对应回转半径为 K_{xx} = 9.8m，$K_{yy} = K_{zz}$ = 39m，如图 7.43 所示。

```
$**********************************************     set basics
$
&dimen  -DIMEN m m-tons
&DEVICE -oecho no -g_default devi
&TITLE Test of #PROP
$
$**********************************************     set parameters
$
&set draft =   3
&set wd    = 100
&set hs    = 2.5
&set tp    = 7.5
&set gamma = 1.6
&set vwind = 20
&set Vcurr = 1.0
$
&parameter -depth %wd -m_dis 5
$
$**********************************************     read model & set conditions
$
&device -auxin barge.dat
$
inmodel
$
&picture iso
&picture side
&picture bow
&picture top
$
&INSTATE -loc 0 0 -1*%draft
&weight -compute 5 9.8 39 39
&status
```

图 7.43　1_WF.cif 定义基本参数和浮态

定义水动力计算周期和波浪方向如图 7.44 所示。在频域分析菜单中计算 RAO 并输出水动力结果和船艏位置的运动 RAO 曲线。

```
$
$*********************************************      hydrodynamics
$
hydrody
 g_press mpv  -heading 0 30 60 90 120 150 180 210 240 270 300 330 \
              -period  4 5 6 7 8 9 10 11 12 13 14 15 16 17 18 19 20 22 24 26 28 30
end
$
$*********************************************      RAOs & wave motions
$
freq_res
  RAO
  equ_sum
 matrices
   report
   vlist
   plot 2  3  4  5 -no
   plot 2  6  7  8 -no
   plot 2  9 10 11 -no
   plot 2 12 13 14 -no
 end
 fr_point *b_cn
  vlist
  report
 end
```

图 7.44　1_WF.cif 设置水动力计算和运动 RAO 输出

将计算结果以 csv 格式文件输出，文件名为 wave_motion.csv，通过**&loop** 循环计算 0～350°、10°一个间隔的关于给定海况的、船体船艏位置运动结果，如图 7.45 所示。

```
 &channel table -p_device csv -file wave_motion.csv
$
$
 &loop i 0 350 10
  &type ***********************
  &type  ENV heading : %i deg
  &type ***********************
$
  &set dir = %i
  &ENV e%dir -current  %vcurr %dir -wind %vwind %dir \
             -sea jonswap %dir %hs %tp %gamma -sp_type peak

   st_point e%dir
    report
    vlist
    &set heading = wave motion statistics results ENV dir: %i
   store 1 2 3 4 5 6 7 -heading %heading
  end
 &endloop
end
$
$*********************************************      all done
$
&eofile
&fini
```

图 7.45　1_WF.cif 进行波频运动计算

（2）新建 2_DP.cif 文件，用于驳船动力定位计算。

1）基本参数与浮态。在 2_DP.cif 文件中对计算参数进行设置，时域模拟时间为 3 个小时，截去前 100s 的不稳定结果。推进器最大推力设置为 30t，如图 7.46 所示。

```
$
$********************************************      set basics
$
&dimen  -DIMEN m m-tons
&DEVICE -oecho no -g_default devi
&TITLE Test of #PROP
$
$********************************************      set parameters
$
&set draft = 3
&set max_t = 30
&set time  = 10900
&set dt    = 0.5
&set ramp  = 100
&set hs    = 3.0
&set tp    = 8
&set gamma = 1.6
&set vwind = 50
&set Vcurr = 1.0
&set wd    = 100
$
&parameter -depth %wd -m_dis 5
$
$********************************************      read model & set conditions
$
&device -auxin barge.dat
$
inmodel
$
&INSTATE -loc tbrg 0 0 -1*%draft
&weight -compute 5 9.8 39 39
&status
```

图 7.46　2_DP.cif 定义计算参数和浮态

在水动力计算命令中仅对船体进行波浪漂移力的估算，计算方法采用 formulae 即按照船体模型的尺度进行估算，如图 7.47 所示。

```
$********************************************      hydrodynamics (only LF motion)
$
hydrody
 g_mdrift tbrg -md_type formulae  \
               -heading 0 30 60 90 120 150 180 210 240 270 300 330 \
               -period 3 4 5 6 7 8 9 10 11 12 13 14 15 16 17 18 19 20 22 24 26 28 30
end
$
```

图 7.47　2_DP.cif 定义平均波浪力计算参数

2）推进器和控制器。推进器一共 4 个，分布于船艏艉两舷。通过“～”定义推进器类型，推进器名称为 prop_t，对应效率为定义好的 prop_e，推进器为全回转推进器，不考虑舵的影响，如图 7.48 所示。

```
$
$********************************************      define prop
$
medit
&describe body tbrg
 *t1  40 -10  0
 *t2  40  10  0
 *rp -40 -10  0
 *rs -40  10  0
$
  ~prop_t prop prop_e %max_T  1
  connector p_t1  ~prop_t *t1
  connector p_t2  ~prop_t *t2
  connector p_r1  ~prop_t *rp
  connector p_r2  ~prop_t *rs
$
  &set st = 5
  &set dp = 25
  assembly control control p_t1 p_t2 p_r1 p_r2 \
                    -sensors \
                     %st d_x_bp %st d_y_bp %st d_x_sp %st d_y_sp \
                     %dp v_x_bp %dp v_y_bp %dp v_x_sp %dp v_y_sp
end
$
```

图 7.48　2_DP.cif 定义推进器和控制器

通过 **connector** 对推进器进行定义，推进器名称分别为 p_t1、p_t2、p_r1、p_r2。

通过 **assembly control** 定义控制器，比例增益参数为 st=5，微分增益参数为 dp=25。比例增益参数用于 X、Y 方向相对位移的控制，微分增益参数用于 X、Y 方向相对速度的控制，~sensors 定义传感器数据与对应的增益参数关系。

3）时域分析与后处理。将计算结果以 csv 格式文件输出并保存为 results_summary.csv，通过**&loop** 循环进行 0～350°、10°一个间隔的、关于给定海况的时域分析。

环境条件通过循环命令定义，认为风、浪、流方向共线，如图 7.49 所示。

```
$*********************************************        set output
$
&channel table -p_device csv
&file open -type table -name results_summary.csv
$
$*********************************************        environment
$
&loop i 0 350 10
 &type ***********************
 &type  ENV heading : %i deg
 &type ***********************
$
 &set dir = %i
 &ENV e%dir -TIME %time %dt -ramp %ramp -current  %vcurr %dir \
           -wind %vwind %dir -sea jonswap %dir %hs %tp %gamma -sp_type peak
$
 &status env
$
$*********************************************        status
$
 &status b_w
 &status force
 &status f_c
$
$*********************************************        do time domain
$
 tdom
$
$*********************************************        prcpost
$
```

图 7.49　2_DP.cif 定义环境条件

时域计算命令后输入 **prcpost** 命令，进入时域后处理命令菜单。**Points** *b_cn 输出船舯位置的位移结果。通过 **add_column** 新建关于*b_cn 点的平面和位移并命名为 offset。对波高、艏摇以及 offset 结果进行统计。

通过 **set_variable** 命令提取波高和船舯位置 6 个自由度运动以及 offset 的统计数据，通过 **&file** 命令将对应统计结果的均值、最大值、最小值、标准差结果输出到 results_summary.csv 文件中如图 7.50 所示。

如图 7.51 所示，**CONFORCE** @提取所有推进器的推力结果。通过 **plot** 命令输出 P_R1 和 P_T1 的 6 个方向推力结果时域曲线。

对 4 个推进器的推力进行统计并输出（**statistic** 1 8 19 30 41 -both）。

通过 **set_variable** 命令提取 4 个推进器的时域统计结果。

通过**&set** 命令提取 4 个推进器对应工况的推力平均值与定义最大推力的比值、最大施加推力值与定义最大推力的比值。

```
$**********************************************      prcpost
$
prcpost
  points *b_cn -event %ramp
    add_column offset -rms 4 5
    vlist
    &subtitle offset & yaw motion with env heading %i
    plot 1 35 -no
    plot 1 9  -no
    statistic 1 2 9 35 -both
    set_variable wave     -statistics 1  2
    set_variable surge    -statistics 1  4
    set_variable sway     -statistics 1  5
    set_variable heave    -statistics 1  6
    set_variable roll     -statistics 1  7
    set_variable pitch    -statistics 1  8
    set_variable yaw      -statistics 1  9
    set_variable offset   -statistics 1 35
$
$
   &file write table   ,*-----------------ENV Heading :%i deg ----------------* ,
   &file write table   ,1.wave surface & motion summary,
   &file write table   ,Iterm ,wave ,surge ,sway ,heave ,roll ,pitch , yaw , offset
   &file write table   ,MEAN ,&token(1  %wave),&token(1  %surge) \
                             ,&token(1  %sway),&token(1  %heave) \
                             ,&token(1  %roll),&token(1  %pitch) \
                             ,&token(1  %yaw ),&token(1  %offset)
   &file write table   ,Max  ,&token(14  %wave),&token(14  %surge) \
                             ,&token(14  %sway),&token(14  %heave) \
                             ,&token(14  %roll),&token(14  %pitch) \
                             ,&token(14  %yaw) ,&token(14 %offset)
   &file write table   ,Min  ,&token(15  %wave),&token(15  %surge) \
                             ,&token(15  %sway),&token(15  %heave) \
                             ,&token(15  %roll),&token(15  %pitch) \
                             ,&token(15  %yaw),&token(15 %offset)
   &file write table   ,Std  ,&token(4  %wave),&token(4  %surge) \
                             ,&token(4  %sway),&token(4  %heave) \
                             ,&token(4  %roll),&token(4  %pitch) \
                             ,&token(4  %yaw) ,&token(4 %offset)
  end
```

图 7.50　2_DP.cif 定义位移后处理

```
$
 CONFORCE @
    vlist
    plot 1 2 3 4 -rax 5 6 7 -t_sub "P_R1 Thrust Force"
    plot 1 24 25 26 -rax 27 28 29 -t_sub "P_T1 Thrust Force"
    statistic 1 8 19 30 41 -both
$
     set_variable p_t1  -statistics 1   8
     set_variable p_t2  -statistics 1  19
     set_variable p_r1  -statistics 1  30
     set_variable p_r2  -statistics 1  41
$ mean & max single prop.'s thrust
     &set me_p_t1 = &token(1 %p_t1 )/%max_t%
     &set me_p_t2 = &token(1 %p_t2 )/%max_t%
     &set me_p_r1 = &token(1 %p_r1 )/%max_t%
     &set me_p_r2 = &token(1 %p_r2 )/%max_t%

     &set ma_p_t1 = &token(14 %p_t1 )/%max_t%
     &set ma_p_t2 = &token(14 %p_t2 )/%max_t%
     &set ma_p_r1 = &token(14 %p_r1 )/%max_t%
     &set ma_p_r2 = &token(14 %p_r2 )/%max_t%

     &set e_mean   = &number(mean, %me_p_t1,%me_p_t2,%me_p_r1,%me_p_r2,)
     &set e_max    = &number(max,  %ma_p_t1,%ma_p_t2,%ma_p_r1,%ma_p_r2,)
$
    &file write table   ,2.Thrust,
    &file write table   ,Iterm ,p_t1,p_t2,p_r1,p_r2,
    &file write table   ,MEAN ,&token(1   %p_t1 ),&token(1   %p_t1 ) \
                              ,&token(1   %p_t2 ),&token(1   %p_t2 )
    &file write table   ,MAX  ,&token(14  %p_r1 ),&token(14  %p_r1 ) \
                              ,&token(14  %p_r2 ),&token(14  %p_r2 )
    &file write table   ,Max ProMean ,&number(real,%e_mean*100)
    &file write table   ,Max ProMax  ,&number(real,%e_max*100)
    &file write table   , ,
    &file write table   , ,
  end
 end
 &endloop
```

图 7.51　2_DP.cif 定义推力后处理

通过**&file** 命令将推进器推力统计结果的均值、最大值、最小值、标准差结果输出到 results_summary.csv 文件中。

定义计算公式，提取 4 个推进器平均利用率和最大利用率输出到 results_summary.csv 文件中（**&set** e_mean 和**&set** e_max）。

通过**&loop** 循环，对 10°一个间隔的、给定环境条件作用下的驳船动力定位能力进行计算，给出对应工况的 6 个自由度运动统计结果、平面位移统计结果、推力统计结果以及 4 个推进器的最大平均利用率和最大推力利用率，以上结果以 csv 格式进行输出。

7.4.4 结果处理

分别运行 1_WF.cif 和 2_DP.cif 文件，文件目录如图 7.52 所示。

图 7.52 运行完毕后的文件目录

打开 wave_motion.csv 文件，文件结果包括对应环境条件方向的、关于驳船船艏位置的波频运动统计值，统计值包括标准差、1/3 值、1/10 值和最大值（图 7.53）。

wave motion statistics results ENV dir: 0						
Period	Surge	Sway	Heave	Roll	Pitch	Yaw
7.5	0.24	0	0.18	0.01	1.57	0
7.5	0.49	0	0.36	0.03	3.14	0.01
7.5	0.62	0	0.45	0.04	4	0.01
7.5	0.9	0.01	0.66	0.05	5.83	0.01
wave motion statistics results ENV dir: 10						
Period	Surge	Sway	Heave	Roll	Pitch	Yaw
7.5	0.24	0.04	0.18	0.33	1.57	0.06
7.5	0.49	0.09	0.37	0.66	3.14	0.11
7.5	0.62	0.11	0.47	0.84	4	0.14
7.5	0.9	0.16	0.68	1.22	5.84	0.21
wave motion statistics results ENV dir: 20						
Period	Surge	Sway	Heave	Roll	Pitch	Yaw
7.5	0.24	0.12	0.22	0.93	1.59	0.16
7.5	0.48	0.25	0.44	1.86	3.18	0.32
7.5	0.62	0.31	0.56	2.37	4.05	0.41
7.5	0.9	0.46	0.82	3.46	5.91	0.6
wave motion statistics results ENV dir: 30						
Period	Surge	Sway	Heave	Roll	Pitch	Yaw
7.5	0.24	0.13	0.22	0.99	1.59	0.17
7.5	0.48	0.26	0.45	1.98	3.18	0.34
7.5	0.62	0.33	0.57	2.52	4.06	0.44
7.5	0.9	0.49	0.84	3.68	5.92	0.63
wave motion statistics results ENV dir: 40						
Period	Surge	Sway	Heave	Roll	Pitch	Yaw
7.5	0.24	0.16	0.26	1.24	1.56	0.18

图 7.53 wave_motion.csv 文件内容

打开 results_summary.csv 文件，文件包括对应环境条件方向的、关于船艏位置的 6 个自由度运动结果、平面位移结果、推进器推力均值、推力最大值以及筛选过的最大平均推力利用率以及最大推力利用率，如图 7.54 所示。

-----------------ENV Heading :0 deg ----------------								
1.wave surface & motion summary								
Item	wave	surge	sway	heave	roll	pitch	yaw	offset
MEAN	0.00	-1.35	0.04	-3.00	0.00	-0.01	0.45	1.35
Max	3.13	-0.72	0.10	-3.00	0.00	0.00	0.78	2.12
Min	-2.40	-2.12	0.00	-3.00	-0.01	-0.01	0.15	0.72
Std	0.73	0.26	0.02	0.00	0.00	0.00	0.13	0.26
2.Thrust								
Item	p_t1	p_t2	p_r1	p_r2				
Max	3.19	3.19	3.19	3.19				
MAX	5.06	5.13	5.07	5.14				
Max ProMean	10.65							
Max ProMax	17.13							
-----------------ENV Heading :10 deg ----------------								
1.wave surface & motion summary								
Item	wave	surge	sway	heave	roll	pitch	yaw	offset
MEAN	0.00	-1.35	-0.83	-3.00	0.06	-0.01	0.56	1.58
Max	3.13	-1.11	-0.73	-3.00	0.11	0.00	0.67	1.83
Min	-2.41	-1.59	-0.95	-3.00	0.00	-0.01	0.45	1.34
Std	0.73	0.10	0.04	0.00	0.01	0.00	0.04	0.09
2.Thrust								
Item	p_t1	p_t2	p_r1	p_r2				
Max	3.82	3.90	3.61	3.69				
MAX	4.45	4.55	4.30	4.35				
Max ProMean	12.98							
Max ProMax	15.17							

图 7.54　results_summary.csv 文件内容

将 results_summary.csv 文件中对应各个环境条件作用方向的最大平均推力利用率以及最大推力利用率提取出来，制成关于环境条件方向的雷达图，如图 7.55 所示。在所有推进器完整的条件下，最大平均推力利用率为 42%，发生在横浪方向（270°和 90°），最大推力利用率为 96%，发生在艏斜浪方向（60°和 300°），计算结果显示推力余量不足。

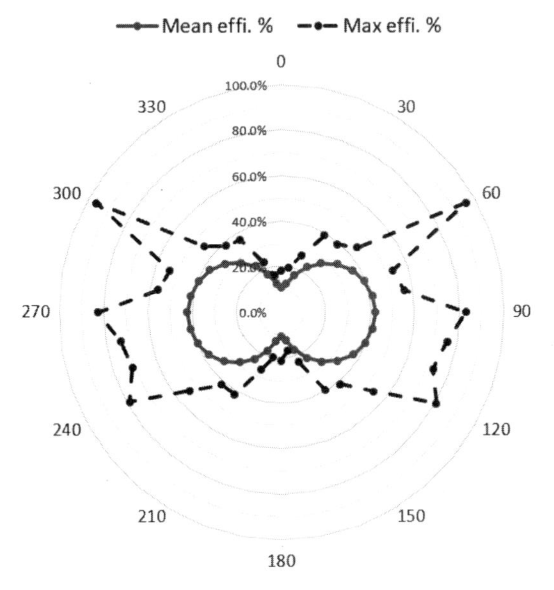

图 7.55　平均推力利用率与最大推力利用率

60°环境条件方向 P_R 推进器的推力时域曲线如图 7.56 所示。90°环境条件方向驳船位移（offset）时域曲线如图 7.57 所示。

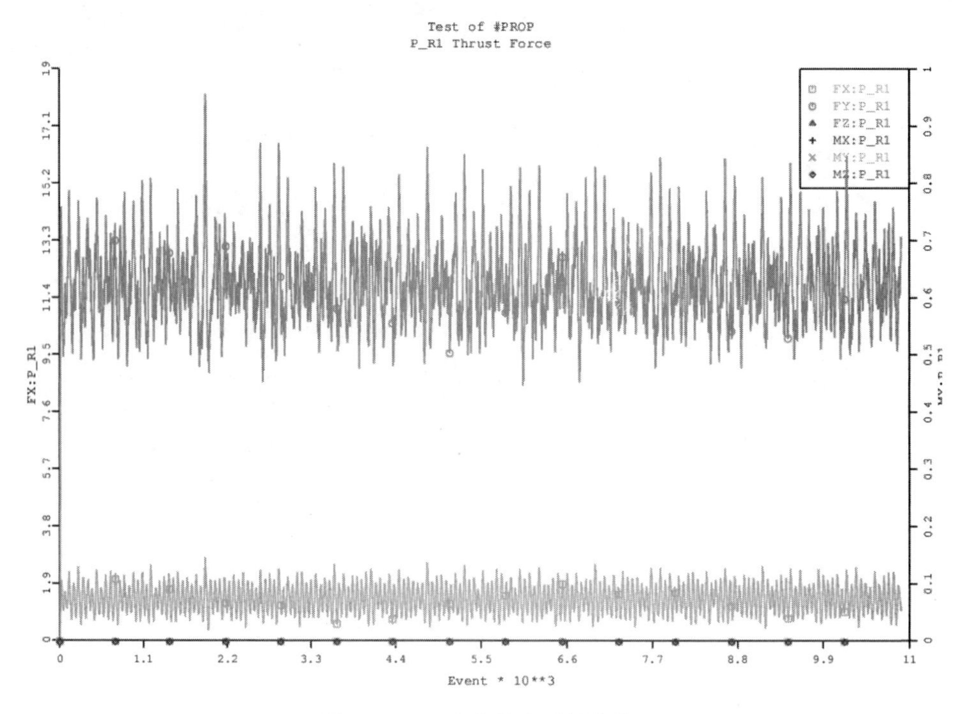

图 7.56　60°方向推力时域曲线

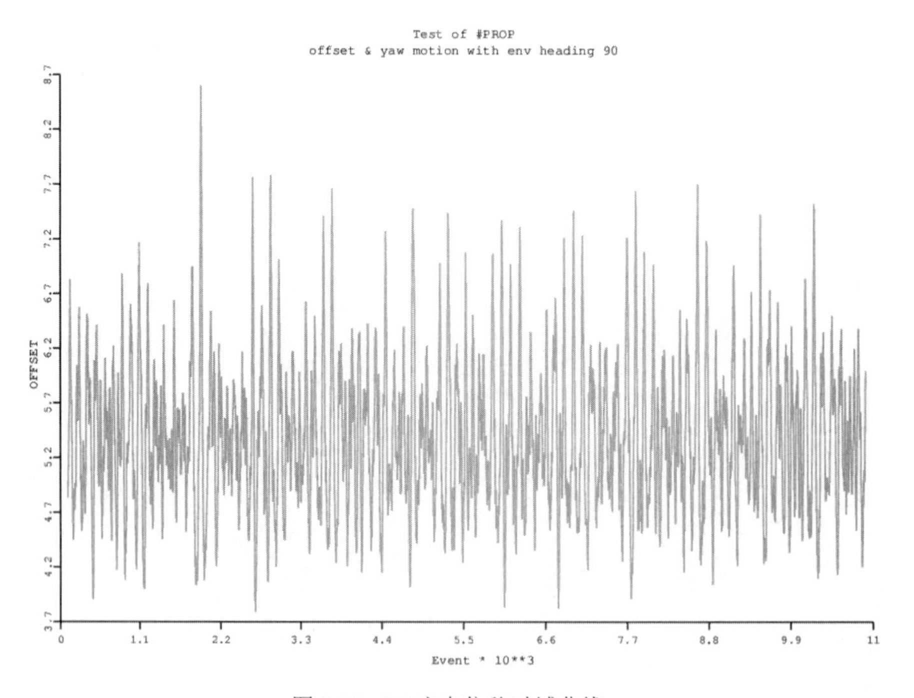

图 7.57　90°方向位移时域曲线

将 results_summary.csv 文件中的 offset 最大值和 wave_motion.csv 中对应角度的波频运动进行简单的线性组合。波频运动的平面偏移简单定义为 $Offset_{WF} = \sqrt{Surge_{max}^2 + Sway_{max}^2}$ 。

将低频位移与波频位移结果简单线性叠加并与水深相除，对应不同环境条件方向位移/水深百分比的雷达图如图 7.58 所示。在所有推进器完整的条件下，位移最大发生在横浪方向（90°和 270°方向），最大位移相对于水深的百分比为 10.2%（<12%），满足要求。

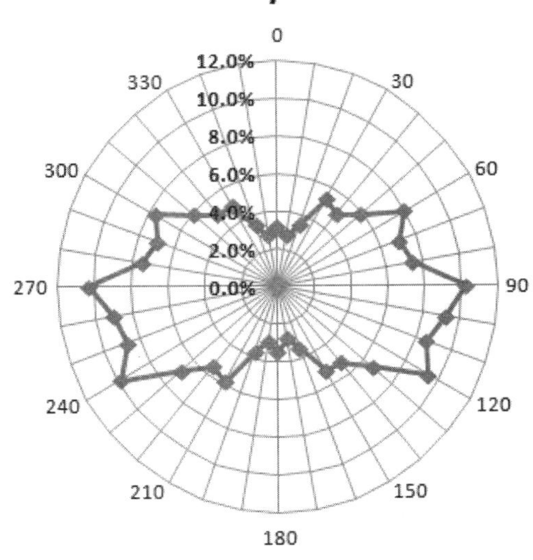

图 7.58 位移/水深百分比

将低频艏摇运动和波频艏摇运动进行叠加并以雷达图显示，如图 7.59 所示，最大艏摇运动幅值 2.93°，发生在 240°方向。

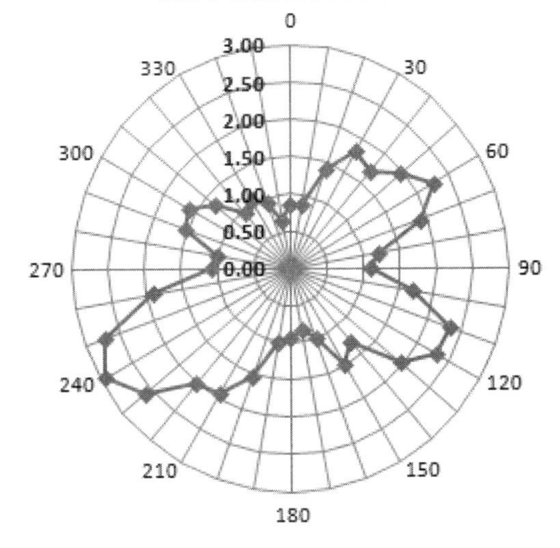

图 7.59 艏摇运动幅值

这里介绍了通过 MOSES 对一艘假定的驳船进行动力定位能力分析的主要流程，需要明确的是：本例子作了理想化的假设，模型较为简单，真实情况下的动力定位能力需要考虑诸多因素的影响，控制器以及推力分配机制需要更进一步的研究。出于简便考虑，最终位移和艏摇运动是简单线性叠加的，具体组合方法需要参考规范相关要求。

本例子旨在熟悉使用 MOSES 进行动力定位分析的基本过程，相关内容仅供参考。

8 新版 MOSES 简介

目前最新的 MOSES 版本为 V11，该版本在功能和分析方式上发生了较大的变化，本章简单介绍新版 MOSES 在界面、分析方式以及功能上的一些新变化。

8.1 新版 MOSES 的主要功能更新

V10 和 V11 版本的 MOSES 在功能上做了不少更新，主要包括：

1. 支持远场法计算二阶定常波浪力

经典 MOSES 包含两种二阶定常波浪力的计算方法：Salvesen 法和直接积分法（近场法）。Salvesen 方法具有重要的前提假设，即认为浮体为细长体，具有较弱的反射能力。该方法可以计算零航速船舶以及有航速船舶的二阶定常波浪载荷，但对于不符合细长体假定的浮体，适应能力有限。

远场法是普遍采用的并被广泛证明的二阶定常波浪力的求解方法，V10 版本的 MOSES 支持采用远场法和近场法计算二阶定常波浪力。

2. 直接生成 SACS 拖航分析文件

新版本的 MOSES 支持直接生成 SACS 拖航文件。传统的分析方法是 MOSES 进行拖航运动计算，通过人工手动将拖航结构物的运动和加速度等结果提取后，在 SACS 中进行计算文件的编辑。现在通过在 MOSES 中编辑相关命令文件，可以将 MOSES 拖航计算的运动 RAO 直接转成 SACS 能够识别的格式，提高了效率。

3. 支持 GSPR 单元定义与时间或频率相关的阻尼

新版本的 MOSES 支持对弹性单元 GSPR 定义与时间或频率相关的阻尼。

4. 直接输出 SACS 格式的载荷

新版本 MOSES 可以自动导出 SACS 可以直接读取的载荷文件。

5. 推出 MOSES Executive 工具

MOSES Executive 是 2018 年 V11 版本新推出的界面工具。该工具的主要目的是将经典 MOSES 进行重新包装整合，形成包括命令编辑、计算分析以及后处理的完整三维界面工具。从发展趋势上看，未来 MOSES 的分析界面将逐步从经典界面过渡到 Executive 界面。

6. OpenWindPower 解决方案

OpenWindPower解决方案是Bentley软件海洋工程产品线中新推出的用于固定式风机以及浮式风机基础结构分析的一体化解决方案。该解决方案将 SACS 与 MOSES 进行充分整合，提供了进行海上固定式风机全耦合、半耦合分析以及风机与浮式基础进行半耦合分析的方法，是目前 Bentley 在海上风电领域的最新成果，相关内容将在 8.4 节进行介绍。

7. 其他更新

进一步改善 SACS 和 MOSES 之间的互操作性；内置 AISC 规范更新（AISC 2010）；强化 MOSES 的后处理功能；可以直接对 Hull Modeler 建立的模型进行网格划分；支持在导管架下水过程中进行稳性校核；可以定义关注点来查看气隙（Air Gap）等。

8.2 界面与分析方式的变化

相比于传统的、基于文本模型和命令文件的经典 MOSES，新版本的 MOSES 在用户界面上做出了积极的改进，陆续提供了 Editor、Modeler、Stability、Motion、Mesher 和全新的 MOSES Executive 集成界面，使得 MOSES 的面貌焕然一新。下面简要介绍新模块主要功能。

1. MOSES Editor 专用文本编辑器

经典 MOSES 的运行文件和命令执行文件都是文本文件，需要用户编写命令来实现模型读入、程序计算与运行。MOSES Editor 是 MOSES V7.10 特别推出的、专门针对 MOSES 文件进行编写的文本编辑工具，其主要按键分布和界面如图 8.1 和图 8.2 所示。

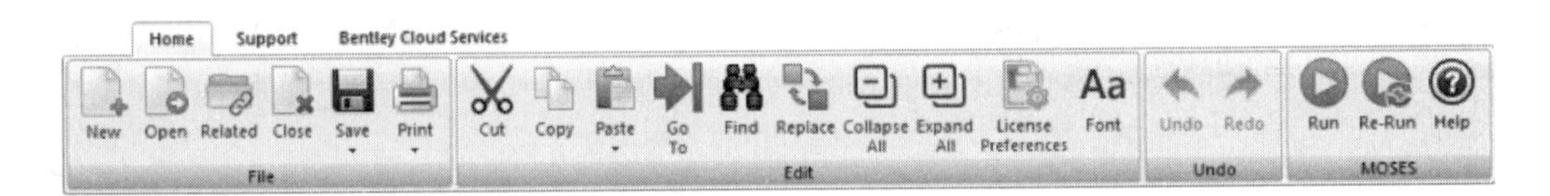

图 8.1　MOSES Editor V10 主要功能按键

MOSES Editor 主要按键功能：

（1）Related 可以在新窗口中打开与 cif 文件有关联其他文件。

（2）Go To 可以跳转到相应行位置。

（3）Collapse All/Expand All 折叠/展开相同命令菜单下的命令或临近输入的类似命令，起到简洁显示文件的作用（图 8.3）。

（4）Undo/Redo 对输入内容回退/前进。

（5）Run/Re-Run，不同 cif 文件运行方式。Run 表示删除 dba 数据库文件，程序重新运行；Re-Run 不删除 dba 数据库文件，程序在之前一次的运行结果基础上继续运行，此时程序接受用户在命令输入框输入命令。

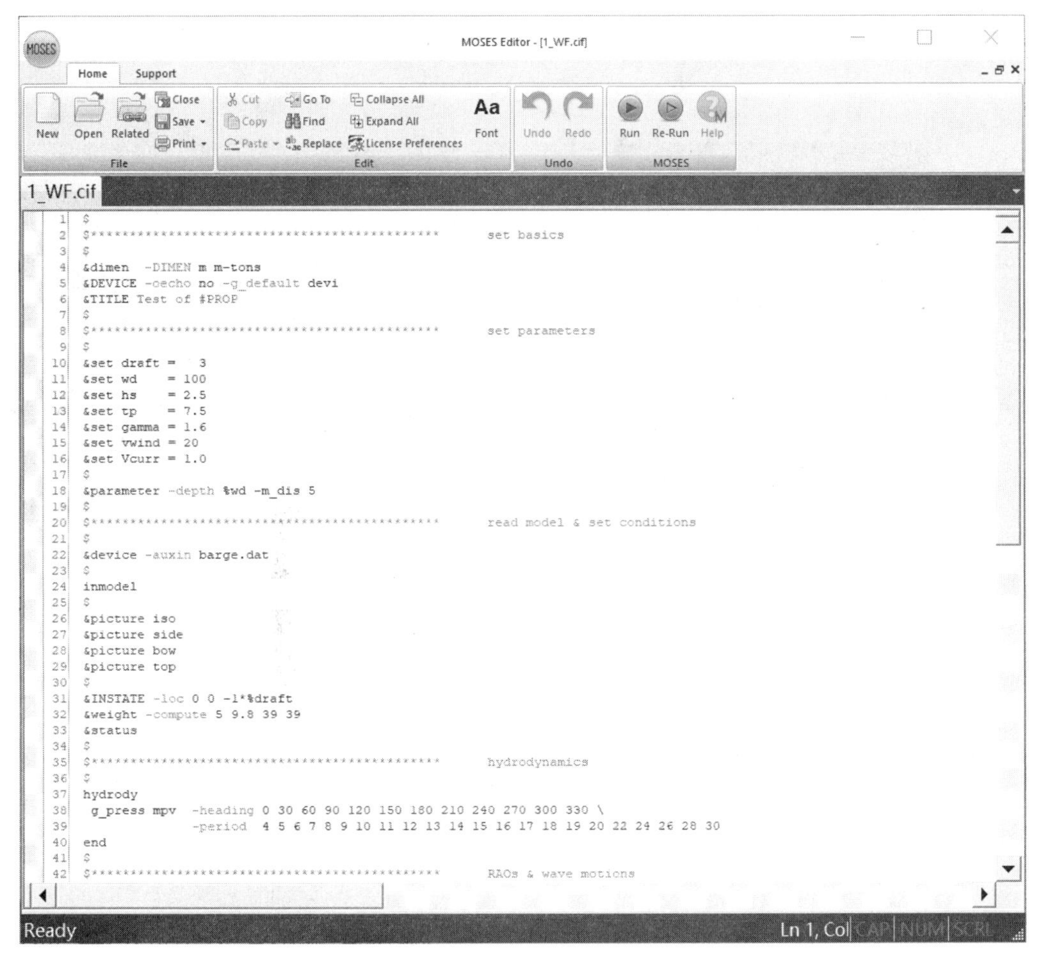

图 8.2　MOSES Editor

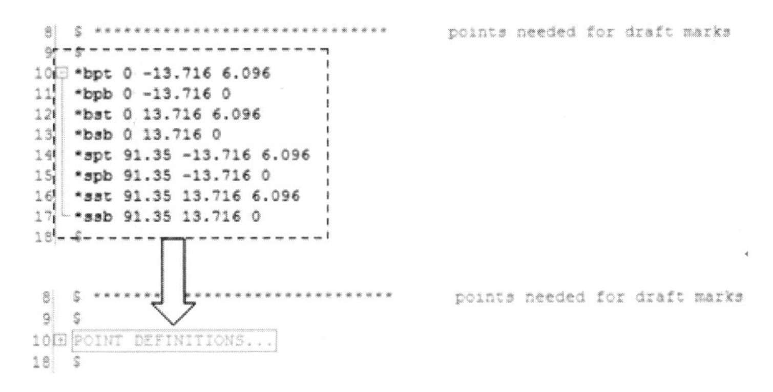

图 8.3　MOSES Editor 命令折叠/展开

2. MOSES Hull Modeler 建模工具

新的建模工具 Hull Modeler（图 8.4）可以对任意船体类型结构进行建模，如 FPSO、钻井船、驳船、起重船等；支持多种格式的导入（图 8.5）；提供 MOSES 内置船型库所对应的三维模型；曲面建模技术与 Microstation 和 Rhino 相兼容。

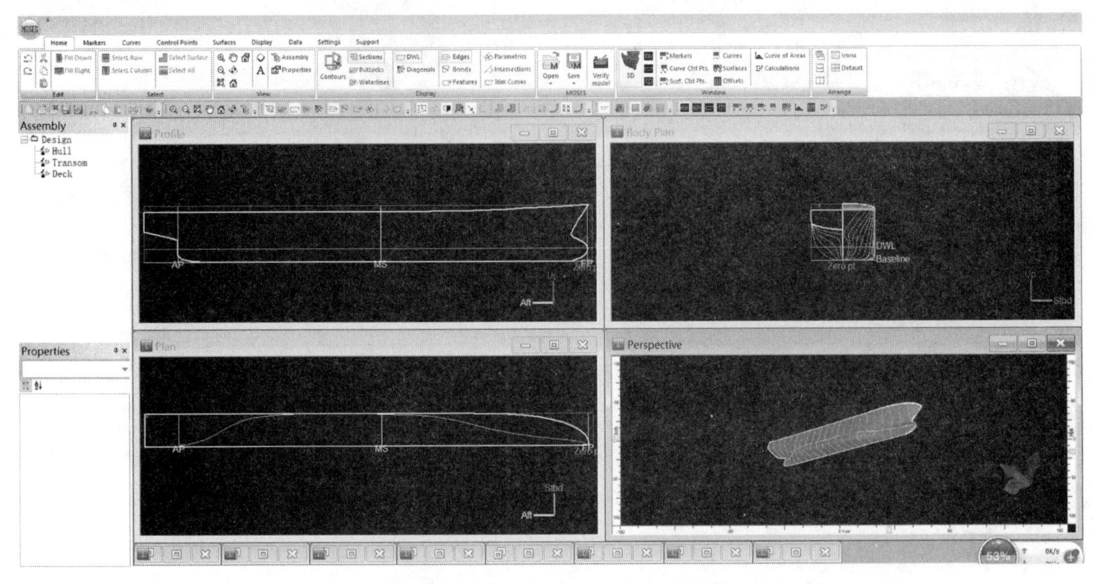

图 8.4　MOSES Hull Modeler 界面

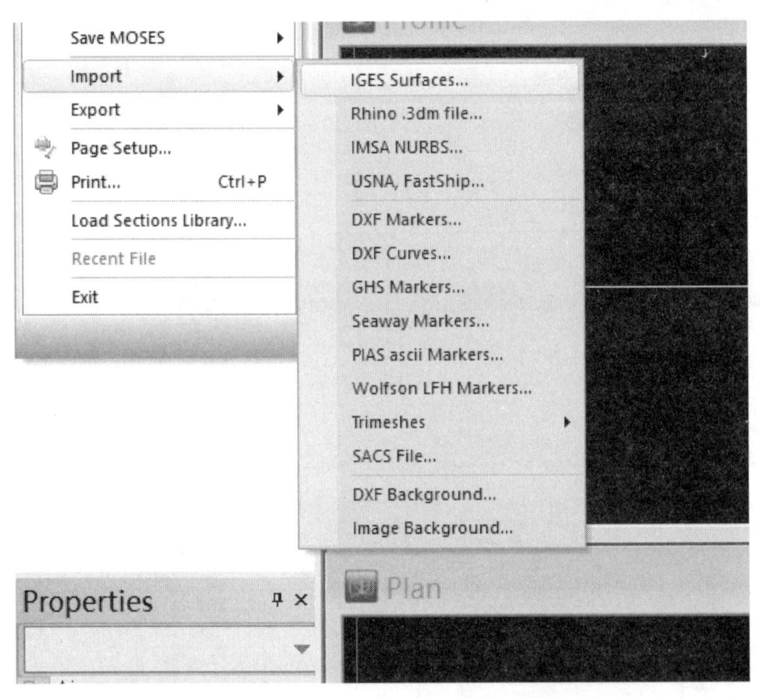

图 8.5　MOSES Hull Modeler 支持的导入文件格式

用户可以通过 Hull Modeler 建立船体模型并划分网格，模型文件可以直接保存为 MOSES 格式用于计算分析，用户也可以在 Hull Modeler 中直接打开 MOSES 模型文件。Hull Modeler 支持两种模式的 MOSES 模型：点一单元模型（Mesh）和型线建模模型（Strip），如图 8.6 所示。关于这两种模型的特点可参考 3.4.3、3.4.4 和 3.4.13 节相关内容。

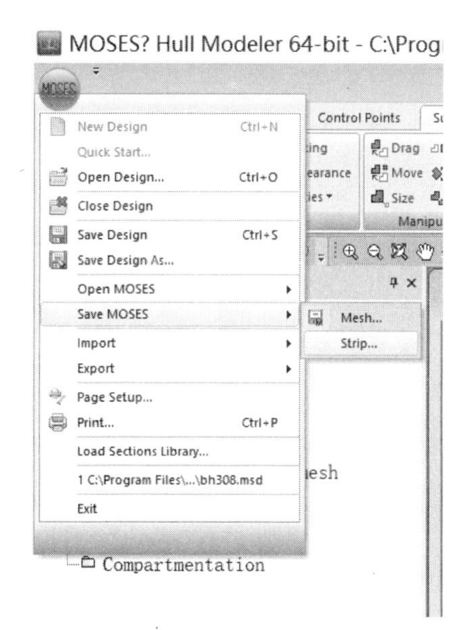

（a）保存

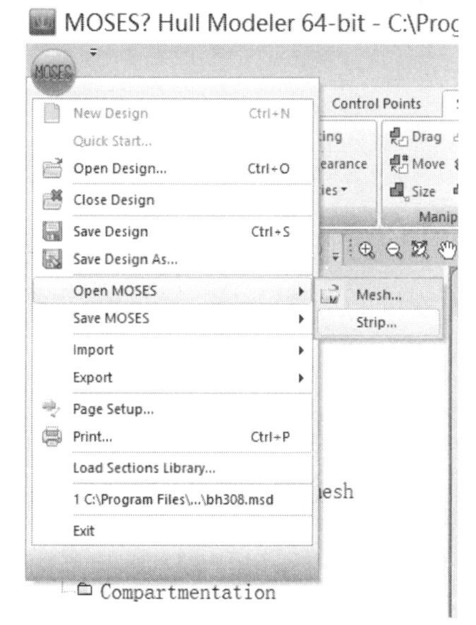

（b）读入

图 8.6　MOSES Hull Modeler 支持两种格式模型文件的保存与读入

关于 Hull Modeler 的建模方法本书不做介绍，具体可以参考 MOSES Hull Modeler 帮助文件。相关例子可以参考 MOSES 安装文件夹下的“Sample Designs”和“VesselLibary”文件夹相关内容。

3. MOSES Stability 稳性分析工具

Stability 同时支持 SACS、MAXSURF 和 MOSES 的稳性分析要求，内置完整的舱室编辑器；自动调整舱室外表面从而能够与三维船体外形模型保持一致；可直接导入 SACS 模型；可以直接读入 Hull Modeler 文件；提供层次化的重量编辑器；能够进行载荷和破损工况管理。

Stability 支持的功能如图 8.7 所示，其界面如图 8.8 所示。

	MAXSURF Stability			MOSES
Feature	**Basic**	**Advanced**	**Enterprise**	**Stability**
Model Features				
Intact hull	yes	yes	yes	yes
Key Points	yes	yes	yes	yes
Margin Line	yes	yes	yes	yes
Key Points	yes	yes	yes	yes
Rooms (tanks and compartments)	no	yes	yes	yes
Analysis Options				
Damage	no	yes	yes	yes
Partial Flooding	no	yes	yes	no
Spilling Tanks	no	yes	yes	no
Fluid Simulation	yes	yes	yes	no
Stability Criteria	no	yes	yes	no
Analysis Types				
Upright Hydrostatics	intact	yes	yes	no
Large Angle Stability	intact	yes	yes	no
Equilibrium Condition	intact	yes	yes	no
Specified Condition	no	yes	yes	no
Floodable Length	no	yes	yes	no
Longitudinal Strength	no	yes	yes	no
Tank Calibration	no	yes	yes	no
MARPOL Oil Outflow	no	yes	yes	no
Probabilistic Damage	no	no	yes	no
Other Features				
Reporting	yes	yes	yes	no
Multi-core solver	no	yes	yes	no
SACS Cargo	no	no	no	yes
COM Automation	no	yes	yes	yes

图 8.7　MOSES Stability 主要功能与 MAXSURF 的对比

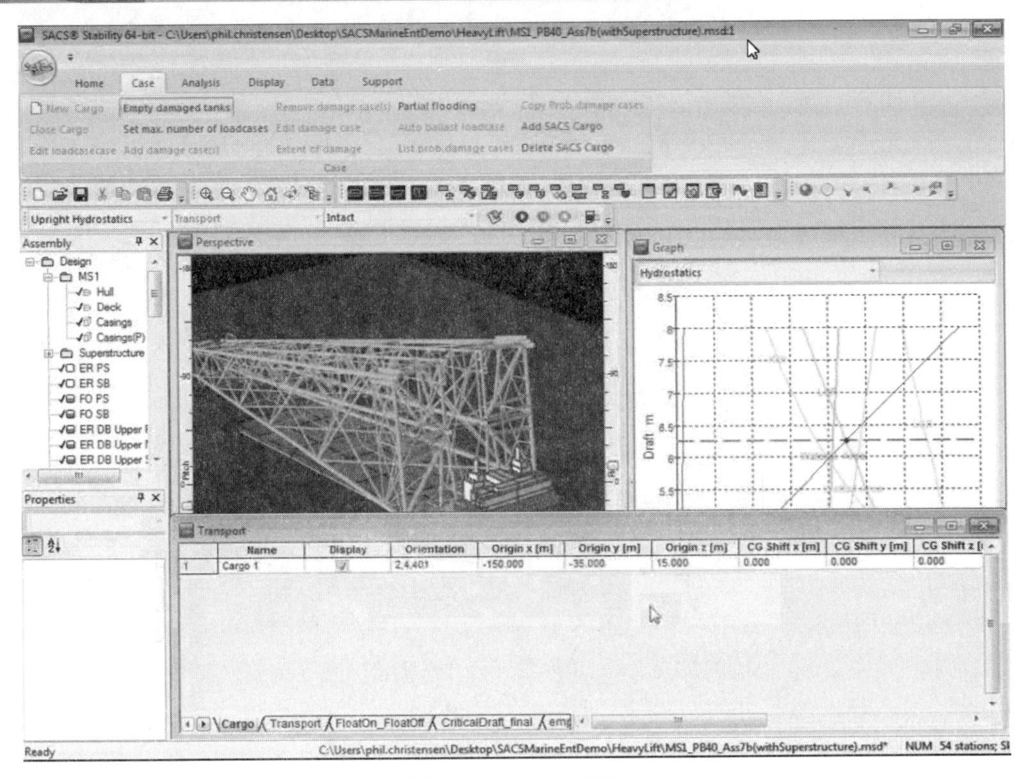

图 8.8　Stability 界面

本书不对 MOSES Stability 进行进一步的介绍，有关内容可以参考 MOSES Stability 帮助文件。

4. MOSES Motion 运动分析工具

MOSES Motion 为 MOSES 水动力计算、RAO 计算以及耐波性分析提供了一个整合工具。用户可以通过 Motion 进行模型的网格划分、水动力计算以及耐波性分析，其分析设置界面如图 8.9 所示。

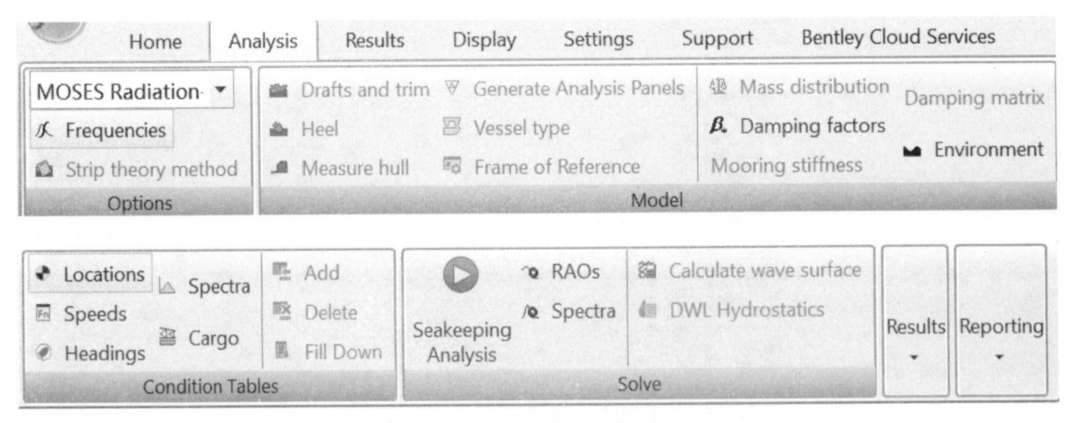

图 8.9　Motion 分析设置界面

MOSES Motion 支持对计算结果进行数据输出和图形曲线显示。

用户可以使用 Motion 读入 Hull Modeler 建立的模型，随后对其进行计算状态设置，包括基本浮态、质量分布、阻尼系数、货物、计算波浪方向以及网格设置等如图 8.10 所示，完成设置后单击 Seakeeping Analysis 中的“RAOs”，程序调用 MOSES 进行水动力计算，如图 8.11 所示。

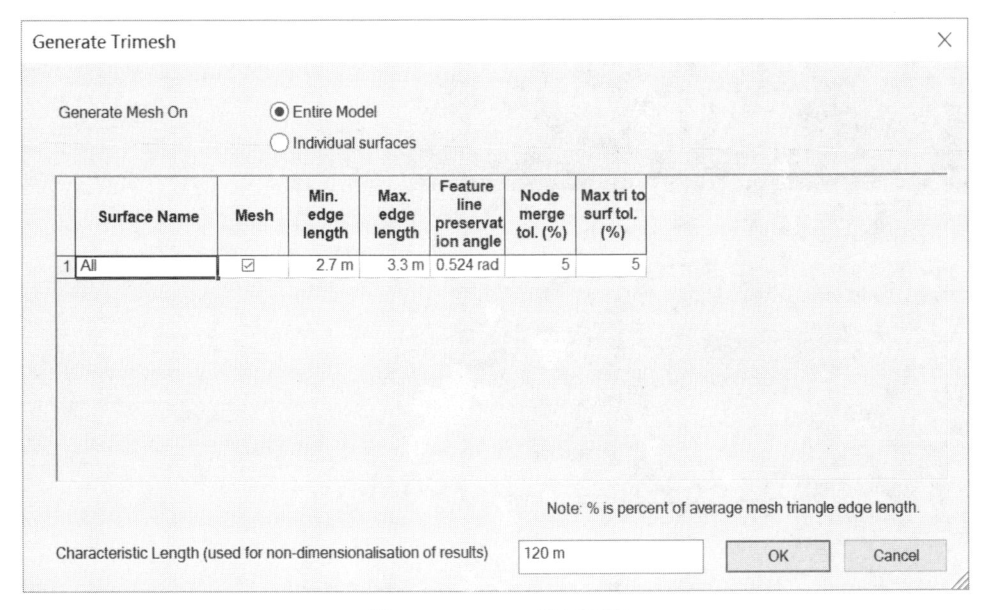

图 8.10　Motion 设置网格

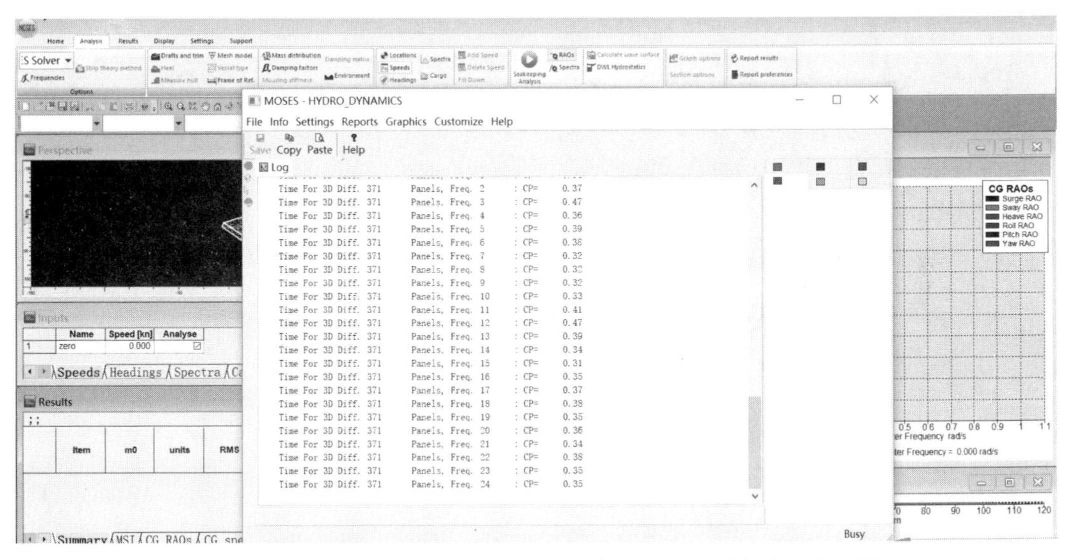

图 8.11　MOSES Motion：Run RAOs 调用 MOSES 进行水动力计算

在计算完成后通过“Results”可以对计算结果的显示进行设置，如图 8.12 和图 8.13 所示。

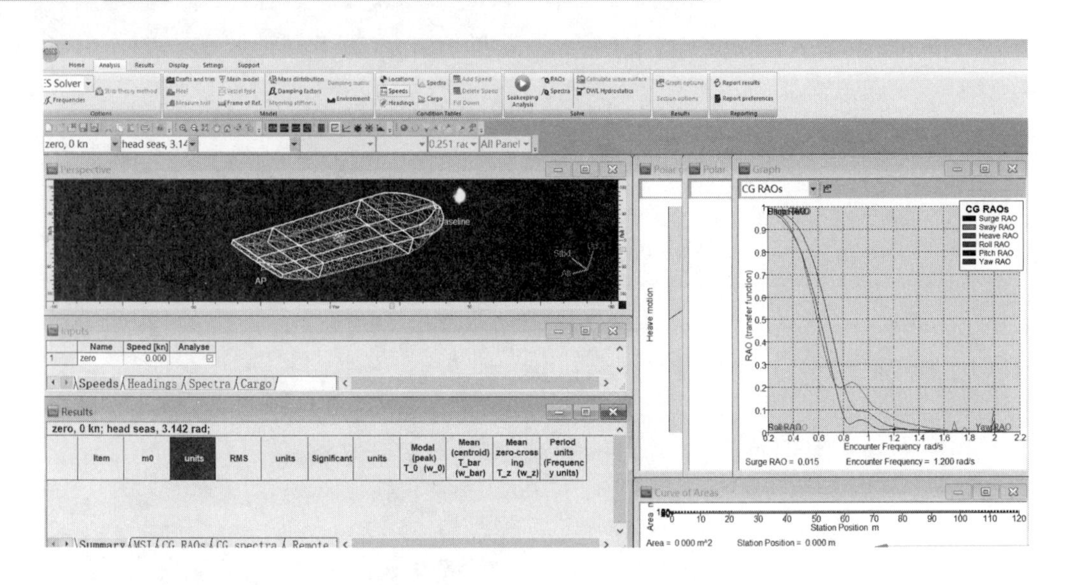

图 8.12　MOSES Motion：RAOs 计算结果显示

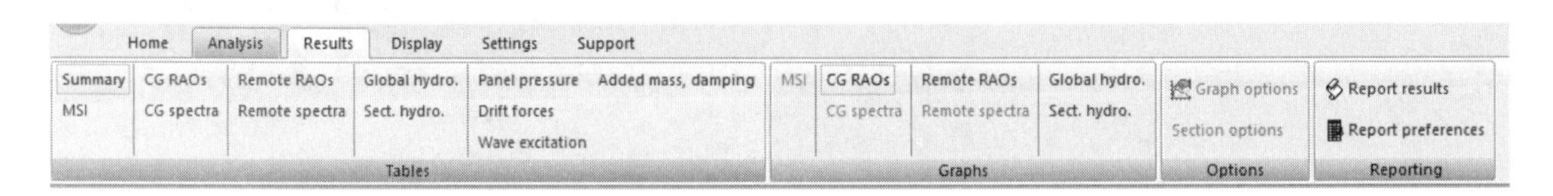

图 8.13　MOSES Motion：计算结果显示设置

用户也可以将目前的设置保存为 MOSES 的 cif 文件，如图 8.14 所示。如果保存目前的工程文件，工程文件的后缀名为.skd，计算结果保存文件的后缀名为.skr。

用户可以将目前的输出数据保存为计算报告（word 格式），也可以保存为文本文件格式（Save Summary Results As）。

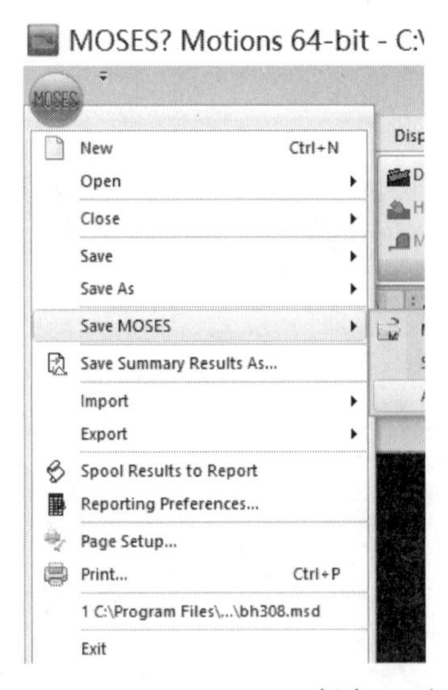

图 8.14　MOSES Motion：保存 cif 文件

在 MOSES Motion 计算的时域下，船体运动效果如图 8.15 所示。本书不对 MOSES Motion 进行进一步介绍，有关内容可以参考 MOSES Motion 帮助文件。

图 8.15　MOSES Motion 显示船体在时域不规则波中的运动响应

5. MOSES Hull Mesher 结构建模工具

Mesher 主要用于结构分析，可对板梁结构进行网格划分；可用于驳船、FPSO、甲板等结构的建模与单元划分；支持从 DXF 和 DWG 文件中直接导入模型。Mesher 界面模型如图 8.16 所示。

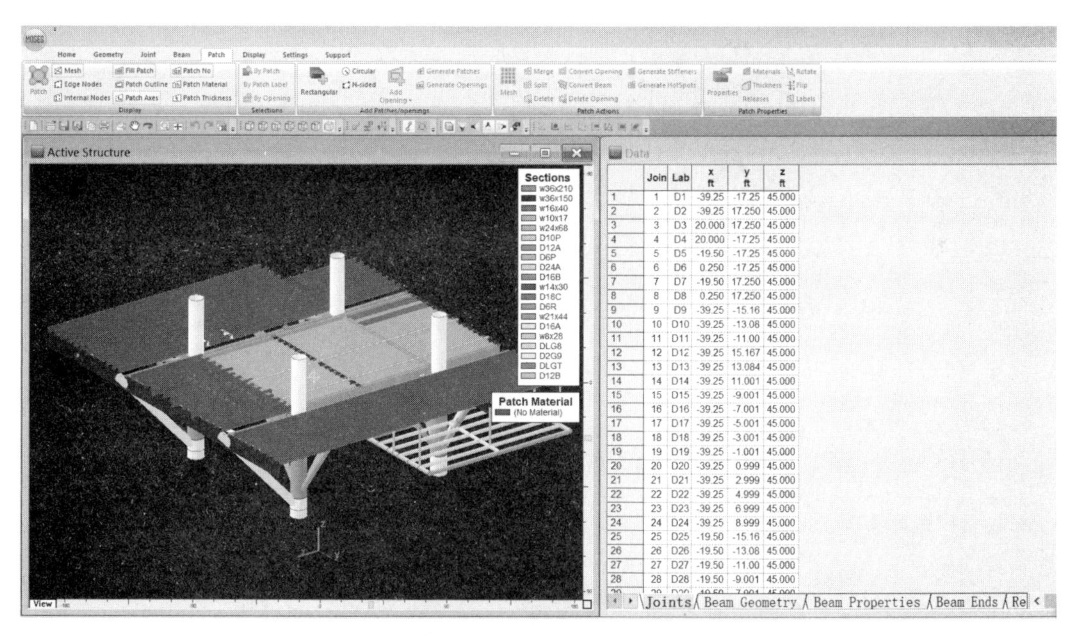

图 8.16　MOSES Hull Mesher 界面：导管架组块模型

本书不对 MOSES Hull Mesher 进行进一步介绍，有关内容可以参考 MOSES Mesher 帮助文件。

8.3 MOSES Executive 全新界面

8.3.1 Executive 界面简介

MOSES Executive 是 2018 年 MOSES V11 所推出的新工具，该工具的主要目的是从根本上将经典 MOSES 进行重新包装整合，形成包括命令编辑、计算分析、数据后处理的完整三维界面工具。在实现了 MOSES 三维可视化的同时，兼顾了经典 MOSES 命令脚本的便捷性和优越性，同时改善后处理结果的可见可读性。MOSES Executive 的推出使得 MOSES 真正从用户界面和程序可用性上向主流分析软件靠拢，有利于 MOSES 的进一步推广。

MOSES Executive 界面如图 8.17 所示，其主要特点包括：

（1）文件树管理模式。同一个 cif 文件调用的模型文件和计算分析文件可以通过文件树形式进行查看和管理。

（2）命令编辑与运行集成。用户通过 Executive 打开 cif 文件，在运行 cif 文件时程序运行窗口就在 Executive 中显示，有利于用户对命令文件即查即用。

（3）计算结果的可视化和动画查看。可以通过 Executive 直接查看计算数据结果和数据曲线图，可以方便播放时域模拟动画并输出动画。

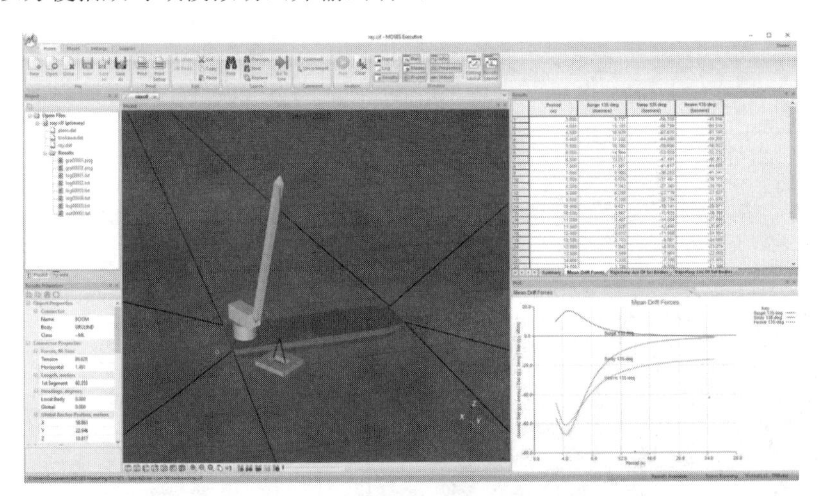

图 8.17　MOSES Executive 界面

MOSES Executive 的子菜单主要包括：Home、Model、Settings 和 Support。

（1）Home 子菜单主要提供文件编辑功能，如图 8.18 所示。

图 8.18　MOSES Executive 界面 Home 子菜单按键分类

（2）Model 子菜单包括模型视角调整和动画播放设置与输出功能，如图 8.19 所示。

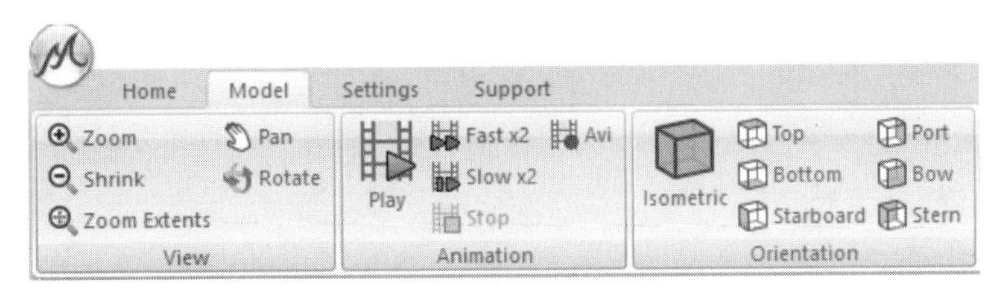

图 8.19　MOSES Executive 界面 Model 子菜单按键分类

（3）Settings 子菜单包括主题、字体、常用设置、参数设置以及报告设置内容，如图 8.20 所示。

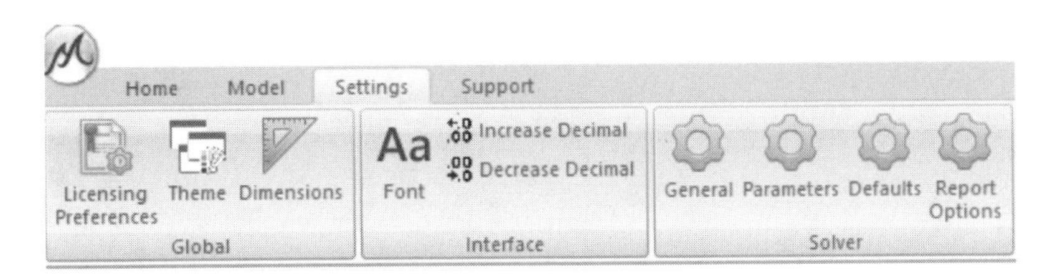

图 8.20　MOSES Executive 界面 Settings 子菜单按键分类

（4）Support 子菜单主要包括软件帮助等内容。

MOSES 模型文件和命令运行文件都可以通过 Executive 打开。当用户打开 cif 文件时，与其相关的模型文件以及计算文件都将以文件树的形式显示在 Project 栏，方便用户进行文件管理和文件查看，如图 8.21 所示。

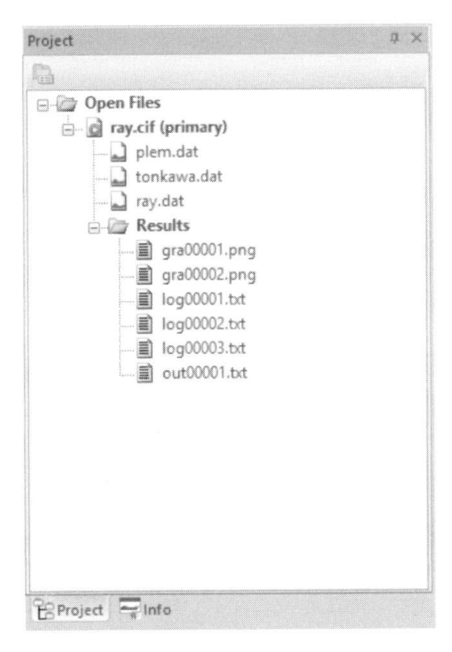

图 8.21　MOSES Executive 界面文件树管理

用户打开 cif 文件后，其包含的命令内容将在界面中显示。在 cif 文件中的命令位置选中命令按 F1 键可以查看命令解释（或者选中命令后右键单击 Help）。

单击 Home 子菜单的 Run 按钮，程序开始运行并将运行过程显示在对应 Log 界面。当运行完毕或者需要进行中断调试时，用户可以在命令输入栏进行命令输入，如图 8.22 所示。

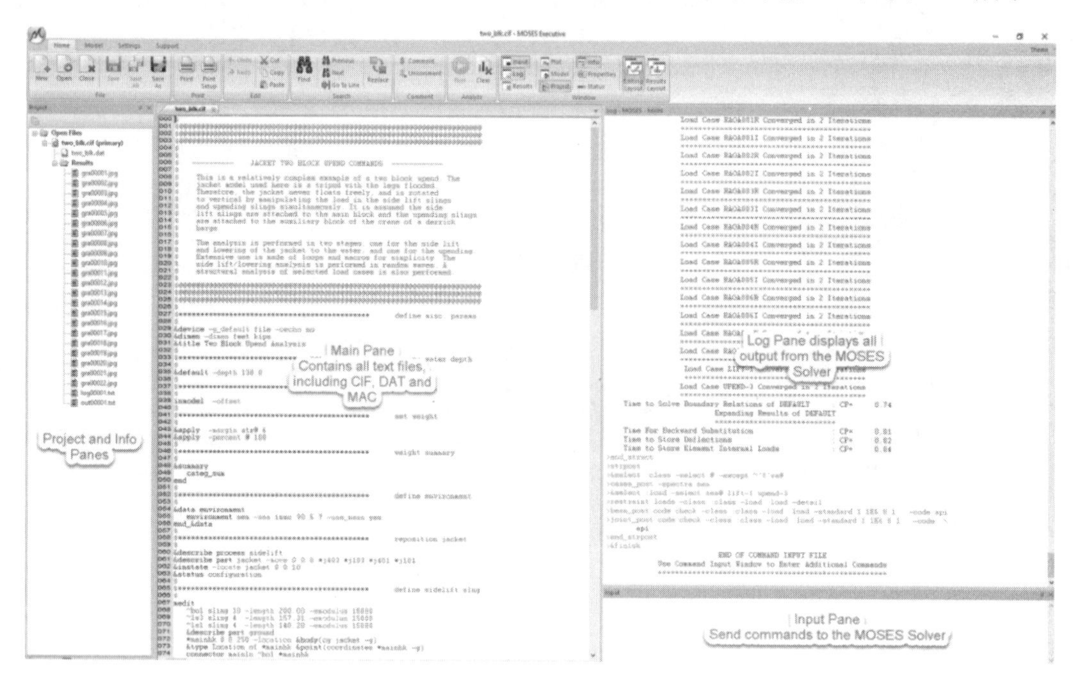

图 8.22　MOSES Executive 界面 cif 文件编辑与运行并行显示

当 cif 文件完成计算分析工作后，计算结果会在 project 栏显示，用户可以定义和查看计算结果，曲线结果以及显示播放时域动画并将动画输出，如图 8.23 所示。

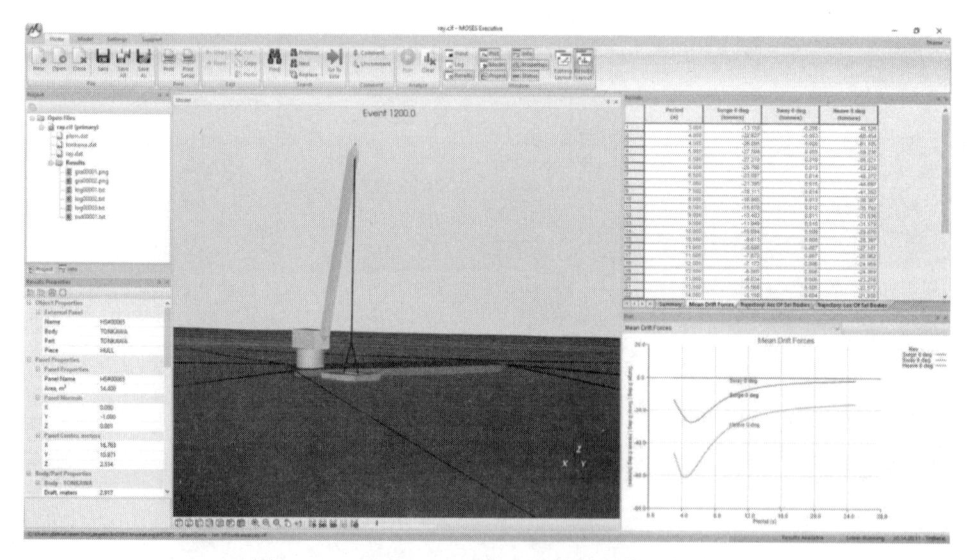

图 8.23　MOSES Executive 计算结果的可视化

8.3.2 Executive 界面演示

将第 7 章的 FPSO 船体模型拷贝至 hydrod 文件夹中。新建 hydrod.cif 文件，该文件用于 FPSO 的水动力计算与结果查看。

FPSO 吃水状态与 7.1 节一致。

打开 Executive，打开 tanker.cif，输入以下内容。

```
&device -g_default device
&device -oecho no
&dimen -DIMEN METERS M-TONS
&param -depth 120    -spg 1.025
$
$*********************************************          GEN. DATABASE
$
&set diff    = .true.
&set raos    = .true.
&set draft = 16.5
$
INMODEL
$
&title Tanker Hydrodynamic Analysis by MOSES Exectutive
$
$*********************************************          SET INIT. CONDITIONS
$
&INSTATE -LOCATE    tanker    0    0 -1*%draft%
&WEIGHT -COMPUTE TANKER 14.3 17.0 68.4 68.4
&status
$
$*********************************************          hydrodynamic
$
&if %diff% &then
Hydrodynamic
  g_pressure tanker -period 3.0 3.5 4.0 4.5 5.0 5.5 6.0 6.5 7.0 7.5 8.0 8.5 9.5 10 10.5 11 11.5 \
                        12 12.5 13.0 13.5 14 14.5 15 15.5 16 16.5 17 17.5 18 18.5 19 19.5 20 \
                        21 22    23 24 25 26 27 28 29 30 31 32 \
                    -heading 0 30 60 90 120 150 180 -md_type nearfield
  e_total tanker
end
&endif
$
$*********************************************          raos
$
&if %raos% &then
$
FREQ_RES
    RAO
    equ_sum
    MATRICES    $输出附加质量和辐射阻尼结果
     REPORT
```

```
        vlist
        plot 2   3   4   5 -T_LEFT "Added Mass"              -T_SUB "Surge Sway & heave"
        plot 2   6   7   8 -T_LEFT "Added Mass"              -T_SUB "Roll Picth & Yaw"
        plot 2   9 10 11 -T_LEFT "Radiation Damping"         -T_SUB "Surge Sway & heave"
        plot 2 12 13 14 -T_LEFT "Radiation Damping"          -T_SUB "Roll Picth & Yaw"
      end
$
      fr_point    &part(cg tanker -body)      $输出重心位置的运动 RAO 结果
        REPORT       $cg motion RAOs
        vlist
        plot    2    3 15 27 39 51 63 75   -T_LEFT "Surge RAO"     -T_SUB "Wave Frequency Motion RAOs"
        plot    2    5 17 29 41 53 65 77   -T_LEFT "Sway RAO"      -T_SUB "Wave Frequency Motion RAOs"
        plot    2    7 19 31 43 55 67 79   -T_LEFT "Heave RAO"     -T_SUB "Wave Frequency Motion RAOs"
        plot    2    9 21 33 45 57 69 81   -T_LEFT "Roll RAO"      -T_SUB "Wave Frequency Motion RAOs"
        plot    2 11 23 35 47 59 71 83    -T_LEFT "Pitch RAO"     -T_SUB "Wave Frequency Motion RAOs"
        plot    2 13 25 37 49 61 73 85    -T_LEFT "Yaw RAO"       -T_SUB "Wave Frequency Motion RAOs"
      end
end
$
&endif
$
&finish
```

输入完毕后选中 tanker.cif 文件，右键设置为 Primary，单击 Run 运行，如图 8.24 所示。

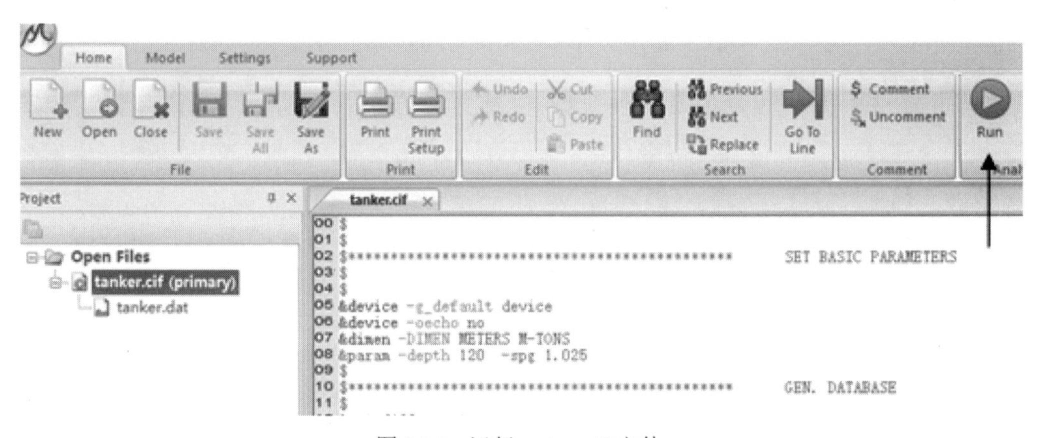

图 8.24　运行 tanker.cif 文件

会有进度条提示程序正在运行，如图 8.25 所示。

图 8.25　运行状态进度条

程序的 Log 界面会显示目前的运行状态，如图 8.26 所示。

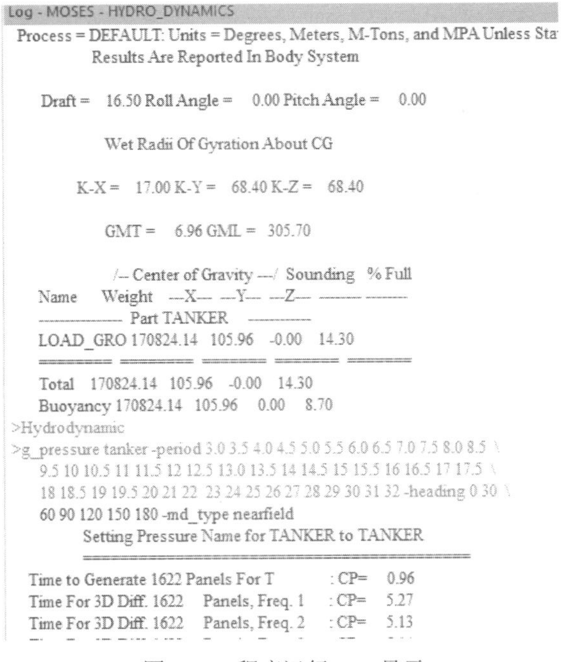

```
Log - MOSES - HYDRO_DYNAMICS
 Process = DEFAULT: Units = Degrees, Meters, M-Tons, and MPA Unless Sta
           Results Are Reported In Body System

   Draft =   16.50 Roll Angle =    0.00 Pitch Angle =    0.00

             Wet Radii Of Gyration About CG

         K-X =   17.00 K-Y =   68.40 K-Z =   68.40

             GMT =    6.96 GML =  305.70

              /-- Center of Gravity ---/  Sounding  % Full
   Name     Weight   ---X--- ---Y--- ---Z--- ------- -------
   --------------- Part TANKER    -----------
   LOAD_GRO 170824.14  105.96   -0.00   14.30
   ========= ========= ======== ======== ========
   Total   170824.14  105.96   -0.00   14.30
   Buoyancy 170824.14  105.96    0.00    8.70
>Hydrodynamic
>g_pressure tanker -period 3.0 3.5 4.0 4.5 5.0 5.5 6.0 6.5 7.0 7.5 8.0 8.5 \
   9.5 10 10.5 11 11.5 12 12.5 13.0 13.5 14 14.5 15 15.5 16 16.5 17 17.5 \
   18 18.5 19 19.5 20 21 22  23 24 25 26 27 28 29 30 31 32 -heading 0 30 \
   60 90 120 150 180 -md_type nearfield
        Setting Pressure Name for TANKER to TANKER
        ================================================

  Time to Generate 1622 Panels For T          : CP=    0.96
  Time For 3D Diff. 1622     Panels, Freq. 1   : CP=    5.27
  Time For 3D Diff. 1622     Panels, Freq. 2   : CP=    5.13
```

图 8.26　程序运行 Log 显示

程序运行完毕后会在 Results 界面显示当前可以查看的结果，这里输出的结果内容包括附加质量、辐射阻尼和重心位置的运动 RAO，通过选择下方的页面可以切换结果，结果曲线会在 Plot 界面中显示，如图 8.27 所示。

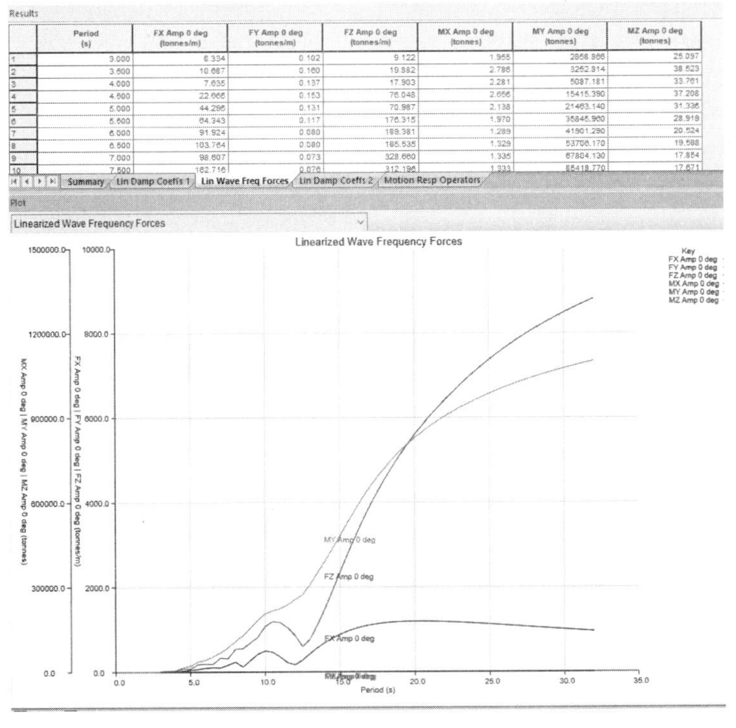

Results

	Period (s)	FX Amp 0 deg (tonnes/m)	FY Amp 0 deg (tonnes/m)	FZ Amp 0 deg (tonnes/m)	MX Amp 0 deg (tonnes)	MY Amp 0 deg (tonnes)	MZ Amp 0 deg (tonnes)
1	3.000	6.334	0.102	9.122	1.955	2858.866	25.097
2	3.500	10.687	0.160	19.882	2.786	3252.814	38.523
3	4.000	7.635	0.137	17.903	2.281	5087.181	33.761
4	4.500	22.666	0.153	76.048	2.656	15415.390	37.208
5	5.000	44.296	0.131	70.987	2.138	21463.140	31.336
6	5.500	64.343	0.117	176.315	1.970	35845.960	28.918
7	6.000	91.924	0.080	189.381	1.289	41901.290	20.524
8	6.500	103.764	0.080	185.535	1.329	53706.170	19.588
9	7.000	98.607	0.073	328.660	1.335	67804.130	17.854
10	7.500	162.716	0.076	312.196	1.333	85418.770	17.671

图 8.27　显示运动 RAO 结果

在 Properties 中可以对曲线结果进行设置。勾选所有波浪方向，显示纵荡运动 RAO，显示效果如图 8.28 所示。

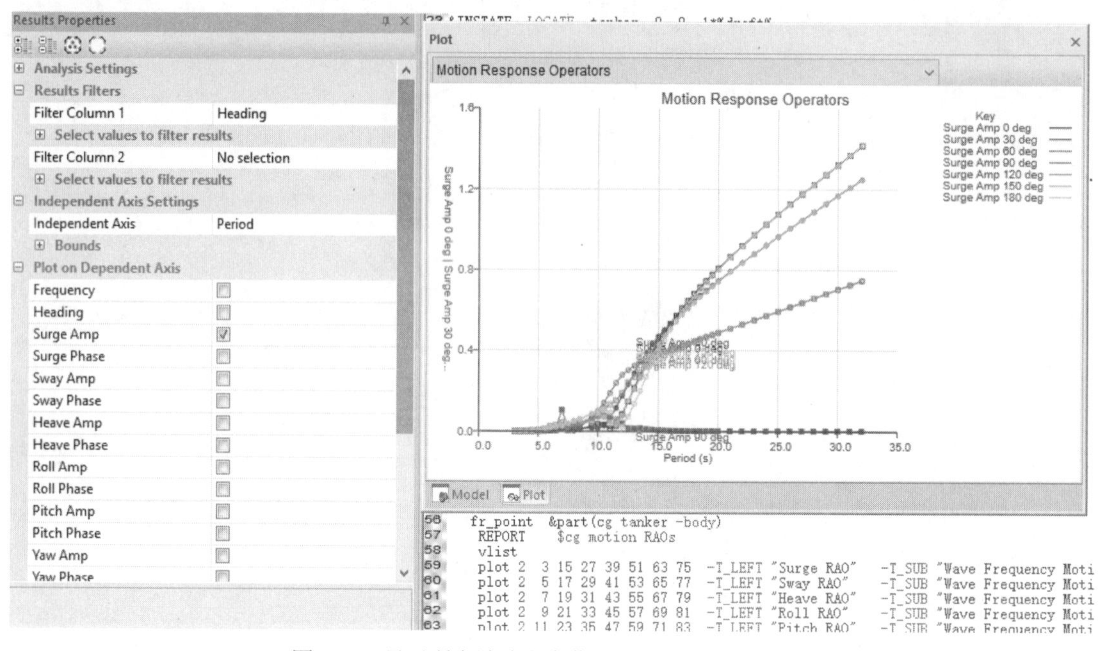

图 8.28　显示所有波浪方向作用下的纵荡运动 RAO

注意：想要在 Executive 界面中查看结果，cif 命令中对应位置必须有 **REPORT** 命令。运行完毕后在 input 界面输入以下命令：

```
>Hydrodynamic
>v_mdrift
>report
```

则波浪漂移力结果将添加到 Results 界面中，如图 8.29 所示。

Results

	Report	Notes
1	Linearized Damping Coefficients 1	At Point On Body TANKER At X = 0.0 Y = 0.0 Z = 0.
2	Linearized Wave Frequency Forces	At Point On Body TANKER At X = 0.0 Y = 0.0 Z = 0.
3	Linearized Damping Coefficients 2	At Point On Body TANKER At X = 0.0 Y = 0.0 Z = 0.
4	Motion Response Operators	Draft = 16.5 Meters , Trim Angle = 0.00 Deg, Forwar
5	Mean Drift Forces	Body Name = TANKER Drift Name = TANKER Drift

图 8.29　添加波浪漂移力计算结果

其他计算结果文件在左侧的 Project 界面中，如图 8.30 所示，用户可以直接打开进行查看。单击 Model 界面可以查看目前的计算模型状态，如图 8.31 所示。

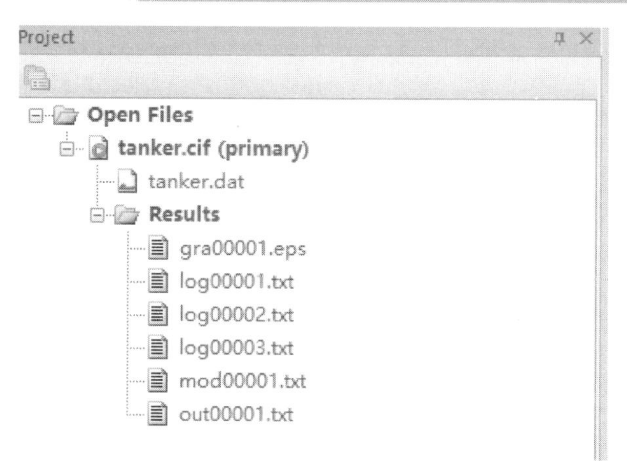

图 8.30　计算结果文件显示

图 8.31　显示船体模型

V11.0 版本中 MOSES Executive 的兼容性还有限，V11.03 版本中 MOSES Executive 的兼容性有了很大改善，在未来的版本中 MOSES Executive 会更加完善，逐渐取代经典 MOSES 界面。

8.4　OpenWindPower 解决方案

8.4.1　海上风机与固定式基础的耦合分析

早期海上风机与固定式基础的分析手段为非耦合分析方法，即风机整机商将风机载荷（主要是风机与基础法兰面交接位置的载荷）提供给基础设计方，基础设计方根据载荷、场址特点来进行基础选型与设计。基础方将设计的风机基础提供给风机整机商，整机商在风机载荷计算中考虑基础的影响再进行风机载荷计算并将载荷重新提供给基础设计方，如此循环，最终确定基础形式与设计参数。

这一分析流程将原本一体的风机与基础耦合响应特性拆分为风机设计与基础设计两方面，整个分析过程耗时长，迭代次数多，工作界面复杂，对从整体上控制成本、风险与设计进度不利。为了解决这一挑战，海上风机与基础的耦合分析方法应运而生。

目前耦合分析方法主要分为两种：全耦合分析方法与半耦合分析方法。

全耦合分析方法是指将风机基础与风机气动响应共同考虑，建立一个包含风机基础、塔筒、风机叶轮、机舱、控制策略、设备响应、土壤特性等因素的完整模型，考虑风、浪、流、土壤地质的共同影响，在同一个软件中实现风机、塔筒以及风机基础的载荷计算，在此基础上实现风机基础的规范校核与优化设计，基本的分析流程如图 8.32 所示。

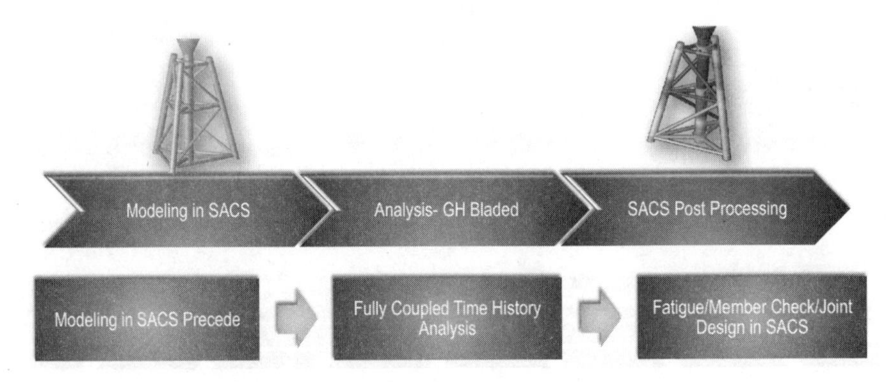

图 8.32　SACS+Bladed 全耦合分析流程示意

半耦合分析方法是指风机载荷计算中以等效的方式来考虑风机基础的影响，基本的分析流程如图 8.33 所示。

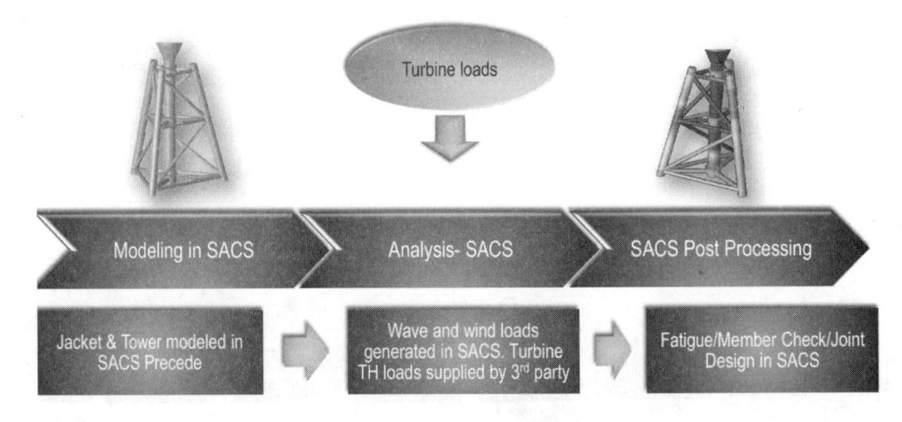

图 8.33　SACS+Bladed 半耦合分析流程

等效基础模型是指尽量保证风机基础的力学特性并将其在风机载荷软件中进行建模。风机载荷软件进行风机载荷求解，并将时域载荷提供给结构分析软件。结构分析软件进行时域结构分析并进行规范校核。这种方式人因误差较大，存在风险。

动态超单元方式是指将风机法兰面以下的风机基础以超单元的方式进行等效，超单元可以充分考虑线性范围内的基础质量、刚度、阻尼特性以及载荷向量，以保证动力学求解的正确性。超单元导入到风机载荷分析软件中进行计算求解，风机载荷分析软件将时域载荷提供给结构分析软件进行进一步的分析与规范校核。动态超单元方法是目前最有前景的耦合分析手段。

SACS 的动态超单元组装流程如图 8.34 所示。

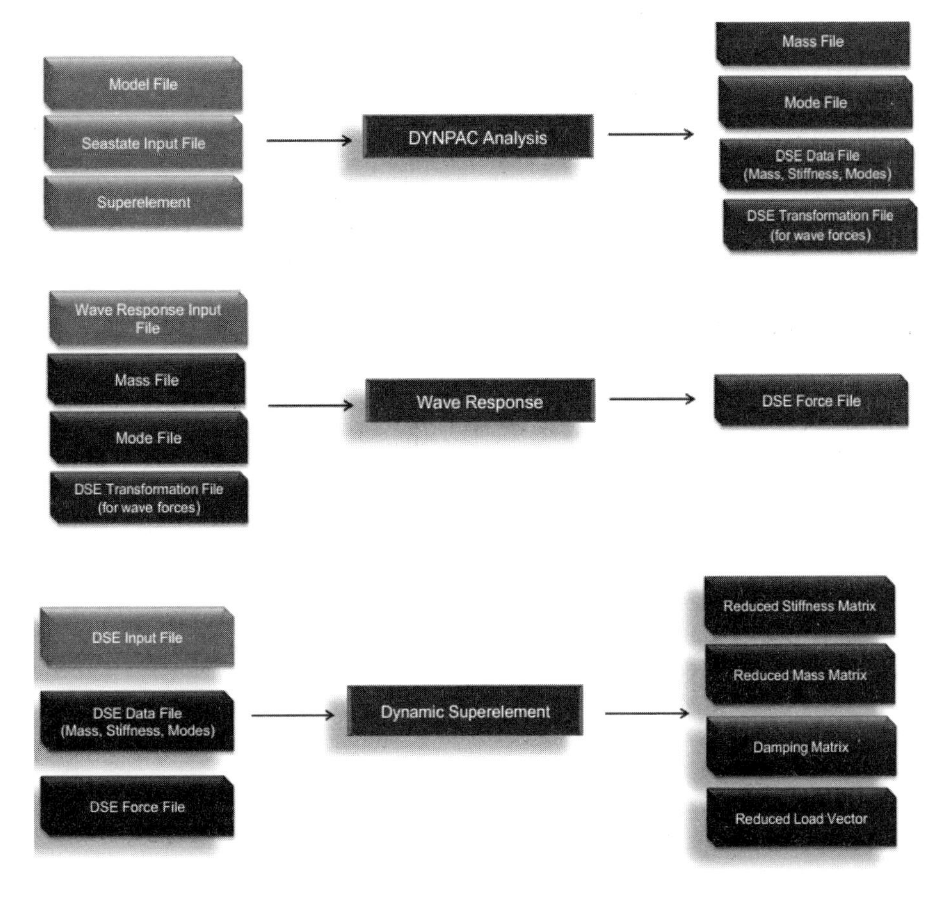

图 8.34　SACS 动态超单元基本组装流程

8.4.2　浮式风机与基础耦合分析所面临的挑战

相比于海上固定式风机，浮式风机与基础的耦合分析更复杂、更难以实现。

目前主流的商业软件基本可以实现浮式风机与基础的性能耦合分析，包括风机叶轮的空气动力响应与浮式基础的水动力响应耦合；风机、塔筒、浮式基础、系泊系统在风、浪、流作用下的耦合分析，但浮式基础的耦合结构分析还难以实现。

浮式基础，尤其是板梁结构的浮式基础的结构分析还难以通过全耦合分析手段实现。传统上板梁结构浮体的结构特性需要通过准静态方式来进行分析，最常用的方法是等效设计波方法。根据浮体长期服役的特点，结合服役地点长期海况特性以及浮体特定截面载荷响应 RAO 来给出等效设计波，浮体静置于等效波浪中来进行准静态的总体结构分析。总体结构分析明确浮体应力热点区域，并进行结构疲劳分析与局部结构分析。这一分析方法长期应用于船舶与海洋工程领域的浮体结构分析中，被证明是可靠有效的。

浮式风机基础与传统的海洋工程浮体结构有着明显的差异。

浮式风机基础与上部风机机组的整体响应特征是强耦合的，完全割裂两者之间的联系并不符合实际情况。

风机机组的载荷频率特性与浮体响应特性不同。风机机组载荷频率较高，浮体的响应频率一般较低，波致疲劳载荷特性与机组带来的风致疲劳贡献有区别。

板梁结构的浮式基础由板和梁组成，结构构成复杂，模型庞大，难以通过杆系等效的方式来模拟。

复杂的浮体结构模型加上风机机组、控制系统、设备、系泊系统、外输电缆等子系统，完全在同一个软件中进行耦合分析所需要付出的计算时间成本是无法接受的。

在目前的技术条件下，风机机组与浮式基础的结构耦合分析存在挑战，需要通过等效的方式来考虑。

8.4.3 OpenWindPower 基本分析流程

Bentley 软件在固定式风机与基础的耦合分析领域进行相关产品开发起步较早，早在 SACS 5.7 版本中已经能够实现 SACS 与 FAST、SACS 与 Bladed 之间的耦合分析。近年来 Bentley 将结构分析与风机载荷计算的界面重新整合，推出专门用于海上风机与基础耦合分析的解决方案 OpenWindPower。

OpenWindPower 风机载荷与固定基础的耦合分析流程如图 8.35 所示，具体流程为：

（1）通过 SACS 建立几何模型。

（2）模型导入风机载荷计算软件中，或者建立超单元导入。

（3）风机载荷分析软件进行载荷分析。

（4）载荷结果输出到 SACS 中进行结构时域分析。

（5）SACS 进行规范校核。

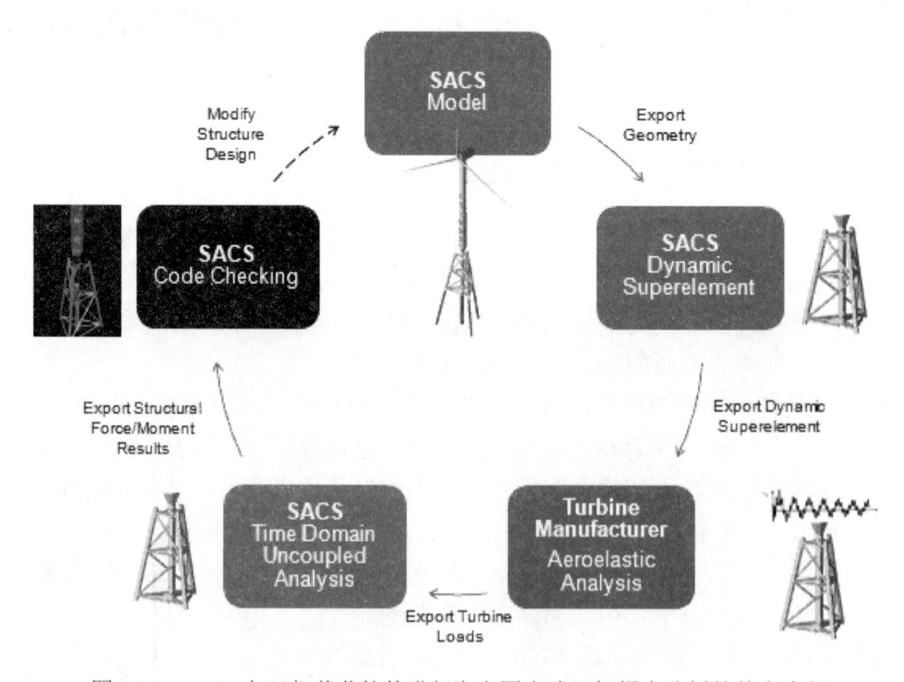

图 8.35　SACS 与风机载荷软件进行海上固定式风机耦合分析的基本流程

对于浮式风机，OpenWindPower 的分析流程如图 8.36 所示，具体流程为：

（1）MOSES Hull Modeler 建立浮式基础几何模型。

（2）MOSES 对浮式基础进行水动力分析。

（3）水动力参数导入风机载荷分析软件 Bladed 中。

（4）Bladed 进行浮式风机载荷分析并将载荷传递给 MOSES。

（5）MOSES 进行时域分析并将载荷传递给 SACS。

（6）SACS 进行结构分析与规范校核。

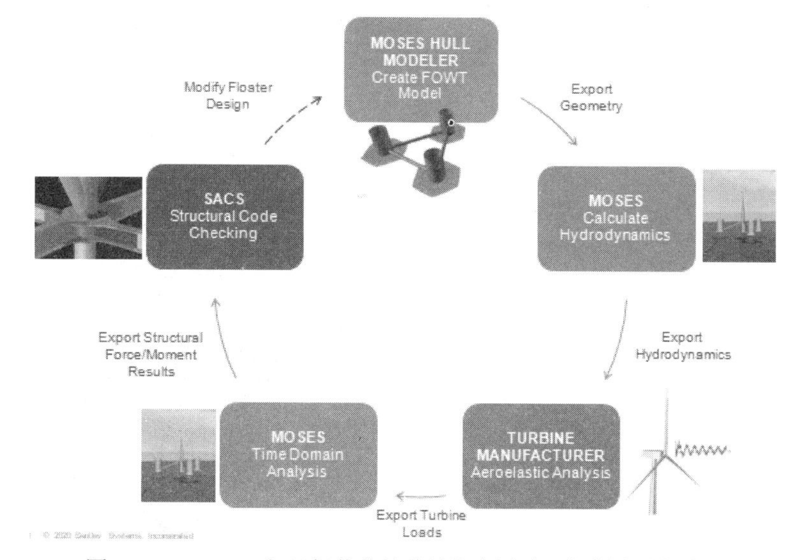

图 8.36　MOSES 与风机载荷软件的海上浮式风机耦合分析流程

本质上，OpenWindPower 浮式风机与基础的耦合分析手段为半耦合。MOSES Hull Modeler 可以建立面元单元与莫里森单元的混合模型并将模型输出为 MOSES 识别的模型格式，如图 8.37 所示。MOSES 可以根据指定浮态进行水动力计算，如图 8.38 所示。

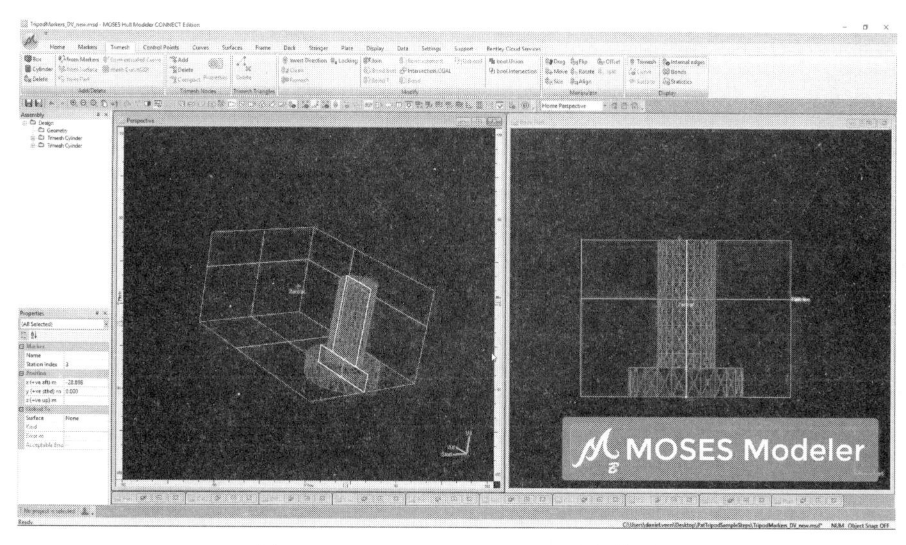

图 8.37　MOSES Hull Modeler 建立模型

MOSES 计算浮式基础的水动力参数并以 WAMIT 的格式输入 Bladed 中，Bladed 实现空气动力与水动力的耦合以及风机机组、浮式基础、系泊系统的耦合分析。在耦合分析中，浮式基础为 6 自由度刚体。

Bladed 将时域载荷以及波面的时间历程曲线输入 MOSES 中，MOSES 进行时域分析。在分析完成后，MOSES 将结构模型与结构载荷输入 SACS 中进行结构规范校核与有限元分析。同时，根据 Bladed 提供的时域数据，MOSES 可以进行耦合系泊分析。

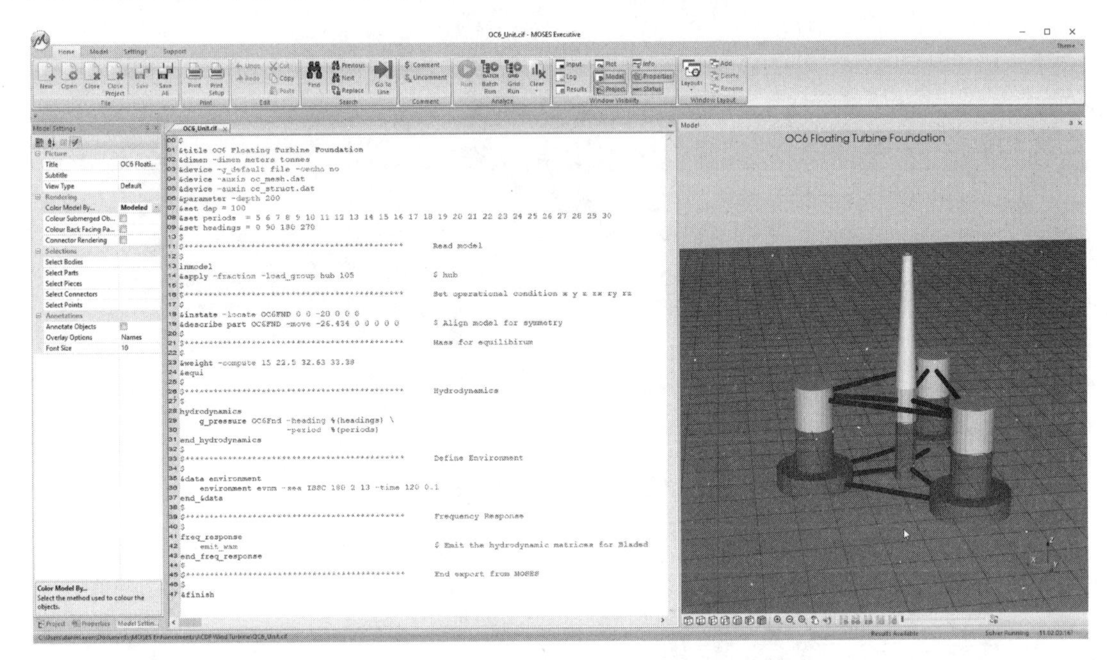

图 8.38　MOSES 建立的面元/莫里森单元混合模型

目前计划推出的 OpenWindPower 浮式风机与基础的耦合分析支持 MOSES、SACS 与 Bladed 之间的数据传递，未来会添加对 FAST、HAWC2 以及 VESRAS 的支持。OpenWindPower 还将继续完善分析流程，改善软件之间的数据传递效率，改进和整合通用载荷文件，进一步改善 SACS 的规范校核功能。

MOSES 的单独空气动力计算模块目前还在开发中。

MOSES 在新版本中逐步加强 GUI 对 MOSES 基本功能以及 MOSES 与 SACS 数据传递的集成程度，相比于经典 MOSES，新的编辑工具更美观、更友好、更符合现代海洋工程软件发展趋势，这无疑将对未来 MOSES 软件的推广起到积极作用。

MOSES 还在不断地完善自己并逐步推出满足用户需求的新功能，不断完善充实的 MOSES 未来发展值得期待。

附录 A　命令查询索引

续表

命令	页码
&COMPARTMENT	114
&CMP_BAL	118
&EQUI	118
HSTATIC	119
TANK_CAPACITY	119
EQUI_H	120
CFORM	120
MOMENT	121
RARM	121
STAB_OK	122
KG_ALLOW	127
HYDRODYNAMIC	129
G_PRESSURE	130，132
V_MATRICES	131
V_EXFORCES	131
E_PRESSURE	131
FP_MAP	131
FPANEL	131
FPPHI	131
FDELP	131
I_PRESSURE	131
E_TOTAL	131
I_TOTAL	131
H_ORIGIN	131
H_EULERA	131
H_PERIOD	132
H_AMASS	132
H_DAMP	132
H_FORCE	132
G_MDRIFT	133
V_MDRIFT	134
E_MDRIFT	134
I_MDRIFT	134
M_DRIFT	134

续表

续表

续表

续表

附录 B　VLCC 型值

Z	X [m]																					
[m]	-135.8	-133.15	-130.5	-117.45	-104.4	-91.35	-78.3	-65.25	-52.2	-39.15	-26.1	-13.05	0	13.05	52.2	65.25	78.3	91.35	104.4	117.45	130.5	132.55	136.65
0				0.13	0.00	1.95	3.95	6.88	10.51	14.45	18.23	21.32	23.12	23.40	23.40	22.47	20.04	16.36	11.43	5.30	0.17	0.00	
0.5				0.34	0.75	4.36	7.41	11.03	14.95	18.62	21.62	23.48	24.43	24.56	24.56	23.91	21.95	18.74	14.05	8.07	1.36	0.70	
1				0.53	2.05	5.22	8.49	12.50	16.51	19.98	22.53	24.08	24.79	24.88	24.88	24.39	22.69	19.65	15.09	9.07	1.92	1.13	
1.5				0.73	2.70	5.85	9.35	13.59	17.65	20.92	23.17	24.44	24.96	25.00	25.00	24.66	23.20	20.30	15.85	9.78	2.32	1.42	0.00
2				0.87	3.12	6.35	10.09	14.50	18.56	21.65	23.65	24.69	25.00	25.00	25.00	24.82	23.58	20.83	16.48	10.34	2.63	1.70	0.21
3				1.12	3.66	7.17	11.43	16.05	20.00	22.74	24.31	24.95	25.00	25.00	25.00	24.97	24.10	21.66	17.49	11.24	3.09	2.06	0.40
4				1.26	3.95	7.93	12.74	17.43	21.11	23.50	24.70	25.00	25.00	25.00	25.00	25.00	24.43	22.30	18.27	11.93	3.48	2.31	0.65
5				1.21	4.13	8.80	14.08	18.65	21.99	24.03	24.90	25.00	25.00	25.00	25.00	25.00	24.66	22.78	18.88	12.48	3.60	2.41	0.75
6				0.82	4.46	9.92	15.42	19.73	22.70	24.38	24.98	25.00	25.00	25.00	25.00	25.00	24.80	23.13	19.37	12.90	3.63	2.51	0.79
7				0.50	5.02	11.27	16.72	20.66	23.26	24.64	25.00	25.00	25.00	25.00	25.00	25.00	24.87	23.37	19.73	13.22	3.64	2.61	0.80
8				0.51	6.15	12.72	17.72	21.48	23.71	24.79	25.00	25.00	25.00	25.00	25.00	25.00	24.91	23.52	19.99	13.42	3.62	2.71	0.77
9				0.92	7.86	14.19	19.00	22.19	24.07	24.89	25.00	25.00	25.00	25.00	25.00	25.00	24.93	23.61	20.17	13.62	3.53	2.60	0.72
10				2.09	9.70	15.62	19.98	22.78	24.34	24.95	25.00	25.00	25.00	25.00	25.00	25.00	24.94	23.65	20.28	13.73	3.33	2.30	0.61
11				4.01	11.50	16.94	20.84	23.26	24.55	24.99	25.00	25.00	25.00	25.00	25.00	25.00	24.94	23.65	20.34	13.83	3.20	2.10	0.46
12				6.04	13.15	18.12	21.57	23.66	24.70	25.00	25.00	25.00	25.00	25.00	25.00	25.00	24.94	23.65	20.34	13.88	3.02	1.80	0.23
13				7.91	14.63	19.15	22.30	23.99	24.83	25.00	25.00	25.00	25.00	25.00	25.00	25.00	24.94	23.65	20.34	13.92	2.65	1.46	0.00
14			0.27	9.57	15.85	20.02	22.74	24.26	24.90	25.00	25.00	25.00	25.00	25.00	25.00	25.00	24.94	23.65	20.34	13.92	2.36	0.99	
15		0.03	2.55	10.89	16.85	20.74	23.18	24.46	24.96	25.00	25.00	25.00	25.00	25.00	25.00	25.00	24.94	23.65	20.34	13.93	1.94	0.23	
16	0.00	2.40	4.13	11.94	17.66	21.34	23.53	24.62	24.98	25.00	25.00	25.00	25.00	25.00	25.00	25.00	24.94	23.65	20.34	13.94	1.03	0.00	
17	2.10	3.75	5.30	12.79	18.31	21.82	23.80	24.74	25.00	25.00	25.00	25.00	25.00	25.00	25.00	25.00	24.94	23.65	20.34	13.96	0.00		
18	3.12	4.76	6.35	13.48	18.82	22.20	24.03	24.83	25.00	25.00	25.00	25.00	25.00	25.00	25.00	25.00	24.94	23.65	20.34	14.03	1.13		
19	3.88	5.52	7.10	14.05	19.21	22.50	24.21	24.90	25.00	25.00	25.00	25.00	25.00	25.00	25.00	25.00	24.94	23.65	20.34	14.10	2.22		
20	4.49	6.13	7.71	14.51	19.50	22.72	24.36	24.95	25.00	25.00	25.00	25.00	25.00	25.00	25.00	25.00	24.94	23.65	20.34	14.23	3.12		
21	4.97	6.61	8.18	14.87	19.71	22.89	24.48	24.98	25.00	25.00	25.00	25.00	25.00	25.00	25.00	25.00	24.94	23.65	20.35	14.45	4.00		
22	5.35	6.98	8.55	15.15	19.86	23.02	24.58	24.99	25.00	25.00	25.00	25.00	25.00	25.00	25.00	25.00	24.94	23.66	20.40	14.66	4.87		
23	5.64	7.27	8.83	15.35	19.97	23.10	24.65	25.00	25.00	25.00	25.00	25.00	25.00	25.00	25.00	25.00	24.94	23.66	20.49	14.95	5.73		
24	5.82	7.46	9.02	15.48	20.05	23.15	24.70	25.00	25.00	25.00	25.00	25.00	25.00	25.00	25.00	25.00	24.94	23.66	20.60	15.30	6.60		
25	5.94	7.58	9.14	15.55	20.10	23.17	24.72	25.00	25.00	25.00	25.00	25.00	25.00	25.00	25.00	25.00	24.94	23.66	20.75	15.71	7.47		

注：原点位于船舯，方向由船艉指向船艏，X 相对于船舯横剖面，Y 相对于船体舯纵剖面，Z 相对于船底基线。

参考文献

[1] Bentley Systems. MOSES User Manual V7.10[M]. Bentley Systems, Incorporated. 685 Stockton Drive Exton, PA 19341, United States, 2014.9.

[2] Bentley Systems. How Moses Deals with Technical Issues[R]. Bentley Systems, Incorporated. 685 Stockton Drive Exton, PA 19341, United States, 2017.

[3] 唐友刚．高等结构动力学[M]．天津：天津大学出版社，2002.

[4] O.M. Faltinson．船舶与海洋工程环境载荷[M]．杨建民，肖龙飞，译．上海：上海交通大学出版社，2007.

[5] Barltrop N D P. Floating Structure: A Guild for Design and Analysis[M].Oilfield Publications Limited, 1998.

[6] 李怀亮，徐慧，谢维维，等．MOSES 软件在系泊浮体运动计算中的应用研究[J]．海洋工程，2013（11）16-21．

[7] 中华人民共和国国家标准 GB/T 31519－2015 台风型风力发电机组[S]. 中国国家标准化管理委员会，2016.

[8] DNV RP C205.Environmental Conditions and Environmental Loads[S]. DNV GL AS Group, 1363 Høvik, Norway, 2014.

[9] API RP 2SK.Recommended Practice for Design and Analysis of Stationkeeping for Floating Structures [S].API Publishing Services, 1220 L Street, N.W., Washington.D.C., 2005.

[10] J.M.J. Journée, W.W. Massie. OFFSHORE HYDROMECHANICS[M]. 1st ed. Delft University of Technology, 2001.

[11] Torsethaugen K, Haver S. Simplified double peak spectral model for ocean waves[C]. Paper No. 2004-JSC-193, ISOPE 2004 Touson, France.

[12] Salvesen. N.Second Order Steady State Forces and Moments on Surface Ships[C]. The International Symposium on Dynamics of Marine Vehicle and Structure in Waves.London, 1979.

[13] Bernard Molin．海洋工程水动力学[M]．刘永庚，译．北京，国防工业出版社，2012．

[14] Rodney T. Schmitke. Ship sway roll and yaw motions in oblique seas[J]. SNAME Transaction. 1978:(86) 26-46.

[15] 罗勇．浮式结构定位系统设计与分析[M]．哈尔滨：哈尔滨工程大学出版社，2015．

[16] 张嫦利，王磊，李博，等．PID 参数对动力定位系统定位精度的影响[J]，实验室研究与探索，2015，34（3）：8-12．

[17] 孙丽萍，刘雨，李小平．深水半潜式钻井平台 DP3 动力定位能力分析[J]，中国造船，2011，52（4）：100-108.

[18] International Marine Contractors Association (IMCA) M 103 Rev2. Guldelines for The Design

and Operation of Dynamically Positioned Vessels Rev2 [S].2016.
[19] International Marine Contractors Association (IMCA) M 140 Rev1. Specification for DP Capability Plots[S]. 2000.
[20] 盛振邦，刘应中．船舶原理[M]．上海：上海交通大学出版社，2003.
[21] 高巍，张继春，朱为全．南海浅深水经典 TLP 平台整体运动性能分析[J]．船舶工程，2017，39（6）：67-72.
[22] Oil Companies International Marine Forum(OCIMF). Prediction of Wind and Current Loads on VLCCs[S]. 2nd ed. 1994.
[23] 苏志勇，陈刚，杨建民，等．深海浮式结构物锚泊阻尼参数研究[J]．海洋工程．2009，27（5）：21-28.
[24] Wichers.J.E.W. Asimulation Model for A Single Point Moores Tanker[R]. Maritime Research Institute Netherlands. Wageningen, The Netherlands. Bublication No.797. 1988.
[25] Subrata K.Chakrabarti. Handbook of Offshore Engineering [M]. Offshore Structure Analysis, Inc. Plainfield, Illinois, USA.Elsevier, 2005.
[26] DNVGL OS-E301.Position Mooring[S]. DNV GL AS Group, 1363 Høvik, Norway, 2015.
[27] ABS Guidance Notes on The Application of Fiber Rope for Offshore Mooring[S].American Bureau of Shipping, Incorporated by Act of Legislature of the State of New York 1862, 2011.
[28] BV Rule Note NR493 DT R02 E. Classification of Mooring Systems for Permanent Offshore Units[S].Bureau Veritas, 92571 Neuilly sur Seine Cedex, France, 2012.
[29] Wichers J E W. Slowly oscillating mooring forces in single point mooring systems[C]. BOSS79 (Second International Conference on Behavior of Offshore Structures), 1979.
[30] Wichers J E W.A Simulation Model for A Single Point Moored Tanker [D]. Delft University of Technology, Wageningen, The Netherlands,1988.
[31] 王树青，陈晓惠，李淑一，等．海洋平台浮托安装分析及其关键技术[J]．中国海洋大学学报，2011（7）：189-196.
[32] 李达，范模，易丛，等．海洋平台组块浮托安装总体设计方法[J]．海洋工程．2011（8）：13-22.
[33] 白洋，董璐，何绍礼．干树半潜平台的选型设计[J]．海洋石油，2015（3）：89-94.
[34] 朱为全，李达，高巍，等．浅水恶劣环境下单点系泊系统设计[J]．中国海洋平台，2016，31（2）：14-20.
[35] ABS Floating Production Installations[S], American Bureau of Shipping, Incorporated by Act of Legislature of the State of New York 1862, 2010.
[36] DNVGL ST-001 Marine Operations and Marine Warranty [S]. DNV GL AS Group, 1363 Høvik, Norway, 2016.6.
[37] DNVGL RP-N102 Marine Operations during Removal of Offshore Installations[S]. DNV GL AS Group, 1363 Høvik, Norway, 2017.7.
[38] 高巍，马林静，董璐，等．南海某 FPSO STP 单点系泊系统再评估[J]．船舶工程，2017（7）：79-83.
[39] Bentley Systems.MOSES User Manual Version 11.0[M]. Bentley Systems, Incorporated. 685

Stockton Drive Exton, PA 19341, United States, 2018.12.
[40] Bentley Systems.MOSES Editor User Manual Version 11.0[M]. Bentley Systems, Incorporated. 685 Stockton Drive Exton, PA 19341, United States, 2018.12.
[41] Bentley Systems.MOSES Hull Modeler User Manual Version 11.0[M]. Bentley Systems, Incorporated. 685 Stockton Drive Exton, PA 19341, United States, 2018.12.
[42] Bentley Systems.MOSES Stability User Manual Version 11.0[M]. Bentley Systems, Incorporated. 685 Stockton Drive Exton, PA 19341, United States, 2018.12.
[43] Bentley Systems.MOSES Motion User Manual Version 11.0[M]. Bentley Systems, Incorporated. 685 Stockton Drive Exton, PA 19341, United States, 2018.12.
[44] Bentley Systems.MOSES Hull Mesher User Manual Version 11.0[M]. Bentley Systems, Incorporated. 685 Stockton Drive Exton, PA 19341, United States, 2018.12.
[45] Bentley Systems.MOSES Executive User Manual Version 11.0[M]. Bentley Systems, Incorporated. 685 Stockton Drive Exton, PA 19341, United States, 2018.12.